新世纪土木工程系列教材

钢结构设计

（第2版）

主　编　张耀春
副主编　周绪红

中国教育出版传媒集团
高等教育出版社·北京

内容提要

本书是新世纪土木工程系列教材之一,内容丰富,体系完整,注重理论联系实际。

本书从"大土木"的专业要求出发,按土木工程中不同用途的钢结构类别分章编写而成,介绍钢-混凝土组合结构、多层与高层钢结构、大跨房屋钢结构、桥梁钢结构、高耸钢结构、门式刚架轻型钢结构和钣结构的相关设计问题。除了第1章概述、第9章钢结构施工阶段设计和施工的内容,其他各章相对独立,以介绍各种用途钢结构的组成、结构形式、受力和设计特点为主,兼顾相应最新规范、标准的简单介绍,每章编入较详细的设计例题,并附有丰富的参考文献,供读者学习参考。

本书可作为土木类相关专业的本科生教材,也可作为有关科研人员和工程技术人员的参考书。

图书在版编目(CIP)数据

钢结构设计/张耀春主编;周绪红副主编.--2版
.--北京:高等教育出版社,2023.4
ISBN 978-7-04-059782-0

I.①钢… Ⅱ.①张… ②周… Ⅲ.①钢结构-结构
设计-高等学校-教材 Ⅳ.①TU391.04

中国国家版本馆 CIP 数据核字(2023)第 010295 号

GANGJIEGOU SHEJI

| 策划编辑 元 方 | 责任编辑 元 方 | 封面设计 李小璐 | 版式设计 马 云 |
| 责任绘图 于 博 | 责任校对 刘娟娟 | 责任印制 存 怡 | |

出版发行	高等教育出版社	网 址	http://www.hep.edu.cn
社 址	北京市西城区德外大街4号		http://www.hep.com.cn
邮政编码	100120	网上订购	http://www.hepmall.com.cn
印 刷	唐山嘉德印刷有限公司		http://www.hepmall.com
开 本	787mm×1092mm 1/16		http://www.hepmall.cn
印 张	34	版 次	2007 年 1 月第 1 版
字 数	810 千字		2023 年 4 月第 2 版
购书热线	010-58581118	印 次	2023 年 4 月第 1 次印刷
咨询电话	400-810-0598	定 价	68.00 元

钢结构设计

（第2版）

1 计算机访问 http://abook.hep.com.cn/1264001，或手机扫描二维码、下载并安装 Abook 应用。

2 注册并登录，进入"我的课程"。

3 输入封底数字课程账号（20位密码，刮开涂层可见），或通过 Abook 应用扫描封底数字课程账号二维码，完成课程绑定。

4 单击"进入课程"按钮，开始本数字课程的学习。

　　课程绑定后一年为数字课程使用有效期。受硬件限制，部分内容无法在手机端显示，请按提示通过计算机访问学习。

　　如有使用问题，请发邮件至 abook@hep.com.cn。

扫描二维码
下载 Abook 应用

http://abook.hep.com.cn/1264001

出版者的话

  根据 1998 年教育部颁布的《普通高等学校本科专业目录（1998年）》，我社从 1999 年开始进行土木工程专业系列教材的策划工作，并于 2000 年成立了由具丰富教学经验、有较高学术水平和学术声望的教师组成的"高等教育出版社土建类教材编委会"，组织出版了新世纪土木工程系列教材，以适应当时"大土木"背景下的专业、课程教学改革需求。系列教材推出以来，几经修订，陆续完善，较好地满足了土木工程专业人才培养目标对课程教学的需求，对我国高校土木工程专业拓宽之后的人才培养和课程教学质量的提高起到了积极的推动作用，教学适用性良好，深受广大师生欢迎。至今，共出版 37 本，其中 22 本纳入普通高等教育"十一五"国家级规划教材，10 本纳入"十二五"普通高等教育本科国家级规划教材，5 本被评为普通高等教育精品教材，2 本获首届全国教材建设奖，若干本获省市级优秀教材奖。

  2020 年，教育部颁布了新修订的《普通高等学校本科专业目录（2020年版）》。新的专业目录中，土木类在原有土木工程，建筑环境与能源应用工程，给排水科学与工程，建筑电气与智能化等 4 个专业及城市地下空间工程和道路桥梁与渡河工程 2 个特设专业的基础上，增加了铁道工程，智能建造，土木、水利与海洋工程，土木、水利与交通工程，城市水系统工程等 5 个特设专业。

  为了更好地帮助各高等学校根据新的专业目录对土木工程专业进行设置和调整，利于其人才培养，与时俱进，编委会决定，根据新的专业目录精神对本系列教材进行重新审视，并予以调整和修订。进行这一工作的指导思想是：

  一、紧密结合人才培养模式和课程体系改革，适应新专业目录指导下的土木工程专业教学需求。

  二、加强专业核心课程与专业方向课程的有机沟通，用系统的观点和方法优化课程体系结构。具体如，在体系上，将既有的一个系列整合为三个系列，即专业核心课程教材系列、专业方向课程教材系列和专业教学辅助教材系列。在内容上，对内容经典、符合新的专业设置要求的课程教材继续完善；对因新的专业设置要求变化而必须对内容、结构进行调整的课程教材着手修订。同时，跟踪已推出系列教材使用情况，以适时进行修订和完善。

  三、各门课程教材要具有与本门学科发展相适应的学科水平，以科技进步和社会发展的最新成果充实、更新教材内容,贯彻理论联系实际的原则。

四、要正确处理继承、借鉴和创新的关系,不能简单地以传统和现代划线,决定取舍,而应根据教学需求取舍。继承、借鉴历史和国外的经验,注意研究结合我国的现实情况,择善而从,消化创新。

五、随着高新技术、特别是数字化和网络技术的发展,在本系列教材建设中,要充分考虑纸质教材与多种形式媒体资源的一体化设计,发挥综合媒体在教学中的优势,提高教学质量与效率。在开发研制数字化教学资源时,要充分借鉴和利用精品课程建设、精品资源共享课建设和一流本科课程尤其是线上一流本科课程建设的优质课程教学资源,要注意纸质教材与数字化资源的结合,明确二者之间的关系是相辅相成、相互补充的。

六、融入课程思政元素,发挥课程育人作用。要在教材中把马克思主义立场观点方法的教育与科学精神的培养结合起来,提高学生正确认识问题、分析问题和解决问题的能力。要注重强化学生工程伦理教育,培养学生精益求精的大国工匠精神,激发学生科技报国的家国情怀和使命担当。

七、坚持质量第一。图书是特殊的商品,教材是特殊的图书。教材质量的优劣直接影响教学质量和教学秩序,最终影响学校人才培养的质量。教材不仅具有传播知识、服务教育、积累文化的功能,也是沟通作者、编辑、读者的桥梁,一定程度上还代表着国家学术文化或学校教学、科研水平。因此,遴选作者、审定教材、贯彻国家标准和规范等方面需严格把关。

为此,编委会在原系列教材的基础上,研究提出了符合新专业目录要求的新的土木工程专业系列教材的选题及其基本内容与编审或修订原则,并推荐作者。希望通过我们的努力,可以为新专业目录指导下的土木工程专业学生提供一套经过整合优化的比较系统的专业系列教材,以期为我国的土木工程专业教材建设贡献自己的一份力量。

本系列教材的编写和修订都经过了编委会的审阅,以求教材质量更臻完善。如有疏漏之处,恳请读者批评指正!

高等教育出版社

高等教育工科出版事业部

力学土建分社

2021 年 10 月 1 日

新世纪土木工程系列教材

第 2 版前言

　　本书第 1 版是普通高等教育"十一五"国家级规划教材,与《钢结构设计原理》教材相互配合,理论联系实际,丰富了钢结构的教学内容。

　　随着我国基本建设事业的不断发展,以及"一带一路"国际合作的推进,钢结构的应用范围进一步扩大,相应的科学研究和工程实践也取得了长足进展。近年来,在吸收国内外成熟的最新研究成果的基础上,相应的规范都进行了修订和更新。为了适应这一发展趋势,本教材进行了全面修订。

　　本次修订除了对原有内容进行完善和更新之外,还完成了下述工作:

　　1. 增加了 3 章新内容,即第 5 章桥梁钢结构、第 6 章高耸钢结构和第 9 章钢结构施工阶段设计和施工,使本书的内容更加丰富,扩大了"大土木"专业中不同课群组的选择范围,也为钢结构领域的科技工作者提供了更充实的学习参考资料。

　　2. 根据各章的内容特点,设计制作了配套的数字化教学资源,利用信息技术扩展了学习内容,便于学习者理解和掌握相关知识点。

　　参加本书修订的人员有:哈尔滨工业大学张耀春(主编,第 1 章,第 2 章),王玉银(第 2 章),范峰、曹正罡(第 4 章),武振宇、郑朝荣(第 6 章),张文元(第 8 章);重庆大学周绪红(副主编,第 3 章,第 5 章);长安大学刘永健(第 5 章);湖南大学舒兴平、李珂、邱瑞芳(第 7 章),贺拥军(第 3 章例题部分);华南理工大学王湛(第 9 章)。全书由张耀春统稿,由哈尔滨工业大学沈世钊教授审阅。

　　在修订过程中,得到高等教育出版社的大力支持和帮助,在此表示衷心的感谢!

　　限于编者的水平,书中不妥之处在所难免,敬请读者批评指正。

编　者

2022 年 8 月

第1版前言

近年来,我国钢产量的持续增长,为钢结构在各个领域的应用和发展提供了坚实的物质基础,各种各样的钢结构工程在祖国各地建成并投入使用。为了适应我国基本建设事业对钢结构技术人才的需求,在大学土木类专业中应适当增加钢结构的教学内容。为此,在《钢结构设计原理》教材之后,编写了本教材。

本教材从"大土木"的专业要求出发,按土木工程中不同用途的钢结构类别分章编写而成。各章内容相对独立,以介绍各种用途钢结构的组成、结构形式、受力和设计特点为主,兼顾各相应标准的简单介绍,每章编入较详细的设计例题,以适应不同课群组的要求。

本书可作为土木工程专业本科生的专业课教材,也可作为钢结构技术工作者和土建人员的学习参考用书。

参加本书编写的人员有:哈尔滨工业大学张耀春(主编,第1、2章)、范峰(第4章)、张文元(第6章),兰州大学周绪红(副主编,第3章),湖南大学舒兴平(第5章)。湖南大学贺拥军教授复核计算了第3章多、高层钢结构设计例题。全书由张耀春统稿,由哈尔滨工业大学钟善桐教授主审。

在本书编写过程中,得到了高等教育出版社建筑与力学分社和土建类系列教材编委会的大力支持和帮助,在此表示衷心的感谢。另外,哈尔滨工业大学研究生于海丰、赵金友协助主编整理了部分书稿,在此深表谢意。

将不同用途的钢结构类别汇集在一本教材,是初次尝试,限于编者水平,书中不妥之处在所难免,敬请读者批评指正。

编 者

2006 年 11 月

目　录

第 1 章

概　　述

1.1　钢结构的应用、组成和主要结构形式

1.1.1　钢结构的应用

与砖石、钢筋混凝土和木结构等相较,钢结构的工作性能最受肯定,结构本身也较为轻便,生产和制作工业化程度高,安装快捷,因此跨度或高度较大的建筑物或构筑物,以及需要快速建造或拆卸的工程结构,大多采用钢结构。

近年来,随着我国经济建设的不断发展及钢产量的不断提高,钢结构在我国建设事业中的应用范围也在不断扩大。除传统的采用大型截面和厚板的高层、大跨、厂房和桥梁等重型钢结构之外,采用轻型屋面和墙面等围护体系的轻型钢结构,诸如门式刚架轻型钢结构、冷弯薄壁型钢结构、直接焊接管结构、多层建筑骨架、网架和网壳结构、悬索和悬挂结构、拱形金属波纹屋盖等也得到了快速发展。适合我国国情的钢与混凝土的组合结构,包括组合楼盖、钢管混凝土结构和钢骨混凝土结构也取得了长足的进展。此外,随着网络、通信、电力、石油及仓储事业的发展,高耸塔桅结构及钣结构也得到了普遍的应用。随着"一带一路"建设在全球的发展,钢结构已成为国内外建设中广泛应用的建筑结构体系。

1.1.2　钢结构的组成

任何形式的钢结构都是由基本构件通过节点连接而成的。

钢结构的基本构件包括轴心受力构件、柔性拉索、受弯构件、拉弯和压弯构件、薄板和薄壳等;对于钢与混凝土的组合结构,还包括钢与混凝土组合板、钢与混凝土组合梁、钢管混凝土柱和型钢混凝土构件等。

除柔性拉索、板壳和钢与混凝土组合构件外,钢结构的其他基本构件的截面形式、受力特点、设计方法、基本构造要求等,均已在《钢结构设计原理》(第 2 版)[①]一书中做了详细介绍。有关拉索、板壳及钢与混凝土的组合构件等内容将在本书相关章节中介绍。

根据被连接构件间的传力和相对变形性能,钢结构的节点分为刚接、半刚接和铰接节点

---

① 张耀春,周绪红.钢结构设计原理[M].2 版.北京:高等教育出版社,2020.

三类。每类节点均可通过焊接、普通螺栓或高强度螺栓连接,采用不同的构造形式构成。这些内容大部分均在《钢结构设计原理》(第 2 版)中介绍过。某些特殊节点构造,将在本书相关章节中介绍。

1.1.3　钢结构的主要结构形式

众所周知,结构是建筑物、构筑物等的受力骨架,由基本构件和连接构成。根据结构的受力特点不同,可分为两种结构体系——平面结构体系和空间结构体系。

工程中应用最多的梁、板、柱体系大多为平面结构体系,如工业厂房中的横向框架、变截面门式刚架,房屋建筑中的多层多跨刚架,以及大跨结构中的梁式桁架体系、拱式体系、单向悬索或悬挂体系等。平面结构体系构造简单,传力直接、明确;易于实现标准化、定型化,可简化制作、安装,加快施工进度。缺点是形式单调;空间整体性差,需在受力平面外设置支撑系统;某些平面结构形式经济性较差;等等。但由于其前述的优点,目前仍然是应用最多的结构体系。

空间结构是指具有三维受力特性并呈空间工作状态的结构。如大跨房屋中目前应用较多的平板网架、网壳和空间悬索结构,在高层建筑中采用的各种筒式结构体系,以及近年来发展较快的张拉整体结构和索膜结构等。空间结构体系较平面结构体系传力合理、均匀,结构的整体性强,可以减少甚至省掉支撑结构,有效地节省钢材;空间结构形式多样,较易于满足使用功能和建筑造型的要求。缺点是某些空间结构形式较难于实现标准化、定型化,制作和安装的难度大;空间结构的受力分析比平面结构复杂,计算与设计工作量大;等等。

面对一个具体的设计对象,结构工程师的责任是积极主动地配合建筑师去选择一个经济合理的结构方案,即选择一个可行的结构形式和结构体系,使其具有尽可能好的结构性能、经济效果和建造速度。

《钢结构设计原理》(第 2 版)着重讲述了钢材的性能、连接和各种基本构件的设计原理,各类节点的构造和设计方法;同时以单层厂房钢结构为例,综合应用前述知识,介绍了整体房屋的设计方法。与原理教材不同,本书的重点在于对不同结构体系的工作性能和设计方法进行介绍,涉及的结构种类包括钢-混凝土组合结构、高层钢结构、大跨房屋钢结构、桥梁钢结构、门式刚架轻型钢结构、高耸钢结构和钣结构等,还介绍了钢结构施工阶段设计和施工的内容。希望本书能扩展读者的知识面,使其在结构类型的选型、设计和施工方法等方面具备扎实的基础。

1.2　钢结构的整体工作性能

1.2.1　钢结构的受力和变形性能

钢结构的工作性能与其组成构件的受力特点和节点的构造形式有密切的关系,现以多层钢结构为例说明如下。

图1.1a为刚接框架结构(简称框架结构)在水平荷载作用下的受力和变形特点。由图中可见,其主要受力构件——梁和柱均以弯曲变形为主,框架结构各层间的相对侧移因各层的水平剪力不同,自底层向上逐层减小,类似于剪切变形为主的悬臂杆的变形(图1.1b),因此纯框架的整体变形以剪切变形为主。由于各主要受力构件的变形以弯曲变形为主,因此构件材料的利用效率较低,结构体系的整体侧向刚度较小。虽然该种体系构造简单,受力明确,各层刚度分布均匀,延性较好,自振周期较长,有利于抗震,但受变形控制,不宜用于高度超过30层的建筑。

图1.2a为竖向中心支撑框架结构(简称支撑框架结构)在水平荷载作用下的受力和变形特点。由图可见,其主要受力构件——梁、柱和支撑构件均以承受轴向力为主,构件的变形也以轴向变形为主,由于竖向构件的拉、压变形的累加作用,支撑框架结构的层间侧向位移由底层向上逐层加大,类似于弯曲变形为主的悬臂杆的变形(图1.2b),因此支撑框架结构的整体变形以弯曲变形为主。由于各主要受力构件的变形以轴向受力为主,因此构件的材料利用效率较高,结构体系的整体刚度较大,可用于较高的高耸和高层建筑。但由于其侧向刚度较大,结构的自振周期较短,延性较差,不利于在地震烈度较高的地区使用。

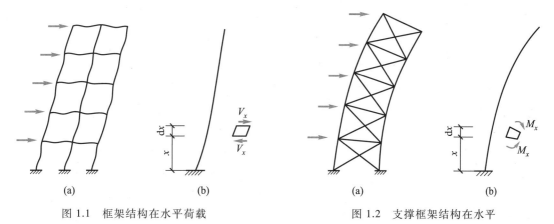

<table>
<tr><td>图1.1 框架结构在水平荷载
作用下的受力和变形特点</td><td>图1.2 支撑框架结构在水平
荷载作用下的受力和变形特点</td></tr>
</table>

图1.3a为框架-支撑结构在水平荷载作用下的受力和变形特点,类似结构的计算简图见图3.12。由图1.1和1.2可见,体系中的竖向支撑框架部分的整体变形以弯曲变形为主,纯框架部分的整体变形以剪切变形为主,两部分的变形是不协调的。但水平刚度很大的楼板的存在,使这两部分在楼板处的变形必须相同,于是在该处的两部分之间产生了相互作用力,将整个体系的变形协调成为介于弯曲和剪切变形之间的下弯上剪的变形,也称为弯剪变形。从图1.3b可以看出,由于楼板处的相互作用,结构体系下部楼层的剪力大部分由竖向支撑框架承担,纯框架只承受很小的部分;而在结构体系的上部,全部楼层剪力外加竖向支撑框架的负剪力都由纯框架部分承担。这正是整个体系呈下弯上剪变形(即弯剪变形)的原因。这种体系的侧向刚度较大,在水平荷载作用下,对减小结构的水平位移和改善结构的内力分布是有利的,适用于层数较多的高层建筑。但由于其下层的支撑构件受力较大,在地震作用下一旦失效,将在该层形成薄弱层而危及结构安全,因此在地震烈度较大的地区,宜采用偏心支撑或防屈曲耗能支撑代替中心支撑。

上述概略分析,仅作为引导读者研究不同结构体系整体工作性能内在规律的方法举例,

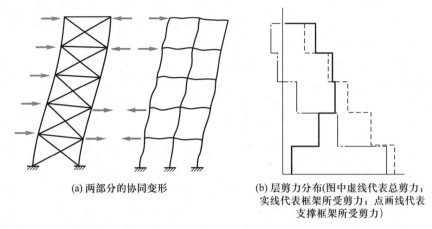

(a) 两部分的协同变形　　　　(b) 层剪力分布(图中虚线代表总剪力;
实线代表框架所受剪力;点画线代表
支撑框架所受剪力)

图 1.3　框架-支撑结构在水平荷载作用下的受力和变形特点

有关其他结构体系的性能,详见以下各章,此处不再赘述。

1.2.2　钢结构的整体稳定

由于钢构件通常较为柔细,由这些构件组成的整体结构的柔度也较大,因此钢结构的整体稳定问题较为突出,历史上曾发生过不少事故,应引起足够的重视。

结构的整体失稳破坏是指结构在外荷载作用下尚未达到其强度破坏承载力之前,在某一微小的荷载或几何干扰下,结构偏离了原来的平衡位置,而且即使去掉这些干扰,结构也不能恢复到其原先的平衡位置,甚或继续变形直至倒塌破坏的现象。

从考虑几何和材料双重非线性的结构分析中得到的荷载-位移全过程曲线能够十分清楚地分析结构的整体稳定性能。由全过程分析(也称为高等分析)给出的结构承载能力,将同时满足整个体系和它的组成构件的强度和稳定性要求,可完全抛开大家已熟悉的计算长度和单个构件验算的概念,对结构进行直接的分析和设计。随着计算机内存的扩充和计算软件功能的发展,目前已能对某些结构体系开展高等分析和设计。但是对于大型复杂结构,仍无法采用板、壳单元模拟结构的梁柱构件,因此不能考虑构件的局部屈曲,也无法考虑构件的弹塑性弯扭屈曲,该方法在工程上的应用仍要克服不少困难。

目前,考虑钢结构稳定问题的基本方法仍然是传统的计算长度方法。该方法的步骤是:采用一阶分析求解结构内力,按各种荷载组合求出各杆件的最不利内力;按第一类弹性稳定问题建立结构达到临界状态时的特征方程,确定各压杆的计算长度;将各杆件隔离出来,按单独杆件的受力特点进行构件的强度和稳定承载力验算,验算中考虑弹塑性、残余应力和几何缺陷的影响。该方法的最大特点是采用计算长度系数来考虑结构体系对被隔离出来的构件的影响,当各构件均满足稳定性要求时,结构体系的稳定性自然就得到满足,计算比较简单。

在《钢结构设计原理》(第 2 版)中,已给出了某些简单边界条件下压杆的计算长度系数。本节将以多层多跨框架整体稳定问题的简化特征值分析结果为例,说明计算长度系数的确定方法。

多层多跨框架在节点竖向荷载作用下的失稳模式有两种:对称失稳模式和侧移失稳模式。图 1.4 给出了框架侧移受到约束时的对称失稳模式,图 1.5 给出了无支撑框架的侧移失稳模式。

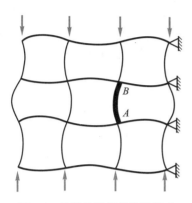

图 1.4　无侧移框架的失稳模式

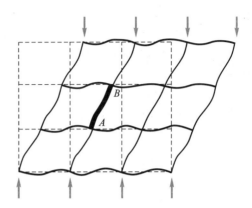

图 1.5　有侧移框架的失稳模式

在推导框架结构稳定问题的特征方程时,做了如下的基本假设:

① 组成框架的杆件均为无缺陷的等截面直杆,并为线弹性体。

② 框架只承受节点上相等的竖向荷载作用,且始终按比例加载。

③ 所有柱子同时在框架平面内失稳,当柱子开始失稳时,假设相交于柱子上下两端节点的横梁对柱子提供的约束弯矩(不平衡弯矩),按其横梁的线刚度之和与上下两端节点相交柱的线刚度之和的比值 K_1 和 K_2 分配给柱子。其中 K_1 是相交于柱上端节点的横梁线刚度之和与柱线刚度之和的比值;K_2 为相交于柱下端节点的横梁线刚度之和与柱线刚度之和的比值。

④ 在无侧移失稳时,横梁两端的转角大小相等,方向相反;在有侧移失稳时,横梁两端转角不但大小相等,而且方向亦相同。

由此推导得到的无侧移框架柱计算长度系数 μ 值的计算公式为

$$\left[\left(\frac{\pi}{\mu}\right)^2+2(K_1+K_2)-4K_1K_2\right]\frac{\pi}{\mu}\cdot\sin\frac{\pi}{\mu}-2\left[(K_1+K_2)\left(\frac{\pi}{\mu}\right)^2+4K_1K_2\right]\cos\frac{\pi}{\mu}+8K_1K_2=0$$

$$(1.2.1)$$

有侧移框架柱计算长度系数 μ 值的计算公式为

$$\left[36K_1K_2-\left(\frac{\pi}{\mu}\right)^2\right]\sin\frac{\pi}{\mu}+6(K_1+K_2)\frac{\pi}{\mu}\cdot\cos\frac{\pi}{\mu}=0 \qquad (1.2.2)$$

GB 50017—2017《钢结构设计标准》(简称《标准》)根据以上两式给出了两种失稳模式的计算长度系数 μ 值表,可根据 K_1、K_2 经内插查得 μ 值。《钢结构设计原理》(第 2 版)的附表 6.1 和附表 6.2 亦给出了这两个表格。《标准》还给出了有关强、弱支撑框架的概念和相应的计算方法。

对网壳结构等具有很高几何非线性的结构体系,采用结构特征值的线性分析方法求解体系的稳定问题,通常会过高估计结构的稳定承载能力。此时,可以采用仅考虑几何非线性的全过程分析方法来研究具体结构体系的稳定问题,通过大量的参数分析,回归整理出实用的计算方法,如本书第 4 章有关网壳结构的稳定问题就是这样处理的。

1.2.3　钢结构的动力性能

结构体系的动力特性包括自振周期、振型和阻尼三部分,主要与结构体系的质量和刚度分布有关。由于钢结构的刚度较钢筋混凝土结构小,因此自振周期较长,其阻尼也较小,在进行风振和地震反应分析时,要充分考虑这些性能。

脉动风常会引起周期较长的高柔结构和悬索结构的较大风振反应,由于风振问题的复杂性,目前只有顺风向的风振计算问题得到一定程度的解决,一般采用随机振动理论进行分析。对于悬臂型结构,在满足一定要求的基础上,其顺风向的风振可通过相应的风振系数来考虑。而有关气流绕过结构产生的漩涡脱落引起的横风向风振问题,只有圆形截面的结构得到了解决。对于非圆形截面的结构,宜通过空气弹性模型的风洞试验来确定。

地震引起的结构动力反应,除和结构自身的动力特性有关之外,还与地震时建筑场地的地面运动特性有关,即与地震动的强度(如地面加速度、速度、位移等的幅值大小)、频谱特性和持时有关。这些因素主要和地震的震级、震源所在位置、深度及场地土的特征周期有关。目前结构的地震反应分析方法主要有反应谱理论与时程反应分析法两类。前者属于拟静力法,通过反应谱曲线将地震的动力作用折算成静力作用,采用底部剪力法或振型分解反应谱法进行计算,过程比较简单,目前大多数结构的地震反应分析都应用该法。时程反应分析属于直接动力方法,要选用与场地特征相似的实际强震记录和人工模拟的加速度时程曲线,作为地震波输入进行分析。

由于建筑结构、构筑物等的抗震经验和研究基础不同,即使是同一种反应谱理论也有很大差别,在进行具体钢结构体系的地震反应分析时,要给予足够的重视。

例如,我国的 GB 50011—2010《建筑抗震设计规范(2016 年版)》(简称《抗震设计规范》)和 JGJ 99—2015《高层民用建筑钢结构技术规程》,都是以多遇地震为主进行抗震计算的,即要求结构小震不坏、大震不倒、中震可修;但是我国的 GB 50191—2012《构筑物抗震设计规范》和 GB 50341—2014《立式圆筒形钢制焊接油罐设计规范》都是以设防烈度地震(设计基本地震)为主进行抗震验算的,只是所使用的地震影响系数曲线(或动力放大系数曲线)在 $T \leqslant 6$ s 之前与《抗震设计规范》相同,在 $T > 6$ s 之后又不相同。因此在进行不同钢结构体系的抗震分析时,必须采用相应的抗震验算规定,不能相互套用。

1.3　钢结构的设计方法

1.3.1　钢结构的计算方法

目前我国采用的钢结构计算方法主要有两种。一种是《标准》所采用的以概率理论为基础的一次二阶矩极限状态设计法,已在《钢结构设计原理》(第 2 版)中做过详细介绍,此处不再重复。另一种是以结构的极限状态为依据,在进行多系数分析的基础上,用单一安全系数表达的容许应力(或许用应力)设计法,如我国 TB 10091—2017《铁路桥梁钢结构设计规范》、GB 50341—2014《立式圆筒形钢制焊接油罐设计规范》和 GB 150—2011《压力容器》都采用了这一方法。由于容许应力中已考虑了包括荷载的变异在内的安全系数,在进行结构的反应分析时,只能采用标准荷载,不能再考虑荷载分项系数。因此在进行不同结构体系的设计时,必须采用相应规范的计算方法。

1.3.2 规范在钢结构设计中的应用

目前我国同时存在两种性质的规范,一种是由国家行政部门组织编制的带有强制性的标准,一种是由工程建设标准化协会(属专业性社会团体)组织编制的推荐性标准。强制性标准必须执行,根据是否严格执行了标准的规定,来追究事故的责任。推荐性标准的条文是否执行,由设计者掌握选择权,不要求强制执行。但不管是什么性质的标准,都是由资深的专业人员,经过总结国内外的实践经验和研究成果(包括编制人员的研究成果)编制出来的,代表了各相关领域经过实践考验的、成熟的科学技术成果和经验总结。这些标准在贯彻执行技术经济政策、节约钢材、确保钢结构工程质量和安全、促进钢结构的技术进步等方面都起了十分重要的作用。

但是必须指出,由于我国相关标准的修订工作不同步,目前有些规范和规程还处于修订过程,部分规范之间还有矛盾,给设计工作带来不便。

在具体设计中,经常碰到规范中没有明确规定的问题,甚至出现超出规范强制条款范围的要求,对这些问题要慎重处理。回顾工程史可以发现,都是先有工程后有规范的。规范必然会随着人类社会科学技术的进步而不断发展完善。因此对于上述问题,可组织攻关小组开展专门的试验研究和理论分析工作,同时召开相关专家论证会议,做出妥善处理。当采取了有效措施后,可以改变标准强制性实施条文要求的,不仅允许,还应给以鼓励,只有这样才能推动标准的不断发展和完善。

1.3.3 钢结构设计文件的编制

建筑物和构筑物的设计应依照审批后的项目设计任务书进行。钢结构的设计一般分为初步设计和施工图设计两个阶段。对于使用定型设计和重复使用的设计图纸设计的建筑物和构筑物,以及技术不复杂的工程项目,也可只进行施工图阶段的设计。对于重要的和技术复杂的工程项目,尚可在初步设计和施工图设计之间安排一个技术设计阶段。

在初步设计阶段,钢结构工程师要与建筑师、工艺师等密切配合,在建筑或工艺方案的基础上选择合理的钢结构形式,确定基本结构简图,并绘制基本图纸:平面图、表示主要承重结构和围护结构的简要剖面图。

在施工图设计阶段,要解决与钢结构构成有关的所有问题,以及与工艺、运输、建筑、地基和设计的其他部分(如给排水、暖通、电力等)的配合问题。最后要给出完整的施工文件,包括设计说明书、钢结构的总构成图、钢结构构件布置图、构件施工图、节点大样图等一整套的施工图纸。图纸中应附有构件截面表和各种型钢、板材截面的明细表,还应附有钢材和连接的选择及在制作和安装过程中注意事项的说明。设计部门还必须保存钢结构设计的荷载资料、静力计算和必要的动力分析资料,以及所有涉及钢构件和节点设计的计算书和计算简图。

结构设计工作常常不是一次完成的,从确定方案到完成施工图的过程,实际上是不断修改、不断解决矛盾、完善设计的过程。而在制作施工之前,施工单位还要进行深化设计,可能会暴露出新的矛盾,有时还需要设计单位进一步修改设计。

1.4　学习本课程的建议

本课程是"钢结构设计原理"的后续课程。本教材从"大土木"的专业要求出发,按土木工程中不同用途的钢结构类别分章编写而成。书中各章以介绍各种用途的钢结构的组成、结构形式、受力和设计特点为主,同时简单介绍相关规范的有关内容。每章相对独立,以拓宽知识面为主,避免过细过全。每章均附有详细的设计例题,并列出较为丰富的参考文献,供读者参考。

本课程的各章教学时数以 18 学时为宜,具体讲授章节根据各高校教学需求确定。在教学过程中应适当参考相关规范的内容。

本书介绍的结构形式多样,内容繁杂,涉及建筑工程和特种构筑物等多个钢结构类别,应充分利用新形态教学资源信息量大、生动直观、方便调用等特点,加强本课程的辅助教学。

本章参考文献

[1] 张耀春,周绪红. 钢结构设计原理[M]. 2 版. 北京:高等教育出版社,2020.

[2] 中华人民共和国住房和城乡建设部. 钢结构设计标准:GB 50017—2017[S]. 北京:中国建筑工业出版社,2017.

[3] 中华人民共和国住房和城乡建设部. 建筑抗震设计规范(2016 年版):GB 50011—2010[S]. 北京:中国建筑工业出版社,2010.

[4] 中华人民共和国住房和城乡建设部. 高层民用建筑钢结构技术规程:JGJ 99—2015[S].北京:中国建筑工业出版社,2015.

[5] 中华人民共和国住房和城乡建设部. 构筑物抗震设计规范:GB 50191—2012[S].北京:中国计划出版社,2012.

[6] 中国石油天然气集团公司. 立式圆筒形钢制焊接油罐设计规范:GB 50341—2014[S]. 北京:中国计划出版社,2014.

[7] 中铁大桥勘测设计院集团有限公司. 铁路桥梁钢结构设计规范:TB 10091—2017[S]. 北京:中国铁道出版社,2017.

[8] 全国锅炉压力容器标准化技术委员会. 压力容器:GB 150—2011[S]. 北京:中国标准出版社,2012.

[9] 中华人民共和国住房和城乡建设部. 建筑结构可靠性设计统一标准:GB 50068—2018[S]. 北京:中国建筑工业出版社,2018.

第 2 章

钢-混凝土组合结构

2.1 钢-混凝土组合结构的特点与应用

2.1.1 钢-混凝土组合结构的特点

众所周知,钢材具有强度高、结构重量轻的优点,结构构件常较柔细,特别适合于承受拉力,当其受压时,常因稳定性不足而不能充分发挥其强度高的优势。混凝土则相反,宜于受压而不适于受拉。在结构中的特定位置,根据其受力特征,分别布置钢或混凝土材料,充分利用各自的长处,避其短处,就形成了钢-混凝土组合结构。

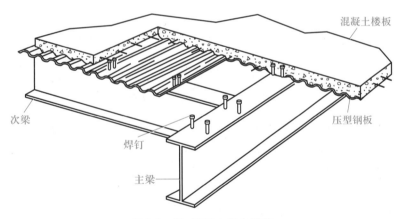

图 2.1 钢-混凝土组合楼盖

钢-混凝土组合结构包括钢-混凝土组合楼盖、钢管混凝土结构和型钢混凝土结构等类别。图 2.1 给出了典型的钢-混凝土组合楼盖的构造形式,现浇的混凝土楼板通过焊于主梁和次梁上的抗剪连接件焊钉与钢梁系统组成了组合楼盖。图 2.2 示出了由混凝土板和钢梁组成的简支组合梁的工作特点,由于抗剪连接件的存在,可以限制受弯时混凝土板与钢梁间的相对滑移,使钢梁和混凝土板成为一个具有统一中和轴的组合梁共同受弯,混凝土板及其相接触的钢梁上部承受压力,而大部分钢梁承受拉力,如图 2.2d、e、f 所示。非组合梁的混凝土楼板和钢梁组成的受弯体系如图 2.2a、b、c 所示,混凝土楼板与钢梁分别受弯,由于楼板绕自身中和轴的截面刚度 $E_c I_c$ 远小于钢梁绕自身中和轴的截面刚度 $E_s I_s$,则由楼板承受的弯

矩 M_c 与钢梁承受的弯矩 M_s 相较常可略去, 可近似认为包括楼板自重在内的全部荷载所产生的弯矩均由钢梁独自承担。显然组合梁的承载力和刚度大于后者。

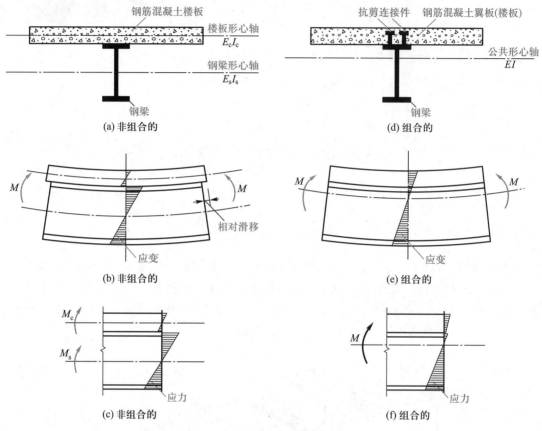

图 2.2　钢-混凝土组合梁受力特点

钢管混凝土结构是指在钢管内浇筑混凝土而形成的一种钢-混凝土组合结构形式。钢管的截面形式有圆管、方管、矩形管和八边形管之分 (图 2.3)。对于压杆而言, 圆钢管比其他截面能更有效地约束核心混凝土, 提高其抗压强度和延性。钢管混凝土柱的受力特点如图 2.4 所示, 钢管混凝土短柱在轴压作用下, 钢管和混凝土共同受力, 而产生相同的纵向变形和相互协调的横向变形。试验表明当钢管纵向压应力 σ_3 超过比例极限之后, 由于钢材的泊松比 μ_s 小于核心混凝土的横向变形系数 μ_c, 核心混凝土的横向变形将大于钢管的横向变形而受到钢管的约束, 相互间产生的分布作用力 p 称为紧箍力。该力使混凝土横向受压, 在纵向应力 σ_c 和紧箍力 p 的共同作用下, 混凝土处于三向受压的应力状态, 混凝土的强度和变形能力均得到了较大提高, 使单向受力为脆性的混凝土呈现出很好的塑性变形能力。紧箍力使钢管内壁沿厚度方向受到压应力 $\sigma_2 = p$ 的作用, 沿环向受到拉应力 $\sigma_1 = d_c p/(2t)$ 的作用, 考虑 σ_2 较小略去不计, 可认为钢管处于纵向受压环向受拉的异号应力状态。虽然这种应力状态使其纵向强度降低, 但由于混凝土的存在, 防止了管壁过早的失去局部稳定, 仍可使折算应力达到钢材的屈服强度。试验表明, 钢管混凝土短柱的轴压承载力远远大于空钢管和管内混凝土柱的承载力的简单叠加, 体现了组合作用的突出优点。

型钢混凝土结构是把型钢或格构式钢构件埋入钢筋混凝土中而形成的一种组合结构形

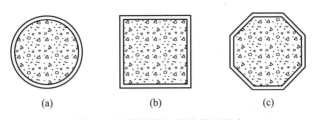

图 2.3   钢管混凝土柱的截面形式

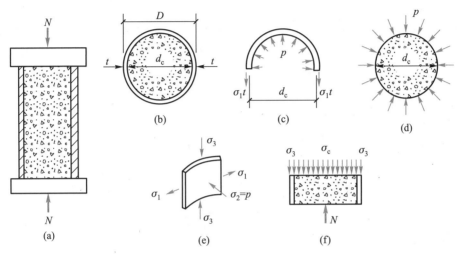

图 2.4   圆形钢管混凝土短柱的受力特点

式,主要由梁、柱、剪力墙等基本构件组成。图 2.5 给出了型钢混凝土柱和梁的常用截面形式。由于型钢埋入钢筋混凝土内部,混凝土对型钢起到了很好的保护作用,提高了其稳定性、抗火性和耐久性。型钢的加入也提高了组合构件的强度、刚度和延性。但是,由于型钢表面与混凝土之间的黏结力较小,只相当于光面钢筋与混凝土的黏结力的 1/2,因此当型钢表面不设抗剪连接件时,型钢混凝土结构的组合作用不如钢-混凝土组合梁和钢管混凝土结构。

由上述可以看出,由于钢-混凝土组合结构充分利用了两种材料的长处,两种材料组合后的整体工作性能明显优于二者性能的简单叠加。组合结构与钢筋混凝土结构相比,可以减少混凝土用量,大大减轻结构自重,减小构件截面尺寸,增加使用面积,减小地震作用,降低基础造价,减少模板工程量,加快施工进度,提高结构承载力和延性。与钢结构相比,可以降低用钢量和造价,提高结构的刚度、稳定性、抗火性和耐久性。因此,组合结构在国内外得到了广泛的应用。

2.1.2   钢-混凝土组合结构的发展与应用

早在 19 世纪 70 年代,在英国具备了工业化大批量生产钢材的能力之后不久,钢-混凝土组合结构就出现了。例如,1879 年英国赛文桥工程采用了钢管桥墩,为了防止钢管从内部锈蚀同时又能承受压力,在管内浇筑了混凝土,这可看作最早的钢管混凝土结构。随后欧美

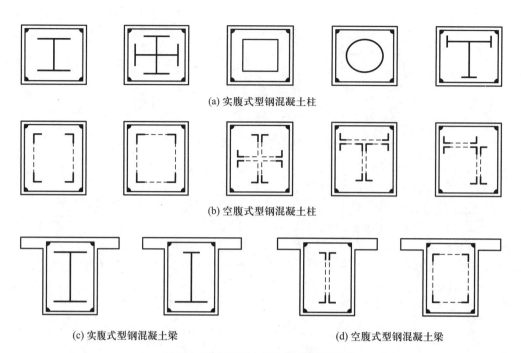

(a) 实腹式型钢混凝土柱

(b) 空腹式型钢混凝土柱

(c) 实腹式型钢混凝土梁　　　　　　　　　　　　(d) 空腹式型钢混凝土梁

图 2.5　型钢混凝土柱和梁的截面形式

国家开始采用钢结构建造高层建筑,为了满足防火要求,在钢梁、柱的外表面包灌混凝土,形成了最早的型钢混凝土结构。这种防火方法的应用直到 20 世纪 60 年代出现了轻型防火材料之后,才有所改变。在这过程中,型钢混凝土结构有了较大的发展,从最初的不考虑外包混凝土参与结构的工作,到只考虑外包混凝土对截面刚度的增大作用,直到考虑外包混凝土对柱子承载力的提高作用,并被纳入 1959 年版的英国 BS449 规范。早在 1923 年,加拿大学者麦凯(Mackay)等就研究了型钢混凝土梁与其上的现浇钢筋混凝土板之间的组合作用,随后就出现了钢-混凝土组合梁结构。美国是最早将组合梁列入设计规范的国家。

在亚洲,日本是对钢-混凝土组合结构研究和应用最早的国家之一。日本是地震多发国家,特别重视型钢混凝土结构(日本称其为钢骨混凝土结构,steel reinforced concrete,简称 SRC)抗震性能的研究和应用。自 20 世纪 50 年代始,日本对 SRC 结构进行了广泛的研究,并于 1958 年制定了钢骨混凝土规范,至今,已在研究的基础上进行了多次修订。

国外的钢-混凝土组合结构主要应用于桥梁结构、高层和超高层建筑、大柱网和大跨度结构及对抗震、抗火性能要求较高的建筑。例如瑞典于 1955 年建成的跨径达 182 m 的斯曹松特桥,英国于 1964 年建成的跨径达 152 m 的新港桥,美国于 1984 年建成的跨径达 274 m 的昆西桥和加拿大于 1986 年建成的跨度达 465 m 的安纳西斯桥等,均采用了钢-混凝土组合梁。许多高层建筑的楼盖也采用了由压型钢板、钢梁和混凝土组合而成的钢-混凝土组合楼盖结构。

20 世纪 60 年代后期,苏联、西欧、北美和日本等国对钢管混凝土结构的性能开展了深入的研究,并成功地将其应用于厂房建筑、多高层建筑及立交桥等工程。随着泵送混凝土工艺的发展和高强混凝土的出现,钢管高强混凝土结构得到更多的研究和应用。20 世纪 90 年代前后,美国西雅图市先后建起了三栋采用钢管高强混凝土结构的高层建筑。其中建成于

1990 年的双联广场大厦,地上 56 层,高 220 m,中部布置了 4 根直径达 3 048 mm、壁厚为 30 mm 的钢管混凝土柱,内填的混凝土强度达到创纪录的 131 N/mm²,四根柱子承担了全部竖向荷载的 60% 以上。由于采用了钢管高强混凝土结构等新技术,降低造价超过 36%。

SRC 结构在西欧、北美和苏联都有广泛的应用,主要应用于桥梁和高层建筑结构。由于这种结构的抗震性能好,在日本的多、高层建筑中被优先采用。据 1985 年统计,SRC 结构的建筑面积占总建筑面积的 62.8%,10~15 层的高层建筑中 SRC 结构的建筑物数量占总数的 90% 左右。

钢-混凝土组合结构在我国的发展和应用起步较晚。钢-混凝土组合梁的研究始于 20 世纪 50 年代初,之后在公路和铁路桥梁方面得到了应用。1974 年交通部颁布的《公路桥涵设计规范》首次列入了组合梁的有关规定。组合梁在建筑工程中的应用研究也始于 20 世纪 50 年代,并于其后成功地应用于工业厂房的平台结构和吊车梁。1988 年版的《钢结构设计规范》也开始列入钢与混凝土组合梁的相关内容。近年来,随着我国高层建筑和大跨桥梁的兴建,组合梁结构得到了广泛的应用。例如,高层建筑大都采用了由压型钢板组合楼板和钢梁之间通过抗剪焊钉组成整体并共同受力的组合楼盖,20 世纪 90 年代初期在上海建成的南浦大桥(跨径 423 m)和杨浦大桥(跨径 602 m)均采用了钢-混凝土组合梁的斜拉桥,2021 年 9 月通车的湖北赤壁长江大桥(跨径 720 m)是目前世界上跨径最大的钢-混凝土组合梁斜拉桥。另外,在全国各地修建的立交桥中也大量采用了组合梁。

20 世纪 50 年代,我国由苏联引进了型钢混凝土结构,主要用于工业建筑。20 世纪 80 年代后期,随着我国改革开放政策的实施,建筑业获得迅猛发展,型钢混凝土结构的研究与应用也得到了快速发展,并在高层和超高层建筑中有较多应用。例如,上海金茂大厦(地上 88 层,高度 421 m)外框架就采用了 8 根巨型型钢混凝土柱,上海环球金融中心大厦(地上 101 层,高度 492 m)与目前我国最高、世界第二高的上海中心(地上 127 层,高度 632 m)的外围柱也采用了型钢混凝土柱。我国已颁布了两部行业标准:YB 9082—1997《钢骨混凝土结构设计规程》(2006 年修订为 YB 9082—2006《钢骨混凝土结构技术规程》)和 JGJ 138—2001《型钢混凝土组合结构技术规程》(2016 年修订为 JGJ 138—2016《组合结构设计规范》)。

我国对钢管混凝土结构的研究和应用有四十余年历史,虽然起步较晚,但由于该种结构形式非常适合我国国情,许多科研单位和大专院校开展了较为系统的研究工作,并将此结构广泛应用于地铁的站台柱、单层工业厂房柱、高炉和锅炉构架柱、多层工业厂房柱和送变电构架柱等。20 世纪 80 年代中期以来,在试验研究和理论分析的基础上,我国已建立了完整和先进的钢管混凝土结构计算理论和设计方法,先后编制了国家建筑材料工业局标准 JCJ 01—89《钢管混凝土结构设计与施工规程》,中国工程建设标准化协会标准 CECS 28:90《钢管混凝土结构设计与施工规程》(后修订为 CECS 28—2012《钢管混凝土结构技术规程》),CECS 159—2004《矩形钢管混凝土结构技术规程》,CECS 254—2012《实心与空心钢管混凝土结构技术规程》,以及中华人民共和国电力行业标准 DL/T 5085—1999《钢-混凝土组合结构设计规程》等。2014 年,颁布了国家标准 GB 50936—2014《钢管混凝土结构技术规范》,钢管混凝土结构理论体系日趋成熟,钢管混凝土结构已从原有的应用范围拓展到高层建筑和拱桥建设领域。迄今为止,我国已有百余幢高层和超高层建筑采用了钢管混凝土结构,其中包括 8 度抗震设防区

2.1 典型钢管混凝土结构

的世界最高楼——北京中信大厦(中国尊,高 528 m);超过 400 座公路、铁路和城市桥梁采用了钢管混凝土拱肋,包括世界最大跨径拱桥——广西平南三桥(跨径 575 m);高大的高压输电杆塔或微波塔,也可采用钢管混凝土构件作立柱以解决钢管局部稳定问题,其中包括世界最高变电塔、高 380 m 的浙江舟山大跨越塔。目前,我国已成为世界上应用钢管混凝土结构数量最多、范围最广的国家。钢管混凝土结构形式也日益多元,陆续出现了 JGJ/T 471—2019《钢管约束混凝土结构技术标准》、T/CECS 625—2019《钢管再生混凝土结构技术规程》、T/CECS 825—2021《矩形钢管混凝土组合异形柱结构技术规程》等新型钢管混凝土结构技术标准。

近年来,我国重大工程基础设施建设呈现出重载、超大跨和在恶劣环境下长期服役等新态势,并向海洋、深山、峡谷等区域发展,新型结构形式也相继出现。比较典型的结构形式为钢管混凝土混合结构,即以钢管混凝土为主要构件,与其他结构构(部)件混合而成且共同工作的结构形式,在受力全过程中各组成构件(部分)间存在协调互补、共同工作的"混合作用"效应,属于现行国家标准 GB/T 50083—2014《工程结构设计基本术语标准》定义的"混合结构"的范畴。该类结构包括钢管混凝土桁式混合结构、钢管混凝土加劲混合结构等。其中,前者常被应用于桥梁桥面系,如广东佛山南海区紫洞大桥、四川干海子特大桥等。后者常被应用于桥梁拱肋结构与墩柱结构,如四川广南高速公路昭化嘉陵江大桥(364 m),主拱肋采用空心钢管混凝土加劲混合结构;四川雅泸高速公路腊八斤特大桥的高墩则采用了四肢箱形钢管混凝土加劲混合结构,其中最高桥墩高达 182.5 m。目前,我国在钢管混凝土混合结构领域已形成了较为成熟的试验、理论方法及静、动力与抗火性能设计方法。2021 年,国家标准 GB/T 51446—2021《钢管混凝土混合结构技术标准》的颁布,为该类结构的全寿命周期设计与施工提供了科学依据。

由于篇幅所限,本章将重点介绍钢−混凝土组合梁设计的内容,对钢管混凝土结构和型钢混凝土结构只做简单介绍。

2.2　钢−混凝土组合梁设计

2.2.1　一般规定

1. 适用范围

现行 GB 50017—2017《钢结构设计标准》(简称《标准》)规定,钢−混凝土组合梁的适用范围限于一般不直接承受动力荷载的简支梁及连续组合梁,其承载力采用塑性分析的方法计算。虽然我国早在 20 世纪 80 年代初已将组合梁用于 18 m 跨的吊车梁,但考虑到目前国内对组合梁在直接动力荷载作用下的试验研究资料有限,因此对于直接承受动力荷载,或者钢梁中的受压板件的宽厚比不满足塑性设计要求的组合梁,则应采用弹性分析方法进行计算和设计。对处于高温或露天环境的组合梁,尚应符合有关专门规范的要求。

组合梁的混凝土翼板可用压型钢板混凝土组合板、现浇混凝土板或混凝土叠合板,后者由预制板和现浇混凝土层组成,按 GB 50010—2010《混凝土结构设计规范(2015 年版)》(简称《混凝土规范》)进行设计,在混凝土预制板表面采取拉毛及设置抗剪钢筋等措施,以保证预制板和现浇混凝土层形成整体。

2. 混凝土翼板的有效宽度

组合梁通过抗剪连接件在混凝土板和钢梁的翼缘之间传递剪力,由于剪力滞后效应,混凝土翼板中的纵向应力分布是不均匀的。为了计算简便,按受力等效的原则,确定混凝土翼板的有效宽度 b_e,认为在 b_e 的范围内纵向应力的分布是均匀的。也就是说,只考虑由宽度为 b_e 的混凝土翼板和钢梁所组成的截面承受外荷载作用。

混凝土翼板的有效宽度 b_e(见图 2.6)按下式计算:

$$b_e = b_0 + b_1 + b_2 \tag{2.2.1}$$

式中, b_0 ——板托顶部的宽度,当板托倾角 $\alpha < 45°$ 时,应按 $\alpha = 45°$ 计算板托顶部的宽度;当无板托时,则取钢梁上翼缘的宽度;当混凝土板和钢梁不直接接触(如之间有压型钢板分隔)时,取焊钉的横向间距,仅有一列焊钉时取 0(mm)。

b_1、b_2 ——梁外侧和内侧的翼板计算宽度,当塑性中和轴位于混凝土板时,各取梁等效跨径 l_e 的 1/6。l_e 确定方法如下:对于简支组合梁,取为简支组合梁的跨度;对于连续组合梁,中间跨正弯矩区取为 0.6l,边跨正弯矩区取为 0.8l,l 为组合梁跨度,支座负弯矩区取为相邻两跨跨度之和的 20%(mm)。此外,b_1 尚不应超过翼板实际外伸宽度 s_1;b_2 不应超过相邻钢梁上翼缘或板托间净距 s_0 的 1/2。当为中间梁时,式(2.2.1)中的 b_1 等于 b_2。

组合梁混凝土翼板可以带板托,也可以不带板托,后者施工方便,前者可增加组合梁高度,节省钢材,但构造复杂,不便施工。图 2.6 中,h_{c1} 为混凝土翼板的厚度,当采用压型钢板作混凝土底模时,翼板厚度 h_{c1} 取板的总厚度减去压型钢板的腹板高度(见图 2.12);h_{c2} 为托板高度,当无板托时,$h_{c2} = 0$。

3. 组合梁施工阶段验算

组合梁的受力状态与施工条件有关。对于施工时钢梁下不设临时支承的组合梁,应分两个阶段进行计算。

第一阶段,在混凝土硬结前的材料重量和施工荷载由钢梁单独承受,此时按一般钢梁计算其强度、挠度和稳定性。第二阶段,施工完成后的使用阶段,组合梁承受续加荷载作用产生的变形与施工阶段钢梁的变形相叠加。

如果施工阶段梁下设有临时支承,则应按实际支承情况验算钢梁的强度、挠度和稳定性。并且在计算组合梁使用阶段承受续加荷载产生的变形时,应把原临时支承点的反力反向作用于组合梁,作为续加荷载的一部分参与计算。

无论施工阶段有无临时支承,对采用塑性分析方法的组合梁的极限抗弯承载力计算均无影响,因此计算极限抗弯承载力时,无须考虑施工条件。

4. 组合梁按纵向水平抗剪能力的分类

组合梁按其钢和混凝土的交界面上抗剪连接件的纵向水平抗剪能力,分为完全抗剪连接组合梁和部分抗剪连接组合梁。前者是指混凝土翼板与钢梁之间具有可靠的连接,抗剪连接件按计算需要设置,以充分发挥组合梁截面的抗弯能力;后者是指配置的抗剪连接件数量少于完全抗剪连接所需要的抗剪连接件数量,如压型钢板混凝土组合梁等,此时应按照部分抗剪连接计算其抗弯承载力。

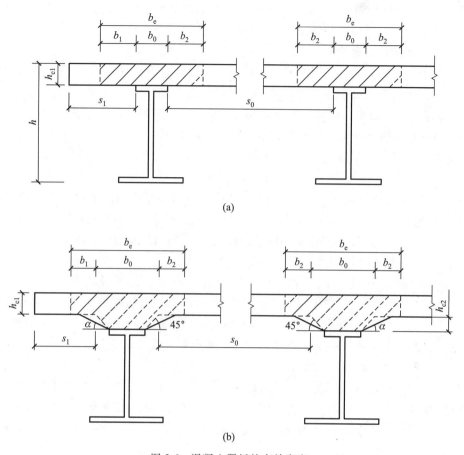

(a)

(b)

图 2.6 混凝土翼板的有效宽度

国内外的研究成果表明,在承载力和变形都能满足要求时,采用部分抗剪连接组合梁是可行的。梁的跨度越大,为了能使交界面上的连接件较均匀地传递剪力,对连接件的柔性性能要求也越高。

5. 材料强度取值和钢梁受压区的板件宽厚比限制

考虑全截面塑性发展进行组合梁的强度计算时,钢材按《标准》中的钢材强度设计值 f 取值,当组成板件的厚度不同时,可统一按较厚板件取强度设计值。组合梁负弯矩区段所配置的负弯矩钢筋的抗拉强度设计值 f_{st} 及混凝土受压区抗压强度设计值 f_c 按《混凝土规范》的有关规定采用。组合梁中钢梁受压区的板件宽厚比应满足塑性设计的要求,以确保组合梁达到极限抗弯承载力时,钢梁能充分发展塑性,形成塑性铰。

虽然连续组合梁的负弯矩区是混凝土受拉而钢梁大部分受压,但组合梁具有较好的内力重分布性能,负弯矩区可以利用负弯矩钢筋和钢梁共同抵抗弯矩,当达到负弯矩极限承载力时,可通过弯矩调幅使内力重分布。组合梁调幅设计的相关规定具体参考《标准》10.1 节,调幅幅度限值及相应的挠度和侧移增大系数具体参考《标准》表 10.2.2-2,在此不再展开论述。

2.2.2 组合梁强度设计

1. 完全抗剪连接组合梁的抗弯承载力

完全抗剪连接组合梁的设计,可按简单塑性理论形成塑性铰的假定来计算组合梁的抗弯承载力。即假设位于塑性中和轴一侧的受拉混凝土因为开裂而不参加工作,而处于负弯矩区的纵向钢筋受拉,且达到强度设计值;混凝土受压区假定为均匀受压,并达到轴心抗压强度设计值,且受压区中的板托部分不予考虑;根据塑性中和轴的位置,钢梁可能全部受拉或部分受压部分受拉,但假定为均匀受力,并达到钢材的抗拉或抗压强度设计值。同时,假定梁的剪力全部由钢梁承受,并按钢梁腹板的塑性抗剪承载力验算,且不考虑剪力对组合梁抗弯承载力的影响。计算时,忽略钢筋混凝土翼板受压区中钢筋的作用,且不考虑施工过程中有无支承及混凝土的徐变、收缩与温度作用的影响。具体按下列规定计算。

(1)正弯矩作用区段的承载力计算

1)塑性中和轴在混凝土翼板内(图 2.7),即当 $Af \leqslant b_e h_{c1} f_c$ 时:

$$M \leqslant b_e x f_c y \tag{2.2.2}$$

$$x = Af/(b_e f_c) \tag{2.2.3}$$

式中,M——正弯矩设计值,N·mm;

A——钢梁的截面面积,mm^2;

x——混凝土翼板受压区高度,mm;

y——钢梁截面应力的合力至混凝土受压区截面应力的合力间的距离,mm;

f_c——混凝土抗压强度设计值,N/mm^2。

如无特殊说明,本书的尺寸单位为 mm,力的单位为 N(牛顿)。

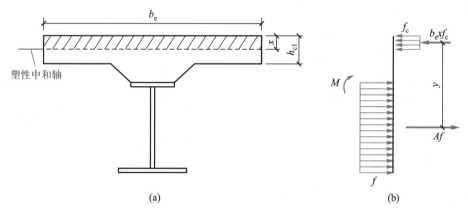

图 2.7 塑性中和轴在混凝土翼板内时的组合梁计算简图

2)塑性中和轴在钢梁截面内(图 2.8),即当 $Af > b_e h_{c1} f_c$ 时:

$$M \leqslant b_e h_{c1} f_c y_1 + A_c f y_2 \tag{2.2.4}$$

$$A_c = 0.5(A - b_e h_{c1} f_c/f) \tag{2.2.5}$$

式中,A_c——钢梁受压区截面面积;

y_1——钢梁受拉区截面形心至混凝土翼板受压区截面形心的距离；

y_2——钢梁受拉区截面形心至钢梁受压区截面形心的距离。

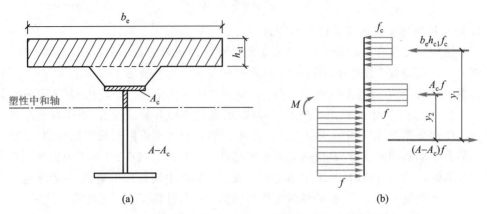

图 2.8　塑性中和轴在钢梁截面内时的组合梁计算简图

（2）负弯矩作用区段的承载力计算

图 2.9 给出了负弯矩作用时组合梁的计算简图。组合截面达极限状态时的应力状态分布图（图 2.9b）可分解为钢梁截面绕其自身塑性中和轴的极限弯矩 $M_s = W_{sp} f = (S_1 + S_2) f$ 和负弯矩钢筋与部分钢梁腹板所组成的极限弯矩 $M_{st} = A_{st} f_{st} (y_3 + y_4/2)$ 两部分。图 2.9b 中的 A_c 为钢梁受压区面积，可由截面轴向力平衡条件求出。由此可得负弯矩区的承载力计算式如下：

$$M' \leqslant M_s + A_{st} f_{st} (y_3 + y_4/2) \tag{2.2.6}$$

$$M_s = (S_1 + S_2) f \tag{2.2.7}$$

式中，M'——负弯矩设计值。

S_1、S_2——钢梁本身的塑性中和轴（平分钢梁截面积的轴线）以上和以下截面对该轴的面积矩。

A_{st}——负弯矩区混凝土翼板有效宽度范围内的纵向钢筋截面面积。

f_{st}——钢筋抗拉强度设计值。

y_3——纵向钢筋截面形心至组合梁塑性中和轴的距离。

y_4——组合梁塑性中和轴至钢梁本身的塑性中和轴的距离。当组合梁塑性中和轴在钢梁腹板内时，取 $y_4 = A_{st} f_{st} / (2 t_w f)$；当该中和轴在钢梁翼缘内时，取 y_4 等于钢梁塑性中和轴至腹板上边缘的距离。

2. 部分抗剪连接组合梁的抗弯承载力

（1）正弯矩作用区段的承载力计算

由于部分抗剪连接组合梁的连接件配置受构造等原因影响不能按完全抗剪连接所需的个数配置，因而不足以承受最大弯矩点至邻近零弯矩点之间的剪跨区段内总的纵向水平剪力时，应采用部分抗剪连接设计法。试验研究表明，采用焊钉等柔性抗剪连接件的组合梁，随着连接件数量的减少，钢梁与混凝土翼板间的协同工作能力下降，导致二者交界面发生相对滑移，使极限抗弯承载力降低。计算时可取该剪跨区段内抗剪连接件的抗剪承载力设计值总和作为混凝土翼板中的剪力，由平衡条件求得混凝土受压区的高度后，按照计算简图 2.10，可求得部分抗剪连接组合梁的抗剪承载力。

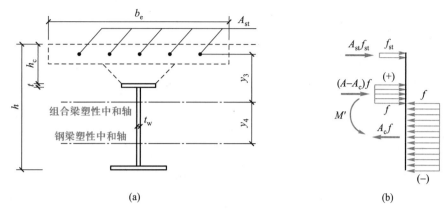

图 2.9　负弯矩作用时的组合梁计算简图

$$x = n_r N_v^c / (b_e f_c) \tag{2.2.8}$$

$$A_c = (Af - n_r N_v^c) / (2f) \tag{2.2.9}$$

$$M_{ur} = n_r N_v^c y_1 + 0.5(Af - n_r N_v^c) y_2 \tag{2.2.10}$$

式中,M_{ur}——部分抗剪连接时组合梁截面抗弯承载力;

　　　n_r——部分抗剪连接时一个剪跨区的抗剪连接件数目;

　　　N_v^c——每个抗剪连接件的纵向抗剪承载力,按 2.2.3 节的有关公式计算;

　　　y_1——钢梁受拉区截面形心至混凝土翼板受压区形心的距离;

　　　y_2——钢梁受拉形心至钢梁受压区形心的距离。

y_1 和 y_2 可参照图 2.10 根据 x 和钢梁受压截面面积 A_c 求出。

（2）负弯矩作用区段的承载力计算

部分抗剪连接组合梁在负弯矩作用区段的抗弯强度可参照图 2.9 按式（2.2.6）计算,但式中的 $A_{st} f_{st}$ 应取 $n_r N_v^c$ 和 $A_{st} f_{st}$ 两者中的较小值,n_r 取为最大负弯矩验算截面到最近零弯矩点之间的抗剪连接键数目。

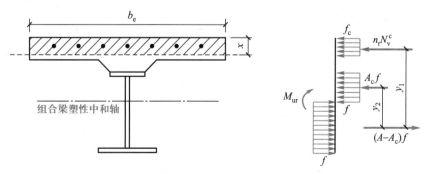

图 2.10　部分抗剪连接组合梁在正弯矩作用区段的计算简图

3. 组合梁的抗剪

（1）组合梁抗剪承载力计算

偏于安全考虑,假定组合梁截面上的全部剪力仅由钢梁腹板承受,按下式验算:

$$V \leqslant h_{\mathrm{w}} t_{\mathrm{w}} f_{\mathrm{v}} \qquad\qquad (2.2.11)$$

式中,V——组合梁中最大的剪力设计值;

　h_{w}、t_{w}——钢梁腹板的高度和厚度;

　f_{v}——钢材的抗剪强度设计值。

（2）组合梁中弯矩和剪力的相互影响

众所周知,钢梁中的剪力会加速塑性铰的形成。但在按公式（2.2.11）验算钢梁的抗剪承载力的前提下,剪力的存在并不降低截面的弯矩极限值。钢材实际上并非理想弹－塑性体,它的塑性变形发展是不均匀的,当弯矩和剪力值都很大时,将发生截面的应变硬化,而其极限抗弯承载力并不降低。偏于安全考虑,当用塑性设计法计算组合梁的抗弯承载力时,规定在受正弯矩的组合梁截面处和 $V \leqslant 0.5 h_{\mathrm{w}} t_{\mathrm{w}} f_{\mathrm{v}}$ 的受负弯矩的组合梁截面处,可不考虑弯矩和剪力的相互影响,仍按上述各公式计算;当受负弯矩的组合梁截面的剪力设计值 $V > 0.5 h_{\mathrm{w}} t_{\mathrm{w}} f_{\mathrm{v}}$ 时,需要考虑弯矩与剪力的相互影响,此时,验算负弯矩受弯承载力所用的腹板钢材强度设计值 f 按《标准》第 10.3.4 条的规定计算。

2.2.3　抗剪连接件的计算

1. 抗剪连接件的类型及其抗剪承载力设计值

抗剪连接件是组合梁的关键部件之一,主要传递混凝土翼板与钢梁之间的纵向水平剪力,还可抵抗翼板与钢梁之间的掀起作用。

组合梁的抗剪连接件宜采用焊钉,也可采用槽钢、弯筋或有可靠依据的其他类型的连接件。焊钉、槽钢的设置方式如图 2.11 所示。每种抗剪连接件的抗剪承载力设计值是在国内大量试验研究的统计分析基础上,并借鉴了国外规范的有关规定确定的。

（1）圆柱头焊钉连接件

试验表明:焊钉连接件在混凝土中的抗剪作用类似于弹性地基梁,在焊钉根部混凝土局部承压,而焊钉本身承受剪、弯、拉作用,主要有两种破坏形式,即焊钉周围混凝土被挤压破坏或焊钉钉杆被剪断。因此影响其抗剪承载力的主要因素为焊钉截面面积、混凝土弹性模量和混凝土的强度等级。当焊钉长度不小于其直径的 4 倍时,《标准》规定一个焊钉的抗剪承载力设计值为

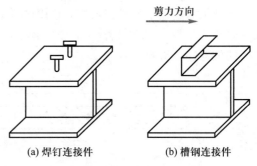

(a) 焊钉连接件　　　(b) 槽钢连接件

图 2.11　连接件的种类及设置方向

$$N_{\mathrm{v}}^{\mathrm{c}} = 0.43 A_{\mathrm{s}} \sqrt{E_{\mathrm{c}} f_{\mathrm{c}}} \leqslant 0.7 A_{\mathrm{s}} f_{\mathrm{u}} \qquad\qquad (2.2.12)$$

式中,E_{c}——混凝土的弹性模量;

　A_{s}——圆柱头焊钉钉杆截面面积;

　f_{c}——混凝土抗压强度设计值;

　f_{u}——圆柱头焊钉极限抗拉强度设计值,需满足现行国家标准 GB/T 10433—2002《电弧螺柱焊用圆柱头焊钉》的要求,f_{u} 不得小于 400 N/mm^2。

焊钉的 $N_{\mathrm{v}}^{\mathrm{c}}$ 并非随混凝土强度的提高而无限增大,而是有与焊钉抗拉强度有关的上限

值,根据欧美国家的规范资料,上限值为 $0.7A_s f_u$,f_u 为焊钉的极限抗拉强度。

（2）槽钢连接件

槽钢连接件的工作性能与焊钉相似,混凝土对其的影响作用也相同,只是槽钢连接件根部的混凝土局部承压局限于槽钢上翼缘下表面范围内。各国规范采用的公式基本上相同,我国的试验结果也与之极为接近。一个槽钢连接件的抗剪承载力设计值为

$$N_v^c = 0.26(t + 0.5t_w)l_c\sqrt{E_c f_c} \qquad (2.2.13)$$

式中,t——槽钢翼缘的平均厚度;

t_w——槽钢腹板的厚度;

l_c——槽钢的长度。

槽钢连接件通过肢尖肢背两条通长角焊缝与钢梁连接。角焊缝按承受该连接件的抗剪承载力设计值 N_v^c 进行计算。

2. 焊钉连接件抗剪承载力的折减

（1）压型钢板组合梁中的焊钉

压型钢板组合梁一般采用焊钉连接件,由于焊钉需穿过压型钢板焊接到钢梁上,且焊钉根部周围没有混凝土的约束,当压型钢板肋垂直于钢梁时,由压型钢板的波纹形状形成的混凝土肋是不连续的,对焊钉抵抗剪力不利,因此对其抗剪承载力应予折减。根据试验研究得出的折减系数分为以下两种情况。

1）当压型钢板肋平行于钢梁布置（图 2.12a）,且 $b_w/h_e < 1.5$ 时,按式（2.2.12）得出的 N_v^c 应乘以折减系数 β_v 后取用。β_v 值按下式计算:

$$\beta_v = 0.6\frac{b_w}{h_e}\left(\frac{h_d - h_e}{h_e}\right) \leqslant 1 \qquad (2.2.14)$$

式中,b_w——混凝土凸肋的平均宽度,当肋的上部宽度小于下部宽度时（图 2.12c）,改取上部宽度;

h_e——混凝土凸肋高度;

h_d——焊钉高度。

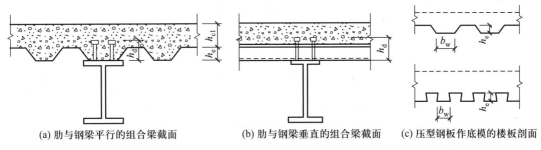

(a) 肋与钢梁平行的组合梁截面   (b) 肋与钢梁垂直的组合梁截面   (c) 压型钢板作底模的楼板剖面

图 2.12　用压型钢板混凝土组合板做翼板的组合梁

2）当压型钢板肋垂直于钢梁布置时（图 2.12b）,焊钉抗剪连接件承载力设计值的折减系数按下式计算:

$$\beta_v = \frac{0.85}{\sqrt{n_0}} \cdot \frac{b_w}{h_e}\left(\frac{h_d - h_e}{h_e}\right) \leqslant 1 \qquad (2.2.15)$$

式中, n_0 ——在梁某截面处,一个肋中布置的焊钉数,当多于 3 个时,按 3 个计算。

（2）位于负弯矩区段内的焊钉

当焊钉位于负弯矩区段时,混凝土翼板处于受拉状态,焊钉周围的混凝土对其约束程度不如位于正弯矩区的焊钉,此时位于负弯矩区的焊钉抗剪承载力设计值 N_v^c 应乘以折减系数 0.9。

3. 抗剪连接件数目的计算

试验研究表明,组合梁中常用的焊钉等柔性抗剪连接件,当荷载较大时,会产生较大的弯曲变形,使翼板和钢梁在交界面处产生滑移,从而使连接件之间发生内力重分布。达到极限状态时,交界面各连接件受力几乎相等,且与其位置无关。这就说明无须按剪力图布置连接件,而可以均匀布置,给设计和施工带来极大的方便。

抗剪连接件可按极限平衡方法进行计算,即认为达极限状态时,在每一个纵向剪力较大的剪跨区段内的钢与混凝土交界面上,所有抗剪连接件均同时达到其抗剪强度设计值。计算时,应以组合梁内弯矩绝对值最大点及支座为界限,划分为若干个剪跨区（图 2.13）,以便分段计算。每个剪跨区段内钢梁与混凝土翼板交界面的纵向剪力 V_s 按下列方法确定。

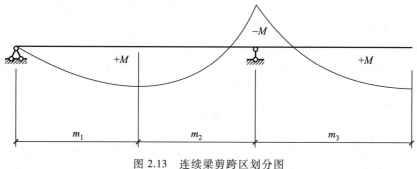

图 2.13　连续梁剪跨区划分图

1）正弯矩最大点到边支座区段,即 m_1 区段, V_s 取 Af 和 $b_e h_{c1} f_c$ 中的较小者。

2）正弯矩最大点到中支座（负弯矩最大点）区段,即 m_2 和 m_3 区段。

$$V_s = \min(Af, b_e h_{c1} f_c) + A_{st} f_{st} \tag{2.2.16}$$

按照完全抗剪连接设计时,每个剪跨区段内需要的连接件总数 n_f,按下式计算:

$$n_f = V_s / N_v^c \tag{2.2.17}$$

部分抗剪连接组合梁,其连接件的实配个数不得少于 n_f 的 50%,即 $n_r \geqslant 0.5 n_f$。

按式（2.2.17）算得的连接件数目,可在对应的剪跨区段内均匀布置。例如,对于简支组合梁,均匀布置在最大弯矩截面至零弯矩之间;对于连续组合梁,当采用焊钉和槽钢抗剪连接件时,则可按图 2.13 在剪跨区段 m_1、m_2 和 m_3 内各自均匀布置。

当在剪跨区内有较大集中荷载时,应将算得的 n_f 按剪力图面积比例分配后,再在剪跨内按剪力图划分的小段内各自均匀布置。

2.2.4　混凝土翼板和板托的纵向抗剪计算

众所周知,组合梁中的混凝土翼板和板托都将承受纵向剪力的作用,如果设计不当,可能沿着某一最不利平面或折面剪坏,对此种剪坏破坏的验算,称为界面抗剪验算。图 2.14 中的 a—a 为翼板的竖向平界面,b—b 为无板托的连接件包络界面,c—c、d—d 为有板托的连接件包络界面。

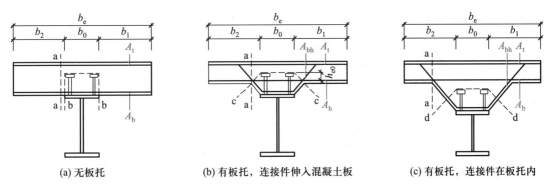

(a) 无板托   (b) 有板托,连接件伸入混凝土板   (c) 有板托,连接件在板托内

A_t—混凝土板顶部附近单位长度内钢筋面积的总和(mm^2/mm),包括混凝土板内抗弯和构造钢筋;A_b、A_{bh}—混凝土板底部、承托底部单位长度内钢筋面积的总和(mm^2/mm);h_{e0}—连接件抗掀起端底面至横向筋水平段顶面的距离。

图 2.14 混凝土板纵向受剪界面

组合梁翼板及板托纵向界面抗剪验算公式如下:

$$v_{l,1} \leqslant v_{lu,1} \tag{2.2.18}$$

式中,$v_{l,1}$——荷载作用引起的单位纵向长度内受剪界面上的纵向剪力设计值;

$v_{lu,1}$——单位纵向长度内界面抗剪承载力。

按简单塑性理论设计的组合梁,达极限状态时界面上的纵向剪力可假设等于抗剪连接件达抗剪承载力设计值时所传递的剪力,于是对于 b—b、c—c、d—d 受剪界面,单位纵向长度内受剪界面上的纵向剪力设计值应按下式计算:

$$v_{l,1} = \frac{V_s}{m_i} \tag{2.2.19}$$

对于翼板 a—a 受剪界面,单位纵向长度内受剪界面上的计算纵向剪力 $v_{l,1}$ 为

$$v_{l,1} = \max\left(\frac{V_s}{m_i} \times \frac{b_1}{b_e}, \frac{V_s}{m_i} \times \frac{b_2}{b_e} \right) \tag{2.2.20}$$

式中,V_s——每个剪跨区段内钢梁与混凝土翼板交界面的纵向剪力,按本书 2.2.3 节第 3 点的相关规定确定;

m_i——剪跨区段长度(图 2.13);

b_1、b_2——混凝土翼板左右两侧挑出的宽度(图 2.6);

b_e——混凝土翼板有效宽度,应按对应跨的跨中有效宽度取值,有效宽度按式(2.2.1)计算。

国内外众多研究成果表明,组合梁混凝土板纵向抗剪能力主要由混凝土和横向钢筋两部分提供,横向钢筋配筋率对组合梁纵向受剪承载力的影响最为显著。当横向钢筋两侧有足够的锚固长度、混凝土沿界面剪坏时,因破坏面凹凸不平,将产生沿垂直于界面分离的倾向,此时横向钢筋受拉,将对受剪界面提供一定的夹紧力,提高界面的抗剪能力。1972 年,A.H.Mattock 和 N.M.Hawkins 通过对剪力传递的研究,提出了普通钢筋混凝土板的抗剪强度

公式：$v_{lu,1}=1.38b_f+0.8A_ef_r\leq0.3f_cb_f$。基于该计算模型，结合国内外已有的试验研究结果，《标准》对混凝土抗剪贡献一项进行适当调整，建议按下式计算 $v_{lu,1}$：

$$v_{lu,1}=0.7f_tb_f+0.8A_ef_r\leq0.25b_ff_c \qquad (2.2.21)$$

式中，f_t——混凝土抗拉强度设计值；

　　　　b_f——受剪界面的横向长度，按图 2.14 所示的 a—a、b—b、c—c 及 d—d 连线在抗剪连接件以外的最短长度；

　　　　A_e——单位长度上横向钢筋的截面面积，按图 2.14 和表 2.1 取值，mm^2/mm；

　　　　f_r——横向钢筋的强度设计值。

表 2.1　单位长度上横向钢筋的截面面积 A_e

剪切面	a—a	b—b	c—c	d—d
A_e	A_b+A_t	$2A_b$	$2(A_b+A_{bh})$	$2A_{bh}$

注：当采用 c—c 连线计算时，圆柱头焊钉连接件钉头下表面或槽钢连接件上翼缘下表面与翼板底部钢筋顶面的距离 h_{e0} 不宜小于 30 mm；否则应按 d—d 连线的相关公式计算。

横向钢筋最小配筋率应符合下列规定：

$$A_ef_r/b_f>0.75 \qquad (2.2.22)$$

根据以上计算公式，可以求得所需横向钢筋的数量。

2.2.5　挠度计算

1. 基本规定

组合梁（含部分抗剪连接组合梁和钢梁与压型钢板组合板构成的组合梁）的挠度，应分别按荷载的标准组合和准永久组合按弹性方法进行计算，按永久和可变荷载标准值产生的挠度（如有起拱应减去起拱）及仅由可变荷载标准值产生的挠度应分别符合规范对受弯构件的挠度容许值的要求。

按弹性方法计算组合梁的挠度时，假定变形后截面仍保持平面，可根据所传的总力相等、产生的应变也相等的等效原则，将混凝土翼板换算成钢截面。为了不改变翼板原有的形心位置，常采用换算混凝土翼板宽度的方法形成新的钢翼缘截面宽度。对于荷载的标准组合，可不考虑混凝土的徐变和收缩对组合梁挠度的影响，将混凝土翼板的有效宽度除以钢材与混凝土的弹性模量比值（$\alpha_E=E/E_c$）。对荷载准永久组合，考虑混凝土徐变和收缩对组合梁长期变形的不利影响，则除以 $2\alpha_E$，换算为钢翼缘截面宽度，于是就将原组合梁截面按承载力和刚度等效原则折算成全钢的换算截面。当按换算截面计算组合梁的挠度时，尚应考虑混凝土翼板与钢梁间的滑移效应对组合梁的抗弯刚度进行折减。

对于连续组合梁，考虑在中间支座负弯矩区处混凝土翼板受拉开裂，故规定在距中间支座两侧各 $0.15l$（l 为组合梁跨度）范围内，不计受拉区混凝土对刚度的影响，但宜计入翼板有效宽度 b_e 范围内配置的纵向钢筋的作用，其余区段仍取折减刚度。最后按变截面梁计算连续组合梁的挠度。

除了验算挠度外，尚应按《混凝土规范》的规定验算负弯矩区段混凝土在正常使用极限状态下考虑长期作用影响的最大裂缝宽度 w_{max}，此时，按荷载效应的标准组合计算的开裂截面纵向受拉钢筋的应力 σ_{sk} 应按《标准》14.5.2 条相关规定计算。在计算挠度和裂缝过程中，可不考虑板托的影响。

2. 组合梁的折减刚度和挠度计算

如上所述，组合梁的挠度计算可用换算截面法，但试验表明，仅按该方法计算得到的组合梁挠度总是小于实测值，偏于不安全。分析其原因是该方法没有考虑混凝土与钢梁之间交界面的滑移效应。图 2.15 表示组合梁截面的应变分布，其中虚线和实线分别表示交界面无滑移和有滑移时截面的应变分布，显然，滑移效应引起附加曲率，使挠度增大。

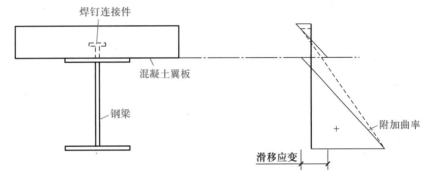

图 2.15　组合梁截面的应变分布

本节挠度计算采用折减刚度法，通过对组合梁的换算截面刚度进行折减来考虑滑移效应，计算结果与试验结果吻合良好。所给方法适用于完全抗剪连接组合梁、部分抗剪连接组合梁及压型钢板混凝土组合梁各种情况。

组合梁的挠度应视不同荷载和不同支承等情况按结构力学所给公式进行计算，仅受正弯矩作用的组合梁，其抗弯刚度应取考虑滑移效应的折减刚度，连续组合梁应按变截面刚度梁进行计算。

组合梁考虑滑移效应的折减刚度 B 按下式确定：

$$B = \frac{EI_{eq}}{1+\xi} \tag{2.2.23}$$

式中，E——钢梁的弹性模量；

I_{eq}——组合梁的换算截面惯性矩，根据不同的荷载组合，按换算截面计算；

ξ——刚度折减系数。

刚度折减系数 ξ 按下式计算（当 $\xi \leqslant 0$ 时，取 $\xi = 0$）：

$$\xi = \eta \left[0.4 - \frac{3}{(jl)^2} \right] \tag{2.2.24}$$

$$\eta = \frac{36Ed_c pA_0}{n_s khl^2} \tag{2.2.25}$$

$$j = 0.81 \sqrt{\frac{n_s kA_1}{EI_0 p}} \tag{2.2.26}$$

$$A_0 = \frac{A_{cf}A}{\alpha_E A + A_{cf}} \quad\quad\quad (2.2.27)$$

$$A_1 = \frac{I_0 + A_0 d_c^2}{A_0} \quad\quad\quad (2.2.28)$$

$$I_0 = I + \frac{I_{cf}}{\alpha_E} \quad\quad\quad (2.2.29)$$

式中，A_{cf}——混凝土翼板截面面积，对压型钢板混凝土组合板翼板，取其薄弱截面的面积，且不考虑压型钢板；

　　A——钢梁截面面积；

　　I——钢梁截面惯性矩；

　　I_{cf}——混凝土翼板的截面惯性矩，对压型钢板混凝土组合板翼板，取其薄弱截面的惯性矩，且不考虑压型钢板；

　　d_c——钢梁截面形心到混凝土翼板截面（对压型钢板混凝土组合板为薄弱截面）形心的距离；

　　h——组合梁截面高度；

　　l——组合梁的跨度，mm；

　　k——抗剪连接件刚度系数，$k = N_v^c$，N/mm；

　　p——抗剪连接件的纵向平均间距；

　　n_s——抗剪连接件在一根梁上的列数；

　　α_E——钢材与混凝土弹性模量的比值。

当按荷载效应的准永久组合进行计算时，式（2.2.27）和式（2.2.29）中的 α_E 应乘以 2。

2.2.6　构造要求

1. 主要尺寸和钢筋

1）组合梁截面高度不宜超过钢梁截面高度的 2 倍；混凝土板托高度 h_{c2} 不宜超过翼板厚度 h_{c1} 的 1.5 倍。

2）组合梁边梁混凝土翼板的构造应满足图 2.16 的要求。有托板时伸出长度不宜小于 h_{c2}，无托板时应同时满足伸出钢梁中心线不小于 150 mm、伸出钢梁翼缘边不小于 50 mm 的要求。

3）连续组合梁在中间支座负弯矩区的上部纵向钢筋及分布钢筋应按现行《混凝土规范》的规定设置。

2. 连接件设置统一要求

1）焊钉连接件钉头下表面或槽钢连接件上翼缘下表面与翼板底部钢筋顶面的距离不宜小于 30 mm。

2）连接件的最大间距不应大于混凝土翼板（包括板托）厚度的 3 倍，且不大于 300 mm。

3）连接件的外侧边缘与钢梁翼缘边缘之间的距离不应小于 20 mm。

4）连接件的外侧边缘至混凝土翼板边缘间的距离不应小于 100 mm。

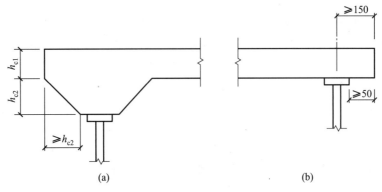

图 2.16 组合梁边梁混凝土翼板构造图

5）连接件顶面的混凝土保护层厚度不应小于 15 mm。

3. 圆柱头焊钉连接件与槽钢连接件专项要求

焊钉连接件除应满足上述连接件设置统一要求外,尚应符合下列规定:

1）当焊钉位置不正对钢梁腹板时,如钢梁上翼缘承受拉力,则焊钉钉杆直径不应大于钢梁上翼缘厚度的 1.5 倍;如钢梁上翼缘不承受拉力,则焊钉钉杆直径不应大于钢梁上翼缘厚度的 2.5 倍。

2）焊钉长度不应小于其杆径的 4 倍。

3）焊钉沿梁轴线方向的间距不应小于杆径的 6 倍;垂直于梁轴线方向的间距不应小于杆径的 4 倍。

4）用压型钢板作底模的组合梁,焊钉钉杆直径不宜大于 19 mm,混凝土凸肋宽度不应小于焊钉钉杆直径的 2.5 倍,焊钉高度 h_d 应符合 $(h_e + 30 \text{ mm}) \leqslant h_d$ 的要求(图 2.12)。

5）槽钢连接件一般采用 Q235 钢,截面不宜大于 [12.6。

2.3 钢管与型钢混凝土结构的性能和设计特点

2.3.1 钢管混凝土结构的性能和设计特点

1. 钢管混凝土结构的性能

大量圆钢管混凝土轴压短柱的试验结果表明,钢管混凝土柱的受压性能与套箍系数 ξ（也称套箍指标 θ）有密切的关系。套箍系数的物理意义如下:

$$\xi = \frac{A_s f_y}{A_c f_{ck}} = \alpha \frac{f_y}{f_{ck}} \tag{2.3.1}$$

式中,A_s、A_c——钢管的截面面积和混凝土的截面面积;

$\quad\quad\alpha$——含钢率,$\alpha = A_s / A_c$;

$\quad\quad f_y$——钢管的屈服强度;

f_{ck}——混凝土抗压强度标准值。

式（2.3.1）表明 ξ 是一个相对指标，表面上看是钢管混凝土柱中钢管部分的屈服承载力与混凝土部分的抗压承载力的比值，实际上却反映了钢管对核心混凝土横向约束作用的大小，这一点可由图 2.4 看出。ξ 越大，钢管的横向约束作用越大，核心混凝土三向受压性能越明显，强度和延性提高也越大。

图 2.17 给出了圆钢管混凝土轴压短柱的组合应力 $\bar{\sigma} = N/(A_s + A_c)$ 在不同的 ξ 下与应变 ε 的关系曲线，式中 N 为轴向压力。其性能可归纳为如下三大类：当 $\xi < 1.0$ 时，钢管对核心混凝土约束效果较差，曲线有下降段并随 ξ 减小，塑性性能劣化，工作性能类似于钢筋混凝土短柱；当 ξ 在 1.0 左右时，达极限承载力后，曲线进入平缓的塑性阶段，延性很好；当 $\xi > 1.0$ 时，曲线具有强化阶段，后期强度提高，延性很好。

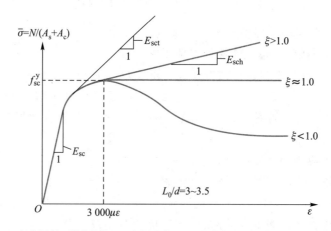

f_{sc}^y—钢管混凝土构件的抗压强度标准值；E_{sc}—钢管混凝土组合轴压弹性模量；
E_{sch}—钢管混凝土强化阶段模量；E_{sct}—钢管混凝土弹塑性阶段的切线模量。

图 2.17　圆钢管轴压短柱的工作性能曲线

实际建筑工程中，钢管混凝土的套箍系数大多大于或等于 1.0，属于塑性性能较好的类型。试验研究和分析表明，钢管混凝土结构的受弯和压弯工作性能也与 ξ 有类似的关系，即在核心混凝土的受压部分也会产生一定的套箍效应，使该部分的混凝土强度和变形能力提高。

与圆钢管混凝土柱相比，八边形和方形、矩形钢管混凝土柱的套箍效应较差，相同套箍系数下核心混凝土的强度和变形能力的提高不如圆钢管的大，但仍比钢筋混凝土柱的性能优越。

2. 钢管混凝土结构的优点

钢管混凝土结构具有如下优点：

1）承载能力强。由于核心混凝土受到钢管的约束，强度有很大的提高，钢管混凝土柱的实际承载力远远高于钢管和混凝土的承载力的简单叠加。

2）具有良好的塑性和抗震性能。由于核心混凝土处于三向受压状态，不但改善了使用阶段的弹性工作性能，而且破坏时可产生较大的塑性变形，呈现出塑性破坏特征。由于钢管混凝土结构的自重轻而延性好，因此具有较好的抗震性能。

3）施工简单。与钢柱相比，钢管混凝土柱管壁较薄，易于制作和焊接，而且柱脚构造简单,可直接插入混凝土基础的预留杯口。与钢筋混凝土柱相比,可免去支模、绑扎钢筋和拆模等工序,且可以在安装多层钢管柱构成骨架后,一次浇筑混凝土。特别是目前采用了泵送混凝土、高位抛落无振捣混凝土等先进施工工艺,可大大加快施工进度。由于空钢管自重轻,可以减少运输和吊装费用。

4）耐火和抗锈蚀性能较好。与钢结构相比,由于有核心混凝土的存在,可提高钢管的耐火和抗锈蚀性能。试验研究和理论分析表明,钢管混凝土柱所需的防火涂料用量远远低于钢柱。由于管内有混凝土,钢管防锈蚀面积少了 50%,只需管外做防锈处理。

5）有利于高强混凝土的应用。高强混凝土强度高、脆性大,不适于在钢筋混凝土结构中广泛应用。当将其应用于钢管混凝土结构时,核心高强混凝土在三向压力下会改善其塑性差、脆性大的缺点,充分发挥高强混凝土强度高的优点。

6）经济效益高。由于钢管混凝土结构中钢和混凝土两种材料的长处都能得到充分利用,又能避免各自的短处,因此比单一的钢筋混凝土结构和钢结构优势明显:与普通钢筋混凝土结构相比,可节约混凝土 50%,减轻结构自重 50% 左右,增加建筑物的使用面积,缩短施工工期;与钢结构相比,可节约钢材 50% 左右,大幅度减少焊接工作量,且可大量节约防火和防锈材料,因此综合经济效益高。

3. 钢管混凝土结构的设计方法

目前钢管混凝土结构的设计方法主要有根据数值分析和试验研究结果,将钢管混凝土看作一种组合材料进行分析的统一理论方法,以及建立在试验研究和极限分析理论基础上的极限平衡理论设计方法。我国已颁布的有关钢管混凝土结构的国家标准及多部团体/行业标准,如中国工程建设标准化协会标准 CECS 159—2004《矩形钢管混凝土结构技术规程》、CECS 28—2012《钢管混凝土结构技术规程》、CECS 254—2012《实心与空心钢管混凝土结构技术规程》、T/CECS 506—2018《矩形钢管混凝土节点技术规程》等团体标准,DL/T 5085—2021《钢-混凝土组合结构设计规程》、JGJ 138—2016《组合结构设计规范》等行业标准,以及 GB 50936—2014《钢管混凝土结构技术规范》等国家标准,就是分别按上述两种不同的方法编制的。这些标准均采用以概率理论为基础的极限状态设计法,用分项系数的表达式进行计算。限于篇幅,本书只介绍国家标准 GB 50936—2014《钢管混凝土结构技术规范》的部分相关内容。

2.3.2 GB 50936—2014《钢管混凝土结构技术规范》简介

GB 50936—2014《钢管混凝土结构技术规范》的第 5 章基于“钢管混凝土统一理论”中的统一设计公式计算钢管混凝土构件承载力,第 6 章则基于极限平衡理论计算钢管混凝土构件承载力。考虑到篇幅限制,本节将针对该标准的这两种计算理论,分别具体介绍实心钢管混凝土单肢柱的设计方法。对于格构式钢管混凝土柱、空心钢管混凝土柱,请读者参考相应标准自行学习。

1. 一般规定

1）钢管材料应符合《标准》的有关规定。承重结构的圆钢管可采用焊接圆钢管、热轧无缝钢管,不宜选用输送流体用的螺旋焊管。矩形钢管可采用焊接钢管,也可采用冷成型矩形钢管。当采用冷成型矩形钢管时,应符合现行行业标准 JG/T 178—2005《建筑结构用冷弯矩形钢管》中Ⅰ级产品的规定。直接承受动荷载或低温环境下的外露结构,不宜采用冷弯矩形钢管。多边形钢管可采用焊接钢管,也可采用冷成型多边形钢管。

2)混凝土采用普通混凝土,其强度等级不宜低于C30。

3)实心钢管混凝土构件中,圆钢管外径或矩形钢管边长不宜小于168 mm,壁厚不宜小于3 mm。以受压为主的钢管混凝土构件,圆形截面的钢管外径与壁厚之比 D/t 不应大于 $135\dfrac{235}{f_y}$,矩形截面边长和壁厚之比 B/t 不应大于 $60\sqrt{\dfrac{235}{f_y}}$。

4)套箍指标 $\theta=\dfrac{A_s f}{A_c f_c}$(即套箍系数 ξ)宜为 $0.5\sim2$,在上述范围内,构件在使用荷载下可处于弹性工作阶段,且在极限状态破坏前,都具有足够的延性。

5)框架单肢柱的容许长细比不宜超过80。

6)钢管混凝土柱的钢管在浇筑混凝土前,其轴心应力不宜大于钢管抗压强度设计值的60%,并应满足稳定性要求。

7)抗震设计时,圆形实心钢管混凝土柱因延性较好,可不限制轴压比限值;矩形实心钢管混凝土柱的轴压比取考虑地震组合的柱轴心力设计值与截面抗压强度设计值简单叠加结果的比值 $[\mu_N=N/(f_c A_c+f A_s)]$,并不宜大于表2.2的限值。

表2.2 各抗震等级下矩形实心钢管混凝土柱轴压比限值

一级	二级	三级
0.70	0.80	0.90

8)钢管混凝土结构进行内力和位移计算时,钢管混凝土构件的截面刚度(包括轴压刚度 $E_{sc}A_{sc}$、抗弯刚度 $E_{scm}I_{sc}$、剪切刚度 $G_{sc}A_{sc}$)取钢管与核心混凝土刚度简单叠加的结果,即:
$$E_{sc}A_{sc}=E_s A_s+E_c A_c,\quad E_{scm}I_{sc}=E_s I_s+E_c I_c,\quad G_{sc}A_{sc}=G_s A_s+G_c A_c。$$

2. 钢管混凝土统一理论设计方法

GB 50936—2014《钢管混凝土结构技术规范》中第5章关于钢管混凝土构件承载力的计算采用了"钢管混凝土统一理论"的统一设计公式。统一理论把钢管混凝土看作一种组合材料来研究其组合工作性能。钢管混凝土的工作性能具有统一性、连续性和相关性。"统一性"首先反映在钢材和混凝土两种材料的统一,把钢管和混凝土视为一种组合材料来看待,用组合性能指标来确定其承载力;其次是不同截面构件的承载力的计算是统一的,不论是实心或空心钢管混凝土构件,也无论是圆形、多边形还是正方形截面,只要是对称截面,设计公式都是统一的。"连续性"反映在钢管混凝土构件的性能变化是随着钢材与混凝土的物理参数和构件的几何参数的变化而变化的,变化是连续的。"相关性"反映在钢管混凝土构件在各种荷载作用下,产生的应力之间存在着相关性。

(1)轴心受压构件的计算

当约束作用较强时,钢管混凝土轴心受压构件的应力-纵向应变曲线在弹塑性阶段结束后会进入强化阶段(曲线无下降段)。此时,取弹塑性阶段终了、强化阶段开始时对应的平均应力(即此时荷载与构件全截面面积的比值)作为构件的抗压强度标准值。经分析,对各种钢材和混凝土,以及不同含钢率,该点均在纵向压应变约为 $3\,000\,\mu\varepsilon$ 处。对于发生极值破坏的钢管混凝土轴心受压构件(应力-纵向应变曲线有峰值点与下降段),确定以极值点的平均应力为构件的抗压强度标准值(f_{sc}^y)。通过试验回归,得到实心钢管混凝土轴心受压时的抗压强度设计值:

$$f_{sc} = (1.212 + B\theta + C\theta^2)f_c \tag{2.3.2}$$

1) 钢管混凝土短柱的轴心受压承载力设计值应按下列公式计算:

$$N_0 = A_{sc} f_{sc} \tag{2.3.3}$$

$$\alpha_{sc} = \frac{A_s}{A_c} \tag{2.3.4}$$

$$\theta = \alpha_{sc} \frac{f}{f_c} \tag{2.3.5}$$

式中,N_0——钢管混凝土短柱的轴心受压承载力设计值;

$\qquad A_{sc}$——实心钢管混凝土构件的截面面积,等于钢管和管内混凝土面积之和;

$\qquad f_{sc}$——实心钢管混凝土抗压强度设计值;

$\qquad A_s$、A_c——钢管、管内混凝土的截面面积;

$\qquad \alpha_{sc}$——实心钢管混凝土构件的含钢率;

$\qquad \theta$——实心钢管混凝土构件的套箍指标;

$\qquad f$——钢材的抗压强度设计值;

$\qquad f_c$——混凝土的抗压强度设计值;

$\qquad B$、C——截面形状对套箍效应的影响系数,应按表 2.3 取值。

表 2.3　截面形状对套箍效应的影响系数取值表

截面形式		B	C
实心	圆形和正十六边形	$0.176f/213 + 0.974$	$-0.104f_c/14.4 + 0.031$
	正八边形	$0.140f/213 + 0.778$	$-0.070f_c/14.4 + 0.026$
	正方形	$0.131f/213 + 0.723$	$-0.070f_c/14.4 + 0.026$

注:矩形截面应换算成等效正方形截面进行计算,等效正方形的边长为矩形截面的长短边边长的乘积的平方根。

2) 钢管混凝土单肢柱轴心受压承载力设计值应满足以下条件:

$$N \leq N_u = \varphi N_0 \tag{2.3.6}$$

$$\varphi = \frac{1}{2\overline{\lambda}_{sc}^2}\left[\overline{\lambda}_{sc}^2 + (1 + 0.25\overline{\lambda}_{sc}) - \sqrt{\left[\overline{\lambda}_{sc}^2 + (1 + 0.25\overline{\lambda}_{sc})\right]^2 - 4\overline{\lambda}_{sc}^2}\right] \tag{2.3.7}$$

$$\overline{\lambda}_{sc} = \frac{\lambda_{sc}}{\pi}\sqrt{\frac{f_{sc}}{E_{sc}}} \approx 0.01\lambda_{sc}(0.001f_y + 0.781) \tag{2.3.8}$$

式中,N_0——实心钢管混凝土短柱的轴心受压承载力设计值,应按式(2.3.3)计算;

$\qquad \varphi$——轴心受压构件稳定系数,按表 2.4 取值;

$\qquad \lambda_{sc}$——各种构件的长细比,等于构件的计算长度除以回转半径;

E_{sc}——实心钢管混凝土构件的弹性模量,可按下式计算。

$$E_{sc} = 1.3 k_E f_{sc} \qquad (2.3.9)$$

式中,k_E——实心钢管混凝土轴心受压弹性模量换算系数,可按表 2.5 取值。

表 2.4　轴心受压构件稳定系数

$\lambda_{sc}(0.001 f_y + 0.781)$	φ	$\lambda_{sc}(0.001 f_y + 0.781)$	φ
0	1.000	130	0.440
10	0.975	140	0.394
20	0.951	150	0.353
30	0.924	160	0.318
40	0.896	170	0.287
50	0.863	180	0.260
60	0.824	190	0.236
70	0.779	200	0.216
80	0.728	210	0.198
90	0.670	220	0.181
100	0.610	230	0.167
110	0.549	240	0.155
120	0.492	250	0.143

表 2.5　轴心受压弹性模量换算系数

钢材	Q235	Q345	Q390	Q420
k_E	918.9	719.6	657.5	626.9

（2）钢管混凝土构件的受弯承载力计算

只有弯矩作用时,钢管混凝土构件受弯承载力应按下列公式计算:

$$M_u = \gamma_m W_{sc} f_{sc} \qquad (2.3.10)$$

$$W_{sc} = \frac{\pi r_0^3}{4} \qquad (2.3.11)$$

$$\gamma_m = -0.483\theta + 1.926\sqrt{\theta} \qquad (2.3.12)$$

式中,f_{sc}——实心钢管混凝土抗压强度设计值,应按式（2.3.2）计算。

γ_m——塑性发展系数。对实心圆形截面取 1.2。

W_{sc}——受弯构件的截面模量。

r_0——等效圆半径。圆形截面为半径,非圆形截面为按面积相等等效成圆形的半径。

（3）钢管混凝土构件的受扭承载力计算

在钢管混凝土构件的受扭过程中,其截面应力是最外圈应力最大,之后向中心逐步发展塑性,所以钢管对钢管混凝土构件的受扭作用是主要的。对于混凝土来讲,对钢管混凝土构件的受扭起作用的是混凝土的受拉强度,而混凝土的受拉强度是很小的,即对钢管混凝土构件的受扭贡献很小。但是在钢管混凝土中,由于混凝土对钢管起到了很好的支撑作用,使得外钢管能够较好地发展塑性。忽略混凝土的受扭作用,考虑外半径为 r_0 的钢管部分发展塑性,基于相关的文献试验结果,可以获得圆钢管混凝土构件的受扭承载力计算公式：

$$T_u = 0.71 A_s f_y r_0 \tag{2.3.13}$$

根据统一理论,把钢管混凝土当作统一材料,则各种截面钢管混凝土构件极限扭矩与其极限抗剪强度设计值有如下关系：

$$T_u = W_T f_{sv} \tag{2.3.14}$$

式中,f_{sv}——钢管混凝土构件的极限抗剪强度设计值；

W_T——截面受扭抵抗矩。

$$W_T = \frac{\pi r_0^3}{2} \tag{2.3.15}$$

式中,r_0——等效圆半径。圆形截面取钢管外半径,非圆形截面取按面积相等等效成圆形的外半径。

将式（2.3.14）代入式（2.3.13）,取 $0.7 \approx 0.71$,同时钢材的抗力分项系数取四种钢材的平均值 1.105,可以得到钢管混凝土构件极限抗剪强度设计值计算表达式：

$$f_{sv} = 1.547 f \frac{\alpha_{sc}}{\alpha_{sc}+1} \tag{2.3.16}$$

式中,α_{sc}——钢管混凝土构件的含钢率；

f——钢材强度设计值。

则钢管混凝土构件受扭极限承载力可用式（2.3.14）进行计算。

（4）钢管混凝土构件的受剪承载力计算

基于统一理论,取钢管混凝土构件的等效受剪极限强度与受扭时的极限抗剪强度相同。但是钢管混凝土在受纯剪荷载时,其截面剪应力分布和纯扭作用下的应力分布是不同的,需要对受剪承载力计算公式进行修正。由于钢管混凝土受纯剪作用时,最大剪应力出现在截面中和轴上,往两边逐渐减小,故要考虑折减。通过与参考文献中公式计算结果对比,取修正系数为 0.71。则钢管混凝土构件的受剪承载力设计值应按下列公式计算：

$$V_u = 0.71 f_{sv} A_{sc} \tag{2.3.17}$$

式中,V_u——实心钢管混凝土构件的受剪承载力设计值；

A_{sc}——实心钢管混凝土构件的截面面积,即钢管截面面积和混凝土截面面积之和。

（5）钢管混凝土构件在轴心压力和弯矩作用时的承载力计算

只有轴心压力和弯矩作用的压弯构件,应按下列公式计算:

当 $\dfrac{N}{N_u} \geqslant 0.255$ 时:

$$\frac{N}{N_u} + \frac{\beta_m M}{1.5M_u(1-0.4N/N_E')} \leqslant 1 \qquad (2.3.18)$$

当 $\dfrac{N}{N_u} < 0.255$ 时:

$$-\frac{N}{2.17N_u} + \frac{\beta_m M}{M_u(1-0.4N/N_E')} \leqslant 1 \qquad (2.3.19)$$

$$N_E' = \frac{\pi^2 E_{sc} A_{sc}}{1.1\lambda_{sc}^2} \qquad (2.3.20)$$

式中,N、M——作用于构件的轴心压力和弯矩;

　　β_m——等效弯矩系数,按现行国家标准《标准》执行;

　　N_u——钢管混凝土构件的轴压稳定承载力设计值,按式(2.3.6)计算;

　　M_u——钢管混凝土构件的受弯承载力设计值,按式(2.3.10)计算;

　　$E_{sc}A_{sc}$——钢管混凝土构件的轴压刚度;

　　N_E'——系数。

（6）钢管混凝土构件在压、弯、扭、剪共同作用时的承载力计算

当 $\dfrac{N}{N_u} \geqslant 0.255\left[1-\left(\dfrac{T}{T_u}\right)^2-\left(\dfrac{V}{V_u}\right)^2\right]$ 时:

$$\frac{N}{N_u} + \frac{\beta_m M}{1.5M_u(1-0.4N/N_E')} + \left(\frac{T}{T_u}\right)^2 + \left(\frac{V}{V_u}\right)^2 \leqslant 1 \qquad (2.3.21)$$

当 $\dfrac{N}{N_u} < 0.255\left[1-\left(\dfrac{T}{T_u}\right)^2-\left(\dfrac{V}{V_u}\right)^2\right]$ 时:

$$-\frac{N}{2.17N_u} + \frac{\beta_m M}{M_u(1-0.4N/N_E')} + \left(\frac{T}{T_u}\right)^2 + \left(\frac{V}{V_u}\right)^2 \leqslant 1 \qquad (2.3.22)$$

式中,N、M、T、V——作用于构件的轴心压力、弯矩、扭矩和剪力设计值。

　　β_m——等效弯矩系数,按现行国家标准《标准》的规定执行。

　　N_u——实心钢管混凝土构件的轴压稳定承载力设计值,按式(2.3.6)计算。

　　M_u——实心钢管混凝土构件的受弯承载力设计值,按式(2.3.10)计算。

　　T_u——实心钢管混凝土构件的受扭承载力设计值,按式(2.3.16)计算。

　　V_u——实心钢管混凝土构件的受剪承载力设计值,按式(2.3.17)计算。

　　N_E'——系数。将式(2.3.9)代入式(2.3.20),N_E' 可以进一步简化为 $11.6k_E f_{sc} A_{sc}/\lambda^2$。

（7）混凝土徐变对构件承载力的影响

对轴压构件和偏心率不大于 0.3 的偏心钢管混凝土实心受压构件,当由永久荷载引起的轴心压力占全部轴心压力的 50% 及以上时,由于混凝土徐变的影响,钢管混凝土柱的轴心

受压稳定承载力设计值 N_u 应乘以折减系数 0.9。

3. 圆钢管混凝土极限平衡理论

圆钢管混凝土极限平衡理论应用极限平衡理论中的广义应力和广义应变概念,在试验观察的基础上,直接探讨单元柱在轴力 N 和柱端弯矩 M 这两个广义应力共同作用下的广义屈服条件。该方法不以柱的某一临界截面作为考察对象,而以整长的钢管混凝土柱,即所谓单元柱,作为考察对象,视之为结构体系的基本元件。公式统一描述了钢管混凝土柱的材料强度破坏、失稳破坏(包括弹性失稳和非弹性失稳)和变形过大(例如挠度超过杆件跨长的 1/50)而不适于继续承载等三种破坏形态,从而可直接在试验观察的基础上,建立起简明实用的承载力计算公式和设计方法。影响钢管混凝土柱极限承载能力的主要因素,诸如钢管对核心混凝土的套箍强化、柱的长细比、荷载偏心率、柱端约束条件(转动和侧移)和沿柱身的弯矩分布梯度等,在计算中都可作出恰当的考虑。轴压柱和偏压柱、短柱和长柱都统一表达在整套计算公式中,手算即可完成,无须图表辅助。

(1)轴心受压、偏心受压与压弯构件的计算公式

上述荷载作用下的钢管混凝土单肢柱的承载力应满足下列要求:

$$N \leqslant N_u = \varphi_l \varphi_e N_0 \tag{2.3.23}$$

当 $\theta \leqslant 1/(\alpha-1)^2$ 时:

$$N_0 = 0.9 A_c f_c (1 + \alpha\theta) \tag{2.3.24}$$

当 $\theta > 1/(\alpha-1)^2$ 时:

$$N_0 = 0.9 A_c f_c (1 + \sqrt{\theta} + \theta) \tag{2.3.25}$$

且在任何情况下均应满足下式条件:

$$\varphi_e \varphi_l \leqslant \varphi_o \tag{2.3.26}$$

式中,N_0——钢管混凝土轴心受压短柱的强度承载力设计值;

θ——钢管混凝土构件的套箍指标;

α——与混凝土强度等级有关的系数,按表 2.6 取值;

A_c——钢管内核心混凝土横截面面积;

f_c——钢管内核心混凝土的抗压强度设计值;

A_s——钢管的横截面面积;

f——钢管的抗拉、抗压强度设计值;

φ_e——考虑偏心率影响的承载力折减系数,按式(2.3.27)计算;

φ_l——考虑柱长细比影响的承载力折减系数,按式(2.3.30)计算;

φ_o——应按轴心受压柱考虑的 φ_l 值。

表 2.6 系 数 α

混凝土等级	≤C50	C55~C80
α	2.00	1.8

1)考虑偏心率影响的承载力折减系数 φ_e 应按下列公式计算。

当 $e_0/r_c \leqslant 1.55$ 时：

$$\varphi_e = 1/(1+1.85e_0/r_c) \qquad (2.3.27)$$

$$e_0 = M_2/N \qquad (2.3.28)$$

当 $e_0/r_c > 1.55$ 时：

$$\varphi_e = \cfrac{1}{3.92-5.16\varphi_l+\varphi_l\cfrac{e_0}{0.3r_c}} \qquad (2.3.29)$$

式中，e_0——柱端轴心压力偏心距之较大者；

　　r_c——钢管内核心混凝土横截面的半径；

　　M_2——柱端弯矩设计值的较大者。

2）考虑柱长细比影响的承载力折减系数 φ_l 应按下列公式计算。

当 $L_e/D > 30$ 时：

$$\varphi_l = 1-0.115\sqrt{L_e/D-4} \qquad (2.3.30)$$

当 $4 < L_e/D \leqslant 30$ 时：

$$\varphi_l = 1-0.022\,6(L_e/D-4) \qquad (2.3.31)$$

当 $L_e/D \leqslant 4$ 时：

$$\varphi_l = 1.0 \qquad (2.3.32)$$

式中，D——钢管的外直径；

　　L_e——柱的等效计算长度。

柱的等效计算长度用来考虑柱端约束条件（转动和侧移）和弯矩沿柱长分布模式等因素对柱承载力的影响。与《标准》中采用等效弯矩 $\beta_{mx}M_x$ 而计算长度不变来考虑弯矩分布模式的影响不同，该方法是保持最大弯矩不变，而采用等效计算长度 L_e 来考虑其影响。

L_e 的计算公式如下：

$$L_e = \mu k L \qquad (2.3.33)$$

式中，L——柱的实际长度；

　　μ——考虑柱端约束条件的长度系数，按《标准》附录 E 取用；

　　k——考虑柱身弯矩分布梯度影响的等效长度系数，计算如下。

① 轴心受压柱和杆件（图 2.18a）：

$$k = 1 \qquad (2.3.34)$$

② 无侧移框架柱（图 2.18b、c）：

$$k = 0.5+0.3\beta+0.2\beta^2 \qquad (2.3.35)$$

③ 有侧移框架柱（图 2.18d）和悬臂柱（图 2.18e、f）：

a. 当 $e_0/r_c \leqslant 0.8$ 时

$$k = 1-0.625e_0/r_c \qquad (2.3.36)$$

b. 当 $e_0/r_c > 0.8$ 时

$$k = 0.5 \qquad\qquad (2.3.37)$$

c. 当自由端有力矩 M_1 作用时,将式(2.3.38)与式(2.3.36)或(2.3.37)所得 k 值进行比较,取其中较大值。

$$k = (1 + \beta_1)/2 \qquad\qquad (2.3.38)$$

式中,r_c——钢管内核心混凝土横截面的半径,mm。

$\quad$ β——柱两端弯矩设计值之较小者 M_1 与较大者 M_2 的比值($|M_1| \leqslant |M_2|$),$\beta = M_1/M_2$。单曲压弯时,β 为正值;双曲压弯时,β 为负值。

$\quad$ β_1——悬臂柱自由端力矩设计值 M_1 与嵌固端弯矩设计值 M_2 的比值。当 β_1 为负值(双曲压弯)时,则按反弯点所分割成的高度为 L_2 的子悬臂柱计算(图 2.18f)。

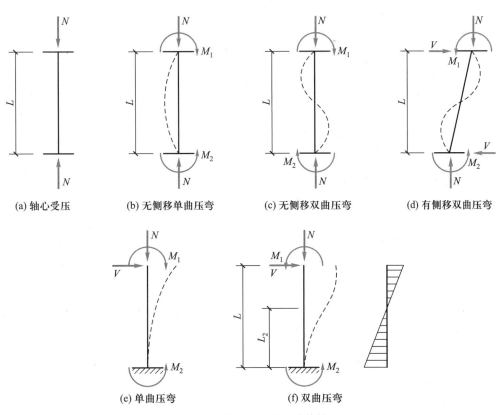

(a) 轴心受压　　　(b) 无侧移单曲压弯　　　(c) 无侧移双曲压弯　　　(d) 有侧移双曲压弯

(e) 单曲压弯　　　　　　(f) 双曲压弯

图 2.18　框架柱及悬臂柱计算简图

(2) 钢管混凝土单肢柱的横向受剪计算

当钢管混凝土单肢柱的剪跨 a 小于柱直径 D 的 2 倍时,应验算柱的横向受剪承载力,并应符合下式规定:

$$V \leqslant V_u \qquad\qquad (2.3.39)$$

式中,V——横向剪力设计值;

$\quad$ V_u——钢管混凝土单肢柱的横向受剪承载力设计值,由下式计算。

$$V_u = (V_0 + 0.1N')\left(1 - 0.45\sqrt{\frac{a}{D}}\right) \qquad\qquad (2.3.40)$$

$$V_0 = 0.2 A_c f_c (1 + 3\theta) \tag{2.3.41}$$

式中，V_0——钢管混凝土单肢柱受纯剪时的承载力设计值；

N'——与横向剪力设计值 V 对应的轴心力设计值，横向剪力 V 应以压力方式作用于钢管混凝土柱；

a——剪跨，即横向集中荷载作用点至支座或节点边缘的距离。

（3）钢管混凝土柱的局部受压计算

钢管混凝土柱的局部受压应满足下列要求：

$$N \leqslant N_{ul} = N_0 \sqrt{\frac{A_l}{A_c}} \tag{2.3.42}$$

式中，N_0——局部受压段的钢管混凝土短柱轴心受压承载力设计值，应按式（2.3.24）、式（2.3.25）计算；

A_l——局部受压面积，见图 2.19；

A_c——钢管内核心混凝土的横截面面积。

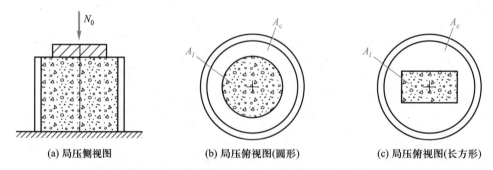

(a) 局压侧视图　　　(b) 局压俯视图(圆形)　　　(c) 局压俯视图(长方形)

图 2.19　钢管混凝土柱中央部位局部受压示意图

2.3.3　钢管混凝土结构典型的梁柱节点构造

钢管混凝土结构的节点和连接包括梁柱连接、柱子拼接、柱脚构造等多种，各本规程均有较详细的介绍。限于篇幅，本节只重点介绍一些典型的梁柱节点构造。

钢管混凝土结构的节点设计，应满足强度、刚度、稳定性和抗震的要求。节点的形式应构造简单、整体性好、传力明确、安全可靠、节约材料和施工方便。节点设计应做到构造合理，使节点具有必要的延性，能保证焊接质量，并避免出现应力集中和过大的约束应力。

1. 圆钢管混凝土结构的梁柱节点构造

（1）梁柱铰接节点

梁柱铰接节点只传递剪力，不传递弯矩。当钢管混凝土柱与钢筋混凝土梁相连时，可用焊接于钢管上的钢牛腿来实现（图 2.20a）。一般情况下，牛腿的腹板不宜穿过管心，以免妨碍混凝土浇灌。如必须穿过管心时，可先在钢管壁上开槽，将腹板插入后，以双面角焊缝焊牢。当与钢梁相连时，可按钢结构的做法，用焊于柱钢管上的连接腹板来实现。如图 2.20b 所示。

（2）梁柱刚接节点

梁柱刚接节点既传递弯矩，又传递剪力。对于钢梁和预制混凝土梁，均可采用上下钢加强环与钢梁上下翼板或与混凝土梁的纵筋焊接的构造形式来实现。图 2.21 给出了加强环与钢梁连接的构造。加强环的板厚和连接宽度 B 应根据与钢梁翼缘板等强度原则确定，环带的最小宽度 C 不小于 $0.7B$。

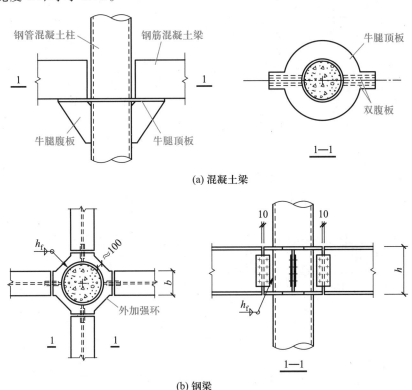

(a) 混凝土梁

(b) 钢梁

图 2.20　传递剪力的梁柱连接

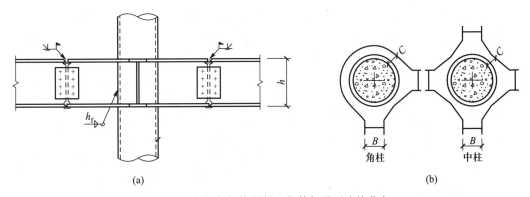

(a)

(b)

图 2.21　钢梁与钢管混凝土柱外加强环连接节点

对于现浇混凝土梁，可根据具体情况，或采用连续双梁，或将梁端局部加宽，使纵向钢筋连续绕过钢管来实现。梁端加宽的斜度不小于 1/6。在开始加宽处须增设附加箍筋将纵向钢筋包住。图 2.22 给出了这两种节点的构造形式，但应注意加强与柱的连接构造，以便能将柱两侧梁的不平衡弯矩可靠地传给柱子。

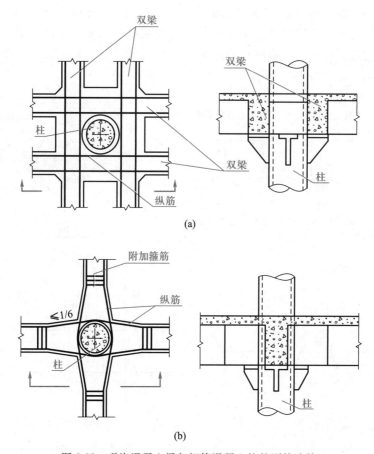

图 2.22   现浇混凝土梁与钢管混凝土柱的刚接连接

2. 矩形钢管混凝土结构的梁柱刚接节点构造

（1）与钢梁的连接形式

1）隔板贯通式连接。矩形钢管内设隔板,隔板贯通钢管壁,钢管与隔板焊接;钢梁腹板与柱钢管壁通过连接板采用高强度螺栓摩擦型连接;钢梁翼缘与外伸的内隔板焊接(图 2.23)。

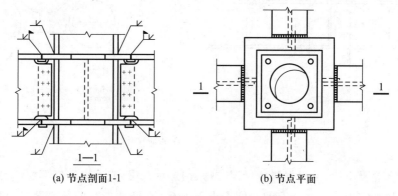

(a) 节点剖面1-1   (b) 节点平面

图 2.23   隔板贯通式梁柱连接

2）外环板式连接。钢梁腹板与柱外预设的连接件采用高强度螺栓摩擦型连接;柱外设水平外环板,钢梁翼缘与外环板焊接(图2.24)。

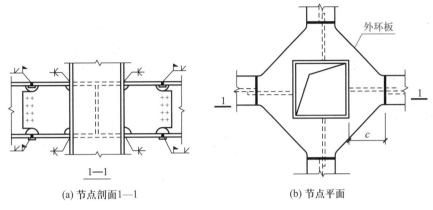

(a) 节点剖面1—1　　　　　　　(b) 节点平面

图 2.24　外环板式梁柱连接

3）内隔板式连接。钢梁腹板与柱钢管壁通过连接板采用高强度螺栓摩擦型连接;矩形钢管混凝土柱内设隔板,钢梁翼缘与柱钢管壁焊接(图2.25)。

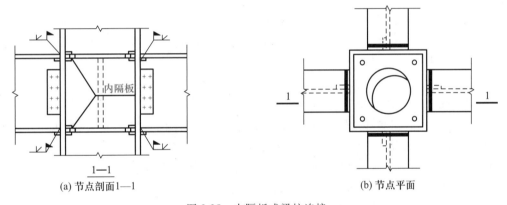

(a) 节点剖面1—1　　　　　　　(b) 节点平面

图 2.25　内隔板式梁柱连接

(2) 与现浇钢筋混凝土梁的连接形式

1）环梁-钢承重销式连接。在钢管外壁焊半穿心钢牛腿,柱外设八角形钢筋混凝土环梁;梁端纵筋锚入钢筋混凝土环梁传递弯矩(图2.26)。

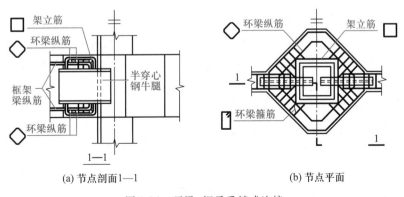

(a) 节点剖面1—1　　　　　　　(b) 节点平面

图 2.26　环梁-钢承重销式连接

2) 穿筋式连接。柱外设矩形钢筋混凝土环梁,在钢管外壁焊抗剪钢筋,通过抗剪钢筋传递梁端剪力;框架梁纵筋通过预留孔穿越钢管传递弯矩(图 2.27)。

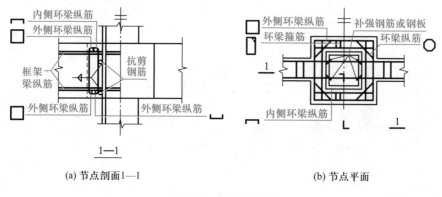

(a) 节点剖面1—1　　　　　　　　(b) 节点平面

图 2.27　穿筋式连接

2.3.4　型钢混凝土组合结构的性能和设计特点

型钢混凝土组合结构(SRC)是把型钢埋入钢筋混凝土中的一种独立的结构形式。与传统的钢筋混凝土结构相比,由于在钢筋混凝土中增加了型钢,具有较高强度和延性的型钢与钢筋和混凝土共同工作,使 SRC 结构具有承载力和刚度更大、抗震性能好的优点;与钢结构相比,具有防火和防锈性能好、结构的局部和整体稳定性好、节省钢材的优点。

SRC 结构的结构性能基本上属于钢筋混凝土结构的范畴。在多高层建筑中,可以完全采用 SRC 结构,也可在底部几层和地下室等局部部位采用该种结构。SRC 结构构件可以与钢筋混凝土结构构件组合,也可与钢结构构件组合,不同结构发挥不同的特点。在 SRC 结构的设计中,主要是处理好不同结构材料的连接节点,以及沿高度改变结构类型带来的承载力和刚度的突变问题,以防地震时在该处引起破坏。

SRC 结构由 SRC 梁、SRC 柱、SRC 剪力墙及 SRC 框架梁柱节点等构成。图 2.28 给出了 SRC 框架结构的构成,图 2.29 给出了典型的 SRC 梁、柱剖面示例和 SRC 梁柱节点构造。

由于 SRC 结构的性能基本上属于钢筋混凝土结构范畴,因此,钢筋混凝土结构计算的一些基本假定也适用于 SRC 结构。目前 SRC 结构构件的设计方法有两种,一种是以我国黑色冶金行业标准 YB 9082—2006《钢骨混凝土结构技术规程》为代表的叠加法,即假定 SRC 梁、柱构件截面的轴向刚度、抗弯刚度和抗剪刚度可采用型钢部分的刚度与钢筋混凝土部分的刚度之和;SRC 梁、柱的承载力等于型钢部分的承载力和钢筋混凝土部分的承载力之和。该方法简单方便,只要熟悉 GB 50017—2003《钢结构设计规范》和 GB 50010—2002《混凝土结构设计规范》两部标准的设计方法,就可设计 SRC 结构,且偏于安全。但该方法应用较早,两部相关标准已经修订,该行业标准能否与修订后的现行标准配套使用,有待进一步研究。另一种是以我国行业标准 JGJ 138—2016《组合结构设计规范》为代表的类似于钢筋混凝土结构的极限状态设计法,即以平截面假定为基础,给出合理的简化应力图形,再根据力的平衡条件建立基本计算公式。SRC 结构构件的正截面承载力或是斜截面承载力计算公式,都是在钢筋混凝土结构构件正截面或斜截面承载力的基础上,增加型钢项的影响后得到的。由于篇幅所限,有关 SRC 结构的具体设计方法,请参考上述两部标准和其他相关资料,此处不再赘述。

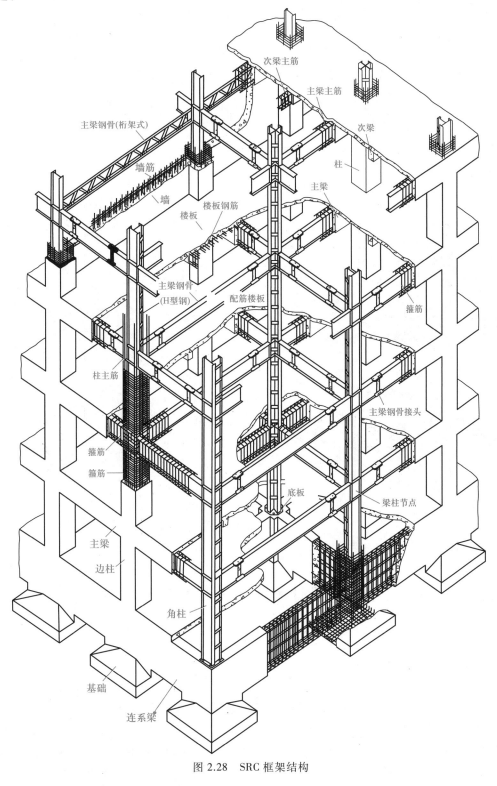

图 2.28 SRC 框架结构

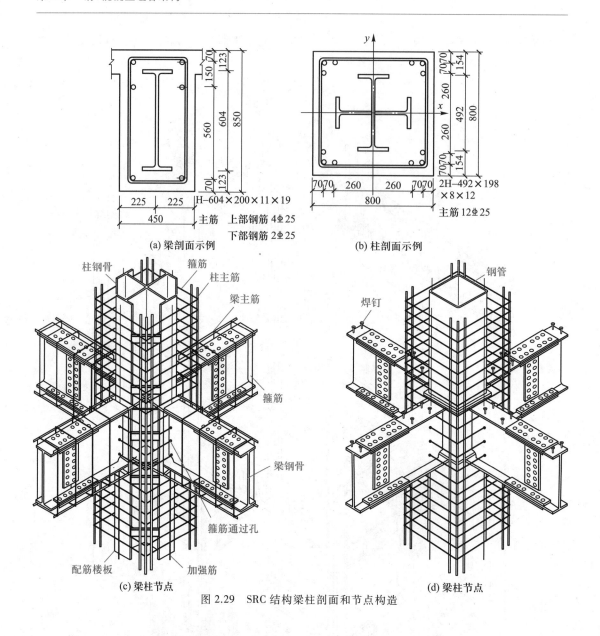

(a) 梁剖面示例

H-604×200×11×19

主筋　上部钢筋 4⊕25
　　　下部钢筋 2⊕25

(b) 柱剖面示例

2H-492×198×8×12

主筋 12⊕25

(c) 梁柱节点

柱钢骨　箍筋　柱主筋　梁主筋　箍筋　梁钢骨　箍筋通过孔　配筋楼板　加强筋

(d) 梁柱节点

钢管　焊钉

图 2.29　SRC 结构梁柱剖面和节点构造

2.4　组合结构设计例题——工作平台梁、柱设计

2.4.1　设计资料

某冶炼车间内工作平台的柱网布置(由工艺条件确定)如图 2.30 所示,平台的顶面标高为+4.5 m。平台面板为现浇钢筋混凝土板,折算厚度为 140 mm,其上用 40 mm 厚水泥砂浆找平并做面层。台面的均布活荷载标准值为 13 kN/m²,准永久值系数 $\psi_q=0.85$;施工荷载为 1 kN/m²。钢材采用 Q345B 级钢,$f=305$ N/mm²,$f_v=175$ N/mm²;混凝土强度等级,组合梁采用

C30，$f_c = 14.3$ N/mm^2，$E_c = 3.0 \times 10^4$ N/mm^2；钢管混凝土柱采用 C40，$f_c = 19.1$ N/mm^2，$E_c = 3.25 \times 10^4$ N/mm^2。试设计完全抗剪连接的钢-混凝土组合平台梁 B1 和 B2，以及钢管混凝土柱 Z1。

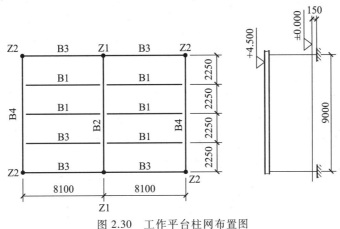

图 2.30　工作平台柱网布置图

2.4.2　次梁 B1 设计

为简化次梁与主梁的连接，次梁按简支组合梁设计。

1. 初选截面

（1）钢梁截面高度 h_s

一般组合梁跨高比 $l/h = 18 \sim 20$，取钢梁截面高度 $h_s = 360$ mm，$h = h_s + h_{c1} = 500$ mm。

满足本章 2.2.6（或《标准》第 14.7.1 条）的规定：$h \leq 2h_s$。

钢梁翼缘宽度取 100 mm。

（2）混凝土翼板的有效宽度 b_e

按本章 2.2.1（或《标准》第 14.1.2 条）的规定，翼板的有效宽度 b_e 取下述两值中的最小值：

1）按梁的跨度考虑（$l_1 = 8.1$ m）：

$$b_e = b_0 + \frac{l}{6} + \frac{l}{6} = \left(100 + \frac{8.1 \times 10^3}{6} \times 2\right) \text{ mm} = 2\,800 \text{ mm}$$

2）按相邻梁板板间净距考虑（$s_0 = 2\,250$ mm $- 100$ mm $= 2\,150$ mm）：

$$b_e = b_0 + s_0 = (100 + 2\,150) \text{ mm} = 2\,250 \text{ mm}$$

因此取翼板有效宽度 $b_e = 2\,250$ mm。

（3）使用阶段的荷载及最大弯矩

1）线荷载标准值：

永久荷载标准值

水泥砂浆找平层及面层　　　　　　　　　　　　　　0.04×2.25×20 kN/m＝1.8 kN/m

现浇钢筋混凝土板　　　　　　　　　　　　　　　　0.14×2.25×25 kN/m＝7.88 kN/m

钢梁自重(假定)	= 0.40 kN/m

合计永久荷载　　$g_k = 10.08$ kN/m

台面活荷载标准值　　　　　　　　　　　　$p_k = 2.25 \times 13$ kN/m $= 29.25$ kN/m

2）线荷载设计值：

$$q = 1.3g_k + 1.5p_k = (1.3 \times 10.08 + 1.5 \times 29.25) \text{ kN/m} = 56.98 \text{ kN/m}$$

3）最大弯矩设计值：

$$M = \frac{1}{8}ql^2 = \frac{1}{8} \times 56.98 \times 8.1^2 \text{ kN} \cdot \text{m} = 467.3 \text{ kN} \cdot \text{m}$$

（4）选择钢梁截面：

假设组合梁的塑性中和轴位于混凝土翼板内，且 $x = 0.4h_{c1} = 0.4 \times 140$ mm $= 56$ mm。按达极限状态时，受压区和受拉区轴力相等的原则，由公式（2.2.3）有

$$A = \frac{b_e x f_c}{f} = \frac{2\ 250 \times 56 \times 14.3 \times 10^{-2}}{305} \text{ cm}^2 = 59.08 \text{ cm}^2$$

此时内力臂 $y = h - \dfrac{1}{2}x - \dfrac{1}{2}h_s = (500 - 28 - 180)$ mm $= 292$ mm，则截面的抵抗力矩为

$$Afy = 59.08 \times 10^2 \times 305 \times 292 \times 10^{-6} \text{ kN} \cdot \text{m} = 526.1 \text{ kN} \cdot \text{m}$$
$$> M = 243.23 \text{ kN} \cdot \text{m}$$

满足要求。

根据 $h_s \approx 360$ mm，$A \approx 59.08$ cm²，由《钢结构设计原理》（第 2 版）附表 8.5 选用相近的钢梁截面为热轧普通工字钢 I36a，其截面特性为：$A = 76.44$ cm²，$h_s = 360$ mm，$b = 136$ mm，$t_w = 10$ mm，$I_x = 15\ 800$ cm⁴，$W_x = 875$ cm³，$S_x = 631.2$ cm³，钢梁自重为 0.6 kN/m。

所选用的钢梁翼缘宽度 $b = 136$ mm，比前假定 $b = 100$ mm 略大，但由于组合梁翼缘有效宽度取决于相邻梁板板间净距，因此有效宽度不变（见图 2.31）。

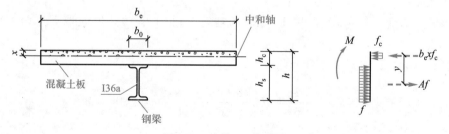

图 2.31　次梁 B1 截面图

2. 施工阶段钢梁验算

施工阶段应验算钢梁自身的抗弯、抗剪强度，以及梁的整体稳定性和挠度。

（1）荷载及内力

翼板混凝土自重	7.88 kN/m
钢梁自重	0.60 kN/m

梁上均布永久荷载标准值　　　　　　　　　　　　　　　$g_{k1} = 8.48$ kN/m

施工均布活荷载标准值 $p_k = 2.25 \times 1.0 \ \text{kN/m} = 2.25 \ \text{kN/m}$

梁上线荷载标准值

$$q_{k1} = (8.48 + 2.25) \ \text{kN/m} = 10.73 \ \text{kN/m}$$

梁上线荷载设计值

$$q_1 = (1.3 \times 8.48 + 1.5 \times 2.25) \ \text{kN/m} = 14.40 \ \text{kN/m}$$

最大弯矩设计值

$$M_x = \frac{1}{8} q_1 l^2 = \frac{1}{8} \times 14.40 \times 8.1^2 \ \text{kN·m} = 118.09 \ \text{kN·m}$$

最大剪力设计值

$$V = \frac{1}{2} q_1 l = \frac{1}{2} \times 14.40 \times 8.1 \ \text{kN} = 58.32 \ \text{kN}$$

（2）承载力和刚度验算

1）抗弯强度：

$$\sigma = \frac{M_x}{\gamma_x W_x} = \frac{118.09 \times 10^6}{1.05 \times 875 \times 10^3} \ \text{N/mm}^2 = 128.5 \ \text{N/mm}^2 < f = 305 \ \text{N/mm}^2$$

满足要求。

2）抗剪强度：

$$\tau = \frac{V S_x}{I_x t_w} = \frac{58.32 \times 10^3 \times 631.2 \times 10^3}{15\,800 \times 10^4 \times 10} \ \text{N/mm}^2 = 23.3 \ \text{N/mm}^2 < f_v = 175 \ \text{N/mm}^2$$

满足要求。

3）整体稳定性验算：

首先假设施工中不设中间支承点，根据《标准》第6.2.5条，简支梁仅腹板与主梁相连，稳定计算时侧向支撑点距离应取实际距离的1.2倍，$l_1 = 1.2 \times 8.1 \ \text{m} = 9.72 \ \text{m}$。

由《钢结构设计原理》（第2版）附表3.2查得钢梁的整体稳定系数：

$$\varphi_b = 0.37 \times \frac{235}{345} = 0.25$$

则

$$\frac{M_x}{\varphi_b W_x} = \frac{118.09 \times 10^6}{0.25 \times 875 \times 10^3} \ \text{N/mm}^2 = 539.8 \ \text{N/mm}^2 > f = 305 \ \text{N/mm}^2$$

不满足施工中的整体稳定性要求，需在施工中架设平台板模板时，在钢梁跨中上翼缘处设一边侧向支承点，此时 $l_1 = 1.2 \times 4\,050 \ \text{mm} = 4\,860 \ \text{mm}$，查得 $\varphi_b = 0.758 \times 235/345 = 0.516 < 0.6$

$$\frac{M_x}{\varphi_b W_x} = \frac{118.09 \times 10^6}{0.516 \times 875 \times 10^3} \ \text{N/mm}^2 = 261.5 \ \text{N/mm}^2 < f = 305 \ \text{N/mm}^2$$

满足要求。

4）挠度验算：

$$v_1 = \frac{5}{384} \times \frac{q_{k1} l^4}{E I_x} = \frac{5}{384} \times \frac{10.73 \times 8.1^4 \times 10^{12}}{2.06 \times 10^5 \times 15\,800 \times 10^4} \ \text{mm} = 18.5 \ \text{mm}$$

$$v_Q = \frac{5}{384} \times \frac{q_{Q1} l^4}{E I_x} = \frac{5}{384} \times \frac{2.25 \times 8.1^4 \times 10^{12}}{2.06 \times 10^5 \times 15\,800 \times 10^4} \ \text{mm} = 3.88 \ \text{mm}$$

$$\frac{v_1}{l}=\frac{18.5}{8\ 100}=\frac{1}{438}<\left[\frac{v}{l}\right]=\frac{1}{250} \quad (见《钢结构设计原理》(第 2 版)附表 2.1)$$

$$\frac{v_{Q1}}{l}=\frac{3.88}{8\ 100}=\frac{1}{2\ 088}<\left[\frac{v_Q}{l}\right]=\frac{1}{300} \quad (见《钢结构设计原理》(第 2 版)附表 2.1)$$

满足刚度要求。

3. 使用阶段组合梁的强度验算

（1）内力设计值

在施工阶段永久荷载的基础上，加砂浆找平层自重标准值 $g_{k2}=1.8\ \text{kN/m}$，得梁上永久荷载标准值

$$g_k=g_{k1}+g_{k2}=(8.48+1.8)\ \text{kN/m}=10.28\ \text{kN/m}$$

梁上线荷载设计值

$$q_2=1.3g_k+1.5p_k=(1.3\times10.28+1.5\times29.25)\ \text{kN/m}=57.24\ \text{kN/m}$$

最大弯矩设计值

$$M=\frac{1}{8}q_2l^2=\frac{1}{8}\times57.24\times8.1^2\ \text{kN}\cdot\text{m}=469.43\ \text{kN}\cdot\text{m}$$

最大剪力设计值

$$V=\frac{1}{2}q_2l=\frac{1}{2}\times57.24\times8.1\ \text{kN}=231.82\ \text{kN}$$

（2）抗弯强度

塑性中和轴位置的判定如下：

$$Af=76.44\times10^2\times305\times10^{-3}\ \text{kN}=2\ 331.4\ \text{kN}$$

$$b_e h_{c1} f_c=2\ 250\times140\times14.3\times10^{-3}\ \text{kN}=4\ 504.5\ \text{kN}>Af$$

塑性中和轴位于翼缘范围内，应力图形见图 2.31。

翼板内混凝土受压区高度

$$x=\frac{Af}{b_e f_c}=\frac{2\ 331.4\times10^3}{2\ 250\times14.3}\ \text{mm}=72.46\ \text{mm}$$

截面的抵抗力矩

$$b_e x f_c y=Afy=2\ 331.4\times\left(500-\frac{72.46}{2}-\frac{360}{2}\right)\times10^{-3}\ \text{kN}\cdot\text{m}$$

$$=661.6\ \text{kN}\cdot\text{m}>M=469.43\ \text{kN}\cdot\text{m}$$

满足要求。

（3）抗剪强度

计算中，考虑次梁与主梁等高连接，次梁端部的上翼缘和部分腹板需切除，假设按构造要求切掉 40 mm，则所剩腹板高度为 $h_w=(360-40)\ \text{mm}=320\ \text{mm}$，腹板截面能承受的剪力为

$$h_w t_w f_v=320\times10.0\times175\times10^{-3}\ \text{kN}=560.0\ \text{kN}>V=231.82\ \text{kN}$$

满足要求。

4. 抗剪连接件设计

选用 $d=19\ \text{mm}$ 的圆柱头焊钉（常用焊钉直径为 16、19 及 22mm），根据《标准》第 14.7.4 规定，焊钉的混凝土保护层厚度不小于 15 mm，且钉头下表面与翼板底部钢筋顶面的距离

h_{e0} 不宜小于 30 mm,则焊钉长度选用 120 mm>4d = 76 mm,根据现行国家标准 GB/T 10433—2002《电弧螺柱焊用圆柱头焊钉》的规定,极限抗拉强度设计值 f_u = 400 N/mm^2。每个圆柱头焊钉连接件的抗剪承载力设计值为

$$N_v^c = 0.43 A_s \sqrt{E_c f_c} = 0.43 \times \frac{3.141\ 6 \times 19^2}{4} \sqrt{3.0 \times 10^4 \times 14.3} \times 10^{-3}\ \text{kN} = 79.85\ \text{kN}$$

$$N_v^c = 0.7 A_s f_u = 0.7 \times \frac{3.141\ 6 \times 19^2}{4} \times 400 \times 10^{-3}\ \text{kN} = 79.39\ \text{kN} < 79.85\ \text{kN}$$

取 N_v^c = 79.39 kN。

取组合梁弯矩最大点至梁端零弯矩点为一个剪跨区段,因塑性中和轴在翼板内,故取钢梁与翼板交界面的纵向剪力

$$V_s = Af = 76.44 \times 10^2 \times 305 \times 10^{-3}\ \text{kN} = 2\ 331.4\ \text{kN}$$

简支组合梁半跨内所需连接件总数

$$n_f = \frac{V_s}{N_v^c} = \frac{2\ 331.4}{79.39} = 29.4 \approx 30$$

故选用 d19×120 的焊钉 60 个,沿全跨均匀布置,焊钉间距为 8 100 mm/(60−1) = 137 mm>6d = 6×19 mm = 114 mm,满足最小间距要求,可沿钢梁上翼缘中心线均匀布置。

5. 跨中挠度验算

(1)按荷载的标准组合

1)求换算截面。

$$\alpha_E = \frac{E_s}{E_c} = \frac{2.06 \times 10^5}{3.0 \times 10^4} = 6.87$$

则翼板的换算有效宽度

$$b_{eq} = \frac{b_e}{\alpha_E} = \frac{2\ 250}{6.87}\ \text{mm} = 327.67\ \text{mm}$$

换算截面形心位置见图 2.32。

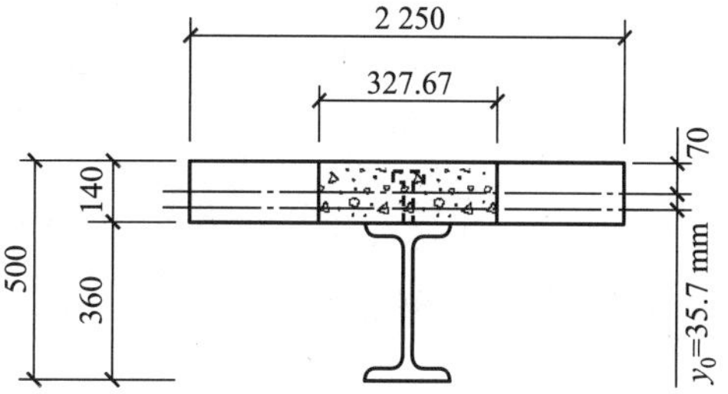

由图 2.32 按翼板的自身中和轴为参考轴,求换算截面的形心位置。

图 2.32　换算截面几何尺寸(标准荷载组合时)

$$y_0 = \frac{A(h_s/2 + h_{c1}/2)}{b_{eq}h_{c1} + A} = \frac{76.44 \times 10^2 \times (360 + 140)/2}{327.67 \times 140 + 76.44 \times 10^2}\ \text{mm} = 35.7\ \text{mm}$$

换算截面惯性矩为

$$I_{eq} = \left[327.67 \times 140 \times 35.7^2 + \frac{327.67}{12} \times 140^3 + \left(360 + 140 - \frac{360}{2} - 35.7 - \frac{140}{2}\right)^2 \times \right.$$

$$\left. 76.44 \times 10^2 + 15\ 800 \times 10^4 \right]\ \text{mm}^4 = 6.424 \times 10^8\ \text{mm}^4$$

2)求刚度折减系数。

$$I_0 = I + \frac{I_{cf}}{\alpha_E} = \left(15\ 800 \times 10^4 + \frac{327.67}{12} \times 140^3\right)\ \text{mm}^4 = 2.33 \times 10^8\ \text{mm}^4$$

$$A_0 = \frac{A_{cf}A}{\alpha_E A + A_{cf}} = \frac{327.67 \times 140 \times 76.44 \times 10^2}{76.44 \times 10^2 + 327.67 \times 140}\ \text{mm}^2 = 6\ 552.2\ \text{mm}^2$$

$$d_c = (180+70) \text{ mm} = 250 \text{ mm}$$

$$A_1 = \frac{I_0 + A_0 d_c^2}{A_0} = \frac{2.33 \times 10^8 + 6\,552.2 \times 250^2}{6\,552.2} \text{ mm}^2 = 98\,049 \text{ mm}^2$$

$$k = N_v^c = 79.4 \times 10^3 = 79\,400 \text{ N/mm}$$

$$n_s = 1 ; p = 137 \text{ mm}$$

$$j = 0.81 \sqrt{\frac{n_s k A_1}{E I_0 p}} = 0.81 \sqrt{\frac{1 \times 79\,400 \times 98\,049}{2.06 \times 10^5 \times 2.33 \times 10^8 \times 137}} \text{ mm}^{-1} = 8.81 \times 10^{-4} \text{ mm}^{-1}$$

$$\eta = \frac{36 E d_c p A_0}{n_s k h l^2} = \frac{36 \times 2.06 \times 10^5 \times 250 \times 137 \times 6\,652.2}{1 \times 79\,400 \times 500 \times 8\,100^2} = 0.64$$

则 $\xi = \eta \left[0.4 - \frac{3}{(jl)^2} \right] = 0.64 \times \left[0.4 - \frac{3}{(8.81 \times 10^{-4} \times 8\,100)^2} \right] = 0.22$

则组合梁考虑滑移效应的折减刚度为

$$B = \frac{E I_{eq}}{1+\xi} = \frac{1}{1+0.22} E I_{eq} = 1.09 \times 10^{14} \text{ N} \cdot \text{mm}^2$$

由于施工阶段没有对 B1 的钢梁进行临时支承,施工荷载引起的变形 v_1 已经存在,使用阶段的续加荷载为面层自重标准值 $g_{k2} = 1.8 \text{ kN/m}$ 和均布活荷标准值 $p_k = 29.25 \text{ kN/m}$,即 $q'_{k2} = (1.8 + 29.25) \text{ kN/m} = 31.05 \text{ kN/m}$。

用折减刚度法得在续加荷载下的跨中挠度为

$$v_2 = \frac{5}{384} \frac{q'_{k2} l^4}{B} = \frac{5 \times 31.05 \times 8.1^4 \times 10^{12}}{384 \times 1.09 \times 10^{14}} \text{ mm} = 16.02 \text{ mm}$$

则两阶段的位移之和

$$v = v_1 + v_2 = \left(18.5 \times \frac{8.48}{10.73} + 16.02 \right) \text{ mm} = 30.64 \text{ mm}$$

$$\frac{v}{l} = \frac{30.64}{8\,100} = \frac{1}{264} < \left[\frac{v}{l} \right] = \frac{1}{250}$$

满足要求。

(2)按荷载的准永久值组合

此时,应考虑混凝土的徐变影响。

1)求换算截面。

$$b'_{eq} = \frac{b_e}{2\alpha_E} = \frac{2\,250}{2 \times 6.87} \text{ mm} = 163.8 \text{ mm}$$

换算截面形心位置见图 2.33。

由图 2.33 按翼板自身中和轴为参考轴,求换算截面的形心位置。

$$y'_0 = \frac{250}{163.8 \times 140 / (76.44 \times 10^2) + 1} \text{ mm} = 62.49 \text{ mm}$$

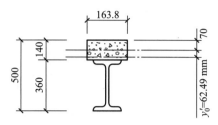

图 2.33 换算截面几何尺寸(准永久值组合时)

换算截面惯性矩为

$$I'_{eq} = \left[163.8 \times 140 \times 62.49^2 + \frac{163.8}{12} \times 140^3 + (250 - 62.49)^2 \times 76.44 \times 10^2 + 15\ 800 \right]\ \text{mm}^4$$

$$= 5.54 \times 10^8\ \text{mm}^4$$

2)求刚度折减系数。

$$I'_0 = I + \frac{I_{cf}}{2\alpha_E} = \left(15\ 800 \times 10^4 + \frac{163.8}{12} \times 140^3 \right)\ \text{mm}^4 = 1.95 \times 10^8\ \text{mm}^4$$

$$A'_0 = \frac{A_{cf}A}{2\alpha_E A + A_{cf}} = \frac{163.8 \times 140 \times 76.44 \times 10^2}{76.44 \times 10^2 + 163.8 \times 140}\ \text{mm}^2 = 5\ 733.3\ \text{mm}^2$$

$$A'_1 = \frac{I'_0 + A'_0 d_c^2}{A'_0} = \frac{1.95 \times 10^8 + 5\ 733.3 \times 250^2}{5\ 733.3}\ \text{mm}^2 = 96\ 593\ \text{mm}^2$$

$$j' = 0.81 \sqrt{\frac{n_s k A'_1}{E I'_0 p}} = 0.81 \sqrt{\frac{1 \times 79\ 388 \times 96\ 593}{2.06 \times 10^5 \times 1.95 \times 10^8 \times 137}}\ \text{mm}^{-1} = 9.55 \times 10^{-4}\ \text{mm}^{-1}$$

$$\eta' = \frac{36 E d_c p A'_0}{n_s k h l^2} = \frac{36 \times 2.06 \times 10^5 \times 250 \times 137 \times 5\ 733.3}{1 \times 79\ 388 \times 500 \times 8\ 100^2} = 0.559$$

则 $\xi' = \eta' \left[0.4 - \frac{3}{(j'l)^2} \right] = 0.559 \left[0.4 - \frac{3}{(9.55 \times 10^{-4} \times 8\ 100)^2} \right] = 0.196$

则组合梁考虑滑移和徐变效应的折减刚度

$$B' = \frac{E I'_{eq}}{1 + \xi'} = 9.54 \times 10^{13}\ \text{N} \cdot \text{mm}^2$$

对于准永久组合,荷载的设计值

$$q_q = q_{k2} + \psi_q p_k = (1.8 + 0.85 \times 29.25)\ \text{kN/m} = 26.7\ \text{kN/m}$$

故用折减刚度法得到的跨中挠度

$$v'_2 = \frac{5 q_q l^4}{384 B} = \frac{5 \times 26.7 \times 8.1^4 \times 10^{12}}{384 \times 9.54 \times 10^{13}}\ \text{mm} = 15.7\ \text{mm}$$

$$v_2 > v'_2$$

显然,该值与施工阶段自重引起的挠度之和亦满足要求。

6. 混凝土翼板和板托的抗剪设计

假定翼板中横向钢筋双层布置,采用 HRB400 级钢筋,$f_r = 360$ N/mm²,钢筋的保护层取 15 mm,如图 2.34 所示。

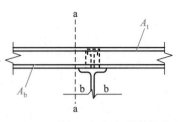

图 2.34　翼板和板托的横向配筋

（1）b—b 受剪界面验算

单位纵向长度上 b—b 受剪界面(图 2.34)的计算纵向剪力为

$$v_{l,1} = \frac{V_s}{m_i} = 2 \times A_s f/l = \frac{2 \times 76.44 \times 305 \times 10^2}{8\ 100} \text{ N/mm} = 575.66 \text{ N/mm}$$

根据 GB/T 10433—2002《电弧螺柱焊用圆柱头焊钉》,$d = 19$ mm 的圆柱头焊钉,柱头直径均值为 32 mm,则 b—b 受剪界面的横向长度 $b_f = (120 + 120 + 32)$ mm = 272 mm。则 b—b 界面所需单位长度上横向钢筋的截面面积 A_e 可由式(2.2.21)确定:

$$A_e \geqslant \frac{v_{l,1} - 0.7 f_t b_f}{0.8 f_r} = \frac{575.66 - 0.7 \times 1.43 \times 272}{0.8 \times 360} \text{ mm}^2/\text{mm} = 1.05 \text{ mm}^2/\text{mm}$$

$$A_b = \frac{A_e}{2} = \frac{1.05}{2} \times 10^3 \text{ mm}^2/\text{m} = 525 \text{ mm}^2/\text{m}$$

取 $\phi 10@140$,$A_b = 561$ mm²/m,则

$$v_{lu,1} = 0.7 f_t b_f + 0.8 A_e f_r = (0.7 \times 1.43 \times 272 + 0.8 \times 2 \times 561 \times 10^{-3} \times 360) \text{ N/mm} = 595.4 \text{ N/mm} <$$

$$< 0.25 b_f f_c = 0.25 \times 272 \times 14.3 \text{ N/mm} = 972.4 \text{ N/mm}$$

$$v_{lu,1} = 595.4 \text{ N/mm} > v_{l,1} = 575.66 \text{ N/mm}$$

满足要求。

横向钢筋最小配筋率:

$$A_e f_r/b_f = (2 \times 561 \times 10^{-3} \times 360/272) \text{ N/mm}^2 = 1.485 \text{ N/mm}^2 > 0.75 \text{ N/mm}^2$$

满足要求。

（2）a—a 截面验算

$$v_{l,1} = \max\left(\frac{V_s}{m_i} \times \frac{b_1}{b_e}, \frac{V_s}{m_i} \times \frac{b_2}{b_e}\right)$$

此处 $b_1 = b_2 = (2\ 250 - 136)$ mm/2 = 1 057 mm

$$v_{l,1} = \frac{V_s}{m_i} \times \frac{b_1}{b_e} = 575.66 \times \frac{1\ 057}{2\ 250} \text{ N/mm} = 270.43 \text{ N/mm}$$

a—a 受剪界面的横向长度 $b_f = 140$ mm。

由式(2.2.18)和式(2.2.21)得

$$A_e \geqslant \frac{v_{l,1} - 0.7 f_t b_f}{0.8 f_r} = \frac{270.43 - 0.7 \times 1.43 \times 140}{0.8 \times 360} \text{ mm}^2/\text{mm} = 0.452 \text{ mm}^2/\text{mm}$$

因为 $A_e = A_t + A_b$，而 $A_b = 561$ mm²/m$> A_e = 452$ mm²/m

因此板上缘按构造取 $\Phi 8@200$。

则 $A_e = A_t + A_b = (0.251 + 0.561)$ mm²/mm $= 0.812$ mm²/mm

有 $v_{lu,1} = 0.7 f_t b_f + 0.8 A_e f_r = (0.7 \times 1.43 \times 140 + 0.8 \times 0.812 \times 360)$ N/mm

$\qquad = 374.0$ N/mm $< 0.25 b_f f_c = 0.25 \times 140 \times 14.3$ N/mm $= 500.5$ N/mm

$v_{l,1} = 270.43$ N/mm $< v_{lu,1} = 374.0$ N/mm

满足要求。

横向配筋率 $A_e f_r / b_f = (0.812 \times 360 / 140)$ N/mm² $= 2.088$ N/mm² > 0.75 N/mm²

满足要求。

2.4.3 主梁 B2 设计

1. 初选截面（图 2.35）

钢筋混凝土翼板厚度为 140 mm。钢梁截面如图 2.35 所示，上翼缘板为 -160×10，腹板为 -700×12，下翼缘板为 -300×20，钢梁高 $h_s = 730$ mm，组合梁高 $h = h_s + h_{c1} = (730 + 140)$ mm $= 870$ mm。

（1）钢梁截面特征

$$\frac{b}{t} = \frac{74}{10} = 7.4 = 9\varepsilon_k = 9 \times \sqrt{\frac{235}{345}} = 7.4$$

属于 S1 级板件。

$$\frac{h_0}{t_w} = \frac{700}{12} = 58.3 < 80\varepsilon_k = 80 \times \sqrt{\frac{235}{345}} = 66$$

无须验算腹板局部稳定，且满足 S3 级板件。

钢梁的截面面积

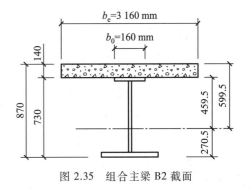

图 2.35 组合主梁 B2 截面

$A = (160 \times 10 + 700 \times 12 + 300 \times 20)$ mm² $= 16\,000$ mm²

钢梁中和轴至钢梁顶面的距离

$$y_1 = \{[0.5 \times 160 \times 10^2 + 700 \times 12 \times (0.5 \times 700 + 10) + 300 \times 20 \times$$

$$(10 + 700 + 0.5 \times 20)]/16\,000\} \text{ mm} = 459.5 \text{ mm}$$

钢梁中和轴至钢梁底面的距离

$$y_2 = h_s - y_1 = (730 - 459.5) \text{ mm} = 270.5 \text{ mm}$$

钢梁的截面惯性矩

$$I = \left[\frac{1}{12} \times (160 \times 10^3 + 12 \times 700^3 + 300 \times 20^3) + 160 \times 10 \times (459.5 - 0.5 \times 10)^2 + 12 \times 700 \times\right.$$

$$\left.(459.5 - 0.5 \times 700 - 10)^2 + 300 \times 20 \times (270.5 - 0.5 \times 20)^2\right] \text{ mm}^4 = 1\,164.05 \times 10^6 \text{ mm}^4$$

钢梁上翼缘的弹性抵抗矩

$$W_1 = \frac{I}{y_1} = \frac{1\ 164.05 \times 10^6}{459.5}\ \text{mm}^3 = 2.533 \times 10^6\ \text{mm}^3$$

钢梁下翼缘的弹性抵抗矩

$$W_2 = \frac{I}{y_2} = \frac{1\ 164.05 \times 10^6}{270.5}\ \text{mm}^3 = 4.303 \times 10^6\ \text{mm}^3$$

（2）钢筋混凝土翼板有效宽度

$$b_0 = 160\ \text{mm}; s_0 = (8\ 100 - 160)\ \text{mm} = 7\ 940\ \text{mm}$$

$$b_e = b_0 + \frac{l}{6} + \frac{l}{6} = \left(160 + 2 \times \frac{9\ 000}{6}\right)\ \text{mm} = 3\ 160\ \text{mm}$$

$$b_e = b_0 + \frac{s_0}{2} + \frac{s_0}{2} = \left(160 + 2 \times \frac{7\ 940}{2}\right)\ \text{mm} = 8\ 100\ \text{mm}$$

取 $b_e = 3\ 160\ \text{mm}$。

2. 施工阶段钢梁验算

（1）弯矩及剪力

钢梁 B2 自重标准值

　　$0.016 \times 78.5\ \text{kN/m} = 1.256\ \text{kN/m}$

均布永久荷载标准值

$$g_k = 1.256\ \text{kN/m}$$

均布永久荷载设计值

$$g = 1.3 \times 1.256\ \text{kN/m} = 1.63\ \text{kN/m}$$

主梁简支，最大跨中弯矩设计值按图 2.36 计算，图中 $P = 2 \times 58.32\ \text{kN} = 116.64\ \text{kN}$，是由次梁端部传给主梁的集中荷载设计值，已包括施工活荷载设计值。

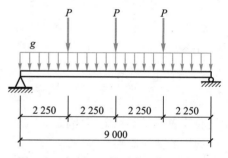

图 2.36　钢梁 B2 施工阶段荷载分布图

$$M_{\max} = \left(\frac{1}{8} \times 1.63 \times 9^2 + \frac{3}{2} \times 116.64 \times 4.5 - 116.64 \times 2.25\right)\ \text{kN} \cdot \text{m} = 541.38\ \text{kN} \cdot \text{m}$$

最大剪力设计值（支座处）

$$V_{\max} = \left(\frac{1}{2} \times 1.63 \times 9 + \frac{3}{2} \times 116.64\right)\ \text{kN} = 182.3\ \text{kN}$$

（2）强度验算

1）抗弯强度：

$$\sigma_{\max} = \frac{M_{\max}}{\gamma_x W_{nx1}} = \frac{541.38 \times 10^6}{1.05 \times 2.533 \times 10^6}\ \text{N/mm}^2 = 203.5\ \text{N/mm}^2 < f = 305\ \text{N/mm}^2$$

2）抗剪强度：

钢梁中和轴处的静矩

$$S_1 = \left[160 \times 10 \times (459.5 - 5) + 12 \times \frac{(459.5 - 10)^2}{2} \right] \text{ mm}^3 = 1\ 939\ 502\ \text{mm}^3$$

$$\tau_{max} = \frac{V_{max} S_1}{I t_w} = \frac{2\ 182.3 \times 10^3 \times 1\ 939\ 502}{164.05 \times 10^6 \times 12} \text{ N/mm}^2 = 25.3 \text{ N/mm}^2 < f_v = 175 \text{ N/mm}^2$$

均满足要求。

腹板板件属于 S3 级,可用全截面模量,塑性发展系数可取 1.05,无须重新验算。

（3）整体稳定性验算

在主、次钢梁安装后,在主梁 B2 的 4 分点（次梁支座）上翼缘处均设置侧向支承点,则其侧向支承点间距为 $l_1 = 2\ 250$ mm。

由《钢结构设计原理》（第 2 版）式（4.4.25）确定稳定系数 φ_b。

$$I_y = \frac{1}{12} \times (10 \times 160^3 + 700 \times 12^3 + 20 \times 300^3) \text{ mm}^4 = 4.85 \times 10^7 \text{ mm}^4$$

$$i_y = \sqrt{\frac{I_y}{A}} = \sqrt{\frac{4.85 \times 10^7}{1.6 \times 10^4}} \text{ mm} = 55.06 \text{ mm}$$

$$\lambda_y = \frac{l_1}{i_y} = \frac{2\ 250}{55.06} = 40.86$$

$$\alpha_b = \frac{I_1}{I_1 + I_2} = \frac{10 \times 160^3}{10 \times 160^3 + 20 \times 300^3} = 0.070\ 5$$

$$\eta_b = 2\alpha_b - 1 = 2 \times 0.070\ 5 - 1 = -0.859$$

由《钢结构设计原理》（第 2 版）式（4.4.25）有

$$\varphi_b = \beta_b \frac{4\ 320}{\lambda_y^2} \frac{Ah}{W_x} \left[\sqrt{1 + \left(\frac{\lambda_y t_1}{4.4h} \right)^2} + \eta_b \right] \varepsilon_k$$

$$= 1.2 \times \frac{4\ 320}{40.86^2} \times \frac{16\ 000 \times 730}{2.53 \times 10^6} \times \left[\sqrt{1 + \left(\frac{40.86 \times 10}{4.4 \times 730} \right)^2} - 0.859 \right] \times \frac{235}{345} = 1.455$$

$\varphi_b = 1.455 > 0.6$,则换算为弹塑性稳定系数：

$$\varphi_b' = 1.07 - \frac{0.282}{\varphi_b} = 1.07 - \frac{0.282}{1.455} = 0.876 \geqslant 1.0$$

$$\frac{M_x}{\varphi_b' W_x} = \frac{541.38 \times 10^6}{0.876 \times 2.533 \times 10^6} \text{ N/mm}^2 = 243.98 \text{ N/mm}^2 < f = 305 \text{ N/mm}^2$$

整体稳定性满足要求。

（4）挠度验算

均布荷载产生的跨中挠度

$$v_g = \frac{5q_k l^4}{384EI} = \frac{5 \times 1.256 \times 9\,000^4}{384 \times 2.06 \times 10^5 \times 1.164 \times 10^9} \text{ mm} = 0.447 \text{ mm}$$

次梁支座反力产生的跨中挠度(式中 n 为等距集中荷载的梁中分点数,本例 $n=4$):

$$v_P = \frac{5n^2-4}{384nEI}Pl^3 = \frac{(5 \times 4^2 - 4) \times 2 \times 58.3 \times 10^3 \times 9\,000^3}{384 \times 4 \times 2.06 \times 10^5 \times 1.164 \times 10^9} \text{ mm} = 17.54 \text{ mm}$$

$$v = v_g + v_P = (0.447 + 17.54) \text{ mm} = 17.987 \text{ mm}$$

$$\frac{v}{l} = \frac{17.987}{9\,000} = \frac{1}{500} < \left[\frac{v}{l}\right] = \frac{1}{400}$$

满足要求。

3. 使用阶段组合梁强度验算

(1)弯矩和剪力

使用阶段的均布永久荷载设计值同施工阶段,$g = 1.63$ kN/m,使用阶段的集中荷载设计值由次梁 B1 的端部传给主梁,为 $P = 2 \times 231.82$ kN $= 463.64$ kN(其中 231.82 kN 为一个次梁端部的支座反力)。主梁 B2 的钢梁下翼缘厚 20 mm,偏于保守地取整个钢梁钢材的抗压与抗拉强度设计值 $f = 295$ N/mm^2,钢材的抗剪强度设计值 $f_v = 170$ N/mm^2,则最大跨中弯矩设计值

$$M_{max} = \left(\frac{1}{8} \times 1.63 \times 9^2 + \frac{3}{2} \times 463.64 \times 4.5 - 463.64 \times 2.25\right) \text{ kN} \cdot \text{m} = 2\,101.89 \text{ kN} \cdot \text{m}$$

最大剪力设计值

$$V_{max} = \left(\frac{1}{2} \times 1.63 \times 9 + \frac{3}{2} \times 463.64\right) \text{ kN} = 702.8 \text{ kN}$$

(2)组合梁的抗弯强度

塑性中和轴位置的确定:

$$Af = 16\,000 \times 295 \text{ N} = 4\,720\,000 \text{ N}$$

$$b_e h_{c1} f_c = 3\,160 \times 140 \times 14.3 \text{ N} = 6\,326\,320 \text{ N}$$

$Af < b_e h_{c1} f_c$,因此中和轴在钢筋混凝土翼板之内,组合梁的应力图如图 2.37 所示。

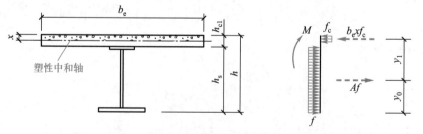

图 2.37　组合梁的塑性中和轴位于钢梁内的应力图

翼板内混凝土受压区高度

$$x = \frac{Af}{b_e f_c} = \frac{4.72 \times 10^6}{3\,160 \times 14.3} \text{ mm} = 104.45 \text{ mm}$$

截面的抵抗力矩

$$b_e x f_c \cdot y = A f y = 4.72 \times \left(730 + 140 - \frac{104.45}{2} - 270.5 \right) \text{ kN} \cdot \text{m}$$
$$= 2\,583 \text{ kN} \cdot \text{m} > M = 2\,103 \text{ kN} \cdot \text{m}$$

满足要求。

（3）抗剪强度

截面能承受的剪力为

$$h_w t_w f_v = 700 \times 12 \times 170 \times 10^{-3} \text{ kN} = 1\,428 \text{ kN} > V_{max} = 702.8 \text{ kN}$$

满足要求。

4. 抗剪连接件设计

选用 $d = 19$ mm 的圆柱头焊钉，长度选用 120 mm > $4d = 76$ mm。取 $N_v^c = 79.39$ kN。

跨中至梁端区段内翼板与钢梁界面间的纵向剪力为

$$V_s = A f = 4.72 \times 10^6 \text{ N}$$

半跨范围内需抗剪连接件

$$n_f = \frac{V_s}{N_v^c} = \frac{4\,720}{79.39} = 59.5 \approx 60$$

全梁共需 $2 \times 60 = 120$ 个焊钉，沿全跨均匀双排布置，焊钉间距为 9 000 mm/（60−1）= 152 mm > $6d = 6 \times 19$ mm = 114 mm，满足最小间距要求。且焊钉直径 19 mm < $2.5t = 2.5 \times 10$ mm = 25 mm，满足构造要求。取焊钉垂直于梁轴线方向的间距为 80 mm > $4d = 76$ mm。焊钉圆柱头直径 32 mm，则外侧边缘与钢梁翼缘边缘之间的距离为 ［160−（32+80）］mm/2 = 24 mm > 20 mm。满足构造要求。

有关主梁 B2 的挠度验算和混凝土翼板的抗剪验算，与次梁 B1 计算方法相同，读者可自行完成。

2.4.4 钢管混凝土柱 Z1 设计

此处按 GB 50936—2014《钢管混凝土结构技术规范》第 5 章的相关规定进行设计。

1. Z1 柱所受轴力

施工阶段，Z1 柱承受主梁 B2 和次梁 B3 的支座反力：

$$N' = （182.3 + 58.3） \text{ kN} = 240.6 \text{ kN}$$

使用阶段 Z1 柱承受的轴力：

$$N = （702.8 + 231.8） \text{ kN} = 934.6 \text{ kN}$$

2. 初选截面

柱子基础顶面低于 ±0.0 m 标高 150 mm，主梁 B2 全高 $h = 870$ mm，简支于柱上，钢梁支座加劲肋处的下翼缘与柱顶板间设 20 mm 厚钢垫板，则柱高为 $l = （4\,500 + 150 - 870 - 20）$ mm = 3 760 mm，由于该柱为轴心受压悬臂柱，故其等效计算长度 $l_0 = 2l = 7\,520$ mm，按 $\lambda \leq 80$ 的构造要求，初选钢管外径 $d \geq l_0/20 = 7\,520$ mm/20 = 376 mm，取 $d = 400$ mm，$t = 6$ mm，$d/t = 400/6 = 66.67 \leq 135 \times 235/f_y = 135 \times 235/345 = 91.96$，以上各项均满足构造要求。

钢管横截面面积

$$A_{a} = \frac{\pi(d^2 - d_0^2)}{4} = \frac{3.141\ 6[400^2 - (400 - 2 \times 6)^2]}{4}\ \text{mm}^2 = 7\ 426.74\ \text{mm}^2$$

核心混凝土横截面面积

$$A_{c} = \frac{\pi d_0^2}{4} = \frac{3.141\ 6 \times (400 - 2 \times 6)^2}{4}\ \text{mm}^2 = 118\ 237.26\ \text{mm}^2$$

套箍指标

$$\theta = f_a A_a / (f_c A_c) = \frac{305 \times 7\ 426.74}{19.1 \times 118\ 237.26} = 1.003 > 0.5$$

满足 0.5~2 的要求。

截面几何特性：

$$I_{sc} = \frac{\pi d^4}{64} = \frac{3.141\ 6 \times 400^4}{64}\ \text{mm}^4 = 1.257 \times 10^9\ \text{mm}^4$$

$$A_{sc} = \frac{\pi d^4}{4} = \frac{3.141\ 6 \times 400^2}{4}\ \text{mm}^2 = 1.257 \times 10^5\ \text{mm}^2$$

$$i_{sc} = \sqrt{\frac{I_{sc}}{A_{sc}}} = \sqrt{\frac{1.257 \times 10^9}{1.257 \times 10^5}}\ \text{mm} = 100.00\ \text{mm}$$

$$\lambda_{sc} = l_0 / i_{sc} = 7\ 520 / 100 = 75.2 < 80\ \text{mm}$$

刚度满足构造要求。

3. 柱承载力验算(初选截面)

计算钢管混凝土轴心受压短柱的承载力设计值：

$$B = 0.176f / 213 + 0.974 = 0.176 \times 305 / 213 + 0.974 = 1.226$$

$$C = -0.104f_c / 14.4 + 0.031 = -0.104 \times 19.1 / 14.4 + 0.031 = -0.107$$

$$f_{sc} = (1.212 + B\theta + C\theta^2)f_c = (1.212 + 1.226 \times 1.003 - 0.107 \times 1.003^2) \times 19.1\ \text{N/mm}^2 = 44.58\ \text{N/mm}^2$$

$$N_0 = f_{sc}A_{sc} = 44.58 \times 1.257 \times 10^5 \times 10^{-3}\ \text{kN} = 5\ 603.71\ \text{kN}$$

按 $\lambda_{sc}(0.001f_y + 0.781) = 75.2 \times (0.001 \times 345 + 0.781) = 84.68$，查表 2.4 得 $\varphi = 0.701$。

故柱的轴压承载力

$$N_u = \varphi N_0 = 0.701 \times 5\ 603.71\ \text{kN} = 3\ 928.20\ \text{kN} > N = 934.6\ \text{kN}$$

满足要求，补充设计如下。

4. 改选截面

上述计算承载力富余过多，因工艺要求，平台下要通透，无法设置支撑，该柱由刚度(即长细比)控制，为了节约成本，做如下改变：按 $d \geqslant l_0 / 20 = 7\ 520\ \text{mm} / 20 = 376\ \text{mm}$，重选钢管直径 $d = 380\ \text{mm}$；钢材改为 Q235B 级钢，$f = 215\ \text{N/mm}^2$，$f_v = 125\ \text{N/mm}^2$；混凝土等级改为 C30，$f_c = 14.3\ \text{N/mm}^2$，$E_c = 3.0 \times 10^4\ \text{N/mm}^2$；取钢管壁厚 $t = 4\ \text{mm}$，$d/t = 380/4 = 95 \leqslant 135 \times 235 / f_y = 135 \times 235 / 235 = 135$，以上各项均满足构造要求。

则钢管横截面面积

$$A_{a} = \frac{\pi(d^2 - d_0^2)}{4} = \frac{3.141\ 6 \times [380^2 - (380 - 2 \times 4)^2]}{4}\ \text{mm}^2 = 4\ 724.97\ \text{mm}^2$$

核心混凝土横截面面积

$$A_c = \frac{\pi d_0^2}{4} = \frac{3.141\,6 \times (380-2\times4)^2}{4}\ \text{mm}^2 = 108\,686.79\ \text{mm}^2$$

套箍指标

$$\theta = f_a A_a / (f_c A_c) = \frac{215 \times 4\,724.97}{14.3 \times 108\,686.79} = 0.654 > 0.5$$

满足 0.5~2 的要求。

截面几何特性：

$$I_{sc} = \frac{\pi d^4}{64} = \frac{3.141\,6 \times 400^4}{64}\ \text{mm}^4 = 1.024 \times 10^9\ \text{mm}^4$$

$$A_{sc} = \frac{\pi d^4}{4} = \frac{3.141\,6 \times 400^2}{64}\ \text{mm}^2 = 1.134 \times 10^5\ \text{mm}^2$$

$$i_{sc} = \sqrt{\frac{I_{sc}}{A_{sc}}} = \sqrt{\frac{1.024\times10^9}{1.134\times10^5}}\ \text{mm} = 95.03\ \text{mm}$$

$$\lambda_{sc} = l_0 / i_{sc} = 7\,520/95.03 = 79.13 < 80$$

刚度满足构造要求。

5. 柱承载力验算（改选截面）

计算钢管混凝土轴心受压短柱的承载力设计值：

$$B = 0.176f/213 + 0.974 = 0.176 \times 215/213 + 0.974 = 1.152$$

$$C = -0.104 f_c / 14.4 + 0.031 = -0.104 \times 14.3/14.4 + 0.031 = -0.072$$

$$f_{sc} = (1.212 + B\theta + C\theta^2) f_c = (1.212 + 1.152 \times 0.654 - 0.072 \times 0.654^2) \times 14.3\ \text{N/mm}^2 = 27.66\ \text{N/mm}^2$$

$$N_0 = f_{sc} A_{sc} = 27.66 \times 1.134 \times 10^5 \times 10^{-3}\ \text{kN} = 3\,136.64\ \text{kN}$$

按 $\lambda_{sc}(0.001f_y + 0.781) = 79.13 \times (0.001 \times 235 + 0.781) = 80.4$，查表 2.4 得 $\varphi = 0.726$。

故柱的轴压承载力

$$N_u = \varphi N_0 = 0.726 \times 3\,136.64\ \text{kN} = 2\,277.20\ \text{kN} > N = 934.6\ \text{kN}$$

满足要求。

6. 柱顶局部承压验算

根据 GB 50936—2014《钢管混凝土结构技术规范》6.3 节相关规定验算柱顶局部承压。

设柱顶圆板垫块直径 $d_l = 300$ mm，$A_l = \frac{\pi d_l^2}{4} = \frac{3.141\,6 \times 300^2}{4}\ \text{mm}^2 = 70\,686.00\ \text{mm}^2$，

$$N_{ul} = N_0 \sqrt{A_l/A_c} = 3\,136.64 \times \sqrt{70\,686.00/108\,686.79}\ \text{kN} = 2\,529.55\ \text{kN} > N = 934.6\ \text{kN}$$

满足要求。

建议读者按 GB 50936—2014《钢管混凝土结构技术规范》第 6 章相关规定设计钢管混凝土柱 Z1，并与例题结果进行对比。

2.4.5　工作平台梁、柱构造图

工作平台梁、柱构造图如图 2.38 所示。

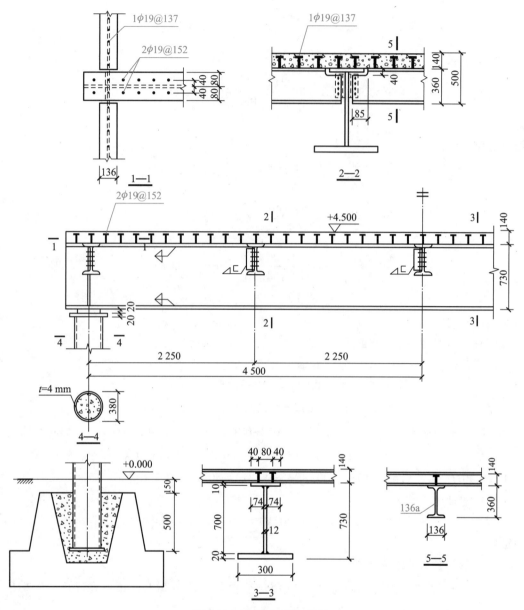

图 2.38　组合梁、柱构造图

本章参考文献

第 2 章参考文献

第3章

多层与高层钢结构

3.1　多、高层钢结构体系及其应用范围

多、高层钢结构除承受由重力引起的竖向荷载外,更重要的是要承受由风或地震作用引起的水平荷载,因此,多、高层钢结构一般根据其抗侧力结构体系的特点进行结构体系分类。基本的抗侧力结构体系有:框架结构体系、框架-支撑结构体系、筒体结构体系和巨型结构体系,前三种体系的结构平面简图如图 3.1 所示。

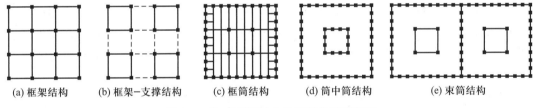

(a) 框架结构　　(b) 框架-支撑结构　　(c) 框筒结构　　(d) 筒中筒结构　　(e) 束筒结构

图 3.1　多、高层钢结构体系结构平面简图

3.1.1　框架结构

框架结构是由梁与柱组成的结构,沿房屋的纵向和横向,均采用框架作为承重和抗侧力的主要构件,其结构平面如图 3.1a 所示。按梁与柱的连接形式,框架结构可分为半刚接框架和刚接框架。一般情况下,尤其是地震区的建筑采用框架结构时,应采用刚接框架。某些情况下,为加大结构的延性,或防止梁与柱连接焊缝的脆断,也可采取半刚性连接框架。如第 1章所述,框架结构在水平荷载下的变形以剪切变形为主。

框架结构各部分刚度比较均匀,框架结构有较大延性,自振周期较长,因而对地震作用不敏感,抗震性能好。但框架结构的抗侧刚度小,侧向位移大,易引起非结构构件的破坏。框架在水平荷载作用下容易产生较大的水平位移,导致竖向荷载对结构产生附加内力,使结构的水平位移进一步增加,从而降低结构的承载力和整体稳定性,这种现象称为 P-Δ 效应。钢框架构件的翼缘、腹板和加劲肋均较薄,梁柱节点并非理想的刚性节点,在框架梁柱节点域实际存在剪切变形,这种剪切变形会使钢框架产生不容忽视的水平位移,计算时应予以考虑。研究表明,节点域剪切变形对框架内力的影响较小,可以忽略。

框架结构的杆件类型少,构造简单,易于标准化和定型化,施工周期短。由于不设置柱间竖向支撑,因此建筑平面设计有较大的灵活性,并且可采用较大的柱距来提供较大的使用空间。钢框架结构最大适用高度可以达到 110 m,因此对于 30 层以下的办公楼、旅馆及商场等公共建筑,钢框架结构具有良好的适用性。如高 121 m、29 层的美国休斯顿印第安纳广场大厦就是典型的框架结构,其平面尺寸为 43.7 m×43.7 m,柱距约 7.6 m。但对于地震区,我国 GB 50011—2010《建筑抗震设计规范(2016 年版)》(简称《抗震规范》)规定,高度不超过 50 m 的钢结构房屋可采用框架结构。这是因为框架结构不是很有效的抗侧力体系,当房屋层数较多、水平荷载较大时,为满足层间位移的要求,梁和柱的截面尺寸将很大,以至于超出了经济合理的范围。

3.1.2　框架-支撑结构

1. 中心支撑框架结构与偏心支撑框架结构

当框架结构达到较大高度时,其抗侧刚度较小,难以满足设计要求,或结构梁柱截面过大,失去经济合理性。为建造比框架结构更高的高层建筑,避免梁柱截面过大及用钢量增加,提高其抗侧刚度,可在部分框架柱之间设置竖向支撑,形成竖向桁架,这种框架和竖向桁架就组成了经济、有效的抗侧力结构体系,即框架-支撑结构体系。由此可见,框架-支撑结构是以框架结构为基础,沿房屋的纵、横两个方向对称布置一定数量的竖向支撑所形成的一种结构体系,其结构平面如图 3.1b 所示。框架-支撑结构中的框架梁与框架柱大多为刚性连接,支撑斜杆两端与框架梁、柱的连接在结构计算简图中假定为铰接,但实际构造多采取刚性连接,少数工程(如上海金茂大厦)也采用钢销连接的铰接构造。

框架-支撑结构的工作特点是框架与支撑协同工作,竖向支撑桁架起剪力墙的作用。单独承受水平荷载作用时,变形以弯曲变形为主。在框架-支撑结构中,竖向支撑桁架承担了结构下部的大部分水平剪力。罕遇地震中若支撑系统破坏,还可以通过内力重分布,由框架承担水平力,形成所谓两道抗震设防。

框架-支撑结构的支撑可分为中心支撑和偏心支撑两种类型。采用中心支撑或偏心支撑的框架-支撑结构可分别称为中心支撑框架结构或偏心支撑框架结构。在中心支撑框架结构中,斜支撑与横梁及柱汇交于一点,或两根斜支撑与横梁汇交于一点,也可与柱子汇交于一点,但汇交时均无偏心距。根据斜支撑的不同布置形式,可形成十字交叉支撑、单斜杆支撑、人字支撑、K 形支撑和 V 形支撑等中心支撑类型(图 3.2)。中心支撑框架结构具有较大的侧向刚度,并较好地改善了结构的内力分布,提高了结构的承载力。但在水平地震作用

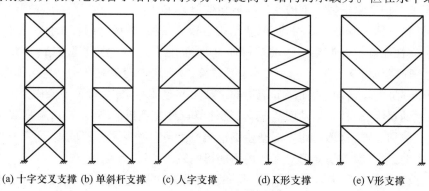

(a) 十字交叉支撑　(b) 单斜杆支撑　(c) 人字支撑　(d) K 形支撑　(e) V 形支撑

图 3.2　中心支撑类型

下,中心支撑容易产生屈曲;尤其在反复的水平地震作用下,中心支撑重复屈曲后,其受压承载力急剧降低,使得中心支撑框架结构的耗能性能较差。K 形支撑受压屈曲或受拉屈服时,

柱子会因承受横向水平力而破坏,因此抗震设防的结构不得采用 K 形支撑。采用柔性单斜杆支撑时,因其只能受拉不能受压,为承受反复的水平地震作用,应成对地对称设置(图 3.3)。

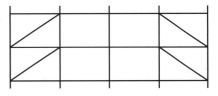

图 3.3 单斜杆支撑的布置

为了克服中心支撑框架结构的不足,偏心支撑框架结构得以发展,并在地震区高层建筑中得到较多的应用。在偏心支撑框架结构中,支撑至少有一端不在梁柱节点处与梁相交,从而在梁上形成容易产生剪切屈服的耗能梁段,其常见类型如图 3.4 所示。采用偏心支撑改变了支撑斜杆与耗能梁段的先后屈服顺序,即在罕遇地震时,在同跨其余梁段未屈服之前,耗能梁段就先发生剪切屈服并耗能,从而保护偏心支撑不屈曲。

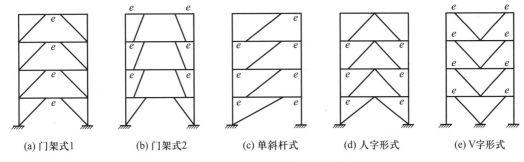

| (a) 门架式1 | (b) 门架式2 | (c) 单斜杆式 | (d) 人字形式 | (e) V字形式 |

图 3.4 偏心支撑类型(e 为耗能梁段)

具有良好抗震性能的结构要求在刚度、承载力和耗能之间保持均衡。中心支撑框架虽然具有良好的刚度和承载力,但能量耗散性能较差。无支撑纯框架具有优良的耗能性能,但其刚度较差;要获得足够的刚度,有时会使设计很不经济。为了同时满足抗震对结构刚度、承载力和能耗的要求,结构应兼有中心支撑框架刚度好、承载力较高和纯框架耗能大的优点。在中、小地震作用下,偏心支撑框架的所有构件处于弹性工作阶段,这时支撑提供主要的抗侧刚度,其工作性能与中心支撑框架结构相似;在大地震作用下,保证支撑不发生受压屈曲,而让耗能梁段屈服消耗地震能量,这时偏心支撑框架结构的工作性能与纯框架结构相似。由此可见,偏心支撑框架结构是介于中心支撑框架结构和纯框架结构之间的一种抗震结构形式。

2. 框架−等效支撑结构

中心支撑和偏心支撑杆件因受长细比的限制,其截面尺寸有时较大,因此也可采用抗侧刚度更大的嵌入式钢板剪力墙(延性墙板)来代替支撑。钢板剪力墙用钢板或带加劲肋的钢板制成,其作用等效于十字交叉支撑。对于非抗震或设防烈度为 6 度的抗震建筑,其钢板剪力墙一般不设加劲肋。设防烈度为 7 度或 7 度以上的抗震区建筑还需在钢板的两侧焊接纵向或横向加劲肋,以增强钢板的局部稳定性和刚度。钢板剪力墙墙板的上下两边和左右两边分别与框架梁和框架柱连接,一般宜采用高强度螺栓连接。钢板剪力墙墙板承担沿框架

梁、柱周边的剪力,不承担框架梁上的竖向荷载。钢板剪力墙墙板与框架共同工作时有很大的侧向刚度,而且重量轻、安装方便,但用钢量较大。

在实际建筑中,常常设置电梯间和楼梯间。沿电梯井道和楼梯间周边可设置支撑框架,形成带支撑框架的内筒结构,内筒与外框架的组合构成框架-内筒结构体系。框架-内筒结构也是双重抗侧力结构,其中内筒是主要抗侧力结构,具有较大的侧向刚度。框架-内筒结构也可看作一种框架-等效支撑结构。

3. 带伸臂桁架的框架-支撑结构

在框架-支撑结构中,支撑系统的设置常常受使用要求的限制,如受电梯间或楼梯间的限制不能布置有效的支撑框架;此外,当建筑很高时,由于支撑系统高宽比过大,抗侧刚度会显著降低。在这些情况下,可在建筑的顶部和中部每隔若干层加设刚度较大的伸臂桁架(图3.5),使建筑外框架参与结构体系的整体抗弯,承担结构整体倾覆力矩引起的轴向压力或拉力,从而提高结构侧向刚度,减小结构水平位移。在设置伸臂桁架的楼层,应沿外框架周边设置腰桁架或帽桁架,使外框架的所有柱子能与内部支撑结构连成整体起到整体抗弯作用。因伸臂桁架层会影响建筑空间的使用,伸臂桁架宜设置在设备层或避难层,腰桁架的高度也与设备层或避难层的层高相同。一般伸臂桁架层的设置沿结构高度不超过三道,伸臂桁架层设置的最佳位置及数量,一方面需考虑利用设备层或避难层,另一方面宜通过优化分析确定。只设一道伸臂桁架层时,理论优化位置约在 $0.55H$(H 为结构总高)处;当设两道伸臂桁架层时,理论优化位置分别在 $0.3H$ 和 $0.7H$ 处。

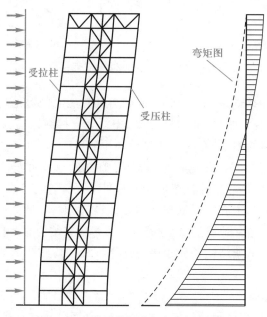

受拉柱　受压柱　弯矩图

图 3.5　带伸臂桁架的框架-支撑结构

4. 交错桁架结构体系

交错桁架结构的基本组成是柱子、平面桁架和楼面板,如图3.6所示。柱子布置在房屋的外围,中间无柱。桁架的高度与层高相同,长度与房屋宽度相同。桁架两端支承于外围柱子上,桁架在相邻柱列上为上、下层交错布置,楼面板一端搁置在桁架的上弦,另一端搁置在相邻桁架的下弦。桁架采用平行弦空腹桁架或混合桁架,以便设置中间走廊或门洞。楼面板可采用压型钢板组合楼板、混凝土预制楼板或混凝土现浇楼面板等。楼面板可以是简支板,也可以是跨越桁架上弦的连续板。楼面板必须与桁架的弦杆可靠连接,以保证层间剪力的传递和结构的空间整体作用。交错桁架结构体系可获得 2 倍柱距或更大的空间,在建筑上便于平面自由布置或灵活分隔。由于不设楼面梁格,建筑的净空增加,层高减小。

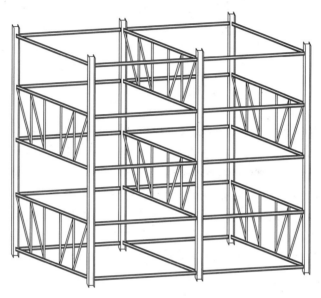

图 3.6 交错桁架结构

交错桁架结构相当于在每榀框架上隔层布置了支撑,是一种合理有效的抗侧力体系,其横向刚度较大,侧向位移较小,变形性能介于框架结构与剪力墙结构之间,与框架剪力墙结构类似。交错桁架结构的水平荷载所产生的剪力通过楼板及其与桁架弦杆的连接传给桁架的上弦,又通过斜腹杆传给桁架的下弦,再由下弦及其与楼板的连接传至下层楼板,最后一层一层地传给基础。由此可见,交错桁架的楼板犹如一刚性隔板传递着剪力。由于水平荷载是通过桁架与楼板向下传递的,因此柱子和桁架中仅产生很小的局部弯矩,主要承受轴力。由于柱子主要承受轴力,因此柱子的弱轴平行于房屋纵向、强轴在桁架平面内是有利的。这样,柱子和纵向连系梁、支撑组成框架有效地承受纵向水平荷载,从而提高房屋的纵向刚度。在水平地震作用下,由于柱子中的弯矩很小,柱子中不会出现塑性铰,塑性铰集中出现在桁架门洞节间的腹杆和弦杆上,形成的塑性铰多,塑性发展的过程长,吸收与耗散能量的能力较好。

由于交错桁架结构体系的构件主要承受轴力,材料的性能能够得到充分发挥,因此与其他结构体系(如钢框架结构体系)相比用钢量较省。麻省理工学院的研究也表明,对于多、高层旅馆和住宅楼,交错桁架结构的钢材用量比钢框架结构可减少50%,比钢框架-支撑结构可减少40%。美国新泽西州大西洋城43层的国际旅游饭店的初步设计采用了四种方案进行比较,钢框筒结构、混凝土框筒结构、混凝土框架剪力墙结构与交错桁架结构的造价比分别为 1.40、1.10 和 1.25。由此可见,采用交错桁架结构具有显著的直接经济效果。

总之,框架-支撑结构由于设置柱间竖向支撑,弥补了框架结构在层数较多时抗侧刚度小和不经济的缺点。而且,建筑平面设计仍具有较大的灵活性,可采用较大的柱距和提供较大的使用空间。框架-支撑结构适用于 40~60 层以下的高层办公、旅馆及商场等公共建筑,是经济、有效的;因具有双重设防的优点,适合在高地震区使用。如高 226.2 m、地下 3 层、地上 60 层的日本东京阳光大厦就采用了框架-支撑结构体系。根据我国《抗震规范》的规定,高度超过 50 m 的钢结构房屋,抗震设防烈度为 8 度、9 度时,可采用带偏心支撑、钢板剪力墙(延性墙板)、内筒结构的框架-支撑结构形式。高度不超过 50 m 的钢结构,当采用框架-支撑结构时,可采用中心支撑框架结构。

3.1.3　筒体结构

1. 框筒结构

框筒结构建筑平面的外圈由密柱和深梁组成的框架围成封闭式筒体,如图 3.1c 所示。框筒结构的平面形状应为方形、矩形、圆形或多边形等规则平面。框架柱的截面可采用箱形截面或焊接 H 型钢截面,框架梁的截面高度可按窗台高度构成截面高度很大的窗裙梁。外围框筒的梁与柱采用刚接连接,形成刚接框架,框筒是框筒结构主要的抗侧力构件。内部的框架仅承受垂直荷载,所以内部柱网可以按照建筑平面使用功能要求灵活布置,不要求规则和正交。通过各层楼板的连系,外围框筒与内部框架柱的侧移趋于协调。当建筑的高度较高时,可采用三片以上的密柱深梁框架围成外围框筒。

3.2 框筒结构建筑实例

在水平力作用下,框筒结构像一个实体的悬臂筒体产生整体弯曲变形,而柱子主要产生与框筒整体弯曲相适应的轴向变形,其内力分布如图 3.7 中虚线所示。但框筒结构中的深梁则以剪切变形为主,深梁的剪切变形使得框筒结构中柱子的轴力分布与实体的悬臂筒体结构的应力分布不完全一致,呈非线性分布,这种现象称为剪力滞后效应,如图 3.7 所示。剪力滞后效应使框筒结构的角柱要承受比中柱更大的轴力,并且框筒结构的侧向挠度呈现明显的弯剪型变形。

一般来讲,框筒结构的剪力滞后效应越明显,对筒体效能的影响就越严重。影响框筒结构剪力滞后效应的主要因素是梁与柱的线刚度比和结构平面的长宽比。当平面形状一定时,梁柱线刚度比越小,剪力滞后效应越严重,表明框筒结构的整体性越差。结构的平面形状对框筒结构的空间刚度影响很大,

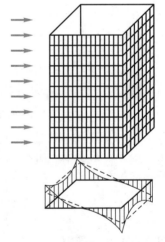
图 3.7　框筒结构的剪力滞后效应

正方形、圆形和正三角形等结构平面形式能较充分地利用框筒结构的空间作用。矩形结构平面的长宽比对剪力滞后效应有很大的影响,长宽比越大,剪力滞后效应越大,则框筒结构的整体性越差。因此,矩形平面框筒结构的长宽比不宜大于 1.5,否则长边中间部分的柱子不能发挥作用。

2. 斜交网格筒结构

以网状相交的斜杆(斜柱)、横梁构成的桁架体系,取代密柱深梁框架体系,所围成的筒体被称为斜交网格筒结构,也可简称为桁架筒结构。在水平荷载作用下,其杆件受力以轴向

拉压为主,比框筒结构中的深梁以受剪为主,传力更加直接,刚度增强,剪力滞后效应明显减小。斜交网格筒体的斜杆可以是钢构件,也可以是钢管混凝土构件。

当筒体的平面是方形或矩形(长宽比不宜过大)时,一般在四角设置角柱,在水平荷载作用下,角柱受力最大,内部斜杆(斜柱)受力也不均匀。当平面形状越趋于圆形时,斜杆、环(横)梁的内力分布越均匀,因此该类筒体的平面形状采用圆形或接近圆形的凸多边形为宜。当平面为凸多边形时,其角部宜采用圆弧过渡。

3. 筒中筒结构

筒中筒结构由两个以上的筒体所组成,结构平面如图 3.1d 所示。相对于框筒结构,筒中筒结构在结构布置方面的不同,就是利用楼面中心部位服务性面积(如电梯井)的可封闭性,将该部位的承重框架换成内框筒。内筒可采用与外筒不一样的平面,如外圆内方等不同平面形状的组合。

3.3 斜交网格筒建筑实例

外筒通常采用由密柱和深梁组成的框筒或者斜交网格筒体,具有很大的整体抗弯刚度和抗弯能力,可承担很大的倾覆力矩。内筒可采用密柱深梁结构筒体、框架-支撑结构筒体、嵌置预制钢筋混凝土墙板的钢框架筒体、实腹钢筋混凝土剪力墙筒体或其他形式的筒体。内筒的高宽比较大,承担倾覆力矩的能力较差,但由于内筒框架设置了抗侧结构,因此内筒也将承担较大的水平剪力。内筒与外筒通过刚性楼面梁板的连系而共同工作,从而共同抵抗侧向力。外筒与内筒相结合形成筒中筒结构后,既发挥了外筒的抗弯能力,又发挥了内筒的抗剪能力,优点互补,使筒中筒结构成为一种较理想的结构体系。

但是,采用钢结构外框筒时,其抗剪能力并不强,而且由于密柱、深梁的影响,外框筒的视野也不通透。因此,到了 20 世纪后期,通常将外框筒设计得更加通透,柱距甚至达 4.5 m 以上(早期的外框筒结构柱距大多在 1~3 m),抗侧刚度主要由核心筒提供,外框筒作为抗侧的第二道防线,只承担次要的剪力和倾覆力矩,主要承受竖向荷载。

3.4 筒中筒结构建筑实例

4. 束筒结构

束筒结构是由两个及以上框筒并列组合连成一体而形成的框筒束,其内部为承重框架,结构平面如图 3.1e 所示。每一个框筒单元的平面可以是三角形、半圆形、矩形、弧形及其他形状。由这些框筒单元拼接成的束筒结构,其平面宜采用方形、矩形、圆形或多边形等规则平面,有时为适应建筑场地形状、周围环境和建筑布置要求,也可以采用不规则平面。也可以以一个平面尺寸较大的框筒为

3.5 束筒结构建筑实例

基础,在其内部增设多榀腹板框架来构成束筒结构。增设的内部腹板框架可以是密柱深梁型框架、稀柱浅梁型框架加墙板、一片竖向支撑,或者是三者的组合体。束筒中任一框筒单元可以根据需要在某一高度处中止,而不影响整个结构体系的完整性。不过,在中止框筒单元的顶层,应沿整个束筒的周边设置一圈桁架,形成刚性环梁。

如同一把筷子的抗弯刚度明显大于单根筷子的抗弯刚度之和一样,束筒结构具有更好的整体性和更大的整体侧向刚度。束筒结构体系是由若干个小筒体组成的大筒体结构,相当于在外筒内部的纵横方向增设了若干榀翼缘框架及腹板框架,使翼缘框架及腹板框架的剪力滞后现象均得到了较大的改善;而且由于增加了与外部翼缘框架相平行的内部翼缘框架,提高了外筒的整体抗弯刚度和抗弯能力;也由于增加了腹板框架,提高了结构的抗剪能力。束筒结构体系的抗弯能力、抗剪能力和侧向刚度等性能较框筒结构和筒中筒结构显著

提高。

钢筒体结构不但具有很大的抗侧刚度,而且具有很强的抗倾覆能力和抗扭能力,因此适用于建筑层数较多、高度较大和抗震要求较高的情况。据统计,20 世纪 60 年代以后建造的高度在 250 m 以上的超高层建筑几乎都采用了筒体结构。

3.1.4　巨型结构

1. 巨型框架结构

巨型框架结构的主框架由柱距较大的矩形空间桁架柱和空间桁架梁组成,而空间桁架梁或柱又由四片平面桁架组成。在主框架内设置普通框架(次框架),就构成了巨型框架结构体系。巨型框架体系适用于较规则的方形及矩形建筑平面,巨型框架的空间桁架柱一般沿建筑平面的周边布置,柱距和主框架横向跨度依据建筑使用空间的要求而定。沿纵向设置若干空间桁架梁把横向的主框架空间桁架梁连成整体就组成了空间桁架层。沿建筑的竖向,一般每隔 12~15 层应设置一道空间桁架层,或利用设备层和避难层设置空间桁架层。次框架就设置在空间桁架层上,其构件截面与普通框架相同。

巨型框架体系的主框架将承受全部竖向荷载及水平荷载产生的倾覆力矩和水平剪力,次框架仅通过与主框架的共同工作承受较小的剪力,因此在计算主框架时,可近似地忽略次框架对整体侧向刚度的贡献。次框架只承受本身各层楼层的竖向荷载和局部水平荷载,并将其传递给主框架。

对于多功能高层建筑,常常要求在其下部若干层高度范围内设置大空间的无柱中庭、展览厅和多功能厅等,而外框-内筒体系或筒中筒体系等高层体系难以满足这种建筑功能要求,巨型框架结构却适用于这种多功能的超高层建筑。1990 年建成的日本电器总公司大楼采用了巨型框架结构(图 3.8),地下 3 层,地上 43 层,建筑高度 180 m,设有 13 层高的中庭,在中庭上设有高 16 m、宽 44.6 m 的透风穴。

2. 巨型支撑结构

巨型支撑结构是在外框架结构的四个外立面设置巨型支撑而形成的一种结构体系。巨型支撑跨越的宽度为建筑平面的宽度(或长度),跨越楼层的高度为 10~20 层,并可按支撑斜杆与主裙梁之间的夹角约为 45° 进行定位。支撑斜杆与主裙梁相交于角柱,也与另一侧面的支撑斜杆及主裙梁相交于同一点,形成传力路线连续的、如同空间桁架的抗侧力结构。巨型支撑结构由建筑外圈的支撑筒体与建筑内部的承重框架所组成。支撑斜杆与所有柱子及主裙梁位于同一结构竖向平面内并连成整体,主裙梁位于两支撑斜杆的相交端,所有裙梁均与中间柱相连。根据受力特点,结构外圈的支撑外筒可以划分为"主要构件"和"次要构件"两部分。支撑斜杆、角柱及主裙梁是巨型支撑外筒的主要构件,每一楼层的中间柱和柱间的次裙梁是次要构件。

巨型支撑结构的外筒是承担全部水平荷载的抗侧力结构,内部结构仅承担竖向荷载,不承担水平荷载。一般支撑框架中的支撑作用主要是承受水平荷载作用下的水平剪力,但在巨型支撑结构中,巨型支撑不仅是承担水平荷载作用下的水平剪力的主要构件,还是与外筒中梁、柱构件共同承担竖向荷载的构件和对外筒中所有柱子进行变形协调的构件,从而能够在很大程度上消除剪力滞后效应,使柱子轴力趋于均匀和柱子截面尺寸基本相同。巨型支撑结构可避免采用截面较高的裙梁和较小的柱距,却具有很大的抗侧刚度。

巨型支撑结构抗侧刚度大却无须采用大构件、小柱距,在建筑应用中提供了无遮挡的开阔视野和明朗的外观,适用于超高层建筑。1969 年建成的美国芝加哥汉考克中心(图 3.9),地上 100 层,地下 2 层,建筑总高度 344 m,兼有办公、公寓、商业和停车多种功能,就采用了巨型支撑结构。

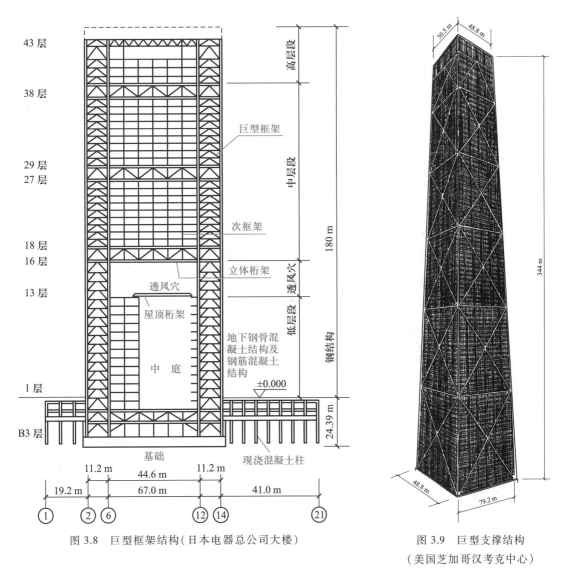

图 3.8　巨型框架结构(日本电器总公司大楼)　　　图 3.9　巨型支撑结构
(美国芝加哥汉考克中心)

3.1.5　各种结构体系的适用范围

一般情况下,高度不超过 50 m 的多、高层钢结构建筑,可采用框架结构、框架-中心支撑结构或其他体系的结构;高度超过 50 m 且抗震设防烈度为 8 度、9 度时,宜采用框架-偏心支撑结构、框架-屈曲约束支撑结构或框架-延性墙板结构等。按经济合理原则,JGJ 99—2015《高层民用建筑钢结构技术规程》(简称《高层规程》)规定各种结构体系适用的最大高度如表 3.1 所示,适用的最大高宽比如表 3.2 所示。

表 3.1　高层钢结构房屋适用的最大高度　　　　　　　　　　　　m

结构体系	6 度、 7 度(0.1g)	7 度 (0.15g)	8 度		9 度 (0.4g)	非抗震 设计
			(0.2g)	(0.3g)		
框架	110	90	90	70	50	110
框架—中心支撑	220	200	180	150	120	240
框架—偏心支撑框架—屈曲 约束支撑框架—延性墙板	240	220	200	180	160	260
筒体(框筒,筒中筒,桁架筒, 束筒)巨型框架	300	280	260	240	180	360

注:1. 房屋高度指室外地面到主要屋面板板顶的高度(不包括局部突出屋顶部分);

2. 超过表内高度的房屋,应进行专门研究和论证,采取有效的加强措施;

3. 表内筒体不包括混凝土筒;

4. 框架柱包括全钢柱和钢管混凝土柱;

5. 甲类建筑,6 度、7 度、8 度时宜按本地区抗震设防烈度提高 1 度后符合本表要求,9 度时应专门研究。

表 3.2　多、高层钢结构房屋适用的最大高宽比

烈度	6 度、7 度	8 度	9 度
最大高宽比	6.5	6	5.5

注:1. 计算高宽比的高度从室外地面算起;

2. 当塔形建筑底部有大底盘时,计算高宽比的高度应从大底盘顶部算起。

3.2　结构布置原则

3.2.1　结构的平面布置

多层与高层钢结构及其抗侧力结构的平面布置宜简单、规则、对称,并应具有良好的整体性(图 3.10)。简单、规则、对称的建筑平面可以减少建筑的风荷载体型系数,而且使水平地震作用在平面上的分布更均匀,水平荷载合力作用线与结构刚度中心的偏心率小,减少扭转对结构产生的不利影响,有利于结构的抗风与抗震。尤其是双轴对称平面,可以大幅度减小甚至避免建筑由风荷载或水平地震作用引起的扭转振动。

抗侧力构件的布置宜符合下列要求:① 支撑在结构平面两个方向的布置均宜基本对称,支撑之间楼盖的长宽比不宜大于 3;剪力墙或芯筒在结构平面两个方向的布置宜基本对称,墙厚不应小于 140 mm,剪力墙之间楼盖的长宽比不宜过大(可参见 JGJ 3—2010《高层建筑混凝土结构技术规程》的规定)。② 为减小剪力滞后效应,框筒结构的柱距一般取 1.5～

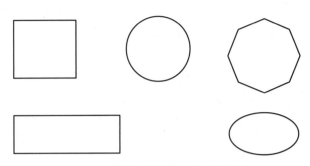

图 3.10 简单、规则的双轴对称平面

3.0 m,且不宜大于层高;框筒结构若采用矩形平面,长边与短边的比值不宜大于1.5。③ 对于筒中筒结构,内筒的边长不宜小于相应外筒边长的1/3;当内筒为框筒时,其柱距宜与外框筒的柱距相同,以便于钢梁与内、外框筒柱的连接。④ 在结构平面拐角处,应力集中现象比较严重,不宜布置电梯间和楼梯间;剪力墙和筒体等抗侧力结构应在结构平面内对称布置。

一般情况下,多、高层钢结构不宜设置防震缝,应该调整建筑平、立面尺寸和刚度分布,选择合理的结构方案,避免设置防震缝。对于体型复杂、平面不规则的建筑(平面不规则结构类型见表3.3),应根据不规则程度、地基基础等因素,确定是否设置防震缝。在需要抗震设防的地区,对于特别不规则的建筑,一般需设防震缝。在适当部位设置防震缝时,防震缝应将基础以上的结构完全断开,宜形成多个较规则的抗侧力结构单元。防震缝的最小宽度不应小于钢筋混凝土框架结构缝宽的1.5倍,可参考下列规定:① 框架结构的防震缝宽度,当高度不超过15 m时可采用100 mm;超过15 m时,抗震设防烈度6度、7度、8度、9度相应每增加高度5 m、4 m、3 m、2 m,宜加宽20 mm。② 框架−支撑结构体系的防震缝宽度可采用框架结构规定数值的70%,筒体结构和巨型框架结构的防震缝宽度可采用框架结构规定数值的50%,但均不宜小于100 mm。

表 3.3 平面不规则的主要结构类型

不规则类型	参考指标
扭转不规则	在规定的水平力及偶然偏心作用下,楼层两端弹性水平位移(或层间位移)的最大值与其平均值的比值大于1.2
偏心布置	任一层的偏心率大于0.15或相邻层质心相差大于相应边长的15%
凹凸不规则	结构平面凹进的一侧尺寸,大于相应投影方向总尺寸的30%
楼板局部不连续	楼板的尺寸和平面刚度急剧变化,例如,有效楼板宽度小于该层楼板典型宽度的50%,或开洞面积大于该层楼面面积的30%,或有较大的楼层错层

注:偏心率按《高层规程》的附录 A 计算。

当建筑平面尺寸大于90 m时,可考虑设温度伸缩缝。伸缩缝仅将基础以上的房屋断开,其宽度不小于50 mm。为了防止地基不均匀沉降引起房屋结构产生裂缝,在下列情况下可考虑设置沉降缝:① 地基土质松软,土层变化较大,各部分地基土的压缩性有显著差别;② 建筑物本身各部分高度、荷载相差较大或结构类型、体系不同;③ 基础底面标高相差较大,如部分有地下室,部分无地下室,或基础类型、地基处理不一致。沉降缝应连同房屋及基础一起分开,其宽度不小于 120 mm。当所建房屋的高层与低层部分相差较大,但又不设沉降缝时,基础设计应保证有足够的强度和刚度以抵抗差异沉降,否则施工中应注意采取相应措施,如预留施工缝或后浇带。

在结构平面布置时,应优先考虑调整平面形状和尺寸,尽可能不设变形缝,以免构造复杂,构件类型增多。如必须设置变形缝时,可将温度缝、防震缝和沉降缝三者综合起来考虑。其中防震缝可兼起温度缝的作用,而沉降缝可兼温度缝和防震缝的作用。

3.2.2　结构的立面布置

为了满足建筑物抗风和抗震设计,多、高层钢结构房屋的立面形状应尽可能选择沿高度均匀变化的简单、规则的几何图形,如矩形、梯形、三角形或双曲线梯形。

多、高层钢结构的竖向布置应使结构刚度均匀连续,若采用阶梯形或倒阶梯形立面,每个台阶的收进尺寸不宜过大,外挑出长度不宜超过 4m,尽量避免表 3.4 所列的竖向刚度突变和不连续性。竖向抗侧力构件的截面尺寸和材料强度宜自下而上逐渐减小,应避免抗侧力结构的侧向刚度和承载力突变。

表 3.4　竖向不规则的主要结构类型

不规则类型	参考指标
侧向刚度不规则	该层的侧向刚度小于相邻上一层的 70%,或小于其上相邻三个楼层侧向刚度平均值的 80%;除顶层或出屋面小建筑外,局部收进的水平向尺寸大于相邻下一层的 25%
竖向抗侧力构件不连续	竖向抗侧力构件(柱、支撑、剪力墙)的内力由水平转换构件(梁、桁架等)向下传递
楼层承载力突变	抗侧力结构的层间受剪承载力小于相邻上一楼层的 80%

对于抗震设计的框架-支撑结构和框架-延性墙板结构,其支撑、延性墙板宜沿建筑高度竖向连续布置,并应延伸至计算嵌固端。除底部楼层和伸臂桁架所在楼层外,支撑的形式和布置沿建筑竖向宜一致。

震害分析表明,在地震区不要采用有底部软弱层的框支剪力墙体系,也不应将剪力墙在某一层突然中断而形成中部软弱层。当采用顶层有塔楼的结构形式时,要使刚度逐渐减小,不要突变。顶层尽量不布置空旷的大跨度房间,如不能避免时,也要考虑由下到上刚度逐渐变化。

高度超过 50m 的高层钢结构建筑,宜设置地下室。当采用天然地基时,基础埋置深度不宜小于房屋总高度的 1/15;当采用桩基时,桩承台埋深不宜小于房屋总高度的 1/20。

多、高层钢结构建筑设计应根据抗震概念设计的要求明确建筑形体的规则性。当多、高层钢结构建筑存在表 3.3 或表 3.4 所列某一不规则类型及类似不规则类型时,属于不规则建筑;存在多项不规则或某项不规则超过规定的参考指标较多时,属于特别不规则的建筑。不规则的建筑方案应该按规定采取加强措施,特别不规则的建筑方案应进行专门研究和论证,采取特别加强措施,严重不规则的建筑方案不应采用。

复杂、不规则、不对称的建筑平面会带来难以计算和处理的复杂地震应力,如应力集中和扭转等。因建筑场地形状的限制或建筑设计的要求,建筑平面或立面不能采用简单、规则形状时,为避免地震作用下发生强烈的扭转振动或水平地震力在建筑平面上的不均匀分布,对于不规则建筑,就需要在构造上对结构薄弱部位采取有效的抗震加强措施,在计算上采用符合实际的结构计算模型和考虑扭转影响,对于特别不规则的建筑,应进行专门研究,采取更加有效的加强措施或对薄弱部位采用相应的抗震性能化设计方法。

3.3 多、高层钢结构的设计特点

3.3.1 荷载与作用

一般情况下,多、高层钢结构建筑需考虑的主要作用有:结构自重、建筑使用时的楼面竖向活荷载、地震作用、风荷载、温度作用及火灾作用。

1. 竖向荷载

多、高层钢结构的竖向荷载主要是永久荷载(结构自重)和活荷载。楼面和屋面活荷载及雪荷载等竖向荷载的标准值及其准永久值系数,应按 GB 50009—2012《建筑结构荷载规范》(简称《荷载规范》)的规定采用。

由于楼面均布活荷载可理解为楼面总活荷载按楼面面积的平均,因此,在一般情况下,所考虑的楼面面积越大,实际平摊的楼面活荷载越小。故计算结构楼面活荷载效应时,如引起效应的楼面活荷载面积超过一定的数值,则应在进行楼面梁设计时,对楼面均布活荷载进行折减。考虑到多、高层建筑中,各层的活荷载不一定同时达到最大值,在进行墙、柱和基础设计时,也应对楼面活荷载进行折减,其折减系数按《荷载规范》的规定采用。

层数较少的多层建筑还应该考虑荷载不利分布,与永久荷载相比,多、高层建筑的活荷载数值较小,可不考虑活荷载的不利布置,在计算构件效应时,楼面及屋面竖向荷载可仅考虑各跨满载的情况,从而简化计算。

2. 地震作用

(1)一般计算原则

根据"三水准"抗震设防目标,即"小震不坏,中震可修,大震不倒",多、高层钢结构遭遇多遇地震时,处于正常使用状态,可以视为弹性体系,采用弹性反应谱进行弹性分析;遭遇设防地震影响时,结构进入非弹性工作阶段,但非弹性变形或结构体系的损坏控制在可修复程度;遭遇罕遇地震影响时,结构有较大的非弹性变形,但应控制在规定的范围以防倒塌。

《高层规程》采用两阶段设计方法实现"三水准"的抗震设防目标。第一阶段是弹性内力与变形分析,在多遇地震作用下计算结构的地震作用效应和验算结构构件的截面承载力,既满足了多遇地震下的承载力要求,又能满足设防地震时的损坏可修复的目标。对大多数结构而言,只需要进行第一阶段设计,通过概念设计和加强抗震构造措施也可以满足罕遇地震下结构不倒塌的设计要求。第二阶段设计是弹塑性变形验算。对地震时易倒塌的结构、有明显薄弱层的不规则结构及有专门要求的结构,除应进行第一阶段设计外,尚应按罕遇地震计算地震作用,实现第三水准"不倒塌"设防要求。

通常情况下,应在结构的两个主轴方向分别计入水平地震作用,各方向的水平地震作用应全部由该方向的抗侧力构件承担。特别不规则的结构,应计入双向水平地震作用下的扭转影响;其他情况,应计算单向水平地震作用下的扭转影响。9 度抗震设计时,应计算竖向地震作用。多、高层结构由于高度较高,竖向地震作用效应放大比较明显,因此,高层民用建筑中跨度大于 24 m 的楼盖结构、跨度大于 12 m 的转换结构和连体结构、悬挑长度大于 5 m 的悬挑结构,按 7 度(0.15g)或 8 度抗震设计时,应验算其自身及其支承部位结构的竖向地震效应。

（2）多、高层钢结构的设计反应谱

按照《抗震规范》的规定,建筑结构的设计反应谱以图 3.11 所示的地震影响系数曲线形式表达。这条地震影响系数曲线是阻尼比为 0.05 的标准曲线,当建筑结构的阻尼比不等于 0.05 时(如钢结构阻尼比通常取 0.02),就要对其进行修正,即对地震影响系数曲线的阻尼和形状参数进行调整。当建筑结构的阻尼比为 0.05 时,地震影响系数曲线的阻尼调整系数取 1.0,形状参数应符合下列规定:① 直线上升段,周期小于 0.1 s 的区段;② 水平段,自 0.1s 至场地特征周期 T_g 的区段,地震影响系数应取最大值 α_{max};③ 曲线下降段,自场地特征周期至 5 倍场地特征周期的区段,衰减指数 γ 取 0.9;④ 直线下降段,自 5 倍场地特征周期至 6.0 s 自振周期的区段,下降斜率调整系数 η_1 应取 0.02。

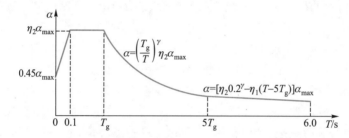

α—地震影响系数;α_{max}—地震影响系数最大值;η_1—直线下降段的下降斜率调整系数;

γ—衰减指数;T_g—场地特征周期;η_2—阻尼调整系数;T—结构自振周期。

图 3.11　地震影响系数曲线

地震影响系数 α 值应根据地震烈度、场地类别、设计地震分组和结构自振周期及阻尼比确定。在验算多遇地震作用及罕遇地震作用下结构的承载力及水平位移时,抗震设计水平地震影响系数最大值 α_{max} 按表 3.5 采用;对处于发震断裂带两侧 10 km 以内的建筑,尚应乘以近场效应系数 1.5(5 km 以内)或者 1.25(5~10 km)。场地特征周期 T_g 是计算地震作用的一个重要数据,它是反应谱曲线下降段的起始点,按表 3.6 的规定采用。计算罕遇地震作用时,场地特征周期应增加 0.05。自振周期大于 6.0 s 的多、高层钢结构建筑所采用的地震影响系数应专门研究。

表 3.5　水平地震影响系数最大值 α_{max}

地震影响	6 度	7 度	8 度	9 度
多遇地震	0.04	0.08(0.12)	0.16(0.24)	0.32
罕遇地震	0.28	0.50(0.72)	0.90(1.20)	1.40

注:括号内外数值分别用于设计基本地震加速度为 0.15g 和 0.30g 的地区。

表 3.6　场地特征周期 T_g 　　　　　　　　　　　　　　　　　　　　s

设计地震分组	场地类别				
	I_0	I_1	II	III	IV
第一组	0.20	0.25	0.35	0.45	0.65
第二组	0.25	0.30	0.40	0.55	0.75
第三组	0.30	0.35	0.45	0.65	0.90

多、高层钢结构的阻尼比不等于 0.05 时，地震影响系数曲线的阻尼调整系数和形状参数均应按下列规定进行修正。

曲线下降段的衰减指数应按下式确定：

$$\gamma = 0.9 + \frac{0.05 - \zeta}{0.3 + 6\zeta} \qquad (3.3.1)$$

式中，γ——曲线下降段的衰减指数；

ζ——阻尼比。

直线下降段的下降斜率调整系数应按下式确定：

$$\eta_1 = 0.02 + \frac{0.05 - \zeta}{4 + 32\zeta} \qquad (3.3.2)$$

式中，η_1——直线下降段的下降斜率调整系数，小于 0 时取 0。

阻尼调整系数应按下式确定：

$$\eta_2 = 1 + \frac{0.05 - \zeta}{0.08 + 1.6\zeta} \qquad (3.3.3)$$

式中，η_2——阻尼调整系数，小于 0.55 时取 0.55。

3. 风荷载

风是空气从气压大的地方向气压小的地方流动而形成的。气流遇到建筑物时，就会在建筑物表面形成吸力或者压力，即风压(w)。在实际测量中，一般记录的是风速(v)，而工程计算中通常用到的是风压，所以要将风速转换成风压。

风压与风速之间的关系可以用伯努利方程表示：

$$w = -\frac{1}{2}\rho v^2 + C \qquad (3.3.4)$$

通常普遍使用的风压与风速关系式为

$$w = \frac{1}{2}\rho v^2 = \frac{1}{2}\frac{\gamma}{g}v^2 \qquad (3.3.5)$$

式中，ρ——空气密度，kg/m^3；

γ——空气重度，kN/m^3；

g——重力加速度，m/s^2。

C——常量。

风速的大小是一个随机变量，同一次风的风速因建筑物所在的地貌条件、测量高度、测量时间等因素而改变，不会重复出现。为便于不同地区风速与风压进行比较，有必要对风速作一定的规定。在规定的地貌条件、测量高度、测量时距及规定的概率条件下确定的风速称为基本风速,相应的风压称为基本风压。基本风压值是对所在地区平均风强度的一个基本度量。《荷载规范》规定:基本风压是根据当地比较空旷平坦的地面,在离地 10 m 高度处,统计 50 年一遇的 10 min 内最大平均风速,按式(3.3.5)计算得出的风压值 $w(\text{kg}/\text{m}^2)$。

由于实际结构的受风面积较大,体型又各不相同,风压在其上的分布是不均匀的,所以结构上的风压除了由最大风速决定外,还和风荷载体型系数、风压高度变化系数有关。因此,作用在多、高层建筑任意高度处的风荷载标准值 w_k 可按下式计算:

$$w_k = \beta_z \mu_s \mu_z w_0 \tag{3.3.6}$$

3.6　风荷载体型系数的近似计算

式中,w_k——任意高度处的风荷载标准值,kN/m^2;

　　　w_0——基本风压,kN/m^2;

　　　μ_z——风压高度变化系数;

　　　μ_s——风荷载体型系数;

　　　β_z——顺风向 z 高度处的风振系数。

当多个建筑物、特别是群集的高层建筑,相互间距较近时,宜考虑风力相互干扰的群体效应,一般可将单独建筑物的体型系数 μ_s 乘以相互干扰系数。上述系数可按《荷载规范》或《高层规程》的有关规定采用。

当高层建筑主体结构顶部有突出的小体型建筑(如电梯机房等)时,应计入鞭梢效应。一般可根据小体型建筑作为独立体时的自振周期 T_u 与主体建筑的基本周期 T_1 的比例,分别按下列规定处理:① 当 $T_u \leqslant \dfrac{1}{3}T_1$ 时,可假定主体建筑为等截面并沿高度延伸至小体型建筑的顶部,以此计算风振系数;② 当 $T_u > \dfrac{1}{3}T_1$ 时,其风振系数按风振理论计算。

3.3.2　结构建模的要点

对多、高层钢结构进行结构分析时,应根据其自身特点建立合理的力学模型,必要时还要引入某些计算假定,进行计算模型的简化,简化的程度视所采用的计算工具按必要和合理的原则决定,应特别注意以下要点:

① 结构的作用效应可采用弹性方法计算,而在截面设计时考虑弹塑性影响。考虑到抗震设防的“大震不倒”原则,抗震设防的结构尚应验算在罕遇地震作用下结构的层间位移,此时允许结构进入弹塑性状态,要求进行弹塑性分析。

② 在进行结构的作用效应计算时,可假定楼盖在其自身平面内为绝对刚性,设计时应采取相应的构造措施保证楼盖平面内的整体刚度。当不能保证楼盖的整体刚度时,计算应采用楼盖平面内的实际刚度,考虑楼盖的面内变形影响。

③ 当进行结构弹性分析时,由于楼板与钢梁有可靠连接,应考虑两者的共同工作,计入钢筋混凝土楼板对钢梁刚度的增大作用。当两侧有楼板时,其惯性矩取 $1.5I_b$(I_b 为钢梁截面惯性矩);当仅一侧有楼板时,取 $1.2I_b$。进行弹塑性计算时,楼板可能严重开裂,可不考虑楼板与钢梁的共同工作。

④ 结构的计算模型应视具体结构形式和计算内容决定。一般情况下可采用平面抗侧力结构的空间协同计算模型;当结构布置规则、质量及刚度沿高度分布均匀、不计扭转效应

时,可采用平面结构计算模型;当结构平面或立面不规则、体型复杂、无法划分成平面抗侧力单元的结构或为筒体结构时,应采用空间结构计算模型。

⑤ 梁柱构件的跨度与截面高度之比一般都不是很大,作为杆系进行分析时,应该考虑剪切变形的影响。此外,还应考虑梁、柱的弯曲变形、扭转变形和柱的轴向变形。梁的轴力很小,而且与楼板组成刚性楼盖,分析时通常视为无限刚性,不考虑梁的轴向变形,但当梁同时作为腰桁架或帽桁架的弦杆时,其轴向变形不能忽略。另外,在钢框架结构中,节点域比较薄,应该考虑节点域剪切变形对框架侧移的影响。

⑥ 支撑斜杆内力一般宜按两端铰接计算,其端部连接的刚度则在支撑构件设计时通过计算长度加以考虑。当实际构造为刚性连接时,也可以按刚接计算。偏心支撑中的耗能梁段在大震时将先屈服,由于它的受力性能不同,应取为单独单元计算,分析中应考虑耗能梁段的剪切变形和弯曲变形。

⑦ 钢框架-剪力墙结构的计算,应计入墙板的剪切变形。当钢筋混凝土剪力墙结构具有比较规则的开孔时,可按带刚域的框架计算;当具有复杂开孔时,宜采用平面有限元法计算。

⑧ 进行结构内力分析时,应计入重力荷载引起的竖向构件差异伸缩变形所产生的影响。因为在计算模型中,各个竖向构件轴向压缩刚度不同,如果将竖向荷载一次施加到计算模型上,将引起竖向构件间存在不同的压缩变形量——竖向构件差异缩短。这个竖向构件差异缩短将在水平构件中引起弯矩和剪力。层数越高,这种影响越大,在结构顶层,甚至可能出现因梁端弯矩反号使中柱受拉的情况。

⑨ 进行结构内力分析时,宜计入温度变化引起的竖向构件差异伸缩变形所产生的影响。对于满足建筑需要而暴露在室外的边柱而言,随着室外温度的变化会产生轴向的伸长和缩短,边柱和内部竖向构件之间将出现竖向变形差。由于梁、柱间通常为刚性连接,边柱的竖向变形受到约束,从而在边跨引起内力的变化。

3.3.3　静力计算方法

多、高层钢结构建筑体型多样、杆件众多、受力复杂,在计算机发展相对落后的年代,进行弹性分析时,常常采用一些近似方法来计算荷载效应,如分层法、D 值法、空间协同工作分析法、等效角柱法、等效截面法及展开平面框架法等。随着信息技术的迅速发展及工程设计分析软件的应用,这些方法已经失去工程应用价值。但是,了解这些方法,对于加深理解结构概念和计算原理有一定的益处。

在竖向荷载作用下,框架内力可以采用分层法或力矩分配法进行简化计算。在水平荷载作用下,框架内力和位移可采用 D 值法进行简化计算。平面布置规则的框架-支撑结构,在水平荷载作用下简化为平面抗侧力体系分析时,可将所有框架合并为总框架,并将所有竖向支撑合并为总支撑(类似一根弯曲杆件),然后进行协同工作分析(图 3.12)。

平面布置规则的框架-剪力墙结构,在水平荷载作用下简化为平面抗侧力体系分析时,可将所有框架合并为总框架,所有剪力墙合并为总剪力墙板,然后进行协同工作分析。平面为矩形或其他规则形状的框筒结构,可采用等效角柱法、展开平面框架法或等效截面法,转化为平面框架进行近似计算。用等效截面法计算外框筒的构件截面尺寸时,外框筒可视为平行于荷

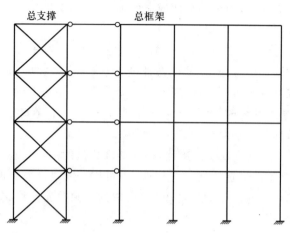

图 3.12　框架-支撑结构协同分析

载方向的两个等效槽形截面,框筒在水平荷载下的内力,可用材料力学公式作简化计算。

对规则但有偏心的结构进行近似分析时,可先按无偏心结构进行分析,然后将内力乘以修正系数计算扭转效应。但当扭矩计算结果对结构的内力起有利作用时,应忽略扭矩的作用。

多、高层钢框架结构的节点域不加强时,其剪切变形对结构侧移的影响可达 10%~20%,甚至更大,所以此时应计入梁柱节点域剪切变形对侧移的影响。节点域剪切变形对内力的影响一般在 10% 以内,影响较小,因而可忽略不计。用精确方法计算剪切变形对侧移的影响比较麻烦,在工程设计中采用近似方法考虑其影响。梁柱刚性连接的钢框架计入节点域剪切变形对侧移的影响时,可将节点域作为一个单独的剪切单元进行结构整体分析,也可按下列规定作近似计算:对箱形截面柱框架,可按框架轴线进行分析,但应将节点域作为刚域,梁柱刚域的总长度可取柱截面宽度和梁截面一半高度两者中的较小值;对 H 形截面柱框架,可按结构轴线尺寸进行分析,不考虑刚域,当结构弹性分析模型不能计算节点域剪切变形时,可偏安全地将框架分析得到的楼层最大层间位移角与该楼层柱下端的节点域在梁端弯矩标准值作用下的剪切变形角平均值相加,得到计入节点域剪切变形影响的楼层最大层间位移角。参考美国 2003 年出版的《抗震设计手册》(第二版)考虑节点域剪切变形的方法,《抗震规范》的 8.2.3 条第 2 款的说明,以及《高层规程》的 6.2.5 条第 3 款,给出了节点域剪切变形对层间位移角影响的近似计算方法,可供参考。

当然,对于框架结构、框架-支撑结构、框架-剪力墙结构和筒体结构等,其内力和位移均可采用矩阵位移法计算。筒体结构则可按位移相等原则转化为连续的竖向悬臂筒体,采用薄壁杆件理论、有限条法或其他有效方法进行计算。

3.3.4　高层钢结构的稳定性验算特点

稳定问题是高层钢结构设计必须考虑的关键问题之一。稳定分析主要是考虑二阶效应的结构极限承载力计算。二阶效应主要是指 P-Δ 效应和梁柱效应。高层钢结构一般不会由于竖向荷载引起结构整体失稳,但是当结构在风荷载或地震作用下产生水平位移时,竖向

荷载产生的 $P-\Delta$ 效应将使结构的稳定问题变得十分突出。尤其对于非对称结构,平移与扭转耦联,$P-\Delta$ 效应会同时产生附加弯矩和附加扭矩。如果由于侧移引起的内力的增加最终能与竖向荷载相平衡的话,结构是稳定的,否则结构将出现 $P-\Delta$ 效应引起的整体失稳。

对于 30 层以下的高层钢结构建筑,侧向刚度一般较大,$P-\Delta$ 效应并不显著,通常可以忽略不计。但随着建筑物层数的增加,$P-\Delta$ 效应会越来越显著,对于 50 层左右的高层钢结构建筑,$P-\Delta$ 效应产生的二阶内力和位移可达 15% 以上。因此,在高层钢结构房屋设计时,尽可能采用带 $P-\Delta$ 效应分析功能的程序或能考虑 $P-\Delta$ 效应的计算方法。

高层钢结构的稳定设计主要是控制在风荷载或水平地震作用下,重力荷载产生的二阶效应不至于过大,以免引起结构整体失稳而倒塌。研究表明,结构的刚度与重力荷载之比(简称刚重比)是影响结构重力 $P-\Delta$ 效应的主要参数。如果控制结构的刚重比使侧向刚度退化 50% 的情况下,重力 $P-\Delta$ 效应仍可以控制在 20% 之内,则可以认为在侧向荷载作用下,结构的稳定性具有适当的安全储备。如果结构的刚重比进一步减小,则重力 $P-\Delta$ 效应将会呈非线性关系急剧增加,导致结构失稳。因此,《高层规程》的 6.1.7 条采用了控制刚重比的方法防止结构失稳。

3.3.5 高层钢结构抗震设计特点

1. 一般要求

建筑物遭受地震作用的大小与其自身的质量成正比,因此高层建筑抗震设计比多层建筑更为重要,同时也更为复杂。高层钢结构应注重概念设计,综合考虑建筑的使用功能、环境条件、材料供应、制作安装、施工条件等因素,优先选用抗震、抗风性能好且经济合理的结构体系、构件形式、连接构造和平立面布置。在抗震设计时,应保证整体结构具有必要的承载能力、刚度和延性。按照 GB 50223—2008《建筑工程抗震设防分类标准》,根据使用功能、灾害后果及对人员的安全保证,将建筑结构的抗震设防分为甲类、乙类、丙类、丁类,分别对应特殊设防类、重点设防类、标准设防类、适度设防类。钢结构房屋根据抗震设防分类、烈度和房屋高度采用不同的抗震等级,共分为一、二、三、四等 4 级(见《抗震规范》的 8.1.3 条),一级要求最严,而后顺次要求放松。钢结构房屋应根据其抗震等级,满足相应的计算和构造措施要求。当建筑高度、规则性、结构类型等超出规定或者对抗震设防标准有特殊要求时,可采用结构抗震性能化设计方法进行补充分析和论证。

根据抗震设计多道防线的概念设计,框架-支撑(剪力墙)结构体系中,支撑结构或者剪力墙是第一道防线,在出现罕遇地震时,支撑结构的斜杆有可能先失稳或者剪力墙可能先形成塑性铰,内力重分布使框架部分承担的水平地震力增大,这就需要将框架部分加强。如果框架部分承担的水平地震剪力增大不适当,则不构成双重抗侧力体系,只是按刚度分配的结构体系。因此,参考美国 IBC 规范,要求将按刚度分配计算得到的框架部分的水平地震剪力调整到结构总剪力的 25%,或者框架部分最大计算剪力的 1.8 倍,取其较小值,则可视为双重抗侧力体系。

体型复杂、结构布置特别不规则的高层钢结构,应至少采用两个不同力学模型的结构分析软件进行整体计算。对结构分析软件的分析结果,应进行分析判断,确定其合理、有效,方可作为工程设计的依据。

2. 弹性分析方法

结构的水平地震作用和作用效应计算,常采用振型分解反应谱法、底部剪力法和时程分析法三种方法。高层钢结构遭遇多遇地震作用时,结构处于正常使用阶段,进行内力和变形分析时,可假定结构与构件处于弹性工作状态,采用弹性分析方法,如振型分解反应谱法和底部剪力法。而振型分解反应谱法是目前最基本、最常用的弹性计算方法,它实际上是一种拟静力分析方法,即通过反应谱理论,将地震作用简化为惯性力系统施加在结构上进行静力分析的方法,能够较好地反映结构的地震反应。高层钢结构宜采用振型分解反应谱法进行计算,对质量和刚度不对称、不均匀的结构及高度超过 100 m 的高层钢结构,应采用考虑扭转耦合振动影响的振型分解反应谱法。对于高层钢结构而言,结构层数越多、高度越高,其自振周期越长,高阶振型对结构的影响也就越大。底部剪力法只考虑结构的一阶振型,不适用于很高的高层钢结构计算,其适用高度,日本为 45 m,印度为 40 m。我国规范规定,高度不超过 40 m、以剪切型变形为主且质量和刚度沿高度分布比较均匀(平面和竖向较规则)的建筑,可采用底部剪力法进行计算。但底部剪力法在高层钢结构的水平地震作用计算中已经很少采用。时程分析法是完全的动力分析方法,能够较真实地描述结构地震反应的全过程,但时程分析得到的只是一条具体地震波的结构反应,具有一定的特殊性,而结构地震反应受地震波特性(如频谱)的影响是很大的,高层钢结构建筑总是由大量构件组成的,在进行时程分析时,计算工作量巨大。对于特别不规则的建筑、甲类建筑和 7 度~9 度抗震设防的某些高度范围内的高层钢结构(见《抗震规范》表 5.1.2 第 1 款),应采用弹性时程分析法进行多遇地震下的补充验算。

高层钢结构的弹性计算模型应根据实际情况确定,应能较准确地反映结构的刚度和质量分布及各结构构件的实际受力状态,可以选择空间杆系、空间杆-墙板元及其他组合有限元计算模型。延性墙板的计算模型,可根据《高层规程》的规定确定。

进行弹性分析时,对不符合底部剪力法的其他高层钢结构,可采用振型分解反应谱法。采用振型分解反应谱法时,对于体型比较规则、简单,不考虑扭转耦合影响的结构,沿主轴方向,结构第 j 振型第 i 层质点的水平地震作用标准值 F_{ji},按下列公式计算:

$$F_{ji} = \alpha_j \gamma_j X_{ji} G_i \tag{3.3.7}$$

$$\gamma_j = \frac{\sum_{i=1}^{n} X_{ji} G_i}{\sum_{i=1}^{n} X_{ji}^2 G_i} \quad (i = 1, 2, \cdots, n; j = 1, 2, \cdots, m) \tag{3.3.8}$$

式中,α_j——相应于 j 振型计算周期 T_j 的地震影响系数。

γ_j——j 振型的参与系数。

X_{ji}——j 振型 i 质点的水平相对位移。

G_i——第 i 层重力荷载代表值;计算地震作用时,重力荷载代表值取永久荷载标准值和各可变荷载组合值之和,按《高层规程》的规定确定。

n——结构计算总层数,小塔楼宜每层作为一个质点参与计算。

m——结构计算振型数;规则结构可取 3,当建筑较高、结构沿竖向刚度不均匀时可取 5~6。

当相邻振型的周期比小于 0.85 时,可按下式计算水平地震作用效应:

$$S = \sqrt{\sum_{j=1}^{m} S_j^2} \qquad\qquad (3.3.9)$$

式中,S——水平地震作用标准值的效应;

S_j——j 振型水平地震作用标准值的效应(弯矩、剪力、轴力和位移等)。

对平面和竖向不规则的结构,质量和刚度分布不均匀,需要考虑扭转的影响,应采用扭转耦合振型分解法计算地震作用和作用效应,但计算会更加复杂。

3. 弹塑性分析方法

高层钢结构遭遇抗震设防烈度的地震影响时,结构进入非弹性工作阶段,但非弹性变形或结构的损坏程度控制在可修复范围。当高层钢结构遭遇高于本地区抗震设防烈度的罕遇地震影响时,允许结构有较大的弹塑性变形,但应控制在规定范围内,以免结构倒塌。甲类建筑和 9 度时的乙类建筑、采用隔震和消能减震设计的结构、高度大于 150 m 的建筑,应进行罕遇地震作用下的弹塑性变形验算;《抗震规范》表 5.1.2 第 2 款所列高度范围内且属于本章表 3.4 所列竖向不规则的高层钢结构建筑,7 度Ⅲ、Ⅳ类场地和 8 度时的乙类建筑,宜进行弹塑性变形验算。此时,可根据结构特点采用静力弹塑性分析或弹塑性时程分析方法进行计算。

静力弹塑性分析方法是在结构分析模型上施加模拟地震水平惯性力的侧向力,并逐级单调增加和逐级对结构进行弹塑性分析,直到结构达到预定的目标位移或破坏状态。这种方法主要用于对结构进行抗侧力能力的计算,可以描述结构从弹性阶段开始直至破坏全过程的反应,从而比较全面地了解结构的抗震性能。与振型分解反应谱法相比,静力弹塑性分析方法考虑了结构的弹塑性;与动力时程分析方法相比,不受输入地震波等不确定性因素的影响,既可较真实地反映结构的非线性响应,又具有数据输入简单、工作量较小的特点。

弹塑性时程分析方法将结构作为弹塑性振动体系进行分析,直接按照地震波参数输入地面运动,用数值积分求解运动微分方程,得到地震作用下整个过程的结构响应,如位移、速度和加速度,从而计算出结构的应力、变形、损伤与破坏形态等。目前许多程序通过定义材料的本构关系来考虑结构的弹塑性性能,因此计算模型简化较少,可以较准确地模拟结构行为。但是,采用弹塑性时程分析方法,建模和计算工作量大,数据前后处理烦琐。

用弹塑性时程分析方法计算结构的地震反应时,应输入典型的地震波进行计算。不同的地震波会使相同的结构出现不同的反应,正确选择输入的地震加速度时程曲线,要求地震波的频谱特性、加速度幅值和持续时间长短均符合规定的要求。频谱特性可以用地震影响系数曲线来表征,地震影响系数按表 3.5 规定的最大值采用,地震波的持续时间不宜小于结构基本自振周期的 5 倍和 15 s,地震波的时间间距可取 0.01 或 0.02 s。应按建筑场地类别和设计地震分组,选取实际地震记录和人工模拟的加速度时程曲线,其中实际地震记录的数量不应小于总数量的 2/3。如选择较多的地震波,如 5 组实际记录和 2 组人工模拟的加速度时程曲线,则保证率很高。

结构弹塑性分析计算模型应包括全部主要结构构件,且正确反映结构的质量、刚度和承载力的分布及构件的弹塑性性能,宜采用空间计算模型。其恢复力模型一般可参考已有资料确定,对新型、特殊的杆件和结构,宜进行恢复力特性试验。钢柱及梁的恢复力模型可采用二折线型,其滞回模型可不考虑刚度退化。钢支撑和耗能梁段等构件的恢复力模型应按杆件特性确定。钢筋混凝土剪力墙、剪力墙板和核心筒的恢复力模型,应选用二折线或三折线型,并考虑刚度退化。

高层钢结构高度不超过 100 m 时,可采用静力弹塑性分析方法;高度超过 150 m 时,应采用弹塑性时程分析方法;高度在 100~150 m 时,视结构不规则程度选择弹塑性分析方法;高度超过 300 m 时,应采用两种方法分别独立进行计算。

通过理论分析或者实际地震记录计算地震影响系数的统计结果表明,不同阻尼比的地震影响系数是有差别的,随着阻尼比的减小,地震影响系数增大,而其增大的幅度则随周期的增大而减小。结构阻尼比的实测值很分散,因为它与结构的材料和类型、连接方式、试验方法等有关。根据实测资料,计算时可采用按结构高度分段的阻尼比。在进行多遇地震作用下的弹性计算时,高度不大于 50 m 时可取 0.04;高度大于 50 m 且小于 200 m 时可取 0.03;高度不小于 200 m 时,宜取 0.02。在进行罕遇地震作用下的弹塑性分析时,阻尼比可取 0.05。

4. 地震作用效应验算

在高层钢结构的抗震设计中,结构构件承载力应按如下公式验算:

$$S_d \leqslant R_d / \gamma_{RE} \tag{3.3.10}$$

式中,S_d——作用组合的效应设计值。

R_d——结构构件承载力设计值。

γ_{RE}——结构构件承载力抗震调整系数。计算结构构件和连接强度时取 0.75;计算柱和支撑稳定性时取 0.8;仅计算竖向地震作用时取 1.0。

结构构件承载力的抗震调整系数是依据可靠度指标要求,考虑高层钢结构的地震作用、材料抗力标准值和设计值等因素,通过对高层钢结构的实例分析,用概率统计方法求得的。

按照《高层规程》的相关规定,在正常使用条件下,高层钢结构应具有足够的刚度,避免产生过大的位移而影响结构的承载能力、稳定性和使用要求。可采用层间位移角作为刚度控制指标,在多遇地震(标准值)作用下,按弹性方法计算的楼层层间最大水平位移与层高之比不宜大于 1/250;在罕遇地震作用下,结构中会出现塑性铰,导致 $P-\Delta$ 效应明显、次要构件与非结构构件发生破坏。为了保证结构变形均匀分布,避免塑性变形过于集中而形成薄弱层,在罕遇地震作用下,高层钢结构的薄弱层或薄弱部位弹塑性层间位移不应大于层高的 1/50。

3.3.6 高层钢结构抗风设计特点

1. 风对高层钢结构的危害

高层钢结构的质量和刚度较高层钢筋混凝土结构减少较多,且其围护结构多采用轻质材料,整体结构更显轻柔。因此,在大风作用下,容易发生以下几种情况:① 由于长时间的振动,结构因材料疲劳或侧移失稳而破坏;② 因结构变形过大,填充墙和隔墙开裂;③ 建筑外墙装饰物和玻璃幕墙因较大局部风压而破坏;④ 因风振加速度过大,令使用者感觉头晕甚至恐慌和不安。

2. 动、静力风效应

高度为 200~400 m 的高层钢结构自由振动的基本周期为 5~10 s,而顺风向的强风平均风速的持续时间约为 10 min 以上,远大于高层钢结构的自振周期,因此平均风效应可按结构静力学的方法进行结构内力计算。阵风的持续时间约为 1~2 s,小于高层钢结构的自振周期,因而阵风对结构的作用是动力的,要采用基于随机振动理论和概率统计法则的分析方法。围护结构的振动周期一般为 0.02~0.2 s,远小于平均风速和阵风风速的波动周期,因此在围护结构的抗风设计中,风荷载可作为静荷载考虑。

3. 风荷载作用下的结构刚度

为了不影响结构的正常使用,风荷载作用下高层钢结构必须具备足够的刚度。如前所述,高层钢结构的稳定设计要求在风荷载或水平地震作用下,重力 $P\text{-}\Delta$ 效应控制在 20% 之内,使结构的稳定性具有适当的安全储备。否则,就要增加结构的整体侧向刚度。换句话说,如果满足了结构的稳定设计要求,则在风荷载作用下高层钢结构的刚度即得到满足。此外,还将层间位移角作为刚度控制指标,要求在风荷载(标准值)作用下,按弹性方法计算的楼层层间最大水平位移与层高之比不宜大于 1/250。

4. 风振加速度限值

为了保证高层钢结构良好的使用功能和满足风振的舒适度要求,在《荷载规范》规定的 10 年一遇的风荷载(标准值)下,高层钢结构顶点的最大加速度(顺风向与横风向)计算值或风洞试验值不应超过 0.20 m/s² (住宅与公寓楼)或者 0.28 m/s² (旅馆或者办公楼)。这项规定参考了加拿大国家建筑规范等国外资料,但根据我国目前的实际情况,只对顺风向和横风向加速度作了规定,而未对高层钢结构整体扭转的角加速度限制予以规定。

5. 横风向的涡流共振

对于圆筒形高层钢结构,有时会发生横风向的涡流共振现象,应予以避免。一般情况下,限制高层建筑顶部的风速小于可能产生涡流共振的临界风速。如果不能满足这一条件,可以采用增加结构刚度使自振周期减小的方法来提高临界风速,或进行横风向涡流脱落共振验算,其方法可参考风振方面的专著。

3.4 构件和节点的设计特点

3.4.1 构件的设计特点

在进行结构构件设计之前,应综合考虑构件的重要性、荷载特征、结构形式、连接方法、应力状态、工作环境及钢材品种和厚度等因素,合理地选用钢材牌号、质量等级及其性能要求,并应在设计文件中完整地注明对钢材的技术要求。《高层规程》的 4.1 条给出了选材的基本规定,应遵照执行。材料的设计指标与 GB 50017—2017《钢结构设计标准》(简称《标准》)的规定基本相同。

高层民用建筑钢结构构件的钢板厚度不宜大于 100 mm。

1. 框架梁

框架梁的抗弯强度、抗剪强度、整体稳定性可根据《标准》的有关规定计算,但应注意钢材的抗弯与抗剪强度设计值,在有地震时需除以构件承载力的抗震调整系数 γ_{RE}。在多遇地震作用下进行构件的承载力计算时,托柱梁的内力应乘以不小于 1.5 的增大系数。该增大系数是考虑地震倾覆力矩对传力不连续部位的增值效应,以保证转换构件的设计安全度并具有良好的抗震性能。

在钢梁设计中,还必须考虑梁的局部稳定问题,防止板件失稳的有效方法是限制其宽厚比。钢框架梁板件宽厚比应随截面塑性发展的程度而满足不同要求,形成塑性铰后需要较大的转动,要求最严格,所以按不同抗震等级划分了不同要求;梁的腹板还要考虑轴压力的影响。正确确定板件的宽厚比,可以使结构设计安全而合理。框架梁板件宽厚比限值见表3.7的规定。

表 3.7 框架梁板件宽厚比限值

板件名称		抗震等级				非抗震设计
		一级	二级	三级	四级	
梁	工字形截面和箱形截面翼缘外伸部分	9	9	10	11	11
	箱形截面翼缘在两腹板之间部分	30	30	32	36	36
	工字形截面和箱形截面腹板	$72-120\rho$	$72-100\rho$	$80-110\rho$	$85-120\rho$	$85-120\rho$

注:1. $\rho=N/(Af)$,为梁的轴压比;N 为梁的轴向力,A 为梁的截面面积,f 为梁的钢材强度设计值。

2. 表中数值适用于 Q235 钢,当钢材为其他牌号时,应乘以 $\sqrt{235/f_y}$。

3. 工字形截面梁和箱形截面梁的腹板宽厚比,对抗震等级一、二、三、四级分别不宜大于 60、65、70、75。

2. 框架柱

框架柱截面可以采用 H 形、箱形、十字形及圆形等,其中箱形截面柱与梁的连接较为简单,受力性能与经济效果也较好,因而是应用最广泛的一种柱截面形式。在箱形或圆形钢管中浇筑混凝土从而形成钢管混凝土组合柱,可大大提高柱的承载力且避免管壁局部失稳,也是高层建筑中一种常用的截面形式。框架柱一般应满足以下各方面的要求。

(1)框架柱的整体稳定与局部稳定

框架柱的整体稳定计算方法与《标准》的规定基本相同,但应注意钢材的设计值,在有地震时需除以构件承载力的抗震调整系数 γ_{RE}。

按照强柱弱梁的要求,钢框架柱一般不会出现塑性铰,但是考虑材料的变异性、截面尺寸偏差及一般未计及的竖向地震作用因素,柱在某些情况下也可能出现塑性铰。因此,柱的板件宽厚比也应该考虑塑性发展来加以限制,只是不需要像梁那样严格。框架柱板件宽厚比限值见表3.8。

表 3.8 框架柱板件宽厚比限值

板件名称		抗震等级				非抗震设计
		一级	二级	三级	四级	
柱	工字形截面翼缘外伸部分	10	11	12	13	13
	工字形截面腹板	43	45	48	52	52
	箱形截面壁板	33	36	38	40	40
	冷成型方管壁板	32	35	37	40	40
	圆管(径厚比)	50	55	60	70	70

注:1. 表中数值适用于 Q235 钢,当钢材为其他牌号时,应乘以 $\sqrt{235/f_y}$,圆管应乘以 $235/f_y$;

2. 冷成型方管适用于 Q235GJ 或 Q355GJ。

（2）框架柱的计算长度与长细比

大多数框架柱不是孤立的单个构件，其两端受到其他构件的约束，框架柱屈曲时必然带动相连的其他构件产生变形，因此其计算长度的确定是很复杂的。目前关于框架柱稳定分析有两种方法，即一阶分析理论和二阶分析理论。根据理论分析，得到的计算长度系数计算公式见《高层规程》的有关规定。

框架柱的长细比和轴压比均较大的柱，其延性较小，且容易发生框架整体失稳。对框架柱的长细比和轴压比进行限制，就能控制二阶效应对柱极限承载力的影响。为保证框架柱具有较好的延性，地震区框架柱的长细比不宜太大。抗震等级为一级时，框架柱的长细比不大于 $60\sqrt{235/f_y}$，二级时不大于 $70\sqrt{235/f_y}$，三级时不大于 $80\sqrt{235/f_y}$，四级及非抗震设防时不大于 $100\sqrt{235/f_y}$。当为轴心受压柱时，其长细比不宜大于 $120\sqrt{235/f_y}$。

3. 强柱弱梁设计概念

高层钢结构采用强柱弱梁设计概念，在地震作用下，塑性铰应在梁端形成而不应在柱端形成，使框架具有较大的内力重分布和耗散能量的能力。为此，柱端应比梁端有更大的承载力储备。对于抗震设防的框架柱，在框架的任一节点处，柱的截面模量和梁（等截面梁）的截面模量应满足下式的要求：

$$\sum W_{pc}(f_{yc}-N/A_c) \geqslant \eta \sum W_{pb}f_{yb} \tag{3.4.1}$$

式中，W_{pc}、W_{pb}——柱和梁的塑性截面模量；

$\quad f_{yc}$、f_{yb}——柱和梁钢材的屈服强度设计值；

$\quad\quad \eta$——强柱系数，抗震等级为一级时取 1.15，二级时取 1.10，三级时取 1.05，四级时取 1.0；

$\quad\quad N$——柱轴向压力设计值；

$\quad\quad A_c$——柱的截面面积。

当柱所在楼层的受剪承载力比上一层的受剪承载力高出 25%，或柱的轴压比不超过0.4，或受压构件在 2 倍地震力引起的组合轴力设计值作用下稳定性得到保证时，或为与支撑斜杆相连的节点时，可不按式（3.4.1）验算。

4. 中心支撑

（1）支撑杆件长细比

支撑杆件在轴向往复荷载的作用下，其抗拉和抗压承载力均有不同程度的降低，当支撑件受压失稳后，其承载能力降低、刚度退化、耗能能力随之降低；在弹塑性屈曲后，支撑杆件的抗压承载力退化更为严重。支撑杆件的长细比是影响其性能的重要因素，当长细比较大时，构件只能受拉，不能受压。长细比较小的杆件，滞回曲线丰满，耗能性能好，工作性能稳定。但支撑的长细比并非越小越好，支撑的长细比越小，支撑框架刚度就越大，不但承受的地震作用越大，而且在某些情况下层间位移也越大。按压杆设计时，中心支撑杆件的长细比不应大于 $120\sqrt{235/f_y}$；抗震等级为一、二、三级时，中心支撑杆件不得采用拉杆设计；非抗震设计和抗震等级为四级时，按拉杆设计的长细比不应大于 180。

（2）支撑杆件的板件宽厚比

板件宽厚比是影响局部屈曲的重要因素，直接影响支撑的承载能力和耗能能力，在反复荷载作用下比单向静载作用下更容易发生失稳，因此，有抗震设防要求时，板件的宽厚比限值应比非抗震设防时要求更严格。在罕遇地震作用下,支撑要经受较大的弹塑性拉压变形,为了防止板件过早地在塑性状态下发生局部屈曲,板件宽厚比规定得比塑性设计要求更小一点,对支撑的抗震有利。此外,板件宽厚比应与支撑杆件长细比相匹配,对于长细比小的支撑杆件,宽厚比应严格一些,对长细比大的支撑杆件,宽厚比适当放宽是合理的。但《高层规程》没有考虑杆件长细比的影响,规定板件宽厚比应符合表 3.9 的规定。

表 3.9　中心支撑板件宽厚比限值

板件名称	一级	二级	三级	四级、非抗震设计
翼缘外伸部分	8	9	10	13
工字形截面腹板	25	26	27	33
箱形截面腹板	18	20	25	30
圆管外径与壁厚比	38	40	40	42

注:表中数值适用于 Q235 钢,当采用其他牌号钢材时,应乘以 $\sqrt{235/f_y}$,圆管应乘以 $235/f_y$ 。

（3）支撑杆件受压承载力

中心支撑的杆件可按端部铰接进行分析。当斜杆轴线偏离梁柱轴线交点不超过支撑杆件的宽度时,仍可按中心支撑框架进行分析,但应考虑由此产生的附加弯矩。中心支撑杆件宜采用双轴对称截面,当采用单轴对称截面时,应采取防止扭转的构造措施。在地震作用下,支撑构件反复受拉压,屈曲后变形增长很大,再受拉时变形不能完全拉直,使得再次受压时承载力降低,即出现退化现象。长细比越大,退化现象越严重,计算中必须考虑这种情况。因此,在多遇地震作用效应组合下,支撑斜杆受压承载力按下式计算:

$$N/\varphi A_{br} \leqslant \psi f/\gamma_{RE} \tag{3.4.2}$$

$$\psi = 1/(1+0.35\lambda_n) \tag{3.4.3}$$

$$\lambda_n = (\lambda/\pi)\sqrt{f_y/E} \tag{3.4.4}$$

式中,N——支撑斜杆的轴向力设计值;

　　A_{br}——支撑斜杆的截面积;

　　φ——轴向受压构件的稳定系数;

　　ψ——受循环荷载时的强度降低系数;

　　λ、λ_n——支撑斜杆的长细比和正则化长细比;

　　E——支撑斜杆材料的弹性模量;

　　f、f_y——钢材的强度设计值和屈服强度;

　　γ_{RE}——支撑承载力抗震调整系数。

（4）人字形支撑、V 形支撑和 K 形支撑

对于人字形支撑和 V 形支撑,支撑跨的横梁在柱间应保持连续。在确定横梁截面时不考虑支撑在跨中的支撑作用,将横梁视为柱间简支梁,考虑重力荷载及受拉支撑屈服、受压支撑屈曲后所产生的不平衡力的作用。

在地震作用下,K 形支撑可能因受拉支撑屈服或受压支撑屈曲引起更大的侧向变形,使柱发生屈曲或者倒塌,故不应在抗震结构中采用。

5. 偏心支撑

（1）耗能梁段的设计

偏心支撑框架的支撑设置,应该使支撑与柱或者支撑与支撑之间构成耗能梁段,因此每根支撑至少有一端与耗能梁段连接。偏心支撑设计的基本概念,是使耗能梁段进入塑性状态,而其他构件仍处于弹性状态。设计良好的偏心支撑框架,除柱脚有可能出现塑性铰外,其他塑性铰均出现在梁段上,在地震作用足够大时,发挥耗能梁段的非弹性受剪性能,保证耗能梁段屈服时支撑不屈曲。能否实现这一意图,取决于支撑的承载力和耗能梁段的承载力之间的关系。因此,《高层规程》规定了偏心支撑的轴向承载力、耗能梁段的受剪承载力和受弯承载力的要求。

耗能梁段的屈服强度越高,屈服后的延性越差,耗能能力越小。为使耗能梁段具有良好的延性及耗能能力,要求钢材屈服强度不应大于 355 MPa。耗能梁段的板件宽厚比的要求,比一般框架梁略严格一些,耗能梁段及其所在跨框架梁的板件宽厚比不应大于表 3.10 规定的限值。

表 3.10　偏心支撑框架梁的板件宽厚比限值

板件名称		宽厚比限值
翼缘外伸部分		8
腹板	当 $N/Af \leq 0.14$ 时	$99(1-1.65N/Af)$
	当 $N/Af > 0.14$ 时	$33(2.3-N/Af)$

注:表中数值适用于 Q235 钢,当为其他牌号钢材时,应乘以 $\sqrt{235/f_{ay}}$;N/Af 为梁的轴压比。

（2）支撑斜杆设计

偏心支撑框架的设计要求是在足够大的地震效应作用下,耗能梁段屈服而其他构件不屈服,为了满足这一要求,偏心支撑框架构件的内力设计值应按下列要求调整:① 偏心支撑斜杆的轴力设计值,应取耗能梁段达到受剪承载力时的支撑斜杆轴力乘以增大系数,其值为抗震等级一级时不小于 1.4,二级时不小于 1.3,三级时不小于 1.2,四级时不小于 1.0;② 耗能梁段所在跨的框架梁弯矩设计值和柱的内力设计值,应取与耗能梁段达到受剪承载力时的框架梁和柱的内力乘以增大系数,其值在抗震等级一级时不小于 1.3,二、三、四级时不小于 1.2。

偏心支撑斜杆的长细比不应大于 $120\sqrt{235/f_y}$;支撑斜杆板件的宽厚比,不应超过《标准》规定的轴心受压构件在弹性设计时的宽厚比限值。支撑斜杆的受压承载力按《高层规程》的规定进行计算。

3.4.2　节点设计

1. 节点域的稳定

为了保证柱和梁连接的节点域腹板在弯矩和剪力的作用下不致局部失稳,同时有利于在大地震作用下吸收和耗散地震能量,在柱与梁连接处,柱应设置与梁上、下翼缘位置对应的加劲肋,使之与柱翼缘相包围处形成梁柱节点域,如图 3.13 所示。节点域在周边剪力和弯矩作用下,柱腹板存在屈服和局部失稳的可能性,故需要验算其稳定性和抗剪强度。

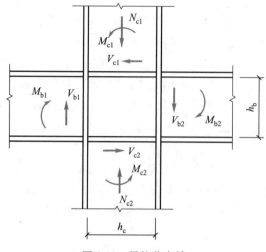

图 3.13 梁柱节点域

为了防止节点域的柱腹板受剪时发生局部失稳,节点域内柱腹板的厚度 t_w 应满足下式的要求:

$$t_w \geqslant \frac{h_b + h_c}{90} \tag{3.4.5}$$

研究表明,节点域既不能太厚,也不能太薄。太厚了节点域不能很好地发挥耗能作用,太薄了将使框架侧向变形过大。

2. 节点域抗剪承载力

钢结构的设计原则是强连接弱构件,节点域应同时进行弹性阶段承载力验算和大震时极限承载力验算,当验算不能满足要求时,节点域中的柱腹板应增加补强板或设置斜向加劲肋。由柱翼缘与水平加劲肋包围的节点域,在周边弯矩和剪力的作用下,柱腹板存在屈服可能,其弹性阶段抗剪承载力按下式计算:

$$\tau = \frac{M_{b1} + M_{b2}}{V_p} \leqslant \frac{4}{3} f_v \tag{3.4.6}$$

式中,M_{b1}、M_{b2}——节点域两侧梁的弯矩设计值。

V_p——节点域的有效体积。对于 H 形截面(绕强轴),$V_p = h_b h_c t_w$;对于箱形截面,$V_p = 1.8 h_b h_c t_w$。

h_b——梁的腹板高度,取翼缘中心线间距。

h_c——柱的腹板高度,取翼缘中心线间距。

t_w——柱在节点域的腹板厚度。

f_v——钢材的抗剪强度设计值。

为了较好地发挥节点域的耗能作用,在大地震时使节点域中的腹板先屈服,之后梁出现塑性铰,抗震设计时节点域的屈服承载力应符合下式要求:

$$\psi \frac{M_{pb1} + M_{pb2}}{V_p} \leqslant \frac{4}{3} f_{yv} \tag{3.4.7}$$

式中，M_{pb1}、M_{pb2}——节点域两侧梁的全塑性受弯承载力；

ψ——折减系数，抗震等级为一级、二级时取 0.85，三级、四级时取 0.75；

f_{yv}——钢材的抗剪屈服强度，取钢材屈服强度的 0.58 倍。

3.5 多、高层钢结构设计例题

3.5.1 设计资料

工程名称：××小区钢框架住宅

建设地点：××市××小区

工程概况：建筑总高度 36.3 m，共 12 层，层高 3 m，平面尺寸为长 38.4 m、宽 11.8 m，室内外高差为 0.3 m，结构平面布置图和剖面图分别见图 3.14 和图 3.15

温度：最热月平均 29.3℃，最冷月平均 4.7℃，夏季极端最高温度 40.6℃，冬季极端最低温度 -11.3℃

相对湿度：最热月平均 75%

主导风向：全年为西北风，夏季为东南风，基本风压 $w_0 = 0.35$ kN/m²

雨雪条件：年降雨量 1 450 mm，最大积雪深 80 mm，基本雪压 $S_0 = 0.45$ kN/m²

抗震设防烈度：7 度

工程地质条件：自然地表 1 m 内为填土，填土下层为 3 m 厚砂质黏土，再下层为砾石层。砂质黏土承载力标准值为 250 kN/m²，砾石层承载力标准值为 300~400 kN/m²，地下水位为 -2.0 m，无侵蚀性

材料：墙体可采用轻骨料混凝土空心砌块、加气混凝土砌块

3.5.2 结构选型

① 结构体系选型：钢框架结构

② 屋面和楼面结构：压型钢板组合楼板

③ 楼梯结构：钢筋混凝土楼梯

④ 天沟：预制钢筋混凝土天沟

⑤ 电梯间：剪力墙结构

3.5.3 结构布置

1. 框架计算简图

如图 3.14 所示，整个结构由 10 榀平行的双跨横向框架组成，每榀框架之间用纵向连梁连接，为减小楼板跨度并传递荷载，在框架主梁三分之一跨度处布置纵向次梁。取具有代表性的②轴框架计算，框架的计算简图如图 3.15 所示。假定框架柱嵌固于基础顶面，框架梁

与柱刚接,主梁与次梁铰接。

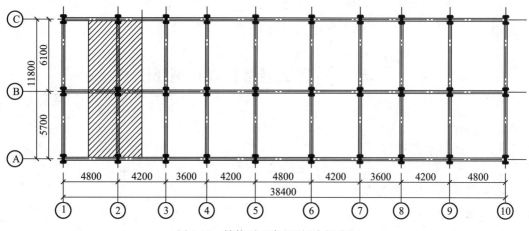

图 3.14　结构平面布置图(次梁略)

2. 材料初选

钢材:Q345

外墙:混凝土空心砌块,$\gamma = 11.80 \text{ kN/m}^3$

内隔墙:轻质 GRC 空心隔墙板,$\gamma = 0.17 \text{ kN/m}^2$

楼板:C30 混凝土,$f_c = 14.30 \text{ N/mm}^2$

铝合金门窗:$\gamma = 0.45 \text{ kN/m}^2$

砂浆:(1) 水刷石:$\gamma = 0.50 \text{ kN/m}^2$;(2) 水泥粉刷:$\gamma = 0.36 \text{ kN/m}^2$

板:U_{K4} 型压型钢板上铺混凝土

钢筋:HRB400,$f_y = 360 \text{ N/mm}^2$

3. 截面初选

组合楼板:100 mm 厚混凝土板,U_{K4} 型压型钢板

其他构件详见表 3.11。

4. 框架梁柱的线刚度计算

左边跨梁:

$$i_{左梁} = \frac{EI}{L} = \frac{2.06 \times 10^5 \text{ N/mm}^2 \times 46\,800 \times 10^4 \text{ mm}^4}{5\,700 \text{ mm}}$$

$$= 1.69 \times 10^{10} \text{ N} \cdot \text{mm} = 1.69 \times 10^4 \text{ kN} \cdot \text{m}$$

右边跨梁:

$$i_{右梁} = \frac{EI}{L} = \frac{2.06 \times 10^5 \text{ N/mm}^2 \times 46\,800 \times 10^4 \text{ mm}^4}{6\,100 \text{ mm}}$$

$$= 1.58 \times 10^{10} \text{ N} \cdot \text{mm} = 1.58 \times 10^4 \text{ kN} \cdot \text{m}$$

底层柱:

$$i_{底柱} = \frac{EI}{L} = \frac{2.06 \times 10^5 \text{ N/mm}^2 \times 139\,181 \times 10^4 \text{ mm}^4}{3\,300 \text{ mm}} = 8.69 \times 10^4 \text{ kN} \cdot \text{m}$$

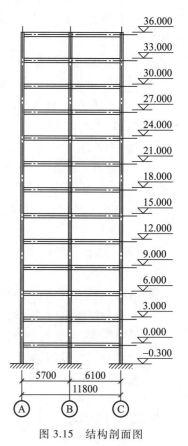

图 3.15　结构剖面图

表 3.11　主要构件特征表

构件	尺寸/mm				截面面积 /cm²	单位质量 /(kg·m⁻¹)	截面特征					
	H	B	t_w	t			I_x /cm⁴	W_x /cm³	i_x /cm	I_y /cm⁴	W_y /cm³	i_y /cm
次梁	300	150	6.5	9	46.78	36.7	7 210	481	12.4	508	67.7	3.29
连系梁	400	200	8	13	83.37	65.4	23 500	1 170	16.8	1 740	174	4.56
主梁	500	200	10	16	112.3	88.1	46 800	1 870	20.4	2 140	214	4.36
上柱	400	400	13	21	218.7	172	66 600	3 330	17.5	22 400	1 120	10.1
下柱	500	450	16	25	297.0	233.1	139 181	5 567	21.65	37 984	1 688	11.31

2—6 层柱：

$$i_{其余下柱} = \frac{EI}{L} = \frac{2.06 \times 10^5 \text{ N/mm}^2 \times 139\ 181 \times 10^4 \text{ mm}^4}{3\ 000 \text{ mm}} = 9.56 \times 10^4 \text{ kN} \cdot \text{m}$$

7—12 层柱：

$$i_{上柱} = \frac{EI}{L} = \frac{2.06 \times 10^5 \text{ N/mm}^2 \times 66\ 600 \times 10^4 \text{ mm}^4}{3\ 000 \text{ mm}} = 4.57 \times 10^4 \text{ kN} \cdot \text{m}$$

令 2—6 层柱的线刚度 $i = 1.0$，则其余各杆件的相对线刚度为

$$i'_{左梁} = \frac{1.69 \times 10^4 \text{ kN} \cdot \text{m}}{9.56 \times 10^4 \text{ kN} \cdot \text{m}} = 0.177$$

$$i'_{右梁} = \frac{1.58 \times 10^4 \text{ kN} \cdot \text{m}}{9.56 \times 10^4 \text{ kN} \cdot \text{m}} = 0.165$$

$$i'_{底柱} = \frac{8.69 \times 10^4 \text{ kN} \cdot \text{m}}{9.56 \times 10^4 \text{ kN} \cdot \text{m}} = 0.909$$

$$i'_{上柱} = \frac{4.59 \times 10^4 \text{ kN} \cdot \text{m}}{9.56 \times 10^4 \text{ kN} \cdot \text{m}} = 0.478$$

框架梁柱的相对线刚度如图 3.16 所示，这是计算各节点杆端弯矩分配系数的依据。

3.5.4　荷载计算

1. 恒荷载计算（标准值）

（1）屋面

防水层：（刚性）30 mm 厚 C20 细石混凝土防水　　　　　　　　　　　　　　　1.000 kN/m²

　　　　（柔性）三毡四油铺小石子　　　　　　　　　　　　　　　　　　　　0.400 kN/m²

找平层：20 mm 厚 1∶2 水泥砂浆　　　　　　　　　0.02 m×20 kN/m³ = 0.400 kN/m²

找坡层：40 mm 厚水泥石灰焦砟砂浆 3% 找平　　　　0.04 m×14 kN/m³ = 0.560 kN/m²

保温层：80 mm 厚矿渣水泥　　　　　　　　　　　0.08 m×14.5 kN/m³ = 1.160 kN/m²

结构层：100 mm 厚现浇混凝土楼板　　　　　　　　0.10 m×25 kN/m³ = 2.500 kN/m²

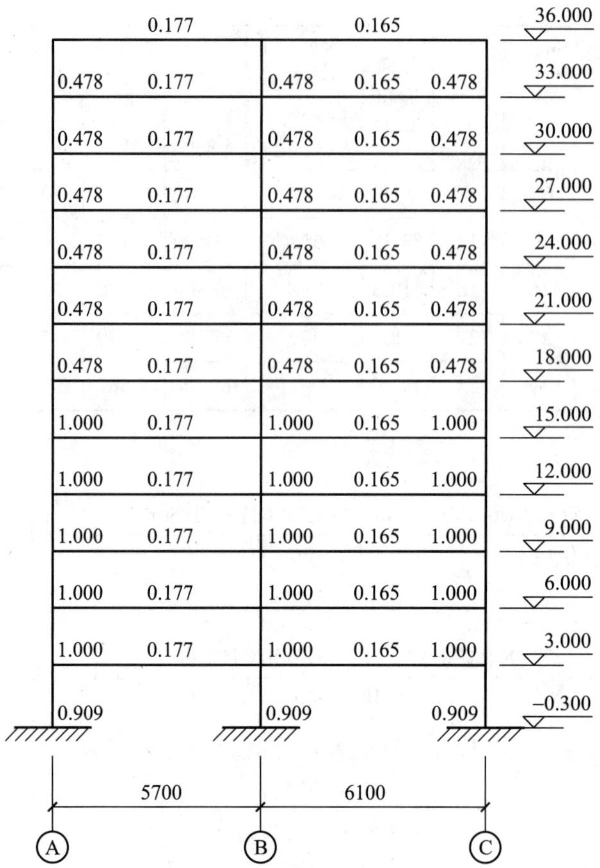

图 3.16　相对线刚度图

| 压型钢板 | 0.220 kN/m² |
| 装饰层 | 0.300 kN/m² |

合计　　　　　　　　　　　　　　　　　　　　　　　　　6.54 kN/m²

（2）标准层楼面

大理石面层，水泥砂浆擦缝

30 mm 厚 1∶3 干硬性水泥砂浆面上撒 2 mm 厚素水泥　　　1.160 kN/m²

水泥砂浆结合层一道

结构层：100 mm 厚现浇混凝土楼板　　0.10 m×25 kN/m³ = 2.500 kN/m²

压型钢板　　　　　　　　　　　　　　　　　　　　　　0.220 kN/m²

装饰层　　　　　　　　　　　　　　　　　　　　　　　0.300 kN/m²

合计　　　　　　　　　　　　　　　　　　　　　　　　4.18 kN/m²

（3）外纵墙自重

1）标准层

A 轴：铝合金玻璃门　　　2.6 m×1.2 m×0.45 kN/m² = 1.404 kN

　　　铝合金玻璃窗　　　1.5 m×1.3 m×0.45 kN/m² = 0.878 kN

窗下墙	1.1 m×1.3 m×0.19 m×11.8 kN/m³ = 3.206 kN
水刷石(窗下)外墙面	(3−1.5) m×1.3 m×0.5 kN/m² = 0.975 kN
水泥粉刷(窗下)内墙面	(3−1.5) m×1.3 m×0.36 kN/m² = 0.702 kN
窗间墙	2.6 m×1.8 m×0.19 m×11.8 kN/m³ = 10.490 kN
水刷石(窗间)外墙面	3 m×1.8 m×0.5 kN/m² = 2.700 kN
水泥粉刷(窗间)内墙面	3 m×1.8 m×0.36 kN/m² = 1.944 kN

合计	22.30kN

C 轴:铝合金玻璃窗	1.5 m×3.4 m×0.45 kN/m² = 2.295 kN
窗下墙	1.1 m×3.4 m×0.19 m×11.8 kN/m³ = 8.385 kN
水刷石(窗下)外墙面	(3−1.5) m×3.4 m×0.5 kN/m² = 2.55 kN
水泥粉刷(窗下)内墙面	(3−1.5) m×3.4 m×0.36 kN/m² = 1.836 kN
窗间墙	2.6 m×0.9 m×0.19 m×11.8 kN/m³ = 5.246 kN
水刷石(窗间)外墙面	3 m×0.9 m×0.5 kN/m² = 1.350 kN
水泥粉刷(窗间)内墙面	3 m×0.9 m×0.36 kN/m² = 0.972 kN

合计	22.63 kN

2) 底层

A 轴:铝合金玻璃门	2.6 m×1.2 m×0.45 kN/m² = 1.404 kN
铝合金玻璃窗	1.5 m×1.3 m×0.45 kN/m² = 0.878 kN
窗下墙	1.4 m×1.3 m×0.19 m×11.8 kN/m³ = 4.08 kN
水刷石(窗下)外墙面	(3.3−1.5) m×1.3 m×0.5 kN/m² = 1.170 kN
水泥粉刷(窗下)内墙面	(3−1.5) m×1.3 m×0.36 kN/m² = 0.702 kN
窗间墙	2.9 m×1.8 m×0.19 m×11.8 kN/m³ = 11.700 kN
水刷石(窗间)外墙面	3.3 m×1.8 m×0.5 kN/m² = 2.970 kN
水泥粉刷(窗间)内墙面	3 m×1.8 m×0.36 kN/m² = 1.944 kN

合计	24.85kN

C 轴:铝合金玻璃窗	1.5 m×3.4 m×0.45 kN/m² = 2.295 kN
窗下墙	1.4 m×3.4 m×0.19 m×11.8 kN/m³ = 10.672 kN
水刷石(窗下)外墙面	(3.3−1.5) m×3.4 m×0.5 kN/m² = 3.060 kN
水泥粉刷(窗下)内墙面	(3−1.5) m×3.4 m×0.36 kN/m² = 1.836 kN
窗间墙	2.9 m×0.9 m×0.19 m×11.8 kN/m³ = 5.852 kN
水刷石(窗间)外墙面	3.3 m×0.9 m×0.5 kN/m² = 1.485 kN
水泥粉刷(窗间)内墙面	3 m×0.9 m×0.36 kN/m² = 0.972 kN

合计	26.17 kN

(4) 内横墙自重

墙体	2.5 m×0.19 m×11.80 kN/m³ = 5.610 kN/m
水泥粉刷内墙面	2.5 m×2×0.36 kN/m² = 1.800 kN/m

合计	7.41 kN/m

（5）内隔墙

采用轻质 GRC 空心隔墙板（$\gamma = 0.17$ kN/m^2），自由布置，灵活分割，计入均布恒荷载中，2.7 m×0.17 kN/m^2÷2 = 0.23 kN/m，按 1 kN/m 计算。

（6）立面挑阳台（北阳台荷载计算省略，近似取南阳台相同值）

边梁自重及装饰	0.57kN/m×4.5m = 2.57kN

阳台纵墙自重及粉刷

$$1.2 \text{ m}×0.1 \text{ m}×4.5 \text{ m}×11.8 \text{ kN/m}^3 + 2×1.2 \text{ m}×4.5 \text{ m}×0.5 \text{ kN/m}^2 = 11.77 \text{ kN}$$

挑梁自重及装饰+阳台横墙及粉刷

$$0.57 \text{ kN/m}×1.3 \text{ m}+1.2 \text{ m}×0.1 \text{ m}×1.2 \text{ m}×11.8 \text{ kN/m}^3 + 2×1.2 \text{ m}×1.2 \text{ m}×0.5 \text{ kN/m}^2 = 3.880 \text{ kN}$$

楼面结构层	0.1 m×1.2 m×4.5 m×25 kN/m^3 = 13.50 kN
压型钢板面层及装饰	1.2 m×4.5 m×0.53 kN/m^2 = 2.81 kN
合 计	34.53 kN

（7）梁自重

1）主梁 H500×200×10×16	88.1 kg/m×9.8 N/kg = 0.86 kN/m
防火及装饰	0.500 kN/m
合 计	1.36 kN/m
2）次梁 H300×150×6.5×9	37.3 kg/m×9.8 N/kg = 0.36 kN/m
防火及装饰	0.500 kN/m
合 计	0.86 kN/m
3）连系梁 H400×200×8×13	65.4 kg/m×9.8 N/kg = 0.64 kN/m
防火及装饰	0.500 kN/m
合 计	1.14 kN/m
4）基础梁 $b×h = 250$ mm×400 mm	0.25 m×0.4 m×25 kN/m^3 = 2.500 kN/m
合 计	2.50 kN/m

（8）柱自重

上柱 H400×400×13×21	172 kg/m×9.8 N/kg = 1.69 kN/m
防火及装饰	0.500 kN/m
合 计	2.19 kN/m
下柱 H500×450×16×25	233.1 kg/m×9.8 N/kg = 2.28 kN/m
防火及装饰	0.500 kN/m
合 计	2.78 kN/m

2. 活荷载标准值计算

（1）屋面和楼面活荷载标准值

根据《荷载规范》查得：

上人屋面	2.0 kN/m^2
楼面（住宅）	2.0 kN/m^2

（2）雪荷载

$S_k = \mu_r S_0 = 1.0 \times 0.45 \ kN/m^2 = 0.45 \ kN/m^2$

屋面活荷载与雪荷载不同时考虑，两者中取大值。

3. 竖向荷载作用下框架受载总图

荷载由板到梁的传递如图 3.17 所示。

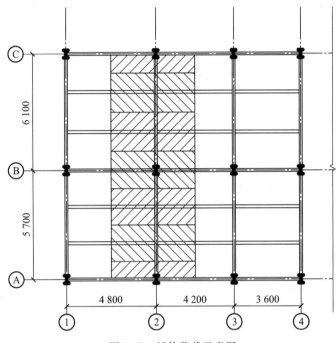

图 3.17 板传荷载示意图

（1）A—B 轴间框架梁

次梁自重 $= 0.86 \ kN/m \times \dfrac{4.8+4.2}{2} \ m = 3.87 \ kN$

楼面板传恒荷载 $= \dfrac{1}{3} \times 5.7 \ m \times 4.5 \ m \times (4.18+1) \ kN/m^2 = 44.29 \ kN$

楼面板传活荷载 $= \dfrac{1}{3} \times 5.7 \ m \times 4.5 \ m \times 2.0 \ kN/m^2 = 17.10 \ kN$

屋面板传恒荷载 $= \dfrac{1}{3} \times 5.7 \ m \times 4.5 \ m \times 6.54 \ kN/m^2 = 55.92 \ kN$

屋面板传活荷载 $= \dfrac{1}{3} \times 5.7 \ m \times 4.5 \ m \times 2.0 \ kN/m^2 = 17.10 \ kN$

A—B 轴间框架梁集中荷载：

楼面梁恒荷载 = 次梁自重 + 板传恒荷载 = 3.87 kN + 44.29 kN = 48.16 kN

楼面梁活荷载 = 板传活荷载 = 17.10 kN

屋面梁恒荷载 = 次梁自重 + 板传恒荷载 = 3.87 kN + 55.92 kN = 59.79 kN

屋面梁活荷载 = 板传活荷载 = 17.10 kN

A—B 轴间框架梁均布荷载：

楼面梁均布荷载 = 主梁自重+隔墙自重 = 1.36 kN+7.41 kN = 8.77 kN

屋面梁均布荷载 = 主梁自重 = 1.36 kN

（2）B—C 轴间框架梁

楼面板传恒荷载 $= \frac{1}{3}×6.1$ m×4.5 m×（4.18+1）kN/m^2 = 47.40 kN

楼面板传活荷载 $= \frac{1}{3}×6.1$ m×4.5 m×2.0 kN/m^2 = 18.30 kN

屋面板传恒荷载 $= \frac{1}{3}×6.1$ m×4.5 m×6.54 kN/m^2 = 59.84 kN

屋面板传活荷载 $= \frac{1}{3}×6.1$ m×4.5 m×2.0 kN/m^2 = 18.30 kN

B—C 轴间框架梁集中荷载：

楼面梁恒荷载 = 次梁自重+板传恒荷载 = 3.87 kN+47.40 kN = 51.27 kN

楼面梁活荷载 = 板传活荷载 = 18.30 kN

屋面梁恒荷载 = 次梁自重+板传恒荷载 = 3.87 kN+59.84 kN = 63.71 kN

屋面梁活荷载 = 板传活荷载 = 18.30 kN

B—C 轴间框架梁均布荷载：

楼面梁均布荷载 = 主梁自重+隔墙重 = 1.36 kN/m+7.41 kN/m = 8.77 kN/m

屋面梁均布荷载 = 主梁自重 = 1.36 kN/m

（3）A 轴柱竖向集中荷载的计算

顶层柱：

女儿墙自重（墙高 1.1 m，0.1 m 厚的混凝土压顶）

= 1.1 m×0.19 m×11.8 kN/m^3+0.1 m×0.19 m×25 kN/m^3+（1.2×2+0.19）m×0.5 kN/m^2 = 4.24 kN/m

天沟自重（预制天沟，见图 3.18）

=（0.60+0.30−0.08）m×0.08 m×25 kN/m^3+（0.6+

0.3）m×（0.5+0.36）kN/m^2 = 2.41 kN/m

天沟总重 = 2.41 kN/m×4.5 m = 10.85 kN

顶层柱恒荷载 = 女儿墙重+连系梁重+板传恒荷载

$= 4.24$ kN/m×4.5 m+1.14 kN/m×（4.5−0.4）m$+\frac{1}{6}×$

5.7 m×6.54 kN/m^2×4.5 m = 51.71 kN

顶层柱活荷载 = 板传活荷载 $= \frac{1}{6}×5.7$ m×4.5 m×

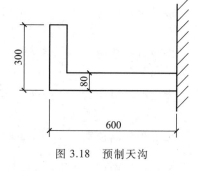

图 3.18 预制天沟

2.0 kN/m^2 = 8.55 kN

标准层柱恒荷载 = 墙自重+阳台重+连系梁重+板传恒荷载

= 22.30 kN+34.54 kN+1.14 kN/m×（4.5−0.4）m$+\frac{1}{6}×5.7$ m×4.18 kN/m^2×4.5 m =

79.38 kN

标准层柱活荷载＝板传活荷载＝$\frac{1}{6}$×5.7 m×4.5 m×2.0 kN/m² ＝8.55 kN

基础顶面恒荷载＝基础梁自重+阳台重+墙自重

＝2.5 kN/m×4.5 m+24.85 kN+14.34 kN+20.19 kN＝70.64 kN

（4）B 轴柱竖向集中荷载的计算

顶层柱恒荷载＝梁自重+板传恒荷载

＝1.14 kN/m×（4.5−0.4）m+$\frac{1}{6}$×（5.7+6.1）m×4.5 m×6.54 kN/m² ＝62.55 kN

顶层柱活荷载＝板传活荷载＝$\frac{1}{6}$×（5.7+6.1）m×4.5 m×2.0 kN/m² ＝17.70 kN

标准层柱恒荷载＝连系梁重+板传恒荷载

＝1.14 kN/m×（4.5−0.4）m+$\frac{1}{6}$×（5.7+6.1）m×4.5 m×4.18 kN/m² ＝41.67 kN

标准层活荷载＝板传活荷载＝$\frac{1}{6}$×（5.7+6.1）m×4.5 m×2.0 kN/m² ＝17.70 kN

基础顶面恒荷载＝基础梁自重＝2.5 kN/m×4.5 m＝11.25 kN

（5）C 轴柱竖向集中荷载的计算

顶层柱恒荷载＝女儿墙重+连系梁重+板传恒荷载

＝4.24 kN/m×4.5 m+1.14 kN/m×4.5 m+$\frac{1}{6}$×6.1 m×6.54 kN/m²×4.5 m＝54.13 kN

顶层柱活荷载＝板传活荷载＝$\frac{1}{6}$×6.1 m×4.5 m×2.0 kN/m² ＝9.15 kN

标准层柱恒荷载＝墙自重+阳台重+连系梁重+板传恒荷载

＝22.63 kN+34.53 kN+1.14 kN/m×4.5 m+$\frac{1}{6}$×6.1 m×4.18 kN/m²×4.5 m＝81.41 kN

标准层活荷载＝板传活荷载＝$\frac{1}{6}$×6.1 m×4.5 m×2.0 kN/m² ＝9.15 kN

基础顶面恒荷载＝基础梁自重+阳台重+墙自重

＝2.5 kN/m×4.5 m+26.17 kN+14.34 kN+20.19 kN＝71.95 kN

天沟重＝2.41 kN/m×4.5 m＝10.85 kN

（6）柱自重

上柱自重＝2.19 kN/m×3 m＝6.57 kN

下柱自重＝2.78 kN/m×3 m＝8.34 kN

底柱自重＝2.78 kN/m×3.3 m＝9.17 kN

（7）阳台活荷载

南立面阳台活荷载＝1.2 m×4.5 m×2.0 kN/m² ＝10.80 kN

北立面阳台活荷载＝1.0 m×4.5 m×2.0 kN/m² ＝9.00 kN

框架在竖向荷载作用下的受载总图如图 3.19 所示。

图 3.19　框架在竖向荷载作用下的受载总图

注:图中荷载所有值均为标准值,方括号中数值为恒荷载标准值,

圆括号中数值为活荷载标准值,所有未标注单位的数值其单位为 kN。

4. 风荷载计算

作用在屋面梁和楼面节点处的集中风荷载标准值为

$$W_k = \beta_z \mu_s \mu_z w_0 (h_i + h_j) B/2$$

式中，w_0——基本风压，$w_0 = 0.35 \ kN/m^2$（××市 50 年一遇）；

μ_z——风压高度变化系数，因建筑地点位于××市××居住小区，所以地面粗糙度为 C 类，μ_z 的计算结果见表 3.15；

μ_s——风荷载体型系数，根据《高层规程》，该建筑的长宽比不大于 4，且平面为矩形，因此取 $\mu_s = 1.3$；

β_z——风振系数，基本自振周期对于钢框架结构可用 $T_1 = (0.10 \sim 0.15)n$（n 是建筑层数），估算大约为 1.5 s（>0.15 s），因此应考虑风压脉动对结构发生顺风向风振的影响，$\beta_z = 1 + 2gI_{10}B_z\sqrt{1+R^2}$，$\beta_z$ 的计算结果见表 3.15；

h_i——下层柱高；

h_j——上层柱高，对于顶层为女儿墙高度的 2 倍；

B——迎风面的宽度，$B = 4.5 \ m$；

g——峰值因子，取为 2.5；

I_{10}——10 m 高度名义湍流强度，地面粗糙度为 C 类，取为 0.23；

R——脉动风荷载的共振分量因子，$R = \sqrt{\dfrac{\pi}{6\xi_1} \dfrac{x_1^2}{(1+x_1^2)^{4/3}}}$，其中 $x_1 = \dfrac{30f_1}{\sqrt{k_w w_0}} = \quad$，$x_1 > 5$；

k_w——地面粗糙度修正系数，地面粗糙度为 C 类，取为 0.54；

ξ_1——结构阻尼比，对有填充墙的钢结构房屋可取为 0.02；

f_1——结构第 1 阶自振频率，Hz；

B_z——脉动风荷载的背景分量因子，$B_z = kH^{\alpha_1}\rho_x\rho_y\dfrac{\phi_1(z)}{\mu_z}$；

$\phi_1(z)$——结构第 1 阶振型系数，根据《荷载规范》附录 G 取值；

ρ_x——脉动风荷载水平方向相关系数，$\rho_x = \dfrac{10\sqrt{B + 50e^{-B/50} - 50}}{B}$，经计算 $\rho_x = 0.985$；

ρ_z——脉动风荷载竖直方向相关系数，$\rho_z = \dfrac{10\sqrt{H + 60e^{-H/60} - 60}}{H}$，经计算 $\rho_z = 0.829$；

H——结构总高度，$H = 36.3 \ m$；

k、α_1——系数，根据《荷载规范》，地面粗糙度为 C 类，分别取为 0.295 和 0.261。

5. 地震荷载的计算（取②轴框架计算）

（1）结构自重计算

屋盖自重 = 6.54 kN/m² × 4.5 m × (5.7+6.1) m = 347.27 kN

楼盖自重 = 4.18 kN/m² × 4.5 m × (5.7+6.1) m = 221.96 kN

梁：

主梁自重 = 1.36 kN/m × (5.7+6.1) m = 16.05 kN

连系梁自重 = 1.14 kN/m × (5.7+6.1) m = 13.45 kN

次梁 = 0.86 kN/m × (5.7+6.1) m = 10.15 kN

合计:39.65 kN

柱:

底层柱自重 = 2.78 kN/m×3.3 m×3 = 27.52 kN

2—6 层柱自重 = 2.78 kN/m×3 m×3 = 25.02 kN

7—12 层柱自重 = 2.19 kN/m×3 m×3 = 19.71 kN

墙:

标准层纵向外墙及阳台自重 = 22.30 kN+22.63 kN+34.53 kN×2 = 113.99 kN

标准层内隔墙自重 = 0.17 kN/m^2×3 m×(4.5×3+3) m+7.41 kN/m×11.8 m = 95.85 kN

底层纵向外墙及阳台自重:24.85 kN+26.17 kN+34.53 kN×2 = 120.08 kN

底层内隔墙自重:95.85 kN

女儿墙及天沟重:(4.24+2.41) kN/m×4.5 m×2 = 59.85 kN

（2）重力荷载代表值计算

作用于屋面梁及各层楼面梁处的重力荷载代表值为

屋面梁处 G_W = 结构和构件自重 + $\dfrac{1}{2}$×雪荷载

楼面梁处 G_L = 结构和构件自重 + $\dfrac{1}{2}$×活荷载

其中结构和构件自重取楼面上、下 1/2 层高范围内的结构和构件自重(屋面梁处取顶层的一半)。

计算结果如下:

$$G_1 = 221.96 \text{ kN}+39.65 \text{ kN}+\frac{1}{2}×(27.52 \text{ kN}+25.02 \text{ kN}+120.08 \text{ kN}+$$

$$113.99 \text{ kN}+95.85 \text{ kN}×2)+\frac{1}{2}×2.0 \text{ kN/m}^2×11.8 \text{ m}×4.5 \text{ m}$$

$$= 553.87 \text{ kN}$$

$$G_{2-6} = 221.96 \text{ kN}+39.65 \text{ kN}+25.02 \text{ kN}+113.99 \text{ kN}+95.85 \text{ kN}+$$

$$\frac{1}{2}×2.0 \text{ kN/m}^2×11.8 \text{ m}×4.5 \text{ m}$$

$$= 549.57 \text{ kN}$$

$$G_7 = 221.96 \text{ kN}+39.65 \text{ kN}+\frac{1}{2}×(25.02 \text{ kN}+19.71 \text{ kN})+113.99 \text{ kN}+$$

$$95.85 \text{ kN}+\frac{1}{2}×2.0 \text{ kN/m}^2×11.8 \text{ m}×4.5 \text{ m}$$

$$= 546.92 \text{ kN}$$

$$G_{8-11} = 221.96 \text{ kN}+39.65 \text{ kN}+19.71 \text{ kN}+113.99 \text{ kN}+95.85 \text{ kN}+$$

$$\frac{1}{2}×2.0 \text{ kN/m}^2×11.8 \text{ m}×4.5 \text{ m}$$

$$= 544.26 \text{ kN}$$

$$G_{12} = 347.27 \text{ kN}+39.65 \text{ kN}+\frac{1}{2}×(19.71 \text{ kN}+113.99 \text{ kN}+95.85 \text{ kN})+$$

$$59.85 \text{ kN} + \frac{1}{2} \times 0.45 \text{ kN/m}^2 \times 11.8 \text{ m} \times 4.5 \text{ m}$$

$$= 573.49 \text{ kN}$$

$$\sum G_i = 553.87 \text{ kN} + 549.57 \text{ kN} \times 5 + 546.92 \text{ kN} + 544.26 \text{ kN} \times 4 + 573.49 \text{ kN}$$

$$= 6\ 599.17 \text{ kN}$$

（3）多遇水平地震作用标准值计算

该建筑物高度为 36.3 m，不超过 40 m，且质量和刚度沿高度均匀分布。根据《高层规程》的 5.4.3 条，可采用底部剪力法来计算水平地震作用，计算简图如图 3.20 所示。

$T_1 = (0.10 \sim 0.15) n = 1.2 \sim 1.8 \text{ s}$，取 $T_1 = 1.5 \text{ s}$。查表得 $T_g = 0.35 \text{ s}$，$\alpha_{\max} = 0.08$（7 度时多遇地震）。

因为 $T_g = 0.35 \text{ s} < T_1 = 1.5 \text{ s} < 5T_g = 1.75 \text{ s}$，所以

$$\gamma = 0.9 + \frac{0.05 - \zeta}{0.3 + 6\zeta} = 0.971$$

$$\eta_1 = 0.02 + \frac{0.05 - \zeta}{4 + 32\zeta} = 0.026$$

$$\eta_2 = 1 + \frac{0.05 - \zeta}{0.08 + 1.6\zeta} = 1.268$$

$$\alpha = \left(\frac{T_g}{T_1}\right)^{\gamma} \eta_2 \alpha_{\max} = 0.024\ 7$$

又因为 $T_1 = 1.5 \text{ s} > 1.4T_g = 0.49 \text{ s}$ 且 $T_g \leq 0.35 \text{ s}$，所以

$$\delta_n = 0.08T_1 + 0.07 = 0.19$$

$$F_{Ek} = \alpha_1 G_{eq} = 0.024\ 7 \times 0.85 \times 6\ 599.17 \text{ kN} = 138.55 \text{ kN}$$

$$F_i = \frac{G_i H_i}{\sum G_i H_i} F_{Ek}(1 - \delta_n)$$

$$\Delta F_n = \delta_n F_{Ek} = 0.19 \times 138.55 \text{ kN} = 26.32 \text{ kN}$$

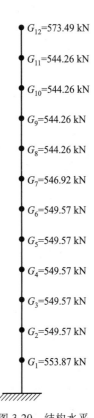

$G_{12} = 573.49 \text{ kN}$

$G_{11} = 544.26 \text{ kN}$

$G_{10} = 544.26 \text{ kN}$

$G_9 = 544.26 \text{ kN}$

$G_8 = 544.26 \text{ kN}$

$G_7 = 546.92 \text{ kN}$

$G_6 = 549.57 \text{ kN}$

$G_5 = 549.57 \text{ kN}$

$G_4 = 549.57 \text{ kN}$

$G_3 = 549.57 \text{ kN}$

$G_2 = 549.57 \text{ kN}$

$G_1 = 553.87 \text{ kN}$

图 3.20 结构水平地震作用计算简图

3.5.5 水平荷载作用下结构侧移计算

1. 风荷载作用下的位移计算

（1）抗侧刚度（表 3.12 ~ 表 3.14）

表 3.12 横向 7—12 层柱 D 值的计算

构件名称	$\bar{i} = \dfrac{\sum i_b}{2i_c}$	$\alpha_c = \dfrac{\bar{i}}{2 + \bar{i}}$	$D = \alpha_c i_c \dfrac{12}{h^2} / (\text{kN} \cdot \text{m}^{-1})$
A 轴柱	$\dfrac{2 \times 1.69 \times 10^4 \text{ kN} \cdot \text{m}}{2 \times 4.57 \times 10^4 \text{ kN} \cdot \text{m}} = 0.370$	0.156	9 509

续表

构件名称	$\bar{i}=\dfrac{\sum i_b}{2i_c}$	$\alpha_c=\dfrac{\bar{i}}{2+\bar{i}}$	$D=\alpha_c i_c\dfrac{12}{h^2}/(\text{kN}\cdot\text{m}^{-1})$
B 轴柱	$\dfrac{2\times(1.69+1.58)\times10^4\ \text{kN}\cdot\text{m}}{2\times4.57\times10^4\ \text{kN}\cdot\text{m}}=0.716$	0.263	16 056
C 轴柱	$\dfrac{2\times1.58\times10^4\ \text{kN}\cdot\text{m}}{2\times4.57\times10^4\ \text{kN}\cdot\text{m}}=0.346$	0.147	8 981

$$\sum D=(9\ 509+16\ 056+8\ 981)\ \text{kN/m}=34\ 546\ \text{kN/m}$$

表 3.13　横向 2—6 层柱 D 值的计算

构件名称	$\bar{i}=\dfrac{\sum i_b}{2i_c}$	$\alpha_c=\dfrac{\bar{i}}{2+\bar{i}}$	$D=\alpha_c i_c\dfrac{12}{h^2}/(\text{kN}\cdot\text{m}^{-1})$
A 轴柱	$\dfrac{2\times1.69\times10^4\ \text{kN}\cdot\text{m}}{2\times9.56\times10^4\ \text{kN}\cdot\text{m}}=0.177$	0.081	10 352
B 轴柱	$\dfrac{2\times(1.69+1.58)\times10^4\ \text{kN}\cdot\text{m}}{2\times9.56\times10^4\ \text{kN}\cdot\text{m}}=0.342$	0.146	18 616
C 轴柱	$\dfrac{2\times1.58\times10^4\ \text{kN}\cdot\text{m}}{2\times9.56\times10^4\ \text{kN}\cdot\text{m}}=0.165$	0.076	9 729

$$\sum D=(10\ 352+18\ 616+9\ 729)\ \text{kN/m}=38\ 697\ \text{kN/m}$$

表 3.14　横向底层柱 D 值的计算

构件名称	$\bar{i}=\dfrac{\sum i_b}{i_c}$	$\alpha_c=\dfrac{0.5+\bar{i}}{2+\bar{i}}$	$D=\alpha_c i_c\dfrac{12}{h^2}/(\text{kN}\cdot\text{m}^{-1})$
A 轴柱	$\dfrac{1.69\times10^4\ \text{kN}\cdot\text{m}}{8.69\times10^4\ \text{kN}\cdot\text{m}}=0.194$	0.316	30 304
B 轴柱	$\dfrac{(1.69+1.58)\times10^4\ \text{kN}\cdot\text{m}}{8.69\times10^4\ \text{kN}\cdot\text{m}}=0.376$	0.369	35 312
C 轴柱	$\dfrac{1.58\times10^4\ \text{kN}\cdot\text{m}}{8.69\times10^4\ \text{kN}\cdot\text{m}}=0.182$	0.313	29 924

$$\sum D=(30\ 304+35\ 312+29\ 924)\ \text{kN/m}=95\ 540\ \text{kN/m}$$

（2）风荷载作用下框架侧移计算

水平荷载作用下框架的层间侧移按下式计算：

$$\Delta u_j=\frac{V_j}{\sum D_{ij}}$$

式中,V_j——第 j 层的总剪力;

$\sum D_{ij}$——第 j 层所有柱的抗侧刚度之和;

Δu_j——第 j 层的层间侧移。

第一层的层间侧移值求出以后,就可以计算各层楼板标高处及结构顶点侧移值,各层楼板标高处的侧移值是该层以下各层层间侧移之和,顶点侧移是所有各层层间侧移之和。

框架集中风荷载标准值见表 3.15,由此计算所得的框架在风荷载作用下的侧移值见表 3.16。

表 3.15　集中风荷载标准值

离地高度 z/m	μ_z	B_z	β_z	μ_s	$w_0/(\text{kN} \cdot \text{m}^{-2})$	h_i/m	h_j/m	W_k/kN
36.3	0.956	0.644	2.290	1.3	0.35	3	2.4	12.10
33.3	0.920	0.591	2.186	1.3	0.35	3	3	12.35
30.3	0.884	0.567	2.136	1.3	0.35	3	3	11.60
27.3	0.842	0.507	2.016	1.3	0.35	3	3	10.43
24.3	0.800	0.423	1.848	1.3	0.35	3	3	9.08
21.3	0.758	0.360	1.722	1.3	0.35	3	3	8.02
18.3	0.709	0.299	1.600	1.3	0.35	3	3	6.97
15.3	0.655	0.238	1.477	1.3	0.35	3	3	5.95
12.3	0.650	0.166	1.332	1.3	0.35	3	3	5.32
9.3	0.650	0.099	1.199	1.3	0.35	3	3	4.79
6.3	0.650	0.047	1.094	1.3	0.35	3	3	4.37
3.3	0.650	0.017	1.034	1.3	0.35	3.3	3	4.34

表 3.16　风荷载作用下框架侧移计算

楼层	W_k/kN	V_j/kN	$\sum D/(\text{kN} \cdot \text{m}^{-1})$	Δu_j/m	$\Delta u_j/h$
12	12.10	12.10	34 545	0.000 12	1/8 565
11	12.35	24.45	34 545	0.000 24	1/4 239
10	11.60	36.04	34 545	0.000 35	1/2 875
9	10.43	46.47	34 545	0.000 45	1/2 230
8	9.08	55.56	34 545	0.000 54	1/1 865
7	8.02	63.58	34 545	0.000 61	1/1 630
6	6.97	70.55	38 697	0.000 61	1/1 646
5	5.95	76.50	38 697	0.000 66	1/1 518
4	5.32	81.81	38 697	0.000 70	1/1 419
3	4.79	86.60	38 697	0.000 75	1/1 341

续表

楼层	W_k/kN	V_j/kN	$\sum D$/(kN·m^{-1})	Δu_j/m	Δu_j/h
2	4.37	90.97	38 697	0.000 78	1/1 276
1	4.34	95.31	95 540	0.000 30	1/3 308

$$\sum \Delta u_j = 0.006 \ 1 \ \text{m}$$

（3）侧移验算

层间侧移最大值(1/1 276)<(1/250)，满足要求。

2. 地震作用下的位移验算

各楼层地震荷载标准值及地震作用下结构各层间侧移计算结果见表 3.17。

表 3.17　横向水平地震作用下框架侧移计算

楼层	G/kN	H_i/m	G_iH_i/(kN·m)	F_i/kN	V_i/kN	$\sum D$/(kN·m^{-1})	Δu_e/m
12	573.49	36.3	20 817.69	44.19	44.19	34 545	0.001 28
11	544.26	33.3	18 123.86	15.56	59.75	34 545	0.001 73
10	544.26	30.3	16 491.08	14.16	73.91	34 545	0.002 14
9	544.26	27.3	14 858.30	12.75	86.66	34 545	0.002 51
8	544.26	24.3	13 225.52	11.35	98.02	34 545	0.002 84
7	544.26	21.3	11 592.74	9.95	107.97	34 545	0.003 13
6	549.57	18.3	10 057.13	8.63	116.60	38 697	0.003 01
5	549.57	15.3	8 408.42	7.22	123.82	38 697	0.003 20
4	549.57	12.3	6 759.71	5.80	129.62	38 697	0.003 35
3	549.57	9.3	5 111.00	4.39	134.01	38 697	0.003 46
2	549.57	6.3	3 462.29	2.97	136.98	38 697	0.003 54
1	553.87	3.3	1 827.77	1.57	138.55	95 540	0.001 45
Σ			130 735.50	138.55			0.031 64

层间位移验算：

首层 $\Delta u_e/h = 0.001 \ 45/3.3 = 0.000 \ 439 < \dfrac{1}{250} = 0.004$，满足要求。

二层 $\Delta u_e/h = 0.003 \ 54/3.0 = 0.001 \ 18 < \dfrac{1}{250} = 0.004$，满足要求。

显然，其余各层层间位移均能满足要求。

3.5.6 内力计算

为简化计算,考虑如下几种受载情况:① 恒荷载作用;② 活荷载满跨分布作用;③ 与地震作用相组合的重力荷载代表值作用;④ 风荷载作用(从左向右,或从右向左);⑤ 横向水平地震作用(从左向右,或从右向左)。对于①、②、③三种情况,框架受竖向荷载作用,采用迭代法计算;对于④、⑤两种情况,框架受水平荷载作用,采用 D 值法计算。

1. 恒荷载作用下的内力计算

恒荷载引起的固端弯矩和不平衡弯矩计算如下。

(1)屋面梁固端弯矩

$$M_{Aw,Bw}^{g} = \left(-\frac{1.9 \times 3.8^2}{5.7^2} \times 59.79 - \frac{1.9^2 \times 3.8}{5.7^2} \times 59.79 - \frac{1}{12} \times 1.36 \times 5.7^2 \right) kN \cdot m = -79.42 \ kN \cdot m$$

$$M_{Bw,Aw}^{g} = 79.42 \ kN \cdot m$$

$$M_{Cw,Bw}^{g} = \left\{ \left[\frac{\frac{6.1}{3} \times \left(\frac{2 \times 6.1}{3} \right)^2}{6.1^2} + \frac{\left(\frac{6.1}{3} \right)^2 \times \frac{2 \times 6.1}{3}}{6.1^2} \right] \times 63.66 + \frac{1}{12} \times 1.36 \times 6.1^2 \right\} kN \cdot m = 90.51 \ kN \cdot m$$

$$M_{Bw,Cw}^{g} = -90.51 \ kN \cdot m$$

(2)标准层楼面梁的固端弯矩

$$M_{Ab,Bb}^{g} = \left(-\frac{1.9 \times 3.8^2}{5.7^2} \times 48.16 - \frac{1.9^2 \times 3.8}{5.7^2} \times 48.16 - \frac{1}{12} \times 8.77 \times 5.7^2 \right) kN \cdot m = -84.75 \ kN \cdot m$$

$$M_{Bb,Ab}^{g} = 84.83 \ kN \cdot m$$

$$M_{Cb,Bb}^{g} = \left\{ \left[\frac{\frac{6.1}{3} \times \left(\frac{2 \times 6.1}{3} \right)^2}{6.1^2} + \frac{\left(\frac{6.1}{3} \right)^2 \times \frac{2 \times 6.1}{3}}{6.1^2} \right] \times 51.27 + \frac{1}{12} \times 8.77 \times 6.1^2 \right\} kN \cdot m = 96.70 \ kN \cdot m$$

$$M_{Bb,cb}^{g} = -96.70 \ kN \cdot m$$

(3)屋顶外天沟的固端弯矩

$$M_{Aw}^{g} = 10.85 \times 0.3 \ kN \cdot m = 3.26 \ kN \cdot m$$

$$M_{Cw}^{g} = -10.85 \times 0.3 \ kN \cdot m = -3.26 \ kN \cdot m$$

阳台及其外墙引起的固端弯矩:

$$M_{Ab}^{g} = (14.34 \times 1.25 + 20.19 \times 0.6) \ kN \cdot m = (17.93 + 12.11) \ kN \cdot m = 30.04 \ kN \cdot m$$

$$M_{cb}^{g} = -(14.34 \times 1.1 + 20.19 \times 0.5) \ kN \cdot m = -(15.77 + 10.10) \ kN \cdot m = -25.87 \ kN \cdot m$$

(4)恒荷载引起的节点不平衡弯矩

$$M_{Aw} = M_{Aw}^{g} + M_{Aw,Bw}^{g} = (3.26 - 79.42) \ kN \cdot m = -76.16 \ kN \cdot m$$

$$M_{Bw} = M_{Bw,Aw}^{g} + M_{Bw,Cw}^{g} = (79.42 - 90.51) \ kN \cdot m = -11.09 \ kN \cdot m$$

$$M_{Cw} = M_{Cw}^{g} + M_{Cw,Bw}^{g} = (-3.26 + 90.51) \ kN \cdot m = 87.25 \ kN \cdot m$$

$$M_{Ab} = M_{Ab}^{g} + M_{Ab,Bb}^{g} = (30.04 - 84.75) \ kN \cdot m = -54.71 \ kN \cdot m$$

$$M_{Bb} = M_{Bb,Ab}^{g} + M_{Ab,Cb}^{g} = (84.75 - 96.70) \ kN \cdot m = -11.95 \ kN \cdot m$$

$$M_{Cb} = M_{Cb}^g + M_{Cb,Bb}^g = (-25.87 + 96.70) \text{ kN} \cdot \text{m} = 70.83 \text{ kN} \cdot \text{m}$$

迭代计算过程略,内力结果见图 3.21~图 3.23。

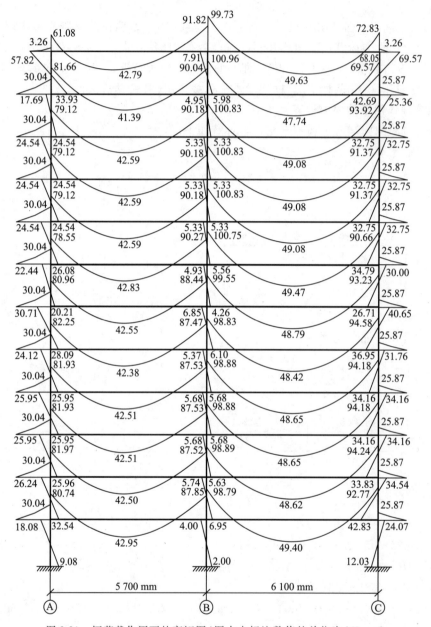

图 3.21　恒荷载作用下的弯矩图(图中未标注数值的单位为 kN·m)

2. 活荷载标准值作用下的内力计算

活荷载与恒荷载的比值小于 1,故可采取满跨布置。求得的梁端内力与按最不利荷载位置法求得的结果很相近,可直接进行内力组合,而梁跨中弯矩可乘以 1.2 的系数增大后参与组合计算。

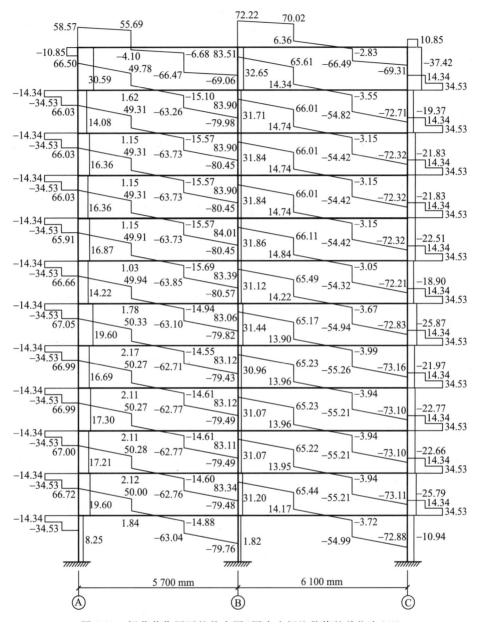

图 3.22　恒荷载作用下的剪力图(图中未标注数值的单位为 kN)

（1）活荷载引起的固端弯矩

屋面梁处：

$$M_{\mathrm{Aw,Bw}}^{\mathrm{g}}=\left(-\frac{1.9\times3.8^{2}}{5.7^{2}}\times17.10-\frac{1.9^{2}\times3.8}{5.7^{2}}\times17.10\right)\ \mathrm{kN\cdot m}=(-14.44-7.22)\ \mathrm{kN\cdot m}$$

$$=-21.66\ \mathrm{kN\cdot m}$$

$$M_{\mathrm{Cw,Bw}}^{\mathrm{g}}=\left[\frac{\dfrac{6.1}{3}\times\left(\dfrac{2\times6.1}{3}\right)^{2}}{6.1^{2}}+\frac{\left(\dfrac{6.1}{3}\right)^{2}\times\dfrac{2\times6.1}{3}}{6.1^{2}}\right]\times18.30\ \mathrm{kN\cdot m}=24.81\ \mathrm{kN\cdot m}$$

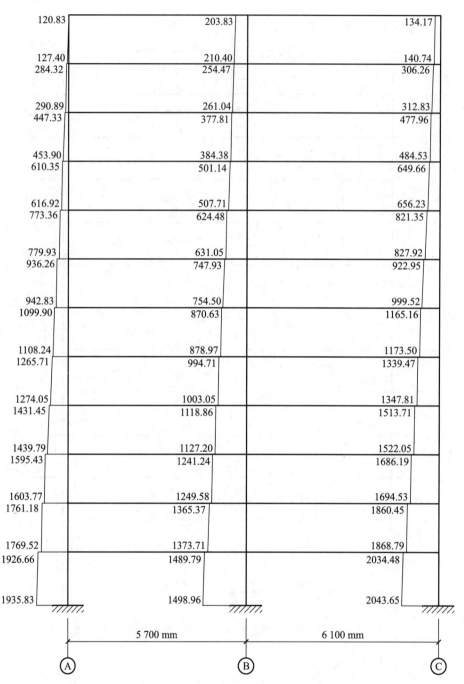

图 3.23 恒荷载作用下的轴力图(图中未标注数值的单位为 kN)

$M_{Bw,Cw}^g = -24.81 \ kN \cdot m$

标准层楼面梁处:

$M_{Ab}^g = 10.80 \times 0.6 \ kN \cdot m = 6.48 \ kN \cdot m$

$M_{Cb}^g = -9.00 \times 0.5 \ kN \cdot m = -4.50 \ kN \cdot m$

$M_{Cb,Bb}^g = 24.81 \ kN \cdot m$

$M_{\mathrm{Bb,Ab}}^{\mathrm{g}} = 21.66 \ \mathrm{kN \cdot m}$

$M_{\mathrm{Bb,Cb}}^{\mathrm{g}} = -24.81 \ \mathrm{kN \cdot m}$

（2）活荷载引起的固端不平衡弯矩

$M_{\mathrm{Aw}} = M_{\mathrm{Aw,Bw}}^{\mathrm{g}} = -21.66 \ \mathrm{kN \cdot m}$

$M_{\mathrm{Bw}} = M_{\mathrm{Bw,Aw}}^{\mathrm{g}} + M_{\mathrm{Bw,Cw}}^{\mathrm{g}} = (21.66-24.81) \ \mathrm{kN \cdot m} = -3.15 \ \mathrm{kN \cdot m}$

$M_{\mathrm{Ab}} = M_{\mathrm{Ab}}^{\mathrm{g}} + M_{\mathrm{Ab,Bb}}^{\mathrm{g}} = (6.48-21.66) \ \mathrm{kN \cdot m} = -15.18 \ \mathrm{kN \cdot m}$

$M_{\mathrm{Bb}} = M_{\mathrm{Bb,Ab}}^{\mathrm{g}} + M_{\mathrm{Bb,Cb}}^{\mathrm{g}} = (21.66-24.81) \ \mathrm{kN \cdot m} = -3.15 \ \mathrm{kN \cdot m}$

$M_{\mathrm{Cb}} = M_{\mathrm{Cb}}^{\mathrm{g}} + M_{\mathrm{Cb,Bb}}^{\mathrm{g}} = (-4.50+24.81) \ \mathrm{kN \cdot m} = 20.31 \ \mathrm{kN \cdot m}$

迭代计算过程与内力计算结果图略。

3. 与地震作用相组合的重力荷载代表值作用下的内力计算

（1）屋面梁上的荷载标准值 = 恒荷载 + 0.5×雪荷载

$$左边次梁所传荷载 = \left(59.79+0.5 \times \frac{5.7}{3} \times 4.5 \times 0.45\right) \ \mathrm{kN} = 61.71 \ \mathrm{kN}$$

$$右边次梁所传荷载 = \left(63.66+0.5 \times \frac{6.1}{3} \times 4.5 \times 0.45\right) \ \mathrm{kN} = 65.72 \ \mathrm{kN}$$

（2）楼面梁上的荷载标准值 = 恒荷载 + 0.5×活荷载

左边次梁所传荷载 = （48.16+0.5×17.10） kN = 56.71 kN

右边次梁所传荷载 = （51.27+0.5×18.30） kN = 60.42 kN

（3）屋面梁的固端弯矩

$$M_{\mathrm{Aw,Bw}}^{\mathrm{g}} = \left[-\left(\frac{1.9 \times 3.8^2}{5.7^2}+\frac{1.9^2 \times 3.8}{5.7^2}\right) \times 61.71-\frac{1}{12} \times 1.36 \times 5.7^2\right] \ \mathrm{kN \cdot m} = -81.85 \ \mathrm{kN \cdot m}$$

$M_{\mathrm{Bw,Aw}}^{\mathrm{g}} = 81.85 \ \mathrm{kN \cdot m}$

$$M_{\mathrm{Cw,Bw}}^{\mathrm{g}} = \left\{\left[\frac{\frac{6.1}{3} \times \left(\frac{2 \times 6.1}{3}\right)^2}{6.1^2}+\frac{\left(\frac{6.1}{3}\right)^2 \times \frac{2 \times 6.1}{3}}{6.1^2}\right] \times 65.72+\frac{1}{12} \times 1.36 \times 6.1^2\right\} \ \mathrm{kN \cdot m} = 93.31 \ \mathrm{kN \cdot m}$$

$M_{\mathrm{Bw,Cw}}^{\mathrm{g}} = -93.31 \ \mathrm{kN \cdot m}$

（4）楼面梁的固端弯矩

$M_{\mathrm{Ab}}^{\mathrm{g}} = (14.34 \times 1.3+20.19 \times 0.6+0.5 \times 10.80 \times 0.6) \ \mathrm{kN \cdot m} = 34.00 \ \mathrm{kN \cdot m}$

$$M_{\mathrm{Ab,Bb}}^{\mathrm{g}} = \left[-\left(\frac{1.9 \times 3.8^2}{5.7^2}+\frac{1.9^2 \times 3.8}{5.7^2}\right) \times 56.71-\frac{1}{12} \times 8.77 \times 5.7^2\right] \ \mathrm{kN \cdot m} = -95.58 \ \mathrm{kN \cdot m}$$

$M_{\mathrm{Bb,Ab}}^{\mathrm{g}} = 95.58 \ \mathrm{kN \cdot m}$

$M_{\mathrm{Cb}}^{\mathrm{g}} = (-14.34 \times 1.1-9.0 \times 0.5 \times 0.5-20.19 \times 0.5) \ \mathrm{kN \cdot m} = -28.12 \ \mathrm{kN \cdot m}$

$$M_{\mathrm{Cb,Bb}}^{\mathrm{g}} = \left\{\left[\frac{\frac{6.1}{3} \times \left(\frac{2 \times 6.1}{3}\right)^2}{6.1^2}+\frac{\left(\frac{6.1}{3}\right)^2 \times \frac{2 \times 6.1}{3}}{6.1^2}\right] \times 60.42+\frac{1}{12} \times 8.77 \times 6.1^2\right\} \ \mathrm{kN \cdot m} = 109.10 \ \mathrm{kN \cdot m}$$

$M_{\mathrm{Bb,Cb}}^{\mathrm{g}} = -109.10 \ \mathrm{kN \cdot m}$

（5）节点不平衡弯矩

$M_{Aw} = M_{Aw,Bw}^g = (3.26 - 81.85)$ kN·m $= -78.59$ kN·m

$M_{Bw} = M_{Bw,Aw}^g + M_{Bw,Cw}^g = (81.85 - 93.31)$ kN·m $= -11.46$ kN·m

$M_{Cw} = M_{Cw,Bw}^g = (-3.26 + 93.31)$ kN·m $= 90.05$ kN·m

$M_{Ab} = M_{Ab}^g + M_{Ab,Bb}^g = (34.00 - 95.58)$ kN·m $= -61.58$ kN·m

$M_{Bb} = M_{Bb,Ab}^g + M_{Bb,Cb}^g = (95.58 - 109.10)$ kN·m $= -13.52$ kN·m

$M_{Cb} = M_{Cb,Bb}^g + M_{Cb}^g = (109.10 - 28.12)$ kN·m $= 80.98$ kN·m

迭代计算过程与内力计算结果图略。

4. 风荷载作用下的内力计算

框架在风荷载(从右向左吹)作用下的内力用 D 值法进行计算,其步骤为:① 各柱反弯点高度;② 各柱反弯点处的剪力值;③ 各柱的柱端弯矩及梁端弯矩;④ 各柱的轴力和梁的剪力。

框架柱反弯点计算结果见表 3.18。

表 3.18　框架柱反弯点位置

A 轴柱								
楼层	h/m	$\bar{i}$	y_0	y_1	y_2	y_3	y	yh/m
12	3.0	0.370	0.17	0	0	0	0.17	0.51
11	3.0	0.370	0.29	0	0	0	0.29	0.86
10	3.0	0.370	0.34	0	0	0	0.34	1.01
9	3.0	0.370	0.39	0	0	0	0.39	1.16
8	3.0	0.370	0.40	0	0	0	0.40	1.20
7	3.0	0.370	0.44	0	0	0	0.44	1.31
6	3.0	0.177	0.38	0	0	0	0.38	1.13
5	3.0	0.177	0.40	0	0	0	0.40	1.20
4	3.0	0.177	0.45	0	0	0	0.45	1.35
3	3.0	0.177	0.52	0	0	0	0.52	1.57
2	3.0	0.177	0.68	0	0	-0.025	0.66	1.98
1	3.3	0.194	1.02	0	-0.025	0	0.99	3.28
B 轴柱								
楼层	h/m	$\bar{i}$	y_0	y_1	y_2	y_3	y	yh/m
12	3.0	0.716	0.30	0	0	0	0.30	0.90
11	3.0	0.716	0.40	0	0	0	0.40	1.20
10	3.0	0.716	0.41	0	0	0	0.41	1.22
9	3.0	0.716	0.45	0	0	0	0.45	1.35
8	3.0	0.716	0.45	0	0	0	0.45	1.35
7	3.0	0.716	0.45	0	0	0	0.45	1.35
6	3.0	0.342	0.40	0	0	0	0.40	1.21

B 轴柱								
楼层	h/m	$\bar{i}$	y_0	y_1	y_2	y_3	y	yh/m
5	3.0	0.342	0.45	0	0	0	0.45	1.35
4	3.0	0.342	0.45	0	0	0	0.45	1.35
3	3.0	0.342	0.50	0	0	0	0.50	1.50
2	3.0	0.342	0.58	0	0	-0.012	0.57	1.70
1	3.3	0.376	1.05	0	-0.015	0	1.04	3.42
C 轴柱								
楼层	h/m	$\bar{i}$	y_0	y_1	y_2	y_3	y	yh/m
12	3.0	0.346	0.30	0	0	0	0.30	0.90
11	3.0	0.346	0.40	0	0	0	0.40	1.20
10	3.0	0.346	0.22	0	0	0	0.22	0.67
9	3.0	0.346	0.45	0	0	0	0.45	1.35
8	3.0	0.346	0.45	0	0	0	0.45	1.35
7	3.0	0.346	0.45	0	0	0	0.45	1.35
6	3.0	0.165	0.38	0	0	0	0.38	1.15
5	3.0	0.165	0.40	0	0	0	0.40	1.20
4	3.0	0.165	0.45	0	0	0	0.45	1.35
3	3.0	0.165	0.54	0	0	0	0.54	1.61
2	3.0	0.165	0.70	0	0	-0.025	0.68	2.03
1	3.3	0.182	1.05	0	-0.025	0	1.03	3.40

第 i 层第 m 柱所分配的剪力为 $V_{im}=\dfrac{D_{im}}{\sum D}V_i$，$V_i=\sum W_j$。

框架各柱的柱端弯矩、梁端弯矩按下式计算：

$$M_{c\pm}=V_{im}(1-y)h$$

$$M_{c\mp}=V_{im}yh$$

中柱：

$$M_{b左j}=\frac{i_b^{左}}{i_b^{左}+i_b^{右}}(M_{c下j+1}+M_{c上j})$$

$$M_{b右j}=\frac{i_b^{右}}{i_b^{左}+i_b^{右}}(M_{c下j+1}+M_{c上j})$$

边柱：

$$M_{b总j}=M_{c下j+1}+M_{c上j}$$

柱端弯矩和梁端弯矩计算结果见表 3.19，梁端剪力和柱轴力计算结果见表 3.20，其弯矩、剪力和轴力图分别见图 3.24～图 3.26。

表 3.19　风荷载作用下框架柱剪力和梁柱端弯矩

A 轴柱剪力和梁柱端弯矩									
楼层	V_i /kN	$\sum D$	D_{im}	$\dfrac{D_{im}}{\sum D}$	V_{im} /kN	yh /m	$M_{c上}$ /(kN·m)	$M_{c下}$ /(kN·m)	$M_{b总}$ /(kN·m)
12	12.10	34 545	9 509	0.275	3.33	0.51	8.29	1.70	8.29
11	24.45	34 545	9 509	0.275	6.73	0.86	14.44	5.75	16.13
10	36.04	34 545	9 509	0.275	9.92	1.01	19.79	9.97	25.54
9	46.47	34 545	9 509	0.275	12.79	1.16	23.60	14.77	33.57
8	55.56	34 545	9 509	0.275	15.29	1.20	27.53	18.35	42.30
7	63.58	34 545	9 509	0.275	17.50	1.31	29.66	22.84	48.01
6	70.55	38 697	10 352	0.268	18.87	1.13	35.27	21.34	58.11
5	76.50	38 697	10 352	0.268	20.46	1.20	36.84	24.56	58.18
4	81.81	38 697	10 352	0.268	21.88	1.35	36.11	29.54	60.67
3	86.60	38 697	10 352	0.268	23.17	1.57	33.15	36.35	62.69
2	90.97	38 697	10 352	0.268	24.34	1.98	24.86	48.15	61.21
1	95.31	95 540	30 304	0.317	30.23	3.28	0.70	99.06	48.85

B 轴柱剪力和梁柱端弯矩									
楼层	V_i /kN	$\sum D$	D_{im}	$\dfrac{D_{im}}{\sum D}$	V_{im} /kN	yh /m	$M_{c上}$ /(kN·m)	$M_{c下}$ /(kN·m)	$M_{b左}$ /(kN·m)	$M_{b右}$ /(kN·m)
12	12.10	34 545	16 056	0.465	5.62	0.90	11.81	5.06	6.12	5.69
11	24.45	34 545	16 056	0.465	11.36	1.20	20.45	13.64	13.23	12.28
10	36.04	34 545	16 056	0.465	16.75	1.22	29.75	20.50	22.50	20.88
9	46.47	34 545	16 056	0.465	21.60	1.35	35.64	29.16	29.12	27.02
8	55.56	34 545	16 056	0.465	25.82	1.35	42.61	34.86	37.22	34.55
7	63.58	34 545	16 056	0.465	29.55	1.35	48.76	39.89	43.37	40.25
6	70.55	38 697	18 616	0.481	33.94	1.21	60.88	40.94	52.26	48.51
5	76.50	38 697	18 616	0.481	36.80	1.35	60.72	49.68	52.73	48.94
4	81.81	38 697	18 616	0.481	39.36	1.35	64.94	53.13	59.45	55.18
3	86.60	38 697	18 616	0.481	41.66	1.50	62.49	62.49	59.97	55.66
2	90.97	38 697	18 616	0.481	43.76	1.70	56.85	74.44	61.89	57.45
1	95.31	95 540	35 312	0.370	35.23	3.42	-4.30	120.55	36.38	33.76

续表

楼层	V_i/kN	$\sum D$	D_{im}	$\dfrac{D_{im}}{\sum D}$	V_{im}/kN	yh/m	$M_{c上}$/(kN·m)	$M_{c下}$/(kN·m)	$M_{b左}$/(kN·m)
12	12.10	34 545	8 981	0.260	3.15	0.90	6.61	2.83	6.61
11	24.45	34 545	8 981	0.260	6.36	1.20	11.44	7.63	14.27
10	36.04	34 545	8 981	0.260	9.37	0.67	21.84	6.27	29.47
9	46.47	34 545	8 981	0.260	12.08	1.35	19.93	16.31	26.20
8	55.56	34 545	8 981	0.260	14.44	1.35	23.83	19.50	40.14
7	63.58	34 545	8 981	0.260	16.53	1.35	27.27	22.31	46.77
6	70.55	38 697	9 729	0.251	17.74	1.15	32.86	20.35	55.17
5	76.50	38 697	9 729	0.251	19.23	1.20	34.62	23.08	54.98
4	81.81	38 697	9 729	0.251	20.57	1.35	33.94	27.77	57.02
3	86.60	38 697	9 729	0.251	21.77	1.61	30.37	34.95	58.14
2	90.97	38 697	9 729	0.251	22.87	2.03	22.13	46.49	57.07
1	95.31	95 540	29 924	0.313	29.85	3.40	−2.86	101.37	43.63

C轴柱剪力和梁柱端弯矩

表3.20　风荷载作用下框架梁端剪力和柱轴力

楼层	梁端剪力/kN			柱轴力/kN		
	AB跨 V_{bAB}	BC跨 V_{bBC}	$V_{bAB}-V_{bBC}$	A轴 N_{cA}	B轴 N_{cB}	C轴 N_{cC}
12	2.53	2.29	0.24	−2.53	0.24	2.29
11	5.15	4.66	0.49	−7.68	0.73	6.95
10	8.43	7.61	0.82	−16.11	1.55	14.56
9	11.00	9.93	1.06	−27.11	2.61	24.49
8	13.95	12.60	1.35	−41.06	3.97	37.09
7	16.03	14.47	1.56	−57.09	5.53	51.56
6	19.36	17.48	1.89	−76.45	7.41	69.04
5	19.46	17.56	1.90	−95.91	9.31	86.60
4	21.07	18.99	2.08	−116.98	11.39	105.59
3	21.52	19.40	2.12	−138.50	13.51	124.99
2	21.60	19.45	2.14	−160.10	15.65	144.45
1	14.95	13.54	1.41	−175.05	17.06	157.99

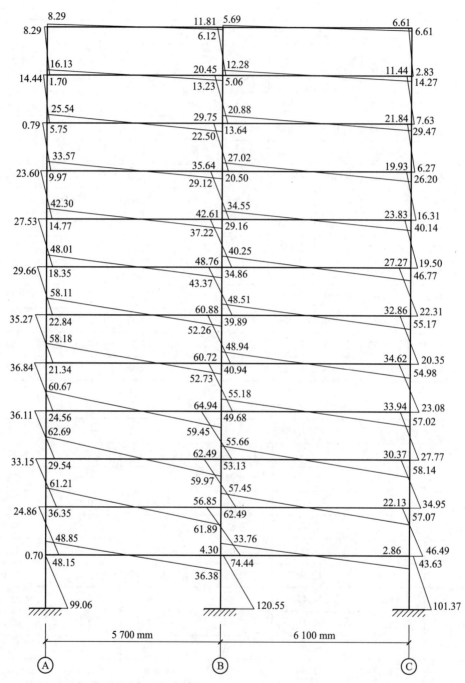

图 3.24　风荷载作用下的弯矩图(从右向左吹,图中未标注数值的单位为 kN·m)

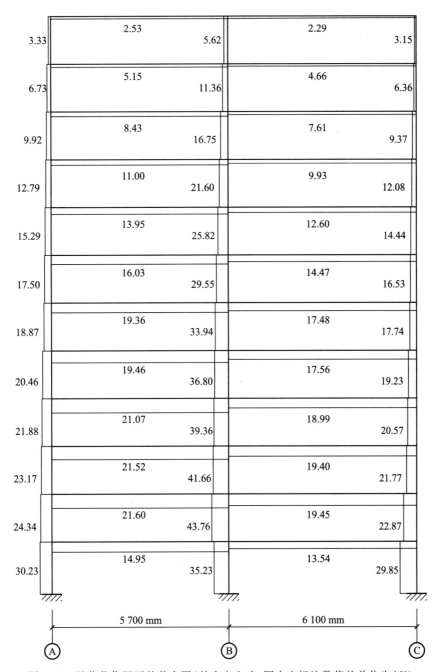

图 3.25 风荷载作用下的剪力图(从右向左吹,图中未标注数值的单位为 kN)

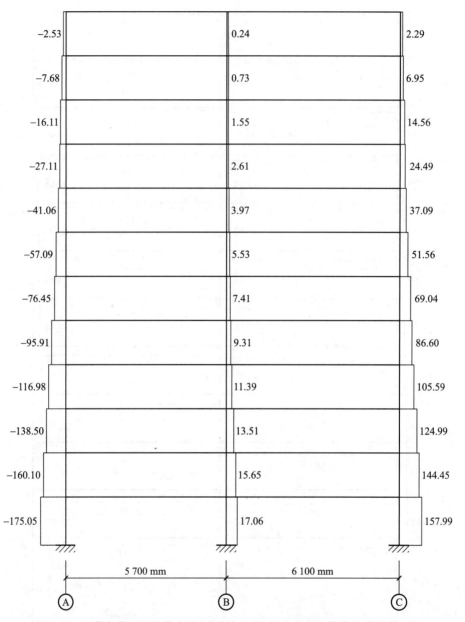

图 3.26 风荷载作用下的轴力图(从右向左吹,图中未标注数值的单位为 kN)

5. 水平地震作用下的内力计算

框架在水平地震作用(从左向右)下的内力用 D 值法进行计算,其步骤为:① 各柱反弯点高度;② 各柱反弯点处的剪力值;③ 各柱的柱端弯矩及梁端弯矩;④ 各柱的轴力和梁剪力。其计算方法同风荷载作用情况类似,计算结果见表 3.21、表 3.22,内力图略。

表 3.21 水平地震作用下框架柱剪力和梁柱端弯矩

A 轴柱剪力和梁柱端弯矩									
楼层	V_{im} /kN	$\sum D$	D_{im}	$\dfrac{D_{im}}{\sum D}$	V_{im} /kN	yh /m	$M_{c上}$ /(kN·m)	$M_{c下}$ /(kN·m)	$M_{b总}$ /(kN·m)
12	44.19	34 545	9 509	0.275	12.16	0.56	29.74	6.75	29.74
11	59.75	34 545	9 509	0.275	16.45	0.86	35.28	14.06	42.03
10	73.91	34 545	9 509	0.275	20.34	1.16	37.53	23.50	51.60
9	86.66	34 545	9 509	0.275	23.85	1.20	42.94	28.62	66.43
8	98.02	34 545	9 509	0.275	26.98	1.40	43.30	37.64	71.93
7	107.97	34 545	9 509	0.275	29.72	1.40	47.70	41.46	85.33
6	116.60	38 697	10 352	0.268	31.19	1.17	57.22	36.35	98.68
5	123.82	38 697	10 352	0.268	33.12	1.28	56.94	42.43	93.29
4	129.62	38 697	10 352	0.268	34.67	1.53	50.82	53.21	93.25
3	134.01	38 697	10 352	0.268	35.85	1.72	45.92	61.62	99.13
2	136.98	38 697	10 352	0.268	36.64	2.03	35.73	74.20	97.35
1	138.55	95 540	30 304	0.317	43.95	3.44	−6.24	151.26	67.97

B 轴柱剪力和梁柱端弯矩									
楼层	V_{im} /kN	$\sum D$	D_{im}	$\dfrac{D_{im}}{\sum D}$	V_{im} /kN	yh /m	$M_{c上}$ /(kN·m)	$M_{c下}$ /(kN·m)	$M_{b左}$ /(kN·m)	$M_{b右}$ /(kN·m)
12	44.19	34 545	16 056	0.465	20.54	0.90	43.14	18.49	22.37	20.76
11	59.75	34 545	16 056	0.465	27.77	1.20	49.99	33.33	35.51	32.96
10	73.91	34 545	16 056	0.465	34.35	1.35	56.68	46.37	46.68	43.33
9	86.66	34 545	16 056	0.465	40.28	1.35	66.46	54.38	58.52	54.32
8	98.02	34 545	16 056	0.465	45.56	1.35	75.17	61.50	67.18	62.36
7	107.97	34 545	16 056	0.465	50.18	1.37	81.59	68.95	74.21	68.88
6	116.60	38 697	18 616	0.481	56.09	1.52	82.79	85.49	78.70	73.05
5	123.82	38 697	18 616	0.481	59.57	1.52	87.92	90.78	89.93	83.47
4	129.62	38 697	18 616	0.481	62.36	1.50	93.54	93.54	95.59	88.72
3	134.01	38 697	18 616	0.481	64.47	1.50	96.70	96.70	98.66	91.58
2	136.98	38 697	18 616	0.481	65.90	1.70	85.60	112.09	94.55	87.76
1	138.55	95 540	35 312	0.370	51.21	2.67	32.28	136.71	74.87	69.50

续表

楼层	V_{im} /kN	$\sum D$	D_{im}	$\dfrac{D_{im}}{\sum D}$	V_{im} /kN	yh /m	$M_{c上}$ /(kN·m)	$M_{c下}$ /(kN·m)	$M_{b左}$ /(kN·m)
12	44.19	34 545	8 981	0.260	11.49	0.52	28.51	5.96	28.51
11	59.75	34 545	8 981	0.260	15.53	0.82	33.88	12.72	39.84
10	73.91	34 545	8 981	0.260	19.21	1.12	36.14	21.50	48.86
9	86.66	34 545	8 981	0.260	22.53	1.20	40.55	27.04	62.06
8	98.02	34 545	8 981	0.260	25.48	1.43	39.98	36.46	67.02
7	107.97	34 545	8 981	0.260	28.07	1.43	44.04	40.17	80.50
6	116.60	38 697	9 729	0.251	29.32	1.15	54.31	33.64	94.48
5	123.82	38 697	9 729	0.251	31.13	1.25	54.63	38.76	88.28
4	129.62	38 697	9 729	0.251	32.59	1.55	47.17	50.60	85.93
3	134.01	38 697	9 729	0.251	33.69	1.76	41.95	59.13	92.54
2	136.98	38 697	9 729	0.251	34.44	2.03	33.58	69.74	92.71
1	138.55	95 540	29 924	0.313	43.40	3.56	−11.31	154.52	58.43

表 3.22　水平地震作用下框架梁端剪力和柱轴力

楼层	梁端剪力/kN			柱轴力/kN		
	AB 跨 V_{bAB}	BC 跨 V_{bBC}	$V_{bAB}-V_{bBC}$	A 轴 N_{cA}	B 轴 N_{cB}	C 轴 N_{cC}
12	9.14	8.28	0.86	−9.14	0.86	8.28
11	13.60	12.29	1.31	−22.75	1.31	20.57
10	17.24	15.56	1.68	−39.99	1.68	36.13
9	21.92	19.80	2.13	−61.91	2.13	55.93
8	24.41	22.01	2.39	−86.32	2.39	77.94
7	27.99	25.28	2.71	−114.31	2.71	103.23
6	31.12	28.15	2.97	−145.42	2.97	131.38
5	32.14	28.98	3.17	−177.57	3.17	160.35
4	33.13	29.83	3.30	−210.70	3.30	190.19
3	34.70	31.26	3.44	−245.40	3.44	221.45
2	33.67	30.35	3.32	−279.06	3.32	251.79
1	25.06	22.53	2.52	−304.12	2.52	274.33

3.5.7 内力组合

根据 GB 50068—2018《建筑结构可靠性设计统一标准》和《荷载规范》进行内力组合,考虑如下可能的组合方式。

① 非抗震组合:1.3×恒荷载+1.5×活荷载+1.5×0.6×风荷载

　　　　　　　1.3×恒荷载+1.5×0.7×活荷载+1.5×风荷载

② 抗震组合:1.2×重力荷载代表值+1.3×地震

(选取最不利内力时考虑抗震影响系数 0.75。)

内力组合结果略。

3.5.8 构件截面验算

根据内力组合结果,选取结构最不利内力组(表 3.23)进行截面验算。

表 3.23　结构最不利内力

构件		第一组			第二组		
		$M/\text{kN}\cdot\text{m}$	V/kN	N/kN	$M/\text{kN}\cdot\text{m}$	V/kN	N/kN
梁 AB	梁端	−246.72	−141.93		−230.16	−149.22	
	跨中	70.54	55.78		59.31	59.55	
梁 BC	梁端	−248.97	136.52		−247.77	140.12	
	跨中	79.98	−38.02		69.03	−40.50	
A 柱	上	65.21	40.15	1 735.68	80.20	48.88	1 598.75
	下	104.74	41.38	3 543.57	163.04	58.48	3 230.45
B 柱	上	52.27	79.05	2 276.75	80.93	93.18	2 113.01
	下	111.89	34.80	4 564.60	183.98	55.72	4 238.44
C 柱	上	−9.30	−5.47	2 173.16	−27.34	−17.82	1 882.47
	下	132.79	27.26	4 435.33	−184.37	−41.41	3 405.65

验算原则:在三种组合中,分别选绝对值最大情况进行验算。在弯矩最大和最小两项中选最不利的进行验算。

1. 梁截面验算

(1)强度验算

根据内力组合值,选取 AB、BC 梁跨中最不利内力为:$\begin{cases} M=79.98 \text{ kN}\cdot\text{m} \\ V=-38.02 \text{ kN} \end{cases}$

主梁 500×200×10×16:

$$\frac{b}{t}=\frac{(200-10)}{2\times16}=5.94<9\varepsilon_\text{k}=9\sqrt{235/345}=7.43$$

$$\frac{h_0}{t_w} = \frac{(500-2\times16)}{10} = 46.8 < 65\varepsilon_k = 65\sqrt{235/345} = 53.6$$

因此,主梁截面板件宽厚比等级为 S1 级,在截面强度验算中 W_{nx} 取为全截面模量,截面塑性发展系数 γ_x 取为 1.05。

抗弯强度: $\dfrac{M_x}{\gamma_x W_{nx}} = \dfrac{79.98\times10^6}{1.05\times1\ 870\times10^3}$ N/mm² = 40.73 N/mm² < f = 305 N/mm²

满足要求。

抗剪强度: $S_x = \left(20\times1.6\times\dfrac{50-1.6}{2} + \dfrac{50-1.6\times2}{2}\times1\times\dfrac{50-1.6\times2}{4}\right)$ cm³ = 1 048.18 cm³

$$\frac{VS_x}{I_x t_w} = \frac{38.02\times10^3\times1\ 048.18\times10^3}{46\ 800\times10^4\times10} \text{ N/mm}^2 = 8.52 \text{ N/mm}^2 < f_v = 175 \text{ N/mm}^2$$

满足要求。

梁端弯矩较大,上翼缘受拉,在梁端剪力最大,只验算强度。

梁端最不利内力为: $\begin{cases} M = -248.97 \text{ kN}\cdot\text{m} \\ V = 136.52 \text{ kN} \end{cases}$

进行梁端截面强度验算。

抗弯强度: $\dfrac{M_x}{\gamma_x W_{nx}} = \dfrac{248.97\times10^6}{1.05\times1\ 870\times10^3}$ N/mm² = 126.80 N/mm² < f = 305 N/mm²

满足要求。

抗剪强度: $\dfrac{V}{h_w t_w} = \dfrac{136.52\times10^3}{468\times10}$ N/mm² = 29.17 N/mm² < f_v = 175 N/mm²

满足要求。

(2)刚度验算

屋面梁挠度:

$$v = \frac{5}{384}\times\frac{q_k l^4}{EI} + \frac{6.81}{384}\times\frac{P_k l^3}{EI} = \left[\frac{5}{384}\times\frac{1.36\times(6.1\times10^3)^4}{2.06\times10^5\times46\ 800\times10^4} + \frac{6.81}{384}\times\frac{2\times63.66\times10^3\times(6.1\times10^3)^3}{2.06\times10^5\times46\ 800\times10^4}\right] \text{ mm}$$

$$= (0.25+5.32) \text{ mm} = 5.57 \text{ mm} < [v] = \frac{l}{400} = 15.25 \text{ mm}$$

满足要求。

楼面梁挠度:

$$v = \frac{5}{384}\times\frac{q_k l^4}{EI} + \frac{6.81}{384}\times\frac{P_k l^3}{EI} = \left[\frac{5}{384}\times\frac{8.77\times(6.1\times10^3)^4}{2.06\times10^5\times46\ 800\times10^4} + \frac{6.81}{384}\times\frac{2\times51.27\times10^3\times(6.1\times10^3)^3}{2.06\times10^5\times46\ 800\times10^4}\right] \text{ mm}$$

$$= (1.64+4.28) \text{ mm} = 5.92 \text{ mm} < [v] = \frac{l}{400} = 15.25 \text{ mm}$$

满足要求。

(3)整体稳定验算

因为次梁在主梁之间作为主梁的侧向支承,且主梁的受压翼缘与楼板连接牢靠,能阻止梁受压翼缘的侧向位移,因此梁的整体稳定性满足要求。

（4）局部稳定验算

$$\frac{b}{t}<9\varepsilon_{\mathrm{k}}, 且 \frac{h_0}{t_{\mathrm{w}}}<65\varepsilon_{\mathrm{k}}$$

型钢截面是腹板高厚比、翼缘宽厚比符合 S4 级以上截面要求的实腹压弯构件，不会出现局部失稳，因此满足要求。

2. 柱截面验算

柱截面承载力主要由轴力控制，中柱轴力远大于边柱轴力，故只需验算中柱 B 即可。

（1）上柱下截面验算

取最不利内力为：$\begin{cases} M = 52.27\ \mathrm{kN \cdot m} \\ N = 2\ 276.75\ \mathrm{kN} \\ V = 79.05\ \mathrm{kN} \end{cases}$

1）强度验算

上柱 H400×400×13×21。

翼缘：$\dfrac{b}{t} = \dfrac{400-13}{2\times21} = 9.21 < 13\varepsilon_{\mathrm{k}} = 12\sqrt{235/345} = 10.73$

$$\sigma_{\max} = \frac{N}{A} + \frac{M_x}{I_x}\times\frac{h_0}{2} = \left[\frac{2\ 276.75\times10^3}{218.7\times10^2} + \frac{52.27\times10^6\times(400-2\times21)}{2\times66\ 600\times10^4}\right]\ \mathrm{N/mm^2} = 118.15\ \mathrm{N/mm^2}$$

$$\sigma_{\min} = \frac{N}{A} - \frac{M_x}{I_x}\times\frac{h_0}{2} = \left[\frac{2\ 276.75\times10^3}{218.7\times10^2} - \frac{52.27\times10^6\times(400-2\times21)}{2\times66\ 600\times10^4}\right]\ \mathrm{N/mm^2} = 90.06\ \mathrm{N/mm^2}$$

$$\alpha_0 = \frac{\sigma_{\max} - \sigma_{\min}}{\sigma_{\max}} = 0.238$$

腹板：$\dfrac{h_0}{t_{\mathrm{w}}} = \dfrac{(400-2\times21)}{13} = 27.54 < 33 + 13\alpha_0^{1.3}\varepsilon_{\mathrm{k}} = 34.66$

因此，上柱截面板件宽厚比等级为 S3 级，在截面强度验算中 W_{nx} 取为全截面模量，截面塑性发展系数 γ_x 取为 1.05。

$$\frac{N}{A_{\mathrm{n}}} + \frac{M_x}{\gamma_x W_{nx}} = \left(\frac{2\ 276.75\times10^3}{218.7\times10^2} + \frac{52.27\times10^6}{1.05\times3\ 330\times10^3}\right)\ \mathrm{N/mm^2} = (104.10 + 14.95)\ \mathrm{N/mm^2}$$
$$= 119.05\ \mathrm{N/mm^2} < f = 305\ \mathrm{N/mm^2}$$

满足要求。

2）刚度验算

柱的刚度由柱的长细比控制。

$$k_1 = \frac{0.177+0.165}{0.478+0.478} = 0.358, k_2 = \frac{0.177+0.165}{0.478+1.00} = 0.231$$

查表得 $\mu = 1.98$。

因为建筑高度为 36.3 m<50 m，且抗震设防烈度为 7 度，所以房屋抗震等级为四级，其框架柱的长细比不应大于 $120\sqrt{235/f_{\mathrm{ay}}}$：

$$\lambda_x = \frac{l_{0x}}{i_x} = \frac{1.98\times3.0\times10^3}{17.5\times10} = 33.9 < [\lambda] = 120\sqrt{235/f_{\mathrm{ay}}} = 99.04$$

满足要求。

$$\lambda_y = \frac{l_{0y}}{i_y} = \frac{3.0\times10^3}{10.1\times10} = 29.7 < [\lambda] = 120\sqrt{235/f_{ay}} = 99.04$$

满足要求。

3）弯矩作用平面内的整体稳定验算

由 $\lambda_x\sqrt{\dfrac{f_y}{235}} = 33.9\times\sqrt{\dfrac{345}{235}} = 41.1$，则查表得 $\varphi_x = 0.895$（b 类）。

$$\beta_{mx} = 1.0, \gamma_x = 1.05$$

$$N_{Ex} = \frac{\pi^2 EA}{1.1\lambda_x^2} = \frac{3.14^2\times2.06\times10^5\times218.7\times10^2}{1.1\times33.9^2}\ kN = 35\ 138.50\ kN$$

$$\frac{N}{\varphi_x A} + \frac{\beta_{mx} M_x}{\gamma_x W_{1x}\left(1-0.8\dfrac{N}{N_{Ex}}\right)} = \left[\frac{2\ 276.75\times10^3}{0.895\times218.7\times10^2} + \frac{1.0\times52.27\times10^6}{1.05\times3\ 330\times10^3\times\left(1-0.8\times\dfrac{2\ 276.75\times10^3}{35\ 138.50\times10^3}\right)}\right]\ N/mm^2$$

$$= (116.32+15.77)\ N/mm^2 = 132.09\ N/mm^2 < f = 305\ N/mm^2$$

满足要求。

4）弯矩作用平面外的整体稳定验算

由 $\lambda_y\sqrt{\dfrac{f_y}{235}} = 29.7\times\sqrt{\dfrac{345}{235}} = 36.0$，查表得 $\varphi_y = 0.914$。

由于其为工字形截面，且 $\lambda_y < 120\varepsilon_k$，均匀弯曲的受弯构件整体稳定系数为

$$\varphi_b = 1.07 - \frac{\lambda_y^2}{44\ 000\varepsilon_k^2} = 1.07 - \frac{29.7^2}{44\ 000\times(235/345)} = 1.04 > 1.0,\ 取\ \varphi_b = 1.0$$

等效弯矩系数 $\beta_{tx} = 1.0$，截面影响系数 $\eta = 1.0$。

$$\frac{N}{\varphi_y A} + \eta\frac{\beta_{tx} M_x}{\varphi_b W_{1x}} = \left(\frac{2\ 276.75\times10^3}{0.914\times218.7\times10^2} + 1.0\times\frac{1.0\times52.27\times10^6}{1.0\times3\ 330\times10^3}\right)\ N/mm^2$$

$$= (113.90+15.70)\ N/mm^2 = 129.60\ N/mm^2 < f = 305\ N/mm^2$$

满足要求。

5）局部稳定验算

$$\frac{b}{t} < 13\varepsilon_k,\ 且\ \frac{h_0}{t_w} < 33 + 13\alpha_0^{1.3}\varepsilon_k$$

型钢截面是腹板高厚比、翼缘宽厚比符合 S4 级以上截面要求的实腹压弯构件，不会出现局部失稳，因此局部稳定满足要求。

（2）下柱下截面验算

取最不利内力：$\begin{cases} M = 111.89\ kN\cdot m \\ N = 4\ 564.60\ kN \\ V = 34.80\ kN \end{cases}$

1）强度验算

下柱 H500×450×16×25。

翼缘：
$$\frac{b}{t} = \frac{500-16}{2 \times 25} = 9.68 < 13\varepsilon_k = 12\sqrt{235/345} = 10.73$$

$$\sigma_{max} = \frac{N}{A} + \frac{M_x}{I_x} \times \frac{h_0}{2} = \left[\frac{4\,564.60 \times 10^3}{297.0 \times 10^2} + \frac{111.89 \times 10^6 \times (500 - 2 \times 25)}{2 \times 139\,181 \times 10^4}\right] \text{N/mm}^2 = 171.78 \text{ N/mm}^2$$

$$\sigma_{min} = \frac{N}{A} - \frac{M_x}{I_x} \times \frac{h_0}{2} = \left[\frac{4\,564.60 \times 10^3}{297.0 \times 10^2} - \frac{111.89 \times 10^6 \times (500 - 2 \times 25)}{2 \times 139\,181 \times 10^4}\right] \text{N/mm}^2 = 135.60 \text{ N/mm}^2$$

$$\alpha_0 = \frac{\sigma_{max} - \sigma_{min}}{\sigma_{max}} = 0.224$$

腹板：
$$\frac{h_0}{t_w} = \frac{(500 - 2 \times 25)}{16} = 28.13 < (33 + 13\alpha_0^{1.3}\varepsilon_k) = 34.42$$

因此，上柱截面板件宽厚比等级为 S3 级，在截面强度验算中 W_{nx} 取为全截面模量，截面塑性发展系数 γ_x 取为 1.05。

$$\frac{N}{A_n} + \frac{M_x}{\gamma_x W_{nx}} = \left(\frac{4\,564.60 \times 10^3}{297 \times 10^2} + \frac{111.89 \times 10^6}{1.05 \times 5\,567 \times 10^3}\right) \text{N/mm}^2 = (153.69 + 20.34) \text{ N/mm}^2$$

$$= 174.03 \text{ N/mm}^2 < f = 305 \text{ N/mm}^2$$

2）刚度验算

$$k_1 = \frac{0.177 + 0.165}{1 + 0.909} = 0.179, \quad k_2 = 10$$

查表得 $\mu = 1.66$。

$$\lambda_x = \frac{l_{0x}}{i_x} = \frac{1.66 \times 3.3 \times 10^3}{21.65 \times 10} = 25.3 < [\lambda] = 120\sqrt{235/f_{ay}} = 99.04$$

满足要求。

$$\lambda_y = \frac{l_{0y}}{i_y} = \frac{3.3 \times 10^3}{11.31 \times 10} = 29.2 < [\lambda] = 120\sqrt{235/f_{ay}} = 99.04$$

满足要求。

3）弯矩作用平面内的整体稳定验算

由 $\lambda_x\sqrt{\frac{f_y}{235}} = 25.3 \times \sqrt{\frac{345}{235}} = 30.65$，查表得 $\varphi_x = 0.949$（b 类）。

$$\beta_{mx} = 1.0, \quad \gamma_x = 1.05$$

$$N_{Ex} = \frac{\pi^2 EA}{1.1\lambda_x^2} = \frac{3.14^2 \times 2.06 \times 10^5 \times 297 \times 10^2}{1.1 \times 25.3^2} \text{ N} = 85\,674.04 \times 10^3 \text{ N}$$

$$\frac{N}{\varphi_x A} + \frac{\beta_{mx} M_x}{\gamma_x W_{1x}\left(1 - 0.8\frac{N}{N_{Ex}}\right)} = \left[\frac{4\,564.60 \times 10^3}{0.949 \times 297 \times 10^2} + \frac{1.0 \times 111.89 \times 10^6}{1.05 \times 5\,567 \times 10^3 \times \left(1 - 0.8 \times \frac{4\,564.60}{85\,674.04}\right)}\right] \text{N/mm}^2$$

$$= (161.95 + 19.99) \text{ N/mm}^2 = 181.94 \text{ N/mm}^2 < f = 305 \text{ N/mm}^2$$

4）弯矩作用平面外的整体稳定验算

由 $\lambda_y\sqrt{\dfrac{f_y}{235}}=29.2\times\sqrt{\dfrac{345}{235}}=35.4$，查表得 $\varphi_y=0.916$。

由于其为工字形截面，且 $\lambda_y<120\varepsilon_k$，均匀弯曲的受弯构件整体稳定系数为

$$\varphi_b=1.07-\frac{\lambda_y^2}{44\,000}\times\frac{f_y}{235}=1.07-\frac{29.2^2}{44\,000}\times\frac{345}{235}=1.04>1，取\ \varphi_b=1.0$$

等效弯矩系数 $\beta_{tx}=1.0$，截面影响系数 $\eta=1.0$。

$$\frac{N}{\varphi_y A}+\eta\frac{\beta_{tx}M_x}{\varphi_b W_{1x}}=\left(\frac{4\,564.60\times10^3}{0.916\times297\times10^2}+1.0\times\frac{1.0\times111.89\times10^6}{1.0\times5\,567\times10^3}\right)\ \text{N}/\text{mm}^2$$

$$=（167.78+21.10）\ \text{N}/\text{mm}^2=187.88\ \text{N}/\text{mm}^2<f=305\ \text{N}/\text{mm}^2$$

满足要求。

5）局部稳定验算

$$\frac{b}{t}<13\varepsilon_k，且\frac{h_0}{t_w}<33+13\alpha_0^{1.3}\varepsilon_k$$

型钢截面是腹板高厚比、翼缘宽厚比符合 S4 级以上截面要求的实腹压弯构件，不会出现局部失稳，因此局部稳定满足要求。

3. 节点抗震验算

根据抗震要求，需验算梁柱节点是否满足强柱弱梁的要求。

现以 B_2 节点为例：

$$W_{Ec}=bt(h-t)+\frac{t_w(h-2t)^2}{4}=\left[45\times2.5\times(50-2.5)+\frac{1.6\times(50-2\times2.5)^2}{4}\right]\ \text{cm}^3=6\,153.75\ \text{cm}^3$$

$$W_{Eb}=bt(h-t)+\frac{t_w(h-2t)^2}{4}=\left[20\times1.6\times(50-1.6)+\frac{1\times(50-2\times1.6)^2}{4}\right]\ \text{cm}^3=2\,096.36\ \text{cm}^3$$

$$\sum W_{Ec}=6\,153.75\times2\ \text{cm}^3=12\,307.5\ \text{cm}^3$$

$$\sum W_{Eb}=2\,096.36\times2\ \text{cm}^3=4\,192.72\ \text{cm}^3$$

因为框架梁为等截面梁，钢材为 Q345，框架柱截面板件宽厚比等级为 S3，钢材为 Q345，所以 $f_{yc}=f_{yb}=345\ \text{N}/\text{mm}^2$，$N=4\,564.60\ \text{kN}$，$A_c=297\times10^3\ \text{mm}^2$，$\eta=1.1$：

$$\sum W_{Ec}(f_{yc}-N/A_c)=12\,307.5\times10^{-6}\times\left(345-\frac{4\,564.60\times10^3}{297\times10^2}\right)\times10^3\ \text{kN}\cdot\text{m}$$

$$=2\,354.54\ \text{kN}\cdot\text{m}>1.1\eta\sum W_{Eb}f_{yb}=1.1\times1.1\times4\,192.72\times10^{-6}\times345$$

$$\times10^3\ \text{kN}\cdot\text{m}=1\,750.25\ \text{kN}\cdot\text{m}$$

满足抗震要求。

3.5.9 节点设计

1. 梁柱节点设计

梁柱的连接方式:柱翼缘和梁翼缘焊接,梁腹板通过 8.8 级摩擦型高强度螺栓与柱连接(见图 3.27)。在计算中认为腹板传递剪力,翼缘传递弯矩。从内力组合中可以看出,与 B 轴柱相连梁的端弯矩较大,以 B 柱的梁柱节点设计为例。

最不利内力为:$M = -248.97 \text{ kN} \cdot \text{m}, V = 136.52 \text{ kN}$。

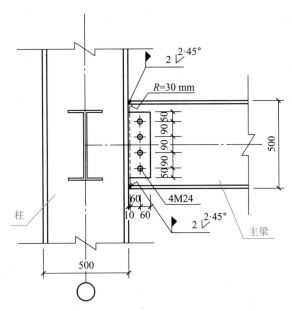

图 3.27 主梁与柱的连接节点图

(1)连接螺栓

采用 8.8 级摩擦型高强度螺栓 M24,摩擦系数 $\mu = 0.4$,一个螺栓的预拉力 $P = 175 \text{ kN}$。

单个螺栓抗剪承载力设计值为

$$N_v^b = 0.9 n_f \mu P = 0.9 \times 1.0 \times 0.4 \times 175 \text{ kN} = 63 \text{ kN}$$

$$n \geqslant \frac{V}{N_v^b} = \frac{136.52}{63} = 2.17, \text{取 } n = 4$$

螺栓间距:$p \geqslant 3d_0 = 3 \times 24 \text{ mm} = 72 \text{ mm},\text{取 } p = 90 \text{ mm}$。

(2)梁柱翼缘对接焊缝

采用引弧板施焊,二级焊缝,边缘最大应力为

$$\sigma = \frac{M}{W_x} = \frac{Mh}{bt(h-t)^2} = \frac{248.97 \times 10^6 \times 500}{200 \times 16 \times (500-16)^2} \text{ N/mm}^2 = 166.06 \text{ N/mm}^2 < f_t^w = 305 \text{ N/mm}^2$$

(3)柱腹板受压承载力验算

$$\frac{A_{fb} f_b}{b_e f_c} = \frac{200 \times 16 \times 305}{(16 + 5 \times 25) \times 305} \text{ mm} = 22.7 \text{ mm} > t_w = 16 \text{ mm}$$

$$\frac{h_{\rm c}}{30}\sqrt{\frac{f_{\rm yc}}{235}} = \frac{500-2\times25}{30}\sqrt{\frac{345}{235}} \text{ mm} = 18.18 \text{ mm} > t_{\rm w} = 16 \text{ mm}$$

因此,柱腹板需配置横向加劲肋。根据《标准》第 12.3.3 条和第 12.3.5 条,取加劲肋厚度为 12 mm。

（4）柱受拉翼缘验算

为防止与梁受拉翼缘板相连处的柱翼缘板因受拉而发生横向弯曲,柱翼缘板的最小厚度为

$$t_{\rm cf} \geqslant 0.4\sqrt{A_{\rm ft}} = 0.4\times\sqrt{200\times16} \text{ mm} = 22.63 \text{ mm}$$

$t_{\rm cf} = 25 \text{ mm} > 22.63 \text{ mm}$,满足要求。

为了提高节点的安全性,在梁受拉翼缘对应位置按构造配置柱横向加劲肋。

（5）梁柱刚性连接处的节点域验算

因为 B 柱两侧弯矩方向相反,相对而言,A、C 柱更不利,取边下柱梁最不利内力 $M = -248.97 \text{ kN·m}$, $V = 136.52 \text{ kN}$,按式（3.4.6）验算：

$$\frac{M_{\rm b1}+M_{\rm b2}}{V_{\rm P}} = \frac{M_{\rm b1}+M_{\rm b2}}{h_{\rm b}h_{\rm c}t_{\rm w}} = \frac{248.97\times10^6+0}{(500-2\times16)\times(500-2\times25)\times16} \text{ N/mm}^2$$

$$= 73.88 \text{ N/mm}^2 < \frac{4}{3}f_{\rm v} = \frac{4}{3}\times175 \text{ N/mm}^2 = 233 \text{ N/mm}^2$$

满足要求。

2. 柱柱节点

（1）钢柱接头的全焊连接

上柱翼缘开 V 形坡口、腹板开 K 形坡口,采用二级对接焊缝,强度不必计算。对于下柱焊接 H 形柱,拼接接头上、下方各 100 mm 范围内,柱翼缘板与腹板间的焊缝采用全熔透焊缝。

（2）变截面柱接头

变截面区段的坡度采用 1 : 10。采用二级对接焊缝,强度不必计算,详细构造如图 3.28 所示。

3. 柱脚节点

（1）埋入深度

采用刚性较大的埋入式柱脚,柱脚混凝土采用 C40, $f_{\rm c} = 19.1 \text{ N/mm}^2$,埋入深度 $d = 3h_{\rm c} = 3\times0.5 \text{ m} = 1.5 \text{ m}$。

选取最不利内力组合（第一组,弯矩绕柱截面强轴作用）。

A 柱： $M = 104.74 \text{ kN·m}$, $N = 3\,543.57 \text{ kN}$, $V = 41.38 \text{ kN}$

B 柱： $M = 111.89 \text{ kN·m}$, $N = 4\,564.60 \text{ kN}$, $V = 34.80 \text{ kN}$

C 柱： $M = 132.79 \text{ kN·m}$, $N = 4\,435.33 \text{ kN}$, $V = 27.26 \text{ kN}$

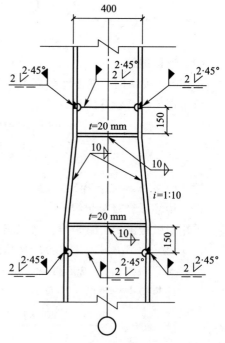

图 3.28　变截面柱连接节点构造

根据《标准》第 12.7.9 条的规定,柱脚埋入钢筋混凝土深度应符合下列计算要求:

$$\frac{V}{b_f d}+\frac{2M}{b_f d^2}+\frac{1}{2}\sqrt{\left(\frac{2V}{b_f d}+\frac{4M}{b_f d^2}\right)^2+\frac{4V^2}{b_f^2 d^2}}=\left\{\frac{27.26\times10^3}{450\times1.5\times10^3}+\frac{2\times132.79\times10^6}{450\times(1.5\times10^3)^2}+\right.$$

$$\left.\frac{1}{2}\sqrt{\left[\frac{2\times27.26\times10^3}{450\times1.5\times10^3}+\frac{4\times132.79\times10^6}{450\times(1.5\times10^3)^2}\right]^2+\frac{4\times(27.26\times10^3)^2}{450^2\times(1.5\times10^3)^2}}\right\}N/mm^2$$

$$=0.50\ N/mm^2<f_c=19.1\ N/mm^2$$

因此,柱脚埋深 $d=1.5$ m 满足计算要求,且大于《标准》中表 12.7.10 最小埋入深度 $1.5h_c$ 的构造要求。

(2) 焊钉设计

柱脚虽不承受拔力,但为增强柱脚的整体性,应按构造要求设置焊钉。根据 YB 9082—2006《钢骨混凝土结构技术规程》的要求,焊钉直径不应小于 16 mm(通常取 19 mm),且纵向和横向中心距不应大于 200 mm。此处边柱与中柱的焊钉直径取为 19 mm,纵、横两向间距均为 180 mm,每侧翼缘布置 8×2=16 个焊钉。每柱焊钉总数 $n=32$ 个。

(3) 底板设计

底板设计应根据《标准》第 12.7.7 条和第 12.7.8 条规定,按安装阶段荷载作用下柱轴心力、底板支承条件计算确定。这里假定柱底部混凝土浇筑满 7 d 后再安装钢柱,此时混凝土强度一般可以达到其完全强度的 70% 以上。按三层高度整体吊装钢柱,并根据《荷载规范》第 5.6.2 条考虑 1.3 倍的动力系数,则此时的安装荷载为:钢柱加柱脚总重约 2.83 t,乘以动力系数后为 36.8 kN。

1) 底板尺寸

为便于与柱的焊接,按柱截面轮廓周边外伸 50 mm 考虑,选定底板尺寸为 550 mm×600 mm,如图 3.29 所示。柱底板承受柱子自重引起的轴向压应力,柱底部混凝土强度应符合下式要求:

$$q=\frac{N}{A}=\frac{36.8\times10^3}{550\times600}\ N/mm^2=0.112\ N/mm^2<0.70f_c$$

$$=0.70\times19.1\ N/mm^2=13.4\ N/mm^2$$

柱底部混凝土强度满足施工安装时的抗压要求。

2) 底板厚度 t

底板被分隔成悬臂板 Ⅰ 与三边支承板 Ⅱ 两类区格(图 3.29),其中悬臂板 Ⅰ 根部单位宽度最大弯矩为

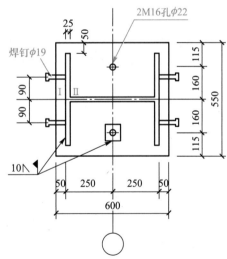

图 3.29　柱脚平面图

$$M_1=0.5qc^2=0.5\times0.112\times50^2\ N\cdot mm/mm=140.00\ N\cdot mm/mm$$

对三边支承板 Ⅱ,由 $b_1/a_1=(217+50)/(500-50)=267/450=0.59$,查《钢结构设计原理》(第 2 版)表 8.6.2,得 $\beta=0.070\ 6$,该区格单位宽度最大弯矩为

$$M_1=\beta q a_1^2=0.070\ 6\times0.112\times450^2\ N\cdot mm/mm=1\ 601.21\ N\cdot mm/mm$$

由此,底板最大弯矩 $M_{max}=1\,601.21$ N·mm/mm,需要的板厚为

$$t_1=\sqrt{\frac{6M_{max}}{f}}=\sqrt{\frac{6\times1\,601.21}{295}}\ \text{mm}=5.71\ \text{mm}$$

根据构造要求,柱脚的底板厚度取 16 mm。

3)焊缝计算

柱身与底板之间的焊缝主要承担安装阶段柱身轴力作用,也取 36.8 kN 计算。

周边焊缝长度 $\sum l_w=\{2\times[450+(450-16)+500]\}$ mm$=2\,768$ mm

需要的焊脚尺寸 $h_f=\dfrac{N}{0.7\sum l_w\beta_f f_f^w}=\dfrac{36.8\times10^3}{0.7\times2\,768\times1.22\times200}$ mm$=0.077\,8$ mm

构造要求 $h_{min}=1.5\sqrt{t}=1.5\times\sqrt{25}$ mm$=7.5$ mm

$$h_{max}=1.2t_{cm}=1.5\times16\ \text{mm}=19.2\ \text{mm}$$

$$h_{min}<h_f<h_{max}$$

故按构造要求取 $h_f=10$ mm。

(4)柱脚配筋计算

埋入式柱脚的钢柱外围,应在受拉与受压侧对称配置竖向钢筋和箍筋,选配 HRB400 级竖向钢筋,其抗拉强度设计值 $f_y=360$ MPa。作用于钢柱脚底部的弯矩为

$$M=M_0+Vd=(111.89+34.80\times1.5)\ \text{kN·m}=164.09\ \text{kN·m}$$

需竖向钢筋面积

$$A_s=\frac{M}{d_0f_{sy}}=\frac{164.09\times10^6}{(1\,000-50\times2-25)\times360}\ \text{mm}^2=521\ \text{mm}^2$$

d_0 为受拉与受压竖向钢筋合力点之间的距离。

$$\rho=\frac{A_s}{A}=\frac{521}{1\,000\times950}=0.05\%<0.2\%$$

故按构造配筋

$$0.2\%\times1\,000\times950\ \text{mm}^2=1\,900\ \text{mm}^2$$

每侧配 5 根 $\Phi25@150$ 的竖向钢筋,$A_s=2\,454$ mm^2。竖向钢筋伸入混凝土基础内的长度取 900 mm,钢筋上端设弯钩、下端弯折后的水平部分左右搭接,满足《标准》第 12.7.7 条的相关规定。按构造要求设置箍筋,选配 HRB400 箍筋,顶部加密箍筋 5Φ12@50,其余部分箍筋 Φ10@200。柱脚配筋图如图 3.30 所示。

(5)锚栓设置

此处锚栓不受拉,无须计算。根据《标准》第 12.7.7 条的规定,柱脚锚栓应按构造要求设置,直径不宜小于 16 mm,锚固长度不宜小于其直径的 20 倍。因此,在柱腹板两侧中间部位各设置 1 个直径为 16 mm 的锚栓,锚固深度取 500 mm,如图 3.29、图 3.30 所示。

选取第二组内力组合。

A 柱:$M=163.04$ kN·m,$N=3\,230.45$ kN,$V=58.48$ kN

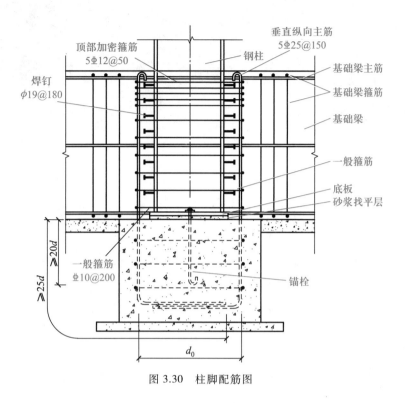

图 3.30　柱脚配筋图

B 柱：$M = 183.98$ kN·m，$N = 4\,238.44$ kN，$V = 55.72$ kN

C 柱：$M = -184.37$ kN·m，$N = 3\,405.65$ kN，$V = -41.41$ kN

在第二组内力组合下，按上述步骤进行设计，经验算均满足要求（略）。

3.5.10　施工图（略）

本章参考文献

第 3 章参考文献

第4章

大跨度房屋钢结构

4.1 大跨度房屋钢结构的组成及布置原则

4.1 单口径
射电望远镜
结构体系

　　大跨度房屋钢结构主要用于公共建筑,如展览馆、体育馆、体育场、剧院、音乐厅、商场、航空港和火车站等;也用于生产用途的建筑,如飞机库、飞机制造厂的装配车间和造船厂等;还用于深空探测的射电望远镜等结构。由于用途的多样性,在大跨度房屋钢结构中,几乎采用了所有的结构体系,包括平面结构体系和空间结构体系。

　　大跨度房屋钢结构可以分为平面结构类、网格结构类和张力结构类三种基本类型。

1. 平面结构类

　　平面结构类包括梁式结构、框架式结构和拱式结构。梁式结构多采用平面桁架体系,属静定结构,设计、制作和安装均较简单,但跨度不能过大,否则不经济。框架式结构可利用梁柱刚性节点处的负弯矩减少梁跨中的正弯矩,比梁式结构经济,跨度可达到 150 m 左右。拱式结构受力比较合理,可充分利用材料强度,比梁式和框架式结构经济。图 4.1 和图 4.2 分别是框架结构和拱式结构的示意图。

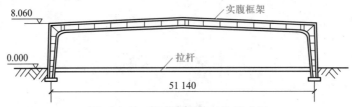

图 4.1 某工业厂房框架结构示意图

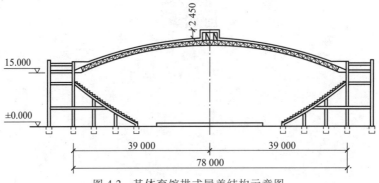

图 4.2 某体育馆拱式屋盖结构示意图

平面结构体系只能单向传力,不如三维受力的空间结构优越,在跨度较大的建筑中应用时,经济性较差,但由于其制作、安装简便,在大跨度房屋建筑中仍有较大的发展空间。

2. 网格结构类

网格结构类包括网架结构和网壳结构,一般是由杆件按一定规律组成的网格状高次超静定空间杆系结构。图 4.3 为 1968 年建成的首都体育馆网架,采用了型钢杆件与钢板螺栓节点,平面尺寸为 99 m×112 m,该结构为两向正交斜放网架,也是我国第一个大跨度网架工程。图 4.4 为哈尔滨康乐宫水上世界网架,该结构由三个三层平板网架组合成空间折板网架,为焊接空心球节点网架。

图 4.3　首都体育馆网架 　　　　　　　图 4.4　哈尔滨康乐宫水上世界网架

1990 年第十一届亚运会在北京举行,新建的石景山体育馆采用了网壳结构。石景山体育馆平面为正三角形,边长 99.7 m,屋盖由三片四边形的双曲抛物面双层网壳组成,支承在三叉形格构式刚架和钢筋混凝土边梁上(图 4.5)。

(a) 外景 　　　　　　　　　　　　　　　(b) 内景

(c) 结构简图 　　　　　　　　　　　　　(d) 模型试验

图 4.5　北京石景山体育馆

图 4.6 所示的 1996 年亚洲冬季运动会黑龙江速滑馆,采用中央圆柱面壳和两端半球壳组成的双层网壳,为螺栓球节点网壳,轮廓尺寸为 86 m×195 m,支承在下部三角形框架上,覆盖了 400 m 速滑跑道。

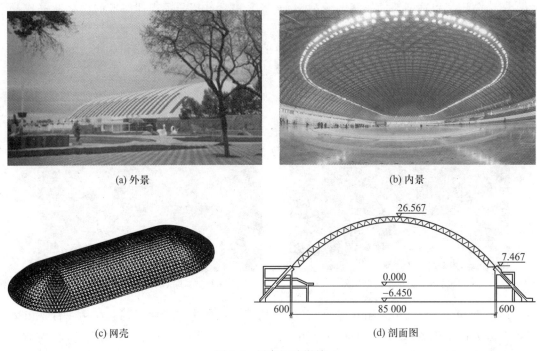

(a) 外景   (b) 内景

(c) 网壳   (d) 剖面图

图 4.6 黑龙江速滑馆

图 4.7 为 2008 年建设完工的北京奥运会老山自行车馆,建筑面积 33 320 m² ,可容纳观众 6 000 人,采用双层球面网壳结构,跨度为 133.06 m,投影圆直径 149.536 m,厚度为 2.8 m,网壳中心高度为 35.29 m,网壳矢高 14.69 m,周边用 24 组人字形柱支撑,人字形柱下端通过铸钢铰支座与混凝土结构连接。

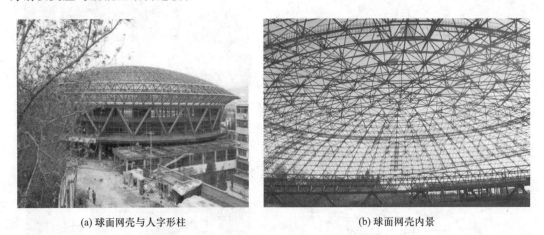

(a) 球面网壳与人字形柱   (b) 球面网壳内景

图 4.7 北京奥运会老山自行车馆网壳结构

图 4.8 为 2019 年建设完工的北京大兴国际机场,总占地面积约 140 万 m² ,用钢量达到

5.5 万 t。其中航站楼屋顶面积达 18 万 m^2,跨度达 180 m,最高点和最低点起伏高差约 30 m,是全球最大的单体航站楼。航站楼屋顶结构采用自由曲面网架形式,由 12 300 个球形节点和超过 60 000 根杆件组成,网架质量超过 3 万 t,庞大的屋盖仅用了 8 根 C 形柱作支撑。

(a) 航站楼鸟瞰

(b) 航站楼网架结构

图 4.8 北京大兴国际机场

国际上也有许多杰出的工程应用了网壳结构。如日本名古屋体育馆采用单层球壳,直径达到 187 m(图 4.9),该网壳结构采用铸钢节点连接,是当时世界上跨度最大的单层网壳结构。图 4.10 是英国为纪念新千年到来而建造的著名工程——英国 Eden 植物生态园,该工程是大跨空间结构中的杰作,其覆盖材料为一种新型透明膜材 ETFE,主体结构由多个双层短程线网壳组合而成,采用螺栓球节点连接,结构轻巧美观,集中地体现了空间结构的结构美和建筑美。

(a) 外景

(b) 内景

图 4.9 日本名古屋体育馆

3. 张力结构类

张力结构类包括悬索结构和薄膜结构。张力结构是对柔性的索或膜施加预张力之后形成的结构体系,具有非线性特征,其主要受力构件是单向受拉的索或双向受拉的膜。如果一个结构中所有构件均受拉力,那将是最经济的结构,因为它可以最充分地利用材料的强度,因此特别适用于大跨度结构。建筑大师富勒一直在寻求全张力结构体系,他认为,在结构中应该尽可能地减少受压状态而使结构处于连续的张力状态,从而"让压力成为张力海洋中的孤岛"。

(a) 外景　　　　　　　　　　　　(b) 内景

图 4.10　英国 Eden 植物生态园

　　图 4.11 为 1988 年第十五届冬季奥运会主赛馆——加拿大卡尔加里滑冰馆,其平面为 135.3 m×129.4 m 的椭圆。鞍形索网支承于周边受压圈梁上,且为加强巨大屋盖的刚度与稳定性,在承重索方向板缝内安放无黏结钢丝束,灌缝后张拉,形成装配整体预应力悬挂薄壳。图 4.12 为我国 1986 年建成的吉林冰上运动中心滑冰馆,采用了承重索与稳定索相互错开半个间距的布置,其间设置纵向桁架式檩条形成工作空间,平面尺寸为 59 m×76.8 m,在两端稳定索低于承重索的部分,用斜拉杆与两索连接形成波形屋面,妥善地解决了排水问题,并呈现了新颖的造型。2018 年建成的苏州工业园区体育中心体育场(图 4.13),建筑面积 8.1 万 m²,屋盖采用椭圆形平面单层马鞍形索网结构,短方向跨度 230 m,长方向跨度 260 m;马鞍形高差 25 m,索网结构径向索、内环索均采用进口全封闭索,径向为单根索,直径为 100 mm、110 mm、120 mm 三种规格,内环为 8 根索,直径均为 100 mm。索网采用边缘与外压环连接的方式,环梁采用 Q345C 圆钢管,直径 1 500 mm,壁厚 45~60 mm 不等。外压环和 V 形柱刚性连接,V 形柱根据受力不同,材料采用 Q345C 和 Q390C,柱截面 950 mm×16 mm~1 100 mm×35 mm 不等,截面采用圆管或圆管加内加强板形式。2018 年建成的四川雅安天全体育馆(图 4.14),建筑面积约 1.4 万 m²,容纳约 2 700 座席,建筑高度 29.27 m,体育馆外形呈倒圆台形,屋盖结构平面为直径约 95 m 的圆形,中部为直径 77.3 m 的大跨索穹顶结构,索穹顶共设三道环索,自内向外。拉索采用高钒索,钢丝强度 1 670 MPa;撑杆和刚性拉环采用 Q345B 圆钢管,环索通过撑杆与上部刚性环相连,刚性环内为中心采光顶;径向索采用内圈肋型、中圈和外圈葵花型布置,环向采用 15 等分的布置方式,以合理控制金属屋面的檩条跨度;最内、最外斜索与水平面夹角约为 25°,中部斜索与水平面夹角配合马道标高约 30°。直径 77.3 m 的外环配合建筑造型设 2.5 m(宽)×1.9 m(高)的混凝土大环梁,通过混凝土压力环平衡索穹顶斜索与脊索产生的拉力,充分利用了拉索受拉强度高和混凝土抗压性能好的特点,发挥了材料的优势。国家速滑馆(图 4.15)是 2022 年北京冬奥会的标志性场馆。国家速滑馆的屋面呈双曲马鞍形,是目前世界上体育场馆中规模最大的单层双向正交马鞍形索网屋面,平面为椭圆形,屋面索网长轴(南北向)为稳定索,跨度 198 m,拱高 7 m,拉索采用直径 74 mm 的 1 570 级高钒封闭平行双索;短轴(东西向)为承重索,跨度 124 m,垂度 8.25 m,采用直径 64 mm 的平行双索;整体索网的网格平面投影间距 4 m。国家速滑馆整体屋面钢索及节点用钢量仅 960 t 左

4.2　国家速滑馆

右,充分体现了集约化建设理念。

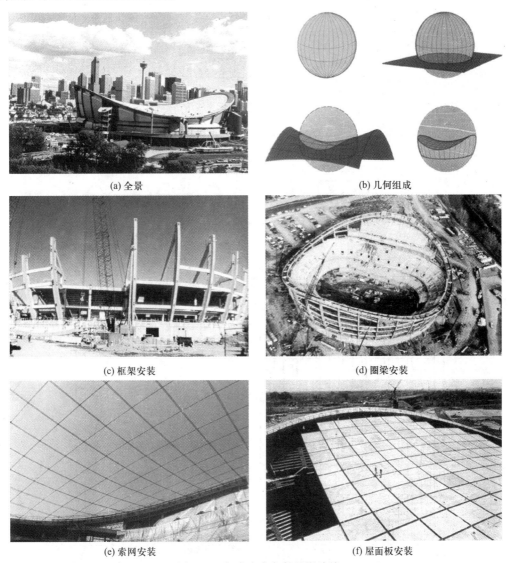

(a) 全景　　　　　　　　　　　　　(b) 几何组成

(c) 框架安装　　　　　　　　　　　(d) 圈梁安装

(e) 索网安装　　　　　　　　　　　(f) 屋面板安装

图 4.11　加拿大卡尔加里滑冰馆

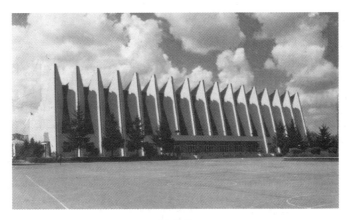

(a) 外景

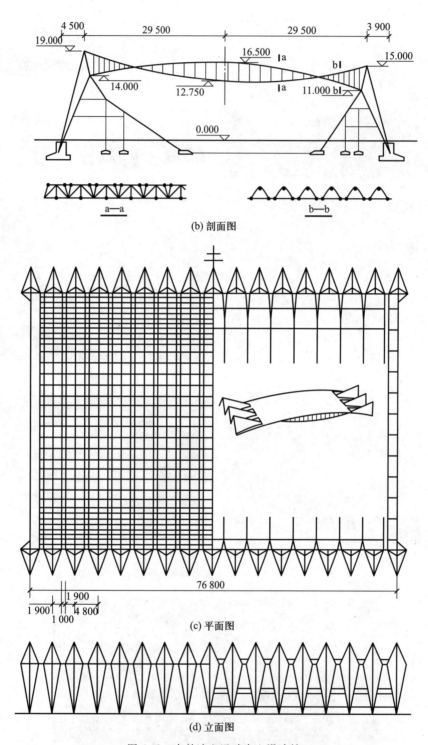

(b) 剖面图

(c) 平面图

(d) 立面图

图 4.12 吉林冰上运动中心滑冰馆

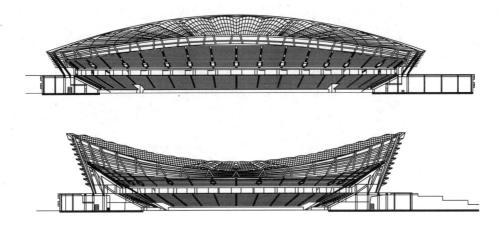

(a) 体育场侧立面示意图

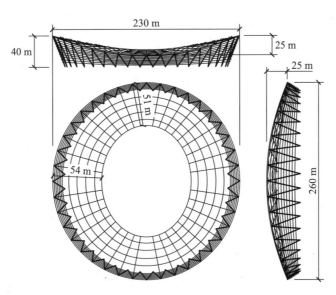

(b) 体育场尺寸图

(c) 体育场内景

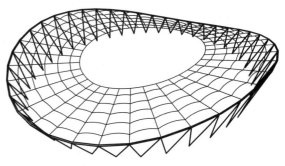

(d) 开口式马鞍形索网轴测图

图 4.13 苏州工业园区体育中心体育场

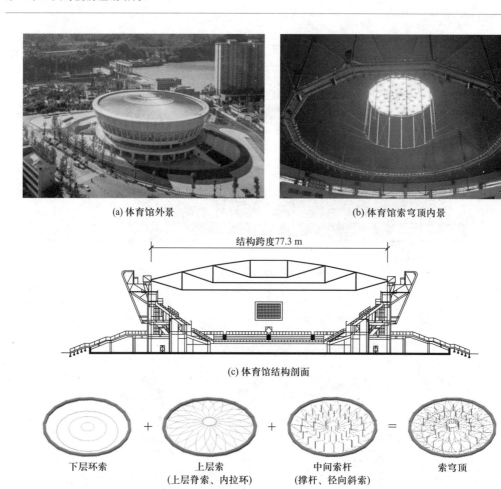

(a) 体育馆外景　　　　　　　　　　　(b) 体育馆索穹顶内景

(c) 体育馆结构剖面

(d) 屋面索穹顶组合形式

下层环索　+　上层索
（上层脊索、内拉环）　+　中间索杆
（撑杆、径向斜索）　=　索穹顶

图 4.14　四川雅安天全体育馆

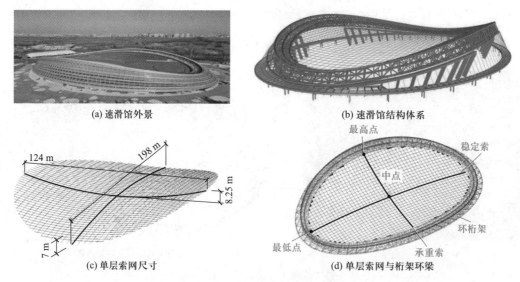

(a) 速滑馆外景　　　　　　　　　　　(b) 速滑馆结构体系

(c) 单层索网尺寸　　　　　　　　　　(d) 单层索网与桁架环梁

图 4.15　北京冬奥会国家速滑馆

　　1993 年建成的美国丹佛国际机场候机大厅(图 4.16)被看作寒冷地区大型封闭张拉膜结构的成功范例。其平面尺寸为 305 m×67 m,由 17 个连成一排的双桅杆支承帐篷膜单元屋顶所覆盖。屋顶由双层 PTFE 膜材构成,中间间隔 600 mm,保证大厅内温暖舒适并且不受飞机噪声的影响。设计中利用直径达 1 m 的充气软管解决了膜屋顶与幕墙之间产生相对位移时的构造连接问题。20 世纪末,为了迎接千禧年的到来,伦敦泰晤士河畔的格林尼治半岛北端建造了千年穹顶(图 4.17)供庆典使用。穹顶周长 1 km,直径 365 m,覆盖面积 10 万 m²,中心高度 50 m,由 12 根 100 m 高的钢桅杆将膜屋顶吊起。这座穹顶集中体现了 20 世纪建筑技术的精华。

(a) 外景

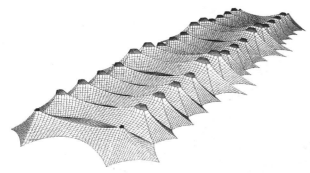

(b) 轴测图

(c) 帐篷膜单元

图 4.16　美国丹佛国际机场候机大厅

(a) 施工中

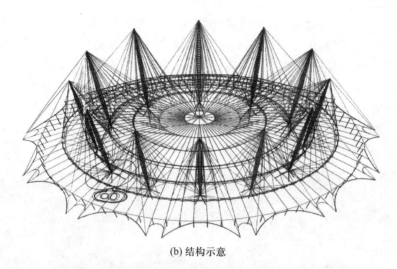

(b) 结构示意

(c) 桅杆和索网安装

(d) 中央节点

图 4.17　英国伦敦千年穹顶

　　图 4.18 是 1997 年建造的上海可容纳八万人的体育场,其马鞍形屋盖平面投影尺寸为 288.4 m×274.4 m,由 64 榀径向悬挑桁架和环向次桁架组成的空间结构作为骨架,最大悬挑长度 73.5 m,屋面共有 57 个由 8 根拉索和一根立柱覆以膜材组成的伞状单体,膜的覆盖面积为 2.89 万 m^2。这是我国首次将膜结构大面积应用于永久建筑。图 4.19 为威海体育场,

其挑蓬结构由 34 个伞形单元组成,最大单元平面尺寸为 18 m×30 m。该膜工程是我国大型张拉式膜结构的典型代表工程之一。

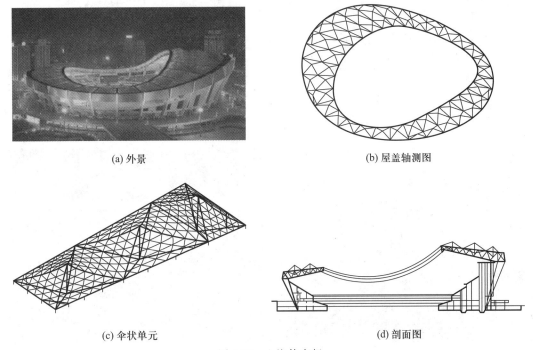

(a) 外景

(b) 屋盖轴测图

(c) 伞状单元

(d) 剖面图

图 4.18　上海体育场

图 4.19　威海体育场

　　集中以上某两种或几种结构的优点组合而成的结构通常称为混合结构或杂交结构,如张弦桁架体系(图 4.20,哈尔滨国际会展体育中心)、索承(弦支)网壳(图 4.21,济南奥体中心体育馆)等。哈尔滨国际会展体育中心建筑总长度为 618 m,宽为 128 m(主跨大厅)+20 m(附属玻璃长廊),其中主馆采用大跨度预应力张弦桁架结构体系,中部由相同的 35 榀跨度为 128 m 的张弦桁架覆盖,桁架间距为 15 m,屋面设置了 5 道纵向刚性支撑和沿周边布置的平面交叉支撑组成的支撑系统,张弦桁架支承在前端的人字形摇摆柱和后端的刚性柱上,人字形柱既可以传递竖向力,又提供足够强大的纵向刚度。桁架弦杆与腹杆间为相贯焊接连接,材质为 Q345B,拉索规格为 $\phi 7 \times 439$ 的高强度低松弛镀锌钢丝束,抗拉强度 1 570 MPa,拉索锚具采用 40Cr 钢。2008 年建设的济南奥体中心体育馆采用弦支穹顶结构

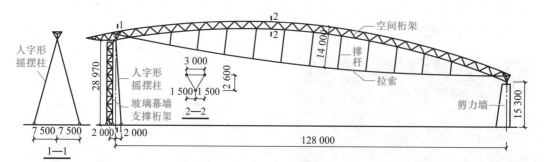

(a) 剖面图

(b) 施工过程

(c) 内景

图 4.20　哈尔滨国际会展体育中心

(a) 体育馆外景

(b) 体育馆环索与斜索布置

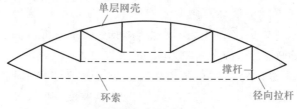

(c) 体育馆弦支穹顶结构示意

图 4.21　济南奥体中心体育馆

形式,跨径最大为 122 m,屋盖矢高为 12.2 m,该结构体系由上部单层网壳和下部弦支索杆体系构成,上部单层网壳网格布置形式为 Kiewitt 型和葵花型内外混合布置形式;下部弦支索杆体系为肋环型布置,设置三道环索,局部布置构造钢棒;其中撑杆采用圆钢管、上下端铰接,其预应力靠张拉径向钢拉杆的方式建立。整个结构支承于周边混凝土环梁上,弦支穹顶为刚柔杂交索杆梁体系,上部单层网壳承担了大部分荷载,力流大部分由其传递,但稳定性不足,下部预应力索杆体系增强了体系刚度,减少了结构位移,二者相得益彰。这些结构形式已经成为近年来的研究热点,推动着空间结构的发展。应该指出的是,将平面桁架的截面改造成空间形体,成为立体桁架,明显增大了横向刚度,这种结构体系在大跨空间结构工程实践中得到广泛应用。随着对体育场馆功能要求的提高,一种可以避免天气状况影响的大跨空间结构形式——开合结构(图 4.22a、b,日本福冈穹顶,$D = 222$ m;图 4.22c、d,南通体育场)已在国内外得到应用。

(a) 日本福冈穹顶全景

(b) 日本福冈穹顶不同开启状态

(c) 南通体育场全景　　　　　　　　(d) 南通体育场开启时内景

图 4.22　开合结构

　　相对于平面结构,空间结构形式丰富、生动活泼、结构美观且富有艺术表现力。世界各国已经建造了大量不同跨度、不同类型的空间结构。其受力合理、结构刚度大、重量轻、用钢量低的特点已经成为共识。1963 年美国著名建筑师史密斯(M.G. Smith)对 166 个已建成的大跨度钢结构工程进行了统计分析,对刚架、桁架、拱、网架和网壳(穹顶)每平方米用钢量的分析见图 4.23。从图中可以看出:当跨度不大时,各种结构用钢量大体相当;随着跨度的增加,网架和不同形式的网壳(穹顶)均比平面结构节省钢材。特别是近年来采用较多的膜结构,使屋盖质量更轻,巨大的英国伦敦千年穹顶,用钢量仅为 20 kg/m^2。

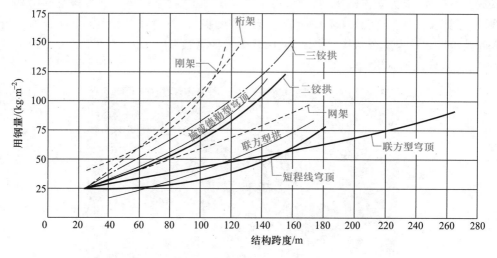

图 4.23　各种钢结构用钢量分析

　　正因为空间结构不断地创新、发展并采用了大量新材料、新工艺、新技术,已经对现代建筑产生了重大影响,成为反映一个国家建筑科学技术水平的重要标志,大跨空间结构也成为一个朝气蓬勃的研究领域。本章将重点介绍属于空间结构的空间网格结构和张力结构。

4.2　大跨度房屋钢结构的形式和受力特点

4.2.1　网架结构的形式和受力特点

　　平板型网架结构简称为网架结构,是以多根杆件按照一定规律组合而成的网格状高次超静定空间杆系结构。杆件以钢制的管材或型材为主。网架结构具有空间刚度好、用材经济、工厂预制、现场安装和施工方便等优点,因此得到广泛应用。

　　要掌握网架结构的构成原理及规律,才能在工程实践中根据各类网架的特性及其力学特征进行合理的选型。目前国内外常用的网架结构可分为三大类、13 种具体的网架形式。

1. 平面桁架系网架

平面桁架系网架由平面桁架交叉组成,根据平面形状、跨度大小和建筑设计对结构刚度的要求等情况,网架可由两向平面桁架或三向平面桁架交叉而成,如图 4.24 所示。

从图中可以看出,这类网架上下弦杆的长度相等,而且其上下弦杆和腹杆位于同一垂直平面内。在各向平面桁架的交点处(即节点处)有一根共用的竖杆。连接上下弦节点的斜腹杆的倾斜方向应布置成使杆件受拉的状态,这样受力较为有利。

根据上述原则,结合下部结构的具体条件,分为下述五种平面桁架系网架。

(1) 两向正交正放网架

两向正交正放网架(图 4.25)由两个方向的平面桁架交叉组成,各向桁架的交角成 90°。在矩形建筑平面中应用时,两向桁架分别与建筑物两个方向的建筑轴线垂直或平行。这类网架两个方向桁架的节间宜布置成偶数,如为奇数网格,则其中间节间应做成交叉腹杆。另外,在其上弦平面的周边网格中应设置附加斜撑,以传递水平荷载。当支承节点在下弦节点时,下弦平面内的周边网格也应设置此类杆件。

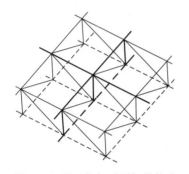

图 4.24 平面桁架系网架的构成

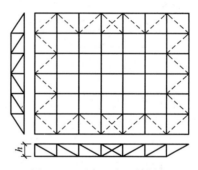

图 4.25 两向正交正放网架

(2) 两向正交斜放网架

两向正交斜放网架(图 4.26)也是由两个方向的平面桁架交叉而成的,其交角成 90°,它与两向正交正放网架的组成方式完全相同,只是将它在建筑平面上放置时转动 45°角,每向平面桁架与建筑轴线的交角不再是正交而成 45°角。

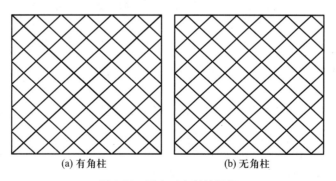

(a) 有角柱 (b) 无角柱

图 4.26 两向正交斜放网架

这类网架两个方向平面桁架的跨度有长有短,节间数有多有少,但网架是等高的,因此各榀桁架刚度各异,能形成良好的空间受力体系。

（3）两向斜交斜放网架

两向斜交斜放网架（图 4.27）也是由两个方向的平面桁架交叉组成的。但其交角不是正交，而是根据下部两个方向支承结构的间距而变化的，两向桁架的交角可成任意角度。

这类网架节点构造复杂，受力性能也不理想，只有当建筑平面长宽两个方向的支承间距不等时才会被采用。

（4）三向网架

三向网架（图 4.28）由三个方向的平面桁架相互交叉而成，其相互交叉的角度成 60°。网架的节点处均有一根为三个方向平面桁架共用的竖杆。

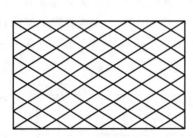

图 4.27　两向斜交斜放网架

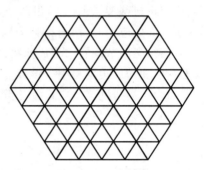

图 4.28　三向网架

这类网架的网格一般呈正三角形。由于各向桁架的跨度及节间数各不相同，故各榀桁架的刚度也各异，因而受力性能很好，整个网架的刚度也较大。但是，三向网架每个节点处汇交的杆件数量很多，最多达 13 根，故节点构造比较复杂。

（5）单向折线形网架

单向折线形网架（图 4.29）由一系列平面桁架互相倾斜相交成 V 形而构成，也可看作将正放四角锥网架取消了纵向的上下弦杆。它只有沿跨度方向的上下弦杆，因此，呈单向受力状态。但它比单纯的平面桁架刚度大，不需要布置支撑体系，所有杆件均为受力杆件，截面由计算确定。为加强其整体刚度，使其构成一个完整的空间结构，其周边还需按图 4.29 所示增设部分上弦杆件。

由于单向折线形网架主要呈单向受力状态，故适宜在较狭长的建筑平面中采用。

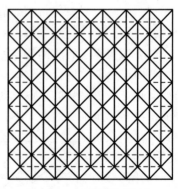

图 4.29　单向折线形网架

2. 四角锥体系网架

倒置的四角锥体是四角锥体系网架的组成单元。这类网架上下弦平面内的网格均呈正方形。上弦网格的形心即是下弦网格的交点。从上弦网格的四个交点向下弦交点用斜腹杆相连，即形成倒置的四角锥体单元（图 4.30）。

各独立四角锥体的连接方式可以是四角锥体的底边与底边相连，也可以是四角锥体底边的角与角相连。根据单元体连接方式的变化，四角锥体系网架分为以下五种形式。

（1）正放四角锥网架

正放四角锥网架（图 4.31）的构成，是以倒置的四角锥体为组成单元，将各个倒置的四角

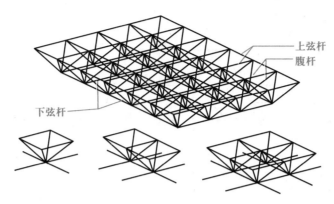

图 4.30　四角锥网架的组成

锥体的底边相连,再将锥顶用与上弦杆平行的杆件连接起来,即形成正放四角锥网架。这种网架的上下弦杆均与建筑物边线平行或垂直,而且没有垂直腹杆。正放四角锥网架的每个节点均汇交八根杆件。网架中上弦杆与下弦杆等长,如果网架斜腹杆与下弦平面夹角成45°,则网架全部杆件的长度均相等。

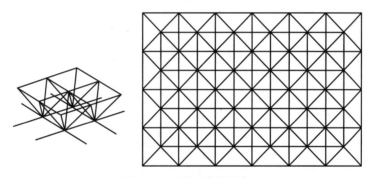

图 4.31　正放四角锥网架

正放四角锥网架受力比较均匀,空间刚度也比其他四角锥网架及两向网架要大。同时,由于网格相同也使屋面板的规格减少,并便于起拱和屋面排水处理。这种网架在国内外得到了广泛的应用,特别是一些在工厂制作的定型化网架,都以四角锥作为预制单元,然后拼成正放四角锥网架。

(2)正放抽空四角锥网架

正放抽空四角锥网架(图 4.32)的组成方式与正放四角锥网架基本相同,除周边网格中的锥体不变动外,其余网格可根据网架的支承情况有规律地抽掉一些锥体。正放抽空四角锥网架杆件数目较少,构造简单,经济效果较好。但是,网格抽空以后,下弦杆内力增大且受力差别较大,刚度也较正放四角锥网架小些,故一般多在轻屋盖及不需设置吊顶的情况下采用。

(3)斜放四角锥网架

斜放四角锥网架(图 4.33)的组成单元也是倒置的四角锥体,它与正放四角锥网架的不同之处是四角锥体底边的角与角相接,如图 4.33 所示。这种网架的上弦网格呈正交斜放,而其下弦网格则与建筑轴线平行或垂直呈正交正放。

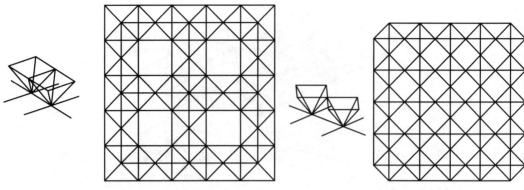

图 4.32　正放抽空四角锥网架　　　　　　　　图 4.33　斜放四角锥网架

斜放四角锥网架的上弦杆短而下弦杆长。在一般情况下,网架的上弦承受压力、下弦承受拉力,因而这种网架受力合理,能充分发挥杆件截面的作用,耗钢量也较低。这种网架每个节点汇交的杆件也最少,上弦节点处 6 根,下弦节点处 8 根,因而节点构造简单。在周边支承的正方形或接近正方形的矩形平面屋盖中应用时能充分发挥其优点。目前,这种网架在国内工程中应用相当广泛。

（4）棋盘形四角锥网架

棋盘形四角锥网架(图 4.34)由于其形状与国际象棋的棋盘相似而得名。其组成单元也是倒置的四角锥体,其构成原理与斜放四角锥网架基本相同,是将斜放四角锥网架水平转动 45°角而成的。因而其上弦杆为正交正放,下弦杆为正交斜放。

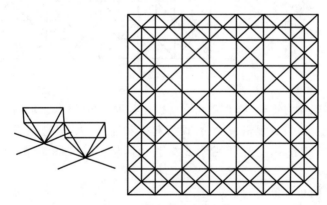

图 4.34　棋盘形四角锥网架

棋盘形四角锥网架也具有上弦杆短而下弦杆长的特点。在周边布置成满锥的情况下刚度也较好。它具有斜放四角锥网架的全部优点,而且屋面构造简单。

（5）星形四角锥网架

星形四角锥网架(图 4.35)的构成与上述四种四角锥网架区别较大。它的组成单元体由两个倒置的三角形小桁架正交形成,在交点处有一根共用的竖杆,形状像一个星体。将单元体的上弦连接起来即形成网架的上弦,将各星体顶点相连即为网架的下弦。上弦杆呈正交斜放,下弦杆呈正交正放,网架的斜腹杆均与上弦杆位于同一垂直平面内。

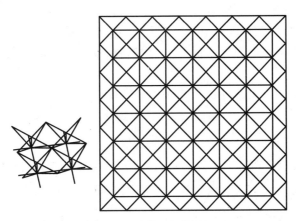

图 4.35　星形四角锥网架

星形四角锥网架的上弦杆短、下弦杆长,受力合理。竖杆受压,其内力等于上弦节点荷载。但其刚度稍差,不如正放四角锥网架。一般适用于中小跨度的周边支承屋盖。

3. 三角锥体系网架

三角锥体系网架以倒置的三角锥体为其组成单元,锥底为等边三角形。将各个三角锥体底面互相连接起来即为网架的上弦,锥顶用杆件相连即为网架的下弦,如图 4.36 所示。三角锥体的三条棱即为网架的斜腹杆。在这种单元组成的基础上,有规律地抽掉一些锥体或改变三角锥体的连接方式,形成以下三种三角锥体系网架。

(1) 三角锥网架

三角锥网架(图 4.37)由倒置的三角锥体组合而成。其上下弦网格均为正三角形。倒置三角锥的锥顶位于上弦三角形网格的形心。

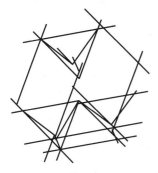

图 4.36　三角锥体系网架的组成单元

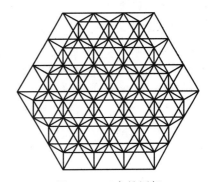

图 4.37　三角锥网架

三角锥网架受力比较均匀,整体刚度也较好。如果网架的高度 $h = \sqrt{2/3} \cdot s$(s 为弦杆长度),则网架的全部杆件均等长。

三角锥网架一般适用于大中跨度及重屋盖的建筑物。当建筑平面为三角形、六边形或圆形时最为适宜。

(2) 抽空三角锥网架

抽空三角锥网架(图 4.38)在三角锥网架的基础上有规律地抽去部分三角锥而成。其上弦仍为正三角形网格,而下弦网格则因抽锥规律不同而有不同的形状,如图 4.38a 所示。抽空三角锥网架的抽锥规律是：沿网架周边一圈的网格均不抽锥，内部从第二圈开始沿三个方向间隔一个网格抽掉一个三角锥。图中加阴影的网格表示抽掉锥体的网格。从图中可以看出，网架上弦三个方向网格中的任一向，均是抽锥格与不抽锥格相间布置。下弦网格既有三角形也有六角形网格。

图 4.38b 所示的抽空三角锥网架则采用了另一种抽锥规律，即从周边网格就开始抽锥，沿三个方向间隔两个锥抽一个。内部也按同样的规律在抽掉锥体网格的对称位置上抽锥。图中加阴影的网格即为抽掉锥体的网格。其下弦网格呈完整的六边形。

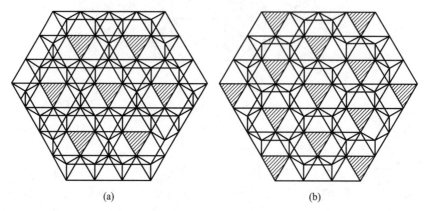

(a)　　　　　　　　　　　　　　(b)

图 4.38　抽空三角锥网架

由于抽空三角锥网架抽掉杆件较多，刚度不如三角锥网架。为增强其整体刚度，各种抽空三角锥网架的周边宜布置成满锥，即周边网格不抽锥，从第二圈开始按上述规律抽锥。

抽空三角锥网架适用于中小跨度的轻屋盖建筑。

（3）蜂窝形三角锥网架

蜂窝形三角锥网架（图 4.39）也是由倒置的三角锥体组成的，但其排列方式与前面所述的两种三角锥网架不同。它是将各倒置三角锥体底面的角与角相接，因而其上弦网格是规律排列的三角形与六边形。由于其图形与蜜蜂的蜂巢相似，故称为蜂窝形三角锥网架。这种网架的下弦网格呈单一的六边形，其斜腹杆与下弦杆位于同一垂直平面内，每个节点有六根杆件交汇。

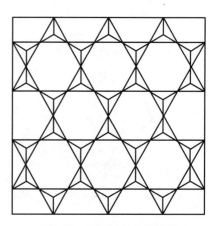

图 4.39　蜂窝形三角锥网架

蜂窝形三角锥网架的上弦短、下弦长，受力比较合理。在各类网架中它的杆件数和节点数都比较少，在中小跨度轻屋盖中采用能收到较好的经济效果。

4.2.2　网壳结构的分类

网壳结构的分类通常有按层数划分、按高斯曲率划分和按曲面外形划分等。按层数划分可分为单层网壳和双层网壳两种，见图 4.40。

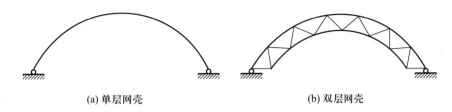

(a) 单层网壳　　　　　　　　　　　　(b) 双层网壳

图 4.40　单层网壳和双层网壳

1. 按高斯曲率分类

（1）零高斯曲率的网壳

零高斯曲率是指曲面一个方向的主曲率半径 $R_1 = \infty$，即 $k_1 = 0$；而另一个方向的主曲率半径 $R_2 = \pm a$（a 为某一数值），即 $k_2 \neq 0$。故又称为单曲网壳。

零高斯曲率的网壳有柱面网壳、圆锥形网壳（如图 4.41a 所示）等。

（2）正高斯曲率的网壳

正高斯曲率是指曲面的两个方向的主曲率同号，均为正或均为负，即 $k_1 \cdot k_2 > 0$。

正高斯曲率的网壳有球面网壳、双曲扁网壳（图 4.41b）和椭圆抛物面网壳等。

（3）负高斯曲率的网壳

负高斯曲率是指曲面两个方向的主曲率符号相反，即 $k_1 \cdot k_2 < 0$，这类曲面一个方向是凸的，一个方向是凹面。

负高斯曲率的网壳有双曲抛物面网壳、单块扭网壳（图 4.41c）等。

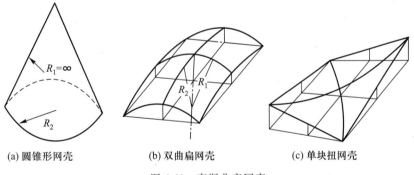

(a) 圆锥形网壳　　　　　(b) 双曲扁网壳　　　　　(c) 单块扭网壳

图 4.41　高斯曲率网壳

2. 按曲面外形分类

网壳结构按曲面外形，主要分为如下几种形式。

（1）球面网壳

球面网壳是由一圆弧线作为母线绕 z 轴（经过圆弧圆心）旋转而成，见图 4.42。它适用于圆平面。高斯曲率 > 0，曲率半径 $R_1 = R_2 = R$。球面网壳是常用的网壳形式之一。

（2）双曲扁网壳

双曲扁网壳的矢高 f 较小，如图 4.43 所示。$a > b$，$a/b \leqslant 2$，且 $f/b \leqslant 1/5$，高斯曲率 > 0。该网壳适用于矩形平面。

扁网壳的曲面可由球面、椭圆抛物面和双曲抛物面等组成。

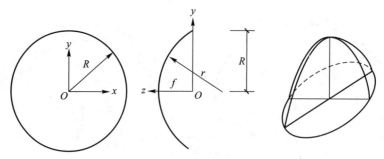

图 4.42   球面网壳

（3）柱面网壳

柱面网壳由一根直线沿两根曲率相同的曲线平行移动而成,如图 4.44 所示。它根据曲线形状不同分为圆柱面网壳、椭圆柱面网壳和抛物线柱面网壳。因母线是直线,故曲率 $k_1 = 0$,高斯曲率等于零。柱面网壳适用于矩形平面,是国内常用的网壳形式之一。

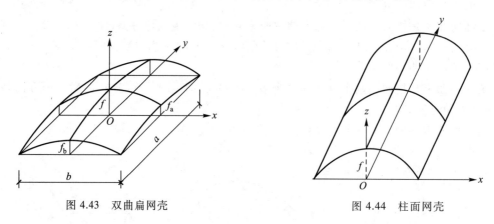

图 4.43   双曲扁网壳   图 4.44   柱面网壳

（4）圆锥面网壳

圆锥面网壳由一根直线与转动轴呈一夹角,经旋转而形成,如图 4.45 所示,网壳的高斯曲率等于零。

（5）扭曲面网壳

扭曲面网壳如图 4.46 所示,高斯曲率<0,适用于矩形平面。

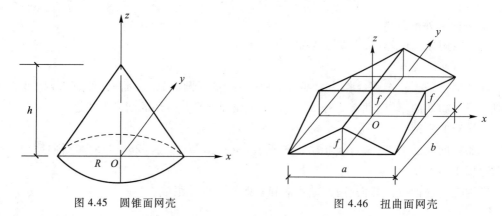

图 4.45   圆锥面网壳   图 4.46   扭曲面网壳

（6）单块扭网壳

单块扭网壳如图 4.47 所示，高斯曲率<0，适用于矩形平面。它的特点是与 *xz*、*yz* 平面平行的面与网壳曲面的交线是直线。

图 4.47　单块扭网壳

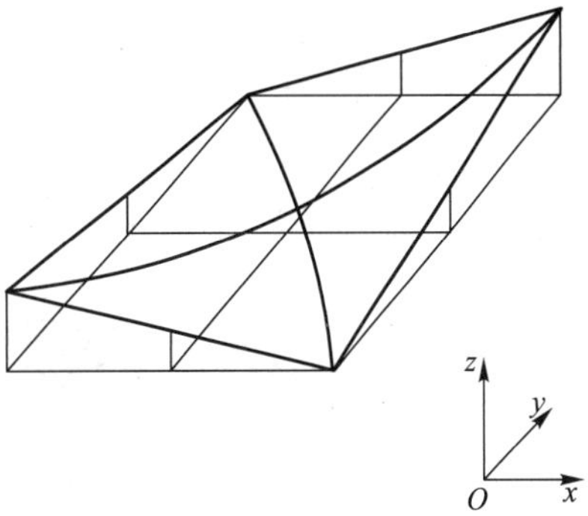

（7）双曲抛物面网壳

双曲抛物面网壳由一根曲率向下（$k_1>0$）的抛物线（母线），沿着与之正交的另一根曲率向上（$k_2<0$）的抛物线平行移动而成。该曲面呈马鞍形，如图 4.48 所示。如沿曲面斜向垂直切开时，则均为直线。高斯曲率<0。该网壳适用于矩形、椭圆形和圆形等平面。

（8）切割或组合形成的曲面网壳

球面网壳用于三角形、六边形和多边形平面时，可采用切割方法组成新的网壳形式，如图 4.49 所示。

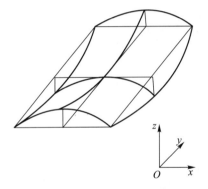

图 4.48　双曲抛物面网壳

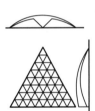

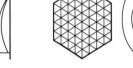

图 4.49　切割形成球面网壳

由单块扭面组成的各种网壳列于图 4.50。还有其他形式组合和切割形成的网壳，这里不再赘述。

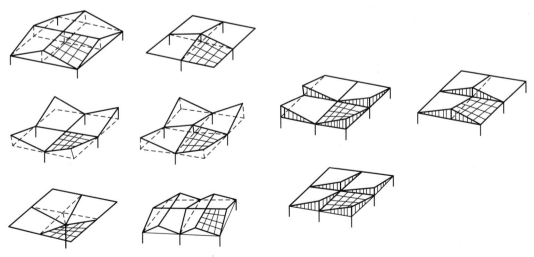

图 4.50　单块扭面组成的网壳

4.2.3　球面网壳的网格划分和受力特点

球面网壳又称穹顶(图 4.51),可分为单层和双层两大类。以下按网格划分方法分述它们的形式。

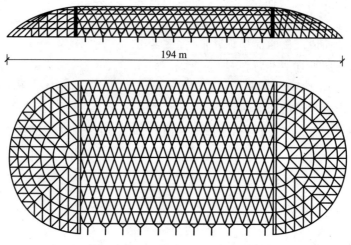

图 4.51　球面和柱面组成的网壳

1. 单层球面网壳的形式

单层球面网壳可按网格形式划分为以下类型。

（1）肋环型球面网壳

肋环型球面网壳由径肋和环杆组成,如图 4.52 所示。径肋汇交于球顶,使节点构造复杂。环杆如能与檩条共同工作,可降低网壳整体用钢量。

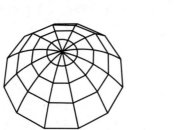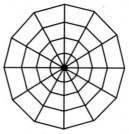

图 4.52　肋环型球面网壳

肋环型球面网壳的大部分网格呈梯形,每个节点只汇交四根杆件,节点构造简单,整体刚度差,适用于中、小跨度。

（2）施威德勒型球面网壳

这种网壳在肋环型基础上加斜杆组成,大大提高了网壳的刚度,提高了抵抗非对称荷载的能力。根据斜杆布置不同可分为单斜杆(图 4.53a、b)、交叉斜杆(图 4.53c)和无环杆的交叉斜杆(图 4.53d)等,网格为三角形,刚度好,适用于大、中跨度。

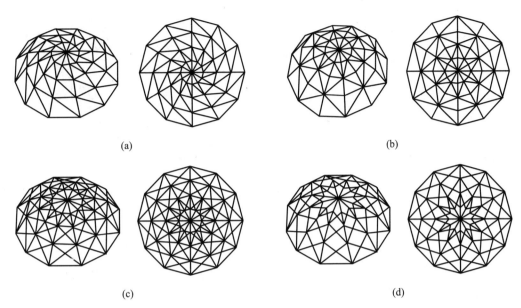

图 4.53 施威德勒型球面网壳

（3）联方型球面网壳

这种网壳由人字斜杆组成菱形网格，两斜杆夹角为 30°~50°，造型美观，如图 4.54a 所示。为了增强网壳的刚度和稳定性，在环向加设杆件，使网格成为三角形，如图 4.54b 所示。此种网壳适用于大、中跨度。

（4）三向网格型球面网壳

这种网壳的网格在水平投影面上呈正三角形，即在水平投影面上，通过圆心作夹角为 ±60° 的三个轴，将轴 n 等分并连线，形成正三角形网格，再投影到球面上形成三向网格型网壳，如图 4.55 所示。其受力性能好，外形美观，适用于中、小跨度。

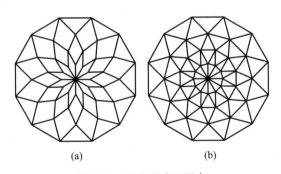

图 4.54 联方型球面网壳

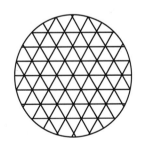

图 4.55 三向网格型球面网壳

（5）凯威特型球面网壳

这种网壳由 $n(n=6,8,12,\cdots)$ 根径肋把球面分为 n 个对称扇形曲面，每个扇形面内，再由环杆和斜杆组成大小较匀称的三角形网格，如图 4.56 所示。这种网壳综合了旋转式划分法与均分三角形划分法的优点，因此，不但网格大小匀称，而且内力分布均匀，适用于大、中跨度。

（6）短程线球面网壳

如图 4.57a 所示,用过球心 O 的平面截球,在球面上所得截线称为大圆。在大圆上 A、B 两点连线为最短路线,称短程线。由短程线组成的平面组合而成的空间闭合体,称为多面体。如果短程线长度一样,称为正多面体。球面是多面体的外接圆。

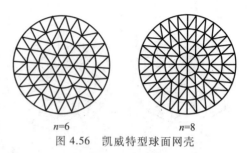

图 4.56　凯威特型球面网壳

短程线球面网壳由正 20 面体在球面上划分网格,每一个平面为正三角形,把球面划分为 20 个等边球面三角形,如图 4.57b、c 所示。在实际工程中,正 20 面体的边长太大,需要再划分。再划分后杆件的长度会有微小差异。将正三角形再划分的方法主要有弦均分法、等弧再分法和边弧等分法。

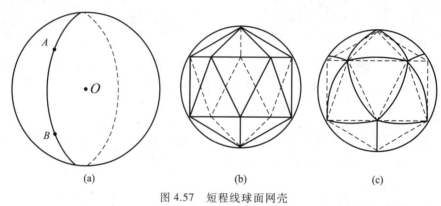

图 4.57　短程线球面网壳

2. 双层球面网壳的形式

双层球面网壳可由交叉桁架体系和角锥体系组成。

（1）交叉桁架体系

以上所述六种单层球面网壳网格划分形式都可适用于交叉桁架体系,只要将单层网壳中每个杆件用平面网片基本单元(图 4.58)来代替,即可形成双层球面网壳,网片竖杆为各杆共用,方向通过球心。

（2）角锥体系

由四角锥和三角锥组成的双层球面网壳主要有:

1）肋环型四角锥球面网壳,如图 4.59 所示。

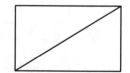

图 4.58　平面网片基本单元

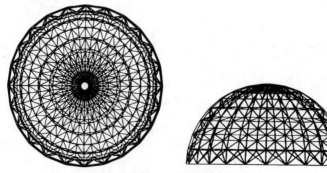

图 4.59　肋环型四角锥球面网壳

2）联方型四角锥球面网壳,如图 4.60 所示。

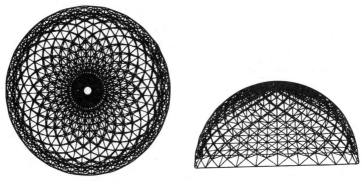

图 4.60　联方型四角锥球面网壳

3）联方型三角锥球面网壳,如图 4.61 所示。

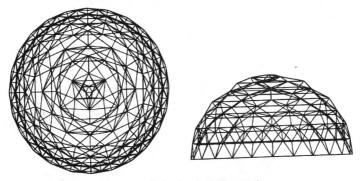

图 4.61　联方型三角锥球面网壳

4）平板组合式球面网壳,如图 4.62 所示。此种形式将球面变为多面体,每一面为一平板网架。

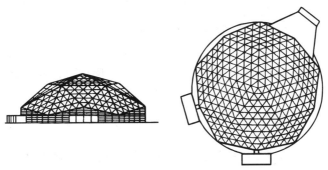

图 4.62　平板组合式球面网壳

4.2.4　柱面网壳的网格划分和受力特点

柱面网壳是目前国内常用的网壳形式之一。它分为单层和双层两类,下面按网格划分方法分述它们的形式和受力特点。

1. 单层柱面网壳的形式

单层柱面网壳按网格形式划分为以下类型。

（1）单斜杆型柱面网壳，如图 4.63a 所示。首先沿曲线划分等弧长，通过曲线等分点作平行纵向直线，再将直线等分，作平行于曲线的横切面，连接相邻纵向直线与切面的交点，形成方格，对每个方格加斜杆，即成单斜杆型柱面网壳。

（2）弗普尔型柱面网壳，如图 4.63b 所示。与单斜杆型柱面网壳的不同之处在于斜杆布置成人字形，亦称人字形柱面网壳。

（3）双斜杆型柱面网壳，如图 4.63c 所示。在方格内设置交叉斜杆，以提高网壳的刚度。

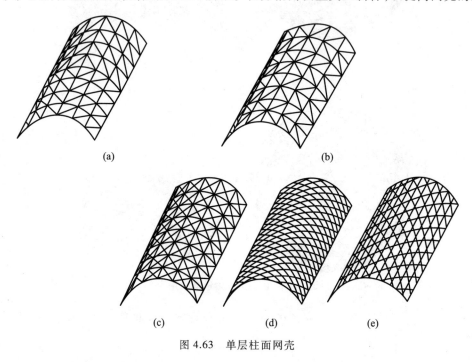

图 4.63　单层柱面网壳

（4）联方网格型柱面网壳，如图 4.63d 所示。其杆件组成菱形网格，杆件夹角为 $30° \sim 50°$。

（5）三向网格型柱面网壳，如图 4.63e 所示。三向网格可理解为联方网格上加纵向杆件，使菱形变为三角形。

单斜杆型与双斜杆型相比，前者杆件数量少，杆件连接易处理，但刚度差一些，适用于小跨度、小荷载屋面。

联方网格杆件数量最少，杆件长度统一，节点上只连接 4 根杆件，节点构造简单，刚度较差。三向网格型刚度最好，杆件品种也较少，是一种较经济合理的形式。

有时为了提高单层柱面网壳的整体稳定性和刚度，会在部分区段设横向肋。

2. 双层柱面网壳的形式

双层柱面网壳形式很多，主要由交叉桁架体系、四角锥体系、三角锥体系组成。

（1）交叉桁架体系

单层柱面网壳形式都可成为交叉桁架体系的双层柱面网壳，每个网片形式如图 4.58 所示。这里不再赘述。

（2）四角锥体系

四角锥体系在网架结构中共有五种,这几种类型是否都可应用于双层网壳,应从受力合理性角度分析。网架结构受力比较明确,对周边支承网架,上弦杆总是受压,下弦杆总是受拉,而双层网壳的上层杆和下层杆都可能出现受压。因此,上弦杆短、下弦杆长的网架形式在双层柱面网壳中并不一定适用。

四角锥体系组成的双层柱面网壳主要有:

1）正放四角锥柱面网壳,如图 4.64 所示。它由正放四角锥体按一定规律组合而成,杆件品种少,节点构造简单,刚度大,是目前最常用的形式之一。

2）抽空正放四角锥柱面网壳,如图 4.65 所示。这类网壳在正放四角锥网壳基础上适当抽掉一些四角锥单元中的腹杆和下层杆而形成,适用于小跨度、轻屋面荷载的情况,网格应为奇数。

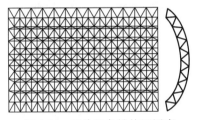 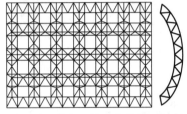

图 4.64　正放四角锥柱面网壳　　　　　图 4.65　抽空正放四角锥柱面网壳

3）斜置正放四角锥柱面网壳,如图 4.66 所示。

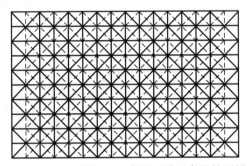

图 4.66　斜置正放四角锥柱面网壳

（3）三角锥体系

三角锥体系主要有三角锥柱面网壳（如图 4.67 所示）和抽空三角锥柱面网壳（如图 4.68 所示）。

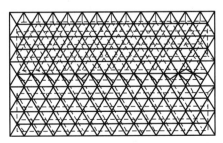 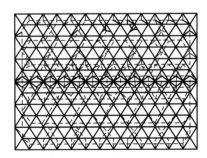

图 4.67　三角锥柱面网壳　　　　　图 4.68　抽空三角锥柱面网壳

4.2.5　双曲抛物面网壳的网格划分和受力特点

双曲抛物面网壳沿直纹两个方向可以设置直线杆件。主要形式有：

① 正交正放类，如图 4.69a、b 所示。组成网格为正方形，采用单层形式时，在方格内设斜杆；采用双层形式时可组成四角锥体。

② 正交斜放类，如图 4.69c 所示。杆件沿曲面最大曲率方向设置，抗剪刚度较弱。如在第三方向全部或局部设置杆件，可提高它的抗剪刚度，如图 4.69d、e、f 所示。

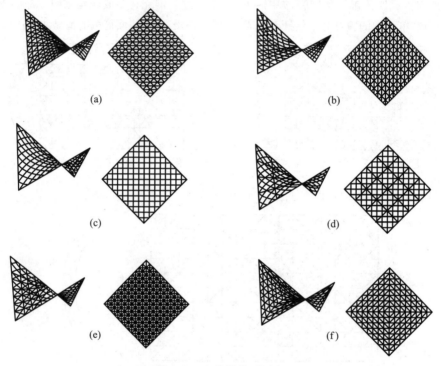

图 4.69　双曲抛物面网壳

4.2.6　悬索结构的形式和受力特点

在悬索结构的应用过程中人们创造了丰富多彩的结构形式。从几何形状、组成方法、悬索材料及受力特点等不同角度可有多种不同的分类方法。按组成方法和受力特点可将悬索结构大致区分为单层悬索体系、预应力双层悬索体系、预应力鞍形索网、含劲性构件的悬索结构、预应力横向加劲单层索系、预应力索拱体系、组合悬索结构、悬挂薄壳及混合悬挂结构等形式。下面对悬索的几种主要类型进行介绍。

1. 单层悬索体系

单层悬索体系由一系列按一定规律布置的单根悬索组成，悬索两端锚挂在稳固的支承结构上。单层悬索体系有平行布置、辐射式布置和网状布置三种形式。

平行布置的单层悬索体系形成下凹的单曲率曲面，适用于矩形或多边形的建筑平面，可用于单跨建筑,也可用于两跨及两跨以上的结构(见图4.70)。

依建筑造型和功能要求,悬索两端可以等高也可以不等高。索的两端等高或两端高差较小时,为解决屋面的排水问题,可对各根单索采用不同的垂跨比,或各索垂跨比不变调整各索的端部悬挂高度,以形成下凹的单曲率屋面的排水坡度。

由于悬索对两端支座有较大的水平力作用,因此合理可靠地解决水平力的传递成为悬索结构设计中的重要问题。图4.70a、b、c、d表示了各种不同的悬索支承体系。其中a图表示索的支承结构为水平梁与山墙顶部的压弯构件组成的闭合框架,水平梁在索的水平力作用下受弯工作,两端的压弯构件承受水平梁端的反力,索的水平力在闭合框架内自相平衡。水平梁往往因承受巨大的水平力作用而需较大的截面,但可利用建筑物下部的框架结构为水平梁提供一系列弹性支座,如b图所示。c图表示悬索直接锚挂在框架顶部,其水平力由框架传至基础。图4.70d、e中索的水平力由斜拉索传向地基。

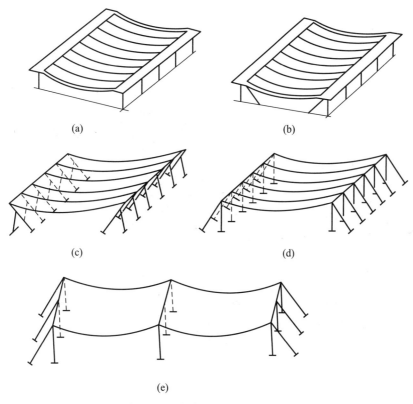

(a)　　　　　　　　　　　　　　(b)

(c)　　　　　　　　　　　　　　(d)

(e)

图4.70　平行布置的单层悬索体系

单索辐射式布置而形成的下凹双曲碟形屋面适用于圆形和椭圆形平面(图4.71a)。显然,下凹的屋面不便于排水,在允许的情况下可设内排水。当结构中央可设支柱时,可利用支柱为悬索提供中间支承,形成伞形屋面(图4.71b)。在辐射式布置的单层悬索体系中,索的一端锚固在中心环上,另一端锚固在外环梁上。在悬索拉力水平分量的作用下,内环受拉,外环受压,内环、悬索、外环形成一个平衡体系。悬索拉力的竖向分力不大,由外环梁直接传至下部的支撑柱。在这一体系中,受拉内环一般采用钢构件,充分发挥钢材的抗拉强度;受压的外环一般采用钢筋混凝土结构,充分利用混凝土的抗压强度,材尽其用,经济合理,因而辐射式布置的单层悬索体系可比平行布置的单层悬索体系的跨度更大。

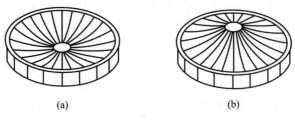

图 4.71　辐射式布置的单层悬索体系

网状布置的单层悬索体系形成下凹的双曲率曲面,两个方向的索一般呈正交布置,可用于圆形、矩形等各种平面。用于圆形平面时可省去中心拉环(图 4.72)。网状布置的单层悬索体系屋面板规格统一,但边缘构件的弯矩大于辐射式布置。山东淄博化纤厂餐厅的单层悬索屋盖也采用了这种网状布置,其平面形状为正方形,面积为 30 m×30 m。沿该屋盖两对角线还布置了两根主索,同时抬高正方形的四个角点和降低四条边的中点,较好地解决了屋面排水问题(图 4.73)。

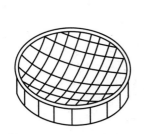

图 4.72　网状布置的单层悬索体系

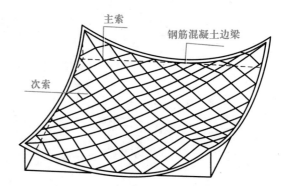

图 4.73　淄博化纤厂餐厅的单层悬索屋盖

单层悬索体系中索的受力与单根悬索相似,其形状稳定性不佳,这包含有相互联系的两层含义:① 悬索是一种可变体系,其平衡形状随荷载分布方式而变。例如,在均布恒荷载作用下,悬索呈悬链线形式(也可以近似地视为抛物线形式),此时如再施加某种不对称的活荷载或局部荷载,原来的悬链线或抛物线形式不再能保持平衡,悬索将产生相当大的位移,形成与荷载分布相对应的新的平衡形状。这种位移是由平衡形状的改变引起的,称为机构性位移,用来与一般由弹性变形引起的位移相区别。悬索抵抗机构性位移的能力就是索的形状稳定性,它与索的张紧程度(即索内初始拉力的大小)有关。② 抗风能力差。作用在悬挂屋盖上的风力主要是吸力,分布不均匀,会引起较大的机构性位移。同时,在风吸力作用下,由于悬索内的拉力下降,抵抗机构性位移的能力进一步降低。当屋面较轻时,甚至可能被风力掀起。

为使单层悬索体系具有必要的形状稳定性,一般有如下几种做法:

1)采用重屋面,如装配式钢筋混凝土屋面板等。利用较大的均布恒荷载使悬索始终保持较大的张紧力,以加强其维持原始形状的能力,既提高了抵抗机构变形的能力,又能较好地克服风力的卸载作用。但与此同时,重屋面使悬索截面增大,支承结构的受力也相应增大,从而影响经济效果。

2）采用预应力钢筋混凝土悬挂薄壳。为了进一步加强单层悬索体系屋盖的稳定性和改善其工作性能,往往对钢筋混凝土屋面施加预应力。通常采用的施工方法为:在钢索上安放预制屋面板后,在板上施加额外的临时荷载,使索进一步伸长,板缝增大,然后用混凝土进行灌缝。待混凝土硬结达到预定强度后,卸去临时荷载,在屋面板内便产生了预压应力,从而使整个屋面形成一个预应力混凝土薄壳(图4.74)。采用膨胀混凝土灌缝,也能达到同样的效果。对于平行布置的由单层悬索组成的单曲屋面,尚需在与索垂直的方向施加预应力,以避免在局部荷载下产生顺索方向的裂缝。这种做法的优点是:① 在雪荷载、风荷载等活荷载的作用下,整个屋面如同壳体一样工作,形状稳定性大为提高。② 由于存在预应力,索和混凝土共同抵抗外荷载作用,提高了屋盖的刚度,弹性变形引起的屋面挠度大为减小。③ 在使用期间屋面产生裂缝的可能性大为减小。

3）采用横向加劲构件。改善单层悬索体系工作性能的另一个办法是设置横向加劲梁或横向加劲桁架,形成所谓的索梁体系或索桁体系,如德国某音乐厅即采用这种加强做法(图4.75)。横向加劲构件具有一定的抗弯刚度,其两端与山墙处的结构相连,并与各悬索在相交处互相连接。这些构件使原来单独工作的悬索连接成整体,并与索共同承受外荷载。尤其在集中力或不均匀荷载作用下梁能对局部荷载起分配作用,让更多的索参加工作,从而改善了整个屋面的受力性能。

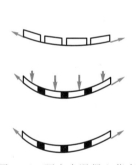

图 4.74 预应力混凝土薄壳

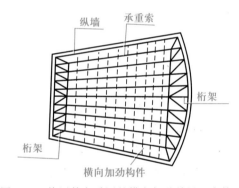

图 4.75 德国某音乐厅的横向加劲单层悬索体系

影响横向加劲单层悬索体系受力性能的主要因素有支承结构刚度、预应力、索与横向构件的刚度之比等。索支承端的任何位移都会导致体系中索与横向构件的荷载重分配,因此索的支承结构应具有较强的刚度。体系中预应力大小的选取应适当。预应力能增大体系的刚度和稳定性,但过大的预应力势必加大索及支承结构的截面尺寸,反而不经济。横向构件的刚度不可过小,否则起不到加劲作用;也不可过大,不然它们将分担大部分荷载,索的作用不能充分发挥,体现不出悬索体系的优越性。所以对于具体的结构,其预应力的大小及横向加劲构件的刚度应优化确定。

悬索的垂度与跨度之比是影响单层悬索体系工作性能的重要几何参数。相同跨度、荷载条件下,垂跨比越小,悬索体系曲面越平,其形状稳定性和刚度越差,索中拉力也越大;垂跨比越大,悬索体系的稳定性和刚度越好,索中拉力越小。当然,垂跨比的加大使结构所占空间增加,可能会影响结构的整体经济性。单层悬索体系垂跨比的一般经验取值为 $1/20 \sim 1/10$。

2. 预应力双层悬索体系

双层悬索体系由一系列下凹的承重索和上凸的稳定索,以及它们之间的连系杆(拉杆或压杆)组成,图 4.76 表示双层悬索体系的几种常用形式。双层悬索体系的承重索、稳定索和连系杆一般布置在同一竖直平面内(图 4.77a),由于其外形和受力特点类似于承受横向荷载的传统平面桁架,又常称为索桁架。承重索和稳定索也可相互错开布置,而不位于同一竖向平面内,这种布置形成的波形屋面便于屋面排水(图 4.77b)。承重索可以布置在稳定索之上(图 4.76a)或之下(图 4.76b),也可相互交叉(图 4.76c),相互交叉布置时可减小屋盖结构所占空间。选取索桁架的形式应综合考虑建筑功能、建筑造型及结构受力的合理性等。承重索与稳定索在跨中可以相连(图 4.76e、f)或不相连(图 4.76a、b、c、d)。在对称、均匀分布的荷载作用下,跨中相连与否,索系的工作性能没有太大区别;在不对称荷载作用下,跨中连接的索系具有较大的抵抗变形能力。两索之间的连系杆可竖向布置(图 4.76a、b、c、e)或斜向布置(图 4.76d、f)。连系杆斜向布置时,体系也具有较大的抵抗不对称变形的能力。一般连系杆内力不大,采用圆钢、钢管、角钢等均可。

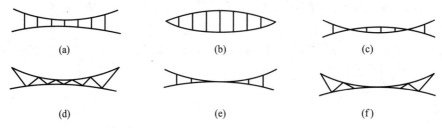

图 4.76　预应力双层悬索体系的常用形式

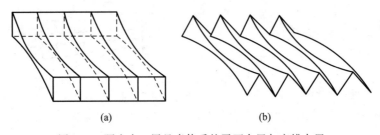

图 4.77　预应力双层悬索体系的平面布置与交错布置

双层悬索体系中设置稳定索不仅可以抵抗风吸力的作用,而且由于设置了相反曲率的稳定索及相应的连系杆,可以对体系施加预应力。通过张拉承重索或稳定索,或对它们都施行张拉,或张拉、顶推连系杆,可使索系张紧,在承重索和稳定索内保持足够的预拉力,以保证索系具有必要的形状稳定性。此外,由于存在预应力,稳定索能与承重索一起抵抗竖向荷载作用,从而提高整个体系的刚度,可见采用预应力双层悬索体系是解决悬索屋盖形状稳定性问题的一个十分有效的途径。与单层悬索体系相比,预应力双层悬索体系具有良好的结构刚度和形状稳定性,因此可以采用轻屋面,如石棉板、纤维水泥板、彩色涂层压型钢板及高效能的轻质材料。此外,双层悬索体系还具有较好的抗震性能。

与单层悬索体系一样,承重索的垂跨比和稳定索的拱跨比也是影响双层悬索体系工作性能的重要几何参数,一般取承重索垂跨比为 1/20~1/15,稳定索的拱跨比为 1/25~1/20。

双层悬索体系的布置也有平行布置、辐射式布置和网状布置等三种形式。

平行布置的双层悬索体系多用于矩形、多边形建筑平面,并可用于单跨、双跨及两跨以上的建筑(图 4.78)。双层悬索体系的承重索与稳定索要分别锚固在稳固的支承结构上,其支承结构形式与单层悬索体系基本相同,索的水平力通常由闭合的边缘构件、支承框架或地锚等承受。

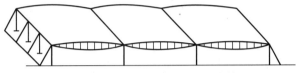

图 4.78 平行布置的多跨双层悬索体系

辐射式布置的双层悬索体系可用于圆形、椭圆形建筑平面(图 4.79)。为解决双层索在圆形平面中央的汇交问题,在圆心处要设置受拉内环,双层索一端锚挂于内环上,另一端锚挂在周边的受压外环上。根据所采用的索桁架形式不同,对应承重索和稳定索可能要设置两层外环梁或两层内环梁(图 4.79b、c)。

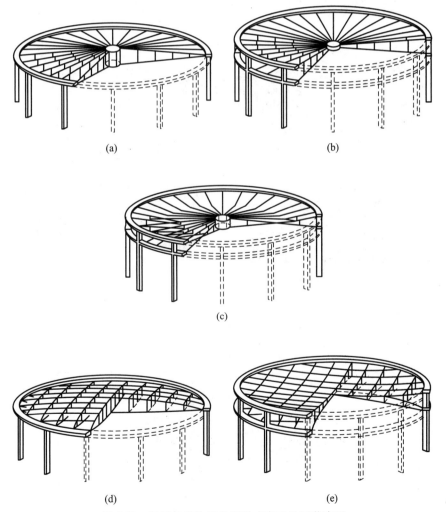

图 4.79 双层悬索体系的辐射式布置及网状布置

　　在图 4.79a 中,上索既是稳定索,又直接承受屋面荷载。如将上索与下索的中间连系杆取消,则上索仍能以支座反力的形式将部分屋面荷载传给中心环,由中心环再以集中力方式传给下面的承重索。这也是一种双层悬索体系,只不过将分散的连系杆集中到了中心环,并利用中心环来实现预应力的施加。这种结构形式常称为车辐式双层悬索体系,在 20 世纪 50 年代,悬索结构发展的早期应用较多。图 4.79d、e 所示为双层悬索体系的网状布置,两层索一般沿两个方向相互正交,形成四边形网格。

　　预应力双层悬索体系在国内外均得到广泛应用,特别在欧美等国被普遍地应用于大、中、小跨度的各种用途的房屋结构。

　　3. 预应力鞍形索网

　　鞍形索网是由相互正交、曲率相反的两组钢索直接叠交而形成的一种负高斯曲率的曲面悬索结构(图 4.80)。两组索中,下凹的承重索在下,上凸的稳定索在上,两组索在交点处

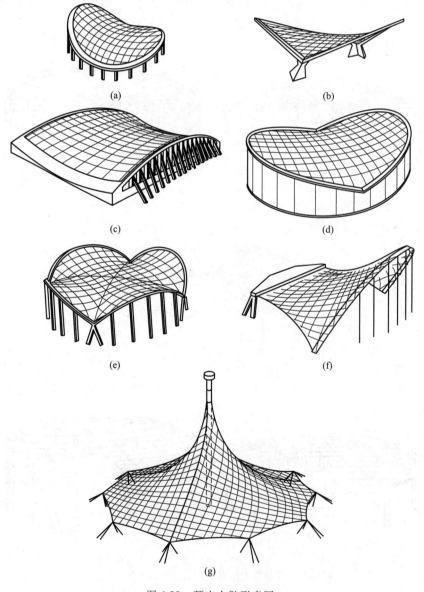

图 4.80　预应力鞍形索网

相互连接在一起,索网周边悬挂在强大的边缘构件上。和双层悬索体系一样,对鞍形索网也必须进行预张拉。由于两组索的曲率相反,因此可以对其中任意一组或同时对两组索进行张拉,以建立预应力。预应力加到足够大时,鞍形索网便具有很好的形状稳定性和刚度,在外加荷载作用下,承重索和稳定索共同工作,并在两组索中始终保持张紧力。鞍形索网与双层悬索体系的基本工作原理完全相同,但鞍形索网结构的受力分析要复杂些。

索网曲面的几何形状取决于所覆盖的建筑物平面形状、支承结构形式、预应力的大小和分布及外荷载作用等因素。可以把预应力索网视为一张网式蒙皮,它可以覆盖任意平面形状,绷紧并悬挂在任意空间的边缘构件上。因而鞍形索网的曲面几何形状可因上述各种条件不同而变化,比前面介绍的两种悬索形式丰富得多。当建筑物平面为矩形、菱形、圆形、椭圆形等规则形状时,鞍形索网可做成较简单的曲面——双曲抛物面。

双曲抛物面鞍形索网各钢索受力均匀,计算也较简单。在更多情况下其曲面不能以函数进行表达,设计者常需根据外形要求和索力分布比较均匀的原则进行形态分析,以确定索网的几何形状。对于鞍形索网也应保证必要的矢(垂)跨比,使曲面具有必要的曲率。曲面扁平的索网一般需施加很大的预应力才能达到必要的结构刚度和形状稳定性,设计时应予以避免。矢(垂)跨比过大会使建筑空间的使用率降低。因此实际设计中,在保证建筑要求的前提下矢跨比不宜过小,应控制在 1/20~1/10。

影响结构受力性能的另一个因素是预拉力。如果施加于钢索的预应力值超过要求,不仅不能节约材料,还会走向反面。这是因为悬索结构有形成内部平衡力系的特点,超预应力不仅无用,还会使结构不经济,所以必须准确设计预应力值。当施加预应力的大小用应力来表示时,大约为 200~400 N/mm²。需要指出的是,只要稳定索不出现松弛,预拉力变化既不会引起位移的显著变化,也不会引起承重索和稳定索内力增量的显著改变;但若预拉力过小,稳定索可能会出现松弛,使结构位移和承重索内力显著增大。因此,在保证处于最不利荷载组合时稳定索不出现松弛的前提下,应尽量减小两者的预拉力值,以减小其对边缘构件的作用力。相对而言,预拉力对不均匀荷载作用下结构反应的调控作用更大些。

鞍形索网的边缘构件有多种形式。在圆形或椭圆形平面的双曲抛物面索网中,多采用闭合的空间曲梁(图 4.80a),空间曲梁的轴线一般取双曲抛物面与圆柱面或椭圆柱面的相截线。索网的水平力在空间曲梁内自相平衡。在两向索拉力的作用下,空间曲梁为压弯构件,也可能存在扭矩作用,采用钢筋混凝土制作可充分发挥混凝土的强度。由于索的水平力由闭合曲梁承受,因而下部支承结构和基础均得以简化。图 4.80b 所示的菱形平面双曲抛物面索网,其边缘构件是直线形的。在索拉力作用下,边缘构件内将会产生很大的弯矩,与曲线构件相比需要较大的截面。图 4.80c 所示为德国特尔蒙特展馆的索网结构,矩形平面双曲抛物面索网的边缘构件由建筑物两端竖向放置的平面抛物线拱和两个宽大的纵向边梁组成。承重索锚固于直立的边拱上,而直立的边拱仅能承受承重索的竖向分力,承重索较大的水平分力则必须通过设置斜拉杆来承担。鞍形索网采用两个倾斜的大拱作为边缘构件的工程也不少见(图 4.80d),此时索网曲面不再是双曲抛物面。两个倾斜的拱轴线一般采用平面抛物线,索网便锚固于倾斜的平面拱上。两拱交叉或不交叉,以及交叉点位置均要结合建筑要求而确定。美国雷里体育馆两拱交叉落地,落地点部位的拱脚推力直接作用到基础,拱推力的水平分量通过两拱脚间设置的拉杆来平衡,以有效控制结构变形(图 4.81)。两倾斜拱交叉但不直接落地时,要在交叉点处设置剪力墙、扶壁柱或斜框架等,以将交叉点处推力传至基础(图 4.82、图 4.83)。

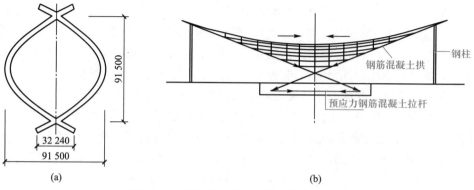

(a)   (b)

图 4.81 美国雷里体育馆平面及索力的传递

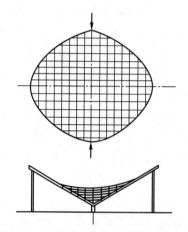

图 4.82 斯洛伐克布拉迪斯拉发体育馆

应该指出,无论哪种形式的边缘构件,都需要有足够强大的截面,这既是为满足受力较大的边缘构件本身的强度要求,更是为了保证索网具有必要的刚度,不致产生过大变形。

鞍形索网体系形式多样,易于适应各种建筑功能和建筑造型的要求,屋面排水便于处理,加上工作性能方面的优点,使这种结构体系获得长期的、较广泛的应用。1986 年建成的加拿大卡尔加里滑冰馆是当时世界上最大的鞍形索网,跨度达 135.3 m。

4. 含劲性构件的悬索结构

由于柔性悬索不能抗弯、抗压,因此对柔性索组成的悬索体系都要采取一定措施使其具有必要的结构刚度和抗变形能力,以满足结构的各种功能要求。如在单层悬索中,要采用重屋面或加超载方法使索保持强大的张紧力;在双层悬索体系和鞍形索网中要建立强大的预应力。但是,这些措施的作用是有一定限度的,与传统的“刚性”结构比较,悬索结构归根到底属于柔性结构的范围,它们的形状稳定性和刚度只是维持在可接受的水平上。而且,上述各种措施都会进一步加大边缘构件和支承结构的负担。如何妥善处理受力很大的边缘构件和支承结构,往往成为大跨度悬索结构设计中的核心问题,这在很大程度上抵消了采用轻型悬索结构所取得的经济效益。

以下介绍的劲性索结构和预应力索拱体系即是针对以上柔索体系的问题而产生的几种新型结构形式。

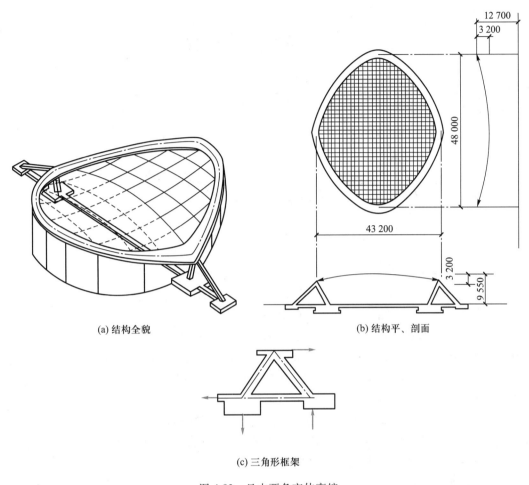

(a) 结构全貌　　　　　　　　　　(b) 结构平、剖面

(c) 三角形框架

图 4.83　日本西条市体育馆

（1）劲性索结构

劲性索结构是以具有一定抗弯和抗压刚度的曲线形实腹或格构式构件来代替柔索的悬挂结构（图 4.84）。在全跨荷载作用下,悬挂的劲性索的受力仍然以受拉为主,因而和柔性索一样,钢材的强度可得到充分利用,取得以较少材料跨越较大跨度的效果。与此同时,由于劲性索具有一定抗弯刚度,它在半跨或局部荷载作用下的变形要比柔索小得多。理论分析和试验表明,在相同跨度、相同荷载条件下,与双层悬索体系相比,劲性索结构的反力、挠度较小;在半跨活荷载作用下,劲性索的最大竖向位移是双层悬索体系的 1/7～1/5。这就说明以劲性构件代替柔索后,结构的刚度大大增强,特别是抵抗局部荷载作用下机构性位移的能力远强于柔索,所以劲性索结构无须施加预应力即有良好的承载性能,同时还可减小对支承结构的作用,简化施工程序。此外,劲性索取材方便,可采用普通强度等级的型钢、圆钢或钢管来制作。可见,劲性索结构兼具了柔索与普通钢结构的优点。

劲性索结构适用于任何平面形状的建筑。矩形平面时,宜平行布置;圆形、椭圆形平面时,宜辐射式布置。劲性索还可以沿鞍形索网中的承重索方向布置,形成双曲抛物面的形式。劲性索结构的屋盖宜采用轻质屋面材料,以减轻劲性索及其支承结构的负担。

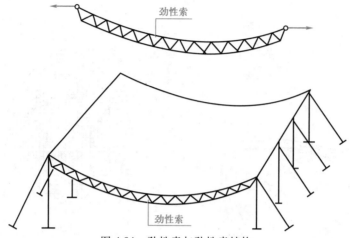

图 4.84　劲性索与劲性索结构

（2）预应力索拱体系

在双层悬索体系或鞍形索网中,以实腹式或格构式劲性构件代替上凸的稳定索,通过张拉承重索或对拱的两端下压产生强迫位移,可形成预应力索拱体系。

图 4.85a 表示由双层悬索体系演变来的、索与拱平行布置在同一个竖向平面内的平面索拱体系;图 4.85b 表示由鞍形索网演变来的、索与拱呈正交布置的鞍形索拱体系。与柔性悬索结构相比,索拱体系具有较大的刚度,尤其是抵抗不均匀荷载作用的结构形状稳定性有较大幅度的提高。由于刚性拱的存在,无论是平面索拱体系,还是鞍形索拱体系,均不需施加很大的预应力,从而使支承结构的负担得以减轻。与单一工作的拱相比,索拱体系内的拱与张紧的索相连,不易发生整体失稳,因而所需的拱截面较小。在预应力阶段,拱受到索向上的作用而受拉;荷载阶段,索拱共同抵抗荷载作用,拱在所分担的部分荷载作用下受压,其中部分压力与预应力阶段的拉力相抵消,使预应力拱受力更合理。以上分析说明在索拱体系中,柔索与刚性拱相互结合,相互补充,比任何一种单独的结构更合理、更经济。

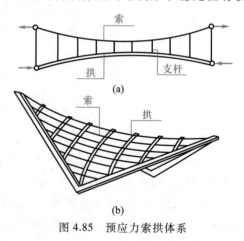

图 4.85　预应力索拱体系

5. 组合悬索结构

将两种或两种以上的悬索体系(索网、单层悬索体系、双层悬索体系等)和强大的中间支承结构组合在一起,可形成形式各异的组合悬索结构。

采用组合悬索结构,往往出于满足建筑功能和建筑造型的需要。例如,在体育建筑中通过设置中央支承结构,适当提高体育比赛场地上方的净空高度,两侧下垂的悬索屋面正好与看台升起坡度一致,这样所形成的内部空间体积最小,且利用中央支承结构还可以设置天窗,以满足室内的采光要求。这种体系的中央支承结构和两侧悬索体系的形式可有多种变化,因而组合悬索结构的建筑造型更加多姿多彩。

由于中央支承结构负担很重,多采用刚度大、受力合理的拱、刚架、索拱体系等结构形式,个别的也采用由粗大的钢缆绳组成的钢索。

组合悬索结构在国内外均有许多工程实例。实际上,许多经典建筑均采用了组合形式,如图 4.86 所示的德国慕尼黑溜冰馆。

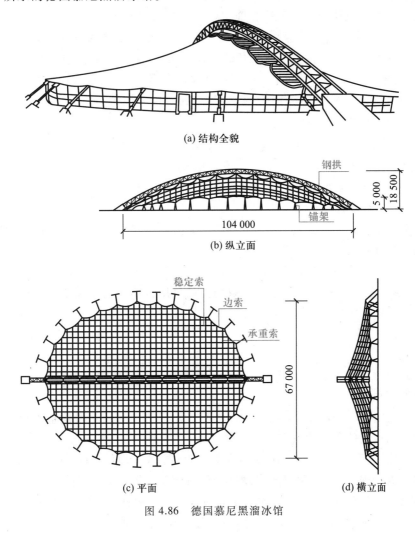

(a) 结构全貌

(b) 纵立面

(c) 平面

(d) 横立面

图 4.86　德国慕尼黑溜冰馆

4.3　网架与网壳结构的设计特点

4.3.1　荷载、作用与效应组合

1. 荷载类型

网架与网壳结构的荷载主要是永久荷载、可变荷载和偶然荷载。对永久荷载应采用标准值作为代表值。对可变荷载应根据设计要求采用标准值、组合值、频遇值或准永久值作为代表值。对偶然荷载应按建筑结构使用的特点确定其代表值。

（1）永久荷载

永久荷载是指在结构使用期间,其值不随时间变化,或其变化与平均值相比可以忽略不计,或其变化是单调的并能趋于限值的荷载。永久荷载标准值,对结构自重,可按结构构件的设计尺寸与材料单位体积的自重计算确定。对于自重变异较大的材料和构件(如现场制作的保温材料、混凝土薄壁构件等),自重的标准值应根据对结构的不利状态取上限值或下限值。作用在网架与网壳结构上的永久荷载有以下几种。

1）杆件自重和节点自重。网架与网壳杆件大多采用钢材,其自重可通过计算机计算得出。一般钢材重度取 $\gamma = 78.5 \ \text{kN/m}^3$。对于网架结构,也可预先估算其单位面积自重,双层网架自重可按下式估算:

$$g_{0k} = \sqrt{q_w} L_2 / 150 \qquad\qquad (4.3.1)$$

式中,g_{0k}——网架自重,kN/m^2;

　　　q_w——除网架自重外的屋面荷载或楼面荷载的标准值,kN/m^2;

　　　L_2——网架的短向跨度,m。

节点自重一般占杆件总重的 15% ~ 25%。如果网架与网壳节点的连接形式已定,可根据具体的节点规格计算出其节点自重。

2）楼面(仅对网架结构)或屋面覆盖材料自重。根据实际使用材料查 GB 50009—2012《建筑结构荷载规范》(简称《荷载规范》)取用。如采用钢筋混凝土屋面板,其自重取 1.0 ~ 1.5 kN/m^2;采用轻质板,其自重取 0.3 ~ 0.7 kN/m^2。

3）吊顶材料自重。

4）设备管道自重。

上述荷载中,1)、2)两项必须考虑,3)、4)两项根据实际工程情况而定。

（2）可变荷载

可变荷载是指在结构使用期间,其值随时间变化,且其变化值与平均值相比不可忽略的荷载。作用在结构上的可变荷载有:

1）屋面或楼面活荷载。网架与网壳的屋面一般不上人,屋面活荷载标准值为 0.5 kN/m^2。楼面活荷载根据工程性质查《荷载规范》取用(仅对网架结构)。

2）雪荷载。按《荷载规范》的规定取值。对于网壳结构,由于其曲面形状复杂,除按《荷载规范》取值外,还应考虑屋面坡度及屋面温度对屋面积雪的影响。

屋面雪荷载与屋面坡度有关,一般随坡度的增加而减小,主要是风的作用和雪的滑移所致。当风吹过屋脊时,在屋面迎风一侧会因"爬坡风"效应使风速增大,吹走部分积雪。坡度越陡其效果越明显。在背风一侧风速下降,风中裹挟的雪和从迎风面吹过的雪往往在背风一侧屋面上漂积。因此,对双坡及曲线形的屋面,风作用除了会使总的屋面积雪减少外,还会引起屋面出现不均匀的积雪荷载。

曲线形屋面的积雪会向屋谷区域滑移或缓慢蠕动,使屋谷区域积雪增加,增加幅度与屋面坡度及屋面材料的光滑程度密切相关。这种滑移现象与风的吹积作用,应在确定网壳结构的屋面雪荷载时一并加以考虑。

采暖房屋的屋面积雪厚度较一般不采暖房屋的积雪厚度小,因为屋面散发的热量会使积雪融化,由此引起的雪滑移又将改变屋面积雪分布。美国的规范中采用温度系数来考虑这种影响,我国规范对此未作明确规定。

对于球面网壳屋顶的积雪分布系数,因规范未作规定,建议按下列方法采用:

球面网壳屋顶上的积雪分布应分两种情况考虑,即积雪均匀分布情况和非均匀分布情况。积雪均匀分布情况的积雪分布系数可采用《荷载规范》给出的拱形屋顶的积雪分布系数,见图 4.87a。国际标准化组织(ISO)起草的国际标准中给出的拱形屋顶积雪均匀和非均匀分布情况的雪荷载标准值见图 4.87b,球形屋面积雪漂移分布系数见图 4.87c。计算具体工程的雪荷载时,应结合具体条件和其他资料慎重确定。

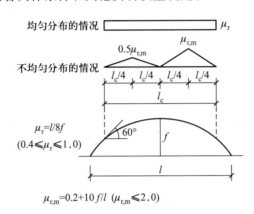

$\mu_r = l/8f$
$(0.4 \leqslant \mu_r \leqslant 1.0)$

$\mu_{r,m} = 0.2 + 10\,f/l$ $(\mu_{r,m} \leqslant 2.0)$

(a) 拱形屋顶积雪分布系数(我国规范规定的雪压分布系数)

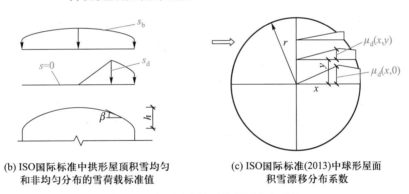

(b) ISO国际标准中拱形屋顶积雪均匀
和非均匀分布的雪荷载标准值

(c) ISO国际标准(2013)中球形屋面
积雪漂移分布系数

图 4.87 球面网壳屋顶的积雪分布系数

3)风荷载。按《荷载规范》的规定取值。对于网壳结构,风振系数 β 取值比较复杂,规范中给出的 β 计算方法主要适用于高层、高耸建筑物。网壳结构的 β 值与结构的跨度、矢高、支撑条件等因素有关。同一标高处 β 值不一定相同,因此对于网壳应计算每一点的风振系数。

4)积灰荷载与吊车荷载。按《荷载规范》的规定取值。

2. 温度应力

网架与网壳结构是高次超静定杆系结构,在因温度变化而出现温差时,由于杆件不能自由变形,将会在杆件中产生应力,即温度应力。温差的大小主要由网架与网壳结构支座安装完成时的温度与当地年最高或最低气温有关,也可能与使用过程中的最高或最低温度有关。

(1)不考虑温度应力的条件

JGJ 7—2010《空间网格结构技术规程》(简称《网格规程》)规定,网架结构如符合下列条件之一,可不考虑由于温度变化而引起的内力:

1)支座节点的构造允许网架侧移时,其可侧移值应等于或大于式(4.3.2)的计算值。

2）周边支承的网架，当网架验算方向跨度小于 40 m 时，支承结构应为独立柱或砖壁柱。

3）在单位力作用下，柱顶位移等于或大于式(4.3.2)的计算值。

上述三条规定是根据网架因温差而引起温度应力不会超过钢材强度设计值的 5% 而制定的。目前，国内在不少工程中采用板式橡胶支座，它们能满足第一条规定。第二条规定根据国内已建成的多座网架的经验，当考虑温差 $\Delta t = 30\ ℃$ 时，网架跨度小于 40 m，只要是钢筋混凝土独立柱或砖壁柱，其柱顶位移都能满足式(4.3.2)的要求。

$$u = \frac{L}{2\xi E A_{\mathrm{m}}}\left(\frac{E\alpha\Delta t}{0.038f} - 1\right) \tag{4.3.2}$$

式中，L——网架结构在验算方向的跨度，mm。

　　E——钢材的弹性模量，N/mm^2。

　　A_{m}——支承平面弦杆截面面积的算术平均值，mm^2。

　　ξ——系数。支承平面弦杆为正交正放，$\xi = 1.0$；为正交斜放，$\xi = \sqrt{2}$；为三向，$\xi = 2.0$。

　　α——钢材的线膨胀系数（$1.2\times10^{-5} \cdot 1/℃$）。

　　Δt——计算温差，℃，以升温为正值。

　　f——钢材的强度设计值，N/mm^2。

当网架支座节点的构造使网架沿边界法向不能相对位移时，由温度变化而引起的柱顶水平力可按下式计算：

$$H_{\mathrm{c}} = \frac{\alpha\Delta t L}{\dfrac{L}{\xi E A_{\mathrm{m}}} + \dfrac{2}{K_{\mathrm{c}}}} \tag{4.3.3}$$

$$K_{\mathrm{c}} = \frac{3E_{\mathrm{c}}I_{\mathrm{c}}}{h_{\mathrm{c}}^3} \tag{4.3.4}$$

式中，K_{c}——悬臂柱的水平刚度，N/mm，可按式(4.3.4)计算，其余符号同式(4.3.2)；

　　E_{c}——柱子材料的弹性模量，N/mm^2；

　　I_{c}——柱子截面惯性矩，mm^4，当为框架柱时取等代柱的折算惯性矩；

　　h_{c}——柱子高度，mm。

对于网壳结构，由于其结构索形式复杂，一般情况下，均应考虑温度作用的影响。温度应力是由于温度变形受到约束而产生的，因此降低温度应力的方法不是增加杆件截面面积，而是设法释放温度变形，其中最易实现的是将支座设计成弹性交座，但也要注意，支座刚度的减少会影响网壳的稳定性。

（2）温度应力计算

目前，温度应力的计算方法有精确的空间杆系有限单元法和各种近似方法。这里仅介绍空间杆系有限单元法。

采用空间杆系有限单元法进行网架与网壳结构的温度应力计算时，首先将结构各节点加以约束，根据温度场分布求出因温度变化而引起的杆件固端内力和各节点的节点不平衡力，然后取消约束，将节点不平衡力反向作用在节点上，用空间杆系有限单元法求由反向作用的节点不平衡力引起的杆件内力，最后将杆件固端内力与由节点不平衡力引起的杆件内力叠加，即求得杆件的温度应力。对网架结构及多层网壳结构，计算单元类型为空间杆单元，相应的空间杆系有限单元法又称空间桁架位移法；对单层网壳结构应将单元类型由空间杆单元改变成空间梁单元,相应的空间杆系有限单元法又称空间刚架位移法。下面只介绍采用空间桁架位移法计算网架与网壳结构温度应力的过程,由于采用空间刚架位移法计算温度应力的过程相同,仅计算单元有所区别,本章不再介绍。

1)因温度变化而引起的杆件固端内力。当网架与网壳结构所有节点均被约束时,因温度变化而引起 ij 杆的固端力为

$$P_{ij}^t = -E\Delta t\alpha A_{ij} \tag{4.3.5}$$

式中,E——钢材的弹性模量,N/mm^2;

$\quad$ α——钢材的线膨胀系数($1.2\times10^{-5} \cdot 1/℃$);

$\quad$ Δt——温差,$℃$,以升温为正值;

$\quad$ A_{ij}——ij 杆的截面面积。

同时,杆件对节点产生固端节点力,其大小与杆件的固端内力相同,方向与之相反。设 ij 杆在 i 端有杆端内力 P_{ij}^t,则 i 端的杆端内力在结构坐标系上的分量为

$$\left.\begin{array}{l} p_{xi} = E\Delta taA_{ij}\cos(x,X) \\ p_{yi} = E\Delta taA_{ij}\cos(x,Y) \\ p_{zi} = E\Delta taA_{ij}\cos(x,Z) \end{array}\right\} \tag{4.3.6}$$

式中,$\cos(x,X)$、$\cos(x,Y)$、$\cos(x,Z)$——ij 杆自 i 端到 j 端方向与 x、y、z 轴的夹角余弦;

$\qquad p_{xi}$、p_{yi}、p_{zi}——ij 杆的 i 端内力在整体坐标系中的分力。

2)节点不平衡力引起的杆件内力。设与第 i 节点相连的杆件有 m 根(图4.88),则由杆端内力引起的节点不平衡力的分力为

$$\left.\begin{array}{l} p_{ix}^t = \sum_{k=1}^{m} E\Delta taA_{ik}\cos\alpha_{ik} \\[2mm] p_{iy}^t = \sum_{k=1}^{m} E\Delta taA_{ik}\cos\beta_{ik} \\[2mm] p_{iz}^t = \sum_{k=1}^{m} E\Delta taA_{ik}\cos\gamma_{ik} \end{array}\right\} \tag{4.3.7}$$

式中,α_{ik}、β_{ik}、γ_{ik}——ik 杆自 i 端到 k 端方向与 x、y、z 轴夹角;

$\qquad m$——相交于节点 i 上的杆件数。

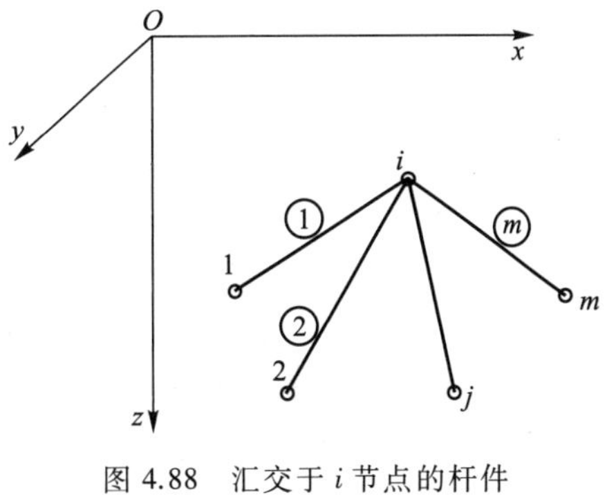

图 4.88 汇交于 i 节点的杆件

同理,可求出结构其他节点的节点不平衡力。把各节点的节点不平衡力反向作用在结构各节点上,即建立由节点不平衡力引起的有限元集合体基本方程组,其表达式为

$$KU = -P^t \tag{4.3.8a}$$

$$U = (u_1, v_1, w_1, \cdots, u_i, v_i, w_i, \cdots u_n, v_n, w_n)^T \tag{4.3.8b}$$

$$P^t = (p_{1x}^t, p_{1y}^t, p_{1z}^t, \cdots, p_{ix}^t, p_{iy}^t, p_{iz}^t, \cdots)^T \tag{4.3.8c}$$

式中,$\quad$ K——网架与网壳结构总刚度矩阵;

$\qquad U$——由节点不平衡力引起的节点位移列矩阵;

$\qquad P^t$——作用在结构节点上的不平衡力列矩阵;

$\quad u_i$、v_i、w_i——第 i 节点在 x、y、z 方向的位移;

p_{ix}^t、p_{iy}^t、p_{iz}^t——作用在第 i 节点上的节点不平衡力,由式(4.3.7)求得。

式(4.3.8)必须引入边界条件后才能有解。如何处理计算温度应力时的边界条件,使计

算结果更符合实际情况,目前还缺少试验资料。对于周边简支的网架与网壳,因为支座节点一般都支承在钢筋混凝土圈梁上,而钢与钢筋混凝土的线膨胀系数又极为接近,所以当温度变化时,网架与网壳沿周边方向所受到的约束比较小。因此一般认为,支座节点的切向无约束。而网架与网壳边界节点的径向变形将受到支承结构的约束,其弹性约束系数可按式(4.3.4)计算。

对于点支承的网架与网壳,沿柱子的径向和切向都受到支承结构的约束,其弹性约束系数同样可按式(4.3.4)求得,其中 I_c 应取相应的惯性矩。

考虑了边界条件后,即可由式(4.3.9)解得由节点不平衡力产生的各节点的位移值。

$$U = -K^{-1}P^t \tag{4.3.9}$$

ij 杆由节点不平衡力引起的杆件内力为

$$N_{ij}^t = \frac{EA_{ij}}{L_{ij}}\left[\cos(x,X)(u_j-u_i)+\cos(x,Y)(v_j-v_i)+\cos(x,Z)(w_j-w_i)\right] \tag{4.3.10}$$

3)杆件的温度应力。网架与网壳杆件的温度应力由温度变化引起的杆件固端内力与由节点不平衡力引起的杆件内力叠加而得,即

$$N_{ij} = P_{ij}^t + N_{ij}^t \tag{4.3.11}$$

将式(4.3.5)和式(4.3.10)代入上式,整理后得

$$N_{ij} = EA_{ij}\times\left[\frac{\cos(x,X)(u_j-u_i)+\cos(x,Y)(v_j-v_i)+\cos(x,Z)(w_j-w_i)}{L_{ij}}-\Delta ta\right] \tag{4.3.12}$$

空间桁架位移法与近似法比较,除精度较高外,还考虑了网架各个部位温差的不同,这给一些工业厂房各部位的不同温度变化提供了计算上的可能性。

3. 装配应力计算

往往在安装过程中由于制作和安装等原因,节点不能达到设计坐标位置,造成部分节点间的距离大于或小于杆件的长度,在采取强迫就位使杆件与节点连接的过程中就产生了装配应力。

对网架结构,施工相对简单,装配误差较小,产生的装配应力亦较小,一般可以忽略其影响。但网壳对装配应力极为敏感,一般通过提高制作精度、选择合适的安装方法和控制安装精度使网壳的节点和杆件较好地就位,装配应力就可减少到可以不予考虑的范围。

对网壳结构,当需要计算装配应力时,也应采用空间杆系有限单元法,采用的基本原理与计算温度应力时相仿,把杆件长度的误差比拟为由温度变化引起的伸长或缩短即可。同理,对单层网壳结构应将单元类型由空间杆单元改变成空间梁单元。

4. 地震作用

(1)网架结构

对用作屋盖的网架结构,其抗震验算应符合下列规定:在抗震设防烈度为8度的地区,对于周边支承的中心,跨度网架结构应进行抗震验算,对于其他网架结构均应进行竖向和水平抗震验算;在抗震设防烈度为9度的地区,对各种网架结构均应进行竖向和水平抗震验算。

GB 50011—2010《建筑抗震设计规范(2016年版)》(简称《抗震规范》)和《网格规程》均对网架结构在竖向地震作用下抗震设计的简化计算进行了规定。

《抗震规范》规定了计算作用在网架第 i 节点上的竖向地震作用标准值的公式,即

$$F_{Ei} = \pm\Psi G_i \tag{4.3.13}$$

计算 G_i 时,i 节点上的恒荷载取100%,雪荷载、屋面积灰荷载取50%,不考虑屋面活荷

载。Ψ 为竖向地震作用系数,按表 4.1 取值。表中的系数是对网架结构用反应谱法和时程分析法进行竖向地震反应计算,并等效反算地震作用而得出的。研究认为,网架各杆件竖向地震内力和重力荷载作用下的内力之比值彼此相差不算太大,采用随烈度和场地类别变化的系数来考虑竖向地震作用的方法比较简单,且偏于安全。当然,这一方法也比较粗略,因为在地震作用下网架各杆件内力不是按同一比例增加的。因此,对于平面复杂或重要的大跨度结构还应采用振型分解反应谱法或时程分析法作专门的分析和验算。

表 4.1   竖向地震作用系数 Ψ

设防烈度	场地类型		
	I	II	III ~ IV
8	可不计算(0.10)	0.08(0.12)	0.10(0.15)
9	0.15	0.15	0.20

注:括号中的数值用于设计基本地震加速度为 0.30g 的地区。

《抗震规范》还规定长悬臂和其他大跨度结构的竖向地震作用标准值在 8 度和 9 度时可分别取该结构重力荷载代表值的 10% 和 20%。按以上方法求得竖向地震作用标准值后,将其视为等效的静荷载作用于网架结构,再按静力分析的方法计算各杆件竖向地震内力。

《网格规程》规定了计算周边简支矩形平面网架竖向地震内力的简化计算方法。该方法是基于前面对网架结构地震内力实用分析方法的讨论提出的。为便于工程设计应用,进行了一些调整。由于网架静力设计时采用的荷载设计值通常已包括荷载分项系数,即恒荷载取 1.3,活荷载取 1.5,同时也无须考虑对活荷载折减 50%,大体相当于乘 1.4 的系数。计算所得的第 i 杆件轴向力设计值记作 N_{Gdi}。为减少设计计算工作量,使得在应用实用分析方法时可以直接使用此内力值,不必再另行计算一次,《网格规程》将杆件轴向力设计值 N_{Gdi} 值除以系数 1.4 后变成杆件轴向力标准值,记作 N_{Gi},并将与荷载分项系数相联系的地震内力系数[1]以 ξ 表示。网架上荷载的大小、网架的形式、网格的尺寸、网架的跨度和高度、网架平面的长宽比等参数的变化,可表现为网架基频数值的变化。《网格规程》给出了位于网架平面中心处的地震内力系数峰值 ξ_{max}(相关取值见表 4.2)和网架基频 f_1(工程频率)之间的关系,即

$$\xi_{max} = \begin{cases} \dfrac{\alpha}{f_0} f_1 & 0 < f_1 < f_0 \\ \alpha & f_1 \geqslant f_0 \end{cases} \tag{4.3.14}$$

表 4.2   确定竖向地震内力系数峰值 ξ_{max} 的数值

场地类型	α		f_0/Hz	场地类型	α		f_0/Hz
	正放类	斜放类			正放类	斜放类	
I	0.095	0.135	5.0	III	0.080	0.110	2.5
II	0.092	0.130	3.3	IV	0.080	0.110	1.5

考虑到沿网架周边支座处的 ξ 为 ξ_{min},用系数 β(取值见表 4.3)表示 ξ 的最大值与最小值的关系,令

---

[1]   对于杆件内力以轴向力为主的空间网格结构,本章的"地震内力系数"均指"地震轴向力系数"。

$$\xi_{\min} = \beta \xi_{\max} \qquad (4.3.15)$$

表 4.3　系数 β 的数值

网架类型		β 值	网架类型		β 值
正放类	正方形	0.81	斜放类	正方形	0.56
	矩形	0.87		矩形	0.80

假设网架平面内各杆件处的 ξ_i 与 $\xi_{\max}$ 和 $\xi_{\min}$ 形成以底面周边为圆形(正方形的内切圆)或椭圆形(矩形的内切椭圆)的锥面,中心点高为 $\xi_{\max}$,底面内边至支座处高为 $\xi_{\min}$,则网架平面内点 i 的 ξ_i,可由网架平面中心点 O 向点 i 作射线与锥体底面周边相交于点 A,按 Oi 和 OA 线段长度的比例关系,即可求得 ξ_i 的值。则第 i 点处的竖向地震轴向力标准值表示为

$$N_{Evi} = \pm\lambda\xi_i \left| N_{Gi} \right| \qquad (4.3.16)$$

式中,λ——抗震设防烈度系数,8 度时取 $\lambda = 1$,9 度时取 $\lambda = 2$。

用所求得的地震作用标准值,就可按《抗震规范》与其他荷载效应进行组合,在工程设计中应用更为方便。

(2)网壳结构

网壳结构有适用于各种曲面造型的优点,在大跨度结构中应用广泛,而且具有广阔的发展前景。网壳是复杂的空间结构,当地震发生时强烈的地面运动迫使结构产生振动,引起地震内力和位移,就有可能造成结构破坏或倒塌,因此在抗震设防区必须对网壳进行抗震设计。需要注意的是,网壳的抗震性能与网架有较大的区别。

1)网壳的抗震分析。在抗震设防烈度为 7 度的地区,当网壳结构的矢跨比大于或等于 1/5 时,应进行水平抗震验算;当矢跨比小于 1/5 时,应进行竖向和水平抗震验算。在抗震设防烈度为 8 度或 9 度的地区,对各种网壳结构应进行竖向和水平抗震验算。

网壳的抗震分析宜分两个阶段进行。

第一阶段为多遇地震作用下的分析。网壳在多遇地震作用时应处于弹性阶段,可采用反应谱法或时程分析法,根据求得的内力,按荷载组合的规定进行杆件和节点的设计。

第二阶段为罕遇地震作用下的分析。网壳在罕遇地震作用下处于弹塑性阶段,因此应作弹塑性时程分析,用以校对网壳的位移及判断是否会发生倒塌。

对网壳进行抗震分析,当采用振型分解反应谱法计算网壳结构地震效应时,宜取前 20 阶振型进行网壳地震效应计算;对于体型复杂或重要的大跨度网壳结构,应采用时程分析法进行补充计算。

2)几种网壳结构的动内力分布规律。

① 单层球面网壳。采用扇形三向网格、肋环斜杆型及短程线型轻屋盖的单层球面网壳结构,当局部边界固定铰支承,按 7 度或 8 度设防、Ⅲ类场地、设计地震第一组进行多遇地震效应计算时,其杆件地震轴向力标准值 N_E 可按以下方法计算。

当主肋、环杆、斜杆均取等截面设计时:

主肋

$$N_E^m = c\xi_m N_{G,\max}^m \qquad (4.3.17)$$

环杆

$$N_E^c = c\xi_c N_{G,\max}^c \qquad (4.3.18)$$

斜杆

$$N_E^d = c\xi_d N_{G,max}^d \tag{4.3.19}$$

式中，　N_E^m、N_E^c、N_E^d——在地震作用下网壳的主肋、环杆及斜杆的轴向力标准值；

$N_{G,max}^m$、$N_{G,max}^c$、$N_{G,max}^d$——重力荷载代表值作用下网壳的主肋、环杆及斜杆的轴向力标准值的绝对最大值；

　　　　c——场地修正系数，按表 4.4 确定；

　　　　ξ_m、ξ_c、ξ_d——主肋、环杆及斜杆的地震轴向力系数，设防烈度为 7 度时，按表 4.5 确定，8 度时取表中数值的 2 倍。

表 4.4　场地修正系数

场地类型	Ⅰ	Ⅱ	Ⅲ	Ⅳ
c	0.54	0.75	1.00	1.55

表 4.5　单层球面网壳杆件地震轴向力系数 ξ

f/L	0.167	0.200	0.250	0.300
ξ_m	0.16			
ξ_c	0.30	0.32	0.35	0.38
ξ_d	0.26	0.28	0.30	0.32

对于 K8 型单层球面网壳，在水平地震作用下，主肋的动内力较小，而环杆和斜杆的动内力较大。在竖向地震作用下，主肋、环杆、斜杆的动内力均较小。设防烈度为 8 度时，杆件竖向地震内力系数一般在 0.1 左右；而水平地震作用所产生的杆件内力可达静力的 20% ~ 50% 左右（主肋除外，10% 左右）。总的来说，水平地震作用下的动响应较竖向地震下的动响应强烈些，这与网架结构不同。

网壳环杆和斜杆的水平地震内力系数随矢跨比增大而明显增大，对主肋影响不大。这表明随着网壳矢高的增大，其水平地震反应为主的特性更加突出。

支座刚度的改变将改变网壳地震内力的分布，对于网壳这类大跨空间结构，其抗震设计特别是水平抗震设计宜与下部支承结构一起分析，并考虑网壳与支承结构共同作用。

对于短程线型球面网壳，由于其特殊的几何性质，矢跨比较大，其动内力的分布规律为：在水平地震作用下，环杆、主肋和斜杆的动内力在网壳顶点处最小，越向边缘越大；在竖向地震作用下，环杆的动内力在网壳顶点附近较大，随着向边缘靠近，其动内力先变小再变大。

周边铰支短程线半球壳的水平地震内力系数取值可参考表 4.6。

表 4.6　周边铰支短程线半球壳的水平地震内力系数

环杆			主肋	斜杆	
顶点	拉压交界处	边缘		顶点	边缘
0.20	0.90	0.50	0.20	0.30	1.00

注：表中数值适用于 9 度设防的情况，8 度和 7 度时应分别乘以系数 0.5 和 0.25。

地震内力的计算如下：

$$N_E = \xi |N_S| \tag{4.3.20}$$

式中,N_E——杆件地震内力;

　　ξ——地震内力系数;

　　N_s——杆件静内力。

② 双层圆柱面网壳。双层圆柱面网壳沿纵向分布的杆件其地震内力一般中间最大,边缘及纵向 1/3 附近地震内力较小。而沿横向对称轴地震内力上下弦杆均属单波型,跨中内力最大。

水平地震作用系数随着矢跨比的增大而明显增大,竖向地震作用系数则随着矢跨比的增大略有减小。

改变网壳的厚度,地震内力变化明显。网壳厚度从 0.5 m 增加到 2.5 m,其地震内力可相差两倍以上。说明随网壳刚度的增大,地震内力也随之增大。

对于轻屋盖正放四角锥双层圆柱面网壳结构,沿两纵边固定铰支在上弦节点、两端竖向铰支在刚性横隔上,按 7 度或 8 度设防、Ⅲ类场地、设计地震第一组进行多遇地震效应计算时,其杆件地震轴向力标准值 N_E 可按以下方法计算:

横向弦杆

$$N_E^t = c\xi_t N_G^t \qquad (4.3.21)$$

按等截面设计的纵向弦杆

$$N_E^l = c\xi_l N_{G,max}^l \qquad (4.3.22)$$

按等截面设计的腹杆

$$N_E^w = c\xi_w N_{G,max}^w \qquad (4.3.23)$$

式中,N_E^t、N_E^l、N_E^w——在地震作用下网壳横向弦杆、纵向弦杆与腹杆的轴向力标准值;

　　N_G^t——重力荷载代表值作用下网壳横向弦杆的轴向力标准值;

$N_{G,max}^l$、$N_{G,max}^w$——重力荷载代表值作用下网壳纵向弦杆与腹杆轴向力标准值的绝对最大值;

　　c——场地修正系数,按表 4.4 确定;

　　ξ_t、ξ_l、ξ_w——横向弦杆、纵向弦杆与腹杆的地震轴向力系数,设防烈度为 7 度时,按表 4.7 确定,8 度时取表中数值的 2 倍。

表 4.7　双层圆柱面网壳的水平地震轴向力系数 ξ

矢跨比			0.167	0.200	0.250	0.300
横向弦杆 ξ_t	阴影部分杆件	上弦	0.22	0.28	0.40	0.54
		下弦	0.34	0.40	0.48	0.60
	空白部分杆件	上弦	0.18	0.23	0.33	0.44
		下弦	0.27	0.32	0.40	0.48
纵向弦杆 ξ_l		上弦杆	0.18	0.32	0.56	0.78
		下弦杆	0.10	0.16	0.24	0.34
腹杆 ξ_w			0.50			

在抗震分析时,宜考虑支承结构对网壳结构的影响。当网壳结构支承在单排的独立柱、框架柱或承重墙上时,可把支承结构简化为弹性支座。对于网壳的支承结构应按有关标准进行抗震计算。

5. 荷载效应组合

网架与网壳结构应根据最不利的荷载效应组合进行设计,荷载效应组合应按《荷载规范》进行计算。

对网架结构,吊车荷载是移动荷载,其作用位置不断变动,网架又是高次超静定结构,使考虑吊车荷载时的最不利荷载组合复杂化。目前采用的组合方法是由设计人员根据经验人为选定几种吊车组合及位置,作为单独的荷载工况进行计算,在此基础上选出杆件的最大内力,作为吊车荷载的最不利组合值,再与其他工况的内力进行组合。另一种方法是使吊车荷载简化为均布荷载与其他工况进行组合。精确计算是根据吊车行走位置,以每一位置作为单独荷载工况进行计算,找出各种位置时网架杆件的最大内力,再与其他工况的内力进行组合。这种计算必须进行几十种甚至几百种组合,计算工作量大。但计算机的广泛应用使这类计算成为可能。

对网壳结构,在组合风荷载效应时,应计算多个风荷载方向,以便得到各构件和节点的最不利效应组合。

4.3.2 计算原则

1. 网架结构

网架是一种空间汇交杆系结构,杆件之间的连接可假定为铰接,忽略节点刚度的影响,不计次应力给杆件内力带来的变化。模型试验和工程实践都已表明,铰接假定是完全许可的,它所带来的误差可忽略不计,现已为国内外分析计算网架结构时所普遍采用。由于一般网架均属平板型,受载后网架在"板"平面内的水平变位都小于网架的挠度,而挠度远小于网架的高度,属小挠度范畴。也就是说,不必考虑因大变位、大挠度所引起的结构几何非线性性质。此外,网架结构的材料都按弹性受力状态考虑,未进入弹塑性状态和塑性状态,也就是不考虑材料的非线性性质(研究网架的极限承载能力时要考虑这一因素)。因此,对网架结构的一般静动力计算,其基本假定可归纳为:

① 节点为铰接,杆件只承受铀向力;
② 按小挠度理论计算;
③ 按弹性方法分析。

网架的计算模型大致可分为三种:

1)铰接杆系计算模型。这种计算模型直接根据上述基本假定就可得到,未引入其他任何假定。把网架看成铰接杆件的集合,根据每根杆件的工作状态,可集合得出整个网架的工作状态,所以每根铰接杆件可作为网架计算的基本单元。

2)梁系计算模型。这种计算模型除基本假定外,还要通过折算的方法把网架等代为梁系,然后以梁段作为计算分析的基本单元。显然,计算分析后要有回代的过程,所以这种梁系的计算模型没有上面所述的计算模型那样精确、直观。

3)平板计算模型。这种计算模型也与梁系计算模型相类似,有一个把网架折算等代为平板的过程,解算后也有一个回代过程。平板有单层的普通板与夹层板之分,故平板计算模型也可分为普通平板计算模型与夹层平板计算模型。

目前,以空间杆系模型和有限单元法为基础的空间桁架位移法是最常用的计算方法。空间桁架位移法即空间铰接杆系有限单元法,适用于分析不同类型、任意平面和空间形状、具有不同边界条件和支承方式、承受任意荷载的网架,还可以考虑网架与下部支承结构共同工作,从而分析它们之间的相互影响。这种方法不仅用于网架结构的静力分析,还可用于网架结构的动力分析、温度应力和施工安装阶段的验算。此外,在对网架结构进行全过程跟踪分析、稳定分析、极限强度分析及优化设计时,空间桁架位移法也是十分有效的。

2. 网壳结构

对于网壳结构来说,结构分析的计算模型根据其受力特点和节点构造形式通常分为两种:一种是空间杆单元模型;一种是空间梁单元模型。前面已经讲到,网壳结构主要分为双层(或多层)网壳结构和单层网壳结构两种形式。对于双层(或多层)网壳结构,通常采用空间杆单元模型,其结构分析方法采用与网架结构相同的空间桁架位移法。而对于单层网壳,构件之间通常采用以焊接空心球节点为主的刚性连接方式,同时从结构受力性能上来看,单层网壳构件中的弯矩和轴力相比往往不能忽略,而且可能成为控制构件设计的主要内力,因此单层网壳的结构分析通常采用空间梁单元模型。

网壳结构的分析方法通常可分为两类:一类是基于连续化假定的分析方法;一类是基于离散化假定的分析方法。网壳结构的连续化分析方法通常主要指拟壳法,这种方法的基本思想是通过刚度等代将其比拟为光面实体壳,然后按照弹性薄壳理论对等代后的光面实体壳进行结构分析,求得壳体位移和内力的解析解,最终根据壳体的内力折算出网壳杆件的内力。网壳结构的离散化分析方法通常指有限单元法,这种方法首先将结构离散成各个单元,在单元基础上建立单元节点力和节点位移之间关系的基本方程式,以及相应的单元刚度矩阵,然后利用节点平衡条件和位移协调条件建立整体结构节点荷载和节点位移关系的基本方程式及其相应的总体刚度矩阵,通过引入边界约束条件修正总体刚度矩阵后求解节点位移,再由节点位移计算构件内力。

以上所讨论网壳结构的分析方法各有优缺点。对于工程中经常使用的球面网壳和柱面网壳,采用拟壳法进行结构分析时可以很便利地采用薄壳理论中有关球面壳和柱面壳的已知解答,不依靠计算机便可求得网壳内力。而且采用拟壳法可以更方便地使设计人员借助壳体的受力特性来理解网壳结构的受力性能。但是对于曲面形状不规则、网格不均匀、边界条件和荷载情况复杂的网壳结构,由于等代后的光面实体壳通常很难求出其解析解,因此不宜采用拟壳法。相比之下,有限单元法作为一种结构分析的通用方法,其计算分析不受结构形状、边界条件和荷载情况的限制,但是其计算分析过程需要借助计算机来完成。当前计算机的软硬件发展非常迅速,各种数据的前后处理计算和数值分析方法也日趋成熟,因此有限单元法已成为网壳结构分析的主要方法。

对于网壳结构,采用空间杆单元模型进行结构分析的有限单元法,称为空间桁架位移法;按空间梁单元进行结构分析的有限单元法,称为空间刚架位移法。

采用空间刚架位移法分析时,网壳结构计算的基本假定如下:

① 梁单元为等截面双轴对称的直杆;

② 变形后的梁截面仍保持平面且垂直于中和轴,即不考虑剪切变形的影响;

③ 构件符合小变形、小应变的假定；

④ 材料为各向同性的线弹性材料；

⑤ 荷载仅作用在节点上。

4.3.3 网壳结构的稳定性

稳定性分析是网壳结构尤其是单层网壳结构设计中的关键问题。结构的稳定性可以从其荷载-位移全过程曲线中得到完整的概念。传统的线性分析方法是把结构的强度和稳定性问题分开来考虑的。事实上，从非线性分析的角度来考察，结构的稳定性问题和强度问题是相互联系在一起的。结构的荷载-位移全过程曲线可以准确地把结构的强度、稳定性以及刚度的整个变化历程表示得清清楚楚。当考察初始缺陷和荷载分布方式等因素对实际网壳结构稳定性能的影响时，均可从全过程曲线的规律性变化中进行研究。

在以前，当利用计算机对复杂结构体系进行有效的非线性有限元分析尚未能充分实现的时候，要进行网壳结构的全过程分析是十分困难的。在较长一段时间内，人们不得不求助于连续化理论（拟壳法）将网壳转化为连续壳体结构，然后通过某些近似的非线性解析方法来求出壳体结构的稳定性承载力。这种拟壳法公式对计算某些特定形式网壳的稳定性承载力起过重要作用。但这种方法有较大的局限性：连续化壳体的稳定性理论本身并不完善，缺乏统一的理论模式，需要针对不同问题假定可能的失稳形态，并进行相应的近似假设；事实上仅对少数特定的壳体（例如球面壳）才能得出较实用的公式；此外，所讨论的壳体一般是等厚度和各向同性的，无法反映实际网壳结构的不均匀构造和各向异性的特点。因此，在许多重要场合还必须依靠细致的模型试验来测定结构的稳定性承载力，并与可能的计算结果相互印证。

随着计算机的发展和广泛应用，非线性有限元分析方法逐渐成为结构稳定性分析的有力工具，近二十年来，这一领域获得了长足的发展，尤其在屈曲后路径跟踪的计算技术方面进行了许多有成效的探索。各种改进的弧长法是这方面的一个重要成果，它为结构的荷载-位移全过程路径跟踪提供了迄今仍然是最有效的计算方法。但对于像网壳这样具有成千自由度的大型复杂结构体系，要实现其荷载-位移全过程分析，并不像文献中通常给出的一些简单算例那么容易。大量计算实践表明，由简单结构过渡到大型复杂结构的全过程分析，不只是量的变化。在后者情况下，由于计算累积误差的严重影响，为了保证迭代的实际收敛性，还需要在非线性有限元分析理论表达式的精确化、迭代策略的灵活性及计算控制参数的合理选择等方面进行认真探索。应该说，现在已完全有可能对各种复杂网壳结构进行完整的全过程分析，并且能较精确地确定其稳定性极限承载力。

为便于实际设计应用，可以在上述理论方法的基础上，采用大规模参数分析的方法，进行网壳结构稳定性实用计算方法的研究。针对不同类型的网壳结构，在其基本参数（几何参数、构造参数和荷载参数等）的常用变化范围内，进行实际尺寸网壳结构的全过程分析，对所得结果进行统计分析和归纳，考察网壳稳定性的变化规律，最后从理论高度进行概括，提出网壳稳定性验算的实用公式。

在参数分析中采用仅考虑几何非线性的全过程分析方法。因为：① 如果同时考虑几何、物理两种非线性，所需计算时间尚需增加许多倍，对于如此大规模的参数分析来说，至少在目前是很困难的。② 网壳结构的正常工作状态是在弹性范围内的，材料非线性对结构的影响实际上使结构承载力的安全储备有所下降。目前,这种影响可暂时放在安全系数 K 内作适当考虑。

确定网壳的极限承载力计算公式中系数 K 时考虑下列因素:① 荷载等外部作用和结构抗力的不确定性可能带来的不利影响。② 计算中未考虑材料弹塑性可能带来的不利影响。③ 结构工作条件中的其他不利因素。关于系数 K 的取值,尚缺少足够统计资料作进一步论证,暂时沿用目前的经验值。目前沿用的安全系数值(一般取 4.2)应可覆盖这一影响。按照安全系数 K 取 4.2,将网壳稳定极限承载力公式变换为以下网壳稳定容许承载力(标准值)公式,同时根据算例的参数取值范围将公式的应用范围严格限制,并对公式作适当形式上的变换,得到下列各种常用网壳结构稳定容许承载力公式。

1. 网壳稳定容许承载力公式

（1）单层球面网壳

$$[n_{ks}] = 0.25 \frac{\sqrt{B_e D_e}}{r^2} \qquad (4.3.24)$$

式中,B_e——网壳的等效薄膜刚度,kN/m;

　　　D_e——网壳的等效抗弯刚度,kN·m;

　　　r——球面的曲率半径,m。

扇形三向网壳的等效刚度 B_e 和 D_e 应按主肋处的网格尺寸和杆件截面进行计算;短程线型网壳应按三角形球面上的网格尺寸和杆件截面进行计算;肋环斜杆型和葵花型三向网壳应按自支承圈梁算起第三向环梁处的网格尺寸和杆件截面进行计算。网壳径向和环向的等效刚度不相同时,可采用两个方向的平均值。

（2）单层椭圆抛物面网壳(四边铰支在刚性横隔)

$$[n_{ks}] = 0.28\mu \frac{\sqrt{B_e D_e}}{r_1 r_2} \qquad (4.3.25)$$

式中,r_1、r_2——椭圆抛物面网壳两个方向的主曲率半径,m;

　　　μ——考虑荷载不对称分布影响的折减系数。

折减系数 μ 可按下式计算

$$\mu = \frac{1}{1 + 0.956 \dfrac{q}{g} + 0.076 \left(\dfrac{q}{g}\right)^2} \qquad (4.3.26)$$

式中,g、q——作用在网壳上的恒荷载和活荷载,kN/m²,上式的适用范围为 $g/q = 0 \sim 2$。

（3）单层圆柱面网壳

1) 当网壳为四边支承,即两纵边固定铰支(成固结)、两端铰支在刚性横隔上时:

$$[n_{ks}] = 17.1 \frac{D_{e11}}{r^3 (L/B)^3} + 4.6 \times 10^{-5} \frac{B_{e22}}{r(L/B)} + 17.8 \frac{D_{e22}}{(r+3f) B^2} \qquad (4.3.27)$$

式中,L、B、f、r——圆柱面网壳的总长度、宽度、矢高和曲率半径,m;

　　　D_{e11}、D_{e22}——圆柱面网壳纵向(零曲率方向)和横向(圆弧方向)的等效抗弯刚度,kN·m;

　　　B_{e22}——圆柱面网壳横向等效薄膜刚度,kN/m。

当圆柱面网壳的长宽比 $L/B \leqslant 1.2$ 时,由式(4.3.27)算出的容许承载力尚应乘以下列考虑荷载不对称分布影响的折减系数 μ:

$$\mu = 0.6 + \frac{1}{2.5 + 5\dfrac{q}{g}} \tag{4.3.28}$$

上式的适用范围为 $g/q = 0 \sim 2$。

2）当网壳仅沿两纵边支承时：

$$[n_{ks}] = 17.8\frac{D_{e22}}{(r+3f)B^2} \tag{4.3.29}$$

3）当网壳为两端支承时：

$$[n_{ks}] = \mu\left(0.015\frac{\sqrt{B_{e11}D_{e22}}}{r^2\sqrt{L/B}} + 0.033\frac{\sqrt{B_{e22}D_{e22}}}{r^2(L/B)\xi} + 0.020\frac{\sqrt{I_h I_v}}{r^2\sqrt{Lr}}\right) \tag{4.3.30}$$

式中，B_{e11}——圆柱面网壳纵向等效薄膜刚度；

I_h、I_v——边梁水平方向和竖向的线刚度，$\mathrm{kN\cdot m}$。

$$\xi = 0.96 + 0.16(1.8 - L/B)^4 \tag{4.3.31}$$

对于桁架式边梁，其水平方向和竖向的线刚度可按下式计算：

$$I_{h,v} = E(A_1 a_1^2 + A_2 a_2^2)/L \tag{4.3.32}$$

式中，A_1、A_2——两根弦杆的面积；

a_1、a_2——相应的形心距。

两端支承的单层圆柱面网壳尚应考虑荷载不对称分布的影响，其折减数 μ 按下式计算：

$$\mu = 1.0 - 0.2\frac{L}{B} \tag{4.3.33}$$

式 (4.3.33) 的适用范围为 $L/B = 1.0 \sim 2.5$。

以上各式中网架等效刚度的计算公式可参见《网格规程》附录 C。

2. 补充说明

1）单层网壳和厚度较小的双层网壳均存在总体失稳（包括局部壳面失稳）的可能性。设计某些单层网壳时，稳定性还可能起控制作用，因而对这些网壳应进行稳定性计算。对于双曲抛物面网壳（包括单层网壳）的全过程分析表明，从实用角度出发，可以不考虑这类网壳的失稳问题。作为一种替代保证，结构刚度应该是设计中的主要考虑因素。

2）以非线性有限元分析为基础的结构荷载-位移全过程分析可以把结构强度、稳定性乃至刚度等性能的整个变化历程表示得十分清楚，因而可以从最精确的意义上来研究结构的稳定性问题。考虑几何非线性和材料非线性的荷载-位移全过程分析方法已相当成熟，包括对初始几何缺陷、荷载分布方式等影响因素的分析方法也比较完善，因而现在完全可以要求对实际大型网壳结构进行考虑双重非线性的荷载-位移全过程分析。

3）设网壳受恒荷载 g 和活荷载 q 作用，且其稳定性承载力以 $(g+q)$ 来衡量，则大量实例分析表明，荷载的不对称分布（实际计算中取活荷载的半跨分布）对球面网壳的稳定性承载力无不利影响。对四边支承的柱面网壳，当其长宽比 $L/B \leqslant 1.2$ 时，活荷载的半跨分布对网壳稳定性承载力有一定影响。对椭圆抛物面网壳和两端支承的圆柱面网壳，这种影响则较大，应在计算中予以考虑。

4）初始几何缺陷对各类网壳的稳定性承载力均有较大影响，应在计算中考虑。网壳缺陷包括节点安装位置偏差、杆件的初弯曲、杆件对节点的偏心等，后面两项是与杆件有关的缺陷。在分析网壳稳定性时有一个前提,即网壳所有杆件在强度设计阶段都经过设计计算保证了强度和稳定性。这样,与杆件有关的缺陷对网壳总体稳定性(包括局部壳面失稳问题)的影响就自然地被限制在一定范围内,因而此处主要考虑网壳初始几何缺陷(节点安装位置偏差)对稳定性的影响。

节点安装位置偏差沿壳面的分布是随机的。通过实例进行的研究表明,当初始几何缺陷按最低阶屈曲模态分布时,求得的稳定性承载力是可能的最不利值。这也就是《网格规程》推荐采用的方法。至于缺陷的最大值,理论上应采用施工中的容许最大安装偏差;但大量实例表明,当缺陷达到跨度的 1/300 左右时,其影响才充分展现。从偏于安全的角度考虑,《网格规程》规定了"按网壳跨度的 1/300"作为理论计算的取值。

5) 安全系数 K 的确定应考虑下列因素:① 荷载等外部作用和结构抗力的不确定性可能带来的不利影响;② 计算中未考虑材料弹塑性可能带来的不利影响(这一影响系数大致为 2.13);③ 结构工作条件中的其他不利因素。关于系数 K 的取值,目前取 4.2 较为合适。

6) 按照安全系数 K 取 4.2,《网格规程》将网壳稳定极限承载力公式变换为以上的网壳稳定容许承载力(标准值)公式。

给出实用计算公式是为了广大设计部门应用方便。然而,尽管实用公式所依据的参数分析规模较大,仍然难免有某些疏漏之处,简单的公式形式也很难把复杂的实际现象完全概括进来。因而《网格规程》对这些公式的应用范围作了适当限制,即当单层球面网壳跨度小于 45 m、单层圆柱面网壳宽度小于 18 m、单层椭圆抛物面网壳跨度小于 30 m,或对网壳稳定性进行初步计算时,其容许承载力标准值 $[n_{ks}]$ 才可按这些实用公式进行计算。

4.3.4　杆件的设计与构造

1. 杆件材料与截面形式

网架与网壳结构的杆件通常采用钢材,主要为 Q235 钢和 Q355 钢,以前者应用最多。

杆件的截面形式有圆管、双角钢(等肢或不等肢双角钢组成 T 型截面)、单角钢、H 型钢、方管等。目前国内应用最广泛的是圆钢管和双角钢杆件,其中圆钢管因其具有回转半径大、截面特性无方向性、抗压承载能力强等特点而成为最常用截面。圆钢管有高频电焊钢管和无缝钢管两种,适用于球节点连接。双角钢截面杆件适用于板节点连接,因其安装时现场焊接工作量大,制作复杂,应用逐渐减少。

2. 杆件的计算长度

确定网架杆件的长细比时,其计算长度 l_0 可按表 4.8 采用。

表 4.8　网架杆件计算长度 l_0

杆件	节点		
	螺栓球节点	焊接空心球节点	板节点
弦杆	1.0l	0.9l	1.0l
支座腹杆	1.0l	0.9l	1.0l
腹杆	1.0l	0.8l	0.8l

注:l 为杆件几何长度(节点中心间距离)。

双层网壳杆件的计算长度取值与网架结构相同。单层网壳杆件的计算长度应按表 4.9 取用。

表 4.9　单层网壳杆件的计算长度 l_0

弯曲方向	节点		弯曲方向	节点	
	焊接空心球节点	毂节点		焊接空心球节点	毂节点
壳体曲面内	$0.9l$	l	壳体曲面外	$1.6l$	$1.6l$

注:l 为杆件的几何长度(节点中心间距离)。

3. 杆件的容许长细比[λ]

网架与网壳杆件的长细比 λ 由下式计算:

$$\lambda = \left| \frac{l_0}{r} \right|_{min} \tag{4.3.34}$$

式中,l_0——杆件计算长度,mm;

　　　r_{min}——杆件最小回转半径,mm。

杆件的长细比不宜超过容许长细比[λ],即

$$\lambda \leqslant [\lambda] \tag{4.3.35}$$

式中,[λ]——杆件的容许长细比。网架与网壳杆件的容许长细比不宜超过表 4.10 所规定的数值。

表 4.10　网架与网壳杆件的容许长细比[λ]

结构体系	杆件形式	杆件受拉	杆件受压	杆件受压与压弯	杆件受拉与拉弯
网架 立体桁架 双层网壳	一般杆件	300	180	—	—
	支座附近的杆件	250			
	直接承受动力荷载的杆件	250			
单层网壳	一般杆件	—	—	150	250

4. 杆件最小截面尺寸

普通角钢不宜小于∟50×3,钢管不宜小于 ϕ48×3,对大、中跨度空间网格结构,钢管不宜小于 ϕ60×3.5,薄壁型钢的壁厚不应小于 2 mm。在选择杆件截面时,应避免最大截面弦杆与最小截面腹杆同交于一个节点的情况,否则容易造成腹杆弯曲(特别是螺栓节点网架)。

5. 杆件截面选择

(1) 杆件截面选择原则

1) 每个网架与网壳结构所选杆件截面规格不宜过多,以方便加工与安装。一般小跨度网架与网壳以 3~5 种为宜,大、中跨度网架与网壳也不宜超过 10 种规格。

2) 杆件宜选用壁厚较薄的截面,以使杆件在截面面积相同的条件下,能获得较大的回转半径,有利于压杆稳定。

3) 宜选用市场常供钢管。

4) 考虑到杆件材料负公差的影响,宜留有适当余地。

（2）截面计算

对于网架和双层网壳,因为内力分析时,杆件一般按空间杆单元考虑,所以杆件为轴心受力构件。对于单层网壳,在进行内力分析时,杆件一般按空间梁单元考虑,所以杆件为压弯或拉弯受力。

杆件的截面计算应满足承载力（包括强度与稳定性）与刚度要求,应根据 GB 50017—2017《钢结构设计标准》（简称《标准》）相应的规定进行杆件截面选择。

4.3.5　主要几何尺寸的确定

进行网架与网壳结构设计时,合理确定结构高度与网格尺寸是极其重要的。确定结构高度和网格尺寸时要考虑结构的平面形状、支承条件、具体结构形式、跨度和屋面板类型（屋面荷载）等多重因素,往往需要进行多次方案比选,最终确定合理的结构高度与网格尺寸。相对于网架结构,网壳结构形式复杂,迄今还未有确定结构高度与网格尺寸的简化方法,但对于网架结构,目前已有一些简化的确定方法,下面仅介绍网架结构的相关内容。

1. 网架高度

1）与屋面荷载和设备有关。当屋面荷载较大时,网架应选择得较厚,反之可薄些。当网架中必须穿行通风管道时,网架高必须满足此高度。但当跨度较大时,除满足穿行通风管道的要求外,还应满足相对挠度的要求。一般来说,跨度大时,网架高跨比可选用小些。

2）与平面形状有关。当平面形状为圆形、正方形或接近正方形的矩形时,网架高度可取小些。狭长平面时,单向作用愈加明显,网架应选高些。

3）与支承条件有关。点支承比周边支承的网架高度要大。以点支承厂房为例,下列数据可作参考,当柱距为 12 m 时,网架高跨比取 1/7,18 m 时取 1/10,24 m 时取 1/11.3。

2. 网架网格尺寸

1）与屋面材料有关。钢筋混凝土板（包括钢丝网水泥板）尺寸不宜过大,否则安装有困难,一般不超过 3 m;当采用有檩体系的构造方案时,檩条长度一般不超过 6 m。网格尺寸应和屋面材料相适应。当网格大于 6 m 时,斜腹杆应再分,这时应注意出平面方向的杆件屈曲问题。

2）与网架高度有一定比例关系。斜腹杆与弦杆的夹角应为 45°～55°,若夹角过小或过大,会给节点构造带来困难。

近年来,随着计算机技术和运筹学的发展,在网架形式确定以后,可借助计算机采用优化设计方法选择网架尺寸和网架高度,使网架总造价或总用钢量实现最优。

对矩形周边支承网架（边长比为 1、1.5、2 等）以造价为目标函数的优化分析研究表明,网架的最优跨高比与跨度大小无关,而屋面构造与材料的影响较大,表 4.11 为对七种类型网架进行优化研究后的结论,可作为选择网架网格数和跨高比时的参考,对其他形式网架也可参考使用。

表 4.11　网架的上弦网格数和跨高比

网架形式	钢筋混凝土屋面体系		钢檩条体系	
	网格数	跨高比	网格数	跨高比
两向正交正放网架,正放四角锥网架,正放抽空四角锥网架	$(2\sim 4)+0.2L_2$	$10\sim 14$	$(6\sim 8)+0.07L_2$	$(13\sim 17)-0.03L_2$
两向正交斜放网架,横盘形四角锥网架,斜放四角锥网架,星形四角锥网架	$(6\sim 8)+0.08L_2$			

注:1. L_2 为网架短向跨度,m;

2. 当跨度在 18 m 以下时,网格数可适当减少。

3. 网架与网壳结构起拱度与容许挠度

结构起拱主要是为了消除人们在视觉或心理上对建成的网架或网壳具有下垂的感觉。然而起拱将给结构制作增加麻烦,故一般网架与网壳可不起拱。对网架结构,当要求起拱时,拱度可取小于或等于网架短向跨度的 1/300。此时网架杆件内力变化一般不超过 5%~10%,设计时可按不起拱进行计算。

综合近年来国内外的设计与使用经验,网架与网壳结构的容许挠度,用作屋盖时不得超过网架短向跨度的 1/250。一般情况下,按强度控制而选用的网架与网壳杆件不会因为这样的刚度要求而加大截面。至于一些跨度特别大的网架,即使采用了较小的高度(如跨度的 1/16),只要选择恰当的网架形式,其挠度仍可满足小于 1/250 跨度的要求。当网架用作楼层时则参考 GB 50010—2010《混凝土结构设计规范(2015 年版)》,容许挠度取网架跨度的 1/300。

4.3.6　网架与网壳结构的节点与支座设计

网架与网壳结构均是由杆件按一定规律组成的空间网格结构,它们的节点与支座形式及受力特点具有许多共性。节点主要有焊接空心球节点、螺栓球节点、板式节点和嵌入式毂节点等,其中应用最为广泛的是前两种。对于网壳结构中的螺栓球节点设计与网架结构完全相同,网壳结构中的焊接空心球节点设计除了将网架中的焊接空心球球径增大到 900 mm,且将空心球的受压和受拉承载力计算公式统一以外,其他的设计计算也与网架结构中的焊接空心球相同。

网架与网壳的节点为空间节点,汇集的杆件数量较多,且来自不同方向,构造比较复杂。因此,节点设计合理与否直接影响整个结构的受力性能、制作安装、用钢量及工程造价等,是网架与网壳设计中的重要环节之一。

节点设计应满足以下基本要求:

① 牢固可靠,传力明确简捷;

② 构造简单,制作简便,安装方便;

③ 用钢量省,造价低;

④ 构造合理,使节点尤其是支座节点的受力状态符合设计计算假定。

网架与网壳节点的形式很多,其与杆件连接的方式主要有焊接连接、螺栓连接和混合连接三类,其中前两种较为常见。目前国内常用的网架结构节点为焊接空心球节点、螺栓球节点和焊接钢板节点。网壳结构的节点主要有焊接空心球节点、螺栓球节点和嵌入式毂节点等,但网壳结构工程实践中主要采用前两种节点形式。

1. 焊接空心球节点

焊接空心球节点(图 4.89)由两块圆钢板经加热压成两个半圆球,然后相对焊接而成。当球径等于或大于 300 mm,杆件内力较大时,可在球内加衬环肋,此肋应与两个半球焊牢,这样可提高承载能力 15%～30%。

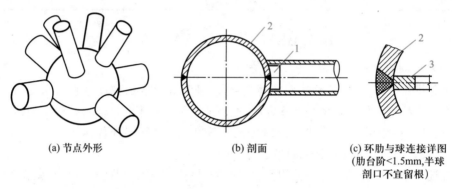

(a) 节点外形　　　　　　　(b) 剖面　　　　　　　(c) 环肋与球连接详图
　　　　　　　　　　　　　　　　　　　　　　　(肋台阶<1.5mm,半球
　　　　　　　　　　　　　　　　　　　　　　　剖口不宜留根)

1—衬管;2—球;3—环肋。

图 4.89　焊接空心球节点

这种节点的优点是构造和制造均较简单,球体外形美观、具有万向性,可以连接任意方向的杆件。它用于连接圆钢管杆件,连接时只需将钢管正截面切断,然后将管与球按等间隙焊接,即可达到圆钢管与球节点自然对中的目的。其缺点是由于球节点由等厚钢板制成,因此,在与钢管交接处应力集中明显,形成应力尖峰值,使球体受力不均匀。由于钢管与球正交连接,焊缝长等于钢管周长,没有余量,要求焊缝必须与钢管等强,而且在多数情况下,焊接时工件不能翻身,造成一圈焊缝中俯、侧、仰焊均有的全位置焊接,因此对焊缝要求高而难度大。

焊接空心球节点用钢量一般占网架总用钢量的 20%～25%,它适用于各种形式、各种跨度(直到 100 m 以上)的网架与网壳。

(1) 球体尺寸

球体直径 D 主要根据构造要求确定。为便于施焊,要求两钢管间隙不少于 20 mm,根据此条件可初选球的直径为(图 4.90)

$$D \approx (d_1 + 2a + d_2)/\theta \qquad (4.3.36)$$

式中,d_1、d_2——两根杆件的外径,mm;

　　　　θ——相邻两杆夹角,(°);

　　　　D——空心球外径;

　　　　a——管间净距($a>20$ mm)。

在同一网架或网壳中,应使球的规格减少,最多也不宜超过 2～4 种,以方便施工。空心球外径

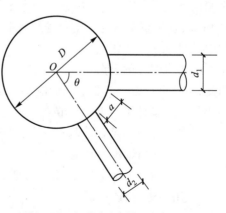

图 4.90　钢管与钢球间尺寸关系

D 与其壁厚 t 之比一般可取 30~45。球体壁厚与钢管最大壁厚之比一般取 1.2~2.0。

在网架与网壳设计中,为提高压杆承载能力,常选用大管径薄壁杆件,但这样也会引起空心球外径的增大,空心球的造价比钢管高 2~3 倍,由此提高了结构的造价;如改用较小直径、较厚的钢管,球的直径是小了,但钢管用量却提高了,也不一定经济。表 4.12 给出了合理的压杆长度 l 与空心球外径 D 的比值 k,即 $k=l/D$,以供参考。

表 4.12　k 值参考表($k=l/D$)

l/m	N/t								
	10	20	30	40	50	60	70	80	100
2	10.29	8.44	8.32	8.33	8.16	8.16			
2.5	12.32	9.02	8.46	8.29	8.30	8.33	8.15		
3	12.89	10.75	9.00	8.43	8.29	8.20	8.23	8.14	
3.5	13.56	11.86	10.08	9.04	8.87	8.60	8.32	8.16	8.19
4	14.30	12.70	11.38	9.90	9.03	9.07	8.90	8.33	8.18
4.5	14.83	13.74	12.44	11.17	9.98	9.69	9.41	8.74	8.15
5	15.44	13.86	12.60	12.28	10.94	9.97	9.60	9.60	8.89
5.5	15.57	14.29	13.16	12.44	11.88	10.73	10.03	9.71	9.43
6	16.14	14.86	13.73	12.99	12.44	11.87	11.00	12.28	10.19

注:粗线以上应加环肋。

确定了合理的空心球外径后,即可根据构造要求,或按照 $d \approx D/2.7$ 确定钢管外径。

(2)容许承载力

当空心球直径为 120~900 mm 时,其受压和受拉承载力设计值 N_R 可按下式计算:

$$N_R = \eta_0 \left(0.29 + 0.54 \frac{d}{D} \right) \pi tdf \tag{4.3.37}$$

式中,η_0——大直径空心球节点承载力调整系数,当空心球直径 ≤500 mm 时,$\eta_0 = 1.0$;当空心球直径 >500 mm 时,$\eta_0 = 0.9$。

　　D——空心球外径,mm。

　　t——空心球壁厚,mm。

　　d——与空心球相连的主钢管杆件的外径,mm。

　　f——钢材的抗拉强度设计值,N/mm^2。

对于单层网壳结构,空心球承受压弯或拉弯的承载力设计值 N_m 可按下式计算:

$$N_m = \eta_m N_R \tag{4.3.38}$$

式中,N_R——空心球受压和受拉承载力设计值,N;

　　η_m——考虑空心球受压弯或拉弯作用的影响系数,取值参见《网格规程》。

对加肋空心球,当仅承受轴力或轴力与弯矩共同作用但以轴力为主($\eta_m > 0.8$)且轴力方向与加肋方向一致时,其承力可乘以加肋空心球承载力提高系数 η_m,受压球 $\eta_\sigma = 1.4$,受拉

球 $\eta_\sigma = 1.1$。

当网壳结构内力分析采用空间梁单元时,对于焊接空心球的设计,作用在空心球上杆件的最大压力或拉力不得大于 N_m;当网壳结构内力分析采用空间杆单元时,对于焊接空心球的设计,作用在空心球上杆件的最大压力或拉力不得大于 N_R。

（3）圆钢管与空心球的连接

钢管与空心球间用焊缝连接,此焊缝要求等强,当钢管壁厚大于 4 mm 时,必须做成坡口,要求钢管与球离开 4~5 mm,并加衬管,或管球间不离开,用单面焊接双面成型工艺进行焊接。对于大、中跨度网架,受拉的杆件必须抽样进行无损检测(如超声波探伤等),抽样数至少取拉杆总数的 20%,质量应符合二级焊缝的要求。

2. 螺栓球节点

螺栓球节点(图 4.91)安装过程如下:将高强度螺栓②初步拧入螺栓球①后,即用扳手扳动套筒⑤(套筒是通过装在上面的销子⑦插入高强度螺栓槽⑥中与之连接的),套筒旋转时,通过销子带动高强度螺栓旋转向螺栓球拧紧,由于高强度螺栓的移动,使固定在套筒上的销子也逐渐相对向槽后移动,直达深槽⑧处为止。此深槽的作用是使节点不易产生松动。安装时必须把套筒(即高强度螺栓)拧紧,并施加一定的预紧力。这种预紧力是在接触面⑨⑩⑪全部密合后产生的,因而对杆力没有影响(但杆件制造过短时,拧紧套筒会牵动杆件使之产生拉力),而只是使螺栓受预拉力,套筒受预压力。当网架承受荷载后,对于拉杆,内力是通过螺栓传递的,而套筒则随内力的增加而逐渐卸载;对于压杆,则通过套筒传递内力,随着内力的增加,螺栓逐渐卸载。

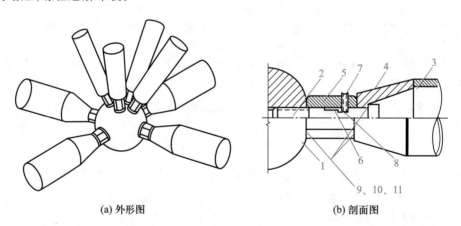

(a) 外形图　　　　　　　　　(b) 剖面图

1—螺栓球;2—高强度螺栓;3—钢管;4—锥头;5—套筒;
6—槽;7—销子;8—深槽;9、10、11—接触面。

图 4.91　螺栓球节点

这种节点的优点是制作精度由工厂保证,现场装配快捷,工期短,有利于房屋建造周期的缩短,其制作费用比焊接空心球节点高,而拼装费用低。这种节点可用于建造临时设施,便于装拆。其缺点是组成节点的零件较多,增加了制造成本,高强度螺栓上开槽对其受力不利,安装时有否拧紧不易检查。安装时应特别注意对接合面处的密封防腐处理,特别在湿度较高的南方地区更应重视防腐措施。

这种节点适用于各种类型的网架,目前高强度螺栓的最大拉力可达 1 995 kN,网架下悬挂吊车起重量最大可达 5 t。

（1）球体尺寸

螺栓球直径 D 按式（4.3.39）、式（4.3.40）确定，还应用式（4.3.41）核算套筒接触面是否满足要求，两者取其大值（图 4.92）。

$$D \geqslant \left[\left(d_2/\sin \theta + d_1 \cot \theta + 2\zeta d_1 \right)^2 + \eta^2 d_1^2 \right]^{1/2} \tag{4.3.39}$$

$$D \geqslant \left[\left(\eta d_2/\sin \theta + \eta d_1 \cot \theta \right)^2 + \eta^2 d_1^2 \right]^{1/2} \tag{4.3.40}$$

式中，D——钢球直径，mm；

$\quad\quad\ \theta$——两螺栓间的最小夹角；

$\quad d_1$、d_2——螺栓直径，mm，$d_1 > d_2$；

$\quad\quad\ \zeta$——螺栓伸进钢球长度与螺栓直径的比值；

$\quad\quad\ \eta$——套筒外接圆直径与螺栓直径的比值。

ζ 和 η 值应分别根据螺栓承受拉力和压力的大小来确定，一般情况下 $\zeta = 1.1$，$\eta = 1.8$。

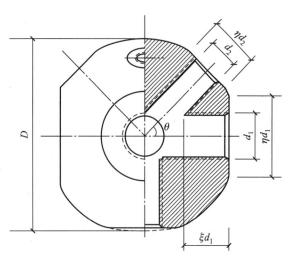

图 4.92　螺栓球直径 D 计算示意图

（2）高强度螺栓

每个高强度螺栓的抗拉设计承载力 $[N_t^b]$ 按式（4.3.41）计算，其值应大于等于荷载效应设计值。

$$[N_t^b] = \psi A_n f_t^b \tag{4.3.41}$$

式中，$[N_t^b]$——高强度螺栓抗拉设计承载能力，N。

$\quad\quad\ \psi$——螺栓直径对承载力影响系数。当螺栓直径小于 30 mm 时，$\psi = 1.0$；当螺栓直径大于等于 30 mm 时，$\psi = 0.93$。

$\quad\quad\ f_t^b$——高强度螺栓经热处理后的抗拉设计强度。对 40Cr 钢、40B 钢与 20MnTiB 钢，$f_t^b = 430$ N/mm^2；45 号钢，$f_t^b = 365$ N/mm^2。

$\quad\quad\ A_n$——高强度螺栓有效面积，mm^2，见表 4.13，当螺栓上钻有销孔或键槽时，A_n 应取螺纹处与销孔处（或键槽）有效面积的较小者。

表 4.13　常用螺栓在螺纹处有效面积

d/mm	M20	M24	M27	M30	M36	M39	M42	M45	M48
A_n/mm^2	245	353	459	561	817	976	1 121	1 306	1 473
d/mm	M52	M56	M60	M64	M68	M72	M76	M80	M85
A_n/mm^2	1 758	2 030	2 362	2 851	3 242	3 658	4 100	4 566	5 784

套筒长度 l_s 和螺栓长度 l 可按下列公式计算：

$$l_s = m + B + n \tag{4.3.42}$$

$$l = \xi d + l_s + h \tag{4.3.43}$$

式中,B——滑槽长度,mm,$B = \xi d - K$;

　　ξd——螺栓伸入钢球长度,mm,d 为螺栓直径,ξ 一般取 1.1;

　　m——滑槽端部紧固螺栓中心到套筒端部的距离,mm;

　　n——滑槽端部紧固螺栓中心到套筒顶部的距离,mm;

　　K——螺栓露出套筒距离,mm,预留 4~5 mm,但不应少于 2 个丝扣;

　　h——锥头底板厚度或封板厚度,mm。

3. 焊接钢板节点

焊接钢板节点(图 4.93)一般由十字节点板和盖板组成。对于跨度较小的网架,其受拉节点为简化构造可不设盖板,弦杆和腹杆内力直接由十字节点板传递;对于大、中跨度网架,弦杆内力应由十字节点板和盖板共同传递内力。如果是角钢杆件,则要求将其同时焊接于十字节点板和盖板之上,但这时肢背不能焊接,为此靠近肢背附近可用槽焊或塞焊作为构造处理(图 4.94),以增强肢背的连接。其强度可通过试验确定。试验结果表明,由于 $\phi 22$、$\phi 24$ 及 10 mm×60 mm 以上的孔是满焊,破坏时沿焊缝全面积剪切破坏,故抗剪强度计算可按孔的面积进行。对 20 mm 宽的槽形孔,由于采用沿周边焊,破坏时沿焊缝剪切面剪坏,可按焊缝高乘以周长的面积进行抗剪强度验算。

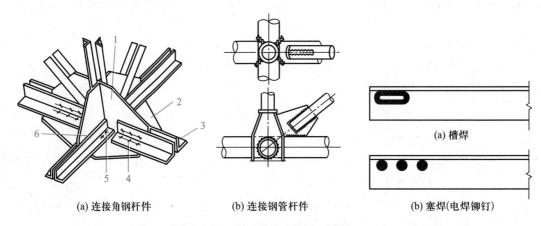

(a) 连接角钢杆件　　　　　(b) 连接钢管杆件　　　　　(a) 槽焊

(b) 塞焊(电焊铆钉)

1—十字节点板;2—盖板;3—杆件;4—高强度螺栓;5—电焊铆钉或槽焊;6—焊缝。

图 4.93　焊接钢板节点　　　　　图 4.94　槽焊、塞焊示意图

焊接钢板节点与杆件的连接也可用高强度螺栓连接,或与焊接混合连接。

这种节点和平面钢桁架的节点类似。要求杆件中心线在节点上汇交于一点,焊缝截面重心与杆件截面重心重合。为方便施焊和考虑杆件的制作偏差,在节点上相邻杆件之间和杆件与节点板中心线之间,应留有不小于 20 mm 的间隙。

十字节点板的竖向焊缝是该节点的关键性焊缝,应具有足够的强度。竖向焊缝要承受两个方向传来的力,受力情况复杂。试验表明,若两个方向传来的应力同号,焊缝中剪应力不是控制因素;当两个方向应力异号时,焊缝除承受拉、压应力外,还存在相当大的剪应力,因此其竖焊缝宜用 V 形或 K 形对接焊缝。两杆件与十字节点板及盖板的连接焊缝主要承受剪力,其连接强度可按角焊缝验算。

这种节点的优点是制造费用低,不需要大量机加工,构造比较简单。其缺点为现场焊接工作量太大。最适用于角钢杆件的两向桁架系网架的连接,也可用于四角锥体系网架的连接。图 4.94b 所示的节点用钢量很少,适合于两向桁架系网架。

4. 支座节点

网架的支座节点可直接支承于柱顶或支承于圈梁、砖墙上。要求支座节点传力明确,构造简单,安全可靠,并符合计算假定。

网架的支座节点一般采用铰支座,有时为了消除温度应力的影响,支座应能侧移。实际上支座节点受力复杂,除承受压力、拉力和扭矩外,有时还有侧移和转动。因此,网架的支座节点受力比平面桁架复杂得多,特别当跨度较大、平面形状复杂时,更应认真对待。

下面介绍几种常用支座形式:

1) 平板压力支座节点(图 4.95a)。这种节点构造简单,加工方便,但支承板下的摩擦力较大,支座不能转动或移动,和计算假定差距较大,因此仅适用于小跨度网架。

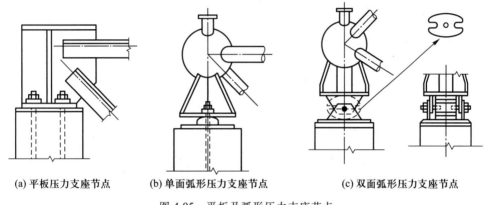

(a) 平板压力支座节点　　(b) 单面弧形压力支座节点　　(c) 双面弧形压力支座节点

图 4.95　平板及弧形压力支座节点

2) 单面弧形压力支座节点(图 4.95b)。弧形板可用铸钢或圆钢剖开而成。当用双锚栓时,可放在弧形支座中心线上,并开有椭圆孔,以容其有微小移动。当支座反力较大时,可用四根带有弹簧的锚栓,以利其转动。这种支座节点适用于中、小跨度网架。

3) 双面弧形压力支座节点(图 4.95c)。又称摇摆支座,这种支座的双向弧形铸钢件位于开有椭圆孔的支座板间,这样,支座可以沿铸钢件的弧面作一定的转动和移动。这种节点比较符合不动铰支座的假定。缺点为构造较复杂,造价较高,只能在一个方向转动。适用于大跨度且下部支承结构刚度较大的网架。

4) 球铰压力支座节点(图 4.96a)。这种节点由一半圆实心球位于带有凹槽的底板下,再由四根带有弹簧的锚栓连接牢固。这种节点比较符合不动铰支座的假定,构造较为复杂,抗震性好,适用于四点及多点支承的大跨度网架。

5) 单面弧形拉力支座节点(图 4.96b)。这种节点类似于压力支座节点。为了更好地传力,在承受拉力的锚栓附近,节点板应加肋,以增强节点刚度,弧形板可用铸钢或厚钢板加工而成。这种节点可用于大、中跨度的网架。

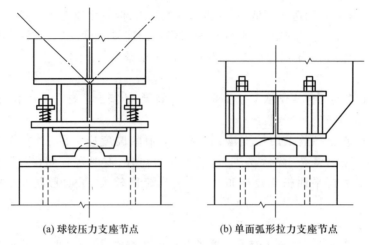

(a) 球铰压力支座节点　　　　(b) 单面弧形拉力支座节点

图 4.96　球铰压力支座节点与单面弧形拉力支座节点

6）板式橡胶支座节点（图 4.97）。这种支座不仅可以沿切向及法向位移，还可绕两向转动。板式橡胶支座上下表面由橡胶构成，中间夹有 3~5 层薄钢板，适用于大、中跨度网架。这种节点构造简单、安装方便、节省钢材、造价低，可构成系列产品，工厂化大量生产，是目前使用最广泛的一种支座节点。但其橡胶老化及下部支承结构的抗震计算等问题尚待进一步研究。板式橡胶支座节点的计算简图见图 4.98。

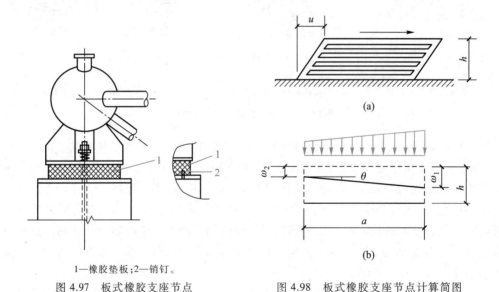

1—橡胶垫板；2—销钉。

图 4.97　板式橡胶支座节点　　　图 4.98　板式橡胶支座节点计算简图

网壳结构支座节点的常用形式有固定铰支座、弹性支座和刚性支座等。

固定铰支座如图 4.99 所示，适用于仅要求传递轴向力与剪力的单层或双层网壳的支座节点。对于大跨度或点支承网壳可采用球铰支座（图 4.99a）；对于较小跨度的网壳结构可采用弧形铰支座（图 4.99b）；对于较大跨度、落地的网壳结构可采用双向弧形铰支座（图 4.99c）或双向板式橡胶铰支座（图 4.99d）。

弹性支座如图 4.100 所示，可用于节点需在水平方向产生一定弹性变位且能转动的网壳支座节点。

刚性支座如图 4.101 所示,可用于既能传递轴向力又要求传递弯矩和剪力的网壳支座节点。

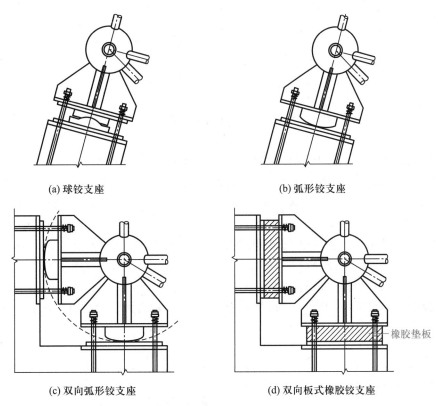

(a) 球铰支座　　　　　　　　　　　　　(b) 弧形铰支座

(c) 双向弧形铰支座　　　　　　　　　　(d) 双向板式橡胶铰支座

图 4.99　固定铰支座

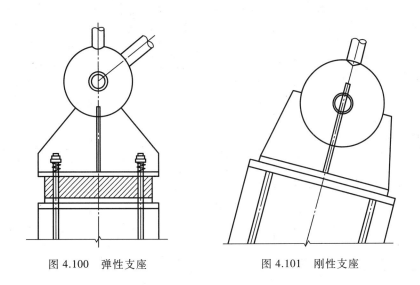

图 4.100　弹性支座　　　　　　　图 4.101　刚性支座

网壳支座节点的节点板、支座垫板和锚栓的设计计算和构造等可以参考网架结构的支座节点。

4.4　悬索结构的设计特点

4.4.1　钢索及其基本受力性能

1. 钢索的种类

柔性钢索一般采用的材料为高强钢丝,具体的形式有钢丝束、钢绞线和钢丝绳等。

（1）钢丝

高强钢丝由热处理的优质碳素结构钢盘条经多次连续冷拔而成。如直径为 11 mm、12.5 mm 的上述钢盘条须经八道拉拔,生产出直径为 4.22 mm、5.05 mm 的高强钢丝。冷拔高强钢丝的抗拉强度一般为 1 370~1 860 N/mm²（标准值）,伸长率 δ_{10} 为 5%~6%。国内生产的冷拔高强钢丝直径有 3 mm、4 mm、5 mm、6 mm、7 mm、8 mm 和 9 mm 等规格,除直径为 3 mm 的钢丝外,一般钢丝的直径愈细,其强度愈高,悬索结构常用的钢丝直径为 5 mm 和 7 mm。由于高强钢丝很细,故对其质量要严格要求,不但限制硫、磷杂质含量在 0.035% 以下,而且对铬、镍的含量也要控制在 0.25% 以内。对钢丝的外观质量如直径公差、伤痕、锈蚀等缺陷均要严格控制。CJ/T 495—2016《城市桥梁缆索用钢丝》对高强钢丝的力学性能指标要求见表 4.14。

表 4.14　高强钢丝的力学性能指标

公称直径 d /mm	强度级别[1] R_m /MPa	规定非比例延伸强度 $R_{r0,2}$ /MPa		伸长率 δ (L_0 = 250 mm)	弹性模量 /MPa	弯曲次数		扭转 /次	缠绕 (3d× 8 圈)	松弛率		
		Ⅰ级松弛 不小于	Ⅱ级松弛 不小于			次数 /180°	弯曲半径 r /mm			初始荷载 (公称荷载的百分数) /%	1 000 h 应力损失[2] /%	
											Ⅰ级松弛	Ⅱ级松弛
5.0	1 670 1 770 1 860 1 960	1 340 1 420 1 490 1 570	1 490 1 580 1 660 1 750	≥4	(2.0± 0.1)× 10³	≥4	15	8	不断裂	70	≤7.5	≤2.5
7.0	1 670 1 770 1 860	—	1 490 1 580 1 660	≥4		≥5	20	8	不断裂	70	—	≤2.5

注:① 钢丝强度级别值为实际抗拉强度的最小值;
　　② 供方在通过 1 000 h 松弛性能型式试验后,可进行 120 h 松弛试验,并以此推算出 1 000 h 松弛值。

（2）钢丝束

钢丝束由平行钢丝在预制厂或现场编成。钢丝束可由 19 根以上钢丝组成,每束钢丝束只需每层能均匀排列即可,并无严格要求,一般排成圆形束,也可排成正六边形。它的优点是由于钢丝束呈平行状不绕捻,因而能充分发挥其轴向拉力和高弹性模量的力学性能。例如某工程的试验值如下:单丝极限强度为 1 660 N/mm^2,平行束则为 1 620~1 630 N/mm^2;单丝弹性模量为 2.055×10^5 N/mm^2,平行束则为 1.96×10^5~1.99×10^5 N/mm^2(试件为 ϕ5 mm 钢丝,每束有 75 根及 196 根两种)。两者均较接近。

编束时应在计算得到的下料长度内每米布置一道绑扎丝(一般为 20 号铅丝),然后在绑扎丝上布置待编束钢丝,将绑扎丝卷起并绑扎形成圆截面钢丝束后,再用更粗些的绑扎丝(14 号)沿长度方向每 400 mm 一道扎紧,或根据钢丝的数目及欲形成的钢丝断面,设计出钢丝的断面布置图,制成格栅孔板,编束时一边用栅孔板向前梳直,一边扎成钢丝束。钢丝在束中应相互平行,不能互相交错、扭曲。

（3）钢绞线及钢绞线束

钢绞线一般由 7 根钢丝捻成,一根在中心,其余 6 根在外层向同一方向缠绕,标记为（1×7）;我国有的厂家还生产由 2 根、3 根钢丝捻成的钢绞线,标记为（1×2）、（1×3）;也有多根钢丝如 19 根、37 根等捻成的钢绞线,分别由三层、四层钢丝组成,标记为（1×19）、（1×37）。国外常用多根钢丝捻成的钢绞线,其外层的钢丝截面有时还采用梯形、S 形等变形截面,如图 4.102d 所示。国内常用（1×7）钢绞线,或由多根（1×7）钢绞线平行组成的钢绞线束,如图 4.102c 所示。

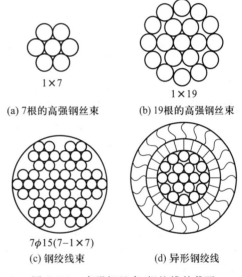

1×7
(a) 7根的高强钢丝束

1×19
(b) 19根的高强钢丝束

7ϕ15(7-1×7)
(c) 钢绞线束

(d) 异形钢绞线

图 4.102　高强钢丝束、钢绞线的截面

钢绞线受拉时,中央钢丝应力最大,外层钢丝的应力与其捻角大小有关。经测定,其外层钢丝应力大致与捻角 α 余弦的平方($\cos^2\alpha$)成正比。由于各钢丝之间受力不均匀,钢绞线的抗拉强度要比单根钢丝降低 10%~20%,相应地其弹性模量也有所降低(可取为 $E\cos^4\alpha$,其中 E 为钢丝的弹性模量)。根据拉断试验,钢绞线的抗拉强度与捻角之间也大致保持 $\cos^2\alpha$ 的比例关系。另外对于由镀锌钢丝组成的钢索,计算截面面积时是包括镀锌层在内的,因此它的强度和弹性模量要比不镀锌的相应要低。CJ/T 495—2016《城市桥梁缆索用钢丝》所列的常用钢绞线的力学性能指标见表 4.14。

近年来国内生产一种低松弛高强钢绞线,这种钢绞线的高强钢丝通过矫直回火工艺,捻成钢绞线后再经稳定化处理,即在 300~400 ℃ 的温度条件下,施以张力作用消除钢绞线内部应力,并使之结构紧密,从而提高钢绞线的稳定性能。低松弛高强钢绞线的抗拉强度达到 1 860 N/mm^2,70%初应力条件下 1 000 h(小时)的最大应力损失不大于 2.5%,一般在 2.0%以下,同时平直度好,切头不松散,钢丝无焊接,可做到 5 000 m 长的钢绞线中无任何的钢丝焊接接头。

（4）钢丝绳

钢丝绳通常由七股钢绞线捻成,以一股钢绞线作为核心,外层的六股钢绞线沿同一方向缠绕(其断面图与图 4.102c 相同)。由七股(1+6)钢绞线捻成的钢丝绳,其标记符号为绳 7(7),股(1+6)。还有一种钢丝绳是由七股(1+6+12)的钢绞线捻成的,其标记符号为绳 7(19),股(1+6+12)。钢丝绳中每股绞线的捻向与每股钢绞线中钢丝的捻向可以相反,也可以相同,一共有四种捻法,如表 4.15 所示。

表 4.15　钢丝绳的各种捻法

序号	名称	绳的捻向	股的捻向
1	交互右捻	右捻	左捻
2	交互左捻	左捻	右捻
3	同向右捻	右捻	右捻
4	同向左捻	左捻	左捻

钢丝绳的强度和弹性模量又略低于钢绞线,其优点是比较柔软,适用于需要弯曲且曲率较大的构件。

悬索结构也可采用圆钢,其性能与钢筋混凝土结构所用的相同,宜取强度较高的 HRB400、HRB500 热轧钢筋。热轧钢筋的强度低于高强度钢丝,但其截面面积较大,抗锈蚀能力强,不易受外力损伤。圆钢宜用于小跨度屋盖,如德国乌柏特游泳馆、美国华盛顿杜勒斯机场候机楼,苏联 1350 商业区商场等悬索屋盖都采用了直径为 24~40 mm 的圆钢。圆钢的类型及力学性能指标见 GB 50010—2010《混凝土结构设计规范(2015 年版)》。悬索结构中,平行钢丝束、钢绞线和钢绞线束最为常用。

2. 柔性索的基本受力特性

为了便于理解后面将要叙述的悬索结构的受力特点,首先分析单索的基本特性。在分析悬索结构时,一般均假设索是理想柔性的,既不能抗压也不能抗弯,且在外荷载作用下,应力、应变关系满足胡克定律。下面在这两个基本前提下讨论索的受力性能。

图 4.103a 表示承受两个方向任意分布荷载 $q_z(x)$ 和 $q_x(x)$ 作用的一根悬索。索的曲线形状可由方程 $z = z(x)$ 代表。由于索是理想柔性的,索的张力 T 只能沿索的切线方向作用。设索上某点张力的水平分量为 H,则它的竖向分量为 $V = H\tan\theta = H\dfrac{\mathrm{d}z}{\mathrm{d}x}$。由该索截出的水平投影长度为 $\mathrm{d}x$ 的任意微分单元及作用其上的内力和外力,如图 4.103b 所示。根据微分单元的静力平衡条件,有

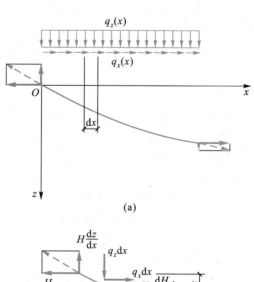

(a)

(b)

图 4.103　索微分单元及其所作用的内力和外力

$$\sum X = 0, \qquad \frac{\mathrm{d}H}{\mathrm{d}x}\mathrm{d}x + q_x \mathrm{d}x = 0$$

$$\frac{\mathrm{d}H}{\mathrm{d}x} + q_x = 0 \tag{4.4.1}$$

$$\sum Z = 0, \qquad \frac{\mathrm{d}}{\mathrm{d}x}\left(H\frac{\mathrm{d}z}{\mathrm{d}x}\right)\mathrm{d}x + q_z \mathrm{d}x = 0$$

$$\frac{\mathrm{d}}{\mathrm{d}x}\left(H\frac{\mathrm{d}z}{\mathrm{d}x}\right) + q_z = 0 \tag{4.4.2}$$

方程(4.4.1)和方程(4.4.2)就是单索问题的基本平衡微分方程。在常见的实际工程问题中,悬索主要承受竖向荷载的作用,即可设 $q_x = 0$,那么由方程(4.4.1)得

$$H = 常量 \tag{4.4.3}$$

而方程(4.4.2)可写成

$$H\frac{\mathrm{d}^2 z}{\mathrm{d}x^2} + q_z = 0 \tag{4.4.4}$$

方程(4.4.4)的物理意义是索曲线在某点的二阶导数(当索较平坦时即为其曲率)与作用在该点的竖向荷载集度成正比。应注意,在推导上述各方程时,荷载 q_z 和 q_x 的定义是沿跨度单位长度上的荷载,并且作用方向与坐标轴正向一致时为正。

下面以悬索受竖向均布荷载为例,对其受力性能作进一步讨论。此时 $q_z = 常量 = q$,方程(4.4.4)可写为

$$\frac{\mathrm{d}^2 z}{\mathrm{d}x^2} = -\frac{q}{H}$$

积分两次得

$$z = -\frac{q}{2H}x^2 + C_1 x + C_2 \tag{4.4.5}$$

可以看出这是一个抛物线方程,积分常数可由下述边界条件确定(参见图4.104):

$$x = 0 \ 时, z = 0$$
$$x = l \ 时, z = c$$

将边界条件代入式(4.4.5)可求得 $C_1 = \dfrac{c}{l} + \dfrac{ql}{2H}$;$C_2 = 0$。将 C_1,C_2 的表达式代入式(4.4.5)并整理,得

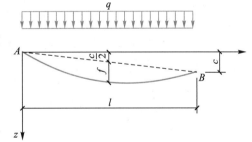

图 4.104 荷载沿跨度均布时单索计算简图

$$z = \frac{q}{2H}x(l-x) + \frac{c}{l}x \tag{4.4.6}$$

在此抛物线方程中,索张力的水平分量 H 还是未知的,所以方程(4.4.6)实际上代表着一族抛物线。因为通过 A、B 两点可以有许多不同长度的索,它们在均布荷载作用下形成一族不同垂度的抛物线,且具有不同 H 值。所以还须补充一个条件才能完全确定抛物线的形状,例如设定曲线在跨中的垂度为 f(图4.104),即令 $x = \dfrac{l}{2}$ 时,$z = \dfrac{c}{2} + f$。

将此条件代入式(4.4.6),即可求出索内的水平张力 H:

$$H = \frac{ql^2}{8f} \tag{4.4.7}$$

代回式(4.4.6)后,可得

$$z = \frac{4fx(l-x)}{l^2} + \frac{c}{l}x \tag{4.4.8}$$

这是由几何参数 l、c、f 完全确定的一条抛物线,与其相应的水平张力 H 由式(4.4.7)确定。

由上面的讨论可以看出,索长 s 是使悬索在荷载作用下获得唯一解的必要条件之一,下面对其作进一步讨论。

图 4.105 所示的索微分单元的长度为

$$ds = \sqrt{dx^2 + dz^2} = \sqrt{1+\left(\frac{dz}{dx}\right)^2}\,dx \quad (4.4.9)$$

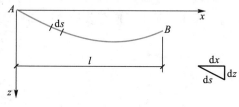

图 4.105　悬索长度计算简图

整根索的长度可由上式积分求得

$$s = \int_A^B ds = \int_0^l \sqrt{1 + \left(\frac{dz}{dx}\right)^2}\,dx \tag{4.4.10}$$

只要索曲线的形状 $z(x)$ 已知,索的长度就可按式(4.4.10)算得。积分式中的函数 $\sqrt{1+\left(\frac{dz}{dx}\right)^2}$ 是无理式,积分较复杂。在一般实际问题中,索的垂度不大,$\left(\frac{dz}{dx}\right)^2$ 与 1 相比较是小量,故可将 $\sqrt{1+\left(\frac{dz}{dx}\right)^2}$ 按级数展开为

$$\sqrt{1+\left(\frac{dz}{dx}\right)^2} = 1 + \frac{1}{2}\left(\frac{dz}{dx}\right)^2 - \frac{1}{8}\left(\frac{dz}{dx}\right)^4 + \frac{1}{16}\left(\frac{dz}{dx}\right)^6 - \frac{5}{128}\left(\frac{dz}{dx}\right)^8 + \cdots$$

在实际计算中,根据索的垂度大小,可仅取两项或三项,即可达到必要的精度。这时索长的计算公式可简化成如下形式:

$$s = \int_0^l \left[1 + \frac{1}{2}\left(\frac{dz}{dx}\right)^2 \right] dx \tag{4.4.11}$$

或

$$s = \int_0^l \left[1 + \frac{1}{2}\left(\frac{dz}{dx}\right)^2 - \frac{1}{8}\left(\frac{dz}{dx}\right)^4 \right] dx \tag{4.4.12}$$

由均布竖向荷载作用下的悬索曲线方程式(4.4.8)有

$$\frac{dz}{dx} = \frac{4f+c}{l} - \frac{8f}{l^2}x \tag{4.4.13}$$

代入式(4.4.11)或式(4.4.12),可得索的长度为

$$s = l\left(1 + \frac{c^2}{2l^2} + \frac{8f^2}{3l^2} \right) \tag{4.4.14}$$

或

$$s = l\left(1 + \frac{c^2}{2l^2} + \frac{8f^2}{3l^2} - \frac{c^4}{8l^4} - \frac{32f^4}{5l^4} - \frac{4c^2f^2}{l^4}\right) \tag{4.4.15}$$

当两支座等高，即 $C=0$ 时，上面两式分别变成

$$s = l\left(1 + \frac{8f^2}{3l^2}\right) \tag{4.4.16}$$

$$s = l\left(1 + \frac{8}{3}\frac{f^2}{l^2} - \frac{32}{5}\frac{f^4}{l^4}\right) \tag{4.4.17}$$

可以证明：当 $f/l \leqslant 0.1$ 时，用二项式(4.4.16)；当 $f/l \leqslant 0.2$ 时，用三项式(4.4.17)。上述计算可达到十分满意的精度。在实际悬挂屋盖中，多数情况能满足 $f/l \leqslant 0.1$ 的条件，因此，常采用的是计算简便的二项式(4.4.16)。但当垂度较大时，应采用式(4.4.10)进行计算。

最后可考察一下当索长变化时，索垂度 f 的变化情况。对式(4.4.16)微分可得

$$\mathrm{d}s = \frac{16}{3}\frac{f}{l}\mathrm{d}f$$

即

$$\mathrm{d}f = \frac{3}{16}\frac{l}{f}\mathrm{d}s \tag{4.4.18}$$

或写成

$$\Delta f = \frac{3}{16}\frac{l}{f}\Delta s \tag{4.4.19}$$

索长的变化 Δs 可能由各种因素引起，例如索的拉伸变形、索的温度变形、支座的位移或索在支座锚固处的滑移等。由式(4.4.19)可以看出，当垂跨比 f/l 不大时，较小的索长变化将引起较显著的垂度变化。例如，当 $f/l = 0.1$ 时 $\Delta f = 1.875\Delta s$，可见相对于索的初始垂度，索在荷载增量作用下产生的竖向位移(即垂度的改变量)不是微量。这在小垂度问题中或承担不均匀荷载时尤其如此。所以，悬索的平衡方程不能按变形前的初始位置来建立，而必须考虑悬索曲线的形状随荷载变化而产生的改变，按变形后的新几何位置来建立平衡条件。这属于固体力学中的几何非线性问题，因此，在求解悬索问题时，其初始状态必须明确给定。在不同的初始状态上施加相同的荷载增量时，引起的效果将各不相同。

4.4.2 悬索结构分析的有限单元法

由前面的讨论可以看出，悬索结构分析即使在线弹性设计阶段也是比较复杂的。虽然，典型结构形式在典型荷载作用下的内力分析可以通过解析方法完成，但是如果借助有限单元程序，特别是相应的专业设计软件会使手算工作量大大降低；而对于更复杂的结构形式，在任意非均匀荷载作用下的内力分析，若不采用有限单元程序，将使工作难以完成。因此，这里着重介绍分析悬索结构的有限单元法。

1. 节点位移法的基本方程式

有限元分析理论把索看成由一系列相互连接的索段组成，索段之间以节点相连。本节介绍计算悬索体系的一种一般方法——基于离散理论的节点位移法。这种方法以节点位移作为基本未知量，而以节点之间的索段为基本单元。

采用如下基本假设：

① 索是理想柔性的，即它不能承受任何弯矩，也不能受压。

② 索的受拉工作符合胡克定律。

③ 假定荷载均作用在节点上，因此各索段均呈直线型。这一假定还意味着忽略索自重的影响，当索内预张力远大于自重引起的张力时，这一假定是很符合实际的。

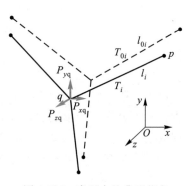

需要指出一点，本节推导的理论不受小垂度问题的限制，索的几何形状可以是任意的。

图 4.106 表示索系中一典型的节点 q 及交汇于此节点的各索段，任意索段 i 的另一端是相邻节点 p。图中虚线代表初始态之位置，此时节点 q 和 p 的坐标分别为 $(x_q、y_q、z_q)$ 和 $(x_p、y_p、z_p)$，而索段 i 内的初始张力为 T_{0i}。实线表示索系在荷载作用下发生位移后的位置，节点 p 和 q 均产生三个方向的位移：$u_q、v_q、w_q$ 和 $u_p、v_p、w_p$，索段 i 内的张力变为 $T_i = T_{0i} + \Delta T_i$。

图 4.106　索系中的典型节点

设初始态时节点上无外荷载作用，节点 q 的平衡条件可写为

$$\left.\begin{aligned} \sum^{i} \frac{T_{0i}}{l_{0i}}(x_p - x_q) = 0 \\ \sum^{i} \frac{T_{0i}}{l_{0i}}(y_p - y_q) = 0 \\ \sum^{i} \frac{T_{0i}}{l_{0i}}(z_p - z_q) = 0 \end{aligned}\right\} \tag{4.4.20}$$

式中，$\sum\limits^{i}$ 包括汇交于节点 q 的所有索段。索段 i 的初始长度 l_{0i} 可按下式确定：

$$l_{0i} = \sqrt{(x_p - x_q)^2 + (y_p - y_q)^2 + (z_p - z_q)^2} \tag{4.4.21}$$

在荷载状态，节点 q 的平衡条件可写成如下形式：

$$\left.\begin{aligned} \sum^{i} \left[\frac{T_i}{l_i}(x_p + u_p - x_q - u_q)\right] + P_{xq} = 0 \\ \sum^{i} \left[\frac{T_i}{l_i}(y_p + v_p - y_q - v_q)\right] + P_{yq} = 0 \\ \sum^{i} \left[\frac{T_i}{l_i}(z_p + w_p - z_q - w_q)\right] + P_{zq} = 0 \end{aligned}\right\} \tag{4.4.22}$$

式中，$P_{xq}、P_{yq}、P_{zq}$ 为作用在节点 q 上的三个集中荷载分量。索段长度 l_i 按下式确定

$$l_i = \sqrt{(x_p + u_p - x_q - u_q)^2 + (y_p + v_p - y_q - v_q)^2 + (z_p + w_p - z_q - w_q)^2} \tag{4.4.23}$$

将式（4.4.23）根号内的项展开，并将式（4.4.21）代入，经整理后可得

$$l_i = l_{0i}\sqrt{1 + 2a_i + b_i} \tag{4.4.24a}$$

式中

$$a_i = \frac{1}{l_{0i}^2}\left[(x_p - x_q)(u_p - u_q) + (y_p - y_q)(v_p - v_q) + (z_p - z_q)(w_p - w_q) \right] \tag{4.4.24b}$$

$$b_i = \frac{1}{l_{0i}^2}\left[(u_p - u_q)^2 + (v_p - v_q)^2 + (w_p - w_q)^2 \right] \tag{4.4.24c}$$

注意,参数 a_i 是包含位移 u、v、w 的一次幂,而 b_i 是包含它们的二次幂。

由物理方面考察,索段的伸长由弹性变形引起:

$$l_i - l_{0i} = \frac{T_i - T_{0i}}{EA_i} l_{0i}$$

即

$$T_i - T_{0i} = EA_i\left(\frac{l_i}{l_{0i}} - 1 \right) \tag{4.4.24d}$$

将式(4.4.24a)右边的根式按无穷级数展开

$$l_i = l_{0i}\left(1 + a_i + \frac{1}{2}b_i - \frac{1}{2}a_i^2 - \frac{1}{2}a_i b_i + \frac{1}{2}a_i^3 + \cdots \right)$$

代入式(4.4.24d),可得

$$T_i = T_{0i} + EA_i\left(a_i + \frac{1}{2}b_i - \frac{1}{2}a_i^2 - \frac{1}{2}a_i b_i + \frac{1}{2}a_i^3 + \cdots \right) \tag{4.4.25}$$

式(4.4.25)是用位移来表示的内力表达式。

由式(4.4.24a)还可得

$$\frac{1}{l_i} = \frac{1}{l_{0i}}\left(1 + 2a_i + b_i \right)^{-\frac{1}{2}}$$

将右侧的根式展开成级数,可得

$$\frac{1}{l_i} = \frac{1}{l_{0i}}\left(1 - a_i - \frac{1}{2}b_i + \frac{3}{2}a_i^2 + \frac{3}{2}a_i b_i - \frac{5}{2}a_i^3 + \cdots \right) \tag{4.4.26}$$

将式(4.4.25)和式(4.4.26)代入平衡方程(4.4.22),并考虑(4.4.21),经整理后得

$$\left. \begin{aligned}
\sum^i \left[\frac{T_{0i}}{l_{0i}}(u_p - u_q) + \frac{EA_i - T_{0i}}{l_{0i}}(x_p - x_q)a_i \right] &= -P_{xq} + R_{xq} \\
\sum^i \left[\frac{T_{0i}}{l_{0i}}(v_p - v_q) + \frac{EA_i - T_{0i}}{l_{0i}}(y_p - y_q)a_i \right] &= -P_{yq} + R_{yq} \\
\sum^i \left[\frac{T_{0i}}{l_{0i}}(w_p - w_q) + \frac{EA_i - T_{0i}}{l_{0i}}(z_p - z_q)a_i \right] &= -P_{zq} + R_{zq}
\end{aligned} \right\} \tag{4.4.27}$$

式中

$$\left. \begin{aligned}
R_{xq} &= -\sum^i \frac{EA_i - T_{0i}}{l_{0i}}\left[(u_p - u_q)c_i + (x_p - x_q)d_i \right] \\
R_{yq} &= -\sum^i \frac{EA_i - T_{0i}}{l_{0i}}\left[(v_p - v_q)c_i + (y_p - y_q)d_i \right] \\
R_{zq} &= -\sum^i \frac{EA_i - T_{0i}}{l_{0i}}\left[(w_p - w_q)c_i + (z_p - z_q)d_i \right]
\end{aligned} \right\} \tag{4.4.28}$$

其中，$c_i = a_i + \dfrac{1}{2}b_i - \dfrac{3}{2}a_i^2$；$d_i = \dfrac{1}{2}b_i - \dfrac{3}{2}a_i^2 - \dfrac{3}{2}a_ib_i + \dfrac{5}{2}a_i^3$。

式（4.4.27）就是悬索体系节点位移法的基本方程。整理过程中，在方程的左侧仅保留各位移分量的线性项，而将所有非线性项集中在一起，用 R_{xq}、R_{yq}、R_{zq} 来代表，移至方程等号右侧。此外，在 R_{xq}、R_{yq}、R_{zq} 的表达式（4.4.28）中，保留了位移分量的二次幂和三次幂，而忽略了四次以上的幂，这样已能保证足够的精度。

式（4.4.27）代表了每个节点在整体坐标 x、y、z 下的平衡条件，其等号左边括号中各位移线性项的系数就是体系刚度矩阵的元素，由此不难推得整体坐标下的单元刚度矩阵为

$$
\boldsymbol{k}_i = \begin{pmatrix}
\dfrac{T_{0i}}{l_{0i}} + \dfrac{EA_i - T_{0i}}{l_{0i}^3}(x_p - x_q)^2 & \dfrac{EA_i - T_{0i}}{l_{0i}^3}(x_p - x_q)(y_p - y_q) & \dfrac{EA_i - T_{0i}}{l_{0i}^3}(x_p - x_q)(z_p - z_q) \\[3mm]
& \dfrac{T_{0i}}{l_{0i}} + \dfrac{EA_i - T_{0i}}{l_{0i}^3}(y_p - y_q)^2 & \dfrac{EA_i - T_{0i}}{l_{0i}^3}(y_p - y_q)(z_p - z_q) \\[3mm]
\text{对称} & & \dfrac{T_{0i}}{l_{0i}} + \dfrac{EA_i - T_{0i}}{l_{0i}^3}(z_p - z_q)^2
\end{pmatrix}
$$

令 $\cos\alpha = \dfrac{x_p - x_q}{l_{0i}}$，$\cos\beta = \dfrac{y_p - y_q}{l_{0i}}$，$\cos\gamma = \dfrac{z_p - z_q}{l_{0i}}$ 分别代表索轴线的三个方向余弦，代入上式并整理，得到

$$\boldsymbol{k}_i = \boldsymbol{k}_i^{\mathrm{E}} + \boldsymbol{k}_i^{\mathrm{G}}$$

其中

$$
\boldsymbol{k}_i^{\mathrm{E}} = \dfrac{EA_i}{l_{0i}}\begin{pmatrix}
\cos^2\alpha & \cos\alpha\cos\beta & \cos\alpha\cos\gamma \\
& \cos^2\beta & \cos\beta\cos\gamma \\
\text{对称} & & \cos^2\gamma
\end{pmatrix}
$$

$$
\boldsymbol{k}_i^{\mathrm{G}} = \dfrac{T_{0i}}{l_{0i}}\begin{pmatrix}
1 - \cos^2\alpha & -\cos\alpha\cos\beta & -\cos\alpha\cos\gamma \\
& 1 - \cos^2\beta & -\cos\beta\cos\gamma \\
\text{对称} & & 1 - \cos^2\gamma
\end{pmatrix}
$$

不难发现，$\boldsymbol{k}_i^{\mathrm{E}}$ 即为二节点杆单元在整体坐标系下的刚度矩阵，它与单元的线刚度 EA_i/l_{0i} 有关，主要体现了单元在索轴线方向上的刚度；$\boldsymbol{k}_i^{\mathrm{G}}$ 则是索单元特有的，与 T_{0i}/l_{0i}（有些文献称之为力密度）有关，主要作用是抵抗索单元的刚性转动。通常可将 $\boldsymbol{k}_i^{\mathrm{E}}$ 称为索单元的弹性刚度矩阵，将 $\boldsymbol{k}_i^{\mathrm{G}}$ 称为索单元几何刚度矩阵的线性部分。至于索单元几何刚度矩阵的非线性部分，已隐式地包含于式（4.4.27）等号右侧的非线性力向量 R_{xq}、R_{yq}、R_{zq} 中，主要作用是抵抗索单元弹性伸长在其刚性转动方向上的高阶影响。研究表明，在索单元绷紧的情况下，其荷载与位移之间呈弱非线性关系，非线性几何刚度部分可以忽略。

每个节点均可列出三个式（4.4.27）形式的位移方程，对于支承结构为刚性且具有 N 个索节点的索，共可列出 $3N$ 个这样的方程，包含 $3N$ 个未知位移分量。解出位移后，代入式（4.4.25），可求出各索段内的张力。

索系整体的位移法基本方程组可写成矩阵的形式：

$$\boldsymbol{K} \times \boldsymbol{U} = -\boldsymbol{P} + \boldsymbol{R} \qquad (4.4.29)$$

式中，$\boldsymbol{K}$——体系的总刚度矩阵；

U——未知节点位移分量的列向量;

P——节点荷载列向量;

R——未知位移的非线性项,即式(4.4.27)等号右侧第二项组成的列矩阵。

刚度矩阵 K 为 $3N×3N$ 阶(空间索系)或 $2N×2N$ 阶(平面索系);列向量 U、P、R 均为 $3N$ 阶或 $2N$ 阶。

基本方程(4.4.27)或(4.4.29)是非线性的,一般必须用迭代法求解。上面在列方程时就已将未知位移分量的二次以上幂移至方程的右侧,实际上已经整理成迭代的形式,为进行迭代运算做好了准备。

本节介绍的节点位移法被认为是计算悬索体系的一种较精确的方法,因为它排除了小垂度假设的限制,而且在公式中考虑了位移分量的三次幂。这种方法在实际运用时必须编成程序用计算机进行,可一举给出所有节点的位移和所有索段的内力。

2. 初始形态分析

与连续化理论的情形相同,在离散化理论中,悬索体系的初始预张力状态也需根据平衡条件由计算确定。我们把这一过程称为"初始形态分析",有些文献也称为"找形"(form finding)。初始形态分析的任务就是要确定在给定支承边界条件下的满足建筑功能要求的曲面形状-预张力状态这一综合系统的最佳组合。初始形态分析的结果不仅为结构的受载分析提供了一个起始态,而且直接决定了结构的各项力学性能。因此,初始形态分析在悬索结构分析中占有十分重要的地位,它实际上也是对结构不断进行优化的过程。

对于极少数形状简单的曲面形状,如双曲抛物面鞍形索网结构,其初始形态很容易确定。对于更一般的情况,悬索结构的初始形态必须依靠数值方法来求解。目前普遍采用的数值方法有三种:力密度法、动力松弛法和非线性有限元法。对于前两种方法,有兴趣的读者可以查阅相关资料。本节主要介绍第三种方法。

(1)悬索结构中的形与态

初始形态分析中的"形"是指悬索结构的曲面几何形状;"态"是指结构的预张力分布状态。根据弹性力学基本原理,在给定边界条件及初始几何条件下,通过几何协调方程、本构关系方程和力的平衡方程,弹性体的未知位移、应变和应力分量是被唯一确定的,也就是说一种"形"对应一种"态",二者不可分割。

在进行悬索结构的初始形态分析之前,"形"和"态"两个量都是未知的。我们必须通过给定其中的一个来求解另一个,从而形成两种思路。

为了阐明这两种思路的区别,首先引述结构的 3 个基本方程。

力的平衡方程:

$$f=B(\boldsymbol{x}) \cdot \sigma \tag{4.4.30}$$

变形协调方程:

$$\varepsilon=A(\boldsymbol{x}) \cdot d \tag{4.4.31}$$

材料本构方程:

$$\sigma=\boldsymbol{D} \cdot \varepsilon \tag{4.4.32}$$

其中,f 代表荷载;σ、ε 分别代表应力、应变;d 代表结构位移;$\boldsymbol{D}$ 代表材料的本构矩阵;$\boldsymbol{x}$ 是广义坐标向量,代表结构的形状。将上面三式联立约去 σ 和 ε,即可得到力与位移的关系:

$$f=\boldsymbol{K}(\boldsymbol{x}) \cdot d \tag{4.4.33}$$

其中，$K(x) = B(x) \cdot D \cdot A(x)$，为刚度矩阵。

由式(4.4.33)，自然会产生第一种思路。首先按建筑要求大致设定曲面的初始形状，得到 $K(x)$，然后施加设定的初始预张力 T_1、T_2(图4.107a)。一般来说，设定的初始曲面和初始预张力不可能正好对应，因而此时体系是不平衡的，其不平衡节点力相当于在点 p 施加了外荷载 f。最后通过式(4.4.33)求解节点位移 d，使 p 点达到平衡状态(图4.107b)。如果初始形状估计得比较准确，节点位移 d 可以控制在尽量小的范围内，但其内力会发生一定变化，即 $T_1' \neq T_1$，$T_2' \neq T_2$。可以看出，这种方法是将"形"作为已知量、"态"作为未知量来求解的，它利用了力的平衡方程、变形协调条件、材料本构关系。

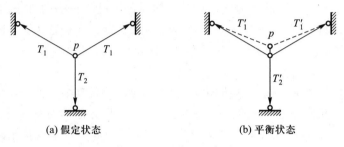

(a) 假定状态　　　　　　　(b) 平衡状态

图 4.107　思路一示意图

上述第一种思路的特点是较为方便直观，利用普通的静力计算程序即可求解。但是这种方法需要较为准确地给定初始几何形状，否则计算得到的预张力分布极不均匀。在实际工程中，当结构形状复杂、不规则时，要做到这一点往往是十分困难的。因此自然想到第二种思路，即能否通过给定"态"来反求与之对应的"形"。理论上讲，这是一个单纯的平衡问题，但由于结构形状是未知的，因此无法直接利用平衡方程(4.4.30)求解。在具体操作中，可利用式(4.4.33)通过多次迭代求解。具体实施过程可用图 4.108 来说明。

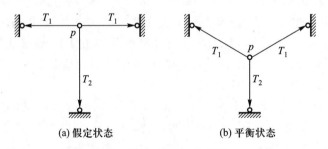

(a) 假定状态　　　　　　　(b) 平衡状态

图 4.108　思路二示意图

1) 首先给定一个假定形状 x_1，对此假定形状施加初始预张力 T_1、T_2(图4.108a)。注意，此假定形状主要以便于描述为原则，不必刻意追求与实际结构形状的一致。

2) 根据假定形状 x_1 可确定相应的刚度 $K(x_1)$，利用式(4.4.30)可确定不平衡节点力 f_1；代入方程(4.4.33)，可求得节点位移 d_1；据此可得到新的体系形状 x_2。

3) 保持初始预张力 T_1、T_2 不变(相当于 σ 不变)，可求得在新的体系形状 x_2 下的不平衡节点力 f_2，同样可确定新的体系刚度 $K(x_2)$。

4) 重复步骤2)、3)，直到不平衡节点力 $f = 0$ 为止，此时得到的 x 即为最终平衡状态(图4.108b)。

以上求解过程虽然在表面上与思路一类似,即也利用了式(4.4.33),但由于在迭代过程中始终未对应力 σ 进行修正,因此实际上相当于仅利用了力的平衡方程,而放弃了变形协调条件和材料本构关系。因此,尽管由图 4.108a 向图 4.108b 的转变过程中,体系发生了较大的位移,但其内力仍为最初设定值。

最后需要强调的是,由于"形"与"态"之间的一一对应性,因此"形"的设定合理与否将直接影响"态"的合理性,反之亦然。因此不论采用上述哪种思路,都需要一个对"形"或"态"的反复试算过程。特别是在采用思路二时,如果"态"的设定不合理,有可能导致迭代过程不收敛,说明与此对应的"形"为一机构。鉴于第二种思路具有明显优点,目前为多数研究者采用。以下将介绍如何采用非线性有限元方法来实现这一思路。

(2)初始形态分析的非线性有限元方法

在确定初始预张力状态的计算中,可将索系初始绷紧成型但尚未施加预张力的状态(即通常所谓的零状态)作为始态,此时索系的形状(即各节点的坐标)假定是已知的(预先给定),且可假定 $T_{0i}=0$。将施加预张力以后的状态(即通常所谓的预张力状态)作为终态,这时各索段的内力 T_i 就是按设计给定的预张力,是已知的。终态时的平衡条件仍可由方程(4.4.22)表示,且方程中的 l_i 仍由式(4.4.23)或式(4.4.24a)表示,但 T_i 则如上所述是已知的。P_{xq}、P_{yq}、P_{zq} 代表终态时可能作用的节点荷载,如果忽略自重,且又无其他重量作用时,则为零。

经过简单推导,可将平衡方程写成如下形式:

$$\left. \begin{aligned}
\sum^i \frac{T_i}{l_{0i}}[(u_p - u_q) - (x_p - x_q)a_i] &= -P_{xq} - \sum^i \frac{T_i}{l_{0i}}(x_p - x_q) + R_{xq} \\
\sum^i \frac{T_i}{l_{0i}}[(v_p - v_q) - (y_p - y_q)a_i] &= -P_{xq} - \sum^i \frac{T_i}{l_{0i}}(y_p - y_q) + R_{yq} \\
\sum^i \frac{T_i}{l_{0i}}[(w_p - w_q) - (z_p - z_q)a_i] &= -P_{xq} - \sum^i \frac{T_i}{l_{0i}}(z_p - z_q) + R_{zq}
\end{aligned} \right\} \quad (4.4.34)$$

式中

$$\left. \begin{aligned}
R_{xq} &= \sum^i \frac{T_i}{l_{0i}}[(u_p - u_q)c_i + (x_p - x_q)d_i] \\
R_{yq} &= \sum^i \frac{T_i}{l_{0i}}[(v_p - v_q)c_i + (y_p - y_q)d_i] \\
R_{zq} &= \sum^i \frac{T_i}{l_{0i}}[(w_p - w_q)c_i + (z_p - z_q)d_i]
\end{aligned} \right\} \quad (4.4.35)$$

其中,c_i、d_i 的含义与式(4.4.28)相同。

与加载计算时的位移方程(4.4.27)一样,在方程(4.4.34)中,左侧部分仅保留位移分量的线性项,而将非线性项(保留到位移分量的三次幂为止)集中在一起,用 R_{xq}、R_{yq}、R_{zq} 代表,移至方程的右侧。

与方程(4.4.27)不同的是,方程(4.4.34)右侧多了如下项:

$$-\sum^i \frac{T_i}{l_{0i}}(x_p - x_q)$$

$$- \sum^{i} \frac{T_i}{l_{0i}}(y_{\mathrm{p}} - y_{\mathrm{q}})$$

$$- \sum^{i} \frac{T_i}{l_{0i}}(z_{\mathrm{p}} - z_{\mathrm{q}})$$

不难看出,这些项代表预张力在原始形状(初始绷紧成型而尚未施加预张力时的给定形状)时引起的不平衡节点力。如果假定 $P_{xq} = P_{yq} = P_{zq} = 0$,由方程(4.4.34)可知,式(4.4.34)右侧多出的项所代表的这些不平衡力正是引起体系原始形状发生变化的主要原因。由方程组(4.4.29)可解出由此产生的各节点的位移分量。当各节点产生这些位移后,给定的预张力就在体系所取得的新位置上维持平衡,这样就达到了所求的预张力状态。

至于预张力的大小如何给定,在介绍连续化理论时已有所讨论,原则上并无不同之处。在实际设计中,要同受载计算的结果一起综合考虑,结合具体情况通过反复试算确定。

如果所求的最终曲面形状比较复杂,事先不易准确估计,则可采用一种更一般的办法来确定索网的预张力状态。在这一方法中,索网的初始位置可为任意形状,但为实际操作简便,一般取索网的平面投影形状(即具有相应周界的平面索网)作为初始状态,然后将若干控制点(通常是索网的某些支承点)抬高到规定的位置,形成所寻求的最终状态。在平面的初始状态中,应规定好适当的预张力值,它们应该组成一个平衡的平面状态。这一点易于做到。例如,对于正交的索网,当规定均匀的预张力 T_x 和 T_y 时,就得到一个平衡的平面状态。在一般情况下,也可以先给定一个不平衡的预张力场,然后通过求解类似方程(4.4.34)的平衡条件(只需考虑 x、y 两个方向),求出平衡的平面状态。

由平衡的平面状态过渡到给定边界位置的最终状态,相当于结构力学中的支座位移问题。这一过程可利用方程(4.4.27)求解,但其中外荷载为零,而部分节点(通常是索网的某些支承点)的位移是给定的。由平面状态过渡到实际状态,经历的位移是很大的,索网结构要发生很大的变形,因而这一过程具有很强的几何非线性。为了保证计算的精度,这一过程应分步进行计算,即将索网从平面形状开始分若干次逐步提升到规定的位置。所需的步数根据实际需要确定。

需要指出的是,在支座提升过程的计算中,索的弹性模量可不必取真值,因为从"确定预张力状态"这一目标来看,我们需要的只是一个在给定预张力状况下符合平衡条件的索网曲面形状,至于通过什么过程达到这一最终状态,其实并不重要。因此,上面所谓的从平面形状开始的支座提升过程,只不过是一种虚拟的计算手段,这一过程的变形协调条件事实上是无关紧要的。由于在支座提升过程中索网的变形较大,为了使最终状态时索网内力不致过多偏离规定的预张力值,通常宜将索的弹性模量取一小值,使索网可以较"自由"地变形来适应给定的边界位置。实践证明,这一办法常可取得比较理想的效果。不难看出,该方法基本上属于上面讨论的第二种思路。

在极端情况下,在支座提升过程的计算中可取索的弹性模量为零。令弹性模量为零,可以保证所求得最终状态的索网内力完全符合规定的预张力值,但产生的副作用是部分索段(一般在曲率较大的索网边缘部分)变形过大,以致网格畸变较明显。因此,对于曲率变化不均匀的曲面,不宜令弹性模量为零。实践表明,只需给弹性模量一较小的值,即可保证较均匀的网格形状,而索网预张力仍然保持在与设定值接近的范围内。

4.4.3 悬索结构的动力特性及抗震抗风分析

1. 自振特性与阻尼

了解悬索结构自振频率与振型特性是掌握该类结构动力性能的基本途径之一,同时也是应用振型分解法等求解结构动力反应的基础。这里首先介绍如何应用有限元法求解悬索结构的自振频率与振型。

（1）自振特性

对菱形平面、矩形平面和双曲抛物面索网的自振特性及其随各种结构参数的变化进行研究的结果表明,双曲抛物面鞍形索网结构自振频率与振型具有如下一些特点：

1）自振频率呈密集分布,前若干振型为单轴或双轴反对称形式。

2）索网的矢跨比对自振频率有一定的影响,但不十分显著。随矢跨比的增大,整个结构的刚度提高,自振频率也相应地有所提高。但振型形式随矢跨比由小到大却发生较明显的变化。当矢跨比较小时,结构的第一振型可能为双轴对称形式,而当矢跨比较大时一般为双轴反对称形式。

3）索网的预拉力对自振频率影响较大,随着预拉力增加,结构刚度提高,频率也明显地提高。振型形式虽有所变化,但不明显。

4）索的截面面积在通常使用范围内对索网的自振频率特别是基频几乎无影响。

5）索网的自振频率随荷载强度（即体系的质量）的增加而呈非线性下降趋势。

（2）阻尼

阻尼是结构的另外一个动力特性参数,一般用阻尼比或阻尼系数来表示。它随着材料、结构形式和规模、构造做法、结构参数等多种因素而变化,一般难以从理论上进行研究,而需通过试验予以确定。对一矩形平面双曲抛物面索网的动力特性进行模型试验表明：

1）悬索结构的阻尼比远小于常见的刚性结构,一般为 0.15% ~ 2.0%。

2）无屋面覆盖层的索网,横向加劲单曲悬索结构的阻尼比约为 0.15% ~ 0.5%。

3）有屋面覆盖层的索网结构的阻尼比约为 0.8% ~ 2.0%,比无覆盖层明显提高。

4）随着屋面荷载的增加,阻尼比略有降低趋势,但总的变化不大。

5）随着索内张力减小,阻尼比略有增大。

6）同一悬索结构中其高振型对应的阻尼比小于低振型。这在选择阻尼计算理论时应给予注意。但如果对各种振型采用不同阻尼比,计算较为复杂。为简化,工程设计中往往仍用一个统一的阻尼比。

在进行地震效应分析时,对计算模型中仅含索元的结构,阻尼比宜取 0.01；对由索元与其他构件单元组成的结构体系,阻尼比应进行调整,也可按我国 JGJ 257—2012《索结构技术规程》（下文简称《索结构规程》）第 5.5.4 条给出的近似方法计算。

2. 悬索结构的地震反应分析

（1）反应谱法

地震是重屋面悬索结构的重要作用之一,因此建造在地震区的悬索屋盖结构必须进行抗震设计。《索结构规程》规定,设防烈度为 7 度及 7 度以上的地区,索结构应进行多遇地震作用效应分析。对 7 度或 8 度地区、体型较规则的中小跨度索结构,可采用振型分解反应谱法进行地震反应分析。

（2）时程分析方法

悬索结构属于频谱密集型结构,且前若干阶振型往往呈单轴或双轴对称形式,其振型参与系数为零,因此在应用反应谱法进行大型悬索结构抗震计算时所需要叠加的振型很多,一般为十几个,甚至几十个,计算量大,计算结果也不十分准确。因此,对跨度较大的悬索屋盖结构宜采用时程分析方法进行地震反应分析计算。

对菱形平面、椭圆形平面双曲抛物面索网的地震反应进行的研究表明,与一般结构相比,悬索结构的竖向地震反应比较显著,与水平地震反应在一个量级上,甚至更大。另外结构参数对地震反应的影响随着构件位置、地震波选取的不同而不同,不易得到普遍性结论。因此,对重要的悬索结构进行动力时程分析以了解结构反应的细节是十分必要的。

3. 悬索结构的风振反应分析

风荷载是悬索结构承受的重要荷载之一,它包括平均风荷载和脉动风荷载两部分。平均风荷载的效应可用静力方法求解,而脉动风荷载的反应需考虑其动力特性。虽然从理论上脉动风荷载与地震作用均属动力作用,但其特性仍有一些差异,需区别对待。

（1）风荷载

低速理想气流产生的压力 w（称为速压）与气流速度的关系为

$$w = \frac{1}{2}\rho v^2 \tag{4.4.36}$$

式中,ρ——空气密度。

由于在流动过程中受到各种障碍物的干扰,靠近地面的风并非理想流体,而呈现随机脉动特性,故可将实际风速分成平均风速 $\bar{v}$ 和脉动风速 v_ρ 两部分,那么风速压可写为

$$w = \frac{1}{2}\rho(\bar{v}+v_\rho)^2 = \frac{1}{2}\rho\,\bar{v}^2 + \rho\,\bar{v}v_\rho + \frac{1}{2}\rho v_\rho^2 \tag{4.4.37}$$

一般 v_ρ 远小于 $\bar{v}$,故上式的第三项可以忽略,而将其写为

$$w = \frac{1}{2}\rho\bar{v}^2 + \rho\bar{v}v_\rho \tag{4.4.38}$$

当风遇到障碍物的阻挡时,将对障碍产生力的作用,作用力的大小除与无阻碍物时的速度有关外,还与结构的形状有关。作用于障碍物上的风压与速度之比称为体型系数 μ_s。当障碍物（结构）的形状为钝体（即非流线型）时,μ_s 与速度无关,但一般需由实测或风洞实验测得,常见屋面结构的体型系数可参见《荷载规范》及有关资料。可将作用于结构上的风压写为

$$p_w = \mu_s \frac{1}{2}\rho\bar{v}^2 + \mu_s\rho\bar{v}v_\rho \tag{4.4.39}$$

在同一阵风中,平均风速 $\bar{v}$ 会随着平均时距、测点高度的不同而不同。而且作为设计风速还需根据结构的重要性确定其重现期。一般将当地比较空旷平坦地面上高 10 m 处统计所得的 50 年一遇 10 min 平均最大风速作为标准风速 v_0,而将由 $\frac{1}{2}\rho v_0^2$ 计算得到的速压称为基本风压。不同高度处的风压与基本风速的比值称为风压高度系数 μ_z,不同高度处的风速与标准风速间的比值为 $\sqrt{\mu_z}$,则式（4.4.39）又可写为

$$p = \mu_z\mu_s \frac{1}{2}\rho v_0^2 + \sqrt{\mu_z}\mu_s\rho v_0 v_\rho \tag{4.4.40}$$

并记基本风压 $w_0 = \frac{1}{2}\rho v_0^2$，风速的高度变化系数除与高度有关外，还与地面粗糙度有关，其值及各地的基本风压参见《荷载规范》。

平均风压 $\overline{w} = \mu_s\mu_z w_0$ 引起的结构反应属于静力反应，可按 4.4.2 节中介绍的方法求解。《荷载规范》规定对于基本自振周期大于 0.25 s 的工程结构，如房屋、屋盖及各种高层结构应考虑脉动风压对结构的影响。悬索屋盖结构的自振周期一般可长达 1 s，故需考虑脉动风压 $w_\rho = \sqrt{\mu_z}\mu_s\rho v_0 v_\rho$ 的影响。

由式(4.4.40)可以看出，脉动风压的特性是由脉动风速决定的。脉动风速为一零均值随机过程，其最主要的统计特征是功率谱密度函数，它与基本风速和地面粗糙度有关。几十年来很多学者根据实测资料给出了许多经验表达式，其中应用最广的是 Davenport 根据不同高度、不同地点 90 多种强风记录谱于 20 世纪 60 年代提出的脉动风速谱，一般称为 Davenport 风速谱：

$$s_v = \frac{4Kv_0^2}{n} \cdot \frac{x^2}{(1+x^2)^{4/3}} \tag{4.4.41}$$

其中 $x = \frac{1\,200n}{v_0}$，$n \geq 0$，K 为表示地面粗糙度的系数，对于普通地貌可取 $K = 0.03$。

由于结构具有一定尺度，结构上各点的风速、风向并不完全相同，而只具有一定的相关性，即结构上一点的风压达到最大值时，离该点越远处的风荷载同时达到最大值的可能性就越小，这种性质称为脉动风的空间相关性，可用相关函数、相干函数或互谱函数表示。对于高层建筑、高耸结构，风荷载的相关性可只考虑侧向的左右相关和竖向的上下相关。而对于索网等空间结构，除应考虑上下相关、左右相关外，还应考虑前后相关，i、j 两点脉动风的三维相干函数可表示为

$$\gamma(i,j,n) = \exp\left\{\frac{-n\left[C_x^2(x_j-x_i)^2 + C_y^2(y_j-y_i)^2 + C_z^2(z_j-z_i)^2\right]}{\overline{v}_i + \overline{v}_j}\right\} \tag{4.4.42}$$

其中 C_x、C_y、C_z 为常数，应由观测统计得到。$C_x = 16$，$C_y = 8$，$C_z = 10$ 为一组常用的数据。

（2）风效应与风振系数

《荷载规范》对于第一振型振动为主的高耸结构以振型分解法为基础，根据随机振动理论的频域分析方法，确定了风荷载的风振系数，即通过将平均风压乘以风振系数（即动力放大系数）来考虑风荷载的脉动效应。其中风振系数由结构的自振频率和高度决定。在确定风荷载的风振系数中利用了高层、高耸结构自振频率分布稀疏的特点，忽略了各振型的相关项。这对于自振频率分布密集的悬索屋盖结构是不适用的，而若计及各振型间的相关关系，则会使振型分解法变得十分复杂。另外，由于悬索结构具有一定的几何非线性，采用荷载风振系数来考虑脉动特性亦不十分合理，故悬索屋盖的风振反应分析一般与《荷载规范》中分析高层、高耸结构的方法不同。除薄膜材料覆盖外，对于自重较大的悬索屋盖结构可以自重作用下的受力状态为基准，采用考虑振型相关性的振型叠加法计算结构的均方响应。其求解过程与高层、高耸结构风振反应分析方法相类似，只是在振型叠加时应考虑相关项的影响。亦可像上面所述的地震反应分析一样利用时程分析方法，其求解过程亦与之相同，只是此时使用的脉动风压（速）时程是根据风速功率谱和相关函数由计算生成的随机风场，其生成方法与地震波的生成类似，有很多方法可供选择。一种随机振动离散分析方法是利用脉

动风速(压)谱及其相干函数,在时域内直接求解结构的均方响应和相关函数。利用该方法对椭圆形平面、菱形平面双曲抛物面索网的风振反应进行的参数分析,给出了两种典型索网的内力、位移风振系数。

椭圆形平面双曲抛物面索网:

位移最大风振系数 $\qquad\qquad \beta_{D,max}=2.3$

位移最小风振系数 $\qquad\qquad \beta_{D,min}=-0.3$

内力最大风振系数 $\qquad\quad \beta_{T,max}=2.2+\dfrac{0.4}{400}(\mu_z w_0-300)$

内力最小风振系数 $\qquad\quad \beta_{T,min}=-0.4-\dfrac{1.0}{400}(\mu_z w_0-300)$

菱形平面双曲抛物面索网:

位移最大风振系数 $\qquad\qquad \beta_{D,max}=2.2$

位移最小风振系数 $\qquad\qquad \beta_{D,min}=-0.2$

稳定副索内力最大风振系数 $\qquad \beta_{T,max}=2.3$

稳定副索内力最小风振系数 $\qquad \beta_{T,min}=-0.4$

承重主索内力最大风振系数 $\qquad \beta_{T,max}=2.8$

承重主索内力最小风振系数 $\qquad \beta_{T,min}=-1.6$

若记静荷载(永久荷载及除风荷载以外的活荷载)作用下,在预应力状态(索的预拉力为 T_0)基础上产生的位移和内力增量为 U_1、T_1(位移增量以向下为正,索内力增量以受拉为正),平均风荷载在静荷载平衡态基础上产生的位移、内力增量分别记为 U_2、T_2,则考虑脉动风荷载作用后,结构某点或某单元的最大、最小位移和内力可用风振系数表示为

$$U_{i,max}=\begin{cases}U_{1i}+\beta_{D,max}U_{2i} & (U_{2i}>0)\\ U_{1i}+\beta_{D,min}U_{2i} & (U_{2i}<0)\end{cases}$$

$$U_{i,min}=\begin{cases}U_{1i}+\beta_{D,max}U_{2i} & (U_{2i}<0)\\ U_{1i}+\beta_{D,min}U_{2i} & (U_{2i}>0)\end{cases}$$

$$T_{i,max}=\begin{cases}T_{0i}+T_{1i}+\beta_{T,max}T_{2i} & (T_{2i}>0)\\ T_{0i}+T_{1i}+\beta_{T,min}T_{2i} & (T_{2i}<0)\end{cases}$$

$$T_{i,min}=\begin{cases}T_{0i}+T_{1i}+\beta_{T,max}T_{2i} & (T_{2i}<0)\\ T_{0i}+T_{1i}+\beta_{T,min}T_{2i} & (T_{2i}>0)\end{cases}$$

4.4.4　悬索结构的强度和刚度校核

对于钢索的强度校核,目前国内外均采用容许应力方法,即

$$\frac{N_{k,max}}{A}\leq\frac{f_k}{K}$$

式中,$N_{k,max}$——按恒荷载(标准值)、活荷载(标准值)、预应力、地震荷载和温度等各种组合工况下计算所得的钢索最大拉力标准值;

$\qquad A$——钢索的有效截面面积;

f_k——钢索材料强度的标准值,可由表 4.16 查取;

K——安全系数,宜为 2.5~3.0,平均值约为 2.8。

表 4.16 高强钢丝、钢绞线的设计指标

索体类型		索体极限抗拉强度标准值或钢拉杆屈服强度/MPa	弹性模量/(N·mm^{-2})
钢丝束		1 670、1 770、1 860、1 960	(1.9~2.0)×10^5
钢丝绳	单股钢丝绳	1 570、1 670、1 770、1 870、1 960	1.4×10^5
	多股钢丝绳		1.1×10^5
钢绞线	镀锌钢绞线	1 570、1 720、1 770、1 860、1 960	(1.85~1.95)×10^5
	高强度低松弛预应力钢绞线		(1.85~1.95)×10^5
	预应力混凝土用钢绞线		(1.85~1.95)×10^5
钢拉杆		345、460、550、650、750、850、1 100	2.06×10^5

注:在利用该表求钢材的强度设计值时,钢索的 $r_R = 2.0$,钢拉杆的 $r_R = 1.7$。

由于我国各类建筑结构,如钢结构、钢筋混凝土结构等均已采用以概率理论为基础极限状态设计法,并对结构构件采用以分项系数表达的极限状态设计表达式进行计算,同时悬索结构的设计计算也必然涉及屋面承重构件(如屋面板、檩条等)、悬索的支承结构(如边梁、框架等)、地基基础等钢或钢筋混凝土的结构构件,所以,考虑计算的统一、方便,我国《索结构规程》对钢索强度计算采用了和其他结构设计规范统一的设计表达式,即按下式对钢索进行强度校核:

$$\frac{N_{max}}{A} \leqslant f \qquad (4.4.43)$$

式中,N_{max}——按 1.3 倍恒荷载、1.5 倍活荷载、预应力、地震作用、温度等各种组合工况下计算所得的钢索最大拉力设计值,1.3、1.5 分别为恒荷载、活荷载的荷载分项系数;

f——钢索材料强度的设计值。

根据极限状态设计方法的理论,式(4.4.43)中的 $f = f_k / \gamma_R$,γ_R 为结构构件的抗力分项系数,应根据大量统计数据经概率分析确定,对于悬索结构目前还难以做到。设安全系数等于前载分项系数和钢索的抗力分项系数的乘积,令 $k = 2.8$,荷载分项系数取平均值 1.4,则可反算出钢索的抗力分项系数 $r_R = 2.0$。考虑钢拉杆的标准强度是屈服强度,达此值后尚有承载潜力,取 $r_R = 1.7$。因而悬索强度计算只是在形式上采用了分项系数的表达式,在实际上仍为容许应力方法。

美国土木工程师协会规范 ASCE 7—16 规定,钢索的极限承载力(即承载力标准值 $N_k = Af_k$)不得小于下列各值:

① $2.2(D+P)$;

② $2.2(D+P+L)$;

③ $2.0(D+P+W$ 或 $E)$;

④ $2.0(D+P+L+W$ 或 $E)$;

⑤ $2.0C$。

其中,D、P、L、W、E 分别表示恒荷载、预应力、活荷载(包括雪荷载)、风荷载和地震作用在钢索内引起的拉力,C 表示结构安装过程中可能产生的最大拉力。在大多数情况下,索的截面尺寸是由组合②和③来控制的,这也就意味着在风荷载作用下结构的安全系数为 2.0,在活荷载作用下索的安全系数为 2.2。其根据不同荷载工况采用不同的组合系数比较科学,可以借鉴。

悬索结构的变形必须满足结构的正常使用要求,如不能因悬索屋盖的变形过大而引起屋面材料的开裂或渗漏等。《索结构规程》根据已建悬索结构的使用经验对悬索结构变形作了规定,悬索结构的承重索跨中竖向位移与跨度之比应满足表 4.17 的要求。

表 4.17　悬索结构屋盖最大挠度与跨度之比的容许值

结构形式		最大挠度与跨度之比的容许值
悬索结构	单层悬索体系	$l/200$
	索网	
	双层悬索体系	
	横向加劲索系	
斜拉结构		$l/250$
张弦结构		
索穹顶		

注:1. l 为悬索结构的跨度;

2. 对于体育场等建筑的挑篷结构,跨度 l 应取挑篷结构悬挑长度的 2 倍。

上述规定是考虑到悬索结构属于柔性结构,只有在对其施加一定数值的预应力后,体系才能具有必要的形状稳定性和刚度,因此除单层悬索体系外,悬索结构的竖向位移均由预应力态算起。对单层悬索体系,考虑到一般均通过对悬索屋盖施加临时荷载后灌缝施加预应力。上述规定的竖向位移自初始几何态算起,即由屋面承重构件(如屋面板、索自重等)作用之后算起,可与双层索系统一。此外,设计时还需要特别注意不均匀的局部荷载往往使悬索屋盖产生显著变形,温度升高和边缘构件的徐变也会使悬索体系的挠度明显增大。

4.4.5　钢索的锚固及连接节点

1. 钢索的锚固

悬索结构中钢索要通过锚具传力给支承结构,因此选用可靠的锚具和锚固构造是悬索结构安全可靠工作的关键。锚具应采用高强度合金结构钢,并经热处理提高综合机械性能。锚具的强度应保证在索的破断力作用下,锚具及其连接件没有明显屈服。悬索结构所用锚具类型很多,根据锚固方式的不同可大致分为夹片式锚具、锥塞式锚具、支承式锚具、浇铸式锚具和压制式锚具。其中前三种类型与预应力钢筋混凝土结构所采用的锚具类似,常可相互通用,而后两种在悬索结构中的应用更为广泛。以下将对这几种锚具形式及其锚固节点构造加以介绍。

(1)锚具形式

1)夹片式锚具。夹片式锚具在国内有 JM 型、QM 型、XM 型等类型。

JM 型锚具由锚环(圆形和方形)和若干夹片组成(图 4.109),锚环的内壁及夹片均呈锥形。锚环、夹片均由 45 号钢制成,并经热处理达到所需硬度。夹片数量为 3~6 片,依所夹持的钢绞线数量而定。如标记 JM12-3、JM15-3 分别代表用于 3 根直径为 12 mm(7φ4)、15 mm(7φ5)的钢绞线,夹片数量为 3 的 JM 型锚具;JM12-6、JM15-6 分别代表用于 6 根直径为 12 mm、15 mm 的钢绞线,夹片数量为 6 的 JM 型锚具。JM 型锚具由我国建筑科学研究院研制,制作精度高,锚固性能好,操作方便,技术成熟,积累了多年使用经验,并有定型产品,适用于 3~6 根直径为 12 mm、15 mm 的钢绞线的锚固,也适用于 3~6 根直径为 12 mm、15 mm 的圆钢的锚固。与 JM 型锚具配套的张拉工具为 YC 型穿心式千斤顶(双作用千斤顶)。采用这种锚具时,用上述千斤顶张拉钢绞线达到要求索力时,顶压夹片以夹紧钢绞线,顶压力取张拉力的 40%~50%。

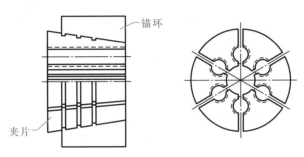

图 4.109　JM 型夹片式锚具

　　QM(群锚)型锚具及 XM(斜锚)型锚具均属于多孔夹片式锚具(图 4.110),由锚环及夹片组成。其构造特点是在锚板上设置若干彼此独立的锥形圆孔,每个孔中采用和 JM 型锚具相同的 3 片式夹具锚固一根钢绞线。QM 型锚具与 XM 型锚具的区别是:QM 型锚具的每一锥形圆孔的中心线彼此平行,且垂直于锚板板面,所有夹片具有相同的规格;XM 型锚具的各个锥形圆孔为斜锥孔,各孔的中心线向着钢索的轴线汇交,相应的每孔的各夹片规格也不相同。QM 型锚具与 XM 型锚具可承受较大的索力,适用于锚固较多根数的钢绞线,国内已将其用于预应力钢筋混凝土结构、悬索结构及桥梁结构。安徽省体育馆的预应力横向加劲单层悬索体系屋盖中,悬索两端便采用了中国建筑科学研究院研制的 QM15-5 型锚具(锚固 5 股直径 15 mm 的钢绞线),锚具抵承在钢筋混凝土框架顶部的边梁上。

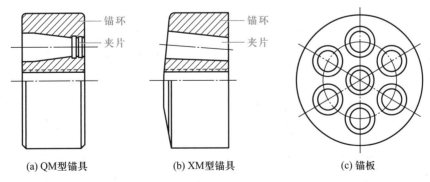

(a) QM型锚具　　　　　(b) XM型锚具　　　　　(c) 锚板

图 4.110　多孔夹片式锚具

　　近年来国内又研制了一种 OVM 型锚具,它也属于群锚体系,与 QM 型锚具的不同之处在于其夹片为半开槽形式。OVM 型锚具适用于锚固各种规格的钢绞线和平行钢丝束,具有良好的自锚能力,无锡游泳馆的斜拉索采用的就是这种锚具。

以上介绍的各种夹片式锚具,钢绞线均是靠夹片与钢绞线之间楔紧和接触面的摩擦而实现锚固的,为增加摩擦力,夹片与钢绞线接触的一面都加工成齿形。

2)锥塞式锚具。国内生产并已在工程中应用的有钢质锥销锚具、槽销锚具和环销锚具等几种形式。

钢质锥销锚具(弗式锚具)由锚环及锚塞组成(图 4.111),锚环内壁及锚塞均呈圆锥台形,最多可锚固 18 根直径为 4 mm 或 5 mm 的高强钢丝束。采用这种锚具时,用锥锚式千斤顶、YZ 型千斤顶进行钢丝的张拉和顶锚,顶锚的顶压力为张拉力的 50%~60%。

槽销锚具与锥销锚具相似,同样由锚环与锚塞组成,但其锚塞的表面设有嵌固钢绞线的凹槽。槽销锚具的疲劳强度高,具有拉索抽换能力,对钢索下料长度的要求不严,使用比较方便。

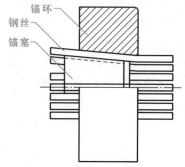

图 4.111　钢质锥销锚具

环销锚具由锚环、环销和锥销组成,比钢质锥销锚具多了一个环销,用于锚固两圈平行钢丝束,钢丝在锚环与环销之间、环销与锥销之间沿圆周均匀布置(图 4.112)。

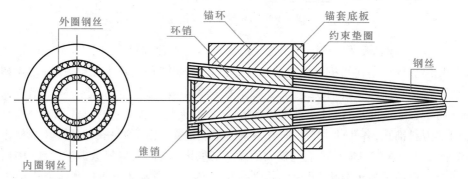

图 4.112　环销锚具

3)支承式锚具。工程上应用的支承式锚具有螺杆式锚具、镦头式锚具等形式。

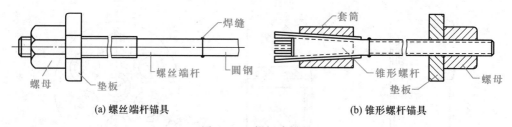

(a) 螺丝端杆锚具　　　　　　　　(b) 锥形螺杆锚具

图 4.113　螺杆式锚具

螺杆式锚具又有螺丝端杆锚具和锥形螺杆锚具之分。螺丝端杆锚具由螺丝端杆、螺母及垫板组成(图 4.113a),适用于锚固直径 36 mm 以下的冷拉 HRB400 级钢筋。锥形螺杆锚具由锥形螺杆、套筒、螺母及垫板组成(4.113b),适用于锚固 28 根以下直径为 5 mm 的高强钢丝束。螺杆式锚具螺栓较长,调节余量较大,锚具构造及施工均很简便。与这种锚具配套的张拉工具可采用 YC60 型、YC20 型千斤顶,也可采用其他的简易张拉工具,施工时只要牵拉螺丝端杆用螺母固定即可。

镦头式锚具用于锚固由高强钢丝组成的平行钢丝束。这种锚具分为 A 型、B 型两种（图 4.114），A 型由锚环和螺母组成，用于张拉端；B 型有锚板，用作固定端。如果钢索很长，需在两端张拉，则索两端均应采用 A 型锚具。使用镦头锚时，须先将高强钢丝穿入锚环和锚板，然后用液压镦头机将钢丝头部镦粗，支承在锚环和锚板上。张拉高强钢丝束时，在锚环上装上工具式张拉螺杆，再通过工具螺母与千斤顶相连即可张拉；张拉达到要求吨位后，利用锚环上的螺母将锚环固定在支承构件上。当索受力后，通过镦粗的端头传力于锚环、锚板，进而传给螺母和支承构件。镦头锚具用钢量省、体积小、易于加工、使用方便，钢丝无滑丝内缩，钢丝强度无损失，除锚固高强度钢丝外，也可用于锚固圆钢。但这种锚具对钢丝的下料长度精度要求高，否则会使各平行钢丝之间受力不均匀，钢丝越长，下料长度不精确引起的钢丝之间拉力差值也越小。丹东体育馆组合单索屋盖结构中的钢索锚固即采用了镦头式锚具。

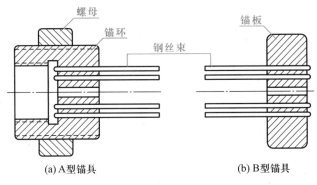

图 4.114　镦头式锚具

4）浇铸式锚具。浇铸式锚具有冷铸锚具和热铸锚具两种类型。它具有抗疲劳性能好、锚固承载范围大、锚固可靠、便于索力调整和拉索变换等优点，因此在张力结构（包括桥梁结构）中得到了较广泛应用。如北京亚运会的奥林匹克中心游泳馆、综合馆等两个斜拉屋盖就采用了这种锚具形式。

冷铸锚具一般由锚杯、螺母、锚板等部件组成，锚杯的内壁呈锥台形，钢丝集束进入锚杯的锥台形腔内之后灌注冷铸料。冷铸料一般由环氧树脂及钢丸组成，环氧树脂固化后，冷铸料、钢丝、锚板就形成一个楔形体（图 4.115a）。钢索受拉时，每一根钢丝末尾的镦头带动锚板，锚板又推动冷铸料楔形体使其楔入锚杯的锥形内腔，并越楔越紧，冷铸料中的钢丸对钢丝的啮合也越紧，并形成良好的锚固。冷铸锚具固定方式有垫块和螺母两种，通常在锚定端使用垫块，在张拉端使用螺母。和镦头锚具不同，由于冷铸料与钢丝已成为一体，因此钢丝的拉力大部分由锚体传给锚杯，故钢丝的镦头对锚具的承载力影响并不大。

热铸锚具在构造形式上与冷铸锚具类似，区别在于它是采用低熔点的合金进行浇铸的。热铸锚具的优点是浇铸较密实，锚体冷却后的强度较大；缺点是高温热铸料（温度为 450 ℃时）会引起冷拔钢丝疲劳承载力的降低。目前采用较多的热铸料为锌铜合金（巴士合金），其浇铸温度为 400~420 ℃，铜的含量为 2%。需要说明的是，对于镀锌钢丝，由于其已经历了高温热镀过程，因此热铸时的强度降低不明显。

5）压制式锚具。压制式锚具采用铝合金或其他高强钢材做成索套，在高压下挤压成

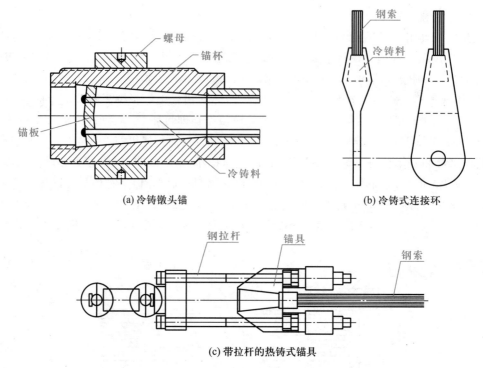

(a) 冷铸镦头锚

(b) 冷铸式连接环

(c) 带拉杆的热铸式锚具

图 4.115　浇铸式锚具的几种形式

型,借助索套与钢索之间的握裹力来传递索拉力(图 4.116)。这种锚具的优点是造价低廉,但是它只能抵抗 95% 的索破断力。压制式锚具主要适用于小直径钢索,例如直径<48 mm 的钢丝绳、直径<30 mm 的钢绞线和直径<30 mm 的不锈钢钢丝绳。

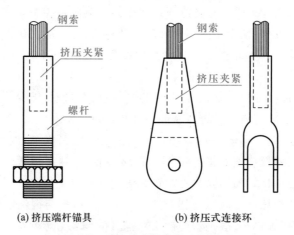

(a) 挤压端杆锚具　　　(b) 挤压式连接环

图 4.116　压制式锚具的几种形式

　　以上介绍的各种锚具根据张拉方法不同,可归纳为两大体系:拉丝体系和拉锚体系。夹片式和锥塞式锚具属于拉丝体系,支承式、浇铸式和压制式锚具属于拉锚体系。拉丝体系一般要利用与之配套的双作用千斤顶对钢丝或钢绞线逐根张拉、顶锚进行锚固;而拉锚体系的钢索张拉是利用锚环上的螺纹和与其配套的张拉机具,对整束的钢索进行张拉,插入钢垫板或旋紧螺母来锚定钢索。一般拉丝体系的锚具在支承构件上所需预留的穿索孔道较小,对支承构件的截面削弱不大,但要依靠楔紧和摩擦力来锚固钢丝或钢绞线,故不宜多次重复张拉,因而不便于调整索力。拉锚体系与之相反,穿索时需连同锚具一起穿入,要求在支承构件上预留的索孔较大,但调整索力却很方便,组成索束的钢丝或钢绞线在张拉和受载阶段的受力也比较均匀。

(2)锚固节点构造

悬索结构的节点锚固构造应符合《索结构规程》的规定,并满足以下几点要求:

① 具有足够的强度和刚度。保证在各种可能的荷载及荷载组合作用下锚具不被拔出,也不会出现过大的变形。

② 良好的耐久性。应做好节点防护处理,以避免各种环境作用的侵蚀。此外,还应避免节点产生较大的徐变变形。

③ 构造合理,安装方便。节点构造应尽量做到形式简捷、传力明确,符合各种计算假定。此外,还应便于施工中对预张力的施加和控制。

在实际工程中,锚固节点构造形式是多种多样的,其做法不仅与支承结构形式有关,还与选用的锚具类型有关。以下将结合一些工程实例来具体说明。

1)JM 型锚具。浙江人民体育馆为椭圆形双曲抛物面悬索屋盖,其承重索和稳定索均采用 6 根直径为 12 mm(7φ4)的钢绞线,并采用 JM12-6 型锚具锚固在截面尺寸为 0.8 m×2.0 m 的钢筋混凝土圈梁上(图 4.117)。圈梁内预留索孔,供穿索之用。索孔做成喇叭形,以保证索在施工阶段当索网垂度变化时有转动的余地。圈梁内受锚具压力作用的部位设置两道φ8 钢筋组成的钢筋网,以提高混凝土的局部承压能力。待索张拉完毕固定且铺设屋面后,用沥青麻丝将索孔内端填实,并在索孔内灌注水泥砂浆。锚具则用 C30 混凝土包住,以防锈蚀。

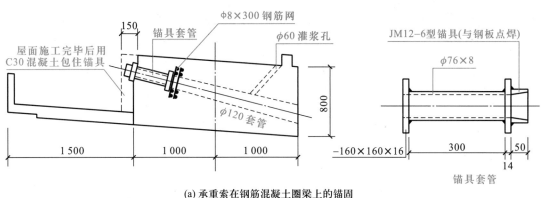

(a) 承重索在钢筋混凝土圈梁上的锚固

(b) 稳定索在钢筋混凝土圈梁上的锚固

图 4.117 浙江人民体育馆采用 JM 型锚具的锚固节点

2）QM 型锚具。吉林滑冰馆预应力双层悬索屋盖的承重索间距 4.8 m,每根由 18 股 ϕ15 mm 的钢绞线组成(图 4.118a),索内力达 1 450 kN。对这种由多根钢绞线组成的钢索,选用锚具应保证组成钢索的每股钢绞线受力均匀,且便于预加拉力的调整,为此采用了在 QM 型锚具的圆形锚板上车以螺纹、以大螺母锚定的组合锚具(图 4.118c)。使用这种锚具进行锚固时,先将各根钢绞线以夹片 1 锚定在大螺杆(即锚板)2 上,张拉时,采用千斤顶牵拉整个螺杆,同时旋调大螺帽 3 使其直接抵承在钢构件上,操作十分方便。考虑到在使用阶段,索孔道已由细实混凝土填充,有可能影响夹片的进一步紧固,因而在承重索的每根钢绞线端部加设一个挤压式锚头 4,以确保钢索锚固可靠。

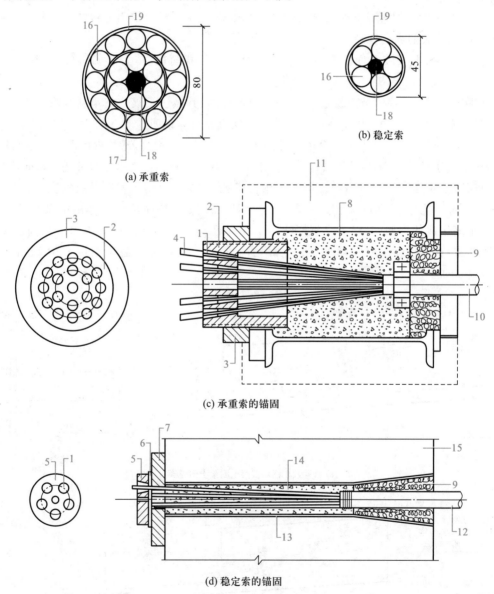

(a) 承重索

(b) 稳定索

(c) 承重索的锚固

(d) 稳定索的锚固

1—夹片;2—大螺杆;3—大螺母;4—挤压式锚头;5—锚盘;6—填板;7—垫板;8—细实混凝土;
9—沥青麻丝;10—承重索;11—外包混凝土;12—稳定索;13—预埋钢管;14—水泥砂浆;
15—钢筋混凝土拉杆;16—高强钢绞线;17—第一道防护层;18—填芯;19—外层防护。
图 4.118　吉林滑冰馆预应力双层悬索屋盖承重索与稳定索的锚固构造

吉林滑冰馆屋盖稳定索由两股组成,每股为 5 根 7φ5 的钢绞线(图 4.118b);锚具为 JM15-5 型,锚具抵承在钢筋混凝土的框架梁柱交点处,锚固节点构造见图 4.118d。

3)OVM 型锚具。无锡游泳馆斜拉索结构的斜拉索在塔顶上的布置见图 4.119a,根据受力要求图中的斜拉索分别采用了 4φ15 和 7φ15 的低松弛高强钢绞线。斜拉索上端采用 OVM 锚具抵承在塔顶的钢筋混凝土塔柱侧面,外罩不锈钢锚套,锚套内灌以黄油防锈(图 4.119b)。斜拉索下端锚固在钢筋混凝土主梁内,锚头用低标号混凝土封住,以避免游泳馆室内高氯、高湿度环境下的锈蚀。

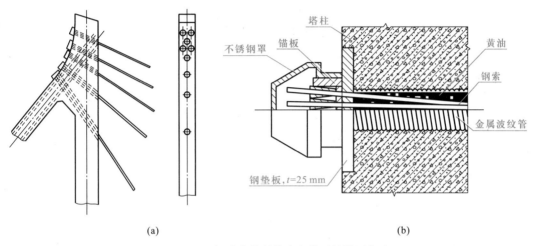

(a)   (b)

图 4.119　无锡游泳馆斜拉索在塔顶的锚固构造

4)环销锚具。成都城北体育馆的车辐式悬索屋盖采用一种钢筋混凝土环销锚具,钢索锚固于钢筋混凝土圈梁(截面 1.4 m×1.1 m)的节点构造如图 4.120 所示。

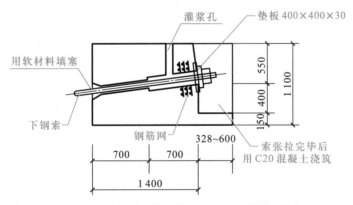

图 4.120　成都城北体育馆的钢索与圈梁锚固节点

5)钢质槽销锚具。北京朝阳体育馆悬索屋盖两片索网的承重索和稳定索均采用 6 根直径为 15 mm 的高强钢绞线。承重索一端锚定在钢拱上,为固定端;另一端抵承在钢筋混凝土边拱上,为张拉端。稳定索的两端锚具均抵承在混凝土边拱上,并从两端同时进行张拉。索网和索拱钢索锚固均采用钢质槽销锚具。钢索张拉采用与槽销锚具配套的 TY-120 型千斤顶。为了保证锚具受力对中,在锚具与钢筋混凝土边拱的抵承面之间,除了必要的斜拉垫板外还设置了专门设计的球面垫板,钢索在钢筋混凝土边拱上的锚固见图 4.121a。中央索拱体系的每条钢索由 7 束 6 股直径为 15 mm 的钢绞线组成,钢索两端锚定于钢筋混凝土三角墙的顶部,墙体内预埋锥形套管,钢索穿过套管共同锚固在一块垫板上,采用 7 套与索网同样的槽销锚具固定(图 4.121b)。待全部钢索张拉完毕,预埋套管内以压力灌浆填实,并对所有锚头外包混凝土进行保护。

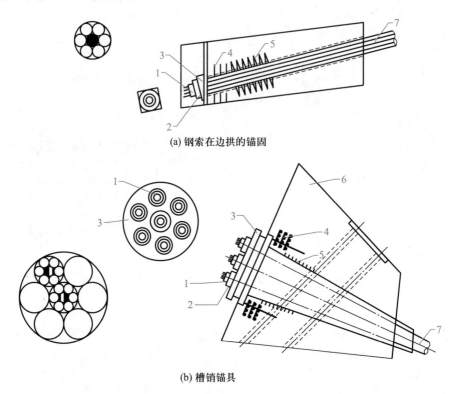

(a) 钢索在边拱的锚固

(b) 槽销锚具

1—槽销锚具;2—球面垫板;3—垫板;4—钢筋网;5—螺旋筋;6—钢筋混凝土墙;7—钢索。
图 4.121　北京朝阳体育馆悬索屋盖的钢索锚固构造

6) 锥形螺杆锚具。四川省体育馆组合索网屋盖的钢索与中央的钢筋混凝土拱(截面 1.5 m×2.5 m)和钢筋混凝土边梁的锚固均采用了锥形螺杆锚具,锚固构造如图 4.122 所示。

7) 科洛夫金式锚具(冷铸锚具)。北京工人体育馆的车辐式悬挂屋盖钢索采用平行钢丝束,稳定索由 40 根 $\phi5$ 的钢丝组成,承重索由 72 根 $\phi5$ 的钢丝组成,钢筋混凝土圈梁(外环)的截面为 2 m×2 m。钢索在圈梁处的锚具采用了与冷铸锚具类似的科洛夫金式锚具,锚固构造见图 4.123a。锚具的钢环采用 6 mm 厚的无缝钢管,钢丝束穿过底板后,每根钢丝均做成弯钩,分层排列于锚环内,然后灌 C50 混凝土并加铁屑,用压力振捣器捣实,并用蒸汽养护。钢筋混凝土圈梁上预留直径为 220 mm 的索孔,索孔两端均设置预埋钢板,并于锚头下局部承压处配置四层钢筋网。架设钢索时,将索的锚头穿过圈梁上预留的索孔,在圈梁外侧的预埋件上焊接垫板,锚头就抵承在垫板上。张拉后,用适宜厚度的钢板插入锚头与垫板之间的空隙,以保持预张力。施工完毕后,用混凝土将锚头包住,并用压力灌浆将索孔填实(图 4.123b)。

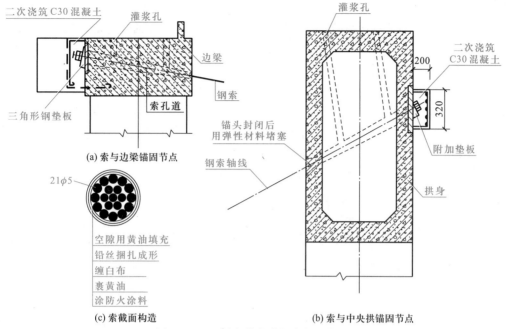

(a) 索与边梁锚固节点

21φ5

空隙用黄油填充
铅丝捆扎成形
缠白布
裹黄油
涂防火涂料

(c) 索截面构造

(b) 索与中央拱锚固节点

图 4.122　四川省体育馆钢索锚固构造

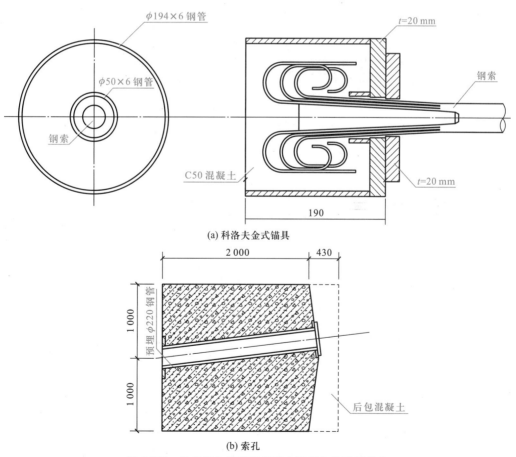

(a) 科洛夫金式锚具

(b) 索孔

图 4.123　北京工人体育馆钢索在圈梁上的锚固构造

2. 悬索结构的连接节点

设计悬索结构的节点构造时,应注意节点构造要与结构分析的计算简图相符合;在满足受力和构造要求的条件下节点尺寸应尽量紧凑;节点构造应力求简单,便于制造和安装;对受力节点应进行必要的强度、承载能力计算。

(1)钢索与屋面构件的连接

屋面构件采用预制混凝土板时,一般在预制板上预埋挂钩,安装时直接将屋面板挂在悬索上即可(图 4.124a)。图 4.124b 表示屋面板与索采用夹板的连接。连接时先用螺栓将夹板连到悬索上,再将屋面板搭于夹板的夹角处,这是国外的一种做法。

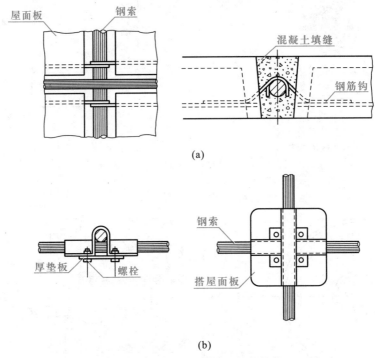

图 4.124　钢索与预制屋面板的连接

对采用压型钢板等轻质屋面材料的屋盖,一般要在钢索上放置钢檩条,钢檩条与索的连接构造做法如图 4.125 所示。

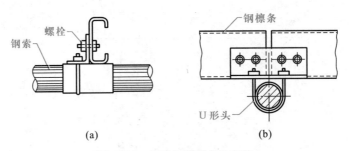

图 4.125　钢索与钢檩条的连接

(2)钢索与连系杆或其他劲性构件的连接

在双索体系中,设计承重索和稳定索与连系杆的连接构造时,为使索不致承受可能的局部弯曲,宜将索与连系杆的连接节点设计成铰接,使杆在节点处能随索的变形而自由转动。

吉林滑冰馆的双层悬索屋盖中,承重索和稳定索相互错开半个柱布置,因此两索之间的连系杆兼作屋面檩条之用。在跨中约 2/3 长度范围的檩条为平行弦桁架形式,在跨度两端各约 1/6 长度范围的檩条为波形实腹构件。所有连系杆(即檩条)与承重索、稳定索的连接均采用专门设计的铸钢件连接夹具,桁架式檩条与两索的连接构造见图 4.126,波形檩条与两索的连接见图 4.127。夹具部件预先装置在索和檩条连接处的相应位置上,安装屋盖构件时只需穿上销轴,把檩条与索连接起来,就可实现两者的铰接。试验证明,只要用普通扳手认真拧紧连接钢铸件夹具的螺栓,夹具与索间就可产生足以抵抗檩条沿索坡向下滑的摩擦力。为防止使用期间螺栓松动,夹具用双螺母固定。

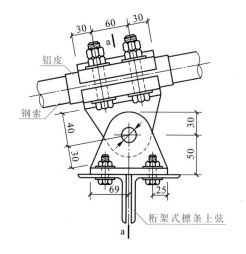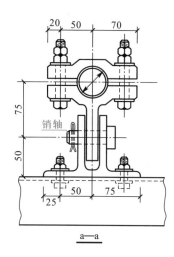

(a) 檩条上弦与索的连接

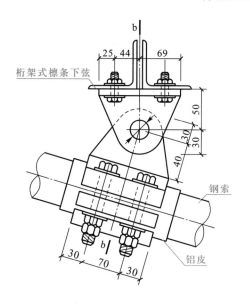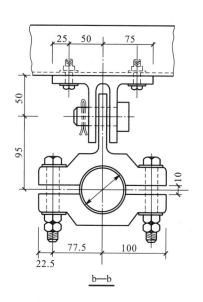

(b) 檩条下弦与索的连接

图 4.126 吉林滑冰馆钢索与檩条的连接之一

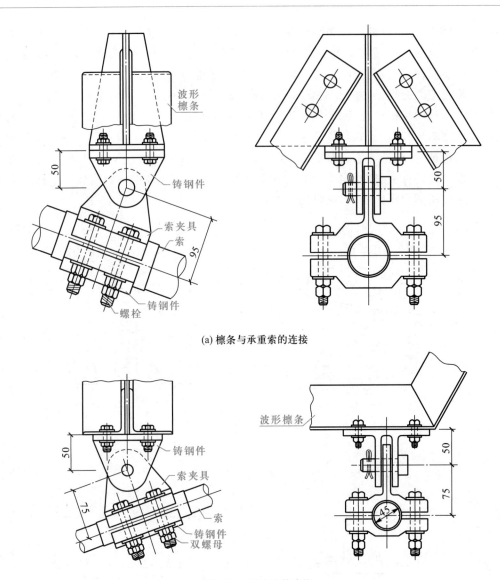

(a) 檩条与承重索的连接

(b) 檩条与稳定索的连接

图 4.127　吉林滑冰馆钢索与檩条的连接之二

　　双层悬索屋盖的承重索、稳定索布置在同一竖向平面内时,两索与连系杆的连接构造如图 4.128 所示。

　　安徽省体育馆的横向加劲悬索屋盖中,横向加劲构件采用由角钢制作的梯形桁架,梯形桁架与索的连接节点构造如图 4.129 所示。此节点构造简单,造价低廉,使用效果良好。当横向加劲构件采用圆管桁架时,圆管桁架与索的连接可参考图 4.130 所示的构造做法。

　　(3) 钢索与中心环的连接

　　圆形平面的悬索屋盖钢索作辐射式布置时,钢索要与中心环相连接。图 4.131 表示钢索在中心环处断开并与中心环连接。图 4.131a 为北京工人体育馆悬索屋盖的做法,在中心环的环梁上设置直径为 90 mm 钢销,钢索端部绕过钢销,用钢板夹具卡紧,将钢索固定在中心环上。图 4.131b 表示在钢索端部采用螺杆式锚具将钢索锚定在中心环上。成都城北体育馆采用了索在中心环直通的节点构造(图4.131c),这种连接不但改善了中心环的受力,而且简化了节点构造。

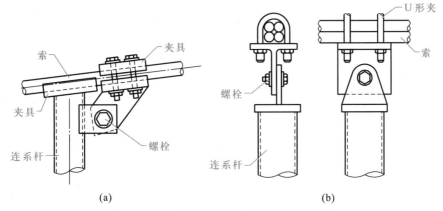

图 4.128　双层悬索屋盖中索与连系杆的连接

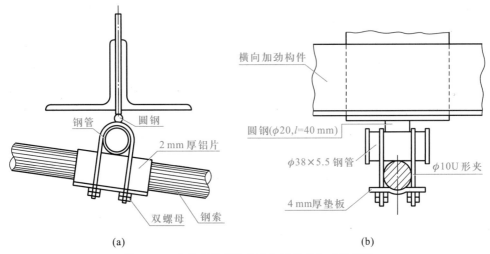

图 4.129　安徽省体育馆横向加劲构件与索的连接

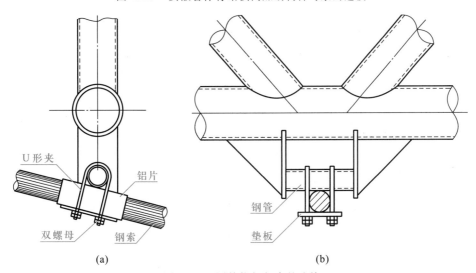

图 4.130　圆管桁架与索的连接

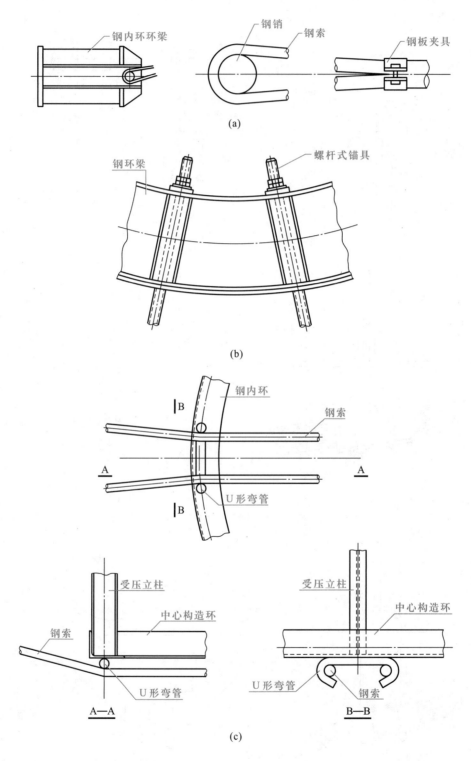

图 4.131　钢索与中心环的连接构造

（4）钢索与钢索的连接

在正交索网中,两个方向的钢索在交叉处须采用夹具连接在一起,使两索在此节点处不产生相对错动。一般采用压制或铸制的钢板夹具或 U 形夹具,U 形夹具较便宜,如图 4.132 所示。需要注意的是,在无应力状态下被夹紧的索受拉后,其直径会减小,从而使夹持力降低,对此可通过二次旋紧螺栓来调整。图 4.133 表示索网采用柔性的边索时,索网的钢索与边索的连接构造。

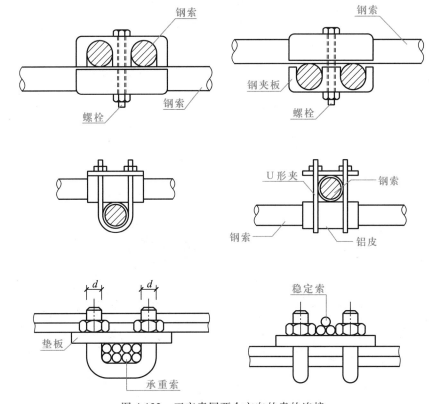

图 4.132　正交索网两个方向的索的连接

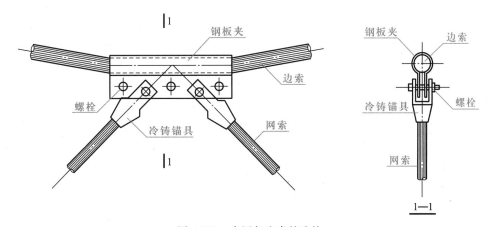

图 4.133　索网与边索的连接

多向钢索之间可采用连接板连接,如图 4.134 所示。此时应注意各钢索轴线应汇交于一点,以避免连接板偏心受力。另外,在进行连接板设计时,宜采用曲线造型。

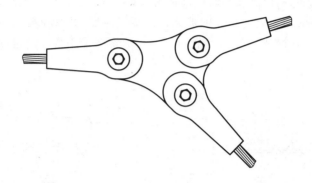

图 4.134　多向钢索的连接

在一些大型体育场的看台挑篷结构中还会经常看到如图 4.135 所示的节点,这是体育场内环索与看台径向索之间的一种连接做法。由于这种节点的受力很大,且直接关系挑篷结构的整体稳定性,因此设计时要特别注意。

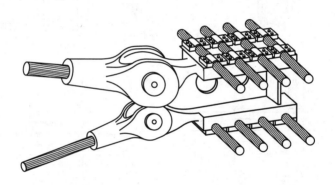

图 4.135　体育场内环索与径向索的连接

（5）钢索与支承结构的连接

钢索与支承结构的连接方式主要取决于支承结构的形式、预张力施加方式和索端锚具类型等因素。例如,对于钢构件可通过直接焊接耳板与索端头锚具相连（图 4.136a）,也可通过焊接套管或肋板与索头相连（图 4.136b、c）;对于混凝土构件可先预埋节点板再连接,也可以通过钢套箍连接（图 4.136d）;对于张拉部位的节点可采用如图 4.136e 所示的构造方式,将索端头直接穿过混凝土构件来锚固,这样不仅增强了锚固连接的可靠度,还便于施力机具的操作;对于基础锚固点处的索端部节点,宜考虑采用可调的端头构造形式（图 4.136f）,以方便预张力的施加和二次张拉。

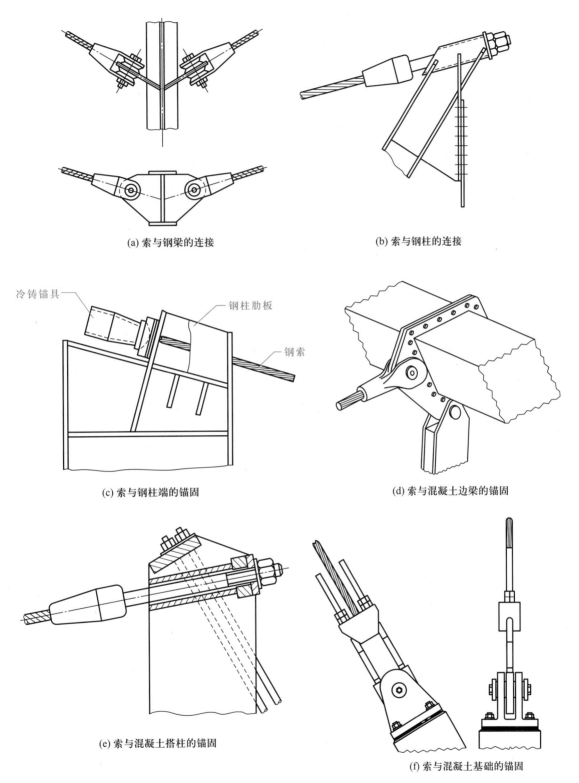

(a) 索与钢梁的连接   (b) 索与钢柱的连接

冷铸锚具   钢柱肋板

钢索

(c) 索与钢柱端的锚固   (d) 索与混凝土边梁的锚固

(e) 索与混凝土搭柱的锚固

(f) 索与混凝土基础的锚固

图 4.136　钢索与支承结构的连接

4.5　网壳结构设计例题

4.5.1　设计条件

本节以一北方地区中等规模的体育馆为例,介绍大跨度房屋钢结构设计的全过程。该体育馆平面形状为圆形,屋盖形状为球冠状。屋面材料为轻型彩钢板(带玻璃纤维保温棉),屋面板(含檩条)自重为 20 kg/m^2。在使用阶段,屋盖均布悬挂荷载为 20 kg/m^2。该工程建设地区按 7 度设防,场地土类型为 II 类,基本雪压 0.45 kN/m^2,基本风压 0.55 kN/m^2,根据实际情况,考虑温度变化范围为 ±30.0 ℃。

4.5.2　结构选型

前面已经介绍了大跨度钢结构的几种常用结构体系。其中,网壳结构在我国的发展和应用很广泛,具有很强的活力,应用范围不断扩大。网壳结构具有刚度大、自重轻、造型丰富美观、综合技术经济指标好的特点。多年来,我国在网壳结构的合理选型、计算理论、稳定分析、节点构造、制作安装、模型试验等方面已做了大量研究工作,取得了很大成就。

本设计选用网壳结构作为体育馆的承重结构。由于平面形状是圆形,故选用单层球面网壳。由于凯威特型球面网壳具有网格大小匀称、内力分布均匀、整体刚度大等特点,是球面网壳中经常采用的一种网壳形式,故本工程采用凯威特型网壳,为 K8 型 8 分频网壳(图 4.137),杆长约 3~5 m,网壳跨度为 60 m,矢高为 12 m,网壳由沿周边布置的 64 个三向固定铰支座支承。网壳杆件及节点采用 Q355B 钢材。

4.5.3　屋盖结构计算

本设计采用"空间网格结构计算机辅助设计软件 ASSAP 1"来完成结构分析及施工图绘制,该软件由哈尔滨工业大学空间结构研究中心开发。根据《荷载规范》,屋面活荷载为 0.50 kN/m^2。

1. 荷载汇集

(1)恒荷载

1)屋面板及檩条自重　　0.20 kN/m^2

2)均布悬挂荷载　　　　0.20 kN/m^2

3)网壳结构自重　　　　由程序自动计算

(2)活荷载

屋面活荷载　　　　　　0.50 kN/m^2

(3)基本雪压　　　　　　0.45 kN/m^2

(4)基本风压　　　　　　0.55 kN/m^2

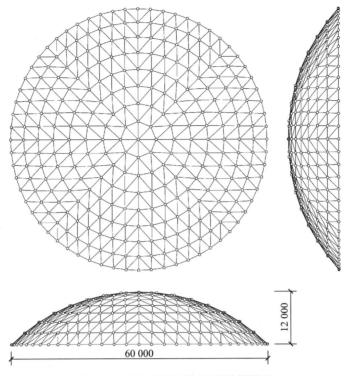

图 4.137　凯威特型球面网壳计算模型

（5）地震作用

地震烈度　　　　　　　7 度

场地类别　　　　　　　Ⅱ类

地震分组　　　　　　　第一组

（6）温度作用

计算温差　　　　　　　±30.0 ℃

注:以上各类荷载均集中作用于网壳节点上,程序按照每个节点分摊的面积自动精确计算荷载值。

2. 荷载(效应)组合

（1）1.3 恒荷载+1.5 活荷载

（2）1.3 恒荷载+1.5 活荷载+1.5×0.6 风荷载

（3）1.3 恒荷载+1.5 活荷载+1.5×0.6 风荷载+1.5×0.6 温度荷载(正温)

（4）1.3 恒荷载+1.5 活荷载+1.5×0.6 风荷载+1.5×0.6 温度荷载(负温)

（5）1.3 恒荷载+1.5 活荷载+1.5×0.6 温度荷载(正温)

（6）1.3 恒荷载+1.5 活荷载+1.5×0.6 温度荷载(负温)

（7）1.2 恒荷载+1.2×0.5×活荷载+1.3 地震荷载(水平)+0.5 地震荷载(竖向)

（8）1.2 恒荷载+1.2×0.5×活荷载+0.5 地震荷载(水平)+1.3 地震荷载(竖向)

以上荷载(效应)组合为常用的组合形式,也可考虑屋面活荷载半跨分布的形式参与组合。风荷载的设计参数可按照《荷载规范》的相关规定选取,其中体型系数按旋转壳体选取,风振系数按随机振动时域分析方法计算,整体风振系数为 1.6。

根据《网格规程》关于网壳结构抗震分析的规定,仅考虑水平地震作用,采用时程分析法计算,按照《抗震规范》规定,共计算了三组地震波,分别为 Taft(1952)和 Ele-Centro(1940)及利用已知条件生成的人工地震波。

3. 结构分析

（1）截面初选

根据以往网壳结构设计选杆经验,初步按荷载组合（1.3×恒荷载+1.5×活荷载）选杆,确定杆件截面：主肋杆件及环杆为 $\phi152\times5.0$,斜杆为 $\phi133\times4.0$。最大应力比为 0.5。

（2）静力稳定计算验算

按照《网格规程》的设计要求,依照静力初选选定的杆件截面,分别采用弹性及理想弹塑性模型进行稳定性验算。在进行静力稳定计算时,考虑 $L/300$ 初始缺陷和不对称荷载作用的影响,得到网壳的弹性极限稳定承载力为 3.88 kN/m^2,弹塑性极限稳定承载力 3.11 kN/m^2,网壳结构的荷载一位移全过程曲线如图 4.138 所示,图 4.139 为网壳的弹塑性屈曲模态。经过分析,弹塑性稳定极限承载力为设计荷载的 3.46 倍,满足整体稳定性要求。

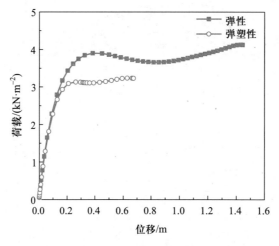

（$L/300$ 初始缺陷+不对称荷载 $P/g=1/2$）

图 4.138　荷载-位移曲线

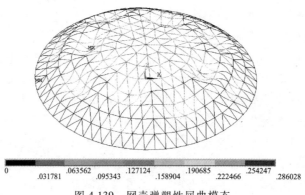

图 4.139　网壳弹塑性屈曲模态

（3）自振特性分析

自振特性是结构动力特性的基础，对于结构自振特性的分析，有助于了解结构的刚度是否合适、有哪些薄弱环节及基本的动力特性，对于网壳结构的优化设计具有重要的参考作用。单层球面网壳频谱密集，振型耦合作用明显。本例网壳结构的自振分析表明，结构从第一阶振型开始即为整体振动振型（反对称），且对应频率 3.407 Hz，均为结构常用范围，初步判断此网壳动力特性合理。

（4）结构最大竖向挠度（含地震响应）

$$U_z = 0.025 \text{ m} < 60 \text{ m}/400 \quad (60 \text{ m}/400 = 0.15 \text{ m})$$

满足要求。

以上分析表明初步选择的网壳杆件截面可以满足结构整体安全要求，下面进行杆件及节点的设计验算。

4.5.4 杆件及节点设计

1. 截面验算

本设计共选用两种截面，截面参数见表 4.18。

表 4.18 杆件截面信息

杆件类型	尺寸/mm		截面面积/cm²	截面特征		
	D	t		I/cm^4	W/cm^3	i/cm
主肋杆、环杆	152	5.0	23.09	624.43	82.16	5.20
斜杆	133	4.0	16.21	337.53	50.76	4.56

注：I 为截面惯性矩；W 为截面模量；i 为截面回转半径。

在所有荷载（效应）组合中，经过对杆件最不利内力进行验算，杆件均满足要求，其中最大应力（所有压杆的应力均已除以相应杆的 φ 值，用以考虑稳定问题）如下：

1）肋杆 $\sigma_{max} = 128$ MPa$<f$ （$f = 305$ MPa）；

2）环杆 $\sigma_{max} = 152$ MPa$<f$ （$f = 305$ MPa）；

3）斜杆 $\sigma_{max} = 146$ MPa$<f$ （$f = 305$ MPa）。

所有杆件强度及稳定性验算均满足要求，并且所有杆件的长细比也满足要求（计算过程略）。

以上杆件验算表明，所选择的网壳杆件截面是合适的。

2. 节点设计与验算

节点是网壳结构的重要组成部分。在本设计中，因为是中等跨度的单层球面网壳，为了保证节点刚度的要求及满足环境防腐要求，故选用焊接空心球节点。

按照 4.3 节介绍的焊接空心球节点设计方法，对网壳球节点进行设计，由于网壳杆件最大拉力为 256 kN，最大压力为 256 kN，均小于所选网壳球节点承载力（计算过程略）。

4.5.5 支座节点设计

支座节点是网壳结构与下部支承结构联系的纽带，也是整个结构中的一个重要部位，一个合理的支座节点必须受力明确、传力简捷、安全可靠、构造简单合理、制作拼装方便、具有较好的经济性。

本设计采用平板压力固定铰支座(图 4.140),设计步骤如下:

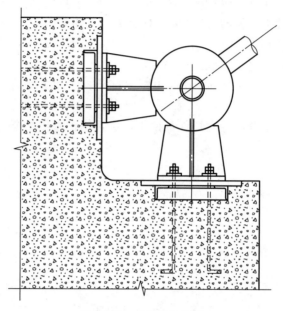

图 4.140　支座节点简图

(1)支座底板的面积和厚度

根据支座受到的最大支座反力确定底板尺寸。根据弯矩确定底板厚度。

(2)十字节点板及其连接的计算

在支座节点中,为避免出现由于节点构造偏心而引起的附加弯矩,应使连接于支座节点的杆件中心线与竖向支撑反力汇交于一点,因此,十字节点板的中心线应通过支座节点的中心。十字节点板除用于连接汇交于支座的杆件或支撑网壳节点外,主要作用是提高支座节点的侧向刚度,减少底板弯矩,改善底板工作状况。

支座节点板及垂直加劲肋的厚度取支座底板厚度的 0.7 倍。

十字节点板的高度取决于板间竖向焊缝的长度,竖向焊缝承受板底与承压力所引起的剪力 V_c 及相应的偏心弯矩 M_c,应满足以下强度条件:

$$\sqrt{\left(\frac{V_c}{2\times0.7h_f l_w}\right)^2+\left(\frac{6M}{2\times0.7h_f l_w^2}\right)^2}\leqslant f_f^w$$

十字节点板与底板间连接焊缝的验算:

$$\sigma_f=\frac{R}{0.7h_f\sum l_w}\leqslant f_f^w$$

另外,需要验算支座底板与过渡钢板之间的焊缝(过渡钢板与预埋件之间的焊缝)及空心球与十字节点板之间的焊缝。

4.5.6 施工图绘制

由 ASSAP 1 软件自动绘出施工图:

结施 1 网壳轴测图,见图 4.141。

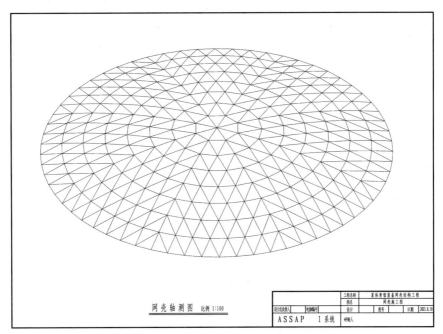

图 4.141 网壳轴测图

结施 2 网格及支座布置图,见图 4.142。

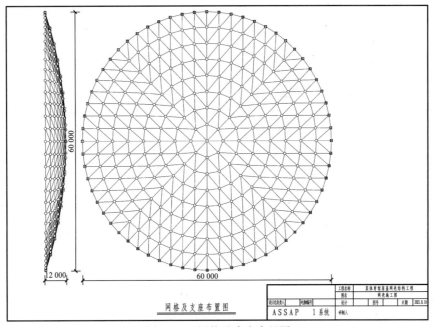

图 4.142 网格及支座布置图

结施 3 杆件及球节点布置图,见图 4.143。

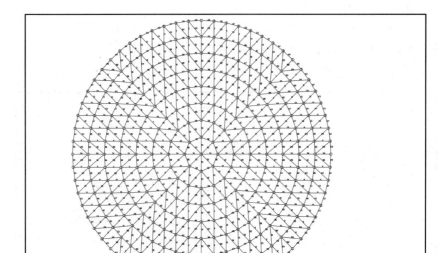

图 4.143 杆件及球节点布置图

结施 4 杆件及球节点材料表,见图 4.144。

杆件材料表

序号	规格	下料长度	单重/kg	件数	合重/t
1	Φ133×4.0	3 361	42.9	1	0.043
2		3 407	43.5	16	0.696
3		3 414	43.6		0.698
4		3 425	43.8		0.700
5		3 444	44.0		0.704
6		3 467	44.3		0.709
7		3 483	44.5		0.712
8		3 521	45.0		0.720
9		3 577	45.7		0.731
10		3 590	45.9		0.734
11		3 618	46.2		0.739
12		3 665	46.8		0.749
13		3 678	47.0		0.752
14		3 752	47.9	16	0.767
15		3 771	48.2	10	0.482
16		3 772	48.2	6	0.289
17		3 784	48.3	16	0.773
18		3 854	49.2		0.788
19		3 892	49.7		0.795
20		3 904	49.9		0.798
21		3 929	50.2		0.903
22		3 986	50.9		0.815
23		4 018	51.3		0.821
24		4 060	51.9		0.830
25		4 098	52.3		0.838
26		4 179	53.4		0.854
27		4 224	54.0		0.863
28		4 252	54.3	16	0.869
29		4 253	54.3	15	0.815
30		4 254	54.3	1	0.054
31	Φ133×4.0	4 269	54.5	16	0.873
32	Φ152×5.0	2 495	45.4	8	0.363
33		2 503	45.5	16	0.729
34		2 517	45.8		0.733
35		2 529	46.0		0.736
36		2 540	46.2		0.739
37		2 544	46.3		0.741
38		2 548	46.4		0.742
39		2 550	46.4		0.742
40		2 554	46.5	16	0.744
41		2 556	46.5	40	1.860
42		2 566	46.7	16	0.747
43		2 570	46.8	16	0.748
44		2 575	46.9	16	0.750
45		2 581	47.0	16	0.751
46		2 582	47.0	8	0.376
47		2 593	47.2	16	0.755
48		2 601	47.3	8	0.379
49		2 628	47.8	16	0.765
50		3 366	61.2	7	0.429
51		3 392	61.7	48	2.963
52	Φ152×5.0	3 476	63.2	8	0.506
总重/t					39.110

焊接球材料表

序号	规格	单重/kg	件数	合重/t
1	D250×10.0	14.3	8	0.114
2	D400×14.0	51.7	88	4.546
3	D450×18.0	83.2	185	15.394
4	D500×20.0	114.1	8	0.913
总重/t				20.967

说明:
1. 网壳钢管及焊接球采用 Q355B,钢材质量应符合现行标准 GB/T 700—2006《碳素结构钢》、GB/T 699—2015《优质碳素结构钢》、GB/T 1591—2018《低合金高强度结构钢》的规定,焊条为 E43 型,焊缝质量等级为二级。
2. 焊接球的加工应符合 JGJ 7—2010《空间网格结构技术规程》相应条款的规定。
3. 所有支座处均采用加肋焊接球。
4. 网壳只承受节点荷载,不许在钢管上悬挂或放置重物。
5. 材料表中下料长度没包括焊接收缩变形。
6. 网壳所有零件均彻底除锈后刷防锈漆两道,面漆做法及其他防腐做法由土建设计单位确定。
7. 其他未尽事宜,按 JGJ 7—2010《空间网格结构技术规程》的规定执行。
8. 下料前,应现场复核几何尺寸,若与实际不符,需调整后方可下料。
9. 设计荷载:恒荷载 0.40 kN/m² 屋面活荷载 0.50 kN/m²
基本雪压 0.45 kN/m² 基本风压 0.55 kN/m²
地震设防烈度为 7 度。

图 4.144 杆件及球节点材料表

本章参考文献

第 4 章参考文献

第 5 章

桥梁钢结构

5.1 桥梁钢结构的特点与体系

5.1.1 桥梁钢结构的特点

桥梁钢结构相比于建筑钢结构,需要承受较大的活荷载,并且长期暴露于自然环境之中,受温度、湿度等气候环境的影响较大。因此,桥梁结构用钢除要求有较高的强度外,对韧性的要求相对更高。桥梁钢结构设计不但要处理好受压作用下的稳定问题,还要处理好车辆等循环载荷作用下的疲劳问题,以及耐环境腐蚀等耐久性问题。

桥梁钢结构通常需根据桥位现场条件和运输条件确定施工方法,常见的施工方法包括支承架设法、悬臂拼装法、顶推施工法和大型构件整体安装法等,不同的施工方法将导致钢桥的成桥内力状态差别很大。以连续梁桥施工为例,采用满堂支架施工得到的恒荷载内力即为一次成桥内力,通常支座区域为负弯矩、跨中区域为正弯矩。而采用顶推法施工,主梁的各个截面均要经历最大正、负弯矩。因此,桥梁钢结构设计一定要明确相应的施工方法和流程。

5.1.2 桥梁钢结构体系

桥梁结构大体由承重系、桥面系和联结系组成。按承重系受弯、受压和受拉的受力特点,桥梁结构体系可以分为梁桥体系、拱桥体系和缆索承重桥梁体系。其中,缆索承重桥梁体系又可以分为斜拉桥体系和悬索桥体系。除以上桥梁体系外,还有不同体系组合形成的组合体系桥梁。

1. 梁桥体系

梁桥以受弯为主的梁作为承重构件,在偏载作用下会产生扭矩,引起主梁扭转变形。梁桥荷载的主要传递路径为:桥面系(主梁)→墩台→基础。

钢梁桥根据主梁的截面形式可分为实腹式和桁架式。实腹式钢梁桥一般包括钢板梁桥和钢箱梁桥,主要由上翼缘(顶板)和下翼缘(底板)承担弯矩,腹板承担剪力。桁架式钢桁梁桥,主要由上、下弦杆承担弯矩,腹杆承担剪力。

钢板组合梁为开口截面,单片钢梁抗扭能力较弱,但其构造简单、维养方便。钢箱梁(或钢箱组合梁)为闭口截面,具有结构整体性好、抗扭刚度大、整体稳定性高、荷载横向分配均匀等优点。钢桁梁所承担的荷载通过节点传递,杆件以轴向受力为主,截面受力均匀,材料强度能够得到充分利用,结构的抗弯刚度较大。

钢板梁大多用于中、小跨径桥梁,跨度一般不超过 125 m。其中,轧制钢板梁桥由于截面尺寸的限制,跨径一般不超过 30 m;钢箱梁和钢桁梁不仅适用于中等跨度,也适用于大跨度桥梁,其经济跨径范围分别为 40~300 m 和 60~280 m。

2. 拱桥体系

拱桥的主要承重构件是拱肋。传统推力拱桥在竖向荷载作用下,拱座承受水平推力,其作用于拱脚的反力在拱肋产生弯矩,基本可以与竖向荷载产生的弯矩相互抵消,从而使拱肋主要承受压力。在地基条件不适合修建推力拱桥的情况下,可通过设置系杆来承担水平推力,形成系杆拱桥,系杆承受轴向拉力,拱肋主要承受压力。与同等跨径的梁桥相比,拱桥的弯矩、剪力和变形要小得多。拱桥的荷载传递路径一般为:桥面系→吊杆或立柱→拱肋→拱座或系杆(系杆拱)→墩台→基础。

已建成的钢拱桥的跨径范围大约为 60~600 m,跨径在 300 m 以上时一般采用钢桁拱肋。

3. 斜拉桥体系

斜拉桥是将斜拉索两端分别锚固在塔和梁上,形成塔、梁、索共同承载的结构体系。受拉的斜拉索对主梁提供多点弹性支承,并将主梁承受的部分荷载传递至塔柱。无论是施工阶段还是成桥运营阶段,均可以通过索力调整使索塔和主梁处于合理的受力状态。斜拉桥的荷载传递路径一般为:桥面主梁→斜拉索→索塔→墩台→基础。

斜拉桥适用的跨径范围较广,跨径在 400~600 m 时,主梁采用钢—混凝土组合梁较为经济,主跨超过 600 m 时,钢桁梁和钢箱梁均可作为主梁。

4. 悬索桥体系

悬索桥是以悬挂于索塔顶并锚固于锚碇(或加劲梁)的主缆作为主要承重构件的桥梁。在竖向荷载作用下,加劲梁通过吊索将荷载传递到主缆上,主缆承受很大的拉力,通过索塔和锚碇将荷载传递至基础。主缆也可以直接锚固在加劲梁上,形成自锚式悬索桥体系。悬索桥的荷载传递路径一般为:加劲梁→吊索→主缆→索塔和锚碇(或加劲梁)→基础。

悬索桥特别适用于 1 000 m 以上的特大跨径桥梁。在跨越大江大河、深谷等不易修筑桥墩的地区,悬索桥通常是最具竞争力的方案。结构体系的刚度主要来自主缆的重力刚度,加劲梁的主要作用是传力,荷载大部分由主缆承担。

5. 组合体系

为了充分发挥各种结构体系的优势,可对两种或两种以上基本体系桥梁进行组合,形成组合体系桥梁(图 5.1)。

梁拱组合体系(图 5.1a)综合了拱桥和梁桥的结构特点。拱结构以受压为主,材料利用率高且刚度较大;梁结构既可以作为系梁平衡拱的水平推力,又可以直接承担汽车荷载。将两者结合起来形成梁拱组合体系,构件受力以拉、压为主,节省材料、刚度好。

矮塔斜拉桥(图 5.1b)是一种斜拉桥与梁桥的组合体系。当连续梁跨径增加时,需增加梁高,使材料用量增加。若采用辅助的索塔(塔高较小)与主梁在墩顶固结,用斜拉索来承担部分竖向荷载,并给主梁提供预压应力,则可以减小主梁尺寸,同时具有较好的景观效果。

斜拉索类似于体外预应力束,而索塔则类似于转向块,因而矮塔斜拉桥在受力上类似于体外预应力连续梁桥。

斜拉—悬索组合体系(图5.1c)是斜拉桥体系与悬索桥体系互相协作的一种结构体系,在结构的不同部分仍然呈现出斜拉桥和悬索桥的受力特点。与悬索桥相比,可以减小锚碇规模,提高体系刚度和抗风性能;与斜拉桥相比,可以减小索塔高度、主梁轴力,减小施工最大悬臂。

组合体系中需要处理的重点是如何实现不同体系的"有机结合",即在不同体系的交界区,需通过构造措施保证传力合理和可靠。

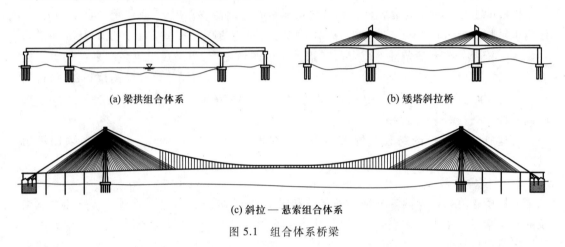

(a) 梁拱组合体系　　　　(b) 矮塔斜拉桥

(c) 斜拉 — 悬索组合体系

图 5.1　组合体系桥梁

限于篇幅,本章主要结合 JTG D64—2015《公路钢结构桥梁设计规范》、JTG/T D64-01—2015《公路钢混组合桥梁设计与施工规范》和 TB 10091—2017《铁路桥梁钢结构设计规范》,重点介绍钢板组合梁桥、钢箱梁桥、钢桁梁桥及大跨钢拱桥、斜拉桥与悬索桥的受力特点和一般构造,以及钢梁桥的结构简化分析方法和设计流程。

5.2　钢板组合梁桥

5.2.1　结构组成与布置

1. 结构组成

钢板组合梁是由焊接或轧制工字形截面钢梁与混凝土桥面板通过剪力连接件连接而形成的共同受力的梁式结构,以钢板组合梁为主要承重结构的梁桥称为钢板组合梁桥。钢板组合梁桥由混凝土桥面板、钢板梁、横向联结系及纵向联结系组成,如图5.2所示。其中,混凝土桥面板与钢板梁共同形成承重结构,并作为桥面系提供行车空间和承受车轮局部荷载。

横向联结系布置于桥梁横向垂直平面内,一般与腹板的横向加劲肋相连,根据结构形式分为桁架式和框架式横向联结系,前者简称横联,后者简称横梁。当横向联结系布置在支承位置时称为端横联(或端横梁),布置在跨内时称为中横联(或中横梁)。横联为桁架式结构,杆件以轴向受力为主,横梁为框架式结构,杆件以受弯为主。横向联结系的主要作用是

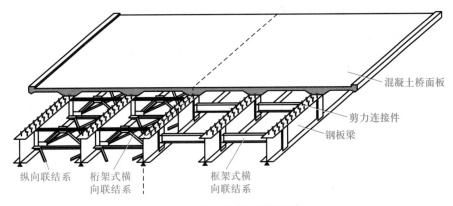

图 5.2　钢板组合梁桥的组成

提高钢板梁的抗扭性能及横桥向的整体性,防止主梁的侧向失稳;端横联(端横梁)还起到将水平荷载和扭矩传递到支座、为钢板梁提供转动约束的作用。

纵向联结系简称纵联,布置于钢板梁靠近上、下翼缘的水平平面内,与腹板连接。靠近上翼缘位置的称为上部水平纵向联结系(简称上平纵联),靠近下翼缘位置的称为下部水平纵向联结系(简称下平纵联)。纵向联结系与横向联结系共同承担水平荷载和扭矩的作用,给钢板梁提供有效的侧向支撑,提高了桥梁的整体稳定性。

2. 结构布置

钢板组合梁桥的结构布置,需要在满足桥下净空的前提下,确定结构体系与分孔布置,确定钢板梁的间距与数量、横向联结系和纵向联结系的位置与数量等。

(1)结构体系与分孔布置

简支钢板组合梁桥适用于跨径较小的情况,为减少伸缩缝数量,提高行车舒适性,可采用桥面连续的构造。

为了设计与制作标准化和方便采用顶推法施工,连续钢板组合梁桥宜采用等跨、等梁高布置。当跨径大于 50 m 时,应根据结构受力情况,综合考虑桥位的地形、地质条件和施工方法等因素,研究合适的边中跨比和梁高变化方式,采用不等跨、变梁高布置。

(2)钢板梁的间距与数量

钢板梁的间距与数量将影响主梁截面高度、桥面板跨径及板厚等设计参数。根据钢板梁的横向布置数量,可分为双主梁与多主梁钢板组合梁。

双主梁形式多用于 2~3 车道的桥梁,横向布置两片钢板梁,间距一般为桥面宽度的 0.5~0.55 倍,截面布置如图 5.3 所示。双主梁形式构造简单,能够减少钢结构工厂制作、现场安装的作业量,可有效提高桥梁的施工效率。

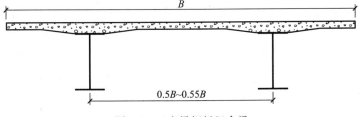

图 5.3　双主梁钢板组合梁

当桥面较宽、桥梁净空受限或结构运输、施工装备能力受限的情况下,可采用多主梁形式,如图 5.4 所示。

图 5.4　多主梁钢板组合梁

（3）联结系布置

钢板组合梁桥在支承处必须设置端横联(或端横梁),支承间通常需要设置 1~3 道中横联(或中横梁)。横联与横梁的构造形式如图 5.5 所示。横向联结系的具体形式可根据节点连接构造的现场安装效率等因素来选择。

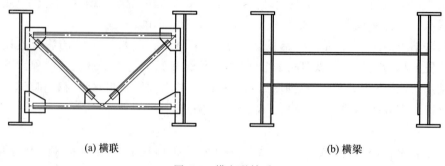

(a) 横联　　　　　　　　　　　　　　　(b) 横梁

图 5.5　横向联结系

对于跨径较大的钢板组合梁,还应通过计算确定是否在钢板梁受压翼缘平面设置纵向联结系,以保证钢梁架设和运营阶段的稳定性。对于曲线桥或结构承受较大横向荷载时,应根据计算确定是否设置上、下平纵联。由于桥面板能够为钢板梁提供很大的侧向刚度,在桥面板安装完成后,可取消钢板组合梁的上平纵联。当跨径较小且有强大的横向联结系时,下平纵联也可省略。

5.2.2　一般构造

1. 钢板梁构造

（1）翼缘

钢板梁翼缘尺寸可以根据竖向弯矩分布进行调整,以节省钢材。翼缘尺寸的调整通常采用变厚度的方式,为方便顶推法施工和桥面板模板搭设,一般翼缘外侧保持对齐并向腹板方向变厚,如图 5.6a 所示。应综合考虑用钢量及连接成本确定翼缘变厚的次数,可参考图 5.6b。

（2）腹板及加劲肋

腹板的最小厚度应根据截面抗剪需要确定,一般不小于 12 mm。腹板高度根据抗弯设计需要确定,提高腹板高度可以提高截面抗弯能力,但会使腹板高厚比增大,降低腹板稳定性。为防止腹板失稳,可根据构造和计算要求设置腹板纵、横向加劲肋(图 5.7)。腹板及腹板加劲肋设计应满足 JTG D64—2015《公路钢结构桥梁设计规范》第 5.3.3 条的规定。

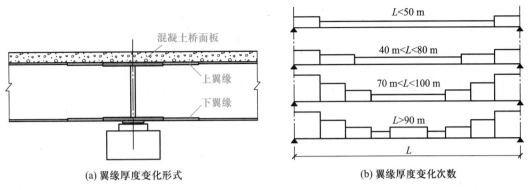

(a) 翼缘厚度变化形式　　　　　(b) 翼缘厚度变化次数

图 5.6　钢板梁翼缘厚度变化示意

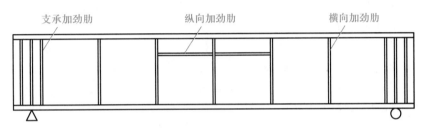

图 5.7　腹板加劲肋

2. 混凝土桥面板构造

混凝土桥面板一般设置为横桥向的单向板,板厚不宜小于 20 cm,横桥向支承于钢板梁上设置承托加厚,纵桥向在梁端局部加厚。

（1）承托构造

承托的设置便于调整桥面横坡和超高的变化,同时可以适应钢板梁翼缘板顶面不等高的情况。当钢板梁间距较大时,可设置承托来满足桥面板的受力要求。桥面板承托如图 5.8 所示,外形尺寸及构造可参照 JTG/T D64-01—2015《公路钢混组合桥梁设计与施工规范》第 6.2.1 条的规定。

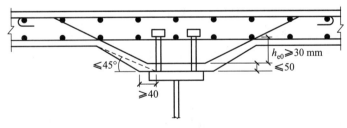

图 5.8　承托构造

（2）梁端板构造

梁端桥面板厚度一般为 35~40 cm,以满足安装伸缩缝的需要。对于横向变厚设计的桥面板,一般在梁端约 1 m 范围内加厚至承托厚度,如图 5.9a 所示。若厚度仍不满足要求,可将梁端钢板梁高度适当降低,如图 5.9b 所示。对于横向等厚设计的桥面板,若厚度不满足要求,可将桥面板伸出梁端外侧加厚,如图 5.9c 所示。另外,梁端桥面板还需伸出钢板梁 20~30 cm 的距离,用于安装排水设备。

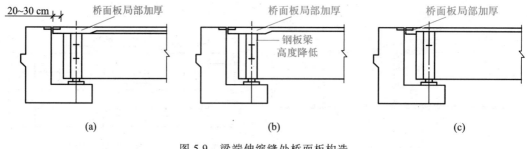

图 5.9 梁端伸缩缝处桥面板构造

（3）桥面板钢筋

钢板组合梁桥面板参与结构整体受力,也要承受车轮局部荷载,因此,桥面板配筋需同时满足上述两种承载需求。

桥面板按局部承载要求配筋时,对于支承于钢板梁上的桥面板,一般横向钢筋为主筋,布置于纵向钢筋外侧,如图 5.10 所示。当钢板梁间距较大时,桥面板可根据需要设置横向预应力钢筋。桥面板配筋的具体要求可参照 JTG/T D64-01—2015《公路钢混组合桥梁设计与施工规范》第 6.2.2 和第 6.2.3 条的规定。

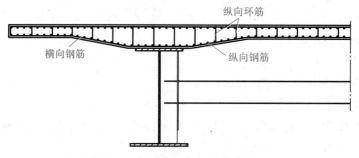

图 5.10 桥面板一般钢筋构造形式

（4）剪力连接件

混凝土桥面板通过连接件和钢板梁连接,以传递界面之间的剪力,防止混凝土板被掀起。常用的连接件为焊钉连接件和开孔钢板连接件,构造要求可参照 JTG/T D64-01—2015《公路钢混组合桥梁设计与施工规范》第 9.2 条的规定。

3. 联结系构造

（1）横向联结系

横联由上横杆、下横杆、斜杆与钢板梁腹板的横向加劲肋连接组成。上、下横杆多采用角钢或 T 形钢,斜杆多采用角钢。横联的结构形式通常为 V 形,如图 5.11 所示。

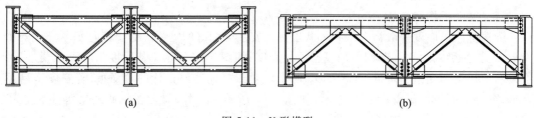

图 5.11 V 形横联

横梁与钢板梁腹板的横向加劲肋连接,可以采用轧制 H 型钢或焊接工字钢。横梁的构造可参照《钢桥》(周绪红、刘永健主编)第 3 章 3.2.4 节。

（2）纵向联结系

常见的纵向联结系形式包括交叉形、菱形及 K 形,如图 5.12 所示。纵向联结系的斜杆可以采用单个或成对的角钢或槽钢。对于仅在施工阶段使用的临时纵向联结系,其杆件承受的荷载较小时,也可采用圆钢管代替。

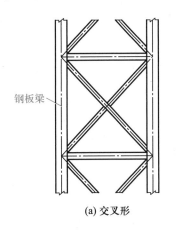
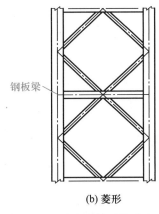
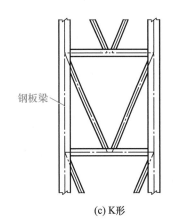

(a) 交叉形　　　　　　　　(b) 菱形　　　　　　　　(c) K形

图 5.12　纵向联结系的形式

钢板梁受弯时,翼缘的拉压变形会带动纵向联结系沿纵桥向拉伸或压缩,进而产生次内力。对于上述三种构造形式,交叉形对次内力最敏感,菱形次之,K 形的次内力可以忽略。因此,当钢板梁翼缘应力水平较高时,宜采用 K 形;当纵向联结系仅在施工阶段使用时,上述三种形式均可适用。

5.2.3　结构分析与设计

恒荷载作用下组合梁的受力分析可以参考组合楼板,本节重点讨论活荷载作用下钢板组合梁受力特点和分析方法。

1. 主梁受力分析

如图 5.13a 所示,当桥面作用荷载 P 时,荷载会在 x 和 y 两个方向传递,荷载对结构主梁的某一截面产生的内力 S 可表示为 $S = P \cdot \eta(x, y)$,式中的双值函数 $\eta(x, y)$ 即为结构在该点精确的内力影响面。为简化计算,设计中通常把影响面 $\eta(x, y)$ 分离成两个单值函数的乘积,即

$$S = P \cdot \eta(x, y) \approx P \cdot \eta_2(y) \cdot \eta_1(x) \tag{5.2.1}$$

式中,S——主梁某一截面的内力值;

$\eta_1(x)$ ——主梁沿纵桥向某一截面的内力影响线;

$\eta_2(y)$ ——主梁荷载横向分布影响线。

通过上式,可将桥梁空间结构的受力分析用荷载横向分布影响线 $\eta_2(y)$ 结合主梁平面内力影响线 $\eta_1(x)$ 来近似代替,即把空间结构的内力计算问题合理地转化为平面问题。$P \cdot \eta_2(y)$ 就是 P 作用于 a 点时沿横向分布给某主梁的荷载,若以 P' 表示,即 $P' = P \cdot \eta_2(y)$,进

一步按影响线法即可求得该主梁截面的内力值,如图 5.13b 所示。设计中通常引入荷载横向分布系数 m 来计算横桥向各片梁分担的荷载。需要说明的是,这里的主梁是指单片钢板梁与对应混凝土桥面板形成的组合梁,桥面板的宽度应取有效宽度。

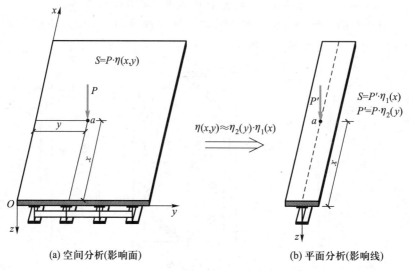

(a) 空间分析(影响面)	(b) 平面分析(影响线)

图 5.13 荷载作用下钢板组合梁的内力计算

2. 桥面板受力分析

桥面板支承于钢板梁或钢板梁与横梁组成的梁格之上,承担车轮局部荷载。根据桥面板的支承情况,可将桥面板简化为单向受力板(即单向板)或双向受力板(即双向板)进行内力计算及配筋设计。通常将长宽比大于或等于 2 的周边支承板视为由短跨承受荷载的单向板,将长宽比小于 2 的周边支承板视为两个方向均承受荷载的双向板。当桥面板仅支承于钢板梁时,可视为横向传力的单向板,如图 5.14a、b 所示;对于桥面板同时支承于横梁和钢板梁的双主梁桥,若钢板梁间距 $S>2l$(l 为横梁间距),则可将桥面板视为沿纵向传力的单向板,如图 5.14c 所示,否则为双向板。悬臂桥面板长度 d 通常较小,一般均为沿横向传力的悬臂板。

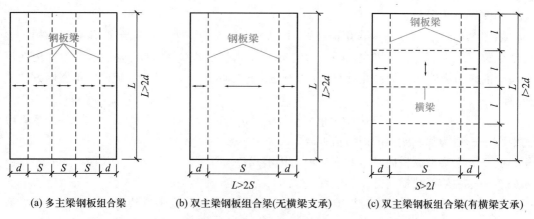

(a) 多主梁钢板组合梁	(b) 双主梁钢板组合梁(无横梁支承)	(c) 双主梁钢板组合梁(有横梁支承)

图 5.14 钢板组合梁桥中桥面板的力学模型

当车轮荷载作用在桥面时,车轮压力会通过桥面铺装扩散后传递到混凝土桥面板上。与轮压分布宽度相比,桥面板的计算跨径并不是很大,故在计算中应将轮压作为分布荷载考虑。轮压在桥面板上会形成一个作用面积为 $a_1 \times b_1$ 的矩形分布荷载,作用面积由标准车辆轴重确定。

单向板在轮压下,弯矩会向垂直于板跨径的方向传递,使得弯矩引起的效应在轮压处较大,向垂直于跨径方向的两边逐渐减小,这种弯曲效应的不均匀分布通常引入荷载分布宽度 a 进行计算,以此板宽来承受车轮荷载产生的总弯矩。荷载分布宽度可根据 JTG 3362—2018《公路钢筋混凝土及预应力混凝土桥涵设计规范》第 4.2.3 条规定进行计算。

3. 联结系受力分析

联结系主要承受风荷载、离心力等水平作用,并为主梁受压翼缘提供侧向支撑。多主梁钢板组合梁桥宽跨比较大,主梁间隙较小,易于形成整体结构,水平作用通常不控制设计,联结系满足构造要求即可。

对于双主梁桥,当未设置下平纵联时,假定桥面板面内刚度无限大,中横梁或中横联简化为支承于桥面板的框架或横向桁架模型进行内力计算,如图 5.15b 及图 5.16b 所示。在支座处,端横梁或端横联将风荷载产生的水平荷载 R_H 传递到支座,根据支座水平约束情况计算结构内力,如图 5.15c 及图 5.16c 所示。

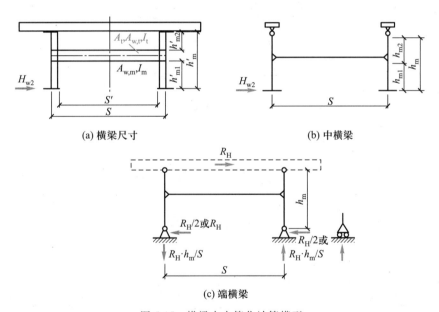

(a) 横梁尺寸   (b) 中横梁

(c) 端横梁

图 5.15　横梁内力简化计算模型

钢板组合梁桥负弯矩范围内的钢板梁可能会发生侧向弯扭屈曲。对于如图 5.17a 所示的双主梁桥,采用横梁式横向联结系、未设置下平纵联时,横梁将通过与横向加劲肋组成的横向框架对钢板梁受压翼缘提供横向支撑作用,该侧向支撑力 H_D 与钢板梁受压翼缘的轴力 N 相关,可近似取 $H_D = 0.01N$。同样假定桥面板面内刚度无限大,采用如图 5.17b、c 所示的框架模型进行内力计算,此时,钢板梁侧向弯扭屈曲引起的横梁变形有可能是正对称的,也有可能是反对称的。

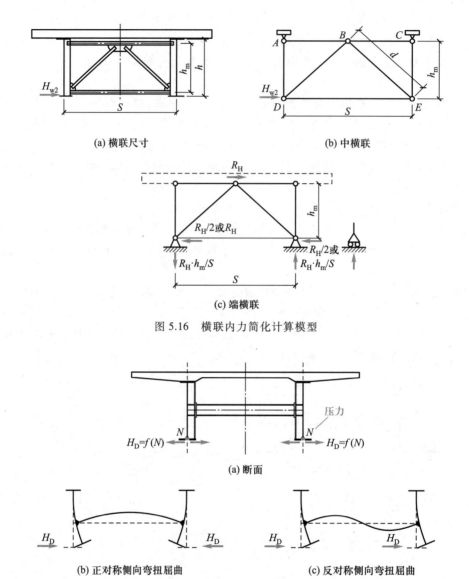

(a) 横联尺寸　　　　　　　　　　　(b) 中横联

(c) 端横联

图 5.16　横联内力简化计算模型

(a) 断面

(b) 正对称侧向弯扭屈曲　　　　　　　(c) 反对称侧向弯扭屈曲

图 5.17　负弯矩区受压翼缘及横梁可能的变形

4. 结构设计

钢板组合梁桥设计应根据设计基本信息和相关规范,确定桥梁总体布置,并对混凝土桥面板、钢板梁、联结系、剪力连接件进行设计,使桥梁在施工过程及运营阶段结构整体、构件及连接的验算满足规范要求。具体设计内容与流程见图 5.18。

根据上述设计流程图,分别计算恒荷载、车辆荷载及温度、收缩徐变等作用下的结构效应,并进行内力组合,按照 JTG D64—2015《公路钢结构桥梁设计规范》和 JTG/T D64-01—2015《公路钢混组合桥梁设计与施工规范》等规范的相关条文规定进行钢板组合梁桥的主梁、桥面板、联结系及其连接等结构验算和构造要求验算。

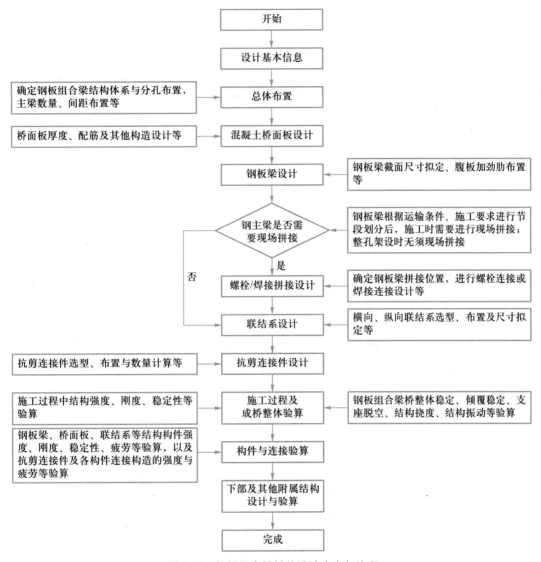

图 5.18 钢板组合梁桥的设计内容与流程

5.3 钢箱梁桥

5.3.1 结构组成与布置

1. 结构组成

钢箱梁(或钢箱组合梁)是由顶板、底板、腹板组成的闭口箱形结构,箱内设置横隔板。各板件需设置纵向加劲肋(简称纵肋)和横向加劲肋(简称横肋)来提高其面外刚度,防止局部失稳。当箱梁顶板采用钢桥面板时,称为钢箱梁,采用混凝土桥面板时,称为钢箱组合梁,结构组成如图 5.19a、b 所示。

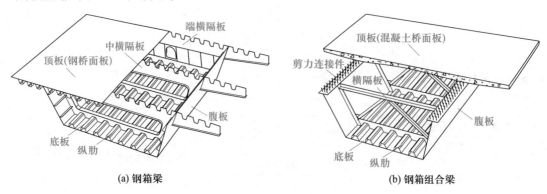

图 5.19　钢箱梁和钢箱组合梁的组成

箱室内横隔板能够有效减小箱梁畸变和横向弯曲变形、保持截面形状。横隔板布置于支承位置时称为端横隔板(或支承横隔板),布置于支承间时称为中横隔板。端横隔板除具有横隔板的一般作用外,还起到分散支座反力、将扭矩传递至支座的作用。

2. 结构布置

(1) 立面布置与结构选型

根据分孔需要,综合考虑受力、桥梁墩台与基础、施工方法和建设规模等因素,进行桥型方案比选,确定采用钢箱梁或钢箱组合梁、简支梁或连续梁、等跨或不等跨布置方案。当采用连续结构体系、不等跨布置时,边中跨比多为 0.45~0.8,钢箱梁(或钢箱组合梁)可等高或变高布置。等高梁便于工厂化制造、运输及安装,适合顶推法施工,多在桥梁跨径较小时采用。变高梁多用于跨径较大,或建筑高度受限制的情况。

(2) 横断面布置

桥宽较小时(通常桥宽在 3 车道以内),多采用单箱结构。单箱钢箱梁通常做成倒梯形,箱室两侧设置较大的悬臂,如图 5.20 所示。这样在满足承载能力要求的前提下,可以有效减小箱梁箱室的宽度,减少用钢量。

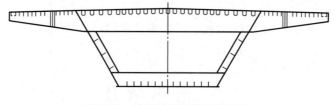

图 5.20　单箱单室钢箱梁横断面

图 5.21a 所示钢箱组合梁,混凝土桥面板横向变厚设计,在腹板处设置承托,悬臂桥面板长度一般小于 3 m。当桥梁宽度增大,需要增加箱室腹板间距及桥面板悬臂长度时,应设置横肋支撑桥面板,必要时还需设置斜撑支撑桥面板悬臂部分,如图 5.21b 所示。

当桥宽较宽、桥下净空受限时,可采用单箱多室断面,这种断面布置外观简洁,在城市桥梁中较多采用,图 5.22 为单箱三室钢箱梁断面。当运输和吊装能力受限时,可采用多箱结构,横向布置多片箱梁,如图 5.23 所示为双箱钢箱梁断面。多箱梁的各箱室构造与单箱梁基本相同,各箱室之间需要设置横向联结系。

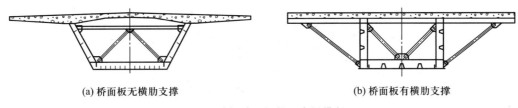

(a) 桥面板无横肋支撑   (b) 桥面板有横肋支撑

图 5.21 单箱单室钢箱组合梁横断面

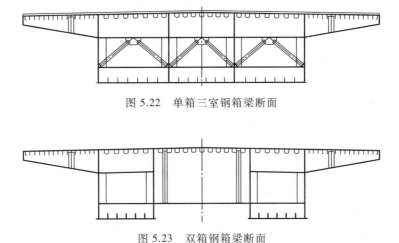

图 5.22 单箱三室钢箱梁断面

图 5.23 双箱钢箱梁断面

箱梁宽度必须满足车道布置的要求,箱梁梁高、梁宽及腹板间距设计还需考虑箱梁受力合理、截面经济的要求,同时应兼顾制作、运输、安装、维修养护等因素。

箱梁的高度与宽度之比(高宽比)过大或过小都会使箱梁畸变与翘曲效应增大,且高宽比很大时,侧向稳定性较差。为保证钢箱梁翼缘承受结构荷载的有效宽度,钢箱梁腹板的间距不宜大于桥梁等效跨径的 1/5,桥面板悬臂长度不宜大于桥梁等效跨径的 1/10。此外,钢箱梁高度及宽度的取值应保证在箱室内进行施工操作及后期检测、维修和养护所需的空间。

(3) 横隔板布置

钢箱梁和钢箱组合梁的支点位置必须设置端横隔板,且横隔板必须通过支座反力的合力作用点。箱室内横隔板间距 L_D 需满足 JTG D64—2015《公路钢结构桥梁设计规范》第 8.5 条的相关规定。

5.3.2 一般构造

1. 箱梁构造

钢箱组合梁的顶板为混凝土桥面板,其上翼缘的构造可参考本章 5.2 节钢板组合梁桥的相关规定。施工过程中,混凝土桥面板未形成强度或未与上翼缘形成可靠连接时,应根据稳定计算,在钢箱组合梁上翼缘平面内设置上平纵联,如图 5.24 所示。

箱梁的底板通常沿纵桥向等宽设计,可根据需要在支座附近对底板局部加宽。底板宽度通常比腹板间距略大,以方便与腹板焊接,底板的厚度需根据箱梁的抗弯需要进行变厚设

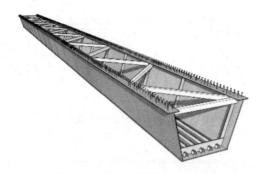

图 5.24　钢箱组合梁上平纵联

计,变厚可向上或向下变化,前者施工方便且结构美观,后者可使腹板及横隔板尺寸标准化。当箱梁宽跨比很大时,由于剪力滞效应,底板中间区域应力较小,可以将底板设计成两侧厚、中间薄的形式,以减少材料用量。钢箱梁底板构造如图 5.25 所示。

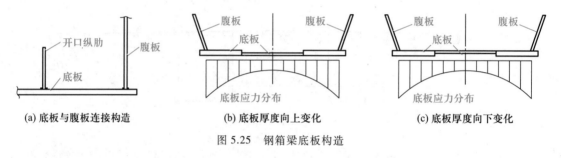

(a) 底板与腹板连接构造　　　(b) 底板厚度向上变化　　　(c) 底板厚度向下变化

图 5.25　钢箱梁底板构造

　　底板横肋多采用 T 形截面,纵肋可采用图 5.26 所示的开口加劲肋或闭口加劲肋。开口加劲肋包括平板肋、L 形肋、T 形肋和球扁钢肋,闭口加劲肋常用 U 形肋。开口加劲肋形式简单,易于工厂制作和现场连接,并适应弯桥的曲线形式布置,但开口加劲肋抗扭惯性矩较小。闭口加劲肋抗弯、抗扭刚度大,稳定性好,较开口加劲肋布置间距大,焊缝总量少,通常在中等及大跨径钢箱梁中使用。

(a) 平板肋　　　(b) L 形肋　　　(c) T 形肋　　　(d) 球扁钢肋　　　(e) U 形肋

图 5.26　纵肋形式

　　箱梁翼缘板的纵肋与横肋布置需满足 JTG D64—2015《公路钢结构桥梁设计规范》第 8.3 条的规定,受压纵肋还需满足 JTG D64—2015《公路钢结构桥梁设计规范》第 5.1.5 条的规定。

　　钢箱梁和钢箱组合梁的腹板可采用垂直布置或倾斜布置,并参照本章 5.2 节钢板组合梁的腹板加劲肋构造要求,布置箱梁腹板纵、横向加劲肋,以满足稳定性和刚度要求。其中横向加劲肋的布置宜同时考虑与箱梁顶、底板横肋,以及箱梁横隔板的布置相协调。

2. 钢桥面板构造

钢箱梁桥顶板也是桥面板,由盖板及焊接于盖板下相互正交的横肋及纵肋组成,一般纵肋尺寸较小、布置较密,横肋尺寸较大、布置较疏。由于桥面板纵、横两个方向刚度不同,受力特性表现为各向异性,因此,把这种具有"正交异性"特点的钢桥面板称为正交异性钢桥面板,如图 5.27 所示。

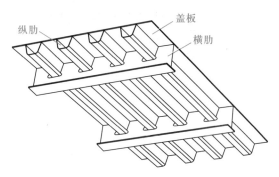

图 5.27 正交异性钢桥面板的组成

盖板板厚需满足钢箱梁整体抗弯及桥面板局部承载力的要求。为避免车轮或人群荷载作用下桥面结构变形过大导致的结构疲劳破坏及铺装过早损坏,JTG D64—2015《公路钢结构桥梁设计规范》规定,行车道和人行道部分盖板最小板厚分别不应小于 14 mm 和 10 mm。

正交异性钢桥面板横肋截面尺寸和布置间距应满足桥面板的刚度和承载力要求。当采用开口纵肋时,横肋间距不宜大于 3 m;当采用闭口纵肋时,横肋间距不宜大于 4 m。钢桥面板纵肋宜等间距布置,最大间距不宜超过最小间距的 1.2 倍。纵肋最大间距不宜过大,以避免盖板局部失稳,以及在车轮荷载作用下变形过大引起铺装破坏;最小间距也不宜过小,应方便桥面板的制造与安装。一般情况下,开口纵肋间距为 300~400 mm,闭口纵肋间距为 600~850 mm。

加劲肋的最小板厚不应小于 8 mm。当纵肋为闭口截面时,截面尺寸应满足 JTG D64—2015《公路钢结构桥梁设计规范》第 8.2.3 条的规定。

3. 横隔板构造

钢箱梁横隔板分为实腹式、框架式和桁架式,构造如图 5.28 所示。实腹式与框架式横隔板可通过开口率来区分,开口率定义为 $\rho = \sqrt{A'/A} = \sqrt{bh/BH}$(图 5.29),当 $\rho \leqslant 0.4$ 时,为实腹式横隔板,当 $0.4 < \rho < 0.8$ 时,为框架式横隔板。

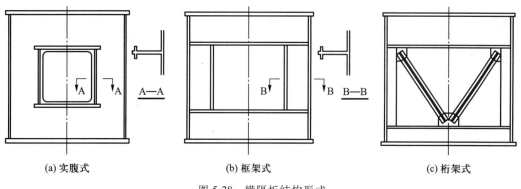

(a) 实腹式　　　　　　　(b) 框架式　　　　　　　(c) 桁架式

图 5.28 横隔板结构形式

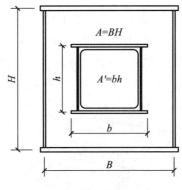

图 5.29　横隔板开口率

实腹式横隔板适用于尺寸较小的箱梁,或在箱梁支承位置及结构抗扭要求较高的情况使用。当箱梁尺寸较大时,实腹式横隔板用钢量大,导致结构自重增加,因此,多采用框架式或桁架式横隔板。

5.3.3　结构分析与设计

1. 结构分析

（1）钢箱梁弯曲扭转分析

钢箱梁在车辆荷载等偏心作用下,产生竖向弯曲的同时,还将产生扭转。如图 5.30 所示,在偏心荷载 F 作用下可按超静定框架结构模型进行分析。假设支点上有反力 R_1、R_2 和 R_3,与之相平衡的 R_1、R_2 为竖向角点荷载,R_3 为一对大小相等方向相反的水平角点荷载。竖向角点荷载 R_1、R_2 可以进一步分解为对称荷载 $(R_1+R_2)/2$ 和反对称荷载 $(R_1-R_2)/2$,水平角点荷载 R_3 本身即为反对称荷载。上述对称荷载会使结构发生竖向弯曲变形,反对称荷载会使箱梁发生扭转变形与畸变。同时,竖向集中荷载 F 作用于箱梁顶板,除了会引起箱梁横向弯曲变形外,由于整个框架截面形成超静定结构,还会引起各板件横向弯曲变形。

钢箱梁属于薄壁构件,竖向弯曲变形会在箱梁截面上产生纵向弯曲正应力 σ_M 和弯曲剪应力 τ_M;扭转变形根据箱梁纵向约束情况,分为自由扭转变形与约束扭转变形,自由扭转变形只产生截面上的自由扭转剪应力 τ_S,约束扭转变形除产生截面上的约束扭转剪应力 τ_ω 外,还将产生翘曲正应力 σ_ω;畸变除产生截面上的畸变剪应力 $\tau_{d\omega}$ 与畸变翘曲正应力 $\sigma_{d\omega}$ 外,还将引起箱梁各板件的横向弯曲变形,从而产生横向弯曲应力 σ_{dt};外力引起的横向弯曲变形产生横向弯曲应力 σ_{0t}。四种基本变形对应的应力状态如图 5.31 所示。

钢箱梁在偏心荷载作用下,横截面上的应力状态:

纵向弯曲应力　　　　　　　　　$\sigma_x = \sigma_M + \sigma_\omega + \sigma_{d\omega}$

剪应力　　　　　　　　　　　　$\tau = \tau_M + \tau_S + \tau_\omega + \tau_{d\omega}$

在箱梁各板内,即纵截面上的应力状态:

横向弯曲应力　　　　　　　　　$\sigma_S = \sigma_{0t} + \sigma_{dt}$

钢箱梁的计算主要包括弯剪计算、自由扭转计算、约束扭转计算和畸变计算。

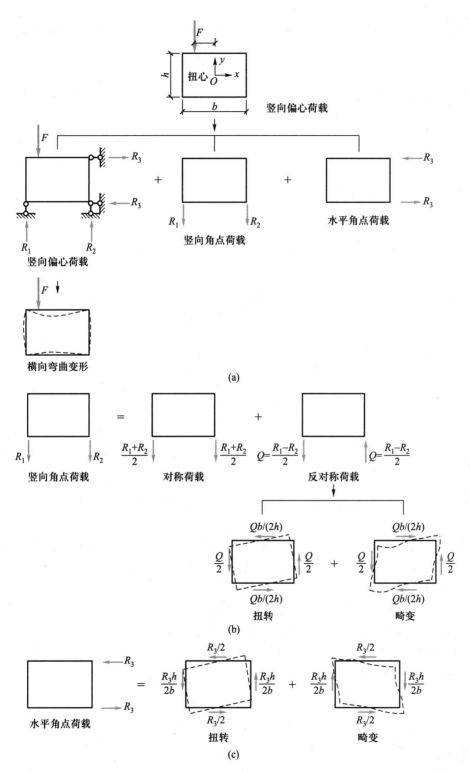

图 5.30 钢箱梁受力分析

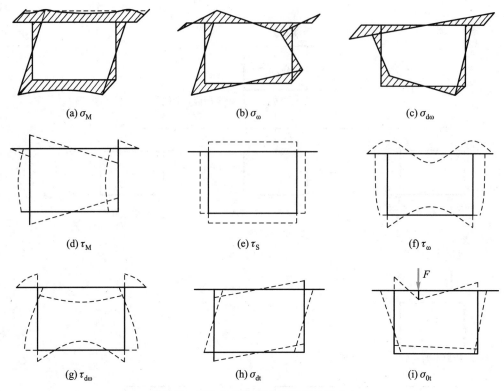

(a) σ_M　　(b) σ_ω　　(c) $\sigma_{d\omega}$

(d) τ_M　　(e) τ_S　　(f) τ_ω

(g) $\tau_{d\omega}$　　(h) σ_{dt}　　(i) σ_{0t}

图 5.31　偏心荷载作用下的箱梁截面应力

（2）正交异性钢桥面板受力分析

正交异性钢桥面板可分为三个基本结构体系,桥面板任何一点的应力为这三个基本结构体系应力的线性叠加。

结构体系Ⅰ（图 5.32a）:由盖板和纵肋组成,为钢箱梁翼缘板,参与主梁受弯,称为主梁体系。

结构体系Ⅱ（图 5.32b）:由纵肋、横肋和盖板组成的结构体系,把桥面上的荷载传递到主梁腹板和横隔板,起到桥面结构的作用,称为桥面体系。在桥面体系中,荷载有两种传递路径:① 当荷载作用在横肋之间时,荷载传递路径为:桥面铺装→盖板→纵肋→横肋→主梁腹板;② 当荷载直接作用在横肋时,荷载的传递路径为:桥面铺装→盖板→横肋→主梁腹板。因此,纵肋可以看成支承于横肋上,横肋则由主梁腹板支承。

结构体系Ⅲ（图 5.32c）:将设置在纵、横加劲肋上的盖板看作各向同性的连续板,盖板直接承受作用于肋间的车轮荷载,同时把车轮荷载传递至加劲肋,称为盖板体系。

(a) 主梁体系　　　　(b) 桥面体系　　　　(c) 盖板体系

图 5.32　正交异性钢桥面板结构体系划分

正交异性钢桥面板的计算方法可以分为两类:一类是将桥面和主梁作为一个整体计算,考虑主梁体系的整体受力和桥面体系的局部受力的耦合关系,称为整体计算法;另一类是将钢桥面板按照上述三个基本体系分别计算后叠加,称为叠加计算法。

2. 结构设计

钢箱梁桥设计应根据设计基本信息、相关规范,确定桥梁总体布置,并对正交异性钢桥面板、钢箱梁底板、腹板及横隔板等进行设计,使桥梁在施工、运营阶段结构整体及各个构件满足规范要求,具体设计内容与流程见图 5.33。

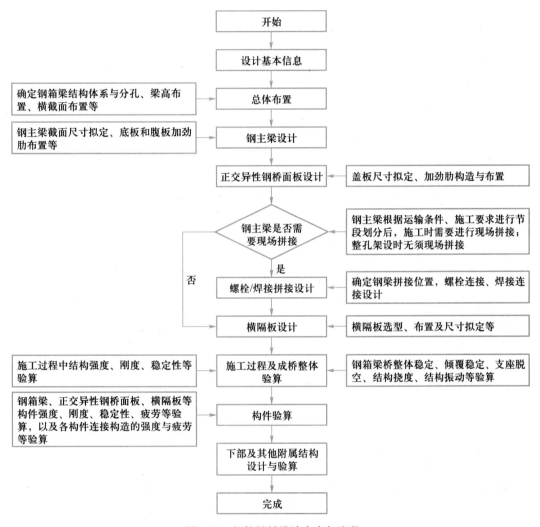

图 5.33 钢箱梁桥设计内容与流程

钢箱梁桥的设计与验算主要参考 JTG D64—2015《公路钢结构桥梁设计规范》相关条文规定,5.4 节给出了较为详细的设计示例。

5.4　钢箱梁桥设计示例

5.4.1　设计基本资料

（1）公路等级：二级公路，两车道。

（2）跨径布置：桥梁跨径 50 m，计算跨径 49.4 m。

（3）桥面宽度：12 m。

（4）设计荷载：因各地陆续取消二级公路收费，交通量和荷载增加，故二级公路汽车荷载一般采用公路—I 级，人群荷载采用 3.0 kN/m^2；因我国公路桥梁规范未规定钢箱梁桥的温度梯度作用，故选取欧洲规范 Eurocode 1（1991—1—5:2003）规范中的温度梯度作用形式和取值；桥位极端最低气温为 0 ℃。

（5）设计方法：采用以概率论为基础的极限状态设计法，按分项系数的设计表达式进行计算。

（6）验算体系：结构体系 I（主梁体系）；结构体系 II（桥面体系）。

（7）设计依据：

① JTG B01—2014《公路工程技术标准》；

② JTG D60—2015《公路桥涵设计通用规范》；

③ JTG D64—2015《公路钢结构桥梁设计规范》；

④ GB 50017—2017《钢结构设计标准》；

⑤ Eurocode 1：Actions on Structures Part 1-5：General Actions—Thermal Actions EN 1991—1—5:2003；

⑥ Steel, Concrete and Composite Bridges BS 5400—3:2000。

5.4.2　结构设计

1. 材料

为保证结构安全性及经济性，选取钢材时需要考虑材料强度与质量两个方面的要求。桥位的极端最低气温为 0 ℃，根据 JTG D60—2015 规范要求，当桥梁工作温度处于 0～−20 ℃范围内时，Q345 钢材应满足等级 C 的要求，因此，钢材选材为 Q345C 低合金钢，其屈服强度为 345 MPa，0 ℃时的冲击韧性能达到 34 J 的要求。桥面铺装采用等厚度 10 cm 沥青混凝土，沥青混凝土重度取 23 kN/m^3。Q345C 钢材强度设计值如表 5.1 所示。

表 5.1　钢材强度设计值

牌号	板厚/mm	抗拉、抗压和抗弯 f_d/MPa	抗剪 f_{vd}/MPa
Q345	≤16	275	160
	16~40	270	155

Q345C 钢材物理性能指标如表 5.2 所示。

表 5.2　Q345 钢材物理性能指标

弹性模量 E /MPa	剪切模量 G /MPa	线膨胀系数 α /℃$^{-1}$	泊松比 v	密度 ρ /(kg·m^{-3})
$2.06×10^5$	$0.79×10^5$	$12×10^{-6}$	0.31	7 850

2. 横断面设计

本桥设计截面中心梁高为 2.4 m,高跨比为 1/20.83。箱梁腹板为 1/3 的斜率。桥梁全宽 12.0 m=0.5 m 护栏+2.0 m 人行道+3.5 m 行车道+3.5 m 行车道+2.0 m 人行道+0.5 m 护栏。设置 2% 双向横坡。拟定横断面布置如图 5.34 所示。

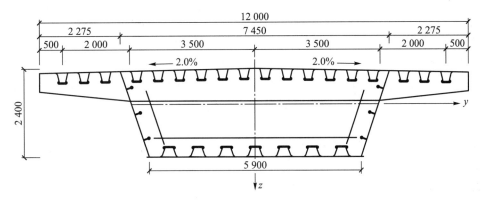

图 5.34　拟定横断面布置

3. 正交异性钢桥面板

(1)纵向加劲肋布置

顶板纵肋采用 U 形肋,如图 5.35 所示。设计纵肋横向间距为 600 mm,等间距布置,在腹板位置间距加宽至 850 mm,如图 5.36 所示。

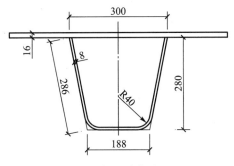

图 5.35　纵肋构造图

(2)横向加劲肋布置

本算例在两道横隔板之间设置一道横肋,横肋距横隔板的距离为 2.8 m,箱外悬臂横肋高度由 500 mm 增加至 810 mm,箱内横肋高度由 810 mm 增加至 885 mm,横肋厚度为 12 mm,如图 5.36所示。

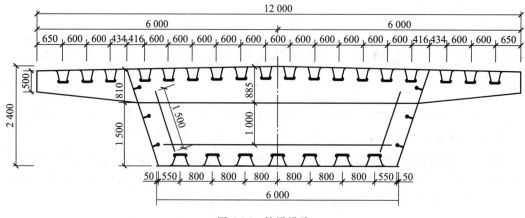

图 5.36　箱梁横肋

4. 底板

由于简支梁在跨中弯矩较大,因此,底板在跨中 20 m 长度范围厚度为 20 mm,其余段厚度为 16 mm。钢箱梁底板纵向加劲肋采用闭口截面,如图 5.37 所示,间距为 800 mm。底板横肋间距为 2.8 m,横肋高 515 mm,厚度为 12 mm。

5. 腹板

腹板厚度为 14 mm,计算高度为 2 418 mm。考虑腹板高厚比较大,腹板布置三道纵肋。纵肋间距拟定为 725 mm,高度为 160 mm,厚度为 16 mm。腹板横肋间距为 1.4 m,高度为 500 mm,厚度为 12 mm。钢箱梁的腹板及其加劲肋构造如图 5.38 所示。

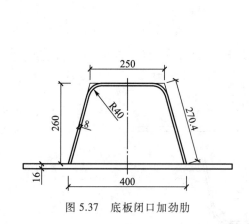

图 5.37　底板闭口加劲肋

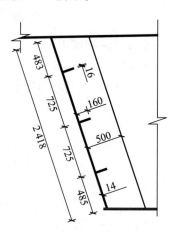

图 5.38　腹板及其加劲肋构造

6. 横隔板

本桥设计采用实腹式横隔板,间距为 5.6 m。根据抗扭需求,横隔板靠近支座位置厚度增大,设计厚度见表 5.3。实腹式横隔板间设置横肋。横隔板间距、纵向布置如图 5.39 所示。支承横隔板构造如图 5.40 所示,中间横隔板构造如图 5.41 所示。

表 5.3 横隔板设计厚度   mm

横隔板编号	ZH	HG-1(1')	HG-2(2')	HG-3(3')	HG-4(4')	HG-5(5')	HG-6
横隔板厚度	24	20	20	16	16	16	16

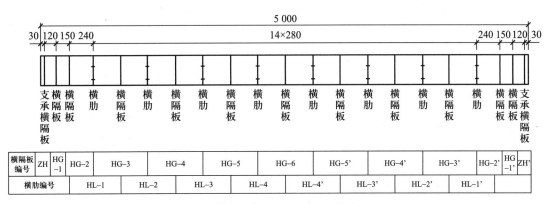

图 5.39 横肋及横隔板布置间距(单位:cm)

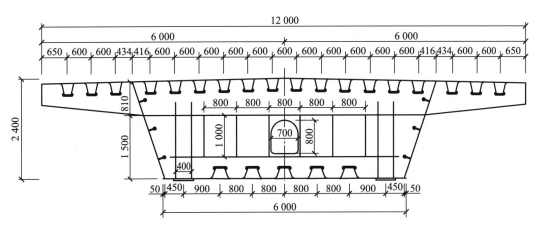

图 5.40 支承横隔板构造图

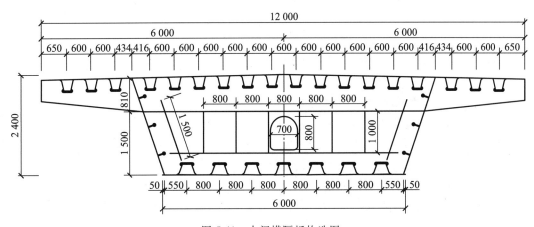

图 5.41 中间横隔板构造图

5.4.3　截面几何特性

1. 正交异性钢桥面板加劲肋验算

进行钢箱梁截面几何特性计算时,需判断纵向加劲肋是否为刚性加劲肋。

（1）受压加劲肋几何尺寸验算

闭口加劲肋的尺寸比例应满足式（5.4.1）和式（5.4.2）的要求,加劲肋尺寸符号见图 5.42。

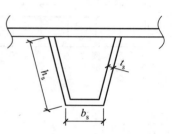

图 5.42　闭口加劲肋尺寸符号

$$\frac{b_s}{t_s} \leqslant 30\sqrt{\frac{345}{f_y}} \qquad (5.4.1)$$

$$\frac{h_s}{t_s} \leqslant 40\sqrt{\frac{345}{f_y}} \qquad (5.4.2)$$

对于本算例,$b_s = 188$ mm,$h_s = 286$ mm,$t_s = 8$ mm,则

$$\frac{b_s}{t_s} = \frac{188 \text{ mm}}{8 \text{ mm}} = 23.5 \leqslant 30\sqrt{\frac{345 \text{ MPa}}{f_y}} = 30\text{,验算通过;}$$

$$\frac{h_s}{t_s} = \frac{286 \text{ mm}}{8 \text{ mm}} = 35.8 \leqslant 40\sqrt{\frac{345 \text{ MPa}}{f_y}} = 40\text{,验算通过。}$$

故受压加劲肋几何尺寸满足规范要求。

（2）受压加劲肋刚度验算

受压加劲板的刚性加劲肋,其纵、横肋的相对刚度应满足下列要求:

5.1　受压板
件设计要求

$$\gamma_l \geqslant \gamma_l^* \qquad (5.4.3)$$

$$\gamma_t \geqslant \frac{1 + n\gamma_l^*}{4\left(\dfrac{a_t}{b}\right)^3} \qquad (5.4.4)$$

$$A_{s,l} \geqslant \frac{bt}{10n} \qquad (5.4.5)$$

式中,$A_{s,l}$——单根纵肋的截面面积;

　　　　a_t——横肋的间距,如图 5.43 所示;

　　　　γ_l——纵肋的相对刚度;

　　　　γ_t——横肋的相对刚度;

　　　　γ_l^*——加劲肋的临界刚度比;

　　　　t——母板的厚度;

　　　　n——受压板被加劲肋分割的子板元数,$n = n_l + 1$;

　　　　n_l——等间距布置的纵肋根数。

受压加劲板的刚性加劲肋的纵、横向加劲肋的相对刚度验算结果见表 5.4。

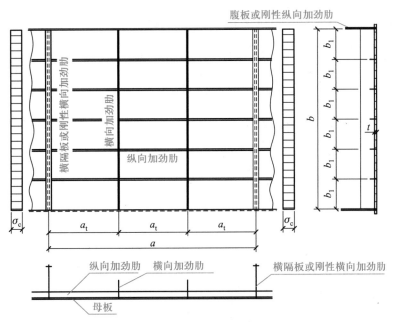

图 5.43 加劲板示意

表 5.4 受压加劲肋刚度验算

U 形肋位置	I_l /mm⁴	I_t /mm⁴	a /mm	b /mm	a_t /mm	D /mm⁴	n	验算内容		限值		验算结果
箱室内	2.39×10^8	6.46×10^9	5 600	7 432	2 800	7.73	13	$A_{s,l}$ /mm²	6 080	$\dfrac{bt}{10n}$/mm²	914.7	通过
								γ_l	85.66	γ_l^*	48.96	通过
								γ_t	3 075.01	$\dfrac{1+n\gamma_l^*}{4\left(\dfrac{a_t}{b}\right)^3}$	2 980.14	通过
悬臂处	2.39×10^8	6.46×10^9	5 600	2 284	2 800	7.73	4	$A_{s,l}$ /mm²	6 080	$\dfrac{bt}{10n}$/mm²	913.6	通过
								γ_l	278.74	γ_l^*	147.90	通过
								γ_t	3 075.01	$\dfrac{1+n\gamma_l^*}{4\left(\dfrac{a_t}{b}\right)^3}$	80.41	通过

故受压加劲肋为刚性加劲肋。

2. 翼缘有效宽度与有效面积

考虑局部稳定影响的翼缘有效宽度与有效面积按 JTG D64—2015《公路钢结构桥梁设计规范》第 5.1.7 条、5.1.8 条和 5.1.9 条进行计算。

计算时将上翼缘分成 21 个板段,分别计算每个板段内的局部稳定影响下的有效宽度,再考虑剪力滞效应,求各受压翼缘最终的有效宽度。上翼缘有效宽度的计算图式如图 5.44 所示。

5.2 翼缘有效宽度和有效面积

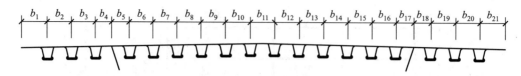

图 5.44　上翼缘有效宽度计算图式

下翼缘有效宽度计算将板分为 3 个板段,考虑剪力滞效应进行有效宽度和有效面积的计算,计算图式如图 5.45 所示。钢箱梁上、下翼缘有效宽度和有效面积计算结果见表 5.5。

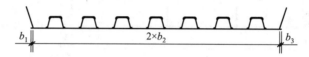

图 5.45　下翼缘有效宽度计算图式

表 5.5　翼缘有效宽度与有效面积计算结果

位置		有效宽度/mm	有效截面面积/mm²
上翼缘		10 170.93	255 554.60
下翼缘	板厚 16 mm	5 393.584	128 600.45
	板厚 20 mm		150.174.77

3. 截面几何特性结果

截面几何特性计算结果见表 5.6。

表 5.6　钢箱梁截面几何特性计算结果

截面特性	位置	面积 $A(A_{eff})$ /mm²	抗弯惯性矩 /mm⁴		抗扭惯性矩 I_t/mm⁴	形心位置/mm	
			$I_y(I_{y\,eff})$	$I_z(I_{z\,eff})$		距左边	距顶面
毛截面	底板 16 mm	517 924.45	5.11×10^{11}	4.72×10^{12}	2.49×10^{7}	6 000	896.69
	底板 20 mm	541 806.15	5.61×10^{11}	4.79×10^{12}	3.25×10^{7}	6 000	961.55
有效截面	底板 16 mm	467 218.05	4.67×10^{11}	3.37×10^{12}	—	4 607.06	929.46
	底板 20 mm	488 792.37	5.10×10^{11}	3.42×10^{12}	—	4 607.06	992.66

5.4.4　作用效应

1. 永久作用效应

（1）一期恒荷载

跨中 20 m 段钢箱每延米重量 $q_1 = 41.84$ kN/m,其他 30 m 段钢箱每延米重量 $q_2 = 39.96$ kN/m,中间横隔板重量 $P_1 = 21.61$ kN、$P_2 = 25.82$ kN,支承横隔板重量 $P_3 = 34.19$ kN,横肋重量 $P_4 = 11.93$ kN,钢箱梁一期恒荷载分布如图 5.46 所示。

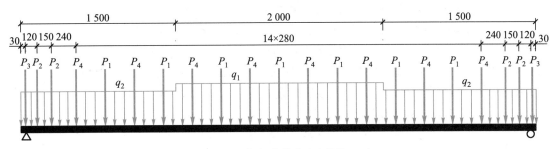

图 5.46　一期恒荷载分布(单位:cm)

（2）二期恒荷载

人行道及栏杆重量单侧按 10.0 kN/m 计算,则全桥每延米重量为 2×10.0 kN/m = 20.0 kN/m。桥面铺装采用等厚度 10 cm 沥青混凝土,沥青混凝土重度取 23 kN/m³,则全桥宽铺装每延米重量为 0.1 m×12 m×23 kN/m³ = 27.6 kN/m。则钢箱梁二期恒荷载为 20.0 kN/m+ 27.6 kN/m = 47.6 kN/m。

（3）恒荷载效应

恒荷载效应标准值计算结果见表 5.7。

表 5.7　恒荷载效应标准值

截面	弯矩			剪力		
	$M_{G1k}/(\text{kN}\cdot\text{m})$	$M_{G2k}/(\text{kN}\cdot\text{m})$	$M_G/(\text{kN}\cdot\text{m})$	Q_{G1k}/kN	Q_{G2k}/kN	Q_G/kN
跨中	14 446.96	14 520.14	28 967.10	—	—	—
$l/4$	10 707.19	10 801.39	21 508.58	596.18	595.00	1 191.18
支点	—	—	—	1 215.00	1 175.72	2 390.72

2. 可变作用效应

（1）车道荷载效应

① 冲击系数计算。JTG D60—2015《公路桥涵设计通用规范》第 4.3.2 条规定,汽车荷载的冲击力标准值为汽车荷载标准值乘以冲击系数 μ。μ 根据结构基频 f 计算,其中,冲击系数 μ 按规范第 4.3.2 条第 5 款公式计算,简支梁基频按条文说明第 4.3.2 条计算。

5.3　汽车的冲击系数 μ

$$m=\frac{G}{g}=\frac{41.84 \text{ kN/m}+47.60 \text{ kN/m}}{9.81 \text{ N/kg}}=9\ 116.88 \text{ kg/m}$$

$$f=\frac{\pi}{2l^2}\sqrt{\frac{EI}{m}}=\frac{3.14}{2\times(49.4 \text{ m})^2}\sqrt{\frac{2.06\times10^8\text{ kN/m}^2\times0.560\ 9 \text{ m}^4}{9\ 116.88 \text{ kg/m}}}\text{ Hz}=2.29 \text{ Hz}$$

由于 1.5 Hz<f= 2.29 Hz<14 Hz,故结构的冲击系数 μ= 0.176 7ln f-0.015 7 = 0.13。

② 车道荷载效应。车道荷载采用公路—Ⅰ级(如图 5.47 所示),按 JTG D60—2015 规范 4.3.1-4 的规定,均布荷载标准值 q_k = 10.5 kN/m。集中荷载标准值 P_k 取值如下:当桥跨计算跨径 l≤5 m 时,P_k = 270 kN;当 5 m<l<50 m 时,P_k = 2(l+130) kN;当 l≥50 m 时,P_k = 360 kN。当计算剪力效应时,上述 P_k 值应乘以 1.2 的系数。车道荷载的均布荷载 q_k 应满布于

使结构产生最不利效应的同号影响线上；集中荷载 P_k 只作用于相应影响线中一个峰值处。本桥例计算跨径 $l = 49.4$ m，则 $P_k = 2 \times (49.4 + 130)$ kN $= 358.80$ kN。计算剪力效应时，$P_k = 1.2 \times 358.8$ kN $= 430.56$ kN。按照影响线加载计算汽车荷载效应，含有汽车冲击力影响的计算公式如下：

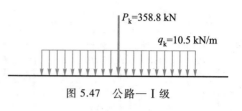

图 5.47　公路—I 级

活荷载效应：
$$S_p = n(1+\mu)\,\xi\,(\sum q_k \omega_i + P_k y)。$$
式中：S_p——主梁最大活荷载内力（弯矩或剪力）；

　　　n——车道数；

　　　ξ——汽车荷载折减系数，当桥跨小于 150 m 时，$\xi = 1$；

　　　ω_i——均布荷载施加处内力影响线的面积；

　　　y——集中荷载施加处内力影响线坐标。

活荷载作用下主梁跨中截面、$l/4$ 截面弯矩及剪力影响线和支点截面剪力影响线如图 5.48 ~ 图 5.50 所示。

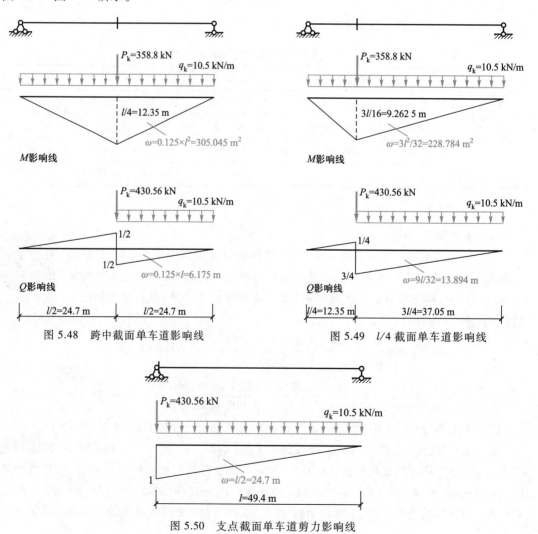

图 5.48　跨中截面单车道影响线　　　　图 5.49　$l/4$ 截面单车道影响线

图 5.50　支点截面单车道剪力影响线

以主梁跨中汽车荷载效应(考虑汽车冲击力)计算为例,各控制截面汽车荷载效应计算结果见表 5.8。

表 5.8　汽车荷载效应计算结果(弯矩、剪力)

截面位置	弯矩 M				剪力 Q			
	弯矩影响线		不计冲击力 /kN·m	计冲击力 /kN·m	剪力影响线		不计冲击力 /kN	计冲击力 /kN
	ω/m^2	y/m			ω/m	y		
跨中	305.05	12.35	15 268.41	17 253.30	6.18	0.50	560.34	633.18
$l/4$	228.72	9.26	11 448.10	12 936.35	13.89	0.75	937.53	1 059.41
支点	—	—	—	—	24.70	1.00	1 379.82	1 559.20

$$M_{\text{中}} = n(1+\mu)\,\xi\,(\sum q_k\omega_i + P_k y)$$

$$= 2\times(1+0.13)\times1.0\times(10.5\ \text{kN/m}\times305.05\ \text{m}^2 + 358.80\ \text{kN}\times12.35\ \text{m}) = 15\ 268.41\ \text{kN}\cdot\text{m}$$

$$Q_{\text{中}} = n(1+\mu)\,\xi\,(\sum q_k\omega_i + 0.5P_k)$$

$$= 2\times(1+0.13)\times1.0\times(10.5\ \text{kN/m}\times6.18\ \text{m} + 0.5\times430.56\ \text{kN}) = 633.18\ \text{kN}$$

车道荷载进行偏载布置时对主梁产生扭转作用,可分为集中荷载产生的扭矩及均布荷载产生的扭矩,其中均布荷载产生的扭矩在荷载满布时各截面达到最大,根据 JTG D60—2015 规范 4.3.1-6 规定,按最不利偏载布置车道荷载,等效为图 5.51 所示偏心荷载计算,其中偏心距 $e = (12/2-1.8/2-0.5-2.5)\text{m} = 2.1\ \text{m}$。

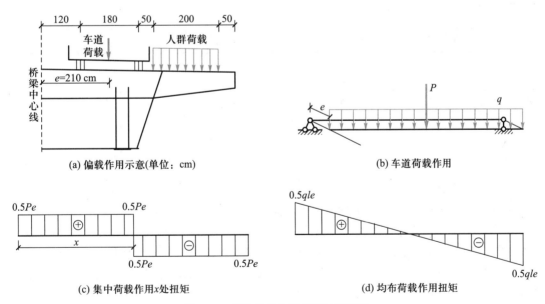

(a) 偏载作用示意(单位:cm)　　　(b) 车道荷载作用

(c) 集中荷载作用x处扭矩　　　(d) 均布荷载作用扭矩

图 5.51　车道荷载作用扭矩计算图示

截面扭矩计算结果见表 5.9 和表 5.10。

表 5.9　汽车荷载效应计算结果(扭矩)

位置	支点	$l/4$	跨中
扭矩 $T_d/(kN \cdot m)$	1 041.16	733.44	425.72

表 5.10　横隔板汽车荷载效应计算结果(扭矩)

横隔板编号	ZH	HG-1(1')	HG-2(2')	HG-3(3')	HG-4(4')	HG-5(5')	HG-6
扭矩 $T_d/(kN \cdot m)$	1 041.16	1 016.04	978.36	847.74	707.06	566.39	425.72

（2）人群荷载效应

与汽车荷载效应计算一致,通过影响线加载计算人群荷载效应,见表 5.11。

表 5.11　人群荷载效应计算结果(弯矩、剪力)

截面位置	弯矩 M		剪力 Q	
	弯矩影响线 ω/m^2	弯矩 $M/(kN \cdot m)$	剪力影响线 ω/m	剪力 Q/kN
跨中	305.05	3 660.60	6.18	74.16
$l/4$	228.72	2 744.64	13.89	166.68
支点	—	—	24.70	296.40

人群荷载对横隔板位置产生的扭矩,计算结果见表 5.12 和表 5.13。

表 5.12　人群荷载效应计算结果(扭矩)

位置	支点	$l/4$	跨中
扭矩 $T_d/(kN \cdot m)$	666.90	333.45	0.00

表 5.13　横隔板人群荷载效应计算结果(扭矩)

横隔板编号	ZH	HG-1(1')	HG-2(2')	HG-3(3')	HG-4(4')	HG-5(5')	HG-6
扭矩 $T_d/(kN \cdot m)$	666.90	639.68	598.85	457.30	304.87	152.43	0.00

（3）温度荷载效应

算例为简支钢箱梁,在均匀温度作用下不会产生温度应力。在竖向梯度温度作用下,钢箱梁内部会产生温度自应力,我国规范并未给出钢箱梁的温度梯度模式,因此本次计算的温度梯度模式按欧洲规范 Eurocode 1 (1991—1—5:2003)采用,温度梯度模式及取值如图 5.52 所示。

简支梁温度作用产生的应力可以按 JTG 3362—2018《公路钢筋混凝土及预应力混凝土桥涵设计规范》附录 D 的方法进行计算,对于钢箱梁计算公式如下:

$$\sigma_t = \frac{-N_t}{A_{eff}} + \frac{M_t^0}{I_{yeff}}z + t_z \alpha_s E_s \tag{5.4.6}$$

其中:

$$N_t = \sum A_z t_z \alpha_s E_s, M_t^0 = -\sum A_z t_z \alpha_s E_s e_z \tag{5.4.7}$$

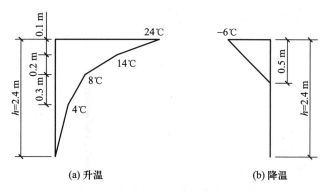

图 5.52 钢箱梁温度梯度模式及取值

式中,A_z——截面内的单元面积;

t_z——单元面积 A_z 内温差梯度平均值,均以正值代入;

α_s——钢材线膨胀系数;

E_s——钢材的弹性模量;

z——计算应力点至换算截面重心轴的距离,重心轴以上取正值,以下取负值;

e_z——单元面积 A_z 重心至换算截面重心轴的距离,重心轴以上取正值,以下取负值;

A_{eff}、$I_{y\mathrm{eff}}$——截面面积和惯性矩。

3.疲劳作用效应

根据 JTG D64—2015《公路钢结构桥梁设计规范》第 5.5.2 条第一款规定,本钢箱梁算例的疲劳荷载计算模型 I 取值如下。

5.4 疲劳荷载

计算弯矩时:$0.7P_k = 0.7 \times 358.8 \ \mathrm{kN} = 251.16 \ \mathrm{kN}$,$0.3q_k = 0.3 \times 10.5 \ \mathrm{kN/m} = 3.15 \ \mathrm{kN/m}$;

计算剪力时:$0.7 \times 1.2P_k = 0.7 \times 1.2 \times 358.8 \ \mathrm{kN} = 301.39 \ \mathrm{kN}$,$0.3q_k = 0.3 \times 10.5 \ \mathrm{kN/m} = 3.15 \ \mathrm{kN/m}$。

疲劳作用效应计算时的影响线与汽车荷载相同,计算结果见表 5.14。

表 5.14 疲劳作用效应计算结果

截面位置	弯矩 M			剪力 Q		
	弯矩影响线		弯矩标准值 /(kN·m)	剪力影响线		剪力标准值 /kN
	ω/m^2	y/m		ω/m	y	
跨中	305.05	12.35	8 125.47	6.18	0.50	340.32
$l/4$	228.72	9.26	6 092.42	13.89	0.75	539.59
支点	—	—	—	24.70	1.00	758.39

5.4.5 钢主梁验算(第一体系验算)

1.承载能力极限状态验算

(1)抗弯强度验算

① 翼缘板正应力验算。箱梁受弯时会因约束扭转而产生翘曲正应力。通常根据式

(5.4.8)判断钢箱梁主要扭转形式:

$$k = l\sqrt{\frac{GJ_d}{EJ_\omega}}$$ (5.4.8)

式中, l ——跨径;

　　G ——钢材的剪切模量;

　　E ——钢材的弹性模量;

　　J_d ——钢箱梁的自由扭转惯性矩;

　　J_ω ——钢箱梁的广义扇性惯性矩。

当 $k = l\sqrt{\dfrac{GJ_d}{EJ_\omega}} \geqslant 10$ 时,可以忽略约束扭转产生的翘曲正应力。其中, J_d 可按 $J_d = \dfrac{4A_0^2}{\sum w_i / t_i}$
计算。

对于本算例,跨中 20 m 范围内,底板厚度为 20 mm 时:

$$J_d = 10.76 \times 10^{11}\ \text{mm}^4, \quad J_\omega = 4.84 \times 10^{18}\ \text{mm}^6$$

$$k = l\sqrt{\frac{GJ_d}{EJ_\omega}} = 49\,400\ \text{mm} \times \sqrt{\frac{7.9 \times 10^4\,\text{N/mm}^2 \times 10.76 \times 10^{11}\,\text{mm}^4}{2.06 \times 10^5\,\text{N/mm}^2 \times 4.65 \times 10^{18}\,\text{mm}^6}} = 14.43 > 10$$

在支点处 15 m 范围内,底板厚度为 16 mm 时:

$$J_d = 9.97 \times 10^{11}\ \text{mm}^4, \quad J_\omega = 4.65 \times 10^{18}\ \text{mm}^6$$

$$k = l\sqrt{\frac{GJ_d}{EJ_\omega}} = 49\,400\ \text{mm} \times \sqrt{\frac{7.9 \times 10^4\,\text{N/mm}^2 \times 9.97 \times 10^{11}\,\text{mm}^4}{2.06 \times 10^5\,\text{N/mm}^2 \times 4.65 \times 10^{18}\,\text{mm}^6}} = 14.18 > 10$$

因此,本算例不需要考虑约束扭转产生的翘曲正应力。

根据 JTG D64—2015《公路钢结构桥梁设计规范》第 5.3.1 条第一款规定验算翼缘板正应力,还需考虑温度梯度产生的截面正应力。以跨中截面在恒荷载、温度梯度作用下产生的正应力计算为例,钢箱梁翼缘板正应力组合结果及验算结果见表 5.15。

表 5.15　翼缘板正应力组合结果及验算结果 　　　　　　　　　MPa

编号	荷载类型	跨中		$l/4$	
		上翼缘	下翼缘	上翼缘	下翼缘
①	恒荷载	−56.38	84.08	−42.81	59.32
②	汽车荷载	−33.58	47.61	−25.75	40.74
③	人群	−7.12	10.1	−5.46	8.64
④	梯度升温	−0.47	5.25	−0.51	5.85
⑤	梯度降温	1.15	−1.85	1.16	−2.08
组合 1	1.1×[1.2×①+1.4×②+0.75×1.4×(③+④)]	−134.90	206.44	−103.06	148.75
组合 2	1.1×[1.2×①+1.4×②+0.75×1.4×(③+⑤)]	−133.03	198.24	−101.13	139.59
	强度设计值	270	270	270	275
	是否满足强度要求	是	是	是	是

恒荷载作用正应力计算：

$$\sigma_{M上} = -\frac{M_G}{I_{yeff}}z_{上} = -\frac{28\ 967.10 \times 10^6\ \text{N} \cdot \text{mm}}{5.10 \times 10^{11}\ \text{mm}^4} \times 992.66\ \text{mm} = -56.38\ \text{MPa}$$

$$\sigma_{M下} = \frac{M_G}{I_{yeff}}z_{下} = \frac{28\ 967.10 \times 10^6\ \text{N} \cdot \text{mm}}{5.10 \times 10^{11}\ \text{mm}^4} \times 1\ 407.34\ \text{mm} = 84.08\ \text{MPa}$$

正温度梯度作用正应力计算：

$$\sigma_{t上} = \frac{-N_t}{A_{eff}} + \frac{M_t^0}{I_{yeff}}z_{上} + t_z\alpha_s E_s$$

$$= \frac{-1.60 \times 10^7\ \text{N}}{4.87 \times 10^5\ \text{mm}^2} + \frac{-1.38 \times 10^{10}\ \text{N} \cdot \text{mm}}{5.10 \times 10^{11}\ \text{mm}^4} \times 992.66\ \text{mm} + 24\ ℃ \times 1.20 \times 10^{-5}/℃ \times 2.06 \times 10^5\ \text{MPa}$$

$$= -0.47\ \text{MPa}$$

$$\sigma_{t下} = \frac{-N_t}{A_{eff}} + \frac{M_t^0}{I_{yeff}}z_{下} + t_z\alpha_s E_s$$

$$= \frac{-1.60 \times 10^7\ \text{N}}{4.87 \times 10^5\ \text{mm}^2} - \frac{1.38 \times 10^{10}\ \text{N} \cdot \text{mm}}{5.10 \times 10^{11}\ \text{mm}^4} \times 1\ 407.34\ \text{mm} + 0\ ℃ \times 1.20 \times 10^{-5}/℃ \times 2.06 \times 10^5\ \text{MPa}$$

$$= 5.25\ \text{MPa}$$

负温度梯度作用正应力计算：

$$\sigma_{t上} = \frac{-N_t}{A_{eff}} + \frac{M_t^0}{I_{yeff}}z_{上} + t_z\alpha_s E_s$$

$$= -\frac{4.19 \times 10^6\ \text{N}}{4.87 \times 10^5\ \text{mm}^2} + \frac{3.79 \times 10^9\ \text{N} \cdot \text{mm}}{5.10 \times 10^{11}\ \text{mm}^4} \times 992.66\ \text{mm} - 6℃ \times 1.20 \times 10^{-5}/℃ \times 2.06 \times 10^5\ \text{MPa}$$

$$= 1.15\ \text{MPa}$$

$$\sigma_{t下} = \frac{-N_t}{A_{eff}} + \frac{M_t^0}{I_{yeff}}z_{下} + t_z\alpha_s E_s$$

$$= -\frac{4.19 \times 10^6\ \text{N}}{4.87 \times 10^5\ \text{mm}^2} - \frac{3.79 \times 10^9\ \text{N} \cdot \text{mm}}{5.10 \times 10^{11}\ \text{mm}^4} \times 1\ 407.34\ \text{mm} + 0\ ℃ \times 1.20 \times 10^{-5}/℃ \times 2.06 \times 10^5\ \text{MPa}$$

$$= -1.85\ \text{MPa}$$

② 腹板剪应力验算。根据 JTG D64—2015《公路钢结构桥梁设计规范》第 5.3.1 条第二款规定验算腹板剪应力。对于闭口截面腹板剪应力应按照剪力流理论进行计算，对于本算例，截面绕 z 轴对称，剪应力在 z 轴处应为零，故可将箱形截面由 z 轴处分为两个槽形截面，各承受1/2剪力计算腹板剪应力。钢箱梁支点截面腹板剪应力组合结果及验算结果见表 5.16。

表 5.16 支点截面腹板剪应力组合结果及验算结果   MPa

编号	荷载类型	支点	l/4	跨中
①	恒荷载	32.04	15.97	0
②	汽车荷载	25.60	17.51	9.98
③	人群	6.98	3.73	0.94
组合 1	1.1×(1.2×①+1.4×②+0.75×1.4×③)	89.78	52.35	16.45

续表

编号	荷载类型	支点	$l/4$	跨中
	强度设计值	160	160	160
	是否满足强度要求	是	是	是

③ 正应力、剪应力共同作用腹板强度验算。由 JTG D64—2015《公路钢结构桥梁设计规范》第 5.3.1 条第四款规定,正应力和剪应力均较大处应验算复合应力。$l/4$ 截面处腹板正应力和剪应力均较大,应验算复合作用下强度。以组合 1 作用下复合应力验算为例。

上翼缘:

$$\gamma_0 \sqrt{\left(\frac{\sigma_x}{f_d}\right)^2 + \left(\frac{\tau}{f_{vd}}\right)^2} = 1.1 \times \sqrt{\left(\frac{-93.69\ \text{MPa}}{275\ \text{MPa}}\right)^2 + \left(\frac{44.80\ \text{MPa}}{160\ \text{MPa}}\right)^2} = 0.49 < 1$$

下翼缘:

$$\gamma_0 \sqrt{\left(\frac{\sigma_x}{f_d}\right)^2 + \left(\frac{\tau}{f_{vd}}\right)^2} = 1.1 \times \sqrt{\left(\frac{153.23\ \text{MPa}}{275\ \text{MPa}}\right)^2 + \left(\frac{39.73\ \text{MPa}}{160\ \text{MPa}}\right)^2} = 0.61 < 1$$

组合 1、2 的验算结果见表 5.17。

表 5.17　$l/4$ 截面弯剪复合应力组合结果及验算结果　　　　　　　　MPa

编号	荷载类型	腹板上翼缘		腹板下翼缘	
		正应力	剪应力	正应力	剪应力
1	恒荷载	−42.81	14.89	59.32	12.93
2	汽车荷载	−25.75	16.55	40.74	14.81
3	人群	−5.46	3.58	8.64	3.31
4	梯度升温	−0.51	—	5.85	—
5	梯度降温	1.16	—	−2.08	—
组合 1	$1.1 \times [1.2 \times ① + 1.4 \times ② + 0.75 \times 1.4 \times (③ + ④)]$	−93.69	44.8	135.23	39.73
组合 2	$1.1 \times [1.2 \times ① + 1.4 \times ② + 0.75 \times 1.4 \times (③ + ⑤)]$	−91.94	44.8	126.9	39.73
	弯剪组合系数(组合 1)	0.49		0.61	
	弯剪组合系数(组合 2)	0.48		0.58	
	是否满足强度要求	是		是	

（2）整体稳定性验算

JTG D64—2015《公路钢结构桥梁设计规范》第 5.3.2 条第 1 款规定,对于箱形截面简支梁,其截面尺寸满足 $h/b_0 \leq 6$,且 $l/b_0 \leq 65(345/f_y)$ 时,受弯构件可不计算整体稳定性。其中,l 取计算跨径为 49 400 mm,b_0 为上翼缘腹板间距离,本例 $b_0 = 7\ 432$ mm。

$$h/b_0 = 2\ 400\ \text{mm}/7\ 432\ \text{mm} = 0.32 < 6$$

$$l/b_0 = 49\ 400\ \text{mm}/7\ 432\ \text{mm} = 6.65 < 65(345\ \text{MPa}/f_y) = 65$$

算例满足基本尺寸要求,故无须进行整体稳定性验算。

（3）支座脱空与抗倾覆稳定性验算

对于本算例，倾覆荷载布载如图 5.53 所示，可以看出，汽车荷载最不利偏载时，布载位置仍位于倾覆线内侧，故汽车荷载为有利于结构稳定的荷载，因此，本算例计算支座脱空和抗倾覆稳定性时，仅考虑风荷载和人群荷载的作用。抗倾覆稳定系数计算如下：

$$\gamma_{qf} = \frac{Ge_G}{q_人 e_人 + F_{wh}e_w} \tag{5.4.9}$$

其中：F_{wh} 为设计风荷载，kN，按 JTG/T 3360—01—2018《公路桥梁抗风设计规范》计算，取 $F_{wh} = 127.75$ kN；人群荷载 $q_人 = 3$ kN/m²×2 m = 6 kN/m；e_G 为钢箱梁截面形心到支座的距离，$e_人$ 和 e_w 为人群荷载和风荷载作用中心线到右侧支点的距离，对于本算例，$e_G = 2.5$ m，$e_人 = 2$ m，$e_w = 1.2$ m。

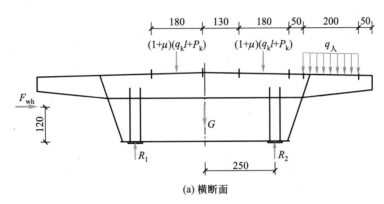

(a) 横断面

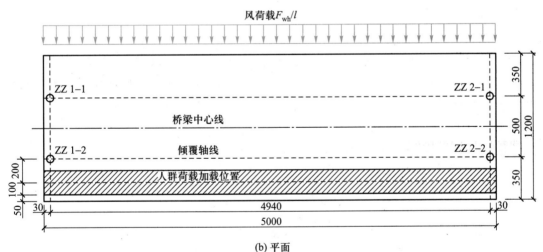

(b) 平面

图 5.53 支座脱空及抗倾覆稳定性验算示意图（单位：cm）

支座反力 R_1 最小值计算如下：

$$R_1 = \frac{Ge_G - F_{wh}e_w - q_人 le_人}{2 \times 2e_G}$$

$$= \frac{4\,833.97\ \text{kN} \times 2.5\ \text{m} - 127.75\ \text{kN} \times 1.2\ \text{m} - 6\ \text{kN/m} \times 50\ \text{m} \times 2\ \text{m}}{2 \times 2 \times 2.5\ \text{m}} = 1\,133.16\ \text{kN} > 0$$

故本算例支座不会发生脱空现象。

抗倾覆稳定系数计算如下：

$$\gamma_{qf} = \frac{Ge_G}{q_人 le_人 + F_{wh}e_w} = \frac{4\,833.97 \text{ kN}\times2.5 \text{ m}}{6 \text{ kN/m}\times50 \text{ m}\times2 \text{ m}+127.75 \text{ kN}\times1.2 \text{ m}} = 16.04 > k_{qf} = 2.5$$

故抗倾覆稳定性亦满足规范要求。

（4）疲劳验算

钢箱梁由于运输条件限制，在 $l/4$ 处切割为三段，运输到现场附近采用对接焊缝拼接成整跨。JTG D64—2015《公路钢结构桥梁设计规范》第 5.5.4 条规定，应采用疲劳荷载计算模型 I 对拼接焊缝进行疲劳验算。根据 JTG D64—2015《公路钢结构桥梁设计规范》第 5.5.3 条规定，钢箱梁对接焊缝距支座（伸缩缝）尺寸为 $D = l/4 = 49.4$ m/4 = 12.35 m > 6 m，故放大系数 $\Delta\varphi = 0$。疲劳构造细节为 110，疲劳荷载分项系数取 $\gamma_{Ff} = 1.0$，对于重要构件的疲劳验算，疲劳抗力分项系数取 $\gamma_{Mf} = 1.35$。疲劳应力幅计算结果见表 5.18。

5.5　构件和连接的疲劳验算

表 5.18　疲劳应力幅计算结果

位置	正应力			
	$M_{yd}/(\text{kN}\cdot\text{m})$	σ_{max}/MPa	σ_{min}/MPa	$\Delta\sigma_p/\text{MPa}$
$l/4$	6 092.42	16.80	0	16.80

$$\Delta\sigma_P = 16.80 \text{ MPa} < \frac{k_s\Delta\sigma_D}{\gamma_{Ff}} = 60.05 \text{ MPa}，验算通过。$$

2. 正常使用极限状态验算

根据 JTG D64—2015《公路钢结构桥梁设计规范》第 4.2.3 条规定，计算竖向挠度时，应采用不计冲击力的汽车车道荷载频遇值，频遇值系数为 1.0。为简化计算，偏安全地采用底板厚度为 16 mm 的小抗弯刚度截面进行挠度计算，即 $EI = 2.06\times10^5 \text{ N/mm}^2\times4.72\times10^{11} \text{ mm}^4 = 9.72\times10^{16} \text{ N}\cdot\text{mm}^2$。

单车道荷载均布荷载 $q_k = 10.5$ kN/m 下的挠度：

$$w_1 = \frac{5q_k l^4}{384EI} = \frac{5\times10.5 \text{ N/mm}\times(49\,400 \text{ mm})^4}{384\times9.72\times10^{16} \text{ N}\cdot\text{mm}^2} = 8.37 \text{ mm}$$

单车道荷载集中荷载 $P_k = 358.8$ kN 下的挠度：

$$w_2 = \frac{8P_k l^3}{384EI} = \frac{8\times358.8\times10^3 \text{ N}\times(49\,400 \text{ mm})^3}{384\times9.72\times10^{16} \text{ N}\cdot\text{mm}^2} = 9.72 \text{ mm}$$

则竖向挠度为

$$w = 2(w_1+w_2) = 2\times(8.37+9.27) \text{ mm} = 35.28 \text{ mm} < \frac{l}{500} = \frac{49\,400 \text{ mm}}{500} = 98.80 \text{ mm}$$

故结构整体变形满足规范要求。

5.4.6　正交异性钢桥面板验算

1. 强度验算(格子梁法)

（1）结构与荷载图式

采用格子梁法进行正交异性钢桥面板第二体系计算。计算荷载包括两部分。

恒荷载:按纵横肋实际恒荷载计算。

汽车荷载:如图 5.54 所示,按车辆荷载双车道对称布载,两个横隔板间距为 5.6 m,不能布置整辆车,故在两个横隔板之间,在横肋及纵肋跨中布置后轴车轮荷载 $P=70$ kN,车轮着地面积为 600 mm(横桥向)×200 mm(纵桥向)。

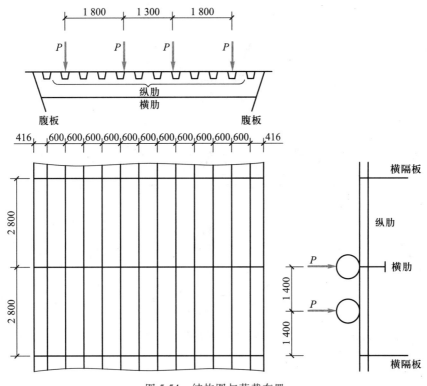

图 5.54　结构图与荷载布置

为计算方便,将车轮分布荷载简化为集中荷载。纵肋的车轮荷载横向分配近似按杠杆法计算,如图 5.55 所示,则一根纵肋分配到的轮重为

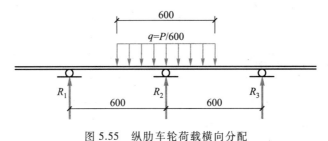

图 5.55　纵肋车轮荷载横向分配

$$R_1 = R_3 = q \times \frac{1}{2} \times \frac{600 \text{ mm}}{2} \times \frac{300 \text{ mm}}{600 \text{ mm}} = 0.125P$$

$$R_2 = q \times 2 \times \frac{1}{2} \times \frac{600 \text{ mm}}{2} \times \left(\frac{300 \text{ mm}}{600 \text{ mm}} + 1 \right) = 0.75P$$

（2）盖板有效宽度

盖板在纵肋腹板处的有效宽度 C 沿桥跨不变,纵、横肋计算截面示意见图 5.56,计算结果见表 5.19 和表 5.20。

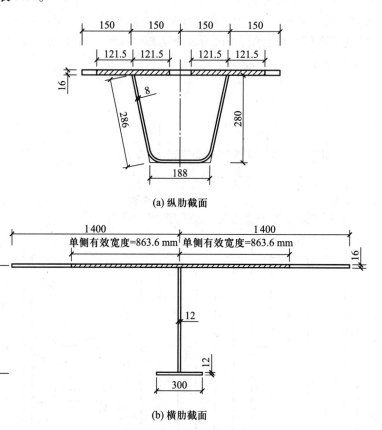

(a) 纵肋截面

(b) 横肋截面

图 5.56　纵肋和横肋计算截面

表 5.19　钢桥面板加劲肋有效宽度

加劲肋	跨径 L/mm	计算跨径 l/mm	$2b$/mm	b/l	单侧有效宽度 C/mm	有效宽度/mm
纵肋	2 800	1 680	300	0.09	121.52	486.10
横肋	7 432	7 432	2 800	0.19	863.64	1 727.27

表 5.20　钢桥面板加劲肋截面特性

构件	面积 A_{eff}/mm²	抗弯惯性矩 $I_{y\,eff}$/mm⁴	中性轴至上缘距离 z_u/mm	中性轴至下缘距离 z_l/mm
纵肋	13 857.53	1.37×10^8	85.3	210.7
横肋	40 788.39	3.31×10^9	174.6	649.4

（3）计算模型

计算模型及加载如图 5.57 所示，按 JTG D64—2015 规范 8.2.2 条规定，车辆荷载局部加载时，冲击系数取 $\mu = 0.4$，考虑纵肋轮载的横向分配，车轮作用点位置的纵肋分配到的轮载为 R_2，相邻纵肋分配到的轮载为 R_1 和 R_3，则

$$R_1 = R_3 = 0.125 \times (1+0.4) \times 70 \text{ kN} = 12.25 \text{ kN}$$

$$R_2 = 0.75 \times (1+0.4) \times 70 \text{ kN} = 73.5 \text{ kN}$$

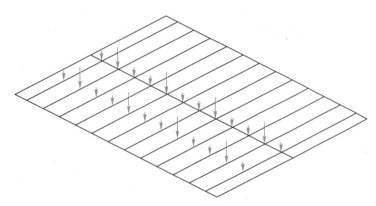

图 5.57 格子梁法计算模型

（4）强度验算

恒荷载及活荷载作用下纵肋的最大弯矩和相应弯曲正应力计算结果见表 5.21。

表 5.21 强度验算结果

构件	活荷载弯矩 $M/(\text{kN} \cdot \text{m})$	第二体系应力/MPa	
		上缘	下缘
纵肋	59.99	−37.35	92.26
横肋	357.33	−18.85	70.11

根据结构第一体系应力计算结果，考虑荷载基本组合的分项系数及结构重要性系数后最大正应力为 −134.90 MPa，根据格子梁法计算的第二体系桥面板最大纵向正应力结果为 −37.35 MPa，考虑结构重要性系数 $\gamma_0 = 1.1$，车辆荷载采用的荷载分项系数 $\gamma_{Q1} = 1.8$，则两体系组合：

134.90 MPa + 1.1 × 1.8 × 37.35 MPa = 208.85 MPa < f_d = 275 MPa，验算通过。

2. 疲劳验算

正交异性钢桥面板疲劳验算需要通过有限元程序建立钢箱梁局部模型，采用规范规定的疲劳荷载计算模型Ⅲ，考虑车轮在车道上的横向位置概率，从而计算出疲劳关注位置的应力幅值，进一步通过 JTG D64—2015《公路钢结构桥梁设计规范》第 5.5.6 条的公式，进行正交异性钢桥面板抗疲劳验算。

本算例为手算算例，该部分内容不进行计算。

5.6 实腹式中横隔板验算

5.4.7　横隔板验算

为了防止钢箱梁出现过大的畸变和面外变形,横隔板要满足强度和刚度的要求。

1. 强度验算

由于活荷载产生的扭矩对横隔板产生剪应力,因此根据 JTG D64—2015《公路钢结构桥梁设计规范》条文说明中第 8.5.2 条第 1-(3)款规定,对实腹式的中间横隔板应力进行验算,包括横隔板上缘剪应力 τ_u、侧缘剪应力 τ_h 及下缘剪应力 τ_l 验算。对于本算例,横隔板面积 $A=1.58\times10^7\ \text{mm}^2$,$B_u=7\ 432\ \text{mm}$,$B_l=5\ 900\ \text{mm}$。

（1）上缘剪应力 τ_u 验算

$$\tau_u=\frac{B_l}{B_u}\cdot\frac{T_d}{2At_D} \tag{5.4.10}$$

上缘剪应力 τ_u 的应力组合及验算结果见表 5.22。

表 5.22　横隔板上缘剪应力的应力组合及验算结果

横隔板编号	ZH	HG-1(1')	HG-2(2')	HG-3(3')	HG-4(4')	HG-5(5')	HG-6
①汽车	1.73	2.02	1.95	2.11	1.76	1.41	1.06
②人群	1.11	1.27	1.19	1.14	0.76	0.38	0
1.1×(1.4×①+0.75×1.4×②)	3.95	4.58	4.38	4.57	3.59	2.61	1.63
强度设计值	155	155	155	160	160	160	160
是否满足强度要求	是	是	是	是	是	是	是

（2）侧缘剪应力 τ_h 验算

$$\tau_h=\frac{T_d}{2At_D} \tag{5.4.11}$$

侧缘剪应力 τ_h 的应力组合及验算结果见表 5.23。

表 5.23　横隔板侧缘剪应力的应力组合及验算结果

横隔板编号	ZH	HG-1(1')	HG-2(2')	HG-3(3')	HG-4(4')	HG-5(5')	HG-6
①汽车	1.37	1.6	1.54	1.67	1.4	1.12	0.84
②人群	0.88	1.01	0.95	0.9	0.6	0.3	0
1.1×(1.4×①+0.75×1.4×②)	3.13	3.63	3.47	3.61	2.85	2.07	1.29
强度设计值	155	155	155	160	160	160	160
是否满足强度要求	是	是	是	是	是	是	是

（3）下缘剪应力 τ_l 验算

$$\tau_l=\frac{B_u}{B_l}\cdot\frac{T_d}{2At_D} \tag{5.4.12}$$

下缘剪应力 τ_l 的应力组合及验算结果见表 5.24。

表 5.24 横隔板下缘剪应力的应力组合及验算结果

横隔板编号	ZH	HG-1(1')	HG-2(2')	HG-3(3')	HG-4(4')	HG-5(5')	HG-6
①汽车	1.09	1.27	1.23	1.33	1.11	0.89	0.67
②人群	0.7	0.8	0.75	0.72	0.48	0.24	0
1.1×(1.4×①+0.75×1.4×②)	2.49	2.88	2.76	2.88	2.26	1.65	1.03
强度设计值	155	155	155	160	160	160	160
是否满足强度要求	是	是	是	是	是	是	是

2. 刚度验算

为抵抗箱梁的畸变,横隔板必须有足够的刚度,实腹式横隔板的刚度需满足下式要求:

$$K \geqslant 20 \frac{EI_{dw}}{L_d^3} \tag{5.4.13}$$

$$K = 4GAt_D \tag{5.4.14}$$

跨中位置处,可求得 $20\dfrac{EI_{dw}}{L_d^3} = 7.378 \times 10^{13}$ N·mm,则

$K = 4GAt_D = 4 \times 7.9 \times 10^4 \text{N/mm}^2 \times 1.58 \times 10^7 \text{mm}^2 \times 16$ mm $= 7.99 \times 10^{13}$ N·mm $\geqslant 7.378 \times 10^{13}$ N·mm 故跨中横隔板刚度满足要求。

支点位置处,可求得 $20\dfrac{EI_{dw}}{L_d^3} = 8.299 \times 10^{13}$ N·mm,则

$K = 4GAt_D = 4 \times 7.9 \times 10^4 \text{N/mm}^2 \times 1.58 \times 10^7 \text{mm}^2 \times 20$ mm $= 9.99 \times 10^{13}$ N·mm $> 8.299 \times 10^{13}$ N·mm 故端部受力最不利的 3 个横隔板板厚及端横隔板刚度满足要求。

3. 支承横隔板强度验算

根据 JTG D64—2015《公路钢结构桥梁设计规范》第 5.3.4 条的规定,对支承横隔板与支承加劲肋的局部承压和竖向应力进行验算。

5.7 支承横隔板强度验算

设计支座反力的计算图式见图 5.58,支承横隔板的构造见图 5.59。考虑双车道汽车偏载最不利布置,以左侧支座为旋转中心,可以通过力矩平衡求得基本组合作用下单支座反力 R_V 为 2 774.28 kN。

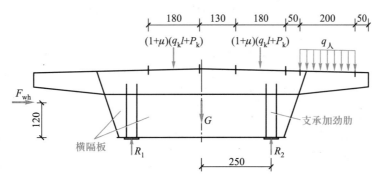

图 5.58 设计支座反力计算图式(单位:cm)

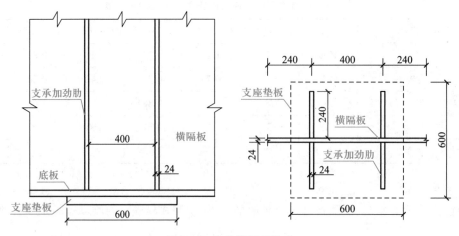

图 5.59　支承横隔板构造

$$B_{eb} = B + 2(t_f + t_b) = 400 \text{ mm} + 2 \times (16 \text{ mm} + 24 \text{ mm}) = 480 \text{ mm}$$

$$B_{ev} = (n_s - 1) b_s + 24 t_w = (2-1) \times 400 \text{ mm} + 24 \times 24 \text{ mm} = 976 \text{ mm}$$

$$\gamma_0 \frac{R_V}{A_s + B_{eb} t_w} = 0.9 \times \frac{2\,774.28 \times 10^6 \text{N}}{23\,040 \text{ mm}^2 + 480 \text{ mm} \times 24 \text{ mm}} = 72.25 \text{ MPa} \leqslant f_{cd} = 355 \text{ MPa},验算通过。$$

$$\gamma_0 \frac{2R_V}{A_s + B_{ev} t_w} = 0.9 \times \frac{2 \times 2\,774.28 \times 10^6 \text{N}}{23\,040 \text{ mm}^2 + 976 \text{ mm} \times 24 \text{ mm}} = 107.47 \text{ MPa} \leqslant f_d = 270 \text{ MPa},验算通过。$$

5.4.8　构造验算

1. 正交异性钢桥面板构造验算

（1）盖板厚度

5.8　纵向加劲肋设置的具体要求

根据 JTG D64—2015《公路钢结构桥梁设计规范》第 8.2.1 条规定,行车道部分的钢桥面板顶板厚度不应小于 14 mm,本设计正交异性钢桥面板盖板厚度选用 16 mm,满足要求。

（2）横肋及横隔板最大间距验算

JTG D64—2015《公路钢结构桥梁设计规范》第 8.2.4 条为保证桥面板有足够的刚度及承载能力,要求设置闭口纵向加劲肋的桥面板的横向加劲肋及横隔板最大间距不宜大于 4 m。本例横向加劲肋及横隔板最大间距为 2.8 m,满足要求。

JTG D64—2015《公路钢结构桥梁设计规范》条文说明第 8.5.2 条规定,跨径不大于 50 m,横隔板间距应不大于 6 m,本设计采用实腹式横隔板,间距为 5.6 m,满足要求。

（3）闭口加劲肋的几何尺寸

正交异性钢桥面板闭口加劲肋的几何尺寸验算。对于本算例,$t_f = 16$ mm,$t_r = 8$ mm,$a = 300$ mm,$h' = 280$ mm,则验算如下:

$$\frac{t_r a^3}{t_f^3 h'} = \frac{8 \text{ mm} \times (300 \text{ mm})^3}{(16 \text{ mm})^3 \times 280 \text{ mm}} = 188.34 \leqslant 400,验算通过。$$

故正交异性钢桥面板闭口加劲肋几何尺寸满足规范要求。

2. 腹板构造验算

（1）腹板厚度

JTG D64—2015《公路钢结构桥梁设计规范》第 5.3.3 条第 1 款规定,应验算腹板最小厚度。本桥腹板计算高度为 2 418 mm,布置横向加劲肋及三道纵向加劲肋,基本组合作用下支点附近最大剪应力 $\tau = 89.78$ MPa,则取折减系数 $\eta = 0.85$ 进行计算,腹板最小厚度验算结果见表 5.25。

5.9 腹板和腹板加劲肋设置的具体要求

表 5.25　腹板最小厚度验算结果

基本组合下腹板剪应力 τ/MPa	折减系数 η	腹板厚度 t_w/mm	腹板计算高度 h_w/mm	最小厚度限值 /mm	验算结果
89.78	0.85	14	2 418	5.85	满足

（2）加劲肋尺寸

JTG D64—2015《公路钢结构桥梁设计规范》第 5.3.3 条第 3、4 款规定,应对腹板纵、横向加劲肋惯性矩进行验算。在支点处,腹板横向加劲肋间距 a 为 1 000 mm,在 $l/4$ 和跨中,腹板横向加劲肋间距 a 为 1 400 mm,纵、横向加劲肋截面尺寸如图 5.60 所示。验算结果见表 5.26。

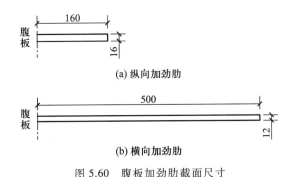

图 5.60　腹板加劲肋截面尺寸

表 5.26　腹板加劲肋惯性矩验算结果

位置	腹板			横向加劲肋			纵向加劲肋			
	t_w/mm	h_w/mm	a/h_w	I_t/mm^4	限值	验算结果	ξ_l	I_l/mm^4	限值	验算结果
支点	14	2 418	0.41	5.0×10^8	2.0×10^7	通过	0.40	2.2×10^7	2.6×10^6	通过
$l/4$	14	2 418	0.58	5.0×10^8	2.0×10^7	通过	0.75	2.2×10^7	4.9×10^6	通过
跨中	14	2 418	0.58	5.0×10^8	2.0×10^7	通过	0.75	2.2×10^7	4.9×10^6	通过

腹板纵、横向加劲肋的惯性矩满足规范要求。

（3）横向加劲肋间距验算

JTG D64—2015《公路钢结构桥梁设计规范》第 5.3.3 条第 2 款规定,腹板横向加劲肋间距 a 不得大于腹板高度 h_w 的 1.5 倍,且按设置横向加劲肋和两道纵向加劲肋计算时,为保证腹板不失去局部稳定,横向加劲肋间距 a 应满足下式要求:

$\dfrac{a}{h_w} > 0.64$ 时

$$\left(\frac{h_{\mathrm{w}}}{100 t_{\mathrm{w}}}\right)^4\left[\left(\frac{\sigma}{3\ 000}\right)^2+\left(\frac{\tau}{187+58\ (h_{\mathrm{w}}/a)^2}\right)^2\right]\leqslant 1 \tag{5.4.15}$$

$\dfrac{a}{h_{\mathrm{w}}}\leqslant 0.64$ 时，

$$\left(\frac{h_{\mathrm{w}}}{100 t_{\mathrm{w}}}\right)^4\left[\left(\frac{\sigma}{3\ 000}\right)^2+\left(\frac{\tau}{140+77\ (h_{\mathrm{w}}/a)^2}\right)^2\right]\leqslant 1 \tag{5.4.16}$$

本算例腹板横向加劲肋间距 a 最大值为 1 400 mm，小于 1.5 h_{w} = 1.5×2 418 mm = 3 629 mm，且按表 5.27 验算满足规范要求，故腹板横向加劲肋间距 a 的布置满足规范要求。

表 5.27　腹板稳定性验算表

位置	腹板厚度 t_{w}/mm	横向加劲肋间距 a/mm	腹板计算高度 h_{w}/mm	腹板正应力 σ/MPa	腹板剪应力 τ/MPa	a/h_{w}	计算值	验算结果
支点	14	1 000	2 418	-0.59	89.78	0.41	0.21	满足
$l/4$	14	1 400	2 418	-103.06	52.35	0.58	0.20	满足
跨中	14	1 400	2 418	-134.90	16.45	0.58	0.04	满足

5.5　钢桁梁桥

5.5.1　结构组成与布置

1. 结构组成

钢桁梁桥的上部结构由主桁、联结系和桥面系等组成，如图 5.61 所示。

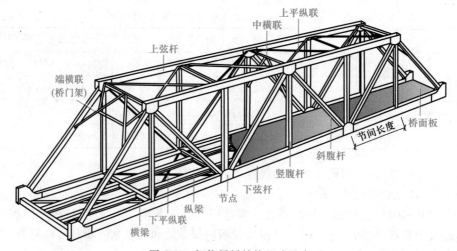

图 5.61　钢桁梁桥结构组成示意

主桁为主要的竖向承重结构，由弦杆和腹杆组成。弦杆包括上弦杆和下弦杆，分别位于主桁的顶部和底部,作用类似于箱梁的翼缘板,抵抗由弯矩引起的拉力和压力;腹杆按杆件方向不同分为竖腹杆和斜腹杆,其作用类似于箱梁的腹板,抵抗剪力。杆件交汇的部位称为节点,节点之间的距离称为节间长度。

联结系分为纵向联结系(简称纵联)和横向联结系(简称横联)。纵联设在主桁的上、下弦平面内,其中位于主桁上弦平面内的称为上平纵联,位于主桁下弦平面内的称为下平纵联。纵联的主要作用是抵抗水平向荷载,为主桁提供侧向支撑。横联设在主桁横桥向平面内,位于跨内的称为中横联,位于两端的称为端横联,下承式桁梁桥的端横联又称为桥门架。横联的主要作用是使主桁横向成为几何不变体系,提高主桁的抗扭能力,端横联还能将纵联承担的横向水平荷载传递至支座。此外,铁路钢桁梁桥中通常需要设制动联结系,其作用是将桥面系的纵、横梁连接于纵联,通过纵联杆件将列车制动力或牵引力传递给主桁。

桥面系由横梁、纵梁和桥面板组成,横梁沿横桥向布置并支承于主桁节点,纵梁沿纵桥向布置并支承于横梁,桥面板支承于纵、横梁之上,直接承受移动荷载。

2. 结构布置

(1) 主桁形式与立面布置

主桁形式主要包括弦杆和腹杆的立面布置,以及桁高、节间长度等的确定。

① 弦杆立面布置。主桁按弦杆立面布置形式的不同,可分为平行弦杆、曲线弦杆和加劲弦杆桁架。平行弦杆桁架(图 5.62a)的桁高沿桥跨方向不变,上、下弦杆平行布置,杆件和节点类型较少,构造较为统一,特别适合标准化设计和装配化施工,多用于跨度较小的钢桁梁桥。平行弦杆桁架在简支和等跨的连续钢桁梁桥中应用较多。

曲线弦杆桁架(图 5.62b)的桁高沿桥跨方向变化,上弦杆或下弦杆呈曲线布置,弦杆线形与结构弯矩包络图较为接近,内力分布较均匀,受力较合理,多用于大跨度连续钢桁梁桥。由于桁高与线形沿着纵桥向变化,导致杆件和节点类型较多,施工难度增加。

(a) 平行弦杆钢桁梁桥   (b) 曲线弦杆钢桁梁桥

图 5.62 钢桁梁桥工程实例

加劲弦杆桁架也称为第三弦杆桁架,主体结构为平行弦杆桁架,仅在桥墩附近的负弯矩区设加劲弦杆来改善结构受力,兼具平行弦杆与曲线弦杆桁架的优点,多用于大跨度连续钢桁梁桥。加劲弦杆可以布置在平行弦杆的上方或下方,分别称为上加劲弦杆(图 5.63a)和下加劲弦杆(图 5.63b)。此外,还可通过在桥面上方设柔性拱来提高桁梁的刚度,形成强梁弱拱体系,图 5.63b 所示的九江长江大桥主通航孔即为强梁弱拱结构。

② 腹杆立面布置。桁架根据腹杆布置形式的不同,分为三角形腹杆桁架(warren

(a) 上加劲弦杆　　　　　　　　　　　　　　(b) 下加劲弦杆

图 5.63　加劲弦杆钢桁梁桥

truss)、单斜式腹杆桁架(pratt truss)、菱形腹杆桁架(bailey truss)和 K 形腹杆桁架(K truss)等,如图 5.64 所示。

　　常用的桁架形式是三角形腹杆桁架(图 5.64a)。这种桁架受力明确,构造简洁,杆件与节点类型少,便于标准化设计、制造和安装,常用于跨径较小的钢桁梁桥。当桁梁桥跨度增大时,桁高随之增加,为保证合理的节间长度和斜腹杆倾角,可增设竖腹杆,如图 5.64b 所示。竖腹杆在上承式桁梁桥中按压杆设计,在下承式桁梁桥中按拉杆设计。

　　桁架腹杆布置还可以采用单斜式(图 5.64c)。桁架一侧相邻节间的斜腹杆平行布置,当桥上布满均布荷载及跨中作用有集中荷载时,竖腹杆(短杆)为压杆,斜腹杆(长杆)为拉杆,结构受力合理,材料利用率高,可用于中等跨度和大跨度钢桁梁桥。

　　随着桥梁跨度增大,为了满足桁梁强度和刚度的要求,桁高也相应增加,会导致斜腹杆过长。这时可采用菱形腹杆桁架(图 5.64d)或 K 形腹杆桁架(图 5.64e),以减小腹杆计算长度,合理调配节间长度,适应桥面系纵梁的跨度。与三角形腹杆桁架和单斜式腹杆桁架相比,菱形腹杆桁架和 K 形腹杆桁架杆件和节点类型较多,制造与拼装工作量较大。

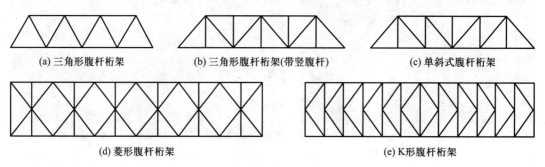

(a) 三角形腹杆桁架　　　　(b) 三角形腹杆桁架(带竖腹杆)　　　　(c) 单斜式腹杆桁架

(d) 菱形腹杆桁架　　　　　　　　　　　(e) K形腹杆桁架

图 5.64　主要桁架形式

　　③ 桁高。桁高是主桁上、下弦杆重心间的距离,主要由桥梁跨度、容许建筑高度、桥面净空等因素决定。对于同等跨径的钢桁梁桥,桁高越高,弦杆受力越小,弦杆材料用量越少,但腹杆的长度会增加,用钢量也会增加。当弦杆和腹杆总的用钢量最少时,钢桁梁的用钢量最省,此时的桁高称为经济桁高,对应的高跨比为经济高跨比。

　　④ 节间长度。节间长度根据桁高、桥面系纵梁跨度等因素来确定。对于采用杆件散拼施工的钢桁梁桥,还应考虑杆件的运输长度。节间长度大,纵梁跨径大,纵梁用钢量增加,而

纵梁占桥面系用钢量的比重较大,因此,节间长度不宜过大。节间长度小,杆件相对刚度大,其抵抗转动的能力强,杆件附加内力较大,因此,节间长度不宜过小。对于跨度较小的钢桁梁桥,节间长度约为 6~12 m,跨径较大的桁梁桥的主桁节间长度可达 12~15 m。此外,节间长度还与斜腹杆倾角有关,倾角的合理范围约为 40°~70°。

(2)横向布置与联结系布置

横向布置主要包括主桁横向数量和主桁中心距等的确定。钢桁梁桥多采用双主桁,当采用双主桁无法满足桥宽等要求时,可采用三主桁。三主桁钢桁梁桥在结构设计中要特别关注荷载横向分配问题。

主桁中心距的确定与桥面宽度、桥梁的横向刚度和抗倾覆稳定性等因素相关。下承式钢桁梁桥的主桁中心距应满足桥梁建筑限界的要求,上承式钢桁梁桥还应满足横向抗倾覆的要求。此外,铁路钢桁梁桥要求横向挠度不宜超过计算跨度的 1/4 000,主桁中心距不宜小于计算跨度的 1/20。

钢桁梁应在主桁上、下弦杆的水平面内分别设置纵联。当钢桁梁桥面系置于某一纵联平面内时,该平面内可不设纵联,但施工阶段仍应设置临时纵联。在桥跨两端及跨间设横联,其间距不宜超过两个节间。

(3)桥面系布置

桥面系纵梁与横梁一般采用正交梁格体系,横梁垂直于主桁平面布置,并与节点相连接,纵梁垂直于横梁布置,并与横梁连接。桥面板置于纵、横梁之上,与纵、横梁连接。

5.5.2 一般构造

1. 主桁

(1)主桁杆件

主桁杆件宜采用对称截面,不宜采用由缀板组合的焊接杆件,常用的截面形式有 H 形和箱形。焊接 H 形截面加工制造简单、连接方便,多用于腹杆,亦可用于跨径不大的钢桁梁桥的弦杆。H 形截面的缺点是截面绕弱轴的惯性矩小,用作压杆时不经济,且当杆件平置时,易积水、积灰,因此,腹板上须开泄水孔,孔径一般不应小于 50 mm。焊接箱形截面由两块竖板(腹板)和两块平板(盖板)焊接而成,截面横向设横隔板,钢板纵向设加劲肋,具有刚度大、力学性能优良等优点,多用于主桁弦杆和内力较大的腹杆。箱形截面的缺点是组装、焊接、螺栓连接等都比 H 形截面复杂。当采用 H 形截面时,截面的宽度和高度应保证在两竖板形成的凹槽内有足够的施焊空间,同时也要考虑节点螺栓连接时所需的工作宽度;当采用箱形截面时,应预留手孔并保证杆件内部具有足够的操作空间,截面两端也应进行封闭,防止水和杂物等进入杆件内部,对于易积水处应设置排水孔。图 5.65 为广东东莞东江大桥主桁杆件典型截面示例,其中图 5.65a 为箱形截面弦杆,图 5.65b 为 H 形截面腹杆。

(2)节点

根据制造与施工工艺的不同,节点可分为拼接式节点、整体式节点和全焊管节点。

拼接式节点在杆件外侧设置节点板,并采用螺栓使节点板与杆件密贴,从而实现杆件之间的连接。拼接式节点构造如图 5.66 所示。这类节点构造简单、拼装方便,但拼装工作量较大。

整体式节点将节点板和与之相连的弦杆预先在工厂焊接成整体,再在现场进行杆件的拼装。与拼接式节点相比,整体式节点具有质量可靠、精度高、现场作业量小等优点。整体式节点构造如图 5.67 所示。

(a) 箱形截面弦杆

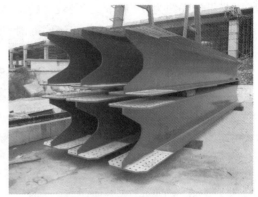

(b) H形截面腹杆

图 5.65　广东东莞东江大桥主桁杆件典型截面

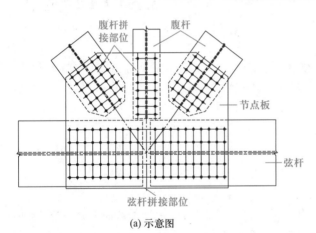

(a) 示意图

(b) 实例

图 5.66　拼接式节点

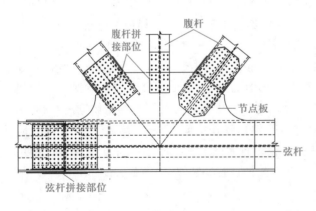

(a) 示意图

(b) 实例

图 5.67　整体式节点

主桁杆件采用钢管的管结构桁梁桥一般采用全焊管节点,即杆件之间采用直接焊接连接,构造简洁,整体性较好。

2. 联结系构造

纵联常见的结构形式有交叉形、菱形、K形等,如图5.68所示,不宜采用三角形。

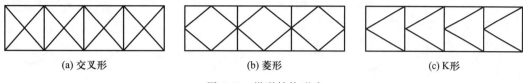

(a) 交叉形　　　　　　(b) 菱形　　　　　　(c) K形

图5.68　纵联结构形式

上承式钢桁梁桥横联的设置较灵活,常见结构形式如图5.69a所示。下承式钢桁梁桥横联的设置必须考虑桥面净空要求,横联及桥门架常见结构形式如图5.69b、图5.70所示。

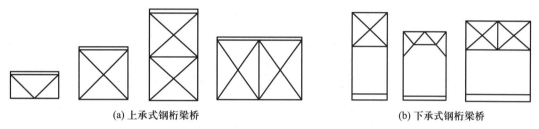

(a) 上承式钢桁梁桥　　　　　　　　　　(b) 下承式钢桁梁桥

图5.69　横联常见结构形式

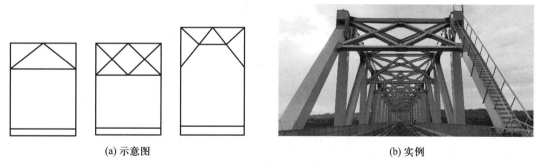

(a) 示意图　　　　　　　　　　　　　　(b) 实例

图5.70　桥门架常见结构形式

联结系杆件所受内力较小,截面尺寸较小,可采用工字形、L形或T形截面,杆件之间多采用螺栓连接。桥门架端斜腹杆同时承受支座反力,杆件截面尺寸较中横联更大,多采用箱形截面。

3. 桥面系构造

钢桁梁桥的桥面板可采用混凝土桥面板或正交异性钢桥面板,结构构造参见本章5.2.2和5.3.2节。桥面纵、横梁一般采用工字形梁,按受弯构件设计。通常横梁高于纵梁,纵梁与横梁上翼缘等高布置,此时,纵梁不能连续通过,需要在横梁处断开。为保证纵梁仍为连续结构,可采用如图5.71所示的高强度螺栓连接构造。

5.5.3　结构分析与设计

1. 结构分析

钢桁梁桥承受的人群、车辆等竖向荷载,首先由桥面板传给纵、横梁,再通过横梁传至节

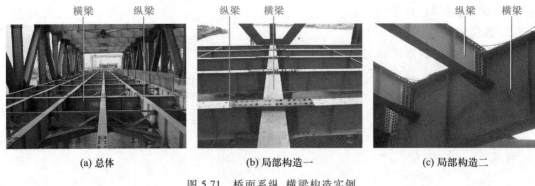

图 5.71 桥面系纵、横梁构造实例

点,以节点荷载的形式传递给主桁,最后传给支座和下部结构。风荷载等水平向荷载由纵联直接传给支座,或通过端横联(桥门架)传给支座,最后传至下部结构。因此,钢桁梁桥的内力计算可以简化为竖向荷载作用下主桁和桥面系的内力计算,以及横向水平荷载作用下联结系的内力计算。

竖向荷载作用下,主桁可简化为竖直平面的铰接桁架进行内力计算。由于主桁大多采用刚性节点,在受到杆件自重、轴向力对杆件重心的偏心作用及制造误差等的影响时,会不可避免地产生次内力。当杆件截面高度与其节间长度之比大于以下规定:① 非整体节点的简支桁梁大于 1/10,② 连续梁支点附近的杆件及整体节点钢桁梁杆件大于 1/15 时,应考虑节点刚性的影响。

主桁在竖向荷载作用下产生挠曲变形,带动了与主桁节点相连的纵联和桥面系纵、横梁的变形,进而使得纵联和桥面系纵、横梁产生次内力,称为空间效应,如图 5.72 所示。在考虑空间效应时,纵联及桥面系纵、横梁会分担一部分主桁所承担的竖向荷载,对主桁是有利的。因此,主桁杆件内力计算可偏安全地忽略空间效应的影响。

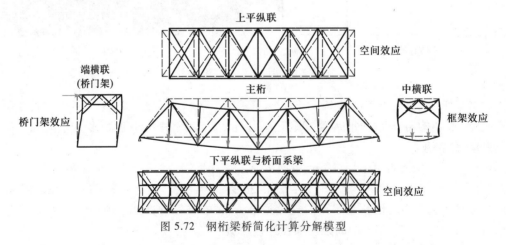

图 5.72 钢桁梁桥简化计算分解模型

横向水平荷载作用下,纵联可简化为由上平纵联(下平纵联)与其相应平面内的主桁上弦杆(下弦杆)组成的相应水平面内的桁架进行内力计算。此外,还应考虑主桁空间效应引起纵联杆件的次内力。横联在水平横向荷载作用下可按横桥向平面内的桁架或框架计算。对于下承式钢桁梁桥中的桥门架,在将上平纵联横向水平荷载传递至支座时,主桁端斜腹杆和下弦杆分别产生了附加内力,称为桥门架效应,在计算中应予考虑。桥面系横梁在竖向荷载作用下,横联形成的框架杆件也将产生附加内力,称为框架效应,在计算中也应予考虑。桥门架效应与框架效应示意如图 5.72 所示。

桥面系纵、横梁应按竖向荷载作用下单独受载的受弯构件计算。此外,还应考虑主桁空间效应引起的纵梁附加轴力和横梁附加弯矩。

基于以上分析,钢桁梁桥的简化计算分三步进行:第一步,把钢桁梁桥分解为主桁、联结系和桥面系等独立的平面结构,如图 5.72 所示,分别进行竖向和横向水平荷载作用下的内力计算;各平面结构共有构件(例如主桁与纵联共有弦杆)的内力按其所在平面结构分别计算。第二步,计算由节点刚性、空间效应和框架效应等引起的结构次内力。第三步,将第一步和第二步计算得到的内力进行叠加,即可得到结构的内力。钢桁梁桥详细的计算方法可参考《钢桥》(周绪红、刘永健主编)第 5 章 5.3 节相关内容。

2. 结构设计

钢桁梁桥的设计与验算主要包括桥面系、主桁、联结系等的设计与验算,以及桥梁的成桥整体验算和施工过程验算等,具体设计内容与流程见图 5.73。

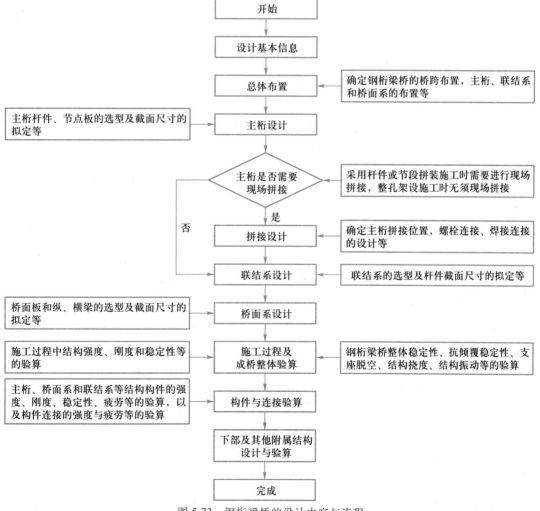

图 5.73 钢桁梁桥的设计内容与流程

钢桁梁桥构件与连接验算内容参见 JTG D64—2015《公路钢结构桥梁设计规范》或 TB 10091—2017《铁路桥梁钢结构设计规范》中的相关规定。

5.6　大跨钢桥

5.6.1　钢拱桥

1. 结构组成与体系

钢拱桥主要由拱肋、吊杆、立柱、桥面系和联结系等组成。以图 5.74 所示的中承式拱桥为例说明各组成部分的作用:桥面系为局部承重结构,直接承受车辆、人群等荷载;吊杆和立柱为传力结构,将桥面系承担的荷载传至拱肋,同时为桥面系提供支承;拱肋为主要的承重结构,承担桥梁的大部分荷载,并将其传至下部结构。为使拱桥成为稳定的空间结构,拱肋间通常需设联结系。

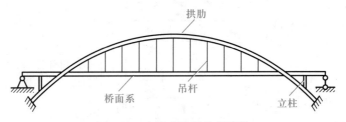

图 5.74　中承式拱桥组成示意

钢拱桥具有刚度大、施工方法多样、美学价值高等特点。拱桥可分为简单体系拱桥和组合体系拱桥。

（1）简单体系拱桥

简单体系拱桥又可分为三铰拱、两铰拱和无铰拱,如图 5.75 所示。三铰拱属于外部静定结构,由温度变化、支座沉降等作用引起的变形不会在拱内产生次内力,在基础条件较差的地区有较强的适用性;两铰拱属于外部一次超静定结构,与三铰拱相比,结构整体刚度更大;无铰拱属于外部三次超静定结构,其结构刚度较两铰拱更大,拱内的弯矩分布更均匀,但墩台位移引起的附加内力较大,所以无铰拱宜在地基良好的条件下修建。

| (a) 三铰拱 | (b) 两铰拱 | (c) 无铰拱 |

图 5.75　简单体系拱桥示意

（2）组合体系拱桥

组合体系拱桥是将拱与梁(或索)组合起来,共同承受荷载,充分发挥梁受弯、拱受压(索受拉)的结构特性,达到节省材料的目的。组合体系拱桥可分为无推力拱桥和有推力拱桥。

无推力拱桥最具代表性的是系杆拱桥,拱脚水平推力由系杆承担,竖向力由墩台和基础承担。由于拱肋、吊杆、系杆等主要构件本身均具有多种布置方式和结构形式,系杆拱桥也是一种结构形式极富变化的拱桥体系。根据拱肋和系杆的相对刚度,系杆拱桥又可分为柔性系杆刚性拱(系杆拱)、刚性系杆柔性拱(兰格尔拱)和刚性系杆刚性拱(洛泽拱)三种结构体系,如图 5.76 所示。

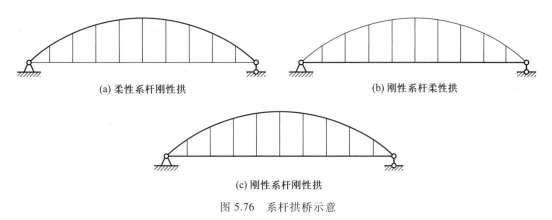

(a) 柔性系杆刚性拱　　　　　　　　(b) 刚性系杆柔性拱

(c) 刚性系杆刚性拱

图 5.76　系杆拱桥示意

部分推力拱在恒荷载作用下,通过系杆主动张拉或边拱的平衡作用来平衡主拱的水平力,但在成桥后,结构的水平位移被约束,在活荷载及附加荷载作用下,水平推力将由基础和系杆共同承担。成桥后拱脚处的约束固结可显著提高结构的整体刚度和稳定性,又减少了设置大吨位支座的麻烦。

完全推力拱体系中没有系杆,由单独的梁和拱共同受力,拱的推力仍由墩台承受。完全推力拱常见结构形式有刚性梁刚性拱(倒洛泽拱)和刚性梁柔性拱(倒兰格尔拱)。

2. 结构布置

钢拱桥的结构布置主要包括拱肋、联结系、立柱、吊杆及桥面系等的布置。

(1) 拱肋布置

① 矢跨比。矢跨比为拱桥矢高与跨径的比值,对拱肋内力、材料用量等有较大的影响。对于同等跨度的拱桥,当矢跨比减小时,拱脚的水平推力增大。而推力增大,拱肋内产生的轴力也相应增大,对于有推力拱桥,墩台与基础受力增大,对于无推力拱桥,系杆受力增大。随着矢跨比的减小,由拱肋弹性压缩、温度变化、墩台位移等产生的次内力将增大,对拱肋受力不利。此外,随着矢跨比的增大,拱脚水平推力减小,拱肋轴线长度增加,轴向变形引起的挠度亦增大,且影响结构美观和稳定等性能。从已建成的拱桥来看,拱肋的矢跨比以 1/6~1/4 居多。

② 拱轴线。拱轴线是拱肋截面形心的连线,主要有圆弧线、抛物线、悬链线和悬索线等。圆弧线对应的是沿拱轴连续均匀分布的径向荷载;抛物线对应的是沿拱跨方向连续均匀分布的竖向荷载;悬链线对应的是沿拱跨方向连续分布且与拱轴线纵坐标呈线性关系的竖向荷载;悬索线对应的是沿拱轴均布分布的竖向荷载。不同拱轴线对应的荷载分布示意见图 5.77。图中拱跨方向为 x 轴方向,竖向为 y 轴方向;q_r 为径向荷载集度,$q(x)$ 为沿拱跨方向的竖向荷载集度,q 为拱顶处的荷载集度,q_j 为拱脚处荷载集度;L 为跨径,f 为矢高,r 为半径。θ_x 为拱轴线任意点切点与水平轴的夹角,其中,θ_j 为拱脚位置的夹角。最理想的拱轴线

是与压力线相重合,这样可以使拱肋只产生轴力而无弯矩,以充分利用材料强度。但拱桥除受恒荷载外,还要受到活荷载、温度荷载、拱轴弹性压缩等的影响,导致不能获得理想的拱轴线形。通常,拱桥中恒荷载所占比重较大,跨径越大越是如此,故一般认为拱轴线与恒荷载产生的压力线(不考虑弹性压缩)相重合,即为合理拱轴线。目前,拱轴线的设计多采用"五点重合法",即满足拱肋上少数几个关键部位的压力线与拱轴线重合的方法。

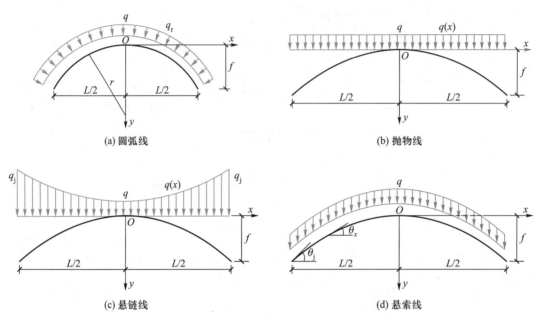

(a) 圆弧线　　　　　　　　　　　　(b) 抛物线

(c) 悬链线　　　　　　　　　　　　(d) 悬索线

图 5.77　不同拱轴线对应的荷载分布示意

③ 拱肋高度。拱肋高度是垂直于拱肋轴线的截面高度,主要由拱桥跨度、净空等因素决定。通常,拱肋高度用高跨比来衡量,其中拱顶与拱脚的高跨比是重要的衡量参数,不仅要满足受力要求,同时也要考虑到全桥的美观和谐。根据拱肋高度的变化,可分为等高度拱肋和变高度拱肋。通常,小跨径拱桥大多采用等高度拱肋,大跨径拱桥采用变高度拱肋以适应其内力分布,节约材料。

④ 横向布置。上承式拱桥横向可采用双片拱肋或者多片拱肋的布置形式;中、下承式拱桥拱肋横向布置则要考虑桥面净空的因素,多采用双肋拱;为了提高拱肋面外稳定性,可将拱肋向内倾斜形成提篮拱,内倾角度宜为 5°～12°;拱肋还可向外倾斜形成外倾的蝴蝶拱,具有较好的美学效果。拱肋横向布置实例如图 5.78 所示。

(a) 上承式多肋　　　　　　　(b) 提篮拱　　　　　　　(c) 蝴蝶拱

图 5.78　拱肋横向布置

（2）联结系布置

联结系的布置应满足拱肋侧向刚度、面外稳定、桥面净空等要求,其中钢桁拱桥和钢箱拱桥的联结系的布置有一定的差别。钢桁拱桥的联结系布置与钢桁梁桥相似,在拱肋上、下弦杆平面内分别设上、下平纵联,横向平面内设横联。早期的钢箱拱桥的联结系布置与钢桁拱桥类似,在靠近钢箱拱肋顶、底板的位置分别设上、下平纵联,横向平面内设横联,现在的做法是将上、下平纵联合二为一。

（3）立柱与吊杆布置

立柱用于上承式拱桥和中承式拱桥的上承部分,宜采用等间距对称布置。立柱间距应控制在合理的范围之内,以确保拱上建筑既轻盈又安全可靠。

中、下承式拱桥需要设置吊杆。根据相邻吊杆是否平行,将吊杆分为平行吊杆和斜吊杆。平行吊杆构造简单、整齐美观、计算简单、施工方便。采用斜吊杆时结构的竖向刚度提高很多,但斜吊杆对于结构的横向刚度影响较小。需要注意的是斜吊杆的应力幅比平行吊杆大很多,疲劳问题更为突出。除布置形式外,吊杆设计的关键参数是吊杆间距。吊杆间距影响拱肋受力、桥面系梁跨径等,进而影响结构的材料用量。吊杆宜采用等间距布置,斜吊杆还需要考虑倾斜角度、交叉次数等。

（4）桥面系布置

上承式拱桥可采用简支或连续体系的桥面系,中承式和下承式拱桥的悬吊桥面系必须采用连续体系,应具有"一根横梁两端相对应的吊索失效后不落梁"的能力,主纵梁需满足2倍吊索跨度的承载能力要求。中承式和下承式拱桥的悬吊桥面系宜在拱梁相交处设置横向限位装置,同时应留有足够的间隙以适应桥面系横向位移。不承受水平拉力的悬吊桥面系的加劲纵梁不应与其端部结构或主拱固结。中承式拱桥桥面系肋间横梁的设置不应影响主拱结构的连续性。桥面系与拱肋之间的结构设计应防止因二者变形不同引起的结构损伤。伸缩缝附近的支座应具有可更换条件,且宜采取限位或固定等防止脱落的措施。

3. 一般构造

（1）拱肋

钢拱肋截面分为实腹式截面和桁式截面,实腹式截面主要有圆管截面和箱形截面,如图 5.79 所示。圆管截面绕各主轴惯性矩均相同,通常适用于跨径较小的钢拱桥。箱形截面可根据受力需要调整主轴方向的惯性矩,跨径适用范围较广。桁式截面能够获得较大的抗弯刚度,且杆件以轴向受力为主,材料能够得到充分利用,但杆件数量多、焊接与拼接工作量大,多用于大跨径钢拱桥。

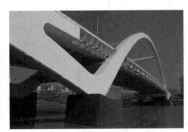

(a) 钢管拱　　　　　　　　(b) 钢箱拱　　　　　　　　(c) 钢桁拱

图 5.79　拱桥按截面形式分类

（2）联结系

钢桁拱桥常见的纵联形式主要有交叉形、菱形和 K 形等，横联形式主要有三角形和交叉形等。钢箱拱桥常见的联结系形式主要有一字形、K 形和交叉形等。图 5.80 为常见的 K 形、一字形和交叉形联结系实例。联结系杆件截面应与拱肋截面相适应，可采用工字形、圆管形、箱形截面等。联结系与主拱的接头可采用螺栓连接或焊接连接。下承式拱桥的端横梁和中承式拱桥的肋间横梁兼作联结系时，其强度和刚度应同时满足横梁和联结系的需要。

| (a) K形 | (b) 一字形 | (c) 交叉形 |

图 5.80　拱肋联结系实例

（3）立柱与吊杆

立柱是以受压为主的压弯构件。立柱较短时，截面由强度控制，采用实腹式截面较为经济；立柱较长时，截面由稳定控制，采用桁式截面较为经济。按材料不同，拱上立柱可采用钢立柱和钢管混凝土立柱等。在满足承载力等要求的基础上，立柱形式和材料的选择应有利于拱上建筑轻型化设计。

吊杆一般可分为刚性吊杆和柔性吊杆两种形式。柔性吊杆也称为吊索，采用平行钢丝成品索或钢绞线成品索，计算时视为受拉杆件，与拱肋和吊杆横梁的连接视为铰接。刚性吊杆多用钢管或型钢制成，一般情况下承受拉力，但在活荷载作用下也可能出现压力。

（4）系杆（梁）

系杆一般可分为刚性系杆和柔性系杆，刚性系杆通常被称为系梁，柔性系杆被称为系索。系梁通常作为桥面系的一部分参与桥面系共同受力，承受拉弯作用，通常采用箱形或型钢截面。系索承受拉力，通常采用钢绞线或平行钢丝索。当钢拱桥同时采用刚性系杆和柔性系杆时，柔性系杆的作用在于减小刚性系杆的内力，从而减小杆件规模和构造尺寸。

（5）桥面系

桥面系宜采用正交异性钢桥面系或钢—混凝土组合结构桥面系，其构造可参考 5.2 节、5.3 节的相关内容。

5.6.2　钢斜拉桥

1. 结构组成与体系

斜拉桥主要由索塔、主梁、斜拉索、墩台和基础等组成，在边跨内可根据需要设置辅助墩，如图 5.81 所示。主梁不仅直接承受车辆荷载的作用，还承受斜拉索的竖向分力和水平分力，在拉索支承范围内表现为压弯受力状态，在拉索支承范围外主要承受弯矩作用。拉索承受轴向拉力，无论是施工阶段还是成桥运营阶段，均可以通过索力调整使索塔和主梁处于合理的受力状态。主梁端部斜拉索的索力最大，可以有效约束塔顶位移，称为端锚索。索塔除了承受自重引起的轴力外,还要承受斜拉索传递的竖向分力和不平衡水平分力,其中不平衡水平分力使索塔受弯,因此,索塔同时承受巨大的轴力和较大的弯矩,属于以受压为主的压弯构件。主墩根据与索塔的连接关系不同,其受力状态也略有不同:塔墩固结的主墩为压弯受力状态,塔墩分离的主墩以受压为主。

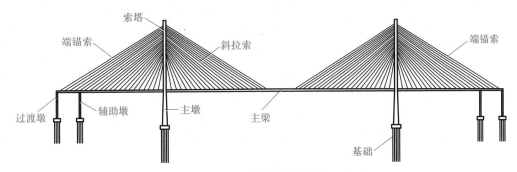

图 5.81 斜拉桥结构示意

斜拉桥可以根据外部约束(即边跨斜拉索的锚固方式)的不同、内部约束(即塔、墩、梁的结合方式)的不同或构件刚度分配的不同,形成不同的结构体系。

(1) 外部约束

根据斜拉桥边跨斜拉索锚固方式不同,可以分为自锚式、地锚式和部分地锚式斜拉桥。自锚式斜拉桥的全部斜拉索均锚固在主梁上,无须修建锚碇,施工方便,主梁所受轴向力除跨中及梁端无索区外,都是轴向压力,其轴力分布如图 5.82 所示。

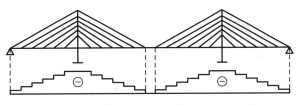

图 5.82 自锚式斜拉桥主梁轴力分布示意

在受到地形条件限制、边中跨比很小时,可采用地锚式斜拉桥。地锚式斜拉桥主梁的约束方式不同,主梁的受力状态也不同。如图 5.83 所示,当主梁两端固定、中间设铰时,斜拉索水平分力在主梁内产生轴向压力;当主梁两端可活动时,斜拉索水平分力在主梁内产生轴向拉力。

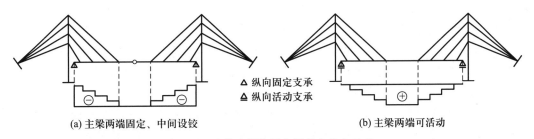

(a) 主梁两端固定、中间设铰   △ 纵向固定支承   △ 纵向活动支承   (b) 主梁两端可活动

图 5.83 地锚式斜拉桥主梁轴力分布示意

　　对于双塔斜拉桥,在桥台附近设置锚碇并将部分边跨斜拉索锚于锚碇上,如此将主梁的一部分轴向压力转移出去,就形成了双塔部分地锚式斜拉桥体系,其主梁所受轴向力分布如图 5.84 所示,跨中部分区域承受拉力作用。采用部分地锚式斜拉桥可以显著降低主梁所受轴力及索塔处主梁的轴力峰值,与自锚式斜拉桥相比,可以增大跨越能力,并且其锚碇规模与悬索桥相比要小很多,可以在千米以上的一定跨度范围内和自锚式斜拉桥及悬索桥展开竞争。

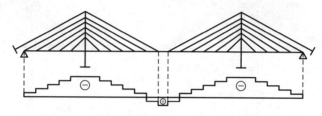

图 5.84　部分地锚式斜拉桥主梁轴力分布示意

（2）内部约束

　　根据塔、墩、梁之间连接方式的不同,斜拉桥分为四种不同的结构体系:飘浮体系、半飘浮体系(支承体系)、塔梁固结体系和刚构体系,如图 5.85 所示。

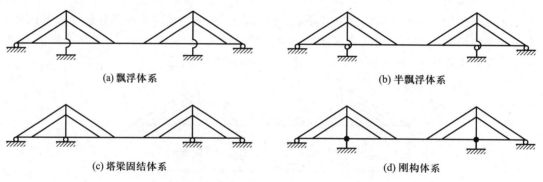

(a) 飘浮体系　　　　　　　　　　　　　　(b) 半飘浮体系

(c) 塔梁固结体系　　　　　　　　　　　　(d) 刚构体系

图 5.85　斜拉桥体系塔、墩、梁的四种基本连接方式

　　飘浮体系为塔墩固结、塔梁分离,主梁在索塔处不设支座,仅在桥台或过渡墩、辅助墩上设置纵向活动支座。地震时,允许主梁纵向摆动,从而起到抗震消能作用。为了防止纵向风荷载和地震荷载使主梁产生过大的纵向摆动,通常在塔墩上设置高阻尼水平弹性限位装置。此外,还需要在塔柱和主梁之间设置横向支座以抵抗横向风荷载,并提高其振动频率,改善动力性能。

　　半飘浮体系为塔墩固结,主梁在索塔处设置竖向支承,纵向可以是不约束或者弹性约束。对于较小跨径的斜拉桥,也有在塔墩上设置固定支座的情况。主梁在支座处出现负弯矩峰值,温度内力也较大。为了优化主梁受力,可在墩顶设置可调节高度的支座,并在成桥时调整支座反力。

　　塔梁固结体系斜拉桥的塔和梁固结并支承在桥墩上,梁和塔的内力与变形直接与主梁和塔柱的弯曲刚度比值有关。塔梁固结体系取消了承受很大弯矩的下塔柱部分,代之以一般桥墩,因此塔柱和主梁的温度内力较小。但当中跨满载时,由于主梁在墩顶处的转角位移致塔柱倾斜,使塔顶产生较大的水平位移,继而显著增大了主梁的挠度和边跨的负弯矩,总体刚度较差。

刚构体系在索塔处不需要设支座,整体刚度大,但是温度内力大。该体系最适用于独塔斜拉桥。当主墩较高且具有合适的柔度时,大跨径的双塔斜拉桥也能采用刚构体系。

（3）刚度分配

根据构件刚度分配的不同,斜拉桥可以分为常规斜拉桥和矮塔斜拉桥（也称部分斜拉桥）。常规斜拉桥中主梁被视为具有多点弹性支承的梁,结构的竖向刚度主要由斜拉索提供。对于中等跨径斜拉桥,可通过降低索塔高度增大主梁梁高,使主梁承担更多的荷载,斜拉索辅助其受力,从而成为另一种结构体系——部分斜拉桥体系,其主梁是以受弯为主、拉索辅助受力的压弯构件。

2. 结构布置

斜拉桥总体布置中需要确定桥跨、索塔、拉索及主梁等布置。

（1）桥跨布置

常见的桥跨布置有独塔双跨式、双塔三跨式、多塔多跨式等,如图 5.86 所示。有时根据需要还在边跨设置辅助墩。

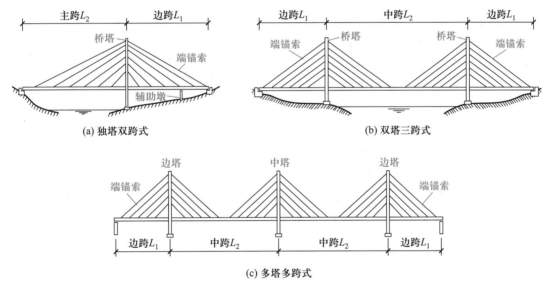

(a) 独塔双跨式　　　　　　　　　　　(b) 双塔三跨式

(c) 多塔多跨式

图 5.86　斜拉桥桥跨布置示意

对于大跨度斜拉桥,由于活荷载加载时过渡墩支座反力和端锚索应力变化均比较大,单靠调整边中跨比来协调上述二者之间的矛盾往往是很困难的。若在边跨适当位置处设置一个或多个辅助墩,不仅可以改善成桥状态下的静、动力性能,还可使边跨提前合龙,减小悬臂长度,特别是可提高最不利悬臂施工状态的风致稳定性,降低施工风险。边跨设置辅助墩时需综合考虑以下几个方面的因素:是否有通航要求;结构体系静力和动力性能要求;施工组织方案与施工风险;上、下部结构经济性;边跨分孔与主、引桥在跨径上的协调;桥址地形特点;等等。

（2）索塔布置

索塔布置的主要任务是确定索塔高度并选择合理的索塔形式。

索塔高度分两部分确定,桥面以下部分的高度由通航净空和地形地貌等条件确定,桥面以上部分的高度主要考虑航空限高、拉索倾角等因素。根据大量已建桥梁的实际应用情况，双塔、多塔斜拉桥桥面以上的索塔高度与主跨跨径之比宜为 1/6 ~ 1/3，独塔斜拉桥桥面以上索塔高度与主跨跨径之比宜为 1/3 ~ 1/1.5；斜拉桥最外侧斜拉索的水平倾角不宜小于 22°。

　　索塔选型应综合考虑桥址周围环境特点、地震、风、船撞、恐怖袭击、火灾、下部基础规模等因素。索塔在造型上应清晰地表现竖向力的流畅传递和较强的稳定感，具备合理的比例关系，与其他构件达到良好的协调呼应关系。索塔在顺桥向有单柱形、A 形及倒 Y 形等；在横桥向的结构形式有单柱形、双柱形、门形、H 形、花瓶形、A 形、倒 Y 形、宝塔形、钻石形等，如图 5.87 所示。

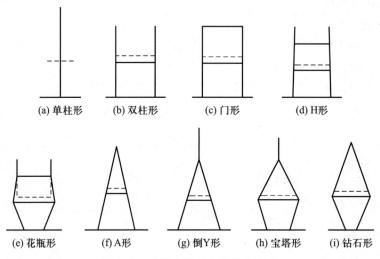

(a) 单柱形　　(b) 双柱形　　(c) 门形　　(d) H形

(e) 花瓶形　(f) A形　(g) 倒Y形　(h) 宝塔形　(i) 钻石形

图 5.87　索塔在横桥向的结构形式

（3）拉索布置

　　斜拉索在主梁上的标准间距对于钢主梁或组合梁宜为 8 ~ 16 m。拉索索距对主梁受力影响较小，但决定了主梁节段的长度与重量，需要考虑运输和吊装能力的制约。此外，拉索布置需要确定拉索空间布置形式及索面内的布置形式。

　　拉索的空间布置形式主要有单索面、平行双索面、空间双索面、多索面等，如图 5.88 所示。拉索在空间的布置形式应与主梁的形式相配合。

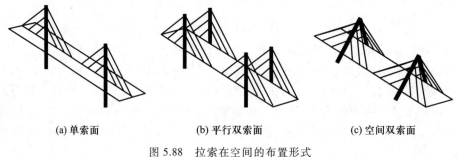

(a) 单索面　　　　　(b) 平行双索面　　　　　(c) 空间双索面

图 5.88　拉索在空间的布置形式

　　拉索在索面内的布置形式主要有竖琴形索面、辐射形索面、扇形索面，如图 5.89 所示。竖琴形布置的拉索倾角完全相同，且拉索与索塔的锚固点分散布置，能够简化和统一斜

(a) 竖琴形索面   (b) 辐射形索面   (c) 扇形索面

图 5.89   拉索在索面内的布置形式

拉索在主梁和索塔上的锚固构造。但竖琴形布置的拉索倾角较小且角度一致,拉索对主梁的支承效果差,拉索用量相应较多,故竖琴形布置一般用于中等跨径的斜拉桥。辐射形拉索与水平面的平均交角较大,拉索竖向分力对主梁的支承效果好,拉索用量最省。但辐射形索面的所有拉索集中锚固于塔顶,塔顶构造非常复杂,给施工和养护带来困难。拉索在索面内呈扇形布置,既能提高拉索的竖向支承效率,又避免了拉索在塔顶集中锚固。扇形索面是目前最常用的拉索布置形式。

3. 一般构造

(1) 索塔

与混凝土索塔相比,钢索塔自重轻、抗震性能和抗弯性能好,但由于结构阻尼小,容易产生涡激振动和驰振,且维修保养费用较高。若在桥面以上或仅索塔锚固区采用全钢结构,其他部分采用混凝土结构,形成混合索塔,则既可充分发挥钢索塔锚箱与主体结构的一体化优势,确保索塔锚固区的安全耐久,又能适当控制下部结构重量和工程造价,但要做好钢混结合段的构造处理。

索塔钢塔柱断面应主要考虑造型和抗风性能,宜选择风阻系数相对较小、气动性能较好的断面,以有效降低全桥风荷载,并保证索塔不发生驰振、涡振现象。塔柱一般采用单室结构,截面较大时可采用多室结构。截面形式多采用矩形、箱形截面,少数采用外轮廓为 T 形或准十字形等其他箱形截面。考虑抗风需要,也可采用带切角的截面,或根据受力需要选用其他截面形式。图 5.90 所示为几座斜拉桥的钢索塔柱截面示意图。

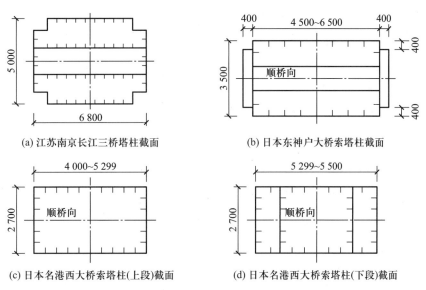

(a) 江苏南京长江三桥塔柱截面   (b) 日本东神户大桥索塔柱截面

(c) 日本名港西大桥索塔柱(上段)截面   (d) 日本名港西大桥索塔柱(下段)截面

图 5.90   典型斜拉桥钢索塔柱截面

对于钢索塔的构造要求,应符合 JTG D64—2015《公路钢结构桥梁设计规范》和 JTG/T 3365-01—2020《公路斜拉桥设计规范》的相关规定。

（2）主梁

钢板梁、钢箱梁和钢桁梁均可作为斜拉桥的主梁,具体截面形式的选择需要考虑桥梁跨径、桥面宽度、索面布置、抗风稳定性、施工方法等因素。钢主梁常用的截面形式如图 5.91 所示,钢—混凝土组合梁常用的截面形式如图 5.92 所示。

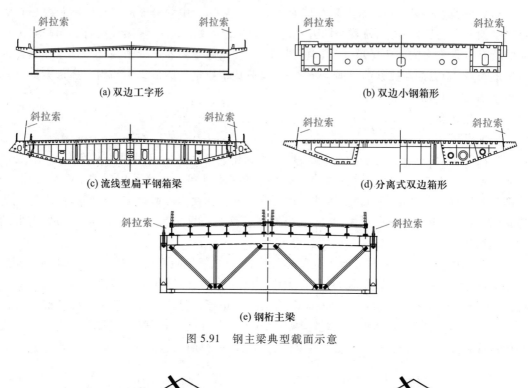

图 5.91　钢主梁典型截面示意

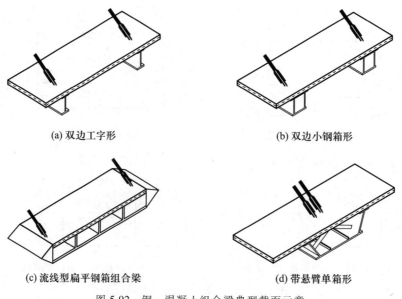

图 5.92　钢—混凝土组合梁典型截面示意

钢板梁用作斜拉桥主梁时,其构造简单、传力明确、经济性好,但抗扭刚度小,不适用于沿海等强风环境。流线型扁平钢箱梁气动性能优异,适用于特大跨斜拉桥和强风环境;将流线型扁平钢箱梁的底板去掉一部分形成分离式双边箱形截面,可以提高经济性,同时也具有很好的抗风稳定性。钢桁梁刚度大,抗风稳定性好,便于布置双层桥面。

混合梁斜拉桥是指边跨的一部分或全部采用混凝土梁,主跨的大部分或全部采用钢梁或组合梁的斜拉桥。边跨采用混凝土主梁来平衡中跨主梁的重量,可以做到较小的边中跨比,提高结构刚度,对于特大跨斜拉桥更具技术经济优势。法国诺曼底大桥、日本多多罗大桥、中国香港昂船洲大桥等都是采用混合梁的工程实例。

（3）斜拉索

根据材料及制作方法的不同,目前常用的斜拉索可分为两类:平行钢丝斜拉索和钢绞线斜拉索,断面如图 5.93 所示。平行钢丝斜拉索整体在工厂制造,质量易保证,安全可靠,安装工效高,但需要大吨位千斤顶整根张拉,特大跨径斜拉桥的斜拉索又长又重,运输、吊装和安装较困难。钢绞线斜拉索一般在现场制作,配用夹片锚具,将钢绞线逐根穿过安装在斜拉索位置处的套管内,单根张拉,安装时起吊重量小,张拉力也小,可以采用小吨位千斤顶张拉斜拉索。钢绞线斜拉索比较适合拉索运输、吊装和安装受到限制的斜拉桥,但单根张拉钢绞线斜拉索时索力控制难度较大,有时在单根张拉形成初应力后,再用大千斤顶调整索力。

（a）平行钢丝斜拉索　　　　　　（b）钢绞线斜拉索

图 5.93　斜拉索断面

（4）锚固构造

斜拉索的强大拉力直接作用于索塔和主梁的锚固区。因此,斜拉索锚固构造的设计要确保索、梁（或索、塔）连接可靠、传力明确,并具有足够的张拉操作空间,而且要便于运营期间斜拉索的养护和更换。

大跨度钢主梁斜拉桥中常见的索梁锚固形式主要包括锚箱式、耳板式、锚管式和锚拉板式连接构造,如图 5.94 所示。锚箱由锚板、承压板及加劲肋组成,索力经承压板传递给锚板后,通过锚板与主梁腹板间的焊缝传递给主梁。耳板式连接也称为销铰式连接,由主梁的腹板向上伸出耳板,斜拉索通过销轴锚固在耳板上,并将索力通过耳板传给主梁的腹板。锚管式连接将主梁的腹板断开,焊接一根钢管,斜拉索锚固于钢管,索力由钢管传递给主梁腹板。锚拉板与主梁上翼缘板焊接,索力由锚拉板及其与翼缘顶面间的焊缝传递到钢主梁腹板。

索塔锚固构造主要包括钢锚拉杆和钢锚箱两种,如图 5.95 所示。钢锚拉杆（俗称钢锚梁）支承于空心塔柱内部的塔壁牛腿上,斜拉索锚固在钢锚拉杆两端的锚固区。斜拉索的水平分力主要通过钢锚拉杆来平衡,因此钢锚拉杆实际上是以受拉为主的钢构件。这样塔壁

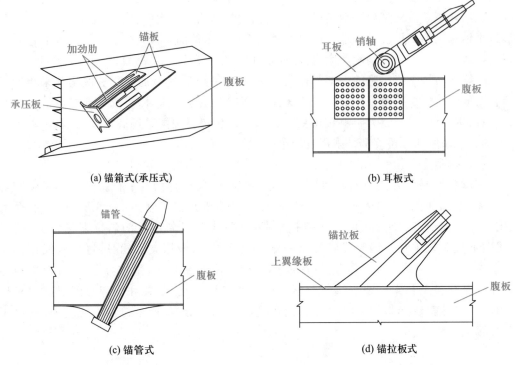

(a) 锚箱式(承压式)　　　　　　　(b) 耳板式

(c) 锚管式　　　　　　　　　(d) 锚拉板式

图 5.94　斜拉索在主梁上的锚固构造

仅承受斜拉索的不平衡水平力,有效地减小了塔柱在平面框架内的局部荷载及剪力、弯矩。斜拉索的垂直分力直接通过牛腿传递至塔壁。钢锚拉杆两端可作微小的自由移动和转动,故温度引起的约束力较小。这种锚固构造受力明确、内力较小,使索塔锚固安全可靠。钢锚箱通过剪力钉与混凝土索塔连接,斜拉索通过钢锚箱的垫板支承在塔壁的抗剪钢板上,不平衡索力直接通过抗剪钢板及顺桥向锚固索座传给塔壁。将斜拉索直接锚固在钢锚箱上,可以很容易地抵抗拉应力,这种锚固方式成本较高,但可减少索塔高空作业强度,加快施工进度,是大跨径斜拉桥混凝土索塔锚固方式的发展方向。对于钢桥塔,通常采用钢锚箱的方式锚固斜拉索。

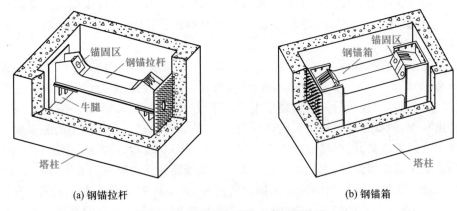

(a) 钢锚拉杆　　　　　　　　　(b) 钢锚箱

图 5.95　斜拉索在索塔上的锚固构造

5.6.3 钢悬索桥

1. 结构组成与体系

悬索桥由缆索系统(主缆、吊索、索夹、主索鞍、散索鞍等)、索塔、锚碇和加劲梁等组成,如图5.96a所示。主缆是悬索桥的主要承载构件,承受吊索传递的荷载及自身恒荷载等。索塔起支承主缆的作用,承受主缆力的竖向分力和不平衡水平力。锚碇是锚固主缆的构造物,支承于地基上或嵌固于岩体中。主索鞍是主缆在塔顶的转向装置,将主缆力传递给索塔。散索鞍在主缆进入锚碇过程中起分散主缆索股和转向的作用。加劲梁是供车辆行驶的传力构件,其自重及活荷载通过吊索传递给主缆。

地锚式悬索桥应用颇为广泛,对于跨径较小的悬索桥,主缆也可以直接锚固在加劲梁上,从而省去了锚碇,称为自锚式悬索桥,如图5.96b所示。

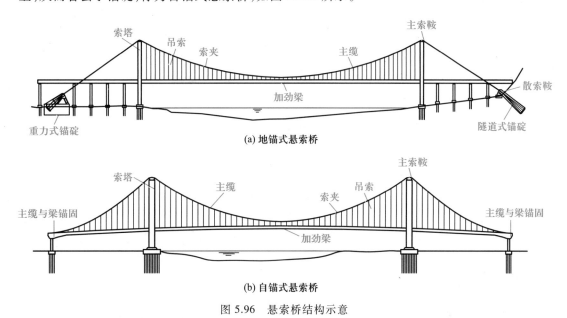

(a) 地锚式悬索桥

(b) 自锚式悬索桥

图5.96 悬索桥结构示意

按照加劲梁在索塔处是否连续,悬索桥的结构体系可分为简支体系和连续体系。选择简支体系还是连续体系主要从伸缩缝及加劲梁受力两个方面考虑。简支体系伸缩缝较多,但是伸缩量较小;连续体系伸缩缝少,但是加劲梁纵向位移量大。简支体系在索塔处设置支座,对加劲梁受力有利;连续体系在索塔处一般不设置吊索或支座,索塔两侧吊索间距较大,加劲梁内力也相应较大,一般都需要对该区段加劲梁进行加强设计。目前大位移量的伸缩装置技术成熟,加劲梁多采用连续体系。受地形限制,悬索桥也可以采用塔梁分离的结构体系,加劲梁直接支承于桥台上,如湖南矮寨大桥(图5.97)。

2. 结构布置

悬索桥的总体布置需要进行桥跨布置、缆索系统布置、索塔布置、锚碇及加劲梁形式选择。

(1)桥跨布置

悬索桥的分跨应与周边环境相协调,并综合考虑桥位处的地形、地质、水文、河势、通航

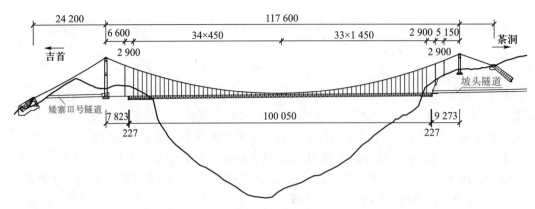

图 5.97　湖南矮寨大桥立面布置(单位:cm)

等条件,宜进行多方案比选,以寻求经济合理的最优方案。悬索桥常见的分跨形式有单塔双跨、双塔单跨、双塔双跨、双塔三跨、三塔双跨、多塔多跨等,如图 5.98 所示。

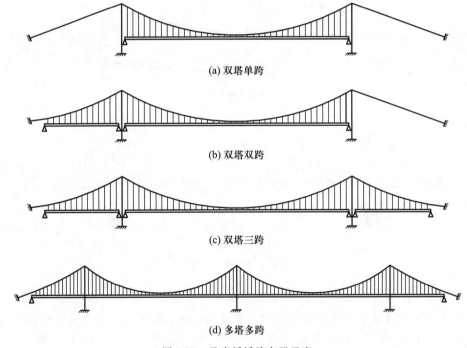

(a) 双塔单跨

(b) 双塔双跨

(c) 双塔三跨

(d) 多塔多跨

图 5.98　悬索桥桥跨布置示意

（2）缆索系统布置

① 主缆布置形式。主缆在横桥向的布置通常采用双主缆形式,但由于主缆太粗、架设困难或者工期限制等原因,也采用四主缆形式。主缆在空间的布置形式可分为平面主缆和空间主缆。与平面主缆悬索桥相比,空间主缆悬索桥的设计、施工难度均较大。自锚式悬索桥较多采用空间主缆,如图 5.99 所示。

② 主缆垂跨比(矢跨比)。悬索桥主缆的垂跨比是指主缆在主跨内的垂度和主跨跨度的比值。已建成悬索桥的主缆垂跨比一般都在 $1/11 \sim 1/9$ 之间。减小垂跨比将增加结构竖

(a) 美国旧金山-奥克兰海湾新桥

(b) 陕西西安灞河元朔大桥

图 5.99 空间主缆悬索桥

向刚度、主缆拉力和锚碇规模,减小索塔高度和吊索长度。悬索桥的主缆垂跨比除了对结构整体刚度有影响以外,对结构振动特性(如竖向基频、扭转基频等)也有一定的影响。

③ 吊索布置。悬索桥吊索间距应综合考虑吊索材料用量、加劲梁运输架设条件及加劲梁、吊索、索夹的受力情况等确定,通常在 10~20 m 之间。

平面主缆的吊索在顺桥向一般采用竖直布置方式,如图 5.100 所示;也可采用斜吊索布置形式,如图 5.101 所示。但使用过程中发现斜吊索疲劳问题突出,近些年很少再采用这种布置形式。

图 5.100 悬索桥竖吊索

图 5.101 悬索桥斜吊索

3. 一般构造

(1) 缆索系统

① 主缆。大跨度悬索桥的主缆一般采用直径 5~5.3 mm 左右的镀锌或镀锌铝高强度钢丝制作,近年来也有悬索桥使用 6 mm 的高强度钢丝。主缆的制作方法有预制平行钢丝束股法(PPWS 法)和空中纺丝法(AS 法)。PPWS 法是在工厂或桥址旁的预制场将若干根钢丝组合成具有正六边形截面的平行钢丝束,形成平行钢丝索股,两端安装锚头,然后运输到施工现场,经猫道现场架设后形成主缆的施工方法;AS 法是利用牵引系统纺丝轮在现场的空

中牵拉钢丝,多次反复,在猫道中制作平行钢丝索股的主缆架设方法。两种方法的主缆索股排列形式及索股断面如图 5.102 和图 5.103 所示。

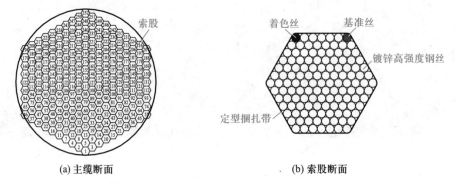

(a) 主缆断面　　　　　　　　　　(b) 索股断面

图 5.102　PPWS 法的主缆索股排列形式及索股断面

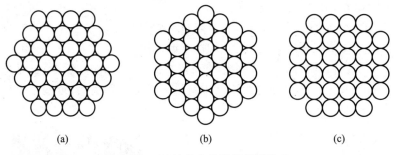

(a)　　　　　　　　(b)　　　　　　　　(c)

图 5.103　AS 法的主缆索股排列形式

　　② 吊索与索夹。吊索是连接主缆与加劲梁的构件,将加劲梁传来的荷载传递给主缆,受轴向拉力。吊索材料一般采用镀锌钢丝绳或镀锌高强度钢丝。

　　连接吊索与主缆的索夹可采用骑跨式或销接式,如图 5.104 所示。索夹和加劲梁之间的纵、横向相对位移较大时,宜采用骑跨式;主缆直径较小时,为避免吊索过大的弯折应力,宜采用销接式。

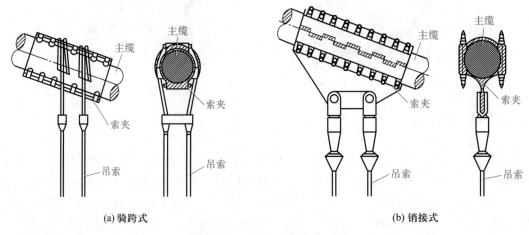

(a) 骑跨式　　　　　　　　　　　　　(b) 销接式

图 5.104　吊索与主缆连接形式

③ 索鞍。主索鞍设置在索塔顶部。当主缆主跨和边跨的索股数量不等时,需设置锚梁将不等量索股锚固于主索鞍上。根据采用材料及成型方法的不同,索鞍可设计为全铸式、铸焊组合式和全焊式。根据传力方式的不同,索鞍可设计为肋传力结构或外壳传力结构。采用钢索塔时,主索鞍宜选择外壳传力的结构形式,如图 5.105 所示。

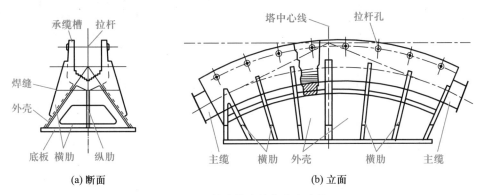

图 5.105　外壳传力结构的主索鞍

散索鞍鞍槽的截面形状需配合主缆钢丝索股的排列形状,具有将主缆钢丝束在空间扩散、定位的作用。进口处截面布置同主索鞍,出口处截面布置应使主缆平顺过渡并将集中紧凑的主缆按一定规律散开成单股状,与锚碇内的锚固系统连接。边跨的主缆线形的变化只能由散索鞍的移动摩擦副来解决。散索鞍结构形式包括摆轴式(图 5.106)、滚轴式或滑动式。

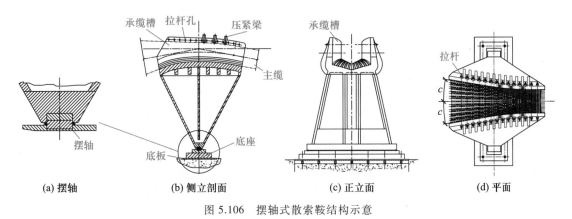

图 5.106　摆轴式散索鞍结构示意

（2）索塔

悬索桥的钢索塔塔柱一般采用带有加劲肋的钢板组成的箱形截面,与斜拉桥的钢索塔不同,悬索桥的钢索塔没有复杂的拉索锚固构造,但塔顶直接承受主索鞍传递的集中力,通常需要加强设计。图 5.107 所示为悬索桥钢索塔横截面实例。

（3）锚碇

重力式锚碇的锚体由锚块、锚固系统、散索鞍支墩、鞍部、前锚室（也称散索室）、后锚室等组成,如图 5.108a 所示。根据前锚室的结构形式,重力式锚碇可分为实腹式锚碇和框架式锚碇。实腹式锚碇施工比较简单、受力可靠;框架式锚碇相对而言体量有所减小,结构通透,

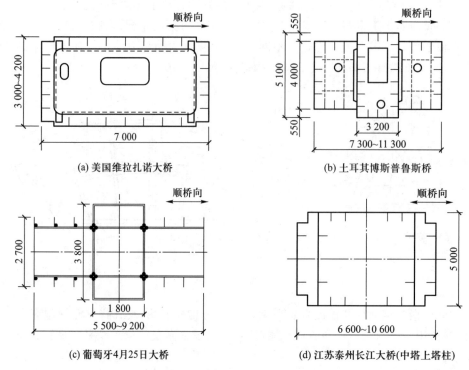

(a) 美国维拉扎诺大桥

(b) 土耳其博斯普鲁斯桥

(c) 葡萄牙4月25日大桥

(d) 江苏泰州长江大桥(中塔上塔柱)

图 5.107　悬索桥钢索塔横截面实例

在景观和经济性上有一定优势。

　　隧道式锚碇由锚塞体、隧洞支护结构、锚固系统、散索鞍支墩、前锚室、后锚室、防排水系统等组成,如图 5.108b 所示。锚塞体嵌固在隧洞中,将主缆索股拉力传递给围岩。

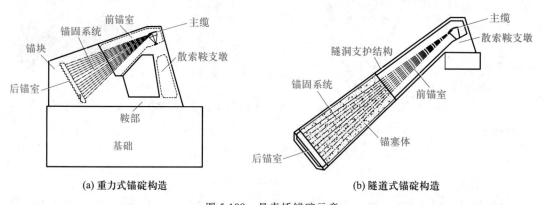

(a) 重力式锚碇构造

(b) 隧道式锚碇构造

图 5.108　悬索桥锚碇示意

　　(4) 加劲梁

　　① 钢桁梁。悬索桥加劲梁的设计主要基于刚度、交通和抗风性能的要求,钢桁梁截面抗扭刚度较大,迎风截面透空率较高,因而提供了良好的抗风稳定性,并可充分地利用截面空间提供双层桥面以实现公铁两用或多车道布置。钢桁梁桥面结构可采用正交异性钢桥面板或混凝土桥面板。正交异性钢桥面板与钢桁架的结合形式,可采用图 5.109 所示的分离式和组合式。

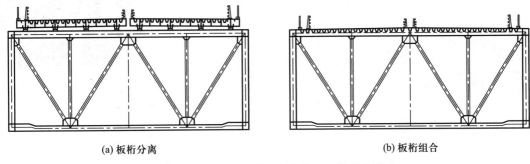

(a) 板桁分离   (b) 板桁组合

图 5.109   正交异性钢桥面板与钢桁架的结合形式

② 钢箱梁。流线型扁平钢箱加劲梁不仅具有较小的空气阻力系数和优异的抗风稳定性,还有较高的抗扭刚度,大大提高了悬索桥的抗风稳定性。同时,正交异性钢桥面板既是钢箱梁的组成部分又是行车道板,与钢桁梁相比,有效地节省了用钢量。图 5.110 为几座代表性悬索桥的钢箱梁断面形式。

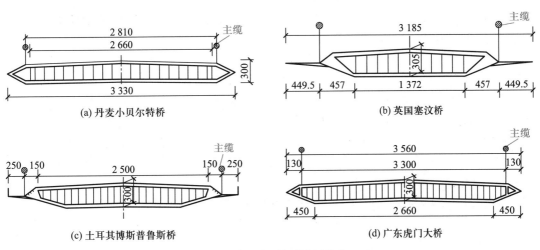

(a) 丹麦小贝尔特桥   (b) 英国塞汶桥

(c) 土耳其博斯普鲁斯桥   (d) 广东虎门大桥

图 5.110   流线型扁平钢箱梁(单位:cm)

本章参考文献

第 5 章参考文献

第 6 章

高耸钢结构

6.1　高耸钢结构的用途与分类

　　高耸结构指的是高度较大、横断面相对较小的结构,以水平荷载(特别是风荷载)为结构设计的主要依据,属于体型较为细长的构筑物。根据结构形式可分为自立式塔架结构和拉线式桅式结构,它们的特点比较接近,应用范围基本相同,所以两种结构也称为塔桅结构。

　　自立式塔架结构紧凑美观,玲珑剔透,外形丰富多彩,符合现代建筑美学要求,占地较小,适合于城市建设,通常能够满足功能和观赏两个方面的需求,成为标志性景观构筑物。自立式塔架结构固定于地面,其力学模型相当于悬臂构件。塔架立面轮廓线可采用直线形、折线形及双曲抛物线形等。

　　拉线式桅杆是由柔软的纤绳和细长的杆身组成的,其杆身将某种设备举到高空,或将烟气通过内部管道排向高空。由于美观、经济等原因,在实际工程中也有较多的应用。

　　随着设计理论、建筑材料和施工工艺的进步和发展,高耸钢结构向着更高、更轻、更柔的方向发展。高耸钢结构主要应用在以下几个方面。

　　(1)输电塔

　　输电塔是支撑输电线路的结构,保证输电线路的带电导线与地面之间保持一定的距离,如图 6.1 所示。

　　(2)广播电视发射塔和桅杆

　　用于广播电视发射,但往往兼具旅游观光、餐饮娱乐、广告传播、无线通信、环境气象监测等多功能于一体。图 6.2 为哈尔滨龙塔。

图 6.1　输电塔

图 6.2　哈尔滨龙塔

（3）微波通信塔和桅杆

微波通信铁塔又称为微波铁塔,多建于地面、楼顶、山顶。微波铁塔抗风能力强,塔架多采用角钢材料辅以钢板材料组成,也可全部或部分采用钢管材料制作。塔架各构件之间可采用螺栓连接,也可焊接连接,全部塔架构件在加工完毕后应经过热镀锌防腐处理。图6.3为微波通信铁塔,图6.4为电信桅杆。

图 6.3 微波通信铁塔

图 6.4 电信桅杆

（4）其他应用

高耸结构在人类活动中有着广泛应用,除上述之外,还有旅游观光塔、导航塔、石油化工塔、大气监测塔、烟囱、排气塔、矿井架、风力发电塔、水塔、钻井塔、冷却塔、跳伞塔、灯塔、火箭发射塔、天文测量塔及瞭望塔等。图6.5、图6.6、图6.7分别为塔架式钢烟囱、风力发电塔及瞭望塔。

6.1 火箭发射塔

图 6.5 塔架式钢烟囱

图 6.6 风力发电塔

图 6.7 瞭望塔

塔架结构根据用途的不同,有不同的分类。就输电塔而言,还可分为直线塔、耐张塔、转角塔、终端塔和特殊塔等。尽管这些塔外形不同,名称不同,但从结构形式上,基本上都属于空间桁架结构。较大型的电视塔通常在中心部位设置核心筒,作为交通和支撑观光平台等使用。核心筒可以采用钢结构或钢筋混凝土结构,在结构分析上应考虑塔架与核心筒的相互作用,图 6.2 所示的哈尔滨龙塔就具有这样的特点。图 6.5 所示的塔架式钢烟囱,中心为烟囱,用于排烟,使用时温度较高,可达 150 ℃ 以上,而塔架处于大气环境,温度较低,因此两者间存在较大的温差。此外钢烟囱侧向刚度较小,在风等水平荷载作用下,必须依靠塔架提供侧向支撑,才能稳定站立。因此塔架和烟囱之间存在相互作用。

图 6.8 所示的桅杆结构,杆依靠纤绳的牵拉而站立,纤绳沿高度分层布置,每一层在 3~4 个方向上斜向张拉。杆是主要的承重结构,可以是格构杆(图 6.4),杆身为三角形或四边形空间桁架;也可以是实腹构件,杆身多为等截面大型焊接钢管。纤绳作为杆身的弹性支座保证杆身的稳定站立。故桅杆结构的力学模型相当于弹性支座连续梁。

桅杆结构的纤绳较柔,杆的截面较小,导致水平荷载下结构变形较大,整个结构呈现较强的非线性。

桅杆结构和塔架结构相比,自重更轻,更省材料。构件的类型少,制作、安装易于标准化,因而工期短。不足之处是占地面积大、结构侧向刚度小、稳定问题突出。由于承重结构为杆,故不设置楼梯、平台等。

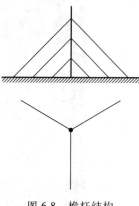

图 6.8　桅杆结构

6.2　高耸钢结构的结构形式

塔架构件主要采用角钢、钢管、圆钢及组合构件,平台等部位可采用 H 型钢等截面形式的构件。

6.2.1　自立式塔架结构

1. 塔身立面和截面

自立式塔架结构在水平荷载作用下像悬臂梁一样工作,底部弯矩最大,越往上越小。材料分布应与弯矩图相匹配,因此立面形状为抛物线形比较合理。在实际应用时,考虑工艺、制作、安装、建筑等方面的要求,立面常设计成直线形、单折线形、多折线形等,如图 6.9 所示。

塔架的平面形状有三角形、四边形、六边形、八边形及更多边形等,见图 6.10。通常情况下边数越多越费材料,因为边数越多对整个截面中和轴形成抵抗矩的效率就越低,同时边数越多,节点越多,增大了挡风面积,增大了风载。塔架边数增加,横隔的材料用量也会增加。但有时为增加塔架结构的多功能应用或艺术效果,一些塔架仍采用多边形平面。塔的底面平面尺寸通常取为塔高的 1/10~1/4。底面尺寸越大,塔柱的轴力越小,对基础的压力也会减小,对基础的承载力要求会降低,但会增加腹杆和保持截面稳定的横隔的用钢量。已有分析表明,底面平面尺寸的大小对整塔耗钢量的影响不大。

(a) 直线形　(b) 单折线形　(c) 多折线形

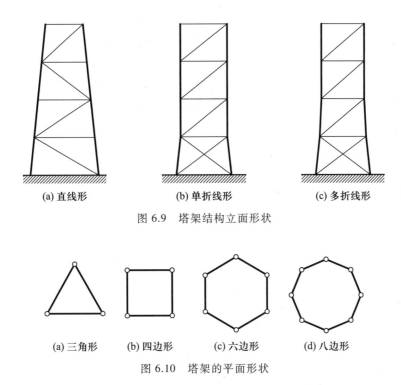

图 6.9 塔架结构立面形状

(a) 三角形　(b) 四边形　(c) 六边形　(d) 八边形

图 6.10 塔架的平面形状

2. 塔架的腹杆和横隔布置

在塔架节间要设置腹杆,对塔柱形成侧向支撑。腹杆布置方式可分为斜杆式、交叉式、K式及再分式等,见图 6.11。

(a) 斜杆式　(b) 交叉式

(c) K式　(d) 再分式

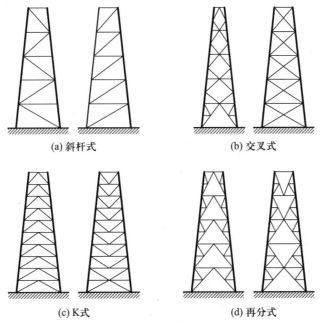

图 6.11 塔架的腹杆布置

为了保证多边形截面的几何不变性,沿塔的高度必须设置一定数量的横隔。一般隔三四个节间设置一道横隔,在钢塔塔身变坡处、受扭的截面处及塔顶、塔腿顶部截面处必须设置横隔。在塔身坡度不变段,横隔间距一般不超过宽度的 5 倍,也不宜超过 4 个节间。合理设置横隔能够加强塔的整体刚度,向下部传递上部荷载产生的扭矩。横隔布置如图 6.12 所示。如设置电梯,则电梯井道与塔身间用横隔相连,在坡度不变段,一般每两个节间设置一个横隔。横隔的平面布置见图 6.13。

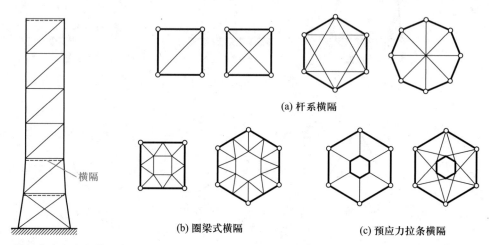

(a) 杆系横隔

(b) 圈梁式横隔　　　　　　(c) 预应力拉条横隔

图 6.12　塔架高度方向的横隔布置　　　　图 6.13　横隔的平面布置

横隔有三种形式:① 杆系横隔,见图 6.13a。这种横隔构造比较简单,一般用于小型塔架。杆件交叉式布置,或构成稳定的三角形,保证截面的几何不变性。② 圈梁式横隔,见图 6.13b。由于塔的截面较大,沿塔的截面四周布置平面桁架,构成平面内刚度较大的横隔结构体系,可用于中、大型塔架,用钢量较大。③ 预应力拉条横隔,见图 6.13c。它的构造原理与自行车车轮类似,内圈为刚性圈梁,外圈为塔身,在两者之间张拉用高强钢制成的拉条。这种横隔用钢较省,横隔中间的圈梁内可设置电梯井。

3. 平台

一些较大的塔架上常设置平台,用于瞭望、检修、休息及餐厅使用。平台形状往往与塔身截面相匹配。平台可由从塔身水平伸出的悬臂梁支承,悬臂梁可用桁架、网架或实腹构件制作。为了减少悬臂根部弯矩,可从悬臂结构下部塔身上设置支撑杆。大型塔架的平台悬伸部位可设计成球形网架或网壳结构。图 6.14 所示为较典型的平台结构布置。

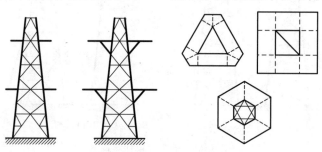

图 6.14　塔架平台结构布置

4. 塔身变截面处的连接

电视塔的截面往往是多边形的,而其上的天线常常为四边形,截面形状和尺寸间存在突然变化。对这样的情况,目前有承接式和插入式两种主要处理方式(图 6.15)。承接式是在天线与塔身间设置缓坡过渡段,将两者连接起来。插入式是将天线插入塔身,用两层横隔和垂直支撑将它们连接起来。

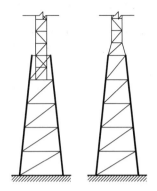

图 6.15　塔身变截面连接

6.2.2　桅杆结构

桅杆结构由桅杆和斜向布置的纤绳组成。桅杆杆身为主要的承重结构,纤绳起到保证杆身自立和稳定的作用。沿高度方向纤绳可分为数层,层数的多少取决于桅杆的高矮。每层纤绳沿 3~4 个方向布置,为杆身提供了弹性支承点。对杆身为三角形或圆形截面的桅杆,纤绳沿 3 个方向布置,每层纤绳在水平面的投影线在三个方向上应互为 120°。如果杆身为格构四边形截面,纤绳沿 4 个方向互为 90°布置。桅杆分为单杆身桅杆、双杆身桅杆及墙杆式桅杆等。单杆身桅杆见图 6.8,双杆身桅杆及墙杆式桅杆见图 6.16。

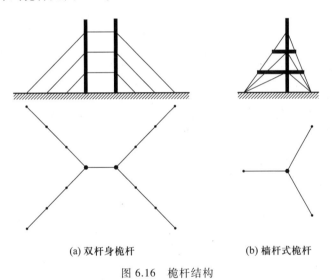

(a) 双杆身桅杆　　　　　　　(b) 墙杆式桅杆

图 6.16　桅杆结构

单杆身桅杆主要用于无线电桅杆、电视桅杆及烟囱等结构。双杆身桅杆主要应用于帷幕式天线结构,由多根桅杆和线网组成天线阵和反射网可提高其播送有效范围。墙杆式桅杆主要用于电视桅杆,其水平撑杆的支撑作用可减小纤绳计算长度和垂度,能够增加桅杆刚度和稳定性。

纤绳层次少对发射无线电信号有利,安装也较为简单。但纤绳层次少会增加纤绳间杆身的长度。通常纤绳间杆身的长细比取为 60~100,最好取为 80 左右。长细比一定的情况下,杆身越长需要的截面尺寸越大。通常根据杆身截面尺寸及长细比即可确定纤绳的层数。纤绳层次可布置为等间距,也可不等间距布置,总的原则是使各层杆段的应力大体相当。纤绳的倾角通常为 30°~60°,最好为 45°。桅杆高度较高时各层对应的纤绳可平行布置,高度较矮、纤绳内力不大时,可将同一竖向平面的多层纤绳共用一个地锚,也可低层纤绳共用一个地锚,较高层纤绳平行布置。为增加杆身的抗扭刚度,桅杆结构宜有一层纤绳采用各向双纤绳,纤绳所在轴线不宜通过杆身轴线,如图 6.17 所示。

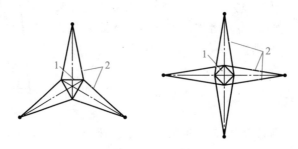

1—杆身;2—纤绳。

图 6.17 双纤绳布置方案

纤绳中应施加预应力,预应力大小对桅杆的受力性能影响较大。预应力较小,节点刚度不足;预应力增大,节点位移减小,但杆身轴力会增加,对整体稳定不利。故应反复计算、调整预应力的大小。在保证刚度和整体稳定性的前提下,预应力值尽可能低些。通常纤绳的预应力值取为 200~300 MPa。

6.3 高耸钢结构的荷载与作用

高耸结构采用以概率理论为基础的极限状态设计方法,以可靠指标度量结构构件的可靠度,采用分项系数的设计表达式进行设计。具体要求见 GB 50135—2019《高耸结构设计标准》(简称《高耸结构标准》)"3.基本规定"。

高耸结构上的荷载与作用可分为三类:① 永久荷载。包括结构自身重量、固定的设备重、物料重、土重、土压力、初始状态下索线或纤绳的拉力、结构内部的预应力及地基变形作用等。② 可变荷载。包括风荷载、覆冰荷载、常遇地震作用、雪荷载、安装检修荷载、塔楼楼面或平台的活荷载、温度作用等。③ 偶然荷载。包括索线断线、撞击、爆炸及罕遇地震作用等。

6.3.1 风荷载

风是高耸结构承受的最主要的荷载。在风荷载作用下,影响结构反应的因素较多,提出的计算方法也很多,它们直接关系风荷载的取值和结构的安全。结构风振计算中往往第 1 振型起主要作用,因此在确定风荷载标准值时,我国采用了风振系数的概念,即平均风压乘以风振系数得到风荷载的标准值,这与大多数国家是一致的。按照我国标准,垂直作用于高耸结构表面单位面积上的风荷载标准值应按公式(6.3.1)计算。

$$w_k = \beta_z \mu_s \mu_z w_0 \qquad (6.3.1)$$

式中,w_k——作用在高耸结构 z 高度处单位投影面积上的风荷载标准值,kN/m^2。

w_0——基本风压,其值应按 GB 50009—2012《建筑结构荷载规范》(简称《荷载规范》)执行,按照《高耸结构标准》的要求,其取值不得小于 $0.35 \ \mathrm{kN/m^2}$;对山区及偏僻地区的 10 m 高处的风压,应通过实地调查和对比观察分析确定。一般情况可按附近地区的基本风压乘以下列调整系数采用:对于山间盆地、谷地等闭塞地形,调整系数为 0.75~0.85;对于与风向一致的谷口、山口,调整系数为 1.20~1.50;对沿海海面和海岛的 10 m 高的风压,当缺乏实际资料时,可按邻近陆上基本风压乘以表 6.1 规定的调整系数采用。

表 6.1　海面和海岛的基本风压调整系数

海面和海岛距海岸距离/km	调整系数
<40	1.0
40~60	1.0~1.1
60~100	1.1~1.2

μ_z——高度 z 处的风压高度变化系数,对于平坦或稍有起伏的地形,应根据地面粗糙度类别按《高耸结构标准》表 4.2.6 确定;对于山区的高耸结构,风压高度变化系数可按结构计算位置离山地周围平坦地面高度计算。

μ_s——风荷载体型系数,不同类型高耸结构的风荷载体型系数可查阅《高耸结构标准》第 4.2.7 条,结构体型未在《荷载规范》中列出,但与《高耸结构标准》所列结构体型相似时,也可按《高耸结构标准》的相应规定采用;特别重要或体型复杂的高耸结构,宜由风洞试验或数值风洞计算确定。

β_z——高度 z 处的风振系数,它综合考虑了在风荷载作用下结构的动力反应,包括风速随空间、时间的变异性和结构的阻尼等因素。《高耸结构标准》第 4.2.9 条给出了 β_z 的计算公式;钢桅杆的风振系数应按该标准的 4.2.10 条确定。

在脉动风的作用下,高耸结构在垂直于风向的横向可能产生共振,应根据雷诺数 Re 的情况,按《高耸结构标准》第 4.2.12、4.2.13 条给出的公式进行横向风振的验算。

考虑横向风振时,荷载的总效应 S 可按下式进行计算:

$$S = \sqrt{0.36 S_D^2 + S_L^2} \tag{6.3.2}$$

式中,S_L——横风向风振效应;

S_D——发生横风向共振时,相应的顺风向风荷载效应。

6.3.2　地震作用

根据结构使用功能和重要性的不同,GB 50223—2008《建筑工程抗震设防分类标准》将结构划分为特殊设防类、重点设防类、标准设防类、适度设防类四类。设防标准不同,结构抗震设计的构造要求和计算也不同,这关系高耸结构的安全性和经济性。结构抗震应按 GB 50011—2010《建筑抗震设计规范(2016 年版)》(简称《抗震规范》)进行设计。

设防烈度为 7 度(0.15g)及以上的带塔楼的高耸结构、设防烈度为 9 度及以上的塔桅钢结构,应该同时考虑水平地震作用和竖向地震作用的不利组合。

对高耸结构的悬臂梁、悬挑桁架及较大跨梁等,应该考虑竖向地震作用。刚度中心和质量中心存在偏心时,应该考虑地震作用的扭转效应。

带有塔楼的高耸结构应进行性能化设计。当高耸结构采用抗震性能设计时,应根据其抗震设防类别、设防烈度、场地条件、结构类型、功能要求、投资、造成损失大小和修复难易程度等,对选定的抗震性能目标提出技术和经济可行性综合分析和论证。

计算地震作用标准值时,地震影响系数 α 应根据《抗震规范》采用,具体见本书第 3 章 3.3.1 内容,但其场地的特征周期和水平地震影响系数的最大值,应按《高耸结构标准》等 4.4.4 条和 4.4.5 条采用,其中的阻尼比 ζ 按表 6.2 取用。

表 6.2　结构抗震阻尼比

高耸结构类型	多遇地震、设防地震	罕遇地震
钢结构塔架或单管塔	0.02	0.03
钢结构电视塔(有塔楼)	0.025	0.04
混凝土高耸结构	0.04	0.08
预应力混凝土高耸结构	0.03	0.08

注:对于上部钢结构、下部钢筋混凝土的高耸结构,换算阻尼系数可根据该振型振动时能量耗散等效的原则确定。

计算高耸结构的地震作用时,其重力荷载代表值取为结构自重标准值和各竖向可变荷载的组合值之和。结构自重和各竖向可变荷载的组合值系数按下列规定采用:

① 结构自重(结构和构配件的自重、固定设备自重等)组合值系数取 1.0。

② 设备内的物料自重,组合值系数取 1.0;特殊情况可按国家现行有关标准取用。

③ 升降机、电梯的自重,组合值系数取 1.0,对吊重,组合值系数取 0.3。

④ 塔楼楼面和平台的等效均布荷载,组合值系数取为 0.5,按实际情况考虑时,组合值系数取为 1.0。

⑤ 塔楼顶的雪荷载,组合值系数取为 0.5。

在下列条件下,高耸钢结构可不进行抗震验算:设防烈度为 6 度,高耸钢结构及其地基基础;设防烈度小于或等于 8 度,Ⅰ、Ⅱ类场地的不带塔楼的钢塔架及其地基基础;设防烈度小于 9 度的钢桅杆。

6.3.3　温度作用

对高耸结构来说,温度变化往往带来内力的变化。当内力变化较大不可忽视时,设计中必须予以考虑。对此现行《高耸结构标准》也做出了相应的规定。

对带塔楼的多功能电视塔或其他旅游塔,应计算塔楼内结构和邻近处塔楼外结构的温差作用效应。电梯井道封闭的多功能钢结构电视塔也应计算温度作用引起井道相对于塔身的纵向变形值,并采取措施释放其应力且不影响使用。对于塔架式钢烟囱,由于使用时烟囱温度较高,而塔身温度较低,因此设置横隔时,可在横隔和烟囱间设置滑动装置,允许两者竖向间产生滑动,消除相互的竖向作用力,只允许水平向的相互作用。

计算温差标准值 Δt 为当地的历年冬季或夏季最冷或最热的钢结构日平均气温或钢筋

混凝土结构月平均气温与室内设计温度之差值,正负温差均应验算。

高耸结构由日照引起向阳面和背阳面的温差,应按实测数据采用,当无实测数据时可按不低于 20 ℃采用,分析日照温差产生的附加弯曲等。

桅杆结构是超静定结构,受温度的影响较大。受温度影响纤绳松弛时,节点刚度降低,会影响桅杆的稳定;纤绳绷紧时,会使结构内力增加,因此必须慎重考虑。温度作用应按当地历年冬季或夏季最冷或最热的日平均气温与桅杆安装调试完成时的月平均气温之差计算。

6.3.4　覆冰荷载

覆冰是由于大气中某些过冷水珠碰到金属后因气温急剧下降、冷冻发展而形成的。覆冰产生时,一般处于无风或微风的气候条件下,气温通常在 0 ~ -10 ℃,空气湿度比较大。设计电视塔、无线电塔桅和输电高塔等类似结构时,应考虑结构构件、架空线、拉绳等表面覆冰后所引起的荷载及挡风面积增大的影响和不均匀脱冰时产生的不利影响。

同一地区,离地面越高,覆冰越厚。基本覆冰厚度应根据当地离地面 10 m 高度处的观测资料和设计重现期分析计算确定。当无观测资料时,应通过实地调查确定,或按下列经验数值分析采用:

① 重覆冰区:基本覆冰厚度可取 20~50mm;

② 中覆冰区:基本覆冰厚度可取 15~20 mm;

③ 轻覆冰区:基本覆冰厚度可取 5~10 mm。

圆截面的构件、拉绳、缆索、架空线等每单位长度上的覆冰重力荷载可按式(6.3.3)计算:

$$q_1 = \pi b\alpha_1\alpha_2(d+b\alpha_1\alpha_2)\gamma\times10^{-6} \tag{6.3.3}$$

式中,q_1——单位长度上的覆冰重力荷载,kN/m;

　　b——基本覆冰厚度,mm;

　　d——圆截面构件、拉绳、缆索、架空线的直径,mm;

　　α_1——与构件直径有关的覆冰厚度修正系数,按表 6.3 采用;

　　α_2——覆冰厚度的高度递增系数,按表 6.4 采用;

　　γ——覆冰重度,一般取 9 kN/m³。

表 6.3　与构件直径有关的覆冰厚度修正系数 α_1

直径/mm	5	10	20	30	40	50	60	≥70
α_1	1.10	1.00	0.90	0.80	0.75	0.70	0.63	0.60

表 6.4　覆冰厚度的高度递增系数 α_2

离地面高度/m	10	50	100	150	200	250	300	≥350
α_2	1.0	1.6	2.0	2.2	2.4	2.6	2.7	2.8

非圆截面的其他构件每单位面积上的覆冰重力荷载 q_a 可按式(6.3.4)计算:

$$q_a = 0.6b\alpha_2\gamma\times10^{-3} \tag{6.3.4}$$

式中，q_a——单位面积上的覆冰重力荷载，kN/m^2。

6.4　高耸钢结构的内力与变形计算

高耸钢结构应进行强度、稳定性和变形的验算。如果承受疲劳动力作用，还应进行抗疲劳设计。对于需要进行抗震验算的结构及安全等级一级的高塔，应进行反应谱分析或时程分析。当钢桅杆安全等级为一级时也应进行非线性动力分析。下面介绍高耸钢结构的内力分析与变形的静力分析。

1. 塔架结构

塔架可以看成自立式的空间桁架结构或空间网壳结构，其横截面可以是三角形、四边形，也可以是六边形和八边形等更多边的形状。塔架结构宜按整体空间桁架结构进行静力分析，求出内力和变形。

简化为空间桁架结构的塔架，在计算手段不发达的年代，常采用简化方法进行内力分析。目前计算机应用得到了极大普及，计算软件也得到了长足发展，加之高耸钢结构构件数量较多，简化方法已很少有人使用，很多人采用 SAP2000、ANSYS、ABAQUS 等通用软件进行塔架结构的内力计算和变形分析，还有人采用专用软件进行塔架结构的内力和变形分析及设计工作。这些软件的计算理论大多采用有限单元法，塔架构件可以用杆或梁单元进行模拟。

2. 桅杆结构

桅杆结构静力计算也有很多简化方法，但有限单元法仍是目前较精确的计算方法。与铁塔这种自立式高耸构筑物相比，桅杆依靠不同方向斜向张拉的纤绳保持整体结构的稳定。杆是主要受力体，纤绳节点为杆身提供了弹性侧向支撑点，受载时，纤绳节点发生非线性位移，纤绳与杆身之间产生复杂的非线性耦合作用。分析时应考虑桅杆结构的大位移，对结构刚度矩阵不断进行修正，从而得到更接近实际的结果，即进行非线性有限单元分析。桅杆杆身处于压弯工作状态，对桁架杆身可以采用杆单元进行模拟；采用实腹构件杆身的，如钢管等，或将桁架杆身换算为实腹构件杆身时，可采用梁单元模拟。对于纤绳通常采用索单元模拟。当桅杆杆身为桁架式并换算为实腹压弯杆件计算时，考虑剪切变形的影响，其刚度应乘以折减系数 ξ，ξ 按式（6.4.1）计算：

$$\xi = \left(\frac{l_0}{i\lambda_0}\right)^2 \tag{6.4.1}$$

式中，l_0——弹性支撑点之间杆身计算长度，m；

　　i——杆身截面回转半径，m；

　　λ_0——弹性支撑点之间杆身换算长细比（见 6.5.2 节）。

3. 设计标准对塔桅钢结构斜腹杆和构造支撑件设计内力的要求

由于沿高耸结构高度方向的风荷载的分布状况是随机变化的，而计算公式无法反映这种复杂的变化，所以当按一般的方法计算塔架中某些斜腹杆（以下简称斜杆）内力时，有时会非常小。而实际上当风的分布状况发生变化时，斜杆的内力会大大超过这一值。为防止因斜杆计算内力过小而引发塔架钢结构破坏，参考英国规范对斜杆最小内力进行限制。

当计算所得四边形钢塔斜杆承担的剪力与同层塔柱承担的剪力之比 $\Delta = \left| \dfrac{Vb}{\sqrt{2}M\tan\theta} - 1 \right| \leqslant 0.4$ 时,按照《高耸结构标准》的规定,斜杆内力宜取为塔柱内力乘系数 α(图 6.18), α 可按式(6.4.2)计算:

$$\alpha = \mu(0.228 + 0.649\Delta) \cdot \frac{b}{h} \qquad (6.4.2)$$

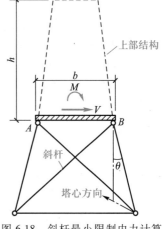

图 6.18 斜杆最小限制内力计算

式中,μ——斜杆为刚性时,$\mu = 1$;斜杆为柔性时,$\mu = 2$。

V、M——层顶剪力、弯矩。

b——层顶宽度。

θ——塔柱与铅垂线的夹角。

h——所计算截面以上塔体高度。

当未按上述方法复核斜杆受力时,斜杆设计内力不宜小于主材内力的 3%。

塔桅钢结构中的构造支撑件(指零杆或法兰受力很小的横隔、再分式腹杆等)的设计内力不应小于被它所支撑的杆件内力值的 2%,用以考虑初始缺陷的不利影响。塔桅钢结构中柔性预应力交叉斜杆的预拉力值不宜小于按线弹性理论计算时交叉斜杆的压力设计值,用以防止柔性斜杆松弛,并应按预应力结构体系进行计算。

4. 塔桅钢结构的变形

塔桅钢结构在结构布置和形体设计时应考虑结构变形的影响,并进行变形验算,变形应满足《高耸结构标准》第 3.0.10 条和第 3.0.11 条的规定。

5. 桅杆结构的整体稳定

桅杆结构除满足承载能力外,还需满足各安装阶段的整体稳定要求。在安装阶段,风压很小,纤绳拉力按实际计取,再加安装荷载,此时桅杆有可能发生杆身分支屈曲失稳,应验算桅杆的安全性。整体稳定安全系数不应低于 2.0。对于纤绳上有绝缘子的桅杆,应该验算绝缘子破坏后的受力状况,此时可假定纤绳初应力值降低 20%,相应的稳定安全系数不应低于 1.6。

6.5 高耸钢结构的基本构件设计

塔桅钢结构暴露在大气中使用,应做长效防腐蚀处理。一般情况以热浸锌为宜,构件体型特殊且很大时可用热喷锌(铝)复合涂层。对厚度大于或等于 5 mm 的构件,锌层平均厚度不应小于 86 μm;对厚度小于 5 mm 的构件,锌层平均厚度不应小于 65 μm。

微波塔、输电塔等在受荷载不大的情况下,经常采用镀锌角钢作为基本构件,采用螺栓连接,制作、安装等比较方便。高大的、受载较大的输电塔、电视塔等通常采用圆钢管。钢管宜选用热轧无缝钢管或焊接钢管,不宜选用热扩无缝管。

塔桅钢结构主要受力构件有塔柱、横杆、斜杆等。所用钢板厚度不应小于 5 mm;角钢截面不应小于∟45×4;圆钢直径不应小于 ϕ16;钢管壁厚不应小于 4 mm。

塔桅钢结构常常按空间桁架模型计算,其杆件均按轴心受力设计。但实际上这些杆也会受到局部作用力而受弯,为避免不安全因素,《高耸结构标准》提出增加横向集中力作用的计算,以考虑检修荷载。具体规定如下:所有对地夹角不大于 30°的杆件,应能承受跨中 1 kN 的检修荷载。此时不与其他荷载组合。

下面简要介绍高耸钢结构中常用到的钢结构构件的承载力计算。

6.5.1　纤绳

纤绳应用于桅杆结构,一般采用钢丝绳或钢绞线制作。其一端连接于杆身,另一端连于地面,可按抛物线形状计算。纤绳的初应力应综合考虑桅杆变形、杆身的内力和稳定及纤绳承载力等因素确定,宜在 200~300 MPa 范围内选用。纤绳的截面强度应按下式验算:

$$\frac{N}{A} \leqslant f_w \tag{6.5.1}$$

式中,N——纤绳拉力设计值,N;

A——纤绳的钢丝绳或钢绞线截面面积,mm^2;

f_w——钢绞线或钢丝绳强度设计值,N/mm^2,按表 6.5、表 6.6 取用。

表 6.5　镀锌钢绞线强度设计值　　　　　　　　　　　　N/mm^2

股数	热镀锌钢丝公称抗拉强度				
	1 270	1 370	1 470	1 570	1 670
	整根钢绞线抗拉强度设计值 f_g				
3 股	745	800	860	920	980
7 股	745	800	860	920	980
19 股	720	780	840	900	955
37 股	680	740	790	850	900

注:1. 整根钢绞线拉力设计值等于总截面与 f_g 的积;

2. 强度设计值 f_g 中已计入了换算系数:3 股 0.92,7 股 0.92,19 股 0.90,37 股 0.85;

3. 拉线金具的强度设计值由国家标准的金具强度标准值或试验破坏值定,$\gamma_R = 1.8$。

表 6.6　钢丝绳强度设计值　　　　　　　　　　　　N/mm^2

钢丝绳公称抗拉强度	1 470	1 570	1 670	1 770	1 870	1 960	2 160
钢丝绳抗拉强度设计值	735	785	835	885	935	980	1 080

钢丝绳的弹性模量见表 6.7。

表 6.7　钢丝绳弹性模量 E_s　　　　　　　　　　　　N/mm^2

钢丝绳类型	弹性模量
单股钢丝绳	1.8×10^5
多股钢丝绳(中间为无机芯)	1.4×10^5
多股钢丝绳(中间为有机芯)	1.2×10^5

6.5.2 轴心受力构件

1. 强度验算

轴心受力构件的净截面强度应按下式验算:

$$\frac{N}{A_n} \leqslant f \tag{6.5.2}$$

式中,N——轴心力设计值,N。

A_n——构件净截面面积,mm^2;对多排螺栓连接的受拉构件,要计及锯齿形破坏情况。

f——钢材的强度设计值,N/mm^2,按表6.8采用,并按表6.9进行折减修正。

表6.8 钢材强度设计值 N/mm^2

钢材		抗拉、抗压和抗弯强度设计值 f	抗剪强度设计值 f_v	端面承压强度设计值(刨平顶紧)f_{ce}
牌号	厚度或直径/mm			
Q235 钢	≤16	215	125	320
	>16, ≤40	205	120	
	>40, ≤100	200	115	
Q345 钢	≤16	305	175	400
	>16, ≤40	295	170	
	>40, ≤63	290	165	
	>63, ≤80	280	160	
	>80, ≤100	270	155	
Q390 钢	≤16	345	200	415
	>16, ≤40	330	190	
	>40, ≤63	310	180	
	>63, ≤100	295	170	
Q420 钢	≤16	375	215	440
	>16, ≤40	355	205	
	>40, ≤63	320	185	
	>63, ≤100	305	175	
Q460 钢	≤16	410	235	470
	>16, ≤40	390	225	
	>40, ≤63	355	205	
	>63, ≤100	340	195	

注:1. 20#钢(无缝钢管)的强度设计值同Q235钢;

2. 焊接高耸结构应至少采用B级钢材。

表 6.9　钢材强度设计值的折减系数

连接形式	强度设计值折减系数
施工条件较差的高空安装焊缝的连接	0.90
无垫板的单面施焊对接焊缝的连接	0.85

2. 稳定性验算

轴心受压构件的稳定承载力应按下式验算:

$$\frac{N}{\varphi A} \leq f \tag{6.5.3}$$

式中,A——构件毛截面面积;

φ——轴心受压构件的稳定系数。

稳定系数与轴心受压构件的长细比 λ 有关,对于弦杆、斜杆、横杆和横隔,分别按表 6.10、表 6.11、表 6.12 计算长细比。对于单角钢、双角钢、T 形及十字形截面,应按 GB 50017—2017《钢结构设计标准》(简称《标准》)考虑扭转及弯扭屈曲采用等效长细比。按照表 6.13 确定构件截面类别,根据构件长细比 λ、材料强度及截面类别,可由《标准》附录 D 查得稳定系数。

表 6.10　塔栀钢结构弦杆长细比

弦杆形式	两塔面斜杆交点错开	两塔面斜杆交点不错开
简图 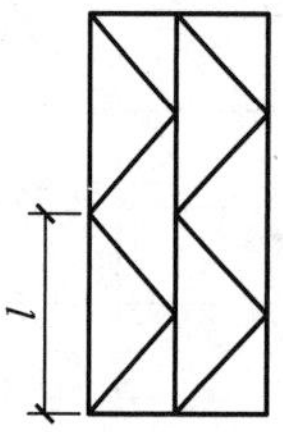 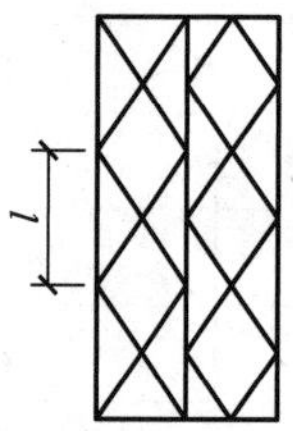 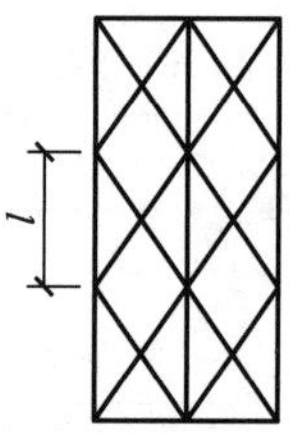 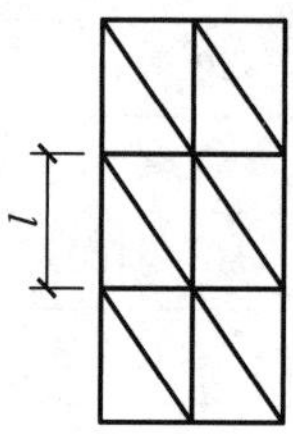 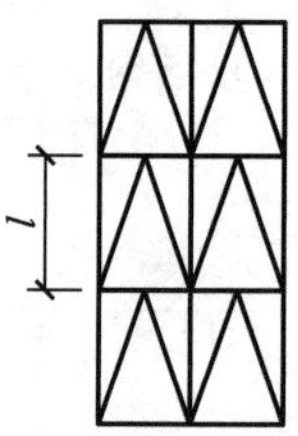		
长细比	$\lambda = \dfrac{1.2l}{i_x}$	$\lambda = \dfrac{l}{i_{y_0}}$
符号说明		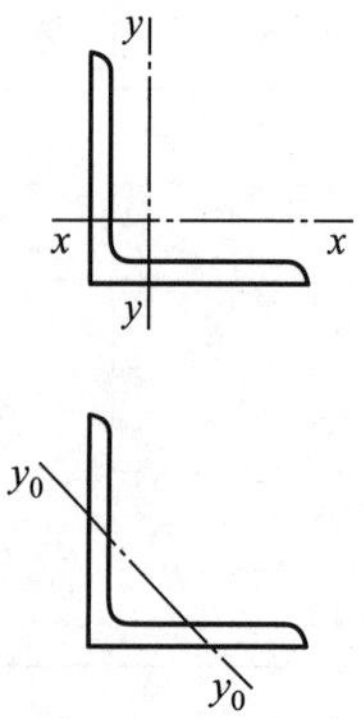 i_x——单角钢截面对平行肢轴的回转半径; i_{y_0}——单角钢截面的最小回转半径; l——节间长度。

表 6.11 塔桅钢结构斜杆长细比

斜杆形式	单斜杆	双斜杆	双斜杆加辅助杆	
简图				
长细比	$\lambda = \dfrac{l}{i_{y0}}$	当斜杆不断开又互相不连接时: $\lambda = \dfrac{l}{i_{y0}}$; 斜杆断开,中间连接时: $\lambda = \dfrac{0.7l}{i_{y0}}$; 斜杆不断开,中间用螺栓连接时: $\lambda = \dfrac{l_1}{i_{y0}}$	B 点与相邻塔面的对应点之间有连杆; 当 A 点与相邻塔面的对应点之间有连杆时: $\lambda = \dfrac{l_1}{i_{y0}}$; 当 A 点与相邻塔面的对应点之间无连杆时: $\lambda = \dfrac{1.1l}{i_x}$; 两斜杆同时受压时: $\lambda = \dfrac{1.25l}{i_x}$	斜杆不断开又互相连接时: $\lambda = \dfrac{1.1l_1}{i_x}$; 两斜杆同时受压时: $\lambda = \dfrac{0.8l}{i_x}$

表 6.12　塔桅钢结构横杆和横隔长细比

简图	截面形式	横杆	横隔
		当有连杆 a 时： $\lambda = \dfrac{l_1}{i_x}$； 当无连杆 a 时： $\lambda = \dfrac{l_1}{i_{y0}}$	$\lambda = \dfrac{l_2}{i_{y0}}$
		当有连杆 a 时： $\lambda = \dfrac{l_1}{i_x}$； 当无连杆 a 时： $\lambda = \dfrac{l_1}{i_{y0}}$	当一根交叉杆断开，用节点板连接时： $\lambda = \dfrac{1.4l_2}{i_{y0}}$； 当交叉杆不断开，用螺栓连接时： $\lambda = \dfrac{l_2}{i_{y0}}$
		当有连杆 a 时： $\lambda = \dfrac{l_1}{i_{y0}}$； 当无连杆 a 时： $\lambda = \dfrac{2l_1}{i_x}$	$\lambda = \dfrac{l_2}{i_{y0}}$
		当有连杆 a 时： $\lambda = \dfrac{l_1}{2i_{y0}}$； 当无连杆 a 时： $\lambda = \dfrac{l_1}{i_x}$	$\lambda = \dfrac{l_2}{i_{y0}}$

表 6.13　高耸结构常用轴心受压钢构件的截面分类

截面类别	截面形式和对应轴线
a 类	轧制
b 类	双角钢　双角钢　焊接　等边角钢　等边角钢　轧制矩形、焊接矩形,板件宽厚比大于20　格构式　格构式　格构式　格构式

注:其他截面分类应按现行国家标准 GB 50017—2017《钢结构设计标准》执行。

3. 格构式轴心受压构件的换算长细比

格构式轴心受压构件常出现在高耸结构中,其整体稳定验算公式与实腹式构件相同,即式(6.5.3)。格构式轴心受压构件绕虚轴失稳时剪切变形的影响不可忽视,需采用换算长细比 λ_0 确定稳定系数。下面给出几种常见构件换算长细比的计算公式。对于缀条柱来说,斜缀条与构件轴线间的夹角应为 $40° \sim 70°$ 才能保证公式的准确性。对于缀板柱来说,同一截面处缀板或型钢横杆的线刚度之和不得小于柱较大分枝线刚度的 6 倍。

（1）四肢组合构件(图 6.19)

① 当缀件为缀板时:

$$\lambda_{0x} = \sqrt{\lambda_x^2 + \lambda_1^2} \qquad (6.5.4)$$

$$\lambda_{0y} = \sqrt{\lambda_y^2 + \lambda_1^2} \qquad (6.5.5)$$

式中,λ_x、λ_y——整个构件分别对 x 轴和 y 轴的长细比;

λ_1——单肢对最小刚度轴 1-1 的长细比。

② 当缀件为缀条时:

$$\lambda_{0x} = \sqrt{\lambda_x^2 + 40 \frac{A}{A_{1x}}} \qquad (6.5.6)$$

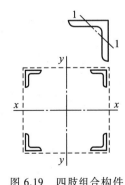

图 6.19　四肢组合构件

$$\lambda_{0y} = \sqrt{\lambda_y^2 + 40\frac{A}{A_{1y}}} \qquad (6.5.7)$$

式中, A_{1x}、A_{1y}——构件截面中垂直 x-x 轴或 y-y 轴各斜缀条毛截面面积之和。

（2）等边三角形截面的三肢组合构件（图 6.20）

① 当缀件为缀板时：

$$\lambda_{0x} = \sqrt{\lambda_x^2 + \lambda_1^2} \qquad (6.5.8)$$

$$\lambda_{0y} = \sqrt{\lambda_y^2 + \lambda_1^2} \qquad (6.5.9)$$

式中, λ_1——单肢长细比。

② 当缀件为缀条时：

$$\lambda_{0x} = \sqrt{\lambda_x^2 + 56\frac{A}{A_1}} \qquad (6.5.10)$$

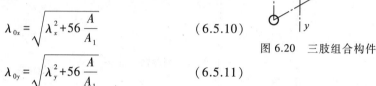

图 6.20　三肢组合构件

$$\lambda_{0y} = \sqrt{\lambda_y^2 + 56\frac{A}{A_1}} \qquad (6.5.11)$$

式中, A_1——构件截面中各斜缀条毛截面面积之和。

（3）格构式构件单肢稳定

为保证单肢不先于整体失稳, 应满足下列规定：

① 对缀板式构件, 其单肢长细比 λ_1 不应大于 $40\sqrt{\dfrac{235}{f_y}}$, 也不应大于构件两个方向长细比较大值 λ_{max} 的 0.5 倍, 绕虚轴取换算长细比; $\lambda_{max} < 50$ 时, 取 $\lambda_{max} = 50$。

② 缀条式轴心受压格构式构件的单肢长细比 λ_1 不应大于构件两个方向长细比较大值 λ_{max} 的 0.7 倍。

（4）构件的容许长细比 λ

轴心受力构件的容许长细比 λ 应符合表 6.14 的规定。

表 6.14　构件容许长细比

杆件类型		长细比
受压杆件	弦杆	150
	斜杆、横杆	180
	辅助杆	200
受拉杆件	无预拉力	350
	有预拉力	—
桅杆两相邻纤绳结点间杆身长细比	格构式桅杆	100
	实腹式桅杆	150

注:格构式构件桅杆采用换算长细比。

6.5.3　拉弯和压弯构件

高耸结构中拉弯构件和压弯构件的设计应按《标准》进行。

单圆钢管塔或多边形钢管塔的径厚比 D/t 不宜大于 400,单管塔除应按《标准》中压弯构件的相关公式进行强度和整体稳定验算外,还应进行局部稳定验算。

单管塔受弯时,考虑到管壁局部稳定影响,验算弯矩作用平面内稳定时其设计强度 f 应乘以修正系数 μ_d。μ_d 应按式 6.5.12~式 6.5.15 计算。

对 Q235 钢:

$$\mu_d = \begin{cases} 1.0 & D/t \leqslant 140 \\ 0.566 + \dfrac{73.85}{D/t} - \dfrac{1\,832.5}{(D/t)^2} & 140 < D/t \leqslant 300 \end{cases} \quad (6.5.12)$$

对 Q345 钢,

$$\mu_d = \begin{cases} 1.0 & D/t \leqslant 110 \\ 0.554 + \dfrac{66.62}{D/t} - \dfrac{1\,926.5}{(D/t)^2} & 110 < D/t \leqslant 245 \end{cases} \quad (6.5.13)$$

对 Q390 钢,

$$\mu_d = \begin{cases} 1 & D/t \leqslant 107.8 \\ 0.5 + \dfrac{82.33}{D/t} - \dfrac{3\,064.6}{(D/t)^2} & 107.8 < D/t \leqslant 230 \end{cases} \quad (6.5.14)$$

对 Q420 钢,

$$\mu_d = \begin{cases} 1 & D/t \leqslant 103.8 \\ 0.498 + \dfrac{79.25}{D/t} - \dfrac{2\,718}{(D/t)^2} & 103.8 < D/t \leqslant 220 \end{cases} \quad (6.5.15)$$

当单管塔的径厚比 D/t 大于式(6.5.12)~式(6.5.15)规定的范围时,应按下列公式验算局部稳定:

$$\frac{N}{A} + \frac{M}{W} \leqslant \sigma_{cr} \quad (6.5.16)$$

式中,σ_{cr}——管壁局部稳定临界应力,MPa。

$$\sigma_{cr} = \begin{cases} \dfrac{0.68}{\beta^2} f_y & \beta > \sqrt{2} \\ (0.909 - 0.375\beta^{1.2}) f_y & \beta \leqslant \sqrt{2} \end{cases} \quad (6.5.17)$$

式中,$\beta = \sqrt{\dfrac{f_y}{\alpha \sigma_c}}$,$\sigma_c = 1.21 E \dfrac{t}{D}$,$\alpha = \dfrac{\alpha_N \sigma_N + \alpha_B \sigma_B}{\sigma_N + \sigma_B}$,$\sigma_N = \dfrac{N}{A}$,$\sigma_B = \dfrac{M}{W}$,$\alpha_N = \dfrac{0.83}{\sqrt{1 + D/(200t)}}$,$\alpha_B = 0.189 + 0.811\alpha_N$;

f_y——钢材屈服强度,MPa;

t——计算截面壁厚,mm;

D——计算截面外直径,mm;

E——钢材的弹性模量,MPa。

6.6　高耸钢结构的连接设计

6.6.1　焊接和螺栓连接

焊接和螺栓连接(包括普通螺栓连接和高强度螺栓连接两种)是钢结构常用的连接方式,应按《标准》进行设计,同时满足相应的构造要求。具体计算方法和过程可查阅张耀春教授主编的《钢结构设计原理》(第 2 版)。

1. 焊缝连接

按《高耸结构标准》要求,对风力发电塔这类承受疲劳动力作用的高耸钢结构,受拉的角焊缝、对接焊缝应采用高质量焊缝,以提高其抗疲劳性能,故宜采用一级焊缝;其他角焊缝、对接焊缝可采用二级焊缝。承受疲劳荷载的结构同时应对焊缝处的母材进行疲劳验算。

在母材厚度变化处,不等厚母材间的对接焊缝宜与较薄母材等厚或进行缓坡过渡。施焊时,如果操作空间狭小,无法按二级焊缝的要求保证焊接的位置,可以采用熔透焊,外观检查应满足二级焊缝要求。次要结构可以采用角焊缝,同样,外观检查要满足二级焊缝要求。

焊接材料的强度应与主体钢材的强度相匹配。不同强度的钢材间焊接时,宜按强度低的钢材选择焊材。大直径圆钢对焊时,宜采用熔槽焊及铜模电渣焊,也可采用"X"形坡口电弧焊。对接焊的焊缝强度不应低于母材强度。当钢管对接焊接时,焊缝强度不应低于钢管的母材强度。

焊缝的布置应对称于构件重心,同时避免焊缝立体交叉和集中在一处,以便将残余应力和变形降至最低。焊缝的坡口形式应根据焊件尺寸和施工条件按国家现行有关标准的要求确定,并应符合下列规定:

① 钢板对接的过渡段的坡度不得大于 1∶2.5;

② 钢管或圆钢对接的过渡段长度不得小于直径差的 2 倍。

角焊缝的构造尺寸应符合现行国家标准《标准》的规定。同时,圆钢与圆钢、圆钢与钢板或型钢间的角焊缝有效厚度,不宜小于圆钢直径的 20%(当两圆钢直径不同时,取平均直径),且不宜小于 3 mm,并不应大于钢板厚度的 1.2 倍;计算长度不应小于 20 mm。塔桅结构构件端部的焊缝应采用围焊,所有围焊的转角处应连续施焊。

2. 螺栓连接

螺栓连接在高耸结构中普遍使用。采用螺栓进行构件连接时,螺栓直径不应小于 12 mm。每根杆件在接头一侧的螺栓数不宜少于 2 个,连接法兰盘的螺栓数不应少于 3 个。桅杆的腹杆或格构式构件的缀条与弦杆的连接,以及钢塔中相当于精制螺栓的销连接,可用一个螺栓。弦杆角钢对接,在接头一侧的螺栓数不宜少于 6 个。受剪螺栓的螺纹不宜进入剪切面。使用螺栓时应该对螺栓防松措施做出规定,有效措施是使用双螺母或扣紧螺母。高耸钢结构中受拉普通螺栓应用双螺母防松,其他普通螺栓应用扣紧螺母防松。靠近地面的塔柱和拉线的连接螺栓宜采取防拆卸措施,以免丢失。

高强度螺栓的承压型连接,应该确保在使用阶段(在荷载标准值作用下)保持预紧力状态。对于不同防腐蚀涂层,具有不同受力特征的高强度螺栓应该按如下要求施加预应力:

① 对于室内无长效防腐蚀涂层的高强度螺栓,按《标准》规定的扭矩法施加预紧力。

② 对于有长效防腐蚀涂层的高强度螺栓,在受剪及受一般拉力情况下,用转角法施加预紧力;在拉、压交变疲劳荷载作用下,用直接张拉法施加预应力。

承受疲劳动力作用下的高强度螺栓,其应力幅应按下式计算:

$$\Delta\sigma = \frac{\Delta T}{A_d\left(1+\dfrac{A_c}{A_d}\right)} \tag{6.6.1}$$

式中,$\Delta\sigma$——高强度螺栓的应力幅,MPa,不应超过由《标准》得到的容许疲劳应力幅;

ΔT——拉力幅值;

A_c——受压钢板面积,当构造条件复杂,较难确定受压面积时,可按实测或有限元计算确定;

A_d——螺栓的截面面积。

6.6.2 钢管结构的连接节点

钢管构件经常出现在高耸空间桁架结构中,因此节点连接设计是必不可少的。下面介绍钢管结构的连接节点。

1. 采用节点板的连接

图 6.21 所示为采用节点板的节点连接。同一节点处沿主管轴向,同一平面内的相邻支管通过同一块节点板连于主管上。通常节点板与主管采用角焊缝焊接连接,见图 6.22。支管通过杆端部连接板采用螺栓与节点板相接,见图 6.21。无论是螺栓连接还是焊缝连接,不仅要满足《标准》及本节所述的构造要求,还要满足承载能力要求。

图 6.21 中节点板上两支杆内力分别为 N_{X1} 和 N_{X2},它们在焊缝处的合力为 ΔN 和弯矩 $\Delta M = \Delta N \cdot D/2$,这就是节点板与钢管的焊缝需要承担的内力(图 6.22)。节点上部主管的内力为 N,下部主管的内力则为 $N+\Delta N$。为保证节点板的稳定,节点板宽度 b_1 与板厚度 t_1 之比不应大于 15。节点板厚度要满足:$t_1 \leqslant t-2$ mm(t 为主管壁厚),同时 t_1 不应小于 4 mm。

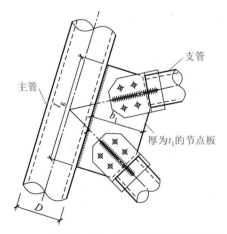

图 6.21 主管与支杆通过节点板连接的节点

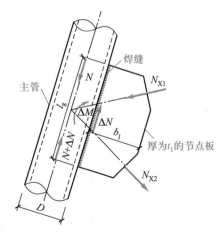

图 6.22 主管与节点板的连接

满足上述要求且节点板的长度 l_g 与主管管径 D 的比值 l_g/D 不超过表 6.15 的临界尺寸时,可不对主管承载力进行验算,否则应按《标准》的规定或按弹性有限元法验算主管承载力。在荷载设计值作用下,节点塑性发展深度不应超过 $0.1t$。通常 l_g/D 在 2.0 以内,表 6.15 粗线左下方都满足不验算要求,超出部分适当注意延长节点板即可。

表 6.15　节点板尺寸的临界值 (l_g/D)

λ	$\Delta N/N$								
	0.050	0.075	0.100	0.125	0.150	0.175	0.200	0.225	0.250
50	1.4	1.6	1.8	2.0	2.1	2.3	2.4	2.5	2.6
55	1.3	1.5	1.7	1.9	2.0	2.2	2.3	2.4	2.5
60	1.2	1.4	1.7	1.8	1.9	2.0	2.1	2.2	2.3
65	1.1	1.4	1.6	1.7	1.8	1.9	2.0	2.1	2.2
70	1.1	1.3	1.5	1.6	1.7	1.8	1.9	2.0	2.1
75	1.0	1.2	1.4	1.5	1.6	1.7	1.8	1.9	2.0
80	1.0	1.1	1.3	1.4	1.5	1.6	1.7	1.8	1.9
85	0.9	1.1	1.2	1.3	1.4	1.5	1.6	1.7	1.8
90	0.9	1.0	1.2	1.3	1.4	1.4	1.5	1.6	1.7
95	0.8	0.9	1.1	1.2	1.3	1.4	1.5	1.5	1.6
100	0.7	0.8	1.0	1.1	1.2	1.3	1.4	1.4	1.5

注:1. λ 为主管长细比;

2. 表中为满应力,当非满应力时,应对 λ 作修正,修正系数 $\varphi = \sigma/f$。

2. 主管与支管相贯线连接

主管与支管相贯线连接在《标准》中称为直接焊接节点。采用相贯线连接的管结构,主管径厚比 D/t 不宜超过 45;支管与主管直径之比应不小于 0.4,主管壁厚与支管壁厚之比应不小于 1.2;主管长细比应不小于 40。当满足这些条件时,可不进行主管局部承载力验算。否则应按《标准》的要求进行主管局部承载力验算,即按规范计算节点承载力。在主管局部承载力满足要求的情况下,下一步工作是设计焊缝。

相贯线焊缝包括坡口线应该连续,圆滑过渡。按支管壁厚分为以下两种情况。

(1) 支管壁厚 t_i 在 6 mm 以下

可用沿相贯线全长分布的角焊缝连接,焊脚尺寸取 $h_f = 1.2t_i$,按二级焊缝要求进行外观检查。

(2) 支管壁厚 t_i 在 6 mm 以上

① 节点受疲劳动力作用或高频振动,或主管与支管轴线最小夹角小于 30° 时,相贯线焊缝全长按四分区方式设计。图 6.23 为焊缝分区,其中 1 为 A 区;2 为 B 区;对于四分区

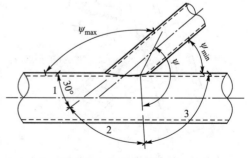

图 6.23　相贯线焊缝分区

法,3 为 C 区和 D 区;对于三分区法,3 为 C 区。图 6.24 为各分区焊缝细部。相贯线焊缝应达到一级焊缝质量;主管表面与支管表面的相贯线夹角 ψ 与焊缝坡口角度 ϕ 的对应关系按表 6.16 确定;焊缝的焊脚尺寸 $h_f = \alpha t_i$,系数 α 按表 6.17 取值。

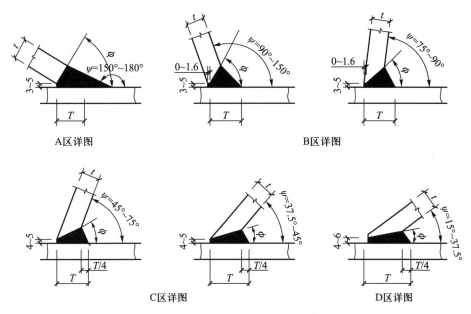

图 6.24　钢管相贯线焊缝四分区细部

表 6.16　ψ 使用范围与坡口角度 ϕ

	ψ 使用范围	坡口角度 ϕ
A 区	$150° \sim 180°$	$\phi \geqslant 45°$
B 区	$75° \sim 150°$	$37.5° \leqslant \phi \leqslant 60°$
C 区	$37.5° \sim 75°$	$\phi = \psi/2$,最大 $37.5°$
D 区	$20° \sim 37.5°$	$\phi = \psi/2$

表 6.17　ψ 使用范围与系数 α 取值

ψ	α
$70° \leqslant \psi < 180°$	1.50
$40° \leqslant \psi < 70°$	1.70
$20° \leqslant \psi < 40°$	2.00

② 除①以外的其他情况

相贯线焊缝全长可按三分区方式设计,分区见图 6.23,图 6.25 为各分区焊缝细部。对接焊缝应全熔透,和角焊缝一样可按二级焊缝进行外观检查。

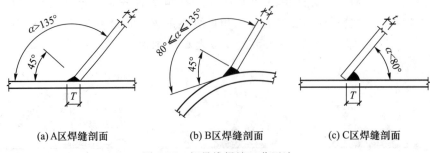

(a) A区焊缝剖面　　　　　(b) B区焊缝剖面　　　　　(c) C区焊缝剖面

图 6.25　相贯线焊缝三分区法

当与主管连接的多根支管在节点处相互干扰时，应首先确保受力大的主要支管按前述要求做相贯线焊接，受力较小的次要支管可通过其他过渡板与主管连接。两根支管受力相当时，则通过对称中心的加强板辅助相贯线连接（图 6.26），并按《标准》相应要求验算主管局部承载力。

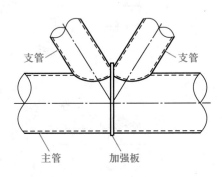

图 6.26　加强板辅助相贯线连接

有关高耸钢管结构法兰连接的内容，可参见《高耸结构标准》第 5.9 条相关规定；有关钢柱脚的设计方法，可参见《标准》第 12.7 条和 YD/T 5131—2019《移动通信工程钢塔桅结构设计规范》附录 C 的相关规定，此处不再赘述。

6.7　高耸结构设计例题

6.7.1　设计条件

本节以一北方地区的格构式钢结构塔架为例，介绍高耸钢结构设计的全过程。该塔架平面形状为正四边形，总高 55 m（不包含避雷针段 6 m），塔架所在地区的基本风压为 0.55 kN/m²，所处场地为我国《荷载规范》规定的 B 类地貌。

6.7.2　结构选型

设计时，将塔架沿高度分为 9 段，其轮廓尺寸如图 6.27 所示，分别在 48.25 m 和 53.5 m

6.2　设计例题附录

标高处设置天线平台。杆件主要采用单角钢截面，仅塔顶平台的横隔杆件采用双角钢截面，其中塔柱（弦杆）及其连接杆件采用 Q345B 钢，用作横隔的辅助杆件的型钢、圆钢和板材均采用 Q235B 钢。塔架杆件之间采用螺栓和节点板连接，下部弦杆间连接螺栓采用大六角头普通螺栓，性能等级为 8.8 级 A 级，上部弦杆间及斜杆、横杆和辅助杆件的连接螺栓为 4.8 级。根据经验初选杆件截面和构造,见例题附录。塔架质量为 17.53 t,螺栓质量为 1.01 t,故该高耸钢结构通信塔总质量为 18.54 t(不含基础预埋件质量)。

6.7.3 塔架结构有限元建模

依据格构式钢结构塔架的设计图纸,基于 ANSYS 有限元分析软件,建立塔架的三维有限元模型。塔身各杆件均采用 BEAM 188 梁单元进行模拟,各杆件截面为角钢,弹性模量 $E = 210$ GPa,泊松比 $\nu = 0.3$,密度 $\rho = 7\,850$ kg/m³。塔架弦杆及其连接杆件采用 Q345B 钢,其余杆件采用 Q235B 钢。约束塔架底部四个柱脚节点的所有自由度。

由于在塔架 48.25 m、53.5 m 标高处有放置天线与天线支架的平台,故采用 MASS21 质量单元将这部分附加质量添加到各平台层,其中 48.25 m 标高处质量单元的质量为 835 kg,53.5 m 标高处质量单元的质量为 849 kg。避雷针段对结构的刚度没有影响,同样采用 MASS 21 质量单元将附加质量(110 kg)添加到顶层,ANSYS 模型如图 6.28 所示。

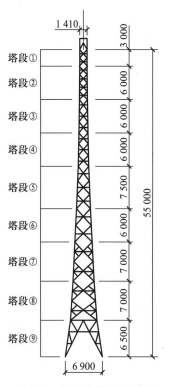

图 6.27　钢结构塔架正视图

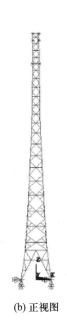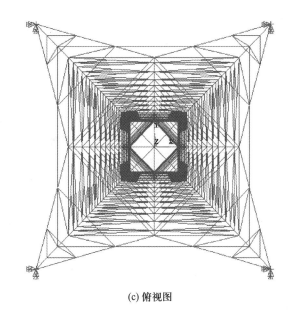

(a) 立体图　　　(b) 正视图　　　　　　　(c) 俯视图

图 6.28　高耸钢结构通信塔的有限元模型

6.7.4　塔架结构模态分析

通过模态分析可得到该通信塔结构的固有频率和振型,初步判断塔架的整体刚度和变形趋势。同时,结构的第一阶频率与振型亦可为确定结构的风振系数提供依据。

采用分块兰索思(Block Lanczos)法计算结构的各阶模态。表 6.18 列出了该塔架的前 10 阶模态的频率和振动形式,对应的各阶振型如图 6.29 所示。

表 6.18　塔架的前 10 阶频率及振动形式

阶数	频率/Hz	振动形式	阶数	频率/Hz	振动形式
1	1.122	x 向一阶平动	6	8.722	x 向三阶平动
2	1.122	y 向一阶平动	7	8.725	y 向三阶平动
3	4.410	x 向二阶平动	8	8.947	底部局部振动
4	4.413	y 向二阶平动	9	10.659	二阶扭转
5	6.910	一阶扭转	10	11.514	底部局部振动

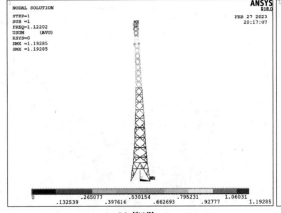

(a) 第1阶

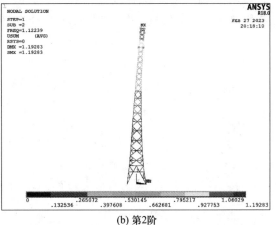

(b) 第2阶

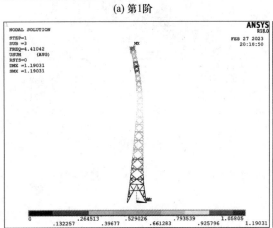

(c) 第3阶

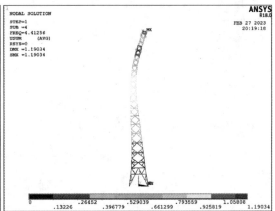

(d) 第4阶

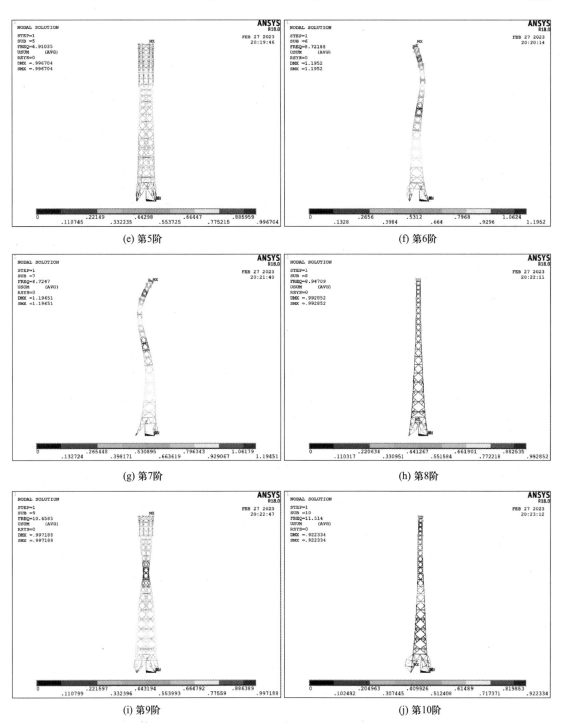

(e) 第5阶

(f) 第6阶

(g) 第7阶

(h) 第8阶

(i) 第9阶

(j) 第10阶

图 6.29 塔架结构的前 10 阶振型

6.7.5 风荷载计算

对于高耸钢结构塔架,风荷载是其结构设计的主要控制荷载,故依据《荷载规范》和《高耸结构标准》来确定塔架结构的风荷载。

塔架结构的顺风向风荷载标准值可采用式（6.3.1）进行计算，其中基本风压为 $w_0 = 0.55 \text{ kN/m}^2$；风压高度变化系数 μ_z 按《荷载规范》表 8.2.1 的 B 类地貌取值；风荷载体型系数 μ_s 按《荷载规范》表 8.3.1 的第 35 项或《高耸结构标准》表 4.2.7-4 确定，由表可知，方形截面角钢塔架的整体体型系数 μ_s 在 45°迎风时的数值大于 0°迎风时的结果，为最不利情况，故只对 45°迎风时的风荷载进行计算。表 6.19 给出了塔架沿高度各节点的整体体型系数 μ_s、风压高度变化系数 μ_z 和附属面积，表中的节点编号及风荷载作用方向如图 6.30 所示。

表 6.19　塔架沿高度各节点的风荷载参数取值

节点编号	高度/m	挡风系数	整体体型系数	风压高度变化系数	轮廓面积/m²	附属面积/m²
25	55	0.226	2.622	1.665	1.943 9	0.439 3
24	54.25	0.226	2.622	1.658	2.243 0	0.506 9
23	52.75	0.226	2.622	1.645	2.990 6	0.675 9
22	51.262	0.226	2.622	1.631	3.040 6	0.687 2
21	49.761	0.226	2.622	1.618	3.128 3	0.707 0
20	48.261	0.226	2.622	1.603	3.234 5	0.731 0
19	46.761	0.226	2.622	1.588	3.327 3	0.752 0
18	45.018	0.226	2.622	1.570	4.614 4	1.042 9
17	43.017	0.226	2.622	1.550	4.779 3	1.080 1
16	41.016	0.226	2.622	1.530	4.944 2	1.117 4
15	39.019	0.226	2.622	1.507	5.095 2	1.151 5
14	37.018	0.226	2.622	1.481	5.260 1	1.188 8
13	35.017	0.226	2.622	1.455	5.425 0	1.226 0
12	32.823	0.226	2.622	1.427	7.480 9	1.690 7
11	30.315	0.226	2.622	1.394	8.254 2	1.865 5
10	27.809	0.226	2.622	1.355	9.027 5	2.040 2
9	25.079	0.226	2.622	1.311	12.206 4	2.758 6
8	22.072	0.226	2.622	1.263	13.160 8	2.974 3
7	18.836	0.191	2.719	1.207	17.364 8	3.310 6
6	15.328	0.191	2.719	1.137	18.663 9	3.558 3
5	11.859	0.191	2.719	1.048	21.271 8	4.055 5
4	8.347	0.191	2.719	1	17.171 8	3.273 8
3	6.5	0.191	2.719	1	14.204 8	1.845 2
2	4.333	0.130	2.840	1	17.254 5	2.241 4
1	2.167	0.130	2.840	1	29.235 8	3.797 7

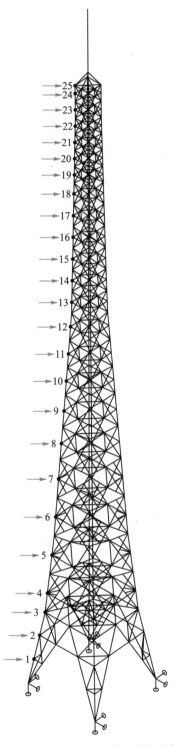

图 6.30　塔架结构沿高度的节点编号及风荷载作用方向示意

　　塔架结构的风振系数 β_z 可按《高耸结构标准》中的式(4.2.9)进行计算,即自立式高耸结构在 z 高度处的风振系数 β_z 可表示为

$$\beta_z = 1 + \xi \varepsilon_1 \varepsilon_2 \tag{6.7.1}$$

式中,ξ——脉动增大系数,按《高耸结构标准》中的表 4.2.9-1 采用。由模态分析可知,结构的基本自振周期 $T_1 = 0.891$ s,故 $w_0 T_1^2 = 0.437$ kN·s²/m²,结构阻尼比取 0.01,查表 4.2.9-1 可得脉动增大系数 $\xi = 2.26$。

　　ε_1——风压脉动和风压高度变化等的影响系数,按《高耸结构标准》中的表 4.2.9-2 采用;由 $H = 55$ m,查表可得影响系数 $\varepsilon_1 = 0.725$。

　　ε_2——振型、结构外形的影响系数,按《高耸结构标准》中的表 4.2.9-3 采用。

表 6.20 给出了塔架沿高度各节点的风振系数和顺风向风荷载标准值。

表 6.20　塔架沿高度各节点的风振系数和顺风向风荷载标准值

节点编号	影响系数 ε_2	风振系数 β_z	风荷载标准值 w_k /(kN·m⁻²)	等效风荷载 F /kN
25	0.660	2.082	5.000	2.197
24	0.658	2.079	4.972	2.521
23	0.654	2.073	4.917	3.323
22	0.650	2.067	4.862	3.341
21	0.647	2.061	4.807	3.398
20	0.638	2.046	4.729	3.457
19	0.628	2.030	4.648	3.495
18	0.617	2.011	4.554	4.750
17	0.600	1.984	4.435	4.791
16	0.580	1.951	4.304	4.810
15	0.559	1.917	4.167	4.799
14	0.534	1.875	4.005	4.761
13	0.506	1.830	3.840	4.708
12	0.475	1.779	3.661	6.190
11	0.436	1.715	3.448	6.432
10	0.397	1.651	3.226	6.581
9	0.352	1.578	2.984	8.231
8	0.303	1.497	2.727	8.112
7	0.249	1.408	2.541	8.414
6	0.191	1.314	2.233	7.944
5	0.136	1.223	1.917	7.772
4	0.082	1.135	1.697	5.557
3	0.055	1.090	1.630	3.008
2	0.040	1.066	1.665	3.731
1	0.040	1.066	1.665	6.322

将表6.20中的风荷载标准值乘以相应节点对应的附属面积(见表6.19),得到塔架沿高度各节点的等效风荷载 F(见表6.20),并将其施加在结构有限元模型的相应节点上,如图6.31所示。其中45°迎风的节点上同时施加了 x 向和 y 向的风荷载,与迎风节点相邻的节点上分别施加了 x 向和 y 向的风荷载,上述的风荷载大小均为表6.20中等效风荷载 F 的 $\dfrac{1}{2\sqrt{2}}$。

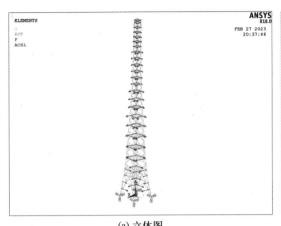 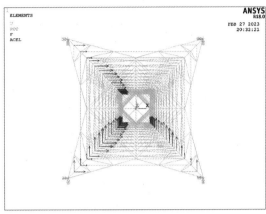

(a) 立体图   (b) 俯视图

图6.31　施加在塔架结构上的风荷载大小及方向示意

6.7.6　塔架结构静力分析

静力分析主要用于计算结构在恒荷载和水平风荷载作用下全部杆件所受的内力和应力大小,以及所有节点的位移。计算节点位移时,采用恒荷载与水平风荷载的标准值组合;计算杆件的内力和应力时,考虑荷载分项系数(恒荷载和活荷载的荷载分项系数分别取1.3和1.5),采用恒荷载与水平风荷载的设计值组合。基于杆件所受的内力,可对其进行强度、稳定性验算。基于节点的最大位移,可判断塔架的水平位移是否超过规范限值。静力分析时各基本量纲(长度、质量)的单位分别是 m、kg,因此内力单位是 N,应力单位是 Pa。

图6.32给出了塔架所有节点的 $x(y)$ 向位移和合位移云图。由图可知,塔架的最大位移出现在结构顶点,最大合位移为0.246 m,水平位移角为1/223.6,远小于《高耸结构设计标准》规定的限值1/75,满足设计要求。

图6.33给出了塔架所有杆件单元的Mises应力云图。由图可知,塔架的最大杆件应力出现在塔段⑧的弦杆(即例题附录的附图6.8和附表6.8中的1号杆件)上,最大应力为160 MPa,小于Q345B的抗拉强度设计值305 MPa(钢材厚度小于16 mm),满足设计要求。腹杆的最大应力出现在塔段⑨的5号杆件(即例题附录的附图6.9和附表6.9)上,最大应力为71.2 MPa,小于Q235B的抗拉强度设计值215 MPa(钢材厚度小于16 mm),满足设计要求。

图6.34给出了塔架所有杆件的轴力图。由图可知,杆件的最大拉、压轴力均出现在塔段⑧的弦杆上,最大拉力为508 641 N,最大压力为606 281 N。

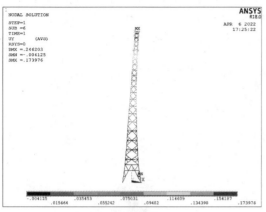
(a) $x(y)$向位移

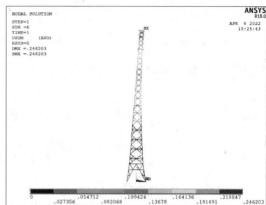
(b) 合位移

图 6.32　塔架节点的位移云图

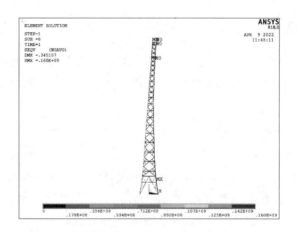

图 6.33　塔架杆件的 Mises 应力云图

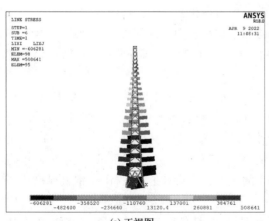
(a) 正视图

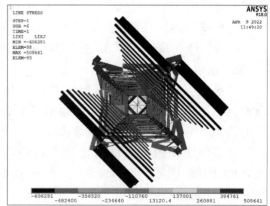
(b) 俯位图

图 6.34　塔架杆件的轴力图

6.7.7　塔架杆件受力验算

由塔架结构的静力分析结果可知,杆件受到较大的轴力作用,而弯矩相比轴力很小,可以忽略不计。由于塔架的杆件间通过螺栓连接,螺栓对杆件截面有削弱,故应对塔架的杆件进行刚度、净截面强度和稳定承载力等方面的验算。

1. 刚度验算

轴心受力构件的刚度验算通过使杆件长细比小于容许长细比来满足要求。由表 6.14 可知,无预应力受拉杆件的容许长细比 $[\lambda]$ 为 350,弦杆、斜杆(或横杆)和辅助杆等受压杆件的容许长细比 $[\lambda]$ 分别为 150、180 和 200。由于塔架平面属于中心对称平面,同样的杆件在相互对称的不同位置处,既有受压杆件又有受拉杆件。显然,一旦满足受压杆件的刚度要求,则受拉杆件的刚度要求自动满足。

综合考虑塔段①~⑨的弦杆、斜杆、横杆和辅助杆的截面回转半径和计算长度,筛选出典型杆件,对其进行刚度验算。

(1)弦杆

下面以塔架上最长弦杆(即塔段⑤的 1 号杆件,详见例题附录中的附图 6.5 和附表 6.5)和复杂塔段弦杆(即塔段⑨的 1 号杆件,详见例题附录中的附图 6.9 和附表 6.9)为例进行受压杆件的刚度验算。

塔段⑤的 1 号杆件的轴线长度为 7 518.7 mm,考虑斜腹杆和横杆的约束,将其等分为 6 段,每段的几何长度和计算长度均为 1 253.1 mm,计算长度系数为 1.0。该杆件采用∟125×12 单角钢,查表可知其截面面积 $A = 2\ 891\ \text{mm}^2$,最小回转半径 i_{y0} 为 24.59 mm。由此可计算得到其长细比 $\lambda = 50.96$。该数值小于受压杆件的容许长细比 $[\lambda] = 150$,满足刚度要求。

塔段⑨的 1 号杆件的轴线长度为 6 630 mm,考虑横杆和辅助杆的约束,将其等分为 3 段,每段的几何长度和计算长度均为 2 210 mm,计算长度系数为 1.0。该杆件采用∟160×14 单角钢,查表可知其截面面积 $A = 4\ 330\ \text{mm}^2$,最小回转半径 i_{y0} 为 31.58 mm。由此可计算得到其长细比 $\lambda = 69.98$。该数值小于受压杆件的容许长细比 $[\lambda] = 150$,满足刚度要求。

(2)斜杆

塔段⑧的 2 号杆件(详见例题附录中的附图 6.8 和附表 6.8)的几何长度为 3 062.6 mm,该杆件属于表 6.11 中的"双斜杆加辅助杆、B 点与相邻塔面的对应点之间有连杆而 A 点与相邻塔面的对应点之间无连杆"且两斜杆分别受拉和受压的情况,故取杆件的计算长度系数为 1.1,其计算长度为 3 368.9 mm。该杆件采用∟75×6 单角钢,查表可知其截面面积 $A = 879.7\ \text{mm}^2$,平行肢轴的回转半径 i_x 为 23.1 mm。由此可计算得到其长细比 $\lambda = 145.84$。该数值小于受压杆件的容许长细比 $[\lambda] = 180$,满足刚度要求。

塔段⑨的 2 号杆件(详见例题附录中的附图 6.9 和附表 6.9)的几何长度和计算长度均为 2 470 mm,计算长度系数为 1.0。该杆件采用∟80×6 单角钢,查表可知其截面面积 $A = 939.7\ \text{mm}^2$,最小回转半径 i_{y0} 为 15.89 mm。由此可计算得到其长细比 $\lambda = 155.44$。该数值小于受压杆件的容许长细比 $[\lambda] = 180$,满足刚度要求。

(3)横杆

塔段⑧的 10 号杆件(详见例题附录中的附图 6.8 和附表 6.8)的几何长度和计算长度均

为 2 378.8 mm,计算长度系数为 1.0。该杆件采用∟75×6 单角钢,查表可知其截面面积 $A=879.7$ mm²,最小回转半径 i_{y0} 为 14.86 mm。由此可计算得到其长细比 $\lambda=160.08$。该数值小于受压杆件的容许长细比 $[\lambda]=180$,满足刚度要求。

塔段⑨的 4 号杆件(详见例题附录中的附图 6.9 和附表 6.9)的轴线长度为 5 646 mm,被斜杆和相邻塔面间的连杆分为三段,尺寸分别为 1 673 mm、2 300 mm 和 1 673 mm,故最大几何长度和计算长度均为 2 300 mm,计算长度系数为 1.0。该杆件采用∟63×5 单角钢,查表可知其截面面积 $A=614.3$ mm²,最小回转半径 i_{y0} 为 12.48 mm。由此可计算得到其长细比 $\lambda=184.29$。该数值稍大于受压杆件的容许长细比 $[\lambda]=180$,但不超过 5%,可认为满足刚度要求。后面考虑其稳定性不能满足要求,将其角钢型号替换为∟70×6 单角钢,此时最小回转半径 i_{y0} 为 13.83 mm,长细比 $\lambda=166.31$,满足要求。

（4）辅助杆

塔段⑧的 18 号杆件(详见例题附录中的附图 6.8 和附表 6.8)的几何长度和计算长度均为 3 253.2 mm,计算长度系数为 1.0。该杆件采用∟75×6 单角钢,查表可知其截面面积 $A=879.7$ mm²,最小回转半径 i_{y0} 为 14.86 mm。由此可计算得到其长细比 $\lambda=218.92$。该数值大于受压杆件的容许长细比 $[\lambda]=200$,不满足刚度要求。采用材料表中已有的∟80×6 单角钢来代替原单角钢(见表 6.21.3 中的括号内数值),其截面面积 $A=939.7$ mm²,最小回转半径 i_{y0} 为 15.89 mm。由此可计算得到新杆件的长细比 $\lambda=204.73$。该数值稍大于受压杆件的容许长细比 $[\lambda]=200$,但不超过 5%,可认为满足刚度要求。

同样,塔段⑨的 16 号杆件(详见例题附录中的附图 6.9 和附表 6.9)的几何长度和计算长度均为 3 549.1 mm,计算长度系数为 1.0。该杆件采用∟80×6 单角钢,查表可知其截面面积 $A=939.7$ mm²,最小回转半径 i_{y0} 为 15.89 mm,故长细比 $\lambda=223.35$,也不满足刚度要求。采用材料表中已有的∟90×8 单角钢来代替原单角钢(见表 6.21.3 中的括号内数值),其截面面积 $A=1\ 394$ mm²,最小回转半径 i_{y0} 为 17.76 mm。由此可计算得到新杆件的长细比 $\lambda=199.84$。该数值稍小于受压杆件的容许长细比 $[\lambda]=200$,满足刚度要求。

塔段⑧的 20 号杆件(详见例题附录中的附图 6.8 和附表 6.8)的几何长度和计算长度均为 4 757.6 mm,计算长度系数为 1.0。该杆件采用∟75×6 单角钢,查表可知其截面面积 $A=879.7$ mm²,平行肢轴的回转半径 i_x 为 23.1 mm。由此可计算得到其长细比 $\lambda=205.96$。该数值稍大于受压杆件的容许长细比 $[\lambda]=200$,但不超过 5%,可认为满足刚度要求。同样,塔段⑨的 17 号杆件长细比 $\lambda=203.24$,也可认为满足刚度要求。

塔段⑨的 5 号杆件(详见例题附录中的附图 6.9 和附表 6.9)的几何长度和计算长度均为 2 577.5 mm,计算长度系数为 1.0。该杆件采用∟63×5 单角钢,查表可知其截面面积 $A=614.3$ mm²,最小回转半径 i_{y0} 为 12.48 mm。由此可计算得到其长细比 $\lambda=206.53$。该数值稍大于受压杆件的容许长细比 $[\lambda]=200$,但不超过 5%,可认为满足刚度要求。

表 6.21.1～表 6.21.3 分别给出了塔段①～⑨上典型杆件的长细比。由表可知,其余杆件的长细比均小于相应的容许长细比 $[\lambda]$,满足刚度要求。总体来说,塔段⑨上辅助杆的长细比最大,横杆和斜杆的长细比相对接近,而弦杆的长细比最小。

2. 净截面强度验算

由于塔架采用的螺栓均为普通螺栓,故依据式(6.5.2)对各受拉杆件进行净截面强度验算。其中,轴拉力设计值 N 取结构静力分析所得的杆件轴力与 6.4 节第 3 条(即《高耸结构标准》第 5.2.3 条和第 5.2.4 条)规定的最小设计内力二者中的较大值。6.4 节第 3 条规定:斜腹杆的最小设计内力应大于弦杆内力的 3%,从而防止因斜杆计算内力过小而引发塔架钢结构破坏;构造支撑件(指零杆或计算法兰受力很小的横隔、再分式腹杆等)的设计内力应大于被支撑杆件内力值的 1/50,从而考虑初始缺陷的影响。表 6.21.1~表 6.21.3 分别给出了塔段①~⑨上典型杆件所受的轴拉力。

综合考虑塔段①~⑨的弦杆、斜杆、横杆和辅助杆的截面面积和所受拉力大小,筛选出典型杆件,对其进行净截面强度验算。下面以轴拉力最大的弦杆(即塔段⑧的 1 号杆件,详见例题附录中的附图 6.8 和附表 6.8)、斜杆(即塔段⑨的 2 号杆件,详见例题附录中的附图 6.9 和附表 6.9)、横杆(即塔段⑨的 4 号杆件,详见例题附录中的附图 6.9 和附表 6.9)和辅助杆(即塔段⑨的 5 号杆件,详见例题附录中的附图 6.9 和附表 6.9)为例介绍净截面强度验算过程。

(1) 弦杆

塔段⑧的 1 号杆件所受轴拉力最大,为 508 648 N。杆件截面采用∟160×14 单角钢,查表可知角钢厚度 $t=14$ mm,截面面积 $A=4\ 330$ mm^2。1 号杆上交错排列有 8 个 M20 的 8.8 级 A 级螺栓(相邻面各 4 个),见图 6.35。

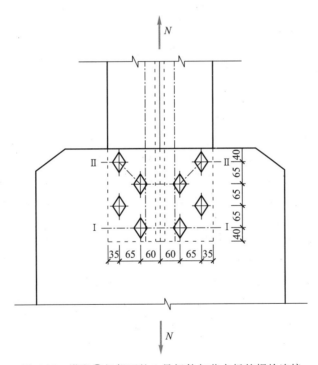

图 6.35 塔段⑧相邻面的 1 号杆件与节点板的螺栓连接

由图可知,角钢截面Ⅰ—Ⅰ上有 2 个螺栓,孔径 20 mm,故净截面面积为

$$A_n = A - 2td_0 = (4\ 330 - 2\times14\times20)\ \text{mm}^2 = 3\ 770\ \text{mm}^2$$

角钢截面Ⅱ—Ⅱ上有 4 个螺栓,螺栓间横向间距为 65 mm,纵向间距为 65 mm,故净截面面积为

$$A_n = A' - 4td_0 = \{4\ 330 + 14\times[\ (65^2+65^2)^{0.5} - 65\ ] - 4\times14\times20\}\ \text{mm}^2 = 3\ 586.9\ \text{mm}^2$$

显然,后者的净截面面积小,故验算净截面强度时采用 $A_n = 3\ 586.9\ \text{mm}^2$。杆件的受拉应力为

$$N/A_n = 508\ 648\ \text{N}/3\ 586.9\ \text{mm}^2 = 141.81\ \text{MPa} \tag{6.7.2}$$

由于弦杆为双边连接构件,故其抗拉强度设计值 $f = 305\ \text{MPa}$。该数值远大于杆件的受拉应力,故满足净截面强度要求。

(2)斜杆、横杆和辅助杆

塔段⑨的 2 号杆件为受轴拉力最大的斜杆,轴拉力为 37 740 N。杆件截面采用∟80×6 单角钢,查表可知角钢厚度 $t = 6\ \text{mm}$,截面面积 $A = 939.7\ \text{mm}^2$。角钢截面上只有一个 M20 螺栓,孔径为 21.5 mm,故净截面面积为

$$A_n = A - td_0 = (939.7 - 6 \times 21.5)\ \text{mm}^2 = 810.7\ \text{mm}^2 \tag{6.7.3}$$

因此,杆件的受拉应力为

$$N/A_n = 37\ 740\ \text{N}/810.7\ \text{mm}^2 = 46.55\ \text{MPa} \tag{6.7.4}$$

塔段⑨的 4 号杆件为受轴拉力最大的横杆,轴拉力为 19 267 N。杆件截面采用∟63×5 单角钢,查表可知角钢厚度 $t = 5\ \text{mm}$,截面面积 $A = 614.3\ \text{mm}^2$。角钢截面上有一个 M16 螺栓,孔径为 17.5 mm,故净截面面积为

$$A_n = A - td_0 = (614.3 - 5 \times 17.5)\ \text{mm}^2 = 526.8\ \text{mm}^2 \tag{6.7.5}$$

因此,杆件的受拉应力为

$$N/A_n = 19\ 267\ \text{N}/526.8\ \text{mm}^2 = 36.57\ \text{MPa} \tag{6.7.6}$$

塔段⑨的 5 号杆件为受轴拉力最大的辅助杆,为 26 384 N。杆件截面采用∟63×5 单角钢,查表可知角钢厚度 $t = 5\ \text{mm}$,截面面积 $A = 614.3\ \text{mm}^2$。角钢截面上有一个 M16 螺栓,孔径为 17.5 mm,故净截面面积 $A_n = 526.8\ \text{mm}^2$。

因此,杆件的受拉应力为

$$N/A_n = 26\ 384\ \text{N}/526.8\ \text{mm}^2 = 50.08\ \text{MPa} \tag{6.7.7}$$

由于上述斜杆、横杆和辅助杆均采用 Q345 钢,且均为单边连接角钢,故其抗拉强度设计值 $f = 0.85 \times 305\ \text{MPa} = 259.25\ \text{MPa}$。因此,上述杆件的受拉应力均远小于钢材的抗拉强度设计值,满足净截面强度要求。

表 6.21.1 ~ 表 6.21.3 分别给出了塔段①~⑨上典型杆件净截面强度验算过程中所涉及的计算结果。由表可知,弦杆所受拉应力最大,弦杆与斜杆间的辅助杆所受拉应力较大,之后是斜杆所受拉应力,而横隔的辅助杆所受拉应力很小,相当于零杆的作用;所有杆件所受的拉应力均小于钢材的抗拉强度设计值 f,满足净截面强度要求。需要说明的是,对于横隔的辅助杆及斜杆间的连接杆,由于它们采用 Q235 钢材,故其抗拉强度设计值为 $f = 0.85 \times 215\ \text{MPa} = 182.75\ \text{MPa}$。

3. 稳定承载力验算

依据式(6.5.3)对各杆件进行稳定承载力验算。其中,轴压力设计值 N 取结构静力分析所得的杆件轴力与 6.4 节第 3 条(即《高耸结构标准》中第 5.2.3 条和第 5.2.4 条)规定的最小设计内力二者中的较大值。表 6.21.1 ~ 表 6.21.3 分别给出了塔段①~⑨上典型杆件所受的轴压力。

综合考虑塔段①~⑨的弦杆、斜杆、横杆和辅助杆的截面面积、计算长度和所受压力大小,筛选出典型杆件,对其进行稳定承载力验算。下面主要以轴压力最大的弦杆(即塔段⑧

的 1 号杆件,详见例题附录中的附图 6.8 和附表 6.8)、斜杆(即塔段⑨的 2 号杆件,详见例题
附录中的附图 6.9 和附表 6.9)、横杆(即塔段⑨的 4 号杆件,详见例题附录中的附图 6.9 和附
表 6.9)和辅助杆(即塔段⑨的 5 号杆件,详见例题附录中的附图 6.9 和附表 6.9)及其他一些
典型杆件为例介绍稳定承载力验算过程。

（1）弦杆

塔段⑧的 1 号杆件所受轴压力最大,为 606 284 N。杆件采用∟160×14 单角钢,截面面
积 $A = 4\,330\,\text{mm}^2$,最小回转半径 i_{y0} 为 31.58 mm。弦杆节点间长度和计算长度均为 1 759.8 mm,
计算长度系数为 1.0。由此可计算得到其长细比 $\lambda = 55.73$。由于钢材为 Q345,故考虑钢材
牌号修正的长细比 $\lambda\sqrt{\dfrac{f_y}{235}}$ 为 67.52,查《标准》中 B 类截面的稳定系数 $\varphi = 0.766$。弦杆为双
边连接杆件,无须对其抗压强度设计值进行折减。

杆件的受压应力为

$$N/\varphi A = 606\,284\,\text{N}/(0.766 \times 4\,330\,\text{mm}^2) = 182.91\,\text{MPa} \tag{6.7.8}$$

小于抗压强度设计值 $f = 305\,\text{MPa}$,满足稳定承载力要求。

（2）斜杆

塔段⑨的 2 号杆件所受轴压力最大,为 50 203 N。杆件采用∟80×6 单角钢,截面面积
$A = 939.7\,\text{mm}^2$,最小回转半径 i_{y0} 为 15.89 mm。2 号杆件节间长度和计算长度均为 2 470 mm,
长细比 $\lambda = 155.44$。由于钢材为 Q345,故考虑钢材牌号修正的长细比 $\lambda\sqrt{\dfrac{f_y}{235}}$ 为 188.34,查
《标准》中 B 类截面的稳定系数 $\varphi = 0.207$。2 号杆件为单边连接杆件,原则上应考虑对其抗
压强度设计值进行折减。然而,由例题附录的附图 6.9 和附表 6.9 可知,塔段⑨的斜杆与弦
杆均为单角钢,且同位于节点板里侧,故无须进行折减。

杆件的受压应力为

$$N/\varphi A = 50\,203\,\text{N}/(0.207 \times 939.7\,\text{mm}^2) = 257.63\,\text{MPa} \tag{6.7.9}$$

小于抗压强度设计值 $f = 305\,\text{MPa}$,满足稳定承载力要求。

对受压力较大且有辅助杆约束的斜杆(即塔段⑦的 2 号杆件,详见例题附录的附图 6.7
和附表 6.7)进行验算。由塔架结构的静力分析结果可知,该杆件的轴压力为 28 136 N,杆件
采用∟75×6 单角钢,其截面面积 $A = 879.7\,\text{mm}^2$,绕平行轴的回转半径 i_x 为 23.1 mm。该杆件
属于表 6.11 中的"双斜杆加辅助杆、B 点与相邻塔面的对应点之间有连杆而 A 点与相邻塔面
的对应点之间无连杆"且两斜杆分别受拉和受压的情况,故取杆件的计算长度系数为 1.1,其几
何长度和计算长度分别为 2 655.2 mm 和 2 920.7 mm。由此可计算得到其长细比 $\lambda = 126.44$。

由于钢材为 Q345,故考虑钢材牌号修正的长细比 $\lambda\sqrt{\dfrac{f_y}{235}}$ 为 153.20,查《标准》中 B 类截面的
稳定系数 $\varphi = 0.297$。同样,由于斜杆与弦杆均为单角钢,且位于节点板同侧,故无须对其抗
压强度设计值进行折减。

杆件的受压应力为

$$N/\varphi A = 28\,136\,\text{N}/(0.297 \times 879.7\,\text{mm}^2) = 107.65\,\text{MPa} \tag{6.7.10}$$

小于抗压强度设计值 $f = 305\,\text{MPa}$,满足稳定承载力要求。

（3）横杆

塔段⑨的 4 号杆件所受轴压力最大,为 33 708 N。杆件采用∟63×5 单角钢,截面面积 $A = 614.3$ mm^2,最小回转半径 i_{y0} 为 12.48 mm。4 号杆件被斜杆和相邻塔面间的连杆分为三段,尺寸分别为 1 673 mm、2 300 mm 和 1 673 mm,故最大几何长度和计算长度均为 2 300 mm。长细比 $\lambda = 184.29$。由于钢材为 Q345,故考虑钢材牌号修正的长细比 $\lambda\sqrt{\dfrac{f_y}{235}}$ 为 223.30,查《标准》中 B 类截面的稳定系数 $\varphi = 0.152$。由于横杆 4 与弦杆 1 均为单角钢,且同位于节点板里侧,故无须对其抗压强度设计值进行折减。

杆件的受压应力为

$$N/\varphi A = 33\ 708\ \text{N}/(0.152×614.3\ \text{mm}^2) = 360.59\ \text{MPa} \tag{6.7.11}$$

大于抗压强度设计值 $f = 305$ MPa,不满足稳定承载力要求。

采用材料表中已有的∟70×6 单角钢来代替塔段⑨的 4 号杆件的单角钢(见表 6.21.3 括号内数值),其截面面积 $A = 816$ mm^2,最小回转半径 i_{y0} 为 13.83 mm。长细比 $\lambda = 166.31$,考虑钢材牌号修正的长细比 $\lambda\sqrt{\dfrac{f_y}{235}}$ 为 201.50,查《标准》中 B 类截面的稳定系数 $\varphi = 0.184$。

杆件的受压应力为

$$N/\varphi A = 33\ 708\ \text{N}/(0.184×816\ \text{mm}^2) = 224.98\ \text{MPa} \tag{6.7.12}$$

小于抗压强度设计值 $f = 305$ MPa,满足稳定承载力要求。

（4）辅助杆

塔段⑨的 5 号杆件所受轴压力最大,为 35 766 N。杆件采用∟63×5 单角钢,截面面积 $A = 614.3$ mm^2,最小回转半径 i_{y0} 为 12.48 mm。杆件的几何长度和计算长度均为 2 577.5 mm,长细比 $\lambda = 206.53$,考虑钢材牌号修正的长细比 $\lambda\sqrt{\dfrac{f_y}{235}}$ 为 250.24,查《标准》中 B 类截面的稳定系数 $\varphi = 0.123$。同样,由于辅助杆 5 与弦杆 1 均为单角钢,且同位于节点板里侧,故无须对其抗压强度设计值进行折减。

杆件的受压应力为

$$N/\varphi A = 35\ 766\ \text{N}/(0.123×614.3\ \text{mm}^2) = 472.68\ \text{MPa} \tag{6.7.13}$$

远大于抗压强度设计值 $f = 305$ MPa,不满足稳定承载力要求。

采用材料表中已有的∟70×6 单角钢来代替塔段⑨的 5 号杆件的单角钢(见表 6.21.3 括号内数值),其截面面积 $A = 816$ mm^2,最小回转半径 i_{y0} 为 13.83 mm。长细比 $\lambda = 186.37$,考虑钢材牌号修正的长细比 $\lambda\sqrt{\dfrac{f_y}{235}}$ 为 225.81,查《标准》中 B 类截面的稳定系数 $\varphi = 0.149$。

杆件的受压应力为

$$N/\varphi A = 35\ 766\ \text{N}/(0.149×816\ \text{mm}^2) = 294.05\ \text{MPa} \tag{6.7.14}$$

小于抗压强度设计值 $f = 305$ MPa,满足稳定承载力要求。

塔段⑧的 6 号杆件所受轴压力为 525 N。杆件采用∟50×5 单角钢,截面面积 $A = 480.3$ mm^2,最小回转半径 i_{y0} 为 9.82 mm。杆件的几何长度和计算长度均为 1 425.8 mm,长细比 $\lambda = 145.19$,考虑钢材牌号修正的长细比 $\lambda\sqrt{\dfrac{f_y}{235}}$ 为 175.92,查《标准》中 B 类截面的稳定系数 $\varphi =$

0.234。由于辅助杆 6 与弦杆 1 均为单角钢,且位于节点板不同侧(弦杆 1 位于节点板的里侧,而辅助杆 6 位于节点板的外侧),故须考虑对其承载力进行折减,折减系数计算式为

$$\eta = 0.6 + 0.001\,5\lambda = 0.864 \tag{6.7.15}$$

杆件的受压应力为

$$N/\eta\varphi A = 525\ \text{N}/(0.864\times0.234\times480.3\ \text{mm}^2) = 5.41\ \text{MPa} \tag{6.7.16}$$

远小于抗压强度设计值 $f = 305$ MPa,满足稳定承载力要求。

表 6.21.1~表 6.21.3 分别给出了塔段①~⑨上典型杆件稳定承载力验算过程中所涉及的计算结果。由表可知,除塔段⑨的 4 号和 5 号杆件外,其余杆件所受的压应力均小于钢材的抗压强度设计值 f,满足稳定承载力要求。总体来说,塔架弦杆和斜杆所受压应力较大,横杆次之,横隔上的辅助杆所受压应力很小,相当于零杆的作用;各塔段所受应力从底部到顶部逐渐减小,即塔段⑨所受压应力最大,塔段①所受压应力最小;塔段⑨的弦杆与斜杆间的辅助杆所受压应力较大,设计时需特别注意。

6.7.8　节点承载力验算

本例题中,塔架塔柱(弦杆)及其连接杆件均采用 Q345B 钢材,用作横隔的辅助杆件的型钢、圆钢和板材均采用 Q235B。塔段④~⑨的弦杆与节点板的连接均采用 8.8 级 A 级普通螺栓,其抗剪强度设计值为 320 MPa,Q345 钢材时承压强度设计值为 510 MPa。塔段①~③的弦杆及塔段①~⑨的斜杆、横杆和辅助杆与节点板的连接均采用 4.8 级普通螺栓,抗剪强度设计值为 140 MPa,Q235 钢材时承压强度设计值为 305 MPa,Q345 钢材时承压强度设计值为 385 MPa。

下面分别以受力较大的弦杆、斜杆、横杆和辅助杆的螺栓连接,以及典型弦杆拼接处的螺栓连接为例进行承载力验算。

1. 弦杆拼接节点

由例题附录的附图 6.1~附图 6.3 和附表 6.1~附表 6.3 可知,塔段①~④的弦杆截面规格分别为∟80×6、∟90×8、∟100×8 和∟125×10,查找角钢螺栓线距表可知,螺栓孔的最大直径为 21.5 mm、23.5 mm、23.5 mm 和 25.5 mm;螺线至弦杆肢背的距离分别为 45 mm、50 mm、55 mm 和 70 mm。塔段①弦杆上端、塔段①弦杆下端和塔段②弦杆上端、塔段②弦杆下端和塔段③弦杆上端、塔段③弦杆下端和塔段④弦杆上端均通过 6 个 M20 的 4.8 级螺栓(相邻两个面各 3 个)连接于节点板上,节点板厚度分别为 6 mm、8 mm、8 mm 和 10 mm。

通过比较上述弦杆的最大轴拉力和轴压力发现塔段③的弦杆所受轴力最大,为 144 270 N。下面以塔段③弦杆下端和塔段④弦杆上端与节点板的连接节点(见图 6.36)为典型工况举例说明。

由图 6.36a 可知,螺栓按螺栓线距单行排列,近似沿轴线传力,故可认为螺栓群轴心受剪,轴力由每个螺栓平均分担。由图 6.36b 可知,由于上弦杆(∟100×8)与下弦杆(∟125×10)的厚度差 2 mm,故采用 2 mm 厚的垫板(见图 6.36b 中的③号件)补齐;上下弦杆的拼接通过内外设节点板(见图 6.36b 中的①号和②号板件)实现,故螺栓受剪面数量为 2。因此,单个螺栓的承载力设计值为

表 6.21.1　塔段①~④典型受拉杆件的净截面强度验算结果及典型受压杆件的稳定承载力验算结果

塔段	杆件编号	截面规格	截面面积 A/mm²	净截面面积 A_n/mm²	轴拉力 N/N	应力 N/A_n /MPa	抗拉强度设计值 f /MPa	回转半径/mm i_{y0}	回转半径/mm i_x	几何长度/mm	计算长度系数	长细比 λ	长细比 $\lambda\sqrt{\frac{f_y}{235}}$	容许长细比 [λ]	稳定系数 φ	轴压力 N/N	应力 $N/(\varphi A)$ /MPa
塔段①	1	∟80×6	939.7	681.7	1 778	2.61	305	15.89		4×750	1.0	47.20	57.19	150	0.822	10 067	13.04
	2	∟50×5	480.3	412.8	2 571	6.23	259.25	9.82		1 029.3	1.0	104.82	127.00	180	0.402	3 445	17.86
	6	∟50×5	480.3	412.8	337	0.82	259.25	9.82		2×705	1.0	71.79	86.99	180	0.641	1 479	4.80
	9	∟50×5	480.3	412.8	41	0.10	182.75	9.82		877	1.0	89.31	108.21	200	0.504	30	0.12
塔段②	1	∟90×8	1 394	1 050.0	43 945	41.85	305	17.76		8×750.2	1.0	42.24	51.18	150	0.851	18 889	15.92
	2	∟50×5	480.3	412.8	7 335	17.77	259.25	9.82		1 096.7	1.0	111.68	135.32	180	0.364	8 272	47.32
	10	∟50×5	480.3	412.8	2 440	5.91	259.25	9.82		2×787.5	1.0	80.19	97.17	180	0.573	2 957	10.74
	15	∟50×5	480.3	412.8	185	0.45	182.75	9.82		1 000	1.0	101.83	123.39	200	0.419	154	0.77
	19	∟50×5	480.3	412.8	49	0.12	182.75		15.30	1 575	1.0	102.94	124.73	200	0.413	59	0.30
塔段③	1	∟100×8	1 564	1 220.0	118 587	97.20	305	19.82		6×1 000.3	1.0	50.47	61.15	150	0.801	144 270	115.14
	2	∟63×5	614.3	546.8	15 645	28.61	259.25	12.48		1 342.1	1.0	107.54	130.30	180	0.386	17 511	73.83
	8	∟63×5	614.3	546.8	4 840	8.85	259.25	12.48		2×878.3	1.0	70.38	85.27	180	0.653	5 834	14.55
	11	∟50×5	480.3	412.8	531	1.29	182.75	9.82		1 128	1.0	114.87	139.18	200	0.348	466	2.79
	15	∟50×5	480.3	412.8	100	0.24	182.75		15.30	1 756.6	1.0	114.81	139.11	200	0.348	117	0.70
塔段④	1	∟125×10	2 437	2 037.0	224 224	110.08	305	24.76		6×1 000.3	1.0	40.40	48.95	150	0.861	259 896	123.85
	2	∟63×5	614.3	546.8	18 578	33.98	259.25	12.48		1 400.2	1.0	112.20	135.94	180	0.361	21 224	95.62
	8	∟63×5	614.3	546.8	6 727	12.30	259.25	12.48		2×963.3	1.0	77.19	93.52	180	0.598	8 182	22.29
	11	∟50×5	480.3	412.8	223	0.54	182.75	9.82		1 270	1.0	129.33	156.70	200	0.286	229	1.67
	15	∟50×5	480.3	412.8	135	0.33	182.75		15.30	1 926.6	1.0	125.92	152.57	200	0.299	164	1.14

表 6.21.2 塔段 ⑤ ~ ⑦ 典型受拉杆件的净截面强度验算结果及典型受压杆件的稳定承载力验算结果

塔段	杆件编号	截面规格	截面面积 A /mm²	净截面面积 A_n /mm²	轴拉力 N/N	应力 N/A_n /MPa	抗拉强度设计值 f /MPa	回转半径/mm i_{y0}	回转半径/mm i_x	几何长度/mm	计算长度系数	长细比 λ	长细比 $\lambda\sqrt{\dfrac{f_y}{235}}$	容许长细比 $[\lambda]$	稳定系数 φ	折减系数 η	轴压力 N/N	应力 $N/(\eta\varphi A)$ /MPa
塔段⑤	1	∟125×12	2 891	2 411	313 516	130.04	305	24.59		6×1 253.1	1.0	50.96	61.75	150	0.798	1.0	360 710	156.36
	2	∟75×6	879.7	798.7	18 746	23.47	259.25	14.86		1 844.6	1.0	124.13	150.40	180	0.306	1.0	21 451	79.58
	8	∟75×6	879.7	798.7	9 405	11.78	259.25	14.86		2×1 292.5	1.0	86.98	105.39	180	0.521	1.0	10 821	23.62
	11	∟63×5	614.3	546.8	553	1.01	182.75	12.48		1 719	1.0	137.74	166.89	200	0.257	1.0	528	3.35
	13	∟50×5	480.3	412.8	354	0.86	182.75	9.82		1 542	1.0	157.03	190.26	200	0.204	1.0	349	3.57
	15	∟63×5	614.3	546.8	188	0.34	182.75		19.40	2 585	1.0	133.25	161.45	200	0.272	1.0	216	1.30
塔段⑥	1	∟140×12	3 251	2 771.0	378 700	136.67	305	27.65		6×1 503.8	1.0	54.39	65.90	150	0.775	1.0	437 906	173.83
	2	∟75×6	879.7	798.7	21 386	26.78	259.25	14.86		2 227.5	1.0	149.90	181.62	180	0.221	1.0	24 599	126.40
	6	∟75×6	879.7	798.7	11 361	14.22	259.25	14.86		2×1 570	1.0	105.65	128.01	180	0.397	1.0	13 137	37.64
	8	∟75×6	879.7	798.7	549	0.69	182.75	14.86		2 125	1.0	143.00	173.27	200	0.240	1.0	567	2.68
	9	∟75×6	879.7	798.7	227	0.28	182.75		23.10	3 140	1.0	135.93	164.70	200	0.263	1.0	263	1.14
塔段⑦	1	∟140×14	3757	3 113.8	455 196	146.19	305	27.50		4×1 754.4	1.0	63.80	77.30	150	0.705	1.0	531 482	200.57
	2	∟75×6	879.7	774.7	24 374	31.46	259.25		23.10	2 655.2	1.1	126.44	153.20	180	0.297	1.0	28 136	107.65
	6	∟50×5	480.3	412.8	1 223	2.96	259.25	9.82		1 263.2	1.0	128.64	155.86	200	0.289	0.834	1 129	9.77
	10	∟75×6	879.7	798.7	13 656	17.10	259.25	14.86		2×1 907.5	1.0	128.36	155.53	180	0.290	1.0	15 944	62.58
	19	∟75×6	879.7	798.7	273	0.34	182.75	14.86		2 603	1.0	175.17	212.24	200	0.167	1.0	319	2.17
	20	∟75×6	879.7	798.7	273	0.34	182.75		23.10	3815	1.0	165.15	200.11	200	0.186	1.0	319	1.95

表 6.21.3 塔段⑧~⑨典型受拉杆件的净截面强度验算结果及典型受压杆件的稳定承载力验算结果（表中括号项为最终选定的杆件型号）

杆件编号	截面规格	截面面积 A /mm²	净截面面积 A_n /mm²	轴拉力 N/N	应力 N/A_n /MPa	抗拉强度设计值 f /MPa	回转半径 i_{y0} /mm	回转半径 i_x /mm	几何长度/mm	计算长度系数	λ	$\lambda\sqrt{f_y/235}$	容许长细比 $[\lambda]$	稳定系数 φ	折减系数 η	轴压力 N/N	应力 $N/(\eta\varphi A)$ /MPa
塔段⑧ 1	L160×14	4 330	3 586.9	508 648	141.81	305	31.58	23.10	4×1 759.8	1.0	55.73	67.52	150	0.766	1.0	606 284	182.91
2	L75×6	879.7	798.7	15 259	19.11	259.25			3 062.6	1.1	145.84	176.70	180	0.232	1.0	18 189	89.03
6	L50×5	480.3	412.8	771	1.87	259.25	9.82		1 425.8	1.0	145.19	175.92	200	0.234	0.864	525	5.41
10	L75×6	879.7	798.7	15 259	19.11	259.25	14.86		2×2 378.8	1.0	160.08	193.96	180	0.197	1.0	18 189	105.11
18	L75×6	879.7	798.7	305	0.38	182.75	14.86		3 253.2	1.0	218.92	265.26	200	0.110	1.0	364	3.74
	(L80×6)	(939.7)	(858.7)		(0.36)		(15.89)				(204.73)	(248.06)		(0.125)	(1.0)		(3.09)
20	L75×6	879.7					31.58	23.10	4 757.6	1.0	205.96	249.55	200	0.124	1.0	364	3.34
塔段⑨ 1	L160×14	4 330	3 586.9	478 352	133.36	305	31.58		3×2 210	1.0	69.98	84.79	150	0.656	1.0	572 922	201.69
2	L80×6	939.7	810.7	37 740	46.55	259.25	15.89		3×2 470	1.0	155.44	188.34	180	0.207	1.0	50 203	257.63
3	L80×6	939.7	858.7	10 233	11.92	259.25	15.89		2×2 510	1.0	157.96	191.39	180	0.201	1.0	11 053	58.38
4	L63×5	614.3	526.8	19 267	36.57	259.25	12.48		2 300	1.0	184.29	223.30	180	0.152	1.0	33 708	360.59
	(L70×6)	(816)	(711)		(27.10)		(13.83)				(166.31)	(201.50)		(0.184)	(1.0)		(224.98)
5	L63×5	614.3	526.8	26 384	50.08	259.25	12.48		2 577.5	1.0	206.53	250.24	200	0.123	1.0	35 766	472.68
	(L70×6)	(816)	(711)		(37.11)		(13.83)				(186.37)	(225.81)		(0.149)	(1.0)		(294.05)
6	L63×5	614.3	546.8	24 639	45.06	259.25	12.48		2 250.3	1.0	180.31	218.47	200	0.158	1.0	24 202	248.70
7	L63×5	614.3	546.8	17 279	31.60	259.25	12.48		837	1.0	67.07	81.26	200	0.679	1.0	17 188	41.18
14	L75×6	879.7	798.7	385	0.48	182.75	14.86		2 365.6	1.0	159.19	192.88	200	0.199	1.0	674	3.86
15	L63×5	614.3	546.8	741	1.36	182.75	12.48		1 183.5	1.0	94.83	114.90	200	0.465	1.0	875	3.07
16	L80×6	939.7	858.7	205	0.24	182.75	15.89		3 549.1	1.0	223.35	270.63	200	0.106	1.0	417	4.17
	(L90×8)	(1 394)	(1 286)		(0.16)		(17.76)				(199.84)	(242.13)		(0.131)	(1.0)		(2.28)
17	L80×6	939.7						24.70	5 020	1.0	203.24	246.25	200	0.127	1.0	221	1.85

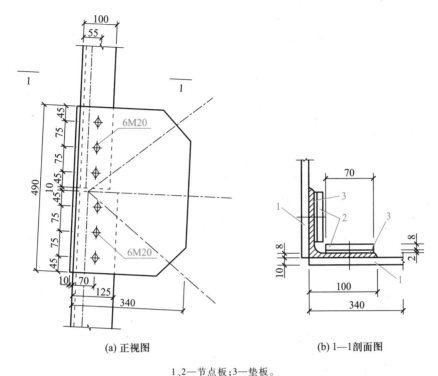

(a) 正视图　　　　　　　　　(b) 1—1剖面图

1、2—节点板;3—垫板。

图 6.36　塔段③弦杆下端和塔段④弦杆上端的螺栓连接节点

$$N_v^b = n_v \frac{\pi d^2}{4} f_v^b = 2 \times \frac{3.14 \times 20^2}{4} \times 140 \text{ N} = 87\ 920 \text{ N}$$

$$N_c^b = d \sum t f_c^b = 20 \times 8 \times 385 \text{ N} = 61\ 600 \text{ N}$$

由上可知,螺栓破坏由角钢壁承压控制。因此,要承担最大轴力所需螺栓数 n 为

$$n = \frac{N}{N_{min}^b} = \frac{144\ 270}{61\ 600} = 2.34 < 6$$

故该连接安全。

由例题附录的附图 6.4 ~ 附图 6.6 和附表 6.4 ~ 附表 6.6 可知,塔段④、⑤、⑥和⑦的弦杆截面规格分别为 ∟125×10、∟125×12、∟140×12 和 ∟140×14,查找角钢螺栓线距表可知,螺栓孔的最大直径均为 25.5 mm;螺线至弦杆肢背的距离均为 70 mm。塔段④弦杆下端和塔段⑤弦杆上端、塔段⑤弦杆下端和塔段⑥弦杆上端、塔段⑥弦杆下端和塔段⑦弦杆上端均通过 6 个 M20 的 8.8 级 A 级螺栓(相邻两个面各 3 个)与相应的节点板连接,节点板厚度分别为 10 mm、12 mm、12 mm 和 14 mm。

通过比较弦杆的最大轴拉力和轴压力发现塔段⑥的弦杆所受轴力最大,为 437 906 N。由于螺栓按螺栓线距单行排列,近似沿轴线传力,故可认为螺栓群轴心受剪,轴力由每个螺栓平均分担。单个螺栓的承压承载力设计值为

$$N_v^b = n_v \frac{\pi d^2}{4} f_v^b = 2 \times \frac{3.14 \times 20^2}{4} \times 320 \text{ N} = 200\ 960 \text{ N}$$

$$N_c^b = d \sum t f_c^b = 20 \times 12 \times 510 \text{ N} = 122\ 400 \text{ N}$$

因此,螺栓破坏由角钢壁承压控制,要承担最大轴力所需螺栓数 n 为

$$n = \frac{N}{N_{\min}^{b}} = \frac{437\ 906}{122\ 400} = 3.58 < 6$$

故该连接安全。

由例题附录的附图 6.7~附图 6.9 和附表 6.7~附表 6.9 可知,塔段⑦~⑨的弦杆截面规格分别为∟140×14、∟160×14 和∟160×14,查找角钢螺栓线距表可知,交错排列时螺栓孔的最大直径分别为 23.5 mm、25.5 mm 和 25.5 mm;螺线至弦杆肢背的距离分别为 60 mm + 45 mm、60 mm + 65 mm 和 60 mm + 65 mm。塔段⑦弦杆下端和塔段⑧弦杆上端、塔段⑧弦杆下端和塔段⑨弦杆上端、塔段⑨弦杆下端均通过 8 个 M20 的 8.8 级 A 级螺栓(相邻两个面各 4 个)与相应的节点板连接,节点板厚度均为 14 mm。

通过比较弦杆的最大轴拉力和轴压力发现塔段⑧的弦杆所受轴力最大,为 606 284 N。下面对塔段⑧弦杆下端和塔段⑨弦杆上端与节点板的连接节点(见图 6.37)的强度进行验算。

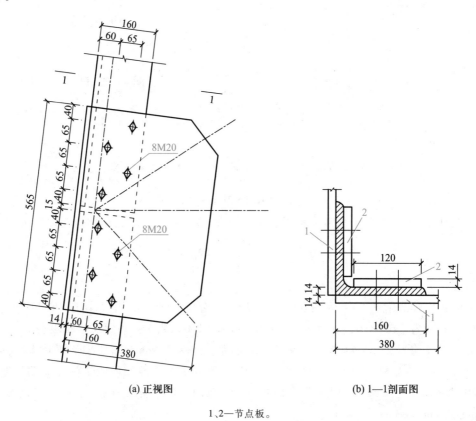

(a) 正视图　　　　　　　(b) 1—1剖面图

1、2—节点板。

图 6.37　塔段⑧弦杆下端和塔段⑨弦杆上端的螺栓连接节点

由图 6.37a 可知,螺栓按螺栓线距交错排列,近似沿轴线传力,故可认为螺栓群轴心受剪,轴力由每个螺栓平均分担。由图 6.37b 可知,上下弦杆(∟160×14)的拼接通过内外设节点板(见图 6.37b 中的①号和②号板件)实现,故螺栓受剪面数量为 2。因此,单个螺栓的承载力设计值为

$$N_c^b = d \sum t f_c^b = 20 \times 14 \times 510 \text{ N} = 142\ 800 \text{ N}$$

因此,要承担最大轴力所需螺栓数 n 为

$$n = \frac{N}{N_{\min}^b} = \frac{606\ 284}{142\ 800} = 4.25 < 8$$

故该连接安全。

2. 斜杆连接节点

由例题附录的附图 6.1~附图 6.6 及附图 6.8 和附表 6.1~附表 6.6 及附表 6.8 可知,塔段 ①~⑥ 及塔段⑧的斜杆(2 号杆件)的上下端均通过 2 个 M12 的 4.8 级螺栓(单面连接)与相应的节点板连接,节点板厚度均为 6 mm。

通过比较斜杆的最大轴拉力和轴压力发现塔段⑥的斜杆所受轴力最大,为 24 599 N,故该杆件的螺栓连接最不利。由于螺栓按螺栓线距单行排列,近似沿轴线传力,故可认为螺栓群轴心受剪,轴力由每个螺栓平均分担。单个螺栓的承载力设计值为

$$N_v^b = n_v \frac{\pi d^2}{4} f_v^b = 1 \times \frac{3.14 \times 12^2}{4} \times 140 \text{ N} = 15\ 825.6 \text{ N}$$

$$N_c^b = d \sum t f_c^b = 12 \times 6 \times 385 \text{ N} = 27\ 720 \text{ N}$$

由于角钢单面连接,属于部分直接连接,因此要对连接强度进行折减,折减系数取 0.85。

因此,要承担最大轴力所需螺栓数 n 为

$$n = \frac{N}{\eta N_{\min}^b} = \frac{24\ 599}{0.85 \times 15\ 825.6} = 1.83 < 2$$

故该连接安全。

由例题附录的附图 6.7 和附表 6.7 可知,塔段⑦的斜杆(2 号杆件)的截面规格为∟75×6,查找角钢螺栓线距表可知,螺栓孔的最大直径为 21.5 mm,斜杆上下端均通过 2 个 M16 的 4.8 级螺栓(单面连接)与相应的节点板连接,节点板厚度均为 6 mm。

塔段⑦的斜杆所受的最大轴力为 28 136 N,由于螺栓按螺栓线距单行排列,近似沿轴线传力,故可认为螺栓群轴心受剪,轴力由每个螺栓平均分担。单个螺栓的承载力设计值为

$$N_v^b = n_v \frac{\pi d^2}{4} f_v^b = 1 \times \frac{3.14 \times 16^2}{4} \times 140 \text{ N} = 28\ 134.4 \text{ N}$$

$$N_c^b = d \sum t f_c^b = 16 \times 6 \times 385 \text{ N} = 36\ 960 \text{ N}$$

由于角钢单面连接,属于部分直接连接,因此要对连接强度进行折减,折减系数取 0.85。

因此,要承担最大轴力所需螺栓数 n 为

$$n = \frac{N}{\eta N_{\min}^b} = \frac{28\ 136}{0.85 \times 28\ 134.4} = 1.18 < 2$$

故该连接安全。

由例题附录的附图 6.9 和附表 6.9 可知,塔段⑨的斜杆(2 号杆件)的截面规格为∟80×6,查找角钢螺栓线距表可知,螺栓孔的最大直径为 21.5 mm,斜杆上下端均通过 2 个 M20 的 4.8 级螺栓(单面连接)与相应的节点板连接,节点板厚度均为 6 mm。

塔段⑨的斜杆所受的最大轴力为 50 203 N,由于螺栓按螺栓线距单行排列,近似沿轴线传力,故可认为螺栓群轴心受剪,轴力由每个螺栓平均分担。单个螺栓的承载力设计值为

$$N_v^b = n_v \frac{\pi d^2}{4} f_v^b = 1 \times \frac{3.14 \times 20^2}{4} \times 140 \text{ N} = 43\ 960 \text{ N}$$

$$N_c^b = d \sum t f_c^b = 20 \times 6 \times 385 \text{ N} = 46\ 200 \text{ N}$$

由于角钢单面连接,属于部分直接连接,因此要对连接强度进行折减,折减系数取 0.85。

因此,要承担最大轴力所需螺栓数 n 为

$$n = \frac{N}{\eta N_{min}^b} = \frac{50\ 203}{0.85 \times 43\ 960} = 1.34 < 2$$

故该连接安全。

3. 横杆连接节点

由例题附录可知,塔段①~⑨的横杆(分别为 6 号、10 号、8 号、8 号、8 号、6 号、10 号、10 号和 3 号杆件)两端均通过 2 个 M12 的 4.8 级螺栓(单面连接)与相应的节点板连接,节点板厚度均为 6 mm。

通过比较横杆的最大轴拉力和轴压力发现塔段⑧的横杆所受轴力最大,为 18 189 N。由于螺栓按螺栓线距单行排列,近似沿轴线传力,故可认为螺栓群轴心受剪,轴力由每个螺栓平均分担。单个螺栓的承载力设计值为

$$N_v^b = n_v \frac{\pi d^2}{4} f_v^b = 1 \times \frac{3.14 \times 12^2}{4} \times 140 \text{ N} = 15\ 825.6 \text{ N}$$

$$N_c^b = d \sum t f_c^b = 12 \times 6 \times 385 \text{ N} = 27\ 720 \text{ N}$$

由于角钢单面连接,属于部分直接连接,因此要对连接强度进行折减,折减系数取 0.85。

因此,要承担最大轴力所需螺栓数 n 为

$$n = \frac{N}{\eta N_{min}^b} = \frac{18\ 189}{0.85 \times 15\ 825.6} = 1.35 < 2$$

故该连接安全。

4. 辅助杆连接节点

由例题附录的附图 6.1~附图 6.5 和附表 6.1~附表 6.5 可知,塔段①~⑤的横隔辅助杆的截面规格均为∟50×5(塔段⑤的 11 号杆和 15 号杆除外,其截面规格均为∟63×5),查找角钢螺栓线距表可知,螺栓孔的最大直径均为 13 mm。辅助杆两端均通过 1 个 M12 的 4.8 级螺栓(单面连接)与相应的杆件连接,故可认为承压板厚度均为 5 mm。

通过比较辅助杆的最大轴拉力和轴压力发现塔段⑤的辅助杆所受轴力最大,为 553 N。由于螺栓按螺栓线距单行排列,近似沿轴线传力,单个螺栓的承载力设计值为

$$N_v^b = n_v \frac{\pi d^2}{4} f_v^b = 1 \times \frac{3.14 \times 12^2}{4} \times 140 \text{ N} = 15\ 825.6 \text{ N}$$

$$N_c^b = d \sum t f_c^b = 12 \times 5 \times 305 \text{ N} = 18\ 300 \text{ N}$$

由于角钢单面连接,属于部分直接连接,因此要对连接强度进行折减,折减系数取 0.85。

因此,要承担最大轴力所需螺栓数 n 为

$$n = \frac{N}{\eta N_{min}^b} = \frac{553}{0.85 \times 15\ 825.6} = 0.04 < 1$$

故该连接安全。

同样,塔段⑥~⑨的横隔辅助杆所受轴力很小,其螺栓连接强度满足要求。然而,塔段⑨上与弦杆和斜杆相连的辅助杆所受轴力较大,需进行连接强度验算。

塔段⑨的 4 号和 5 号斜杆的截面规格均为∟63×5,查找角钢螺栓线距表可知,螺栓孔的

最大直径均为 17 mm。斜杆两端均通过 2 个 M16 的 4.8 级螺栓(单面连接)与相应的杆件连接,故可认为承压板厚度均为 6 mm。

通过比较斜杆的最大轴拉力和轴压力发现 5 号杆所受轴力最大,为 35 766 N。由于螺栓按螺栓线距单行排列,近似沿轴线传力,单个螺栓的承载力设计值为

$$N_v^b = n_v \frac{\pi d^2}{4} f_v^b = 1 \times \frac{3.14 \times 16^2}{4} \times 140 \text{ N} = 28\ 134.4 \text{ N}$$

$$N_c^b = d \sum t f_c^b = 16 \times 6 \times 385 \text{ N} = 36\ 960 \text{ N}$$

由于角钢单面连接,属于部分直接连接,因此要对连接强度进行折减,折减系数取 0.85。因此,要承担最大轴力所需螺栓数 n 为

$$n = \frac{N}{\eta N_{min}^b} = \frac{35\ 766}{0.85 \times 28\ 134.4} = 1.50 < 2$$

故该连接安全。

塔段⑨的 6 号和 7 号斜杆的截面规格均为∟63×5,查找角钢螺栓线距表可知,螺栓孔的最大直径均为 17 mm。斜杆两端均通过 2 个 M12 的 4.8 级螺栓(单面连接)与相应的杆件连接,故可认为承压板厚度均为 6 mm。

通过比较斜杆的最大轴拉力和轴压力发现 6 号杆所受轴力最大,为 24 639 N。由于螺栓按螺栓线距单行排列,近似沿轴线传力,单个螺栓的承载力设计值为

$$N_v^b = n_v \frac{\pi d^2}{4} f_v^b = 1 \times \frac{3.14 \times 12^2}{4} \times 140 \text{ N} = 15\ 825.6 \text{ N}$$

$$N_c^b = d \sum t f_c^b = 12 \times 6 \times 385 \text{ N} = 27\ 720 \text{ N}$$

由于角钢单面连接,属于部分直接连接,因此要对连接强度进行折减,折减系数取 0.85。因此,要承担最大轴力所需螺栓数 n 为

$$n = \frac{N}{\eta N_{min}^b} = \frac{24\ 639}{0.85 \times 15\ 825.6} = 1.83 < 2$$

故该连接安全。

表 6.22.1~表 6.22.3 分别给出了塔段①~⑨上典型杆件的螺栓连接验算过程中所涉及的计算结果。由表可知,所有杆件的螺栓连接承载力均满足要求,连接安全可靠。

6.7.9 柱脚设计

由结构分析知,塔段⑨1 号杆的最大轴压力为 572.922 kN,最大轴拉力为 478.352 kN,该杆的向心角 $\alpha = 78.441°$,则底板所受竖向力应为 $N \cdot \sin \alpha = 0.979\ 7 \text{ N}$,故最大竖向压力 $N_1 = 561.29$ kN,最大竖向拉力 $N_2 = 468.64$ kN。底板所受的向心剪力为 $N \cdot \cos \alpha = 0.200\ 4 \text{ N}$,受压时的向心剪力为 114.81 kN,而最大压力下的底板与混凝土基础的摩擦力为 $0.4 \times 561.29 \text{ kN} = 224.91$ kN,故抗剪无问题。受拉时的向心剪力为 93.92 kN,且该剪力与底板下两个互相垂直的抗剪键方向的夹角为 45°,故分解到各抗剪键的分剪力为 93.92 kN/1.414 = 66.42 kN,靠抗剪键传递给混凝土基础。基础混凝土强度等级为 C20,$f_c = 9.6 \text{ N/mm}^2$。

表 6.22.1　塔段 ①~④ 典型螺栓连接承载力验算结果

塔段	杆件编号	截面规格	轴拉力/N	轴压力/N	节点板厚度/mm	允许最大孔径/mm	螺栓直径/mm	螺栓数量/个	螺栓剪切面数	抗剪强度设计值 f_v^b/MPa	受剪承载力 N_v^b/N	承压强度设计值 f_c^b/MPa	承压承载力 N_c^b/N	折减系数 η_2	$\eta_2 N^b_{min}$/N	所需螺栓数 n/个
塔段①	1	∟80×6	1 778	10 067	6	21.5	20	6	2	140	87 920	385	46 200	1.00	46 200.0	0.22
	2	∟50×5	2 571	3 445	6	13	12	2	1	140	15 826	385	27 720	0.85	13 451.8	0.26
	6	∟50×5	337	1 479	6	13	12	2	1	140	15 826	385	27 720	0.85	13 451.8	0.11
	9	∟50×5	41	30	5	13	12	1	1	140	15 826	305	18 300	0.85	13 451.8	0.00
塔段②	1	∟90×8	43 945	18 889	8	23.5	20	6	2	140	87 920	385	61 600	1.00	61 600.0	0.71
	2	∟50×5	7 335	8 272	6	13	12	2	1	140	15 826	385	27 720	0.85	13 451.8	0.61
	10	∟50×5	2 440	2 957	6	13	12	2	1	140	15 826	385	27 720	0.85	13 451.8	0.22
	15	∟50×5	185	154	5	13	12	1	1	140	15 826	305	18 300	0.85	13 451.8	0.01
	19	∟50×5	49	59	5	13	12	1	1	140	15 826	305	18 300	0.85	13 451.8	0.00
塔段③	1	∟100×8	118 587	144 270	8	23.5	20	6	2	140	87 920	385	61 600	1.00	61 600.0	2.34
	2	∟63×5	15 645	17 511	6	17	12	2	1	140	15 826	385	27 720	0.85	13 451.8	1.30
	8	∟63×5	4 840	5 834	6	17	12	2	1	140	15 826	385	27 720	0.85	13 451.8	0.43
	11	∟50×5	531	466	5	13	12	1	1	140	15 826	305	18 300	0.85	13 451.8	0.04
	15	∟50×5	100	117	5	13	12	1	1	140	15 826	305	18 300	0.85	13 451.8	0.01
塔段④	1	∟125×10	224 224	259 896	10	25.5	20	6	2	320	200 960	510	102 000	1.00	102 000.0	2.55
	2	∟63×5	18 578	21 224	6	17	12	2	1	140	15 826	385	27 720	0.85	13 451.8	1.58
	8	∟63×5	6 727	8 182	6	17	12	2	1	140	15 826	385	27 720	0.85	13 451.8	0.61
	11	∟50×5	223	229	5	13	12	1	1	140	15 826	305	18 300	0.85	13 451.8	0.02
	15	∟50×5	135	164	5	13	12	1	1	140	15 826	305	18 300	0.85	13 451.8	0.01

表 6.22.2 塔段⑤~⑦典型螺栓连接承载力验算结果

杆件编号	截面规格	轴拉力/N	轴压力/N	节点板厚度/mm	允许最大孔径/mm	螺栓直径/mm	螺栓数量/个	螺栓剪切面数	抗剪强度设计值 f_v^b/MPa	受剪承载力 N_v^b/N	承压强度设计值 f_c^b/MPa	承压承载力 N_c^b/N	折减系数 η_2	$\eta_2 N_{min}^b$/N	所需螺栓数 n/个
塔段⑤ 1	L125×12	313 516	360 710	12	25.5	20	6	2	320	200 960	510	122 400	1.00	122 400.0	2.95
2	L75×6	18 746	21 451	6	21.5	12	2	1	140	15 826	385	27 720	0.85	13 451.8	1.59
8	L75×6	9 405	10 821	6	21.5	12	2	1	140	15 826	385	27 720	0.85	13 451.8	0.80
11	L63×5	553	528	5	17	12	1	1	140	15 826	305	18 300	0.85	13 451.8	0.04
13	L50×5	354	349	5	13	12	1	1	140	15 826	305	18 300	0.85	13 451.8	0.03
15	L63×5	188	216	5	17	12	1	1	140	15 826	305	18 300	0.85	13 451.8	0.02
塔段⑥ 1	L140×12	378 700	437 906	12	25.5	20	6	2	320	200 960	510	122 400	1.00	122 400.0	3.58
2	L75×6	21 386	24 599	6	21.5	12	2	1	140	15 826	385	27 720	0.85	13 451.8	1.83
6	L75×6	11 361	13 137	6	21.5	12	2	1	140	15 826	385	27 720	0.85	13 451.8	0.98
8	L75×6	549	567	6	21.5	12	1	1	140	15 826	305	21 960	0.85	13 451.8	0.04
9	L75×6	227	263	6	21.5	12	1	1	140	15 826	305	21 960	0.85	13 451.8	0.02
塔段⑦ 1	L140×14	455 196	531 482	14	23.5	20	8	2	320	200 960	510	142 800	1.00	142 800.0	3.72
2	L75×6	24 374	28 136	6	21.5	16	2	1	140	28 134	385	36 960	0.85	23 914.2	1.18
6	L50×5	1 223	1 129	5	13	12	2	1	140	15 826	385	23 100	0.85	13 451.8	0.09
10	L75×6	13 656	15 944	6	21.5	12	2	1	140	15 826	385	27 720	0.85	13 451.8	1.19
19	L75×6	273	319	6	21.5	12	1	1	140	15 826	305	21 960	0.85	13 451.8	0.02
20	L75×6	273	319	6	21.5	12	1	1	140	15 826	305	21 960	0.85	13 451.8	0.02

表 6.22.3　塔段⑧~⑨典型螺栓连接承载力验算结果

杆件编号		截面规格	轴拉力/N	轴压力/N	节点板厚度/mm	允许最大孔径/mm	螺栓直径/mm	螺栓数量/个	螺栓剪切面数	抗剪强度设计值 f_v^b/MPa	受剪承载力 N_v^b/N	承压强度设计值 f_c^b/MPa	承压承载力 N_c^b/N	折减系数 η_2	$\eta_2 N_{min}^b$/N	所需螺栓数 n/个
塔段⑧	1	L160×14	508 648	606 284	14	25.5	20	8	2	320	200 960	510	142 800	1.00	142 800.0	4.25
	2	L75×6	15 259	18 189	6	21.5	16	2	1	140	28 134	385	36 960	0.85	23 914.2	0.76
	6	L50×5	771	525	5	13	12	1	1	140	15 826	385	23 100	0.85	13 451.8	0.06
	10	L75×6	15 259	18 189	6	21.5	12	2	1	140	15 826	385	27 720	0.85	13 451.8	1.35
	18	L75×6	305	364	6	21.5	12	1	1	140	15 826	305	21 960	0.85	13 451.8	0.03
	20	L75×6		364	6	21.5	12	1	1	140	15 826	305	21 960	0.85	13 451.8	0.03
塔段⑨	1	L160×14	478 352	572 922	14	25.5	20	8	2	320	200 960	510	142 800	1.00	142 800.0	4.01
	2	L80×6	37 740	50 203	6	21.5	20	2	2	140	43 960	385	46 200	0.85	37 366.0	1.34
	3	L80×6	10 233	11 053	6	21.5	12	2	1	140	15 826	385	27 720	0.85	13 451.8	0.82
	4	L63×5	19 267	33 708	6	17	16	2	1	140	28 134	385	36 960	0.85	23 914.2	1.41
	5	L63×5	26 384	35 766	6	17	16	2	1	140	28 134	385	36 960	0.85	23 914.2	1.50
	6	L63×5	24 639	24 202	6	17	12	2	1	140	15 826	385	27 720	0.85	13 451.8	1.83
	7	L63×5	17 279	17 188	6	17	12	2	1	140	15 826	385	27 720	0.85	13 451.8	1.28
	14	L75×6	385	674	6	21.5	12	1	1	140	15 826	305	21 960	0.85	13 451.8	0.05
	15	L63×5	741	875	5	17	12	1	1	140	15 826	305	18 300	0.85	13 451.8	0.07
	16	L80×6	205	417	8	21.5	12	1	1	140	15 826	305	29 280	0.85	13 451.8	0.03
	17	L80×6		221	8	21.5	12	1	1	140	15 826	305	29 280	0.85	13 451.8	0.02

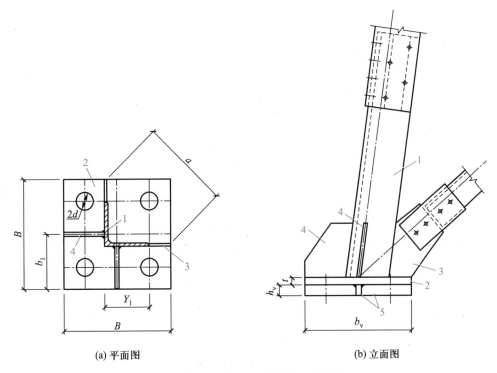

(a) 平面图   (b) 立面图

1—杆件;2—底板;3、4—加劲肋;5—抗剪键。

图 6.38 柱脚示意

1. 抗拉锚栓设计

设底板设置 4 根锚栓,则每根锚栓受力为 468.64 kN/4 = 117.16 kN,查《钢结构设计原理》(第 2 版)附录 9.1,选直径 $d = 33$mm、Q345 的锚栓,每个锚栓受拉承载力设计值为 124.8 kN > 117.16 kN。

2. 底板②设计(根据 YD/T 5131—2019《移动通信工程钢塔桅结构设计规范》附录 C 设计)

根据构造要求锚栓孔取 $2d = 66$ mm ≈ 65 mm,栓孔面积约为 13 280 mm²。则需底板面积为

$$A = B^2 = \frac{N_1}{f_c} + A_0 = \frac{561.29 \times 10^3 \text{ N}}{9.6 \text{ N/mm}^2} + 13\ 280 \text{ mm}^2 = 71\ 748 \text{ mm}^2$$

$B = 267$ mm,采用 $B = 400$ mm。

底板承受的均布压应力为

$$Q = \frac{N_1}{A - A_0} = \frac{561.29 \times 10^3 \text{ N}}{400^2 \text{ mm}^2 - 13\ 280 \text{ mm}^2} = 3.83 \text{ N/mm}^2 < f_c$$

底板的加劲肋设置如图 6.38 所示,角钢的水平轴线距肢背 44.7 mm,底板最大区段的自由边长度为

$$a = \sqrt{2} \times (200 \text{ mm} + 44.7 \text{ mm}) = 346.06 \text{ mm}$$

单位宽度底板所受弯矩为

$$M = 0.06 Q a^2 = 0.06 \times 3.83 \text{ N/mm}^2 \times 346.06 \text{ mm}^2 = 27\ 520.28 \text{ N} \cdot \text{mm/mm}$$

底板及加劲肋的钢材用 Q235B 级钢,因底板厚度大于 16 mm,故 $f = 205$ N/mm^2。

底板按竖向承受压力计算厚度:

$$t \geqslant \sqrt{\frac{5M}{f}} = \sqrt{\frac{5 \times 27\,520.28 \text{ N} \cdot \text{mm/mm}}{205 \text{ N/mm}^2}} = 25.91 \text{ mm}$$

底板按竖向承受拉力计算厚度:

设栓孔圆心距底板边的距离为 80 mm,则

$$Y_1 = 200 \text{ mm} + 44.7 \text{ mm} - 80 \text{ mm} = 164.7 \text{ mm}, \quad b_1 = 200 \text{ mm}$$

$$t = \frac{1}{1.5} \sqrt{\frac{3N_2}{f \cdot B^2} \cdot (Y_1 \cdot b_1)_{\max}} = \frac{1}{1.5} \sqrt{\frac{3 \times 468.64 \text{ kN}}{205 \text{ N/mm}^2 \times 400^2 \text{ mm}^2} (200 \times 164.7 \text{ mm}^2)} = 25.05 \text{ mm}$$

综合考虑底板承受拉力、压力作用,取底板厚度 $t = 26$ mm>16 mm,满足要求。

3. 底板上的焊缝验算

底板上的加劲肋设置如图 6.38 所示,与角钢肢对接的加劲肋③厚度取 10 mm,加劲肋④厚度取 14 mm。角钢肢与底板的连接均采用角焊缝,设 $h_f = 10$ mm。为了不与角钢肢的角焊缝交叉,加劲肋④下部切角 15 mm(见图 6.39),则底板角焊缝的总长度 $\sum l_w = 4 \times (200 - 44.7 - 15)$ mm $+ 4 \times (200 + 44.7)$ mm $- 8 \times 2 \times 10 = 1\,380$ mm(根据构造要求每条焊缝减 $2h_f$)。

在竖向压力下正面角焊缝应力:

$$\sigma_f = \frac{N_1}{0.7 h_f \sum l_w} = \frac{561.29 \times 10^3 \text{ N}}{0.7 \times 10 \text{ mm} \times 1\,380 \text{ mm}} = 58.10 \text{ N/mm}^2$$

考虑向心剪力 114.81 kN 沿垂直于两个板边的分力 $N_1' = 114.81$ kN$/1.414 = 81.20$ kN,仅由该方向的角焊缝承受,该方向焊缝总长度 $\sum l_w' = 2 \times (400 - 15) - 4 \times 2 \times 10 = 690$ mm。

$$\tau_f = \frac{N_1'}{0.7 h_f \sum l_w'} = \frac{81.20 \times 10^3 \text{ N}}{0.7 \times 10 \text{ mm} \times 690 \text{ mm}} = 16.81 \text{ N/mm}^2$$

$$\sqrt{\left(\frac{\sigma_f}{\beta_f}\right)^2 + \tau_f^2} = \sqrt{\left(\frac{58.10 \text{ N/mm}^2}{1.22}\right)^2 + (16.81 \text{ N/mm}^2)^2} = 50.50 \text{ N/mm}^2 < f_f^w = 160 \text{ N/mm}^2$$

满足要求。

4. 加劲肋竖向焊缝验算

考虑底板所受竖向压力最大,按压力验算加劲肋的竖向焊缝。由塔段⑨尺寸信息知主杆在塔面内与地面的夹角 $\alpha = 81.849°$。设加劲肋④和③的接触焊缝边长为 200 mm。取焊脚尺寸 $h_f = 10$ mm。

(1)加劲肋④的验算

图 6.39 所示为加劲肋④的受力示意,由底板焊缝传来的竖向荷载为

$$N_4 = \sigma_f \times l_w' \times 2 \times 0.7 h_f = 58.10 \text{ N/mm}^2 (140.3 - 2 \times 10) \text{ mm} \times 14 \text{ mm} = 97.85 \text{ kN}$$

将 N_4 移至焊缝中心,引起的弯矩为

$$M = N_4 \cdot e = 97.85 \text{ kN} \times 100.39 \text{ mm} = 9\,823.16 \text{ kN} \cdot \text{mm}$$

竖向焊缝长 $l_w = 200 - 15 - 2h_f = 200$ mm $- 15$ mm $- 20$ mm $= 165$ mm

将 N_4 分解为顺焊缝的剪力 $N_4'' = N_4 \cdot \sin \alpha = 96.86$ kN 和垂直焊缝的剪力 $N_4^\perp = N_4 \cdot \cos \alpha = 13.87$ kN,则由弯矩引起在 a 点的最大垂直于焊缝的剪力为

$$\sigma_f^M = \frac{6M}{2 \times 0.7 h_f l_w^2} = \frac{6 \times 9\,823.16 \times 10^3 \text{ N} \cdot \text{mm}}{1.4 \times 10 \text{ mm} \times (165 \text{ mm})^2} = 154.64 \text{ N/mm}^2$$

$N_4^{\perp}$ 引起的 $\sigma_f^{N_4} = \dfrac{N_4^{\perp}}{2 \times 0.7 h_f l_w} = \dfrac{13.87 \times 10^3 \text{ N}}{1.4 \times 10 \text{ mm} \times 165 \text{ mm}} = 6.00 \text{ N/mm}^2$

$N_4^{/\!/}$ 引起的 $\tau_f^{N_4} = \dfrac{N_4^{/\!/}}{2 \times 0.7 h_f l_w} = \dfrac{96.86 \times 10^3 \text{ N}}{1.4 \times 10 \text{ mm} \times 165 \text{ mm}} = 41.93 \text{ N/mm}^2$

则 a 点的应力为

$$\sqrt{\left(\frac{\sigma_f^M + \sigma_f^{N_4}}{\beta}\right)^2 + (\tau_f^{N_4})^2} = \sqrt{\left(\frac{154.64 \text{ N/mm}^2 + 6 \text{ N/mm}^2}{1.22}\right)^2 + (41.93 \text{ N/mm}^2)^2}$$

$$= 138.19 \text{ N/mm}^2 < f_f^w = 160 \text{ N/mm}^2$$

满足要求。

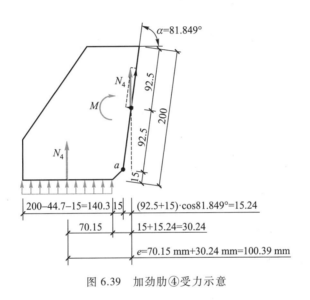

图 6.39　加劲肋④受力示意

（2）加劲肋③的验算

图 6.40 所示为加劲肋③的受力示意,由底板平面图可知③肋长为 200 mm+44.7 mm-160 mm = 84.7 mm,其与底板的角焊缝长度 $l_w' = 84.7$ mm$-h_f = 84.7$ mm-10 mm$= 74.7$ mm,底板传来的竖向力为

$$N_3 = \sigma_f \times l_w' \times 2 \times 0.7 h_f = 58.10 \text{ N/mm}^2 \times 74.7 \text{ mm} \times 14 \text{ mm} = 60.76 \text{ kN}$$

$$M = N_3 \cdot e = 60.76 \text{ kN} \times 23.17 \text{ mm} = 1\ 407.81 \text{ kN} \cdot \text{mm}$$

$$N_3^{\perp} = N_3 \cdot \cos \alpha = 8.62 \text{ kN}$$

$$N_3^{/\!/} = N_3 \cdot \sin \alpha = 60.15 \text{ kN}$$

对接焊缝长度 $l_w = 200$ mm$-2t = 200$ mm-2×10 mm$= 180$ mm

则 $\sigma_M = \dfrac{6M}{t \times l_w^2} = \dfrac{6 \times 1\ 407.8 \times 10^3 \text{ N} \cdot \text{mm}}{10 \text{ mm} \times (180 \text{ mm})^2} = 26.07 \text{ N/mm}^2$

$$\sigma_N = \dfrac{N_3^{\perp}}{t \times l_w} = \dfrac{8.62 \times 10^3 \text{ N}}{10 \text{ mm} \times 180 \text{ mm}} = 4.79 \text{ N/mm}^2$$

$$\tau = \frac{N_3^{//}}{t \times l_w} = \frac{60.15 \times 10^3 \text{ N}}{10 \text{ mm} \times 180 \text{ mm}} = 33.42 \text{ N/mm}^2$$

则 a 点处

$$\sigma = \sigma_M + \sigma_N = 26.07 \text{ N/mm}^2 + 4.79 \text{ N/mm}^2 = 30.86 \text{ N/mm}^2$$

该点折算应力为

$$\sqrt{\sigma^2 + 3\tau^2} = \sqrt{(30.86 \text{ N/mm}^2)^2 + 3 \times (33.42 \text{ N/mm}^2)^2}$$
$$= 65.60 \text{ N/mm}^2 < 1.1 f_c^w = 1.1 \times 215 \text{ N/mm}^2 = 236.5 \text{ N/mm}^2$$

满足要求。

由于底板的竖向拉力小于压力,故亦安全。

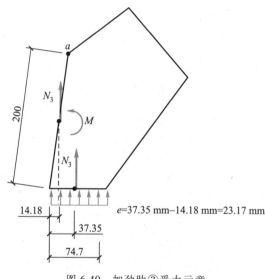

图 6.40　加劲肋③受力示意

5. 抗剪键⑤计算

底板受拉时,各方向剪力 $V = 66.42$ kN,根据 GB 50709—2011《钢铁企业管道支架设计规范》7.4.2 条的式(7.4.2-14),抗剪键的抗剪承载力可按下式计算:

$$N_v^p = 0.7 f_c b_v h_v$$

式中,f_c——基础混凝土抗压强度设计值,本例 C20,$f_c = 9.6$ N/mm^2;

　　　b_v——垂直于剪力作用方向的抗剪键宽度;

　　　h_v——抗剪键高度。

选用方钢抗剪键,十字交叉布置于底板加劲肋的正下方,抗剪键高度为

$$h_v = \frac{V}{0.7 f_c \cdot b_v} = \frac{66.42 \times 10^3 \text{ N}}{0.7 \times 9.6 \text{ N/mm}^2 \times 400 \text{ mm}} = 24.71 \text{ mm}$$

取抗剪键高度为 40 mm。

6. 抗剪键⑤与底板②焊缝计算

取抗剪键厚度为 20 mm,设一条抗剪键通长与底板焊接,另一条分为两半焊于两侧,如图 6.41 所示,位于两侧的抗剪键沿底板的单条焊缝长度为

$$l_w = 2 \times (200 \text{ mm} - 10 \text{ mm} - 10 \text{ mm} - 20 \text{ mm}) = 320 \text{ mm}$$

$$M = V \cdot e = 66.42 \times 10^3 \text{ N} \times 20 \text{ mm} = 1\ 328\ 400 \text{ N} \cdot \text{mm}$$

V 引起的垂直于焊缝的应力为

$$\sigma_{1x} = \frac{66.42 \times 10^3 \text{ N}}{0.7 \times 10 \text{ mm} \times 2 \times 320 \text{ mm}} = 14.83 \text{ N/mm}^2$$

M 引起的垂直于焊缝的应力为

$$\sigma_{1y} = \frac{M}{0.7 h_f \times l_w \times 20} = \frac{1\ 328\ 400 \text{ N} \cdot \text{mm}}{0.7 \times 10 \text{ mm} \times 320 \text{ mm} \times 20 \text{ mm}} = 29.65 \text{ N/mm}^2$$

按《标准》条文说明公式(39)：

$$\sqrt{\sigma_{1x}^2 + \sigma_{1y}^2 + \tau_f^2} = \sqrt{(14.83 \text{ N/mm}^2)^2 + (29.65 \text{ N/mm}^2)^2 + 0} = 33.15 \text{ N/mm}^2 < f_f^w = 160 \text{ N/mm}^2$$

满足要求。

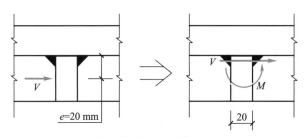

图 6.41　抗剪键⑤与底板②焊缝受力示意

6.7.10　构件的防腐和螺栓的防松要求

本塔架的施工方法是在工厂制作杆件和节点板,到现场用螺栓进行散件安装。由于塔架处于露天环境,遭受风吹雨打,很易锈蚀,螺栓在风振作用下很易松动,必须重视防腐、防松措施。

在工厂进行零部件制作时,比较短的杆件和节点板应进行热浸镀锌处理,较长的杆件可进行热喷锌铝复合涂层处理。

螺栓应采用镀锌螺栓。现场安装拧紧 8.8 级普通螺栓时,除要施加同等高强度螺栓 1/3 的扭矩外,还要用扣紧螺母防松。安装 4.8 级普通螺栓时应用扣紧螺母尽量拧紧。避免采用弹簧垫圈防松,因其隔开螺母和母材,间隙易存水锈蚀,耐久性差。

塔架的钢爬梯、塔顶设备安装平台、柱脚基础的计算及塔架施工图略。

<h2 style="text-align:center">本章参考文献</h2>

第 6 章参考文献

第7章

门式刚架轻型钢结构

7.1 门式刚架轻型钢结构的组成及布置

7.1.1 门式刚架轻型钢结构的组成

门式刚架轻型钢结构主要适用于无强腐蚀介质作用,跨度为 12~48 m,柱距为 6~9 m,房屋高度不大于 18 m,房屋高宽比小于 1,承重结构为单跨或多跨实腹门式刚架,具有轻型屋盖和轻型外墙,可以设置起重量不大于 200 kN 的中、轻级工作制桥式吊车或 30 kN 的悬挂式起重机的单层房屋钢结构。其结构组成如图 7.1 所示。

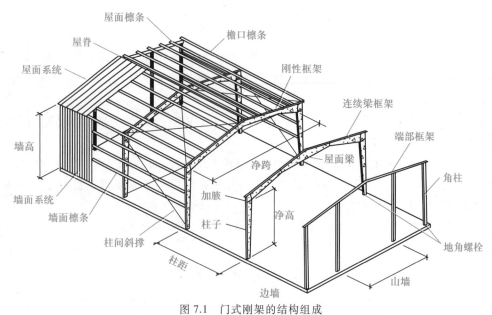

图 7.1 门式刚架的结构组成

在门式刚架轻型房屋钢结构体系中,屋盖应采用压型钢板屋面板和冷弯薄壁型钢檩条,主刚架可采用变截面实腹刚架,外墙宜采用压型钢板墙板和冷弯薄壁型钢墙梁,也可以采用砌体外墙或底部为砌体、上部为轻质材料的外墙。主刚架斜梁下翼缘和刚架柱内翼缘的平面外稳定性,由与檩条或墙梁相连接的隔撑来保证。主刚架间的交叉支撑可采用张紧的圆钢。

单层门式刚架轻型房屋可采用隔热卷材作屋盖隔热和保温层,也可以采用带隔热层的板材作屋面。

门式刚架轻型房屋屋面坡度宜取 1/20～1/8,在雨水较多的地区宜取其中较大值。

对于门式刚架轻型房屋,其檐口高度取地坪至房屋外侧檩条上缘的高度;其最大高度取地坪至屋盖顶部檩条上缘的高度;其宽度取房屋侧墙墙梁外皮之间的距离;其长度取两端山墙墙梁外皮之间的距离。

在多跨刚架局部抽掉中柱处,可布置托架。

山墙处可设置由斜梁、抗风柱和墙架组成的山墙墙架,或直接采用门式刚架。

门式刚架的形式分为单跨双坡、双跨单坡、多跨双坡及带挑檐和带毗屋的刚架(图 7.2)等。多跨刚架中间柱与刚架斜梁的连接可采用铰接。必要时可在屋内设置夹层,夹层可沿纵向设置或在横向端跨设置。夹层与柱的连接可采用刚性连接或铰接。多跨刚架宜采用双坡或单坡屋盖,必要时也可采用由多个双坡单跨相连的多跨刚架形式。

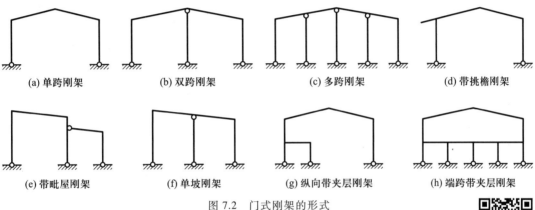

(a) 单跨刚架　　　(b) 双跨刚架　　　　(c) 多跨刚架　　　　(d) 带挑檐刚架

(e) 带毗屋刚架　　　(f) 单坡刚架　　　(g) 纵向带夹层刚架　　　(h) 端跨带夹层刚架

图 7.2　门式刚架的形式

7.1　单层轻钢门式刚架厂房

7.1.2　门式刚架轻型钢结构的布置

1. 柱网布置

柱网布置就是确定门式刚架承重柱在平面上的排列,即确定其纵向和横向定位轴线所形成的网格。刚架的跨度就是柱纵向定位轴线之间的尺寸,刚架的柱距就是柱子在横向定位轴线之间的尺寸(图 7.3)。

首先,柱网布置应满足生产工艺要求。厂房是直接为工业生产服务的,不同性质的厂房具有不同的生产工艺流程,各种工艺流程所需主要设备、产品尺寸和生产空间都是决定厂房跨度和柱距的主要因素。其次,为使结构设计经济合理,厂房结构构件逐步统一,提高设计标准化、生产工厂化及施工机械化的水平,柱网布置还必须满足 GB/T 50006—2010《厂房建筑模数协调标准》的规定:当厂房跨度小于或等于 18 m 时,应以 3 m 为模数,即 9 m、12 m、15 m、18 m;当厂房跨度大于 18 m 时,则以 6 m 为模数,即 24 m、30 m、36 m、48 m。但是当工艺布置和技术经济有明显的优越性时,也可采用 21 m、27 m、33 m 等。厂房柱距一般采用 6 m 较为经济,当工艺有特殊要求时,可局部抽柱,即柱距设为 12 m;对某些有扩大柱距要求的厂房也可采用 9 m 及 12 m 柱距。

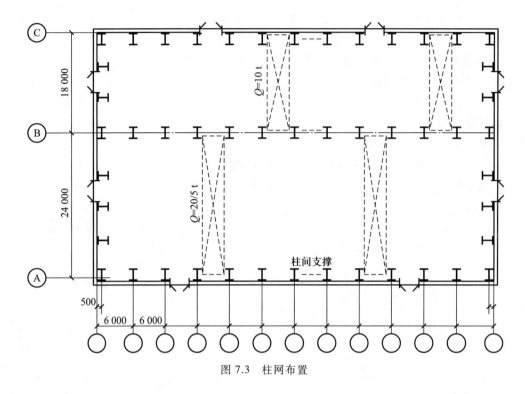

图 7.3 柱网布置

门式刚架的跨度宜为 9~48 m,以 3 m 为模数,当有根据时,可采用更大跨度。边柱的截面高度不相等时,其外侧要对齐。

门式刚架的间距,即柱网轴线在纵向的距离宜为 6 m,也可采用 7.5 m 或 9 m,最大可用 12 m。跨度较小时可用 4.5 m。

门式刚架的高度宜为 4.5~9.0 m,必要时可适当加大,但不宜大于 18 m。

2. 变形缝的布置

门式刚架轻型房屋钢结构的纵向温度区段长度不大于 300 m,横向温度区段长度不大于 150 m。有可靠依据时,温度区段长度可适当加大。当需要设置伸缩缝时,可在搭接檩条的螺栓连接处采用长圆孔并使该处屋面板在构造上允许胀缩,或者设置双柱。

3. 墙梁布置

门式刚架轻型房屋钢结构的侧墙,在采用压型钢板作围护面时,墙梁宜布置在刚架柱的外侧,其间距随墙板板型及规格而定,但不应大于计算确定的值。

门式刚架轻型房屋的外墙,当抗震设防烈度在 8 度及以下时,宜采用轻型金属墙板或非嵌砌砌体;当抗震设防烈度为 9 度时,应采用轻型金属墙板或与柱柔性连接的轻质墙板。

4. 支撑布置

在每个温度区段或者分期建设的区段中,应分别设置能与刚架结构一同构成独立的空间稳定体系的支撑系统。柱间支撑与屋盖横向支撑宜设置在同一开间。

柱间支撑应设在侧墙柱列,当房屋宽度大于 60 m 时,在内柱列宜设置柱间支撑。当有吊车时,每个吊车跨两侧柱列均应设置吊车柱间支撑。柱间支撑的间距根据房屋纵向柱距、受力情况和温度区段等条件确定。当无吊车时,柱间支撑间距宜取 30~45 m,端部柱间支撑宜设置在房屋端部第一或第二开间。当有吊车时,吊车牛腿下部支撑宜设置在温度区段中部;当温度区段较长时,宜设置在三分点内,且支撑间距不应大于 50 m。牛腿上部支撑设置原则与无吊车时的柱间支撑设置相同。

柱间支撑采用的形式宜为门式框架、圆钢或钢索交叉支撑、型钢交叉支撑、方管或圆管人字支撑等。当有吊车时,吊车牛腿以下交叉支撑应选用型钢交叉支撑。

屋盖横向端部支撑应布置在房屋端部和温度区段第一或第二开间,当布置在第二开间时,在第一开间的相应位置应设置刚性系杆。刚架转折处(如柱顶和屋脊)也应设置刚性系杆。

屋面支撑形式宜选用张紧的圆钢或钢索交叉支撑;当屋面斜梁承受悬挂吊车荷载时,屋面横向支撑应选用型钢交叉支撑。屋面横向交叉支撑节点布置应与抗风柱相对应,并应在屋面梁转折处布置节点。屋面横向支撑应按支承于柱间支撑柱顶的水平桁架设计;其直腹杆应按刚性系杆考虑,可由檩条兼作;十字交叉圆钢或钢索应按拉杆设计,型钢可按拉杆设计,刚性系杆应按压杆设计。

对设有带驾驶室且起重量大于 150 kN 桥式吊车的跨间,应在屋盖边缘设置纵向支撑;在有抽柱的柱列,沿托架长度应设置纵向支撑。

门式刚架轻型房屋钢结构的支撑宜采用张紧的十字交叉圆钢组成,用特制的连接件与梁柱腹板相连。连接件应能适应不同的夹角。圆钢端部都应有丝扣,校正定位后将拉条张紧固定。

7.2　变截面门式刚架的内力分析和变形计算

7.2.1　门式刚架的计算简图

根据跨度、高度及荷载不同,门式刚架的梁、柱可采用变截面或等截面的实腹焊接工字形截面或轧制 H 形截面。设有桥式吊车时,柱宜采用等截面构件。变截面构件通常改变腹板的高度,做成楔形,必要时可改变翼缘厚度,邻接的制作单元可采用不同的翼缘截面,两单元相邻截面高度宜相等。

门式刚架的跨度,应取横向刚架柱轴线间的距离。

门式刚架的高度,应取地坪至柱轴线与斜梁轴线交点的高度。门式刚架的高度应根据使用要求的室内净高度而定,设有吊车的厂房应根据轨顶标高和吊车净高要求而定。

柱的轴线可取通过柱下端(较小端)中心的竖向直线;工业建筑边柱的定位轴线宜取柱外皮;斜梁的轴线可取通过变截面梁段最小端中心与斜梁上表面平行的轴线。门式刚架的计算简图如图 7.4 所示。图中 h、L 分别为刚架柱高和跨度;I_{c0}、I_{c1} 分别为柱小端和大端的截面惯性矩;I_{b0}、I_{b1}、I_{b2} 分别为双楔形横梁最小截面、檐口截面和跨中截面的惯性矩;α 为楔形横梁长度比值。

门式刚架的柱脚多按铰接支承设计,通常为平板支座,设一对或两对地脚螺栓。当用于工业厂房且有桥式吊车时,宜将柱脚设计为刚接。

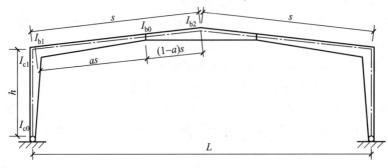

图 7.4　门式刚架的计算简图

7.2.2　门式刚架的荷载计算

1. 永久荷载

刚架承受的永久荷载包括屋面板、檩条、支撑、刚架、墙架等结构自重及吊顶、管线、天窗、风帽、门窗等悬挂或建筑设施重量。

屋面板自重的标准值可按表 7.1 取用。

表 7.1　屋面板自重标准值　　　　　　　　　　　　　　　　　　　　　kN/m²

屋面类型	瓦楞铁	压型钢板	波形石棉瓦	水泥平瓦
恒荷载标准值	0.05	0.1~0.15	0.2	0.55

实腹式檩条的自重标准值可取 0.05~0.1 kN/m²,格构式檩条的自重标准值可取 0.03~0.05 kN/m²。

墙架结构自重标准值可取 0.25~0.42 kN/m²,檐高大时相应取大者。

2. 可变荷载

刚架承受的可变荷载包括屋面活荷载、风荷载及吊车荷载等。

（1）屋面活荷载

屋面活荷载包括屋面均布活荷载、雪荷载和积灰荷载等。屋面活荷载按屋面水平投影面积计算。

1）屋面均布活荷载。对于使用及施工检修荷载,房屋建筑的屋面水平投影面上的均布活荷载应如下考虑：

不上人屋面的均布活荷载的标准值取 0.5 kN/m²。

上人屋面的均布活荷载的标准值取 2.0 kN/m²。

当采用压型钢板轻型屋面时,屋面竖向均布活荷载的标准值（按水平投影面积计算）应取 0.5 kN/m²。对受载水平投影面积大于 60 m² 的刚架构件,屋面竖向均布活荷载的标准值可取不小于 0.3 kN/m²。

设计屋面板和檩条时,尚应考虑施工及检修集中荷载,其标准值应取 1.0 kN,且作用在结构最不利位置上；当施工荷载有可能超过该值时,应按实际情况采用。

2）屋面雪荷载。门式刚架屋盖较轻,属于对雪荷载敏感的结构,雪荷载经常按控制荷载考虑,计算时应采用 100 年重现期的基本雪压。

考虑建筑地区和屋面形式的不同,屋面水平投影面上的雪荷载的标准值按下式计算:

$$s_k = \mu_r s_0 \tag{7.2.1}$$

式中,s_k——雪荷载标准值,kN/m^2;

μ_r——屋面积雪分布系数,可按 GB 51022—2015《门式刚架轻型房屋钢结构技术规范》(简称《门式刚架规范》)第 4.3.2 条采用;

s_0——基本雪压,kN/m^2,按现行国家标准 GB 50009—2012《建筑结构荷载规范》(简称《荷载规范》)规定的 100 年重现期的雪压采用。

3) 屋面积灰荷载。对于生产中有大量排灰的厂房(如机械、冶金、水泥厂房等)及其邻近建筑物,应考虑其屋面积灰荷载,按照厂房使用性质及屋面形式的不同,由《荷载规范》可查得相应的标准值。

考虑上述三种屋面活荷载同时出现的可能性,《荷载规范》规定,积灰荷载只考虑与雪荷载或屋面均布活荷载两者中的较大值进行组合。即屋面均布活荷载不与雪荷载同时组合,仅取两者中的较大者。

（2）风荷载

当气流作用于厂房上时,便会在厂房的迎风面产生正压区(风压力),而在厂房背风面产生负压区(风吸力),则称这种风压力和风吸力为风荷载,其值与建筑物所在地区基本风压、建筑物体型、高度及建筑地面粗糙度等因素有关,并且认为风荷载垂直作用于建筑物表面。垂直于建筑物表面的风荷载标准值可按下式计算:

$$w_k = \beta \mu_w \mu_z w_0 \tag{7.2.2}$$

式中,w_k——风荷载标准值,kN/m^2。

β——系数,计算主刚架时取 $\beta=1.1$;计算檩条、墙梁、屋面板和墙面板及其连接时,取 $\beta=1.5$。

μ_w——风荷载系数,考虑内、外风压最大值的组合,按《门式刚架规范》第 4.2.2 条的规定采用。

μ_z——风压高度变化系数,按《荷载规范》的规定采用;当高度小于 10 m 时,应按 10 m 高度处的数值采用。

w_0——基本风压,kN/m^2。

我国规范的刚架横向风荷载系数,采用了美国房屋制造商协会(MBMA)根据风洞实验提出的系数。对于门式刚架轻型房屋,当其屋面坡度不大于 10°、屋面平均高度不大于 18 m、檐口高度不大于房屋的最小水平尺寸时,该系数应按表 7.2 确定,其中各区域的意义及与风向的关系见图 7.5。

表 7.2　主刚架横向风荷载系数

房屋类型	屋面坡度角 θ	荷载工况	端区系数				中间区系数				山墙
			1E	2E	3E	4E	1	2	3	4	5 和 6
封闭式	0°≤θ≤5°	(+i)	+0.43	-1.25	-0.71	-0.60	+0.22	-0.87	-0.55	-0.47	-0.63
		(-i)	+0.79	-0.89	-0.35	-0.25	+0.58	-0.51	-0.19	-0.11	-0.27

续表

房屋类型	屋面坡度角 θ	荷载工况	端区系数				中间区系数				山墙
			1E	2E	3E	4E	1	2	3	4	5 和 6
封闭式	$\theta = 10.5°$	$(+i)$	+0.49	-1.25	-0.76	-0.67	+0.26	-0.87	-0.58	-0.51	-0.63
		$(-i)$	+0.85	-0.89	-0.40	-0.31	+0.62	-0.51	-0.22	-0.15	-0.27
	$\theta = 15.6°$	$(+i)$	+0.54	-1.25	-0.81	-0.74	+0.30	-0.87	-0.62	-0.55	-0.63
		$(-i)$	+0.90	-0.89	-0.45	-0.38	+0.66	-0.51	-0.26	-0.19	-0.27
部分封闭式	$0° \leqslant \theta \leqslant 5°$	$(+i)$	+0.06	-1.62	-1.08	-0.98	-0.15	-1.24	-0.92	-0.84	-1.00
		$(-i)$	+1.16	-0.52	+0.02	+0.12	+0.95	-0.14	+0.18	+0.26	+0.10
	$\theta = 10.5°$	$(+i)$	+0.12	-1.62	-1.13	-1.04	-0.11	-1.24	-0.95	-0.88	-1.00
		$(-i)$	+1.22	-0.52	-0.03	+0.06	+0.99	-0.14	+0.15	+0.22	+0.10
	$\theta = 15.6°$	$(+i)$	+0.17	-1.62	-1.20	-1.11	+0.07	-1.24	-0.99	-0.92	-1.00
		$(-i)$	+1.27	-0.52	-0.10	-0.01	+1.03	-0.14	+0.11	+0.18	+0.10

注：1. 封闭式和部分封闭式房屋荷载工况中的 $(+i)$ 表示内压为压力，$(-i)$ 表示内压为吸力。

2. 横向风荷载系数的正号和负号分别表示风力朝向板面和离开板面。

3. 未给出 θ 值的系数可用线性插值计算。

4. 当 2 区的屋面压力系数为负时，该值适用于 2 区从屋面边缘算起垂直于檐口方向延伸宽度为房屋最小水平尺寸 0.5 倍或 2.5h 中的较小值。2 区的其余面积，直到屋脊线，应采用 3 区的系数。

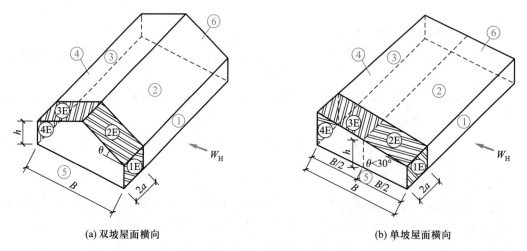

(a) 双坡屋面横向　　　　　　　　　　　　　(b) 单坡屋面横向

图 7.5　主刚架的横向风荷载系数分区

图 7.5 中，θ 为屋面坡度角，为屋面与水平面的夹角；B 为房屋宽度；h 为屋顶至室外地面的平均高度，双坡屋面可近似取檐口高度，单坡屋面可取跨中高度；a 为计算围护结构构件时的房屋边缘带宽度，取房屋最小水平尺寸的 10% 或 0.4h 之中的较小值，但不得小于房屋最小尺寸的 4% 或 1 m。图中①、②、③、④、⑤、⑥、1E、2E、3E、4E 为分区编号，W_H 为横向来风。

7.2.3　门式刚架的内力计算及荷载组合

1. 刚架的内力计算

在实际应用中刚架采用塑性设计方法尚不普遍,且塑性设计不适用于变截面刚架、格构式刚架及有吊车荷载的刚架,故本章仅讲述有关弹性设计法的分析计算内容。

刚架的内力计算一般取单榀刚架按平面计算方法进行。刚架梁、柱内力的计算可采用电子计算机及专用程序进行,亦可按门式刚架计算公式进行。

2. 控制截面及最不利内力组合

刚架结构在各种荷载作用下的内力确定之后,即可进行荷载和内力组合,以求得刚架梁、柱各控制截面的最不利内力作为构件设计验算的依据。

对于刚架横梁,其控制截面一般为每跨的两端支座截面和跨中截面。梁支座截面是最大负弯矩(指绝对值最大)及最大剪力作用的截面,在水平荷载作用下还可能出现正弯矩。因此,对支座截面而言,其最不利内力有最大负弯矩($-M_{max}$)组合、最大剪力(V_{max})组合及可能出现的最大正弯矩($+M_{max}$)组合。梁跨中截面一般是最大正弯矩作用的截面,但也可能出现负弯矩,故跨中截面的最不利内力有最大正弯矩($+M_{max}$)组合及可能出现的最大负弯矩($-M_{max}$)组合。

对于刚架柱,由弯矩图可知,弯矩最大值一般发生在上下两个柱端,而剪力和轴力在柱子中通常保持不变或变化很小。因此刚架柱的控制截面为柱底、柱顶和柱阶形变截面处。

最不利内力组合应按梁、柱控制截面分别进行,一般可选柱底、柱顶、柱阶形变截面处及梁端、梁跨中等截面进行组合和截面的验算。

计算刚架梁控制性截面的内力组合时一般应计算以下三种最不利内力组合:

① M_{max}及相应的V;

② M_{min}(即负弯矩最大)及相应的V;

③ V_{max}及相应的M。

计算刚架柱控制性截面的内力组合时一般应计算以下四种最不利内力组合:

① N_{max}及相应的M、V;

② N_{min}及相应的M、V;

③ M_{max}及相应的N、V;

④ M_{min}(即负弯矩最大)及相应的N、V。

刚架中构件内力符号:弯矩以使刚架内部受拉为正,反之为负;剪力以绕杆端顺时针转动为正,反之为负;轴力以受压为正,反之为负。

刚架梁、柱内力组合可列表进行,对于非抗震设计的刚架,其格式可参考表7.3、表7.4。

3. 刚架的荷载组合

(1)门式刚架荷载组合应符合下列原则:

① 屋面均布活荷载不与雪荷载同时考虑,应取两者中的最大值;

② 积灰荷载与雪荷载或屋面均布活荷载中的较大值同时考虑;

③ 施工或检修集中荷载不与屋面材料或檩条自重以外的其他荷载同时考虑;

④ 多台吊车的组合应符合《荷载规范》的规定;

表 7.3　刚架梁内力组合表

左跨梁：

梁截面	内力 （kN 或 kN·m）	恒荷载①	活荷载②	左风③	右风④	M_{max} 相应的 V 组合项目	M_{max} 相应的 V 组合值	M_{min} 相应的 V 组合项目	M_{min} 相应的 V 组合值	$|V|_{max}$ 相应的 M 组合项目	$|V|_{max}$ 相应的 M 组合值
截面 1—1	M										
	V										
	N										
截面 2—2	M										
	V										
	N										
截面 3—3	M										
	V										
	N										
截面 4—4	M										
	V										
	N										

表 7.4　刚架柱内力组合表

左柱：

柱截面	内力 （kN 或 kN·m）	恒荷载①	活荷载②	左风③	右风④	N_{max} 相应的 M 组合项目	N_{max} 相应的 M 组合值	N_{min} 相应的 M 组合项目	N_{min} 相应的 M 组合值	$|M|_{max}$ 相应的 V、N 组合项目	$|M|_{max}$ 相应的 V、N 组合值
截面 5—5	M										
	N										
	V										
截面 6—6	M										
	N										
	V										

⑤ 风荷载不与地震作用同时考虑。

（2）持久设计状况和短暂设计状况下，当荷载与荷载效应按线性关系考虑时，门式刚架荷载基本组合的效应设计值应按下式确定：

$$S_d = \gamma_G S_{Gk} + \psi_Q \gamma_Q S_{Qk} + \psi_w \gamma_w S_{wk} \tag{7.2.3}$$

式中，S_d——荷载组合的效应设计值；

　　γ_G——永久荷载分项系数；

　　γ_Q——竖向可变荷载分项系数；

　　γ_w——风荷载分项系数；

　　S_{Gk}——永久荷载效应标准值；

　　S_{Qk}——竖向可变荷载效应标准值；

　　S_{wk}——风荷载效应标准值；

ψ_Q、ψ_w——可变荷载组合值系数和风荷载组合值系数，当永久荷载效应起控制作用时应分别取 0.7 和 0，当可变荷载效应起控制作用时应分别取 1.0 和 0.6 或 0.7 和 1.0。

（3）持久设计状况和短暂设计状况下，门式刚架荷载基本组合的分项系数应按下列规定采用：

① 永久荷载的分项系数 γ_G：当其效应对结构承载力不利时，对由可变荷载效应控制的组合应取 1.3，对永久荷载效应控制的组合应取 1.35；当其效应对结构承载力有利时，应取 1.0。

② 竖向可变荷载的分项系数 γ_Q 应取 1.5。

③ 风荷载分项系数 γ_w 应取 1.5。

（4）地震设计状况下，当作用与作用效应按线性关系考虑时，门式刚架荷载与地震作用基本组合效应设计值应按下式确定：

$$S_E = \gamma_G S_{GE} + \gamma_{Eh} S_{Ehk} + \gamma_{Ev} S_{Evk} \tag{7.2.4}$$

式中，S_E——荷载和地震效应组合的效应设计值；

　　S_{GE}——重力荷载代表值的效应；

　　S_{Ehk}——水平地震作用标准值的效应；

　　S_{Evk}——竖向地震作用标准值的效应；

　　γ_G——重力荷载分项系数；

　　γ_{Eh}——水平地震作用分项系数；

　　γ_{Ev}——竖向地震作用分项系数。

（5）地震设计状况下，门式刚架荷载和地震作用基本组合的分项系数应按表 7.5 采用。当重力荷载效应对结构的承载力有利时，表 7.5 中的 γ_G 不应大于 1.0。

表 7.5　地震设计状况下门式刚架荷载和地震作用基本组合的分项系数

参与组合的荷载和作用	γ_G	γ_{Eh}	γ_{Ev}	说明
重力荷载及水平地震作用	1.2	1.3	—	—
重力荷载及竖向地震作用	1.2	—	1.3	抗震设防烈度为 8 度、9 度时考虑
重力荷载、水平地震作用及竖向地震作用	1.2	1.3	0.5	抗震设防烈度为 8 度、9 度时考虑

① 计算刚架地震作用及自振特性时,永久荷载标准值+0.5×屋面活荷载标准值+吊车荷载标准值。

② 考虑地震作用组合的内力时,1.3×永久荷载标准值+1.5×(0.5×屋面活荷载标准值+吊车荷载标准值)+1.5×地震作用标准值。

实践经验表明,对轻型屋面的刚架,当地震设防烈度为 7 度而相应风荷载大于 0.35 kN/m² (标准值)或为 8 度(Ⅰ、Ⅱ类场地上)而风荷载大于 0.45 kN/m² 时,地震作用组合一般不起控制作用,可只进行基本的内力计算。

7.2.4　门式刚架的变形计算和构件的长细比限制

变截面门式刚架的变形应采用弹性分析方法计算。

《门式刚架规范》关于刚架变形的规定如下。

① 计算钢结构变形时,可不考虑螺栓孔引起的截面削弱。

② 单层门式刚架轻型房屋钢结构的刚架柱顶位移(计算值),在风荷载或多遇地震标准值作用下,不应大于表 7.6 所列的限值。受弯构件的挠度与其跨度的比值,不宜大于表 7.7 所列的限值。

表 7.6　刚架的柱顶位移(计算值)限值　　　　　　　　　　　　　mm

吊车情况	其他情况	柱顶位移限值
无吊车	当采用轻型钢墙板时 当采用砌体墙时	$h/60$ $h/240$
有桥式吊车	当吊车有驾驶室时 当吊车由地面操作时	$h/400$ $h/180$

注:表中 h 为刚架柱高度。

表 7.7　受弯构件的挠度与其跨度比限值　　　　　　　　　　　　mm

	构件类别	构件挠度限值
竖向挠度	门式刚架斜梁 　仅支承压型钢板屋面和冷弯型钢檩条 　尚有吊顶 　有悬挂起重机	$L/180$ $L/240$ $L/400$
	夹层 　主梁 　次梁	$L/400$ $L/250$
	檩条 　仅支承压型钢板屋面 　尚有吊顶	$L/150$ $L/240$
	压型钢板屋面板	$L/150$

续表

构件类别		构件挠度限值
水平挠度	墙板	$L/100$
	抗风柱或抗风桁架	$L/250$
	墙梁 仅支承压型钢板墙 支承砌体墙	$L/100$ $L/180$ 且 $\leqslant 50$ mm

注:1. 表中 L 为构件跨度;

2. 对门式刚架斜梁, L 取全跨;

3. 对悬臂梁,按悬伸长度的 2 倍计算受弯构件的跨度。

③ 由柱顶位移和构件挠度产生的屋面坡度改变值,不应大于坡度设计值的 1/3。

④ 构件长细比应符合下列规定:

a. 受压构件的长细比,不宜大于表 7.8 规定的限值。

表 7.8 受压构件的长细比限值

构件类别	长细比限值
主要构件	180
其他构件及支撑	220

注:当地震作用组合的效应控制结构设计时,柱的长细比不应大于 150。

b. 受拉构件的长细比,不宜大于表 7.9 规定的限值。

表 7.9 受拉构件的长细比限值

构件类别	承受静力荷载或间接承受动力荷载的结构的长细比限值	直接承受动力荷载的结构的长细比限值
桁架杆件	350	250
吊车梁或吊车桁架以下的柱间支撑	300	—
其他支撑(张紧的圆钢或钢索支撑除外)	400	—

注:1. 对承受静力荷载的结构,可仅计算受拉构件在竖向平面内的长细比。

2. 对直接或间接承受动力荷载的结构,计算单角钢受拉构件的长细比时,应采用角钢的最小回转半径;在计算单角钢交叉受拉杆件平面外长细比时,应采用与角钢肢边平行轴的回转半径。

3. 在永久荷载与风荷载组合作用下受压的构件,其长细比不宜大于 250。

7.3 变截面梁、柱构件的设计特点

7.3.1 门式刚架梁、柱截面板件的最大宽厚比和有效宽度

1. 最大宽厚比

工字形截面构件受压翼缘板自由外伸宽度 b 与其厚度 t 之比:

$$b/t \leqslant 15\sqrt{235/f_y} \tag{7.3.1}$$

工字形截面构件腹板的计算高度 h_0 与其厚度 t_w 之比：

$$h_0/t_w \leqslant 250 \tag{7.3.2}$$

当地震作用组合的效应控制结构设计时，门式刚架轻型房屋钢结构的抗震构造措施应符合下列规定：

① 工字形截面构件受压翼缘板自由外伸宽度 b 与其厚度 t 之比，不应大于 $13\sqrt{235/f_y}$；工字形截面梁、柱构件腹板的计算高度 h_w 与其厚度 t_w 之比，不应大于 160。

② 在檐口或中柱的两侧三个檩距范围内，每道檩条处的屋面梁均应布置双侧隅撑，边柱的檐口墙檩处均应双侧设置隅撑。

③ 当柱脚刚接时，锚栓的面积不应小于柱子截面面积的 0.15 倍。

④ 纵向支撑采用圆钢或钢索时，支撑与柱子腹板的连接应采用不能相对滑动的连接。

⑤ 柱的长细比不应大于 150。

2. 有效宽度

当工字形截面构件腹板受弯及受压板幅利用屈曲后强度时，应按有效宽度计算截面特性。受压区有效宽度 h_e 的计算如下：

$$h_e = \rho h_c \tag{7.3.3}$$

式中，h_e——腹板受压区有效宽度，mm；

$\qquad h_c$——腹板受压区宽度，mm；

$\qquad \rho$——有效宽度系数，$\rho > 1.0$ 时，取 1.0。

有效宽度系数 ρ 由下式确定：

$$\rho = \frac{1}{(0.243 + \lambda_p^{1.25})^{0.9}} \tag{7.3.4}$$

$$\lambda_p = \frac{h_w/t_w}{28.1\sqrt{k_\sigma}\sqrt{235/f_y}} \tag{7.3.5}$$

$$k_\sigma = \frac{16}{\sqrt{(1+\beta)^2 + 0.112(1-\beta)^2} + (1+\beta)} \tag{7.3.6}$$

$$\beta = \sigma_{min}/\sigma_{max} \tag{7.3.7}$$

式中，λ_p——与板件受弯、受压有关的参数，当 $\sigma_{max} < f$ 时，计算 λ_p 可用 $\gamma_R \sigma_{max}$ 代替式 (7.3.5) 中的 f_y，γ_R 为抗力分项系数，对 Q235 钢和 Q355 钢，γ_R 取 1.1；

$\qquad h_w$——腹板的高度，mm，对楔形腹板取板幅平均高度；

$\qquad t_w$——腹板的厚度，mm；

$\qquad k_\sigma$——杆件在正应力作用下的屈曲系数；

$\qquad \beta$——截面边缘正应力比值 (图 7.6)，$-1 \leqslant \beta \leqslant 1$；

σ_{max}、σ_{min}——板边最大和最小应力，且 $|\sigma_{min}| \leqslant |\sigma_{max}|$。

组成有效宽度的两部分在截面上是不等长的 (见图 7.6)，依应力状态，两部分的长度 h_{e1} 和 h_{e2} 由下式确定。

当截面全部受压，即 $\beta \geqslant 0$ 时：

$$h_{e1} = 2h_e/(5-\beta) \tag{7.3.8}$$

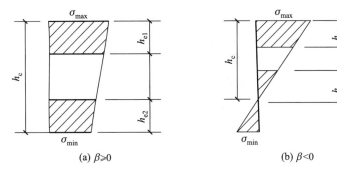

图 7.6 腹板有效宽度的分布

$$h_{e2} = h_e - h_{e1} \tag{7.3.9}$$

当截面部分受拉,即 $\beta<0$ 时:

$$h_{e1} = 0.4h_e \tag{7.3.10}$$

$$h_{e2} = 0.6h_e \tag{7.3.11}$$

7.3.2 抗剪强度计算

工字形截面构件腹板的受剪板幅在考虑屈曲后强度时,应设置横向加劲肋,形成受剪区格,区格的长度与板幅范围内的大端截面高度相比不应大于 3。受剪区格的抗剪承载力设计值 V_d 应按下列公式计算:

$$V_d = \chi_{tap} \varphi_{ps} h_{w1} t_w f_v \le h_{w0} t_w f_v \tag{7.3.12}$$

$$\varphi_{ps} = \frac{1}{(0.51 + \lambda_s^{3.2})^{1/2.6}} \le 1.0 \tag{7.3.13}$$

$$\chi_{tap} = 1 - 0.35\alpha^{0.2}\gamma_p^{2/3} \tag{7.3.14}$$

$$\gamma_p = \frac{h_{w1}}{h_{w0}} - 1 \tag{7.3.15}$$

$$\alpha = \frac{a}{h_{w1}} \tag{7.3.16}$$

式中,f_v ——钢材抗剪强度设计值,N/mm^2;

h_{w1}、h_{w0}——楔形腹板大端和小端腹板高度,mm;

t_w ——腹板的厚度,mm;

λ_s ——与板件受剪有关的参数;

χ_{tap} ——腹板屈曲后抗剪强度的楔率折减系数;

γ_p ——腹板区格的楔率;

α ——区格的长度与高度之比;

a ——加劲肋间距,mm,当利用腹板屈曲后抗剪强度时,横向加劲肋间距 a 宜取为 $h_{w1} \sim 3h_{w1}$。

参数 λ_s 应按下列公式计算:

$$\lambda_s = \frac{h_{w1}/t_w}{37\sqrt{k_\tau}\sqrt{235/f_y}} \qquad (7.3.17)$$

当 $a/h_{w1} < 1$ 时,$k_\tau = 4 + 5.34/(a/h_{w1})^2$ $\qquad (7.3.18)$

当 $a/h_{w1} \geqslant 1$ 时,$k_\tau = \eta_s[5.34 + 4/(a/h_{w1})^2]$ $\qquad (7.3.19)$

$$\eta_s = 1 + \gamma_p^{0.25}\frac{0.25\sqrt{\gamma_p} + \alpha - 1}{\alpha^{2-0.25\sqrt{\gamma_p}}} \qquad (7.3.20)$$

式中,k_τ——受剪板件的屈曲系数;当不设横向加劲肋时,取 $k_\tau = 5.34\eta_s$。

由以上公式可以看出,受剪区格的抗剪承载力设计值 V_d 是按区格大端的腹板截面计算的,通过腹板屈曲后抗剪强度的楔率折减系数 χ_{tap} 来考虑有效截面和楔率的影响。

7.3.3　抗弯、抗压强度计算

工字形截面受弯构件在剪力 V 和弯矩 M 共同作用下的强度应满足下列公式要求。

当 $V \leqslant 0.5V_d$ 时:

$$M \leqslant M_e \qquad (7.3.21)$$

当 $0.5V_d < V \leqslant V_d$ 时:

$$M \leqslant M_f + (M_e - M_f)\left[1 - \left(\frac{V}{0.5V_d} - 1\right)^2\right] \qquad (7.3.22)$$

当截面为双轴对称时:

$$M_f = A_f(h_w + t_f)f \qquad (7.3.23)$$

式中,M_f——两翼缘所承担的弯矩,$N \cdot mm$;

$\quad M_e$——构件有效截面所承担的弯矩,$N \cdot mm$,$M_e = W_e f$;

$\quad W_e$——构件有效截面最大受压纤维的截面模量,mm^3;

$\quad A_f$——构件翼缘的截面面积,mm^2;

$\quad h_w$——计算截面的腹板高度,mm;

$\quad t_f$——计算截面的翼缘厚度,mm;

$\quad V_d$——腹板抗剪承载力设计值,N,按式(7.3.12)计算。

工字形截面压弯构件在剪力 V、弯矩 M 和轴压力 N 共同作用下的强度应满足下列公式要求。

当 $V \leqslant 0.5V_d$ 时:

$$\frac{N}{A_e} + \frac{M}{W_e} \leqslant f \qquad (7.3.24)$$

当 $0.5V_d < V \leqslant V_d$ 时:

$$M \leqslant M_f^N + (M_e^N - M_f^N)\left[1 - \left(\frac{V}{0.5V_d} - 1\right)^2\right] \qquad (7.3.25)$$

$$M_e^N = M_e - NW_e/A_e \qquad (7.3.26)$$

当截面为双轴对称时:

$$M_f^N = A_f(h_w + t)(f - N/A_e) \qquad (7.3.27)$$

式中，A_e——有效截面面积，mm^2；

M_f^N——兼承压力 N 时两翼缘所能承受的弯矩，$N \cdot mm$。

7.3.4 加劲肋设置

梁腹板应在与中柱连接处、较大集中荷载作用处和翼缘转折处设置横向加劲肋。

梁腹板利用屈曲后强度时，其中间加劲肋除承受集中荷载和翼缘转折产生的压力外，尚应承受拉力场产生的压力。该压力应按下列公式计算：

$$N_S = V - 0.9 \varphi_s h_w t_w f_v \tag{7.3.28}$$

$$\varphi_s = \frac{1}{\sqrt[3]{0.738 + \lambda_s^2}} \tag{7.3.29}$$

式中，N_S——拉力场产生的压力，N；

$\quad V$——梁受剪承载力设计值，N；

$\quad \varphi_s$——腹板剪切屈曲稳定系数，$\varphi_s \leqslant 1.0$；

$\quad \lambda_s$——腹板剪切屈曲通用高厚比，按式（7.3.17）计算；

$\quad h_w$——腹板的高度，mm；

$\quad t_w$——腹板的厚度，mm。

当验算加劲肋稳定性时，其截面应包括每侧 $15t_w\sqrt{235/f_y}$ 宽度范围内的腹板面积，计算长度取 h_w。

当斜梁上翼缘承受集中荷载处不设横向加劲肋时，除应按 GB 50017—2017《钢结构设计标准》（简称《标准》）的规定验算腹板上边缘正应力、剪应力和局部压应力共同作用时的折算应力外，尚应满足下列公式要求：

$$F \leqslant 15 \alpha_m t_w^2 f \sqrt{\frac{t_f}{t_w}} \sqrt{\frac{235}{f_y}} \tag{7.3.30}$$

$$\alpha_m = 1.5 - M/(W_e f) \tag{7.3.31}$$

式中：F——上翼缘所受的集中荷载，N；

$\quad t_f$、t_w——斜梁翼缘和腹板的厚度，mm；

$\quad \alpha_m$——参数，$\alpha_m \leqslant 1.0$，在斜梁负弯矩区取 1.0；

$\quad M$——集中荷载作用处的弯矩，$N \cdot mm$；

$\quad W_e$——有效截面最大受压纤维的截面模量，mm^3。

7.3.5 刚架梁的验算

1. 抗剪强度验算

刚架梁抗剪强度按式（7.3.12）计算。

2. 抗弯强度验算

刚架梁抗弯强度按式（7.3.21）~式（7.3.22）或式（7.3.24）~式（7.3.27）计算。小端截面亦应验算轴力、弯矩和剪力共同作用下的强度。

3. 变截面刚架梁的稳定性计算

承受线性变化弯矩的楔形变截面梁段的稳定性应按下列公式计算：

$$\frac{M_1}{\gamma_x \varphi_b W_{x1}} \leqslant f \tag{7.3.32}$$

$$\varphi_b = \frac{1}{(1 - \lambda_{b0}^{2n} + \lambda_b^{2n})^{1/n}} \tag{7.3.33}$$

$$\lambda_{b0} = \frac{0.55 - 0.25 k_\sigma}{(1+\gamma)^{0.2}} \tag{7.3.34}$$

$$n = \frac{1.51}{\lambda_b^{0.1}} \sqrt[3]{\frac{b_1}{h_1}} \tag{7.3.35}$$

$$k_\sigma = k_M \frac{W_{x1}}{W_{x0}} \tag{7.3.36}$$

$$\lambda_b = \sqrt{\frac{\gamma_x W_{x1} f_y}{M_{cr}}} \tag{7.3.37}$$

$$k_M = \frac{M_0}{M_1} \tag{7.3.38}$$

$$\gamma = (h_1 - h_0)/h_0 \tag{7.3.39}$$

式中，φ_b——楔形变截面梁段的整体稳定系数，$\varphi_b \leqslant 1.0$；

k_σ——小端截面压应力除以大端截面压应力得到的比值；

k_M——弯矩比，为较小弯矩除以较大弯矩；

λ_b——梁的通用长细比；

γ_x——截面塑性开展系数，按《标准》的规定取值；

M_{cr}——楔形变截面梁弹性屈曲临界弯矩，$N \cdot mm$；

b_1、h_1——弯矩较大截面的受压翼缘宽度和上、下翼缘中面之间的距离，mm；

W_{x1}——弯矩较大截面受压边缘的截面模量，mm^3；

γ——变截面梁楔率；

h_0——小端截面上、下翼缘中面之间的距离，mm；

M_0——小端弯矩，$N \cdot mm$；

M_1——大端弯矩，$N \cdot mm$。

楔形变截面梁弹性屈曲临界弯矩 M_{cr} 按以下三种情形并结合具体工程实践进行计算。

（1）变截面托梁（抽柱引起）弹性屈曲临界弯矩 M_{cr}（图 7.7）

$$M_{cr} = C_1 \frac{\pi^2 E I_y}{L^2} \left[\beta_{x\eta} + \sqrt{\beta_{x\eta}^2 + \frac{I_{\omega\eta}}{I_y} \left(1 + \frac{GJ_\eta L^2}{\pi^2 E I_{\omega\eta}} \right)} \right] \tag{7.3.40}$$

$$C_1 = 0.46 k_M^2 \eta_i^{0.346} - 1.32 k_M \eta_i^{0.132} + 1.86 \eta_i^{0.023} \tag{7.3.41}$$

$$\beta_{x\eta} = 0.45(1 + \gamma\eta) h_0 \frac{I_{yT} - I_{yB}}{I_y} \tag{7.3.42}$$

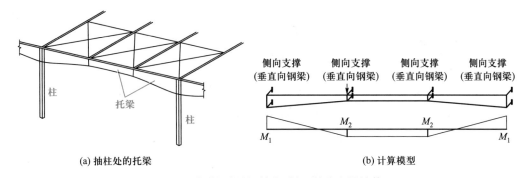

(a) 抽柱处的托梁　　　　　　　　　　(b) 计算模型

图 7.7 变截面托梁(抽柱引起)的稳定性计算

$$\eta = 0.55 + 0.04(1-k_\sigma)\sqrt[3]{\eta_i} \tag{7.3.43}$$

$$I_{\omega\eta} = I_{\omega0}(1+\gamma\eta)^2 \tag{7.3.44}$$

$$I_{\omega0} = I_{yT}h_{sT0}^2 + I_{yB}h_{sB0}^2 \tag{7.3.45}$$

$$J_\eta = J_0 + \frac{1}{3}\gamma\eta(h_0-t_f)t_w^3 \tag{7.3.46}$$

$$\eta_i = \frac{I_{yB}}{I_{yT}} \tag{7.3.47}$$

式中, C_1——等效弯矩系数, $C_1 \leqslant 2.75$;

$\quad\eta_i$——惯性矩比;

I_{yT}、I_{yB}——弯矩最大截面受压翼缘和受拉翼缘绕弱轴的惯性矩,mm⁴;

$\quad\beta_{x\eta}$——截面不对称系数;

$\quad I_y$——弯矩最大截面绕弱轴惯性矩,mm⁴;

$\quad I_{\omega\eta}$——变截面梁的等效翘曲惯性矩,mm⁶;

$\quad I_{\omega0}$——小端截面的翘曲惯性矩,mm⁶;

$\quad J_\eta$——变截面梁等效圣维南扭转常数,mm⁴;

$\quad J_0$——小端截面自由扭转常数,mm⁴;

h_{sT0}、h_{sB0}——小端截面上、下翼缘的中面到剪切中心的距离,mm;

$\quad t_f$——翼缘厚度,mm;

$\quad t_w$——腹板厚度,mm;

$\quad L$——梁段平面外计算长度,mm。

(2) 一个翼缘有侧向支撑的变截面梁弹性屈曲临界弯矩 M_{cr}(图 7.8)

$$M_{cr} = \frac{1}{2(e_1-\beta_x)}\left[GJ+\frac{\pi^2}{L^2}(EI_y e_1^2 + EI_w)\right] \tag{7.3.48}$$

$$\beta_x = 0.45h\frac{I_1-I_2}{I_y} \tag{7.3.49}$$

式中, e_1——梁截面的剪切中心到檩条形心线的距离,mm;

$\quad h$——大端截面高度,mm;

$\quad I_1$——下翼缘(未连接檩条的翼缘)绕弱轴的惯性矩,mm⁴;

$\quad I_2$——与檩条连接的翼缘绕弱轴的惯性矩,mm⁴;

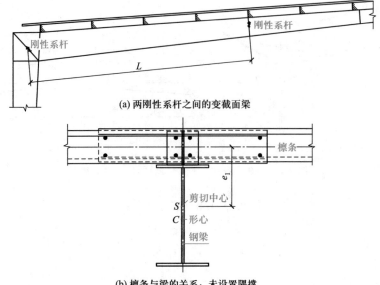

(a) 两刚性系杆之间的变截面梁

(b) 檩条与梁的关系：未设置隔撑

图 7.8　一个翼缘有侧向支撑的变截面梁段的稳定性计算

J——自由扭转常数，mm^4，以大端截面计算；

I_ω——截面的翘曲惯性矩，mm^6，以大端截面计算；

I_y——截面绕弱轴的惯性矩，mm^4；

L——刚性系杆之间的距离，mm。

（3）檩条-隔撑体系支撑的变截面梁弹性屈曲临界弯矩 M_{cr}

屋面斜梁和檩条之间设置的隔撑满足下列条件时，下翼缘受压的屋面斜梁的平面外计算长度可考虑隔撑的作用。

① 在屋面斜梁的两侧均设置隔撑（图 7.9）；

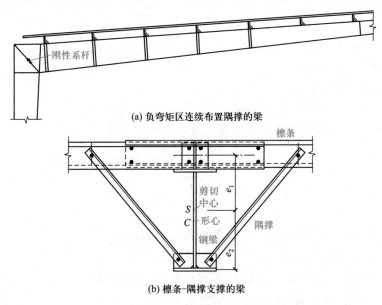

(a) 负弯矩区连续布置隔撑的梁

(b) 檩条-隔撑支撑的梁

图 7.9　檩条-隔撑体系支撑的屋面梁

② 隅撑的上支撑点的位置不低于檩条形心线;

③ 符合隅撑的设计要求。

符合上述条件时,隅撑支撑楔形变截面梁的弹性屈曲临界弯矩 M_{cr} 应按下列公式计算(图 7.10):

$$M_{cr} = \frac{GJ + 2e\sqrt{k_b(EI_y e_1^2 + EI_\omega)}}{2(e_1 - \beta_x)} \tag{7.3.50}$$

$$k_b = \frac{1}{l_{kk}}\left[\frac{(1-2\beta)l_p}{2EA_p} + \frac{(3-4\beta)e}{6EI_p}\beta l_p^2 \tan\alpha + \frac{l_k^2}{\beta l_p EA_k \cos\alpha}\right]^{-1} \approx \frac{6EI_p}{(3-4\beta)e^2 l_p l_{kk}} \tag{7.3.51}$$

式中,$e = e_1 + e_2$;

　　e_2——剪切中心到下翼缘中心的距离,mm;

　　α——隅撑和檩条轴线的夹角;

　　β——隅撑与檩条的连接点离开主梁距离与檩条跨度的比值;

　　l_p——檩条的跨度,mm;

　　I_p——檩条截面绕强轴的惯性矩,mm^4;

　　A_p——檩条的截面面积,mm^2;

　　A_k——隅撑杆的截面面积,mm^2;

　　l_k——隅撑杆的长度,mm;

　　l_{kk}——隅撑的间距,mm;

　　J——大端截面的自由扭转常数,mm^4;

　　I_y——大端截面绕弱轴的惯性矩,mm^4;

　　I_ω——大端截面的翘曲惯性矩,mm^6。

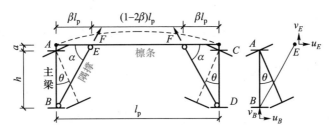

图 7.10　隅撑对梁的侧向支撑作用

综上可见,在验算变截面梁的稳定性时,所有几何特性都是按毛截面计算的。

7.3.6　刚架柱的验算

1. 抗剪强度验算

刚架柱抗剪强度按式(7.3.12)计算。

2. 抗压、抗弯强度验算

刚架柱抗压、抗弯强度按式(7.3.24)~式(7.3.27)计算。小端截面亦应验算轴力、弯矩和剪力共同作用下的强度。

3. 变截面柱平面内的稳定性验算

在验算变截面柱的整体稳定性时,均将变截面柱换算成以大端截面为准的等直截面柱,并以大端有效截面特性算得长细比,由《标准》附录 D 查得稳定系数。

变截面柱在刚架平面内的稳定性应按下列公式计算:

$$\frac{N_1}{\eta_t \varphi_x A_{e1}} + \frac{\beta_{mx} M_1}{(1 - N_1/N_{cr}) W_{e1}} \leqslant f \tag{7.3.52}$$

$$N_{cr} = \pi^2 E A_{e1} / \lambda_1^2 \tag{7.3.53}$$

当 $\overline{\lambda}_1 \geqslant 1.2$ 时

$$\eta_t = 1 \tag{7.3.54}$$

当 $\overline{\lambda}_1 < 1.2$ 时

$$\eta_t = \frac{A_0}{A_1} + \left(1 - \frac{A_0}{A_1}\right) \times \frac{\overline{\lambda}_1^2}{1.44} \tag{7.3.55}$$

$$\lambda_1 = \frac{\mu H}{i_{x1}} \tag{7.3.56}$$

$$\overline{\lambda}_1 = \frac{\lambda_1}{\pi} \sqrt{\frac{f_y}{E}} \tag{7.3.57}$$

式中, N_1——大端的轴向压力设计值,N;

M_1——大端的弯矩设计值,N·mm,当柱的最大弯矩不出现在大端时,M_1 应取最大弯矩;

A_{e1}——大端的有效截面面积,mm^2;

W_{e1}——大端有效截面最大受压纤维的截面模量,mm^3,当柱的最大弯矩不出现在大端时,W_{e1} 应取最大弯矩所在截面的有效截面模量;

φ_x——杆件轴心受压稳定系数,楔形柱按现行国家标准《门式刚架规范》附录 A 规定的计算长度系数,由《标准》查得,计算长细比时取大端截面的回转半径;

β_{mx}——等效弯矩系数,有侧移刚架柱的等效弯矩系数 β_{mx} 取 1.0;

N_{cr}——欧拉临界力,N;

λ_1——按大端截面计算的、考虑计算长度系数的长细比;

$\overline{\lambda}_1$——通用长细比;

i_{x1}——大端截面绕强轴的回转半径,mm;

μ——柱计算长度系数,按《门式刚架规范》附录 A 计算;

H——柱高,mm;

A_0、A_1——小端和大端截面的毛截面面积,mm^2;

E——柱钢材的弹性模量,N/mm^2;

f_y——柱钢材的屈服强度值,N/mm^2。

当柱的最大弯矩不出现在大端时,M_1 和 W_{e1} 分别取最大弯矩和该弯矩所在截面的有效截面模量。

如果刚架屋面坡度超过 1∶5 时,刚架柱的计算长度系数应考虑横梁轴向力的不利影响。

4. 变截面柱平面外的稳定性计算

变截面柱在刚架平面外的稳定性应分段按下列公式计算,当不能满足时,应设置侧向支撑或隅撑,并验算每段的平面外稳定。

$$\frac{N_1}{\eta_{ty}\varphi_y A_{e1} f} + \left(\frac{M_1}{\varphi_b \gamma_x W_{e1} f}\right)^{1.3-0.3k_\sigma} \leqslant 1 \tag{7.3.58}$$

当 $\overline{\lambda}_{1y} \geqslant 1.3$ 时,$\eta_{ty} = 1$ $\tag{7.3.59}$

当 $\overline{\lambda}_{1y} < 1.3$ 时,$\eta_{ty} = \dfrac{A_0}{A_1} + \left(1 - \dfrac{A_0}{A_1}\right) \times \dfrac{\overline{\lambda}_{1y}^2}{1.69}$ $\tag{7.3.60}$

$$\overline{\lambda}_{1y} = \frac{\lambda_{1y}}{\pi}\sqrt{\frac{f_y}{E}} \tag{7.3.61}$$

$$\lambda_{1y} = \frac{H_{oy}}{i_{y1}} \tag{7.3.62}$$

式中,N_1——所计算构件段大端截面的轴压力,N;

$\quad M_1$——所计算构件段大端截面的弯矩,N·mm;

$\quad \varphi_y$——轴心受压构件弯矩作用平面外的稳定系数,以大端为准,按《标准》的规定采用,计算长度取纵向柱间支撑点间的距离;

$\quad \varphi_b$——楔形受弯构件的整体稳定系数,按式(7.3.33)计算;

$\quad \overline{\lambda}_{1y}$——绕弱轴的通用长细比;

$\quad \lambda_{1y}$——绕弱轴的长细比;

$\quad H_{oy}$——楔形变截面柱平面外的计算长度,取支撑点间的距离,mm;

$\quad i_{y1}$——大端截面绕弱轴的回转半径,mm。

7.4　门式刚架节点设计特点

门式钢架的节点设计原则是传力简捷,构造合理,具有必要的延性;便于加工,避免应力集中和过大的焊接应力;便于运输和安装,容易就位和调整。

刚架构件间的连接可采用高强度螺栓端板连接。高强度螺栓直径应根据需要选用,通常采用 M16~M24 螺栓。高强度螺栓承压型连接可用于承受静力荷载和间接承受动力荷载的结构,以及用来耗能的连接接头等部位;重要结构和直接承受动力荷载的结构应采用高强度螺栓摩擦型连接。檩条和墙梁与刚架斜梁和柱的连接通常采用 M12 普通螺栓。

7.4.1　梁柱端板节点设计

1. 端板连接的构造特点

门式刚架斜梁与柱的连接可采用端板竖放(图 7.11a)、端板横放(图 7.11b)和端板斜放(图 7.11c)三种形式。斜梁与刚架柱连接节点的受拉侧,宜采用端板外伸式,便于安装抗拉螺栓。斜梁拼接时宜使端板与构件外边缘垂直(图 7.11d),应采用外伸式连接,并使翼缘内外螺栓群中心与翼缘中心重合或接近。在连接节点处为加强端板的刚度,宜设置梯形短加劲肋,长边与短边之比宜大于 1.5：1.0。

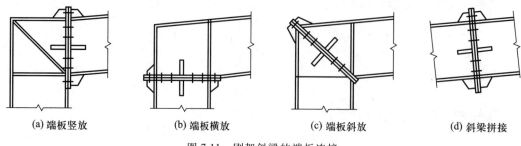

(a) 端板竖放　　　(b) 端板横放　　　(c) 端板斜放　　　(d) 斜梁拼接

图 7.11　刚架斜梁的端板连接

　　端板连接的螺栓宜成对布置。螺栓中心至翼缘板表面的距离应满足拧紧螺栓时的施工要求,不宜小于 45 mm。螺栓端距不应小于 2 倍螺栓孔径,螺栓中距不应小于 3 倍螺栓孔径。与斜梁端板连接的柱翼缘部分应与端板等厚度。当端板上两对螺栓间最大距离大于 400 mm 时,应在端板中间增设一对螺栓(图 7.12)。

2. 端板连接的设计特点

　　端板连接应按所受最大内力设计。当内力较小时,应按能够承受不小于较小被连接截面承载力的一半设计。

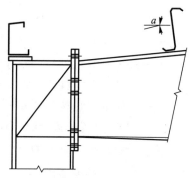

图 7.12　端板竖放时的螺栓和檩檩

　　端板连接节点设计应包括连接螺栓设计、端板厚度确定、节点域剪应力验算、端板螺栓处构件腹板强度、端板连接刚度验算等。

　　（1）连接螺栓验算

　　连接螺栓应按《标准》验算螺栓在拉力、剪力或拉剪同时共同作用下的强度。

　　（2）端板厚度的确定

　　端板的厚度 t 可根据支承条件(图 7.13)按下列公式计算,但不宜小于 12 mm。

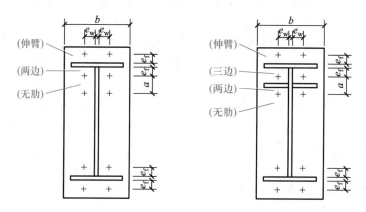

图 7.13　端板的支承条件

① 伸臂类端板：

$$t \geqslant \sqrt{\frac{6e_f N_t}{bf}} \qquad (7.4.1)$$

② 无加劲肋类端板：

$$t \geqslant \sqrt{\frac{3e_w N_t}{(0.5a+e_w)f}} \qquad (7.4.2)$$

③ 两边支承类端板：

当端板外伸时

$$t \geqslant \sqrt{\frac{6e_f e_w N_t}{[e_w b + 2e_f(e_f + e_w)]f}} \qquad (7.4.3)$$

当端板平齐时

$$t \geqslant \sqrt{\frac{12e_f e_w N_t}{[e_w b + 4e_f(e_f + e_w)]f}} \qquad (7.4.4)$$

④ 三边支承类端板：

$$t \geqslant \sqrt{\frac{6e_f e_w N_t}{[e_w(b + 2b_s) + 4e_f^2]f}} \qquad (7.4.5)$$

式中，N_t——一个高强度螺栓的拉力设计值；

e_w、e_f——螺栓中心至腹板和翼缘板表面的距离；

b、b_s——端板和加劲肋板的宽度；

a——螺栓的间距；

f——端板钢材的抗拉强度设计值。

（3）梁柱节点域验算

在门式刚架斜梁与柱相交的节点域（图7.14），应按下列公式验算剪应力：

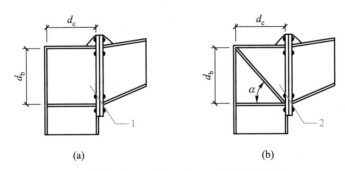

1—梁柱节点域；2—采用斜向加劲肋加强的节点域。

图7.14　梁柱节点域

$$\tau \leqslant f_v \qquad (7.4.6)$$

$$\tau = \frac{M}{d_b d_c t_c} \qquad (7.4.7)$$

式中，d_c、t_c——节点域柱腹板的宽度和厚度；

d_b——斜梁端部高度或节点域高度；

M——节点承受的弯矩,对多跨刚架中间柱处,应取两侧斜梁端弯矩的代数和或柱
　　端弯矩;

f_v——节点域钢材的抗剪强度设计值。

当不满足式(7.4.6)和式(7.4.7)的要求时,应加厚腹板或设置斜加劲肋。

(4)端板螺栓处构件腹板强度验算

刚架构件的翼缘和端板的连接,当翼缘厚度大于 12 mm 时宜采用全熔透对接焊缝;其他
情况宜采用角对接组合焊缝或与腹板等强的角焊缝。上述各项均应符合有关焊接的现行国
家标准的规定。

在端板设置螺栓处,应按下列公式验算构件腹板的强度:

$$\frac{0.4P}{e_w t_w} \leqslant f \quad (N_{t2} \leqslant 0.4P) \tag{7.4.8}$$

$$\frac{N_{t2}}{e_w t_w} \leqslant f \quad (N_{t2} > 0.4P) \tag{7.4.9}$$

式中,N_{t2}——翼缘内第二排一个螺栓的拉力设计值;

　　P——高强度螺栓的预拉力;

　　e_w——螺栓中心至腹板表面的距离;

　　t_w——腹板厚度;

　　f——腹板钢材的抗拉强度设计值。

当不满足式(7.4.8)和式(7.4.9)的要求时,可设置腹板加劲肋或局部加厚腹板。

(5)端板连接刚度验算

梁柱端板连接节点刚度应满足下式要求:

$$R \geqslant 25EI_b/l_b \tag{7.4.10}$$

式中,R——刚架梁柱转动刚度,N·mm;

　　I_b——刚架横梁跨间的平均截面惯性矩,mm^4;

　　l_b——刚架横梁跨度,mm,中柱为摇摆柱时,取摇摆柱与刚架柱距离的 2 倍;

　　E——钢材的弹性模量,N/mm^2。

梁柱转动刚度应按下列公式计算:

$$R = \frac{R_1 R_2}{R_1 + R_2} \tag{7.4.11}$$

$$R_1 = Gh_1 d_c t_p + Ed_b A_{st} \cos^2 \alpha \sin \alpha \tag{7.4.12}$$

$$R_2 = \frac{6EI_c h_1^2}{1.1 e_f^3} \tag{7.4.13}$$

式中,R_1——与节点域剪切变形对应的刚度,N·mm;

　　R_2——连接的弯曲刚度,包括端板弯曲、螺栓拉伸和柱翼缘弯曲所对应的刚度,N·mm;

　　h_1——梁端翼缘板中心间的距离,mm;

　　t_p——柱节点域腹板厚度,mm;

　　I_c——端板惯性矩,mm^4;

e_f——端板外伸部分的螺栓中心到其加劲肋外边缘的距离,mm;

A_{st}——两条斜加劲肋的总截面面积,mm^2;

α——斜加劲肋倾角,(°);

G——钢材的剪切模量,N/mm^2。

7.4.2　其他节点构造特点

1. 屋面梁与摇摆柱连接节点

屋面梁与摇摆柱连接节点应设计成铰接节点,采用端板横放的顶接连接方式,螺栓宜靠近柱轴线设置,如图 7.15 所示。摇摆柱柱脚宜做成铰接,柱身按轴心压杆设计。

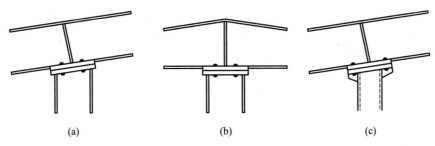

(a)　　　　　　　　　　(b)　　　　　　　　　　(c)

图 7.15　屋面梁与摇摆柱的连接节点

2. 柱脚节点

门式刚架柱脚宜采用平板式铰接柱脚(图 7.16),也可采用刚接柱脚(图 7.17)。

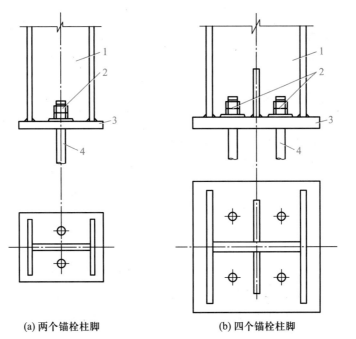

(a) 两个锚栓柱脚　　　　　　　　(b) 四个锚栓柱脚

1—柱;2—双螺母及垫板;3—底板;4—锚栓。

图 7.16　平板式铰接柱脚

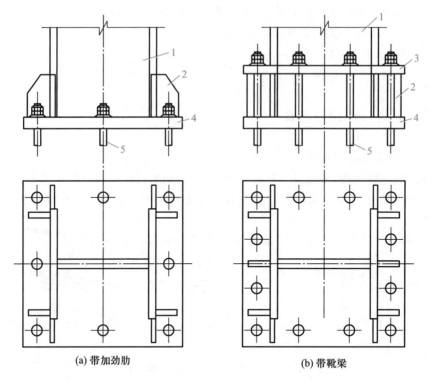

(a) 带加劲肋　　　　　　　　　　(b) 带靴梁

1—柱；2—加劲板；3—锚栓支承托座；4—底板；5—锚栓。

图 7.17　刚接柱脚

铰接柱脚只承受竖向轴力和水平剪力,故柱脚锚栓应靠近轴心布置。柱脚底板尺寸应按最大轴向压力和柱脚基础的混凝土抗压强度设计值确定;对带有柱间支撑的柱脚,要验算其在风荷载作用下的抗拔力,该力应计入柱间支撑产生的最大竖向分力,且不考虑活荷载、雪荷载、积灰荷载和附加荷载影响,恒荷载分项系数应取 1.0。

计算柱脚锚栓的受拉承载力时,应采用螺纹处的有效截面面积。柱脚锚栓不应承受剪力,没有抗拔力的柱脚,剪力靠底板与混凝土基础的摩擦力承受,摩擦系数可取 0.4。摩擦力不足或有抗拔力的柱脚,应在底板下方设置抗剪键。

刚接柱脚除承受轴力、剪力之外,还承受较大的弯矩,柱脚底板的尺寸应按弯矩和轴力使基础一侧产生最大压应力的内力组合下,柱底板边缘的最大压应力小于基础的混凝土抗压强度设计值确定。当底板另一侧产生拉应力时,拉应力的合力应由锚栓承受。

带靴梁的锚栓不宜受剪,柱底受剪承载力按底板与混凝土基础间的摩擦力取用,摩擦系数可取 0.4,计算摩擦力时应考虑屋面风吸力产生的上拔力的影响。当剪力由不带靴梁的锚栓承担时,应将螺母、垫板与底板焊接,柱底的受剪承载力可按 0.6 倍的锚栓受剪承载力取用。当柱底水平剪力大于受剪承载力时,应设置抗剪键。

柱脚锚栓应采用 Q235 钢或 Q345 钢制作。锚栓端部应设置弯钩或锚件,且应符合现行国家标准 GB 50010—2010《混凝土结构设计规范(2015 年版)》的有关规定。锚栓的最小锚固长度 l_a(投影长度)应符合表 7.10 的规定,且不应小于 200 mm。锚栓直径 d 不宜小于 24 mm,且应采用双螺母。

表 7.10　锚栓的最小锚固长度 l_a

锚栓钢材	混凝土强度等级					
	C25	C30	C35	C40	C45	≥C50
Q235	20d	18d	16d	15d	14d	14d
Q345	25d	23d	21d	19d	18d	17d

3. 檩条及隔撑的连接

檩条在与刚架斜梁连接处宜采用搭接。带斜卷边的 Z 形檩条可采用叠置搭接,卷边槽形檩条可采用不同型号的卷边槽形冷弯型钢套置搭接。

带斜卷边的 Z 形檩条的搭接长度 $2a$(图 7.18)及其连接螺栓直径,应根据连续梁中间支座处的弯矩值确定。在同一工程中宜尽量减少搭接长度的类型。

隔撑宜采用单角钢制作。隔撑可连接在刚架构件下(内)翼缘附近的腹板上(图 7.18),也可连接在下(内)翼缘上(图 7.19)。通常采用单个螺栓连接。隔撑与刚架构件腹板的夹角不宜小于 45°。

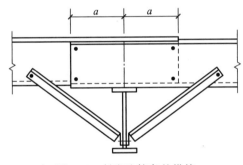

图 7.18　斜卷边檩条的搭接

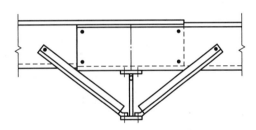

图 7.19　隔撑的连接

4. 圆钢支撑的连接

圆钢支撑与刚架构件的连接,一般不设连接板,可直接在刚架构件腹板上靠外侧设孔连接(图 7.20)。当腹板厚度不大于 5 mm 时,应对支撑孔周边进行加强。圆钢支撑的连接宜采用带槽的专用楔形垫圈。圆钢端部应设丝扣,可用螺母将圆钢张紧。

5. 维护面层的连接

屋面板之间、墙面板之间,以及它们与檩条或墙梁的连接,宜采用带橡皮垫圈的自钻自攻螺钉。螺钉的间距不应大于 300 mm,其金属连接件应符合现行国家标准关于自钻自攻螺钉的规定(GB/T 15856.1~5)和 GB/T 3098.11—2002《紧固件机械性能 自钻自攻螺钉》的规定。

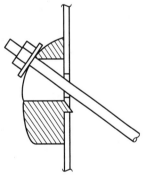

图 7.20　圆钢支撑的连接

7.5　变截面单跨门式刚架设计例题

7.5.1　设计资料

某单跨双坡门式刚架机械厂房(见图 7.21),屋面坡度为 1∶15,刚架为变截面梁、柱,柱脚为铰接,柱距 6 m,厂房总长 90 m,跨度为 36 m。

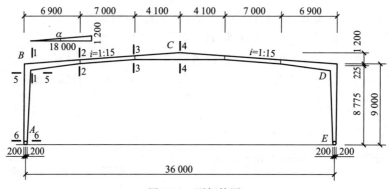

图 7.21　刚架简图

材料采用 Q355 B 钢材,焊条采用 E50 型。

屋面和墙面采用 75 mm 厚 EPS 夹芯板,底面和外面两层彩板均采用 0.6 mm 厚镀锌彩板,镀锌层厚度为 275 g/m²;檩条采用高强镀锌冷弯薄壁卷边 C 形钢檩条,屈服强度 $f_y \geq$ 450 N/mm²,镀锌层厚度为 160 g/m²。

自然条件:基本雪压:0.50 kN/m²;基本风压 $w_0 = 0.35$ kN/m²。地面粗糙度为 B 类,地下水位低于地面 6 m,修正后的地基承载力为 $f = 200$ kN/m²,本例不考虑地震作用。

7.5.2　结构平面及支撑布置

初选梁、柱截面及截面特性见表 7.11。

表 7.11　梁、柱截面及截面特性

部位		截面简图	截面特性
刚架横梁	1—1剖面	y x — x y 2—250×12 —876×8	截面面积　$A = 130.08$ cm² 惯性矩　$I_x = 163\,000$ cm⁴ 　　　　$I_y = 3\,125$ cm⁴ 抵抗矩　$W_x = 3\,624.364$ cm³ 　　　　$W_y = 250$ cm³ 回转半径　$i_x = 35.41$ cm 　　　　　$i_y = 4.90$ cm

部位	截面简图	截面特性
刚架横梁	2—2、3—3 剖面 2—250×12 —426×8	截面面积 $A = 94.08 \text{ cm}^2$ 惯性矩 $I_x = 33\,900 \text{ cm}^4$ $I_y = 3\,125 \text{ cm}^4$ 抵抗矩 $W_x = 1\,508.023 \text{ cm}^3$ $W_y = 250 \text{ cm}^3$ 回转半径 $i_x = 18.99 \text{ cm}$ $i_y = 5.76 \text{ cm}$
	4—4 剖面 2—250×12 —676×8	截面面积 $A = 114.08 \text{ cm}^2$ 惯性矩 $I_x = 91\,600 \text{ cm}^4$ $I_y = 3\,125 \text{ cm}^4$ 抵抗矩 $W_x = 2\,617.028 \text{ cm}^3$ $W_y = 250 \text{ cm}^3$ 回转半径 $i_x = 28.34 \text{ cm}$ $i_y = 5.234 \text{ cm}$
刚架柱	5—5 剖面 2—250×14 —872×8	截面面积 $A = 139.76 \text{ cm}^2$ 惯性矩 $I_x = 182\,000 \text{ cm}^4$ $I_y = 3\,645.8 \text{ cm}^4$ 抵抗矩 $W_x = 4\,035.066 \text{ cm}^3$ $W_y = 291.667 \text{ cm}^3$ 回转半径 $i_x = 36.04 \text{ cm}$ $i_y = 5.11 \text{ cm}$
	6—6 剖面 2—250×14 —372×8	截面面积 $A = 99.76 \text{ cm}^2$ 惯性矩 $I_x = 29\,500 \text{ cm}^4$ $I_y = 3\,645.83 \text{ cm}^4$ 抵抗矩 $W_x = 1\,475.311 \text{ cm}^3$ $W_y = 291.667 \text{ cm}^3$ 回转半径 $i_x = 17.20 \text{ cm}$ $i_y = 6.05 \text{ cm}$

结构平面布置见图 7.22。

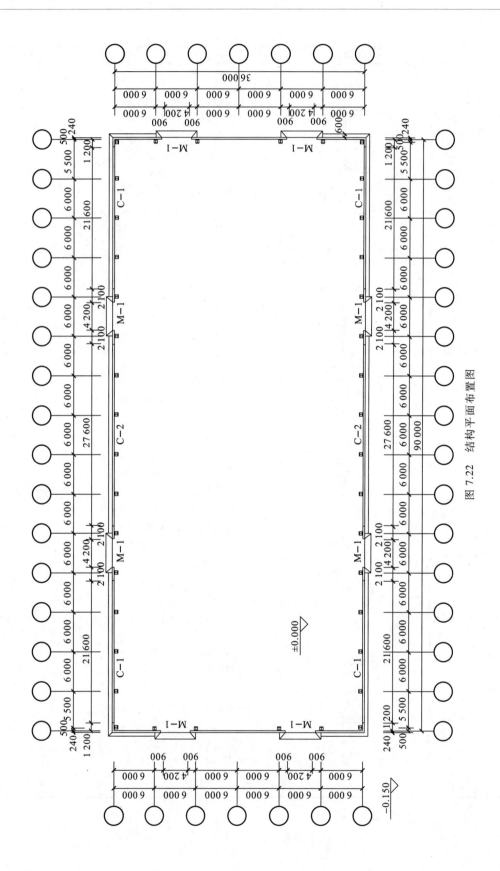

图 7.22　结构平面布置图

支撑布置见图 7.23。

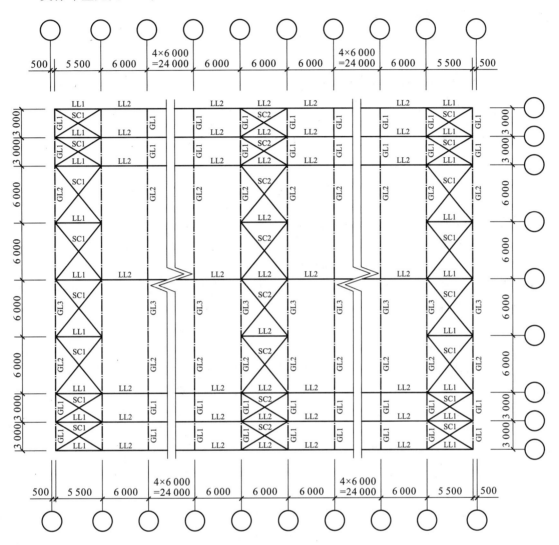

屋顶结构平面布置图

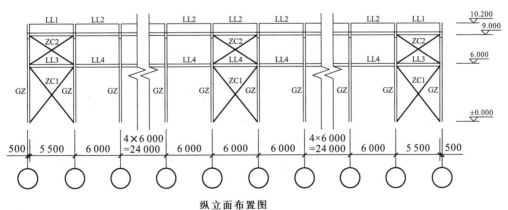

纵立面布置图

图 7.23 支撑布置图

7.5.3　荷载计算

1. 荷载取值计算

（1）永久荷载

屋面自重（标准值，沿坡向）：

压型钢板　　　　　　　0.18 kN/m²

檩条及其支撑　　　　　0.15 kN/m²

刚架横梁　　　　　　　0.15 kN/m²

$\sum = 0.48$ kN/m²

墙面及柱自重：　　　　0.48 kN/m²

（2）可变荷载

屋面雪荷载（标准值）　0.50 kN/m²

屋面均布活荷载（标准值）　0.30 kN/m²（因刚架受载水平投影面积大于 60 m²，故屋面竖向均布活荷载标准值取 0.30 kN/m²。）

取 0.50 kN/m²

（3）风荷载

基本风压 $w_0 = 0.35$ kN/m²，地面粗糙度为 B 类，按封闭式建筑选取中间区单元，刚架风荷载体型系数见图 7.24。

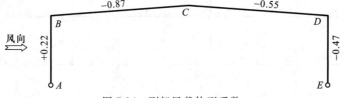

图 7.24　刚架风载体型系数

2. 各部分作用荷载

（1）屋面恒荷载（图 7.25）

标准值　$0.48 \times \dfrac{1}{\cos \alpha} \times 6$ kN/m $= 2.886\ 4$ kN/m

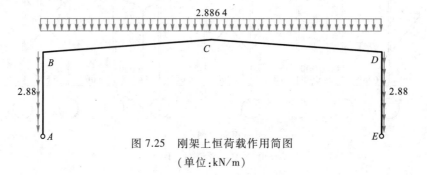

图 7.25　刚架上恒荷载作用简图

（单位：kN/m）

（2）屋面均布活荷载（图 7.26）

标准值 $0.5 \times \dfrac{1}{\cos \alpha} \times 6 \ kN/m = 3.007 \ kN/m$

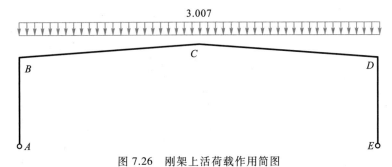

图 7.26 刚架上活荷载作用简图

（单位：kN/m）

（3）柱身恒荷载

标准值 $0.48 \times 6 \ kN/m = 2.88 \ kN/m$

（4）风荷载（图 7.27）

屋面风荷载高度变化系数按屋顶标高计算取为 1.0。

屋面负风压标准值 $\quad q_{BC}^{w} = \beta \mu_w \mu_z w_0 \times 6 \ m = 1.1 \times (-0.87) \times 1.0 \times 0.35 \times 6 \ kN/m$

$= -2.01 \ kN/m$

$q_{CD}^{w} = \beta \mu_w \mu_z w_0 \times 6 \ m = 1.1 \times (-0.55) \times 1.0 \times 0.35 \times 6 \ kN/m$

$= -1.27 \ kN/m$

墙面风荷载高度变化系数按柱顶标高计算取为 1.0。

墙面风压标准值 $\quad q_{AB}^{w} = \beta \mu_w \mu_z w_0 \times 6 \ m = 1.1 \times (+0.22) \times 1.0 \times 0.35 \times 6 \ kN/m$

$= +0.51 \ kN/m$

$q_{DE}^{w} = \beta \mu_w \mu_z w_0 \times 6 \ m = 1.1 \times (-0.47) \times 1.0 \times 0.35 \times 6 \ kN/m$

$= -1.09 \ kN/m$

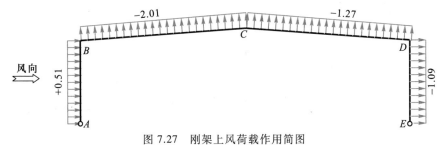

图 7.27 刚架上风荷载作用简图

（单位：kN/m）

7.5.4 内力计算及组合

1. 刚架内力计算

由结构矩阵分析计算得到刚架在各种荷载作用下的弯矩（M）、轴力（N）、剪力（V）图见

表 7.12～表 7.14。

表 7.12　屋面恒荷载作用下刚架的 M、N、V 图

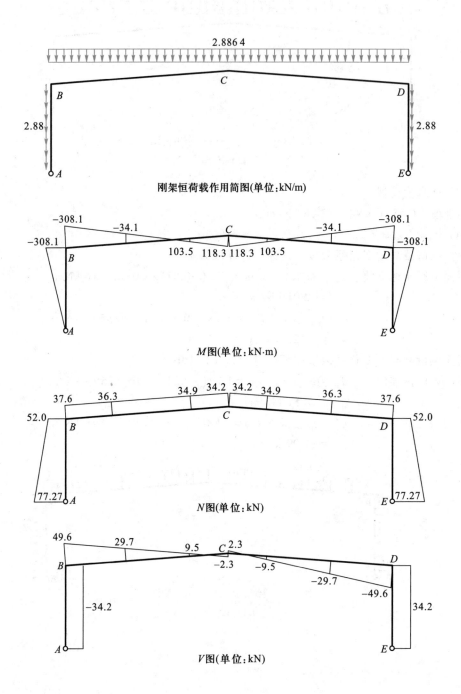

刚架恒荷载作用简图(单位:kN/m)

M 图(单位:kN·m)

N 图(单位:kN)

V 图(单位:kN)

表 7.13 屋面活荷载作用下刚架的 *M*、*N*、*V* 图

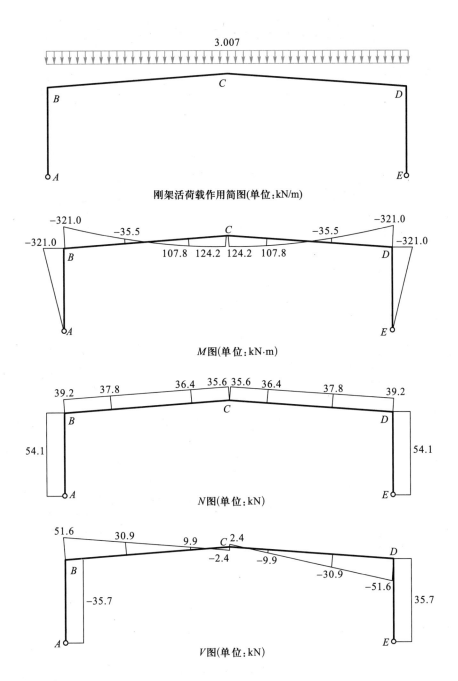

刚架活荷载作用简图(单位:kN/m)

M 图(单位:kN·m)

N 图(单位:kN)

V 图(单位:kN)

表 7.14　左风荷载作用下刚架的 M、N、V 图

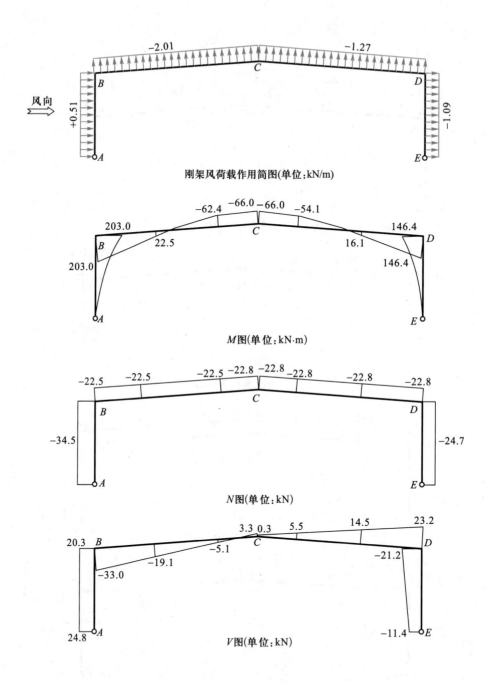

刚架风荷载作用简图(单位:kN/m)

M 图(单位:kN·m)

N 图(单位:kN)

V 图(单位:kN)

2. 刚架内力组合

刚架内力组合见表 7.15、表 7.16。最不利组合荷载作用下的 M 图、N 图、V 图见表 7.17。

表 7.15 刚架梁内力组合表

左跨梁:

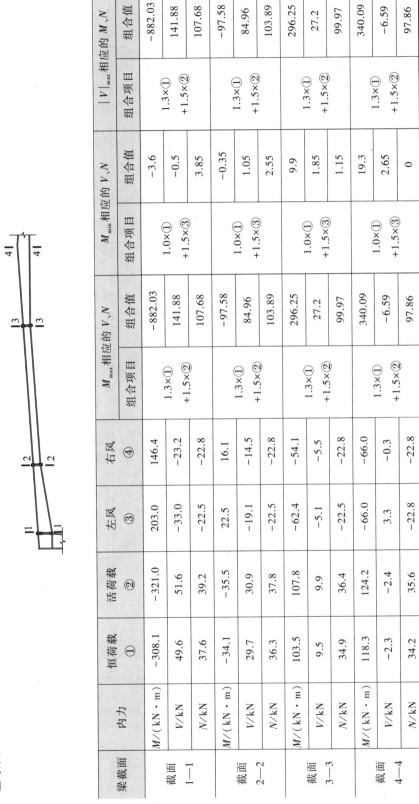

梁截面	内力	恒荷载 ①	活荷载 ②	左风 ③	右风 ④	M_{max} 相应的 V、N 组合项目	组合值	M_{min} 相应的 V、N 组合项目	组合值	$\|V\|_{max}$ 相应的 M、N 组合项目	组合值
截面 1—1	$M/(kN \cdot m)$	-308.1	-321.0	203.0	146.4	1.3×①+1.5×②	-882.03	1.0×①+1.5×③	-3.6	1.3×①+1.5×②	-882.03
	V/kN	49.6	51.6	-33.0	-23.2		141.88		-0.5		141.88
	N/kN	37.6	39.2	-22.5	-22.8		107.68		3.85		107.68
截面 2—2	$M/(kN \cdot m)$	-34.1	-35.5	22.5	16.1	1.3×①+1.5×②	-97.58	1.0×①+1.5×③	-0.35	1.3×①+1.5×②	-97.58
	V/kN	29.7	30.9	-19.1	-14.5		84.96		1.05		84.96
	N/kN	36.3	37.8	-22.5	-22.8		103.89		2.55		103.89
截面 3—3	$M/(kN \cdot m)$	103.5	107.8	-62.4	-54.1	1.3×①+1.5×②	296.25	1.0×①+1.5×③	9.9	1.3×①+1.5×②	296.25
	V/kN	9.5	9.9	-5.1	-5.5		27.2		1.85		27.2
	N/kN	34.9	36.4	-22.5	-22.8		99.97		1.15		99.97
截面 4—4	$M/(kN \cdot m)$	118.3	124.2	-66.0	-66.0	1.3×①+1.5×②	340.09	1.0×①+1.5×③	19.3	1.3×①+1.5×②	340.09
	V/kN	-2.3	-2.4	3.3	-0.3		-6.59		2.65		-6.59
	N/kN	34.2	35.6	-22.8	-22.8		97.86		0		97.86

表 7.16 刚架柱内力组合表

柱截面	内力	恒荷载①	活荷载②	左风③	右风④	N_{max} 相应的 M 组合项目	N_{max} 相应的 M 组合值	N_{min} 相应的 M 组合项目	N_{min} 相应的 M 组合值	$|M|_{max}$ 相应的 V、N 组合项目	$|M|_{max}$ 相应的 V、N 组合值
截面 5—5	$M/(\mathrm{kN\cdot m})$	-308.1	-321.0	203.0	146.4	1.3×①+1.5×②	-882.03	1.0×①+1.5×③	-3.6	1.3×①+1.5×②	-882.03
	N/kN	52.0	54.1	-34.5	-24.7		148.75		0.25		148.75
	V/kN	-34.2	-35.7	20.3	21.2		-98.01		-3.75		-98.01
截面 6—6	$M/(\mathrm{kN\cdot m})$	0	0	0	0	1.3×①+1.5×②	0	—	—	—	—
	N/kN	77.27	54.1	-34.5	-24.7		181.601		—		—
	V/kN	-34.2	-35.7	24.8	11.4		-98.01		—		—

左柱:

注：—表示不予考虑。

表 7.17 最不利组合荷载作用下刚架 *M*、*N*、*V* 图

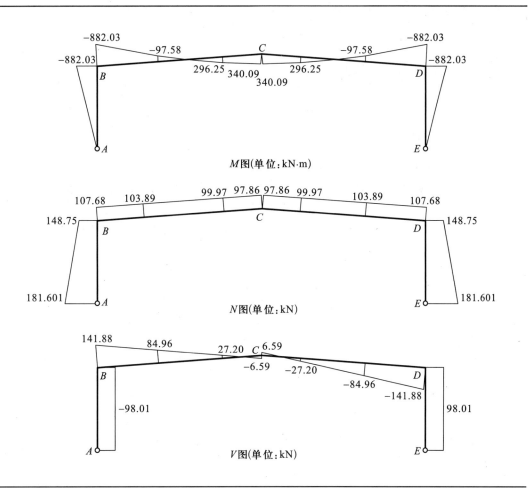

M图(单位: kN·m)

N图(单位: kN)

V图(单位: kN)

7.5.5 刚架梁、柱截面验算

1. 构件宽厚比验算

（1）梁翼缘

$$\frac{b}{t}=\frac{(250-8)/2}{12}=10.083<15\sqrt{\frac{235}{f_y}}=15\times\sqrt{\frac{235}{355}}=12.204,满足要求。$$

（2）柱翼缘

$$\frac{b}{t}=\frac{(250-8)/2}{14}=8.643<15\sqrt{\frac{235}{f_y}}=12.204,满足要求。$$

（3）梁腹板

1—1 截面：$\dfrac{h_w}{t_w}=\dfrac{876}{8}=109.5<250$，满足要求。

2—2、3—3 截面：$\dfrac{h_w}{t_w}=\dfrac{426}{8}=53.25<250$，满足要求。

4—4 截面：$\dfrac{h_w}{t_w}=\dfrac{676}{8}=84.5<250$，满足要求。

（4）柱腹板

柱顶 5—5 截面：$\dfrac{h_w}{t_w}=\dfrac{872}{8}=109<250$，满足要求。

柱底 6—6 截面：$\dfrac{h_w}{t_w}=\dfrac{372}{8}=46.5<250$，满足要求。

2. 有效截面特性

（1）柱有效截面特性

翼缘：柱受压翼缘为一边支承、一边自由的均匀受压板件，因其自由外伸宽厚比不超过规范所规定的允许宽厚比，故柱受压翼缘全截面有效。

腹板：柱腹板为两边支承的非均匀受压板件，其有效宽度按式（7.3.10）、式（7.3.11）计算。

柱顶 5—5 截面：

腹板最大、最小应力

$$\begin{aligned}\sigma_{max}\\ \sigma_{min}\end{aligned}=\frac{N}{A}\pm\frac{M_x y}{I_x}=\left(\frac{148.75\times10^3}{13\,976}\pm\frac{882.03\times10^6\times436}{182\,000\times10^4}\right)\ \text{N}/\text{mm}^2$$

$$=(10.643\pm211.299)\ \text{N}/\text{mm}^2=\begin{aligned}221.942\ \text{N}/\text{mm}^2\\ -200.656\ \text{N}/\text{mm}^2\end{aligned}$$

腹板受压区高度：

$$h_c=\frac{221.942}{221.942+200.656}\times872\ \text{mm}=457.961\ \text{mm}$$

由 $\sigma_{max}=221.942\ \text{N}/\text{mm}^2<f=305\ \text{N}/\text{mm}^2$

故　　$f_y=\gamma_R\sigma_{max}=1.1\times221.942\ \text{N}/\text{mm}^2=244.136\ \text{N}/\text{mm}^2$

$$\beta=\sigma_{min}/\sigma_{max}=-200.656/221.942=-0.904$$

$$k_\sigma=\frac{16}{[(1+\beta)^2+0.112(1-\beta)^2]^{0.5}+(1+\beta)}$$

$$=\frac{16}{[(1-0.904)^2+0.112(1+0.904)^2)]^{0.5}+(1-0.904)}=21.610$$

$$\lambda_p=\frac{h_w/t_w}{28.1\sqrt{k_\sigma}}\sqrt{\frac{f_y}{235}}=\frac{(872+372)/2/8}{28.1\times\sqrt{21.610}}\sqrt{\frac{244.136}{235}}=0.606\,66$$

$$\rho=\frac{1}{(0.243+\lambda_p^{1.25})^{0.9}}=\frac{1}{(0.243+0.606\,66^{1.25})^{0.9}}=1.252\,9>1.0,\text{故取}\ \rho=1.0。$$

由式（7.3.3）知，柱顶腹板全截面有效。

柱底 6—6 截面：

由　　　$$\sigma_{max}=\frac{N}{A_n}=\frac{181\,601}{9\,976}\text{N}/\text{mm}^2=18.204\ \text{N}/\text{mm}^2<f=305\ \text{N}/\text{mm}^2$$

故　　　$$f_y=\gamma_R\sigma_{max}=1.1\times18.204\ \text{N}/\text{mm}^2=20.024\ \text{N}/\text{mm}^2$$

由 $\beta = \sigma_{\min}/\sigma_{\max}$，得 $\beta = 1.0$，则

$$k_\sigma = \frac{16}{\left[(1+\beta)^2 + 0.112(1-\beta)^2\right]^{0.5} + (1+\beta)} = 4$$

$$\lambda_p = \frac{h_w/t_w}{28.1\sqrt{k_\sigma}}\sqrt{\frac{f_y}{235}} = \frac{(372+872)/2/8}{28.1\times\sqrt{4}}\sqrt{\frac{20.024}{235}} = 0.403\ 84$$

$$\rho = \frac{1}{(0.243+\lambda_p^{1.25})^{0.9}} = \frac{1}{(0.243+0.403\ 84^{1.25})^{0.9}} = 1.671\ 9 > 1.0$$

故取 $\rho = 1.0$，由式(7.3.3)知，柱底腹板全截面有效。

（2）梁有效截面特性

翼缘：梁受压翼缘为一边支承、一边自由的均匀受压板件，因其自由外伸宽厚比不超过规范所规定的允许宽厚比，故梁受压翼缘全截面有效。

腹板：梁腹板为两边支承的非均匀受压板件，其有效宽度按式(7.3.10)、式(7.3.11)计算。

1—1 截面：

腹板最大、最小应力

$$\frac{\sigma_{\max}}{\sigma_{\min}} = \frac{N}{A} \pm \frac{M_x y}{I_x} = \left(\frac{107.68\times10^3}{13\ 008} \pm \frac{882.03\times10^6\times876/2}{163\ 000\times10^4}\right)\ \text{N/mm}^2$$

$$= (8.278\pm237.011)\ \text{N/mm}^2 = \begin{matrix}245.289\ \text{N/mm}^2\\ -228.733\ \text{N/mm}^2\end{matrix}$$

腹板受压区高度 $\quad h_c = \frac{245.289\times876}{245.289+228.733}\ \text{mm} = 453.298\ \text{mm}$

由 $\quad\quad \sigma_{\max} = 245.289\ \text{N/mm}^2 < f = 305\ \text{N/mm}^2$

故 $\quad\quad f_y = \gamma_R \sigma_{\max} = 1.1\times245.289\ \text{N/mm}^2 = 269.818\ \text{N/mm}^2$

$$\beta = \sigma_{\min}/\sigma_{\max} = -228.733/245.289 = -0.932\ 5$$

$$k_\sigma = \frac{16}{\left[(1+\beta)^2 + 0.112(1-\beta)^2\right]^{0.5} + (1+\beta)}$$

$$= \frac{16}{\left[(1-0.932\ 5)^2 + 0.112(1+0.932\ 5)^2\right]^{0.5} + (1-0.932\ 5)} = 22.292$$

$$\lambda_p = \frac{h_w/t_w}{28.1\sqrt{k_\sigma}}\sqrt{\frac{f_y}{235}} = \frac{(876+426)/2/8}{28.1\times\sqrt{22.292}}\sqrt{\frac{269.818}{235}} = 0.657\ 22$$

$$\rho = \frac{1}{(0.243+\lambda_p^{1.25})^{0.9}} = \frac{1}{(0.243+0.657\ 22^{1.25})^{0.9}} = 1.176\ 5 > 1.0$$

故取 $\rho = 1.0$，由式(7.3.3)知，1—1 截面梁腹板全截面有效。

3—3 截面：

腹板最大、最小应力

$$\begin{aligned}\sigma_{\max}\\\sigma_{\min}\end{aligned}=\frac{N}{A}\pm\frac{M_x y}{I_x}=\left(\frac{99.97\times10^3}{9\,408}\pm\frac{296.25\times10^6\times426/2}{33\,900\times10^4}\right)\text{N/mm}^2$$

$$=(10.626\pm186.139)\ \text{N/mm}^2=\begin{aligned}196.765\ \text{N/mm}^2\\-175.513\ \text{N/mm}^2\end{aligned}$$

腹板受压区高度 $\quad h_c=\dfrac{196.765\times426}{196.675+175.513}\ \text{mm}=225.159\ \text{mm}$

由 $\quad\sigma_{\max}=196.765\ \text{N/mm}^2<f=305\ \text{N/mm}^2$

故 $\quad f_y=\gamma_R\sigma_{\max}=1.1\times196.765\ \text{N/mm}^2=216.442\ \text{N/mm}^2$

$$\beta=\sigma_{\min}/\sigma_{\max}=-175.513/196.765=-0.892$$

$$k_\sigma=\frac{16}{[(1+\beta)^2+0.112(1-\beta)^2]^{0.5}+(1+\beta)}$$

$$=\frac{16}{[(1-0.892)^2+0.112(1+0.892)^2]^{0.5}+(1-0.892)}$$

$$=21.324$$

$$\lambda_p=\frac{h_w/t_w}{28.1\sqrt{k_\sigma}}\sqrt{\frac{f_y}{235}}=\frac{426/8}{28.1\times\sqrt{21.324}}\times\sqrt{\frac{216.442}{235}}=0.393\,8$$

$$\rho=\frac{1}{(0.243+\lambda_p^{1.25})^{0.9}}=\frac{1}{(0.243+0.393\,8^{1.25})^{0.9}}=1.698\,9>1.0$$

故取 $\rho=1.0$，由式（7.3.3）知，3—3 截面梁腹板全截面有效。

4—4 截面：

腹板最大、最小应力

$$\begin{aligned}\sigma_{\max}\\\sigma_{\min}\end{aligned}=\frac{N}{A}\pm\frac{M_x y}{I_x}=\left(\frac{97.86\times10^3}{11\,408}\pm\frac{340.09\times10^6\times676/2}{91\,600\times10^4}\right)\text{N/mm}^2$$

$$=(8.578\pm125.492)\ \text{N/mm}^2=\begin{aligned}134.07\ \text{N/mm}^2\\-116.914\ \text{N/mm}^2\end{aligned}$$

腹板受压区高度 $\quad h_c=\dfrac{134.07\times876}{134.07+116.914}\ \text{mm}=467.939\ \text{mm}$

由 $\quad\sigma_{\max}=134.07\ \text{N/mm}^2<f=305\ \text{N/mm}^2$

故 $\quad f_y=\gamma_R\sigma_{\max}=1.1\times134.07\ \text{N/mm}^2=147.477\ \text{N/mm}^2$

$$\beta=\sigma_{\min}/\sigma_{\max}=-116.914/134.07=-0.872$$

$$k_\sigma=\frac{16}{[(1+\beta)^2+0.112(1-\beta)^2]^{0.5}+(1+\beta)}$$

$$=\frac{16}{[(1-0.872)^2+0.112(1+0.872)^2]^{0.5}+(1-0.872)}$$

$$=20.849$$

$$\lambda_p=\frac{h_w/t_w}{28.1\sqrt{k_\sigma}}\sqrt{\frac{f_y}{235}}=\frac{(676+426)/2/8}{28.1\times\sqrt{20.849}}\sqrt{\frac{147.477}{235}}=0.425\,25$$

$$\rho = \frac{1}{\left(0.243 + \lambda_{\mathrm{p}}^{1.25}\right)^{0.9}} = \frac{1}{\left(0.243 + 0.425\ 25^{1.25}\right)^{0.9}} = 1.616\ 7 > 1.0$$

故取 $\rho = 1.0$，由式（7.3.3）知，4—4 截面梁腹板全截面有效。

3. 刚架梁的验算

（1）抗剪承载力验算

梁截面的最大剪力为 $V_{\max} = 141.88$ kN

$$\alpha = \frac{a}{h_{\mathrm{w}1}} = \frac{6\ 900}{876} = 7.876\ 7$$

$$\gamma_{\mathrm{p}} = \frac{h_{\mathrm{w}1}}{h_{\mathrm{w}0}} - 1 = \frac{876}{426} - 1 = 1.056\ 3$$

$$\chi_{\mathrm{tap}} = 1 - 0.35\alpha^{0.2}\gamma_{\mathrm{p}}^{2/3} = 1 - 0.35 \times 7.876\ 7^{0.2} \times 1.056\ 3^{2/3} = 0.451\ 5$$

$$\eta_{\mathrm{s}} = 1 + \gamma_{\mathrm{p}}^{0.25}\frac{0.25\sqrt{\gamma_{\mathrm{p}}} + \alpha - 1}{\alpha^{2 - 0.25\sqrt{\gamma_{\mathrm{p}}}}} = 1 + 1.056\ 3^{0.25}\frac{0.25\sqrt{1.056\ 3} + 7.876\ 7 - 1}{7.876\ 7^{2 - 0.25\sqrt{1.056\ 3}}} = 1.198$$

因梁腹板未设横向加劲肋，故

$$k_{\tau} = 5.34\eta_{\mathrm{s}} = 5.34 \times 1.198 = 6.397$$

$$\lambda_{\mathrm{s}} = \frac{h_{\mathrm{w}1}/t_{\mathrm{w}}}{37\sqrt{k_{\tau}}\sqrt{235/f_{\mathrm{y}}}} = \frac{876/8}{37\sqrt{6.397}} \times \sqrt{\frac{355}{235}} = 1.438$$

$$\varphi_{\mathrm{ps}} = \frac{1}{\left(0.51 + \lambda_{\mathrm{s}}^{3.2}\right)^{1/2.6}} = \frac{1}{\left(0.51 + 1.438^{3.2}\right)^{1/2.6}} = 0.604$$

$$V_{\mathrm{d}} = \chi_{\mathrm{tap}}\varphi_{\mathrm{ps}}h_{\mathrm{w}1}t_{\mathrm{w}}f_{\mathrm{v}} = 0.451\ 5 \times 0.604 \times 876 \times 8 \times 175\ \mathrm{N} = 334\ 446.6\ \mathrm{N} = 334.45\ \mathrm{kN}$$

$$V_{\mathrm{d}} = 334.45\ \mathrm{kN} < h_{\mathrm{w}0}t_{\mathrm{w}}f_{\mathrm{v}} = 426 \times 8 \times 175\ \mathrm{N} = 596\ 400\ \mathrm{N} = 596.4\ \mathrm{kN}$$

$V_{\max} < V_{\mathrm{d}}$，满足要求。

（2）弯剪压共同作用下的强度验算

1—1 截面验算：

$M = 882.03$ kN $\cdot$ m，$N = 107.68$ kN，$V = 141.88$ kN

$V = 141.88$ kN $< 0.5V_{\mathrm{d}} = 0.5 \times 334.45$ kN $= 167.225$ kN

$$因此\ \frac{N}{A_{\mathrm{e}}} + \frac{M}{W_{\mathrm{e}}} = \left(\frac{107.68 \times 10^{3}}{13\ 008} + \frac{882.03 \times 10^{6}}{3\ 624\ 364}\right)\ \mathrm{N/mm^{2}} = \left(8.278 + 243.361\right)\ \mathrm{N/mm^{2}}$$

$$= 251.639\ \mathrm{N/mm^{2}} < f = 305\ \mathrm{N/mm^{2}}$$

3—3 截面验算：

$M = 296.25$ kN $\cdot$ m，$N = 99.97$ kN，$V = 27.2$ kN $< 0.5V_{\mathrm{d}}$

$$因此\ \frac{N}{A_{\mathrm{e}}} + \frac{M}{W_{\mathrm{e}}} = \left(\frac{99.97 \times 10^{3}}{9\ 408} + \frac{296.25 \times 10^{6}}{1\ 508\ 023}\right)\ \mathrm{N/mm^{2}} = \left(10.626 + 196.449\right)\ \mathrm{N/mm^{2}}$$

$$= 207.075\ \mathrm{N/mm^{2}} < f = 305\ \mathrm{N/mm^{2}}$$

4—4 截面验算：

$M = 340.09$ kN $\cdot$ m，$N = 97.86$ kN，$V = -6.59$ kN $< 0.5V_{\mathrm{d}}$

$$因此\ \frac{N}{A_{\mathrm{e}}} + \frac{M}{W_{\mathrm{e}}} = \left(\frac{97.86 \times 10^{3}}{11\ 408} + \frac{340.09 \times 10^{6}}{2\ 617\ 028}\right)\ \mathrm{N/mm^{2}} = \left(8.578 + 129.953\right)\ \mathrm{N/mm^{2}}$$

$= 138.531 \text{ N/mm}^2 < f = 305 \text{ N/mm}^2$

（3）变截面刚架梁的稳定性计算

1—1 截面至 2—2 截面楔形变截面梁段：

大端弯矩 $M_1 = 882.03 \text{ kN} \cdot \text{m}$

① 隅撑-檩条体系支撑的变截面钢梁整体稳定性计算。本例题屋面檩条采用 C200×70×20×2.2，檩条间距为 1 500 mm，在斜梁的负弯矩区，每一道檩条处都布置隅撑，隅撑支撑点到钢梁中心的距离为 900 mm，檩条材料的弹性模量 $E = 2.0 \times 10^5 \text{ N/mm}^2$。

檩条 C200×70×20×2.2 截面的几何特性：截面面积 $A_p = 7.96 \text{ cm}^2$，檩条截面绕强轴的惯性矩 $I_p = 479.87 \text{ cm}^4$，檩条的跨度 $l_p = 6\ 000 \text{ mm}$，隅撑的间距 $l_{kk} = 1\ 500 \text{ mm}$，隅撑与檩条的连接点离开主梁的距离与檩条跨度的比值 $\beta = 900/6\ 000 = 0.15$，梁截面的剪切中心到檩条形心线的距离 $e_1 = (900/2 + 200/2) \text{ mm} = 550 \text{ mm}$，梁截面的剪切中心到下翼缘中心的距离 $e_2 = (900/2 - 12/2) \text{ mm} = 444 \text{ mm}$，则 $e = e_1 + e_2 = (550 + 444) \text{ mm} = 994 \text{ mm}$。

$$k_b = \frac{6EI_p}{(3-4\beta)e^2 l_p l_{kk}} = \frac{6 \times 2.0 \times 10^5 \times 479.87 \times 10^4}{(3-4\times0.15) \times 994^2 \times 6\ 000 \times 1\ 500} = 0.269\ 8$$

隅撑支撑楔形变截面梁的临界弯矩计算如下：

大端截面的自由扭转常数

$$J = \frac{k}{3} \sum_{i=1}^{n} b_i t_i^3 = \frac{1.25}{3} \times (2 \times 250 \times 12^3 + 876 \times 8^3) \text{ mm}^4 = 546\ 880 \text{ mm}^4$$

大端截面绕弱轴的惯性矩

$$I_y = 2 \times \frac{1}{12} \times t_f b_f^3 = 2 \times \frac{1}{12} \times 12 \times 250^3 \text{ mm}^4 = 3\ 125 \times 10^4 \text{ mm}^4$$

大端截面的翘曲惯性矩

$$I_\omega = I_{yT} h_{sT0}^2 + I_{yB} h_{sB0}^2 = \left(\frac{1}{12} \times 12 \times 250^3 \times 444^2 + \frac{1}{12} \times 12 \times 250^3 \times 444^2 \right) \text{ mm}^6 = 6.160\ 5 \times 10^{12} \text{ mm}^6$$

截面不对称参数

$$\beta_x = 0.45h \frac{I_1 - I_2}{I_y} = 0$$

隅撑支撑楔形变截面梁的临界弯矩

$$M_{cr} = \frac{GJ + 2e\sqrt{k_b(EI_y e_1^2 + EI_\omega)}}{2(e_1 - \beta_x)}$$

$$= \frac{0.79 \times 10^5 \times 546\ 880 + 2 \times 994 \times \sqrt{0.269\ 8 \times (2.06 \times 10^5 \times 3\ 125 \times 10^4 \times 550^2 + 2.06 \times 10^5 \times 6.160\ 5 \times 10^{12})}}{2 \times (550 - 0)} \text{ N} \cdot \text{mm}$$

$= 1\ 722.842 \times 10^6 \text{ N} \cdot \text{mm}$

正则化长细比

$$\lambda_b = \sqrt{\frac{\gamma_x M_y}{M_{cr}}} = \sqrt{\frac{\gamma_x W_{x1} f_y}{M_{cr}}} = \sqrt{\frac{1.05 \times 3\ 624.364 \times 10^3 \times 355}{1\ 722.842 \times 10^6}} = 0.885\ 5$$

$$n = \frac{1.51}{\lambda_b^{0.1}} \sqrt[3]{\frac{b_1}{h_1}} = \frac{1.51}{0.885\ 5^{0.1}} \times \sqrt[3]{\frac{250}{888}} = 1.001\ 8$$

三道檩条处的截面高度为

$$\frac{h_0-450}{900-450}=\frac{6\ 900-3\times1\ 500}{6\ 900},h_0=606.5\ \text{mm}$$

$$I_{x0}=\left(\frac{1}{12}\times8\times582.5^3+2\times12\times250\times297.25^2\right)\text{cm}^4=66\ 190.930\ 21\ \text{cm}^4$$

$$W_{x0}=I_{x0}\bigg/\frac{h_0}{2}=\frac{66\ 190.930\ 21}{60.65/2}\text{cm}^3=2\ 182.718\ \text{cm}^3$$

楔率 $\gamma=(h_1-h_0)/h_0=(900-606.5)/606.5=0.483\ 9$

三道檩条处截面弯矩近似按斜梁弯矩线性变化考虑,得

$$\frac{M_0-97.58}{882.03-97.58}=\frac{6\ 900-3\times1\ 500}{6\ 900},M_0=370.432\ \text{kN}\cdot\text{m}$$

$$k_\text{M}=\frac{M_0}{M_1}=\frac{370.432\times10^6}{882.03\times10^6}=0.419\ 98$$

$$k_\sigma=k_\text{M}\frac{W_{x1}}{W_{x0}}=0.419\ 98\times\frac{3\ 624.364\times10^3}{2\ 182.718\times10^3}=0.697\ 4$$

$$\lambda_{b0}=\frac{0.55-0.25k_\sigma}{(1+\gamma)^{0.2}}=\frac{0.55-0.25\times0.697\ 4}{(1+0.483\ 9)^{0.2}}=0.347\ 1$$

$$\varphi_\text{b}=\frac{1}{(1-\lambda_{b0}^{2n}+\lambda_\text{b}^{2n})^{1/n}}=\frac{1}{(1-0.347\ 1^{2\times1.001\ 8}+0.885\ 5^{2\times1.001\ 8})^{1/1.001\ 8}}=0.601\ 6$$

隅撑-檩条体系支撑的楔形变截面钢梁整体稳定性计算如下:

$$\frac{M_1}{\gamma_x\varphi_\text{b}W_{x1}}=\frac{882.03\times10^6}{1.05\times0.601\ 6\times3\ 624.364\times10^3}\text{N/mm}^2=385.26\ \text{N/mm}^2>f=305\ \text{N/mm}^2$$

不满足要求。

② 一个翼缘侧向有支撑的变截面梁整体稳定性计算。考虑梁端弯矩比较大,侧向支撑按 $L=3\ 000$ mm 设置。

檩条截面大小及布置同前面①的计算,故梁截面的剪切中心到檩条形心线的距离 $e_1=(900/2+200/2)$ mm $=550$ mm。

截面不对称参数

$$\beta_x=0.45h\frac{I_1-I_2}{I_y}=0$$

大端截面的自由扭转常数

$$J=\frac{k}{3}\sum_{i=1}^n b_it_i^3=\frac{1.25}{3}\times(2\times250\times12^3+876\times8^3)\text{mm}^4=546\ 880\ \text{mm}^4$$

大端截面绕弱轴的惯性矩

$$I_y=2\times\frac{1}{12}\times t_f b_f^3=2\times\frac{1}{12}\times12\times250^3\ \text{mm}^4=3\ 125\times10^4\ \text{mm}^4$$

大端截面的翘曲惯性矩

$$I_\omega=I_{yT}h_{sT0}^2+I_{yB}h_{sB0}^2=\left(\frac{1}{12}\times12\times250^3\times444^2+\frac{1}{12}\times12\times250^3\times444^2\right)\text{mm}^6=6.160\ 5\times10^{12}\ \text{mm}^6$$

一个翼缘侧向有支撑的变截面梁的临界弯矩

$$M_{cr} = \frac{1}{2(e_1 - \beta_x)}\left[GJ + \frac{\pi^2}{L^2}(EI_y e_1^2 + EI_\omega)\right]$$

$$= \frac{1}{2(550-0)} \times \left[0.79 \times 10^5 \times 546\,880 + \frac{\pi^2}{3\,000^2} \times (2.06 \times 10^5 \times 3\,125 \times 10^4 \times 550^2 + \right.$$

$$\left. 2.06 \times 10^5 \times 6.160\,5 \times 10^{12})\right] \mathrm{N \cdot mm}$$

$$= 3\,245.807\,5 \times 10^6\ \mathrm{N \cdot mm}$$

正则化长细比

$$\lambda_b = \sqrt{\frac{\gamma_x M_y}{M_{cr}}} = \sqrt{\frac{1.05 \times 3\,624.364 \times 10^3 \times 355}{3\,245.807\,5 \times 10^6}} = 0.645\,2$$

$$n = \frac{1.51}{\lambda_b^{0.1}}\sqrt[3]{\frac{b_1}{h_1}} = \frac{1.51}{0.645\,2^{0.1}} \times \sqrt[3]{\frac{250}{888}} = 1.033\,99$$

支撑 3 m 处的截面高度

$$\frac{h_0 - 450}{900 - 450} = \frac{6\,900 - 3\,000}{6\,900},\ h_0 = 704.35\ \mathrm{mm}$$

$$I_{x0} = \left[\frac{1}{12} \times 8 \times (704.35 - 2 \times 12)^3 + 2 \times 12 \times 250 \times \left(\frac{704.35 - 12}{2}\right)^2\right] \mathrm{mm^4}$$

$$= 928\,967\,963.7\ \mathrm{mm^4} = 92\,896.796\,37\ \mathrm{cm^4}$$

$$W_{x0} = I_{x0} \Big/ \frac{h_0}{2} = \left(92\,896.796\,37 \Big/ \frac{70.435}{2}\right) \mathrm{cm^3} = 2\,637.802\ \mathrm{cm^3}$$

楔率 $\gamma = (h_1 - h_0)/h_0 = (900 - 704.35)/704.35 = 0.277\,77$

支撑 3 m 处截面弯矩近似按斜梁弯矩线性变化考虑,得

$$\frac{M_0 - 97.58}{882.03 - 97.58} = \frac{6\,900 - 3\,000}{6\,900},\ M_0 = 540.965\ \mathrm{kN \cdot m}$$

$$k_M = \frac{M_0}{M_1} = \frac{540.965 \times 10^6}{882.03 \times 10^6} = 0.613\,32$$

$$k_\sigma = k_M \frac{W_{x1}}{W_{x0}} = 0.613\,32 \times \frac{3\,624.364 \times 10^3}{2\,637.802 \times 10^3} = 0.842\,7$$

$$\lambda_{b0} = \frac{0.55 - 0.25 k_\sigma}{(1+\gamma)^{0.2}} = \frac{0.55 - 0.25 \times 0.842\,7}{(1 + 0.277\,77)^{0.2}} = 0.323\,1$$

$$\varphi_b = \frac{1}{(1 - \lambda_{b0}^{2n} + \lambda_b^{2n})^{1/n}} = \frac{1}{(1 - 0.323\,1^{2 \times 1.033\,99} + 0.645\,2^{2 \times 1.033\,99})^{1/1.033\,99}} = 0.771\,65$$

一个翼缘侧向有支撑的变截面梁整体稳定性计算如下:

$$\frac{M_1}{\gamma_x \varphi_b W_{x1}} = \frac{882.03 \times 10^6}{1.05 \times 0.771\,65 \times 3\,624.364 \times 10^3}\ \mathrm{N/mm^2} = 300.36\ \mathrm{N/mm^2} < f = 305\ \mathrm{N/mm^2}$$

满足要求。

4. 刚架柱的验算

(1)抗剪承载力验算

柱截面的最大剪力为 $V_{max} = 98.01\ \mathrm{kN}$

$$\alpha = \frac{a}{h_{w1}} = \frac{9\ 000}{872} = 10.321\ 1$$

$$\gamma_p = \frac{h_{w1}}{h_{w0}} - 1 = \frac{872}{372} - 1 = 1.344$$

$$\chi_{tap} = 1 - 0.35\alpha^{0.2}\gamma_p^{2/3} = 1 - 0.35 \times 10.321\ 1^{0.2} \times 1.344^{2/3} = 0.320\ 15$$

$$\eta_s = 1 + \gamma_p^{0.25}\frac{0.25\sqrt{\gamma_p} + \alpha - 1}{\alpha^{2-0.25\sqrt{\gamma_p}}} = 1 + 1.344^{0.25}\frac{0.25\sqrt{1.344} + 10.321\ 1 - 1}{10.321\ 1^{2-0.25\sqrt{1.344}}} = 1.191$$

因柱腹板未设横向加劲肋,故

$$k_\tau = 5.34\eta_s = 5.34 \times 1.191 = 6.359\ 9$$

$$\lambda_s = \frac{h_{w1}/t_w}{37\sqrt{k_\tau}\sqrt{235/f_y}} = \frac{872/8}{37\sqrt{6.359\ 9}} \times \sqrt{\frac{355}{235}} = 1.435\ 8$$

$$\varphi_{ps} = \frac{1}{(0.51 + \lambda_s^{3.2})^{1/2.6}} = \frac{1}{(0.51 + 1.435\ 8^{3.2})^{1/2.6}} = 0.605\ 1$$

$$V_d = \chi_{tap}\varphi_{ps}h_{w1}t_w f_v = 0.320\ 15 \times 0.605\ 1 \times 872 \times 8 \times 175\ N = 236\ 496.752\ N = 236.497\ kN$$

$$V_d = 236.497\ kN < h_{w0}t_w f_v = 372 \times 8 \times 175\ N = 520\ 800\ N = 520.8\ kN$$

$V_{max} < V_d$,满足要求。

(2)弯剪压共同作用下的强度验算

5—5 截面:

$$M = 882.03\ kN \cdot m, N = 148.75\ kN, V = 98.01\ kN$$

由于 $V = 98.01\ kN < 0.5V_d = 0.5 \times 236.497\ kN = 118.25\ kN$,

$$因此\frac{N}{A_e} + \frac{M}{W_e} = \left(\frac{148.75 \times 10^3}{13\ 976} + \frac{882.03 \times 10^6}{4\ 035\ 066}\right)N/mm^2 = (10.643 + 218.591)N/mm^2$$

$$= 229.234\ N/mm^2 < f = 305\ N/mm^2$$

(3)平面内整体稳定性验算

已知:$M_1 = 882.03\ kN \cdot m, N_1 = 148.75\ kN, A_{e1} = 13\ 976\ mm^2, W_{e1} = 4\ 035\ 066\ mm^3, H = \left(9\ 000 - \frac{450}{2}\right)mm = 8\ 775\ mm, i_{x1} = 3\ 604\ mm, A_0 = 9\ 976\ mm^2, A_1 = 13\ 976\ mm^2, I_0 = 29\ 500 \times 10^4\ mm^4, I_1 = 182\ 000 \times 10^4\ mm^4, E = 2.06 \times 10^5\ N/mm^2, f_y = 355\ N/mm^2$。

如图 7.28 所示,计算三段变截面刚架梁对刚架柱的转动约束 K_z。有 $I_{11} = 163\ 000\ cm^4$, $I_{10} = I_2 = I_{30} = 33\ 900\ cm^4, I_{31} = 91\ 600\ cm^4, S_1 = 6\ 900\ mm, S_2 = 7\ 000\ mm, S_3 = 4\ 100\ mm, S = 18\ 000\ mm$。根据《门式刚架规范》附录 A 知

$$i_{11} = \frac{EI_{11}}{S_1} = \frac{2.06 \times 10^5 \times 163\ 000 \times 10^4}{6\ 900}\ N \cdot mm = 48.663\ 768\ 12 \times 10^9\ N \cdot mm$$

$$i_2 = \frac{EI_2}{S_2} = \frac{2.06 \times 10^5 \times 33\ 900 \times 10^4}{7\ 000}\ N \cdot mm = 9.976\ 285\ 714 \times 10^9\ N \cdot mm$$

$$i_{31} = \frac{EI_{31}}{S_3} = \frac{2.06 \times 10^5 \times 91\ 600 \times 10^4}{4\ 100}\ N \cdot mm = 46.023\ 414\ 63 \times 10^9\ N \cdot mm$$

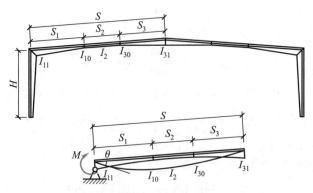

图 7.28　三段变截面刚架梁转动刚度计算模型

$$R_1 = \frac{I_{10}}{I_{11}} = \frac{33\ 900 \times 10^4}{163\ 000 \times 10^4} = 0.207\ 975\ , R_3 = \frac{I_{30}}{I_{31}} = \frac{33\ 900 \times 10^4}{91\ 600 \times 10^4} = 0.370\ 1$$

$$K_{11,1} = 3i_{11}R_1^{0.2} = 3 \times 48.663\ 768\ 12 \times 10^9 \times 0.207\ 975^{0.2}\ \text{N} \cdot \text{mm} = 106.642 \times 10^9\ \text{N} \cdot \text{mm}$$

$$K_{12,1} = 6i_{11}R_1^{0.44} = 6 \times 48.663\ 768\ 12 \times 10^9 \times 0.207\ 975^{0.44}\ \text{N} \cdot \text{mm} = 146.313 \times 10^9\ \text{N} \cdot \text{mm}$$

$$K_{22,1} = 3i_{11}R_1^{0.712} = 3 \times 48.663\ 768\ 12 \times 10^9 \times 0.207\ 975^{0.712}\ \text{N} \cdot \text{mm} = 47.726 \times 10^9\ \text{N} \cdot \text{mm}$$

$$K_{22,3} = 3i_{31}R_3^{0.712} = 3 \times 46.023\ 414\ 63 \times 10^9 \times 0.370\ 1^{0.712}\ \text{N} \cdot \text{mm} = 68.037 \times 10^9\ \text{N} \cdot \text{mm}$$

$$\frac{1}{K_z} = \frac{1}{K_{11,1}} + 2\left(1 - \frac{S_1}{S}\right)\frac{1}{K_{12,1}} + \left(1 - \frac{S_1}{S}\right)^2\left(\frac{1}{K_{22,1}} + \frac{1}{3i_2}\right) + \frac{2S_3(S_2 + S_3)}{S^2}\frac{1}{6i_2} + \left(\frac{S_3}{S}\right)^2\left(\frac{1}{3i_2} + \frac{1}{K_{22,3}}\right)$$

$$= \frac{1}{106.642 \times 10^9} + 2 \times \left(1 - \frac{6\ 900}{18\ 000}\right) \times \frac{1}{146.313 \times 10^9} + \left(1 - \frac{6\ 900}{18\ 000}\right)^2 \times$$

$$\left(\frac{1}{47.726 \times 10^9} + \frac{1}{3 \times 9.976 \times 10^9}\right) + \frac{2 \times 4\ 100 \times (7\ 000 + 4\ 100)}{18\ 000^2} \times \frac{1}{6 \times 9.976 \times 10^9} +$$

$$\left(\frac{4\ 100}{18\ 000}\right)^2 \times \left(\frac{1}{3 \times 9.976 \times 10^9} + \frac{1}{68.037 \times 10^9}\right)$$

$$= 9.377 \times 10^{-12} + 8.429 \times 10^{-12} + 20.674 \times 10^{-12} + 4.693 \times 10^{-12} + 2.496 \times 10^{-12} = 45.669 \times 10^{-12}$$

柱的线刚度 $i_{c1} = EI_1/H = \dfrac{2.06 \times 10^5 \times 182\ 000 \times 10^4}{8\ 775}$ N · mm $= 42.726 \times 10^9$ N · mm

$$K = \frac{K_z}{6i_{c1}}\left(\frac{I_1}{I_0}\right)^{0.29} = \frac{10^{12}}{45.669} \times \frac{1}{6 \times 42.726 \times 10^9} \times \left(\frac{182\ 000 \times 10^4}{29\ 500 \times 10^4}\right)^{0.29} = 0.144\ 78$$

柱的计算长度系数

$$\mu = 2\left(\frac{I_1}{I_0}\right)^{0.145}\sqrt{1 + \frac{0.38}{K}} = 2 \times \left(\frac{182\ 000 \times 10^4}{29\ 500 \times 10^4}\right)^{0.145} \times \sqrt{1 + \frac{0.38}{0.144\ 78}} = 4.957\ 36$$

$$\lambda_1 = \frac{\mu H}{i_{x1}} = \frac{4.957\ 36 \times 8\ 775}{36.04 \times 10} = 120.702$$

$$\overline{\lambda}_1 = \frac{\lambda_1}{\pi}\sqrt{\frac{f_y}{E}} = \frac{120.702}{\pi}\sqrt{\frac{355}{2.06 \times 10^5}} = 1.594\ 9 > 1.2\ ,\text{故取}\ \eta_t = 1$$

$$N_{cr} = \pi^2 EA_{e1}/\lambda_1^2 = \frac{\pi^2 \times 2.06 \times 10^5 \times 13\ 976}{120.702^2}\text{N} = 1\ 950\ 387.591\ \text{N} = 1\ 950.387\ 6\ \text{kN}$$

由 $\lambda = 120.702$，查表得 $\varphi_x = 0.3136$（b 类，Q355 钢）。

变截面柱在刚架平面内的稳定性按下式计算：

$$\frac{N_1}{\eta_t \varphi_x A_{e1}} + \frac{\beta_{mx} M_1}{(1 - N_1 / N_{cr}) W_{e1}}$$

$$= \left[\frac{148.75 \times 10^3}{1 \times 0.3136 \times 13\ 976} + \frac{1 \times 882.03 \times 10^6}{(1 - 148.75 \times 10^3 / 1\ 950.387\ 6 \times 10^3) \times 4\ 035\ 066} \right] \text{N/mm}^2$$

$$= (33.939 + 236.639) \text{ N/mm}^2 = 270.578 \text{ N/mm}^2 < f = 305 \text{ N/mm}^2$$

满足要求。

（4）平面外整体稳定性验算

大端弯矩 $M_1 = 882.03$ kN·m，大端轴力 $N_1 = 148.75$ kN，因沿柱高 6 m 处设有侧向支撑，故受力最不利的上端柱的平面外计算长度 $H_{oy} = (9\ 000 - 6\ 000)$ mm $= 3\ 000$ mm，柱高 6 m 处的截面高度为 $\frac{h_0 - 400}{900 - 400} = \frac{6\ 000}{9\ 000}$，$h_0 = 733.33$ mm。

柱高 6 m 处截面的几何特性：

截面面积　　　$A_0 = [2 \times 14 \times 250 + (733.33 - 2 \times 14) \times 8] \text{ mm}^2 = 12\ 642.64 \text{ mm}^2$

绕强轴截面惯性矩

$$I_{x0} = \left[\frac{1}{12} \times 8 \times (733.33 - 2 \times 14)^3 + 2 \times 14 \times 250 \times \left(\frac{733.33}{2} - \frac{14}{2} \right)^2 \right] \text{ mm}^4 = 1\ 139\ 442\ 326 \text{ mm}^4$$

绕强轴截面模量

$$W_{x0} = I_{x0} \Big/ \frac{h_0}{2} = \left(1\ 139\ 442\ 326 \Big/ \frac{733.33}{2} \right) \text{ mm}^3 = 3\ 107\ 584.105 \text{ mm}^3$$

绕弱轴截面惯性矩（大端截面也一样）

$$I_{y0} = I_{y1} = I_y = 2 \times \frac{1}{12} \times t_f b_f^3 = 2 \times \frac{1}{12} \times 14 \times 250^3 \text{ mm}^4 = 36\ 458\ 333.33 \text{ mm}^4$$

① 计算变截面柱弹性屈曲临界弯矩 M_{cr}。弯矩最大截面受拉翼缘绕弱轴的惯性矩与受压翼缘绕弱轴的惯性矩之比

$$\eta_i = \frac{I_{yB}}{I_{yT}} = \frac{\dfrac{1}{12} \times 14 \times 250^3}{\dfrac{1}{12} \times 14 \times 250^3} = 1.0$$

小端截面（柱高 6 m 处截面）的自由扭转常数

$$J_0 = \frac{k}{3} \sum_{i=1}^{n} b_i t_i^3 = \frac{1.25}{3} \times (2 \times 250 \times 14^3 + 705.33 \times 8^3) \text{ mm}^4 = 722\ 137 \text{ mm}^4$$

变截面柱楔率

$$\gamma = (h_1 - h_0) / h_0 = \frac{(900 - 14) - (733.33 - 14)}{(733.33 - 14)} = 0.231\ 7$$

小端弯矩与大端弯矩比

$$k_M = \frac{M_0}{M_1} = \frac{\dfrac{6}{9} \times 882.03 \times 10^6}{882.03 \times 10^6} = \frac{2}{3}$$

小端截面压应力与大端截面压应力比

$$k_\sigma = k_M \frac{W_{x1}}{W_{x0}} = \frac{2}{3} \times \frac{4\ 035\ 066}{3\ 107\ 584.105} = 0.865\ 6$$

参数

$$\eta = 0.55 + 0.04(1 - k_\sigma)\sqrt[3]{\eta_i} = 0.55 + 0.04 \times (1 - 0.865\ 6) \times \sqrt[3]{1.0} = 0.555\ 4$$

变截面柱等效圣维南扭转常数

$$J_\eta = J_0 + \frac{1}{3}\gamma\eta(h_0 - t_f)t_w^3 = \left[722\ 137 + \frac{1}{3} \times 0.231\ 7 \times 0.555\ 4 \times (719.33 - 14) \times 8^3\right]\ \text{mm}^4$$

$$= (722\ 137 + 15\ 490.769)\ \text{mm}^4 = 737\ 627.769\ \text{mm}^4$$

小端截面的翘曲惯性矩

$$I_{\omega 0} = I_{yT}h_{sT0}^2 + I_{yB}h_{sB0}^2 = \left(\frac{1}{12} \times 14 \times 250^3 \times 359.665^2 + \frac{1}{12} \times 14 \times 250^3 \times 359.665^2\right)\ \text{mm}^6$$

$$= 4.716\ 21 \times 10^{12}\ \text{mm}^6$$

变截面柱的等效翘曲惯性矩

$$I_{\omega\eta} = I_{\omega 0}(1 + \gamma\eta)^2 = \left[4.716\ 21 \times 10^{12} \times (1 + 0.231\ 7 \times 0.555\ 4)^2\right]\ \text{mm}^6 = 6.008\ 133 \times 10^{12}\ \text{mm}^6$$

截面不对称系数

$$\beta_{x\eta} = 0.45(1 + \gamma\eta)h_0 \frac{I_{yT} - I_{yB}}{I_y} = 0$$

等效弯矩系数

$$C_1 = 0.46k_M^2\eta_i^{0.346} - 1.32k_M\eta_i^{0.132} + 1.86\eta_i^{0.023} = 0.46 \times \left(\frac{2}{3}\right)^2 \times 1.0^{0.346} - 1.32 \times \frac{2}{3} \times 1.0^{0.132} +$$

$$1.86 \times 1.0^{0.023} = 1.184\ 4$$

楔形变截面柱段的弹性屈曲临界弯矩为

$$M_{cr} = C_1 \frac{\pi^2 EI_y}{L^2}\left[\beta_{x\eta} + \sqrt{\beta_{x\eta}^2 + \frac{I_{\omega\eta}}{I_y}\left(1 + \frac{GJ_\eta L^2}{\pi^2 EI_{\omega\eta}}\right)}\right] = \left\{1.184\ 4 \times \frac{\pi^2 \times 2.06 \times 10^5 \times 36\ 458\ 333.33}{3\ 000^2} \times \right.$$

$$\left.\left[0 + \sqrt{0^2 + \frac{6.008\ 133 \times 10^{12}}{3.645\ 833\ 333 \times 10^7} \times \left(1 + \frac{0.79 \times 10^5 \times 7.376\ 277\ 69 \times 10^5 \times 3\ 000^2}{\pi^2 \times 2.06 \times 10^5 \times 6.008\ 133 \times 10^{12}}\right)}\right]\right\}\ \text{N} \cdot \text{mm}$$

$$= 975.482\ 9 \times 10^4 \times \sqrt{16.479\ 45 \times 10^4 \times (1 + 0.042\ 93)}\ \text{N} \cdot \text{mm}$$

$$= 975.482\ 9 \times 10^4 \times 4.145\ 7 \times 10^2\ \text{N} \cdot \text{mm}$$

$$= 4\ 044.059 \times 10^6\ \text{N} \cdot \text{mm} = 4\ 044.059\ \text{kN} \cdot \text{m}$$

② 变截面刚架柱的平面外稳定性计算。

变截面柱大端截面绕弱轴的长细比

$$\lambda_{1y} = \frac{H_{0y}}{i_{y1}} = \frac{3\ 000}{5.11 \times 10} = 58.71$$

$$\overline{\lambda}_{1y} = \frac{\lambda_{1y}}{\pi}\sqrt{\frac{f_y}{E}} = \frac{58.71}{\pi} \times \sqrt{\frac{355}{2.06 \times 10^5}} = 0.775\ 79 < 1.3$$

$$\eta_{ty} = \frac{A_0}{A_1} + \left(1 - \frac{A_0}{A_1}\right) \times \frac{\overline{\lambda}_{1y}^2}{1.69} = \frac{12\ 642.64}{13\ 976} + \left(1 - \frac{12\ 642.64}{13\ 976}\right) \times \frac{0.775\ 79^2}{1.69} = 0.938\ 6$$

由 $\lambda_{1y}\sqrt{\dfrac{f_y}{235}} = 58.71 \times \sqrt{\dfrac{355}{235}} = 72.159\,3$，查表得 $\varphi_y = 0.737\,88$（b 类，Q355 钢）。

柱的通用长细比

$$\lambda_b = \sqrt{\frac{\gamma_x W_{x1} f_y}{M_{cr}}} = \sqrt{\frac{1.05 \times 4\,035.066 \times 10^3 \times 355}{4\,044.059 \times 10^6}} = 0.609\,9$$

$$n = \frac{1.51}{\lambda_b^{0.1}} \sqrt[3]{\frac{b_1}{h_1}} = \frac{1.51}{0.609\,9^{0.1}} \times \sqrt[3]{\frac{250}{886}} = 1.040\,6$$

$$\frac{0.55 - 0.25 k_\sigma}{(1+\gamma)^{0.2}} = \frac{0.55 - 0.25 \times 0.865\,6}{(1+0.231\,7)^{0.2}} = 0.319\,98$$

楔形变截面柱段的整体稳定系数

$$\varphi_b = \frac{1}{(1-\lambda_{b0}^{2n} + \lambda_b^{2n})^{1/n}} = \frac{1}{(1 - 0.319\,98^{2 \times 1.040\,6} + 0.609\,9^{2 \times 1.040\,6})^{1/1.040\,6}} = 0.798\,4$$

楔形变截面钢柱平面外稳定性计算如下：

$$\frac{N_1}{\eta_{ty} \varphi_y A_{e1} f} + \left(\frac{M_1}{\varphi_b \gamma_x W_{e1} f}\right)^{1.3 - 0.3 k_\sigma}$$

$$= \frac{148.75 \times 10^3}{0.938\,6 \times 0.737\,88 \times 13\,976 \times 305} + \left(\frac{882.03 \times 10^6}{0.798\,4 \times 1.05 \times 4\,035\,066 \times 305}\right)^{1.3 - 0.3 \times 0.865\,6}$$

$$= 0.050\,4 + 0.849\,5 = 0.899\,9 < 1.0$$

满足要求。

7.5.6 位移验算

1. 柱顶水平位移验算

由结构矩阵分析计算得柱顶水平位移

$$u = 22.0 \text{ mm} < \frac{h}{60} = \frac{8\,775}{60} \text{ mm} = 146.25 \text{ mm}$$

满足规范要求。

2. 梁跨中最大挠度验算

由结构矩阵分析计算得梁跨中最大挠度为

$$183.82 \text{ mm} < \frac{l}{180} = \frac{35\,600}{180} \text{ mm} = 197.78 \text{ mm}$$

满足规范要求。

7.5.7 节点设计

1. 梁柱节点设计

梁柱节点形式见图 7.29。

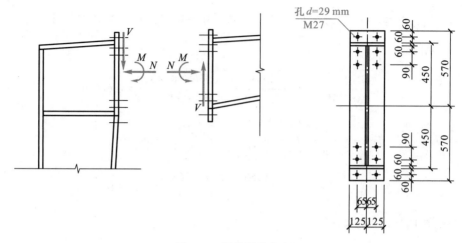

图 7.29 梁柱拼接节点

（1）连接螺栓计算

采用 10.9 级 M27 摩擦型高强度螺栓，构件接触面经喷砂后涂无机富锌漆。预拉力 $P = 290 \text{ kN}$，查表得抗滑移系数 $\mu = 0.4$。$M = 882.03 \text{ kN} \cdot \text{m}$，$N = 107.68 \text{ kN}$，$V = 141.88 \text{ kN}$。

顶排螺栓所承受的拉力为

$$N_{t1} = \frac{M y_1}{m \sum y_i^2} - \frac{N}{n} = \left[\frac{882.03 \times 10^6 \times 510}{2 \times 2 \times (510^2 + 378^2 + 288^2)} - \frac{107.68 \times 10^3}{12} \right] \text{N} = (231\,431.045 - 8\,973.33) \text{N}$$

$$= 222.458 \text{ kN} < N_t = 0.8P = 0.8 \times 290 \text{ kN} = 232 \text{ kN}$$

第二排螺栓所承受的拉力为

$$N_{t2} = \frac{M y_2}{m \sum y_i^2} - \frac{N}{n} = \left[\frac{882.03 \times 10^6 \times 378}{2 \times 2 \times (510^2 + 378^2 + 288^2)} - \frac{107.68 \times 10^3}{12} \right] \text{N} = (171\,531.245 - 8\,973.33) \text{N}$$

$$= 162.558 \text{ kN} < N_t$$

第三排螺栓所承受的拉力为

$$N_{t3} = \frac{M y_3}{m \sum y_i^2} - \frac{N}{n} = \left[\frac{882.03 \times 10^6 \times 288}{2 \times 2 \times (510^2 + 378^2 + 288^2)} - \frac{107.68 \times 10^3}{12} \right] \text{N} = (130\,690.473 - 8\,973.33) \text{N}$$

$$= 121.717 \text{ kN} < N_t$$

所有螺栓的受剪承载力设计值为

$$N_v = \sum_{i=1}^{n} N_{vi}^b = 0.9 n_f \mu \left(nP - 1.25 \sum_{i=1}^{n} N_{ti} \right) = \{ 0.9 \times 1 \times 0.4 \times [12 \times 290 - 1.25 \times 2 \times$$

$$(222.458 + 162.558 + 121.717)] \} \text{kN}$$

$$= 796.74 \text{ kN}$$

实际剪力为 $V = 141.88 \text{ kN} < N_v = 796.74 \text{ kN}$，满足要求。

（2）端板计算

第一排螺栓位置端板厚度

$$t \geq \sqrt{\frac{6 e_f N_t}{bf}} = \sqrt{\frac{6 \times 60 \times 222.458 \times 10^3}{250 \times 300}} \text{ mm} = 32.677 \text{ mm}$$

第二排螺栓位置端板厚度

$$t \geqslant \sqrt{\frac{6e_f e_w N_t}{[e_w b + 2e_f(e_f + e_w)]f}} = \sqrt{\frac{6 \times 60 \times 61 \times 162.558 \times 10^3}{[61 \times 250 + 2 \times 60 \times (60 + 61)] \times 300}} \text{ mm} = 19.99 \text{ mm}$$

第三排螺栓位置端板厚度

$$t \geqslant \sqrt{\frac{3e_w N_t}{(0.5a + e_w)f}} = \sqrt{\frac{3 \times 61 \times 121.717 \times 10^3}{(0.5 \times 90 + 61) \times 300}} \text{ mm} = 26.47 \text{ mm}$$

取端板厚度为

$$0.9 \times 32.677 \text{ mm} = 29.4 \text{ mm} \approx 30 \text{ mm}$$

（3）节点域剪应力验算

$$\tau = \frac{M}{d_b d_c t_c} = \frac{882.03 \times 10^6}{900 \times 872 \times 8} \text{ N/mm}^2 = 140.49 \text{ N/mm}^2 < f_v = 175 \text{ N/mm}^2，满足要求。}$$

（4）端板螺栓处腹板强度验算

$$N_{t2} = 162.558 \text{ kN} > 0.4P = 0.4 \times 290 \text{ kN} = 116 \text{ kN}$$

$$\frac{N_{t2}}{e_w t_w} = \frac{162.558 \times 10^3}{61 \times 8} \text{ N/mm}^2 = 333.11 \text{ N/mm}^2 > f = 305 \text{ N/mm}^2，不满足要求。}$$

（5）梁柱连接节点刚度验算

$$R_1 = Gh_1 d_c t_p + Ed_b A_{st}\cos^2\alpha\sin\alpha = (0.79 \times 10^5 \times 888 \times 872 \times 8 + 0) \text{ N} \cdot \text{mm} = 4\,893\,803.52 \times 10^5 \text{ N} \cdot \text{mm}$$

$$R_2 = \frac{6EI_e h_1^2}{1.1e_f^3} = \frac{6 \times 2.06 \times 10^5 \times \dfrac{1}{12} \times 250 \times 30^3 \times 888^2}{1.1 \times 60^3} \text{ N} \cdot \text{mm} = 23\,073\,872.73 \times 10^5 \text{ N} \cdot \text{mm}$$

$$R = \frac{R_1 R_2}{R_1 + R_2} = \frac{4\,893\,803.52 \times 10^5 \times 23\,073\,872.73 \times 10^5}{4\,893\,803.52 \times 10^5 + 23\,073\,872.73 \times 10^5} \text{ N} \cdot \text{mm} = 4\,037\,482.363 \times 10^5 \text{ N} \cdot \text{mm}$$

$$25EI_b/l_b = \left[25 \times 2.06 \times 10^5 \times \frac{1}{4} \times (163\,000 \times 10^4 + 2 \times 33\,900 \times 10^4 + 91\,600 \times 10^4)/36\,000\right] \text{ N} \cdot \text{mm}$$

$$= 1\,153\,027.778 \times 10^5 \text{ N} \cdot \text{mm}$$

故 $R = 4\,037\,482.363 \times 10^5$ N · mm $> 25EI_b/l_b = 1\,153\,027.778 \times 10^5$ N · mm
满足要求。

2. 梁梁节点设计

（1）2—2 剖面梁梁节点（形式见图 7.30）

① 连接螺栓计算。采用 10.9 级 M16 摩擦型高强度螺栓，构件接触面经喷砂后涂无机富锌漆。预拉力 $P = 100$ kN，抗滑移系数查表得 $\mu = 0.4$。$M = 97.58$ kN · m，$N = 103.89$ kN，$V = 84.96$ kN。

顶排螺栓的拉力为

$$N_{t1} = \frac{My_1}{m\sum y_i^2} - \frac{N}{n} = \left[\frac{97.58 \times 10^6 \times 265}{2 \times 2 \times (265^2 + 173^2)} - \frac{103.89 \times 10^3}{8}\right] \text{ N} = (64\,547.347 - 12\,986.25) \text{ N}$$

$$= 51\,561.097 \text{ N} = 51.561 \text{ kN} < 0.8P = 0.8 \times 100 \text{ kN} = 80 \text{ kN}$$

第二排螺栓的拉力为

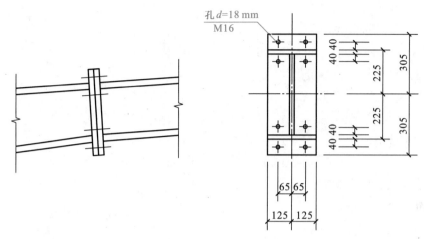

图 7.30 梁梁拼接节点

$$N_{t2} = \frac{My_2}{m\sum y_i^2} - \frac{N}{n} = \left[\frac{97.58\times10^6\times173}{2\times2\times(265^2+173^2)} - \frac{103.89\times10^3}{8}\right] \text{N} = (42\ 138.456\ 78 - 12\ 986.25)\ \text{N}$$

$$= 29\ 152.207\ \text{N} = 29.152\ \text{kN} < 80\ \text{kN}$$

所有螺栓的受剪承载力设计值为

$$N_v = \sum_{i=1}^{n} 0.9n_f\mu(P - 1.25N_i)$$

$$= \{0.9\times1.0\times0.4\times[(100-1.25\times51.561)+(100-1.25\times29.152)+(100-1.25\times0)+$$

$$(100-1.25\times0)]\times2\}\ \text{kN} = 215.358\ \text{kN} > V = 84.96\ \text{kN},满足要求。$$

② 端板设计。

第一排螺栓位置端板厚度

$$t \geqslant \sqrt{\frac{6e_fN_t}{bf}} = \sqrt{\frac{6\times40\times51.561\times10^3}{250\times300}}\ \text{mm} = 12.845\ \text{mm}$$

第二排螺栓位置端板厚度

$$t \geqslant \sqrt{\frac{6e_fe_wN_t}{[e_wb+2e_f(e_f+e_w)]f}} = \sqrt{\frac{6\times40\times61\times29.152\times10^3}{[61\times250+2\times40\times(40+61)]\times300}}\ \text{mm} = 7.81\ \text{mm}$$

取端板厚度 $t = 14$ mm。

（2）3—3 剖面梁梁节点（形式见图 7.31）

① 连接螺栓计算。采用 10.9 级 M24 摩擦型高强度螺栓，构件接触面经喷砂后涂无机富锌漆。预拉力 $P = 225$ kN，抗滑移系数查表得 $\mu = 0.4$。$M = 296.25$ kN·m，$N = 99.97$ kN，$V = 27.2$ kN。

顶排螺栓的拉力为

$$N_{t1} = \frac{My_1}{m\sum y_i^2} - \frac{N}{n} = \left[\frac{296.25\times10^6\times277}{2\times2\times(277^2+161^2)} - \frac{99.97\times10^3}{8}\right]\ \text{N} = (199\ 856.916\ 7 - 12\ 496.25)\ \text{N}$$

$$= 187\ 360.666\ 7\ \text{N} = 187.36\ \text{kN} > N_t = 0.8P = 0.8\times225\ \text{kN} = 180\ \text{kN}$$

$$\frac{N_{t1}-N_t}{N_t} = \frac{187.36-180}{180} = 4.09\% < 5\%,可认为满足要求。$$

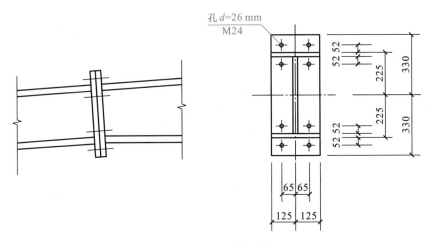

图 7.31 梁梁拼接节点

第二排螺栓的拉力为

$$N_{t2} = \frac{My_2}{m\sum y_i^2} - \frac{N}{n} = \left[\frac{296.25\times10^6\times161}{2\times2\times(277^2+161^2)} - \frac{99.97\times10^3}{8}\right]\text{N} = (116\ 162.323\ 4 - 12\ 496.25)\text{N}$$

$$= 103\ 666.073\ 4\ \text{N} = 103.666\ \text{kN} < 180\ \text{kN}$$

所有螺栓的受剪承载力设计值为

$$N_v = \sum_{i=1}^{n} 0.9n_{ti}\mu(P - 1.25N_i)$$

$$= \{0.9\times1.0\times0.4\times[(225-1.25\times187.36)+(225-1.25\times103.666)+(225-1.25\times0)+$$

$$(225-1.25\times0)]\times2\}\text{N} = 386.077\ \text{kN} > V = 27.2\ \text{kN}$$

满足要求。

② 端板设计。

第一排螺栓位置端板厚度

$$t \geqslant \sqrt{\frac{6e_fN_t}{bf}} = \sqrt{\frac{6\times52\times187.36\times10^3}{250\times300}}\ \text{mm} = 27.918\ \text{mm}$$

第二排螺栓位置端板厚度

$$t \geqslant \sqrt{\frac{6e_fe_wN_t}{[e_wb+2e_f(e_f+e_w)]f}} = \sqrt{\frac{6\times52\times61\times103.666\times10^3}{[61\times250+2\times52\times(52+61)]\times300}}\ \text{mm} = 15.606\ \text{mm}$$

取端板厚度 $t = 28\ \text{mm}$。

3. 铰接柱脚节点设计

柱脚节点见图 7.32。柱底板的地脚锚栓采用 Q235 钢,地脚螺栓选用 M20,基础材料采用 C20 混凝土 $f_c = 9.6\ \text{N/mm}^2$。柱底轴力 $N = 181.601\ \text{kN}$,剪力 $V = 98.01\ \text{kN}$。

柱脚底板面积 $A = 440\ \text{mm} \times 290\ \text{mm} = 127\ 600\ \text{mm}^2$

柱脚底板应力验算:

$$q = \frac{N}{A-A_0} = \frac{181.601\times10^3}{127\ 600-2\times\frac{30^2\pi}{4}}\ \text{N/mm}^2 = 1.439\ \text{N/mm}^2 < f_c = 9.6\ \text{N/mm}^2$$

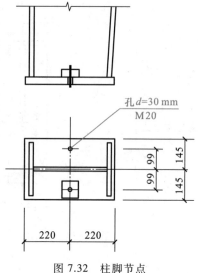

图 7.32　柱脚节点

满足要求。

按三边支承、一边自由板计算弯矩[①]：

$$M = \beta q a_1^2$$

式中，a_1 为自由边长，取 $a_1 = 372$ mm；b_1 为两相邻固定边顶点到 a_1 的垂直距离，取 $b_1 = (250-8)$ mm$/2 = 121$ mm；$b_1/a_1 = 121/372 = 0.325\ 3$，查三边支承、一边自由板的 β 系数表，得

$\beta = 0.026 + \dfrac{0.042-0.026}{0.4-0.3} \times (0.325\ 3 - 0.3) = 0.03$，故三边支承、一边自由板的计算弯矩为

$$M = \beta q a_1^2 = 0.03 \times 1.439 \times 372^2 \text{ N} \cdot \text{mm} = 5\ 974.037 \text{ N} \cdot \text{mm}$$

柱脚底板厚度

$$\delta = \sqrt{\frac{6M_{\max}}{f}} = \sqrt{\frac{6 \times 5\ 974.037}{215}} \text{ mm} = 12.91 \text{ mm}$$

取底板厚度 $\delta = 14$ mm。

柱脚抗剪承载力验算：

抗剪承载力 $V_{\text{fb}} = 0.4N = 0.4 \times 181.601$ kN $= 72.64$ kN $< V = 98.01$ kN

抗剪承载力不满足要求，故应设置抗剪连接件。

7.5.8　刚架施工图

刚架施工图见图 7.33。

---

① 参见张耀春主编，《钢结构设计原理》（第 2 版），高等教育出版社 2020 年 6 月出版，8.6.2 轴心受压柱的柱脚计算第 298～299 页。

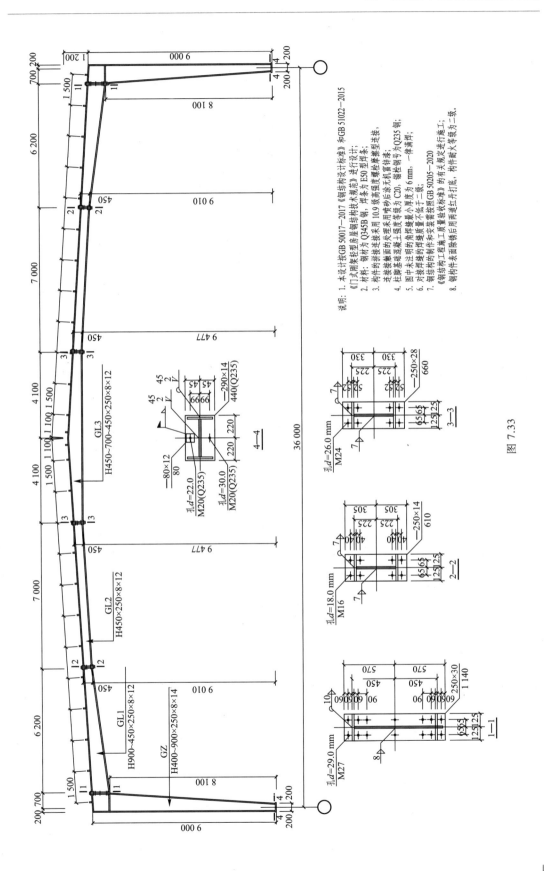

图 7.33

本章参考文献

第 7 章参考文献

第 8 章

钣结构

8.1 钣结构的种类和受力特点

8.1.1 钣结构的种类

一般来说,由金属板构成并用于贮存或运输液体、气体及散粒材料的结构称为钣结构。钣结构在国民经济的各个领域都有着广泛的应用,并且随着工农业贮备物资的数量和种类的不断增加,各种钣结构的形式和使用量也在不断增加。

钣结构从用途上分为贮液罐、贮气罐、金属料仓和料斗、高压容器等几大类型。贮液罐用来贮存石化产品、工业酒精、液氨、酸、水及其他各种液体。贮气罐用来贮存煤气、天然气和其他工业气体等,一般内部气压与外部常压基本相等。金属料仓和料斗主要用来贮存和倒运各种颗粒状材料,如谷物、面粉、水泥和碎煤等,可用来进行短期生产原料周转,也可以作为长期存料的仓库。高压容器一般也称为压力容器,用来贮存气体、液化气体或最高工作温度高于常压下沸点的液体,内部除了液体静压力之外的最高工作压力 $P_w \geq 9.8 \times 10^4$ Pa,如蒸汽锅炉、气瓶、气筒、槽车、船舶上的专用容器等。

钣结构还包括:输送液体、气体及液化固体物质用的大口径管道;冶金、化工及其他工业部门用的特种结构(高炉、热风炉、除尘器、电过滤器的外壳等);烟囱及通风管道、实壁塔、冷却塔;核电站防护构筑壳;载人宇宙飞船的返回舱体;等等。

8.1.2 钣结构的特点

各种钣结构的工作环境不同、结构形式多样、受载状态各异、工艺要求差别较大。如它们可能是地上的、地下的、半地下的、水下的;可能承受静荷载,也可能承受动荷载;可能工作在低压、中压和高压下,也可能工作在真空下;工作温度可以是低温、常温或高温;工作环境可能是中性环境,也可能是腐蚀性介质环境。因此针对某种具体结构形式,各个行业一般都有各自的设计规范或制作标准,这要求设计者根据不同情况考虑选材、结构形式和构造设计等多方面的问题。

但从力学角度讲,它们的基本原理是相同的,在多数情况下钣结构都是薄壁连续壳状容器结构。若以 R 表示壳壁中曲面的最小曲率半径, t 表示壳壁厚度,当比值 t/R 与 1 相比可

8.1 钣结构
实例

以忽略时,就认为是薄壳。工程计算中允许的相对误差为 5%,故可认为当 $t/R < 1/20$ 时,结构就属于薄壳,上述范围以外为厚壳。而实际问题中遇到的钣结构的 t/R 绝大多数为 $1/1\,000 \sim 1/50$,因此都属于薄壳。设计合理的薄壳,可用较小的厚度(自重)负担起相当大的荷载,在这方面它比薄板的性能还要优越。所以在要求结构既轻便又坚固的工程中,经常采用以钣结构为主的薄壁壳体。

钣结构在贮物荷载、内压和外部荷载共同作用下,受力特点与薄膜类似,处于简单双轴应力状态之下。而在不同形状外壳的连接处、设置加劲环的位置、壳体与底板或顶盖的连接处、截面形式与厚度发生变化处等,由于截面间存在着变形约束,将会产生局部弯矩和剪力,引起局部应力,这些局部应力随着远离上述区段而迅速消失,这种现象称为边缘效应,在结构设计中应给予考虑和重视。另外从功能上讲,钣结构永远是承重与围护职能合二为一的。

钣结构在制作过程中有一些特殊的工序是一般金属结构所不要求的,如轧制钢板的剪切成型,将钢板或轧制型钢辊压成形,制作成卷的坯料,凸形底的冲压、弯边及刨缘等。

钣结构具有相对较大的焊缝长度,焊缝重量是单位质量的普通建筑金属结构的 $2 \sim 3$ 倍。焊缝中较多地使用对接焊缝,不仅要保证这些焊缝的强度和密实度要求,还要使其产生尽可能小的残余应力和残余变形,因此应对焊接质量进行非常严格的控制。当内力不大时,为达到简化施工的目的,在非重要位置的钣之间也可采用搭接的连接形式,使用贴角焊缝,这时钣的几何尺寸误差可以稍大。

试验研究和使用过程均表明,钣结构焊缝的破坏形式大多属于脆性破坏,因此在选材时应特别注意保证钢材具有足够的冲击韧性值,并使结构的使用温度高于材料的脆性转变温度,同时采用合理的构造以减小应力集中,避免脆性破坏。

对于那些在腐蚀环境中工作或存贮含腐蚀性贮物的容器,应当采取必要的防腐措施,宜采用铝、铝合金钣或在接触腐蚀介质的一侧镀上不锈钢或镍。必要时在设计上还要留有适当的腐蚀裕度,根据工作条件对钣的设计强度进行适当折减。

为了防止生锈,各种钣结构的外表面都要喷涂防锈漆。立式圆筒形贮液罐或贮气罐平底下表面应放在设有防护层的砂基上,以防止生锈。料仓等仓壁为波纹钢板、螺旋卷边钢板时,涂漆困难,应采用热镀锌钢板和耐候钢板,以保证筒仓的工作寿命。钣结构的内表面,仅在贮存对钣材有腐蚀性的产品时,才加以防锈,例如含硫石油的贮液罐罐体内表面,要用高氯乙烯防护层防锈。

8.1.3　钣结构计算的回转薄壳理论

1. 轴对称回转薄壳的基本概念和几何特征

壳体厚度的中点构成的面与壳体内、外表面的距离相等,称为壳体的中面。回转薄壳的中面是一平面曲线(母线)绕其自身平面内的某一轴回转而构成的回转面。可见母线便是回转薄壳的经线,其曲率半径称为经线曲率半径 r_φ(有时也称为第一曲率半径 r_1),其曲率中心为 K_φ,如图 8.1a 给出的薄壳微小隔离体单元所示。垂直于经线的平面与中面相交所得曲线的曲率半径称为纬线曲率半径 r_θ(有时也称第二曲率半径 r_2),其曲率中心为 K_θ。垂直于回转轴的平面与薄壳中面相交所得的圆称为平行圆,其半径称为平行圆半径 r。不难看出回转壳的纬线曲率中心位于回转轴上。

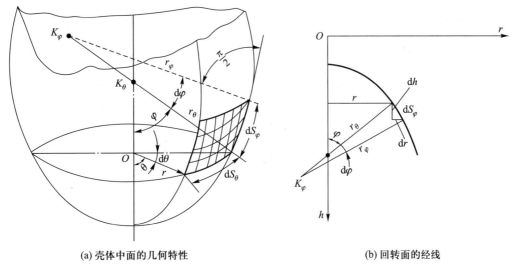

(a) 壳体中面的几何特性 (b) 回转面的经线

图 8.1 轴对称回转薄壳

研究薄壳问题采用如下的基本假设:① 变形前位于薄壳中面法线上的点,变形后仍然位于已变形的中面的同一法线上,且各点间的距离不变;② 与其他应力相比,认为平行于中面的面素上的正应力可以忽略。通过上述假设,可把壳体变形问题转化为研究中面的问题。

取图 8.1 所示的隔离体,设经线曲率半径 r_φ 与回转轴之间的夹角为 φ;而纬线曲率半径 r_θ 之间的夹角在平行圆上的投影为 $\mathrm{d}\theta$。由几何学知识可得壳体的平行圆半径

$$r = r_\theta \sin \varphi \qquad (8.1.1)$$

隔离体经线的线素长度

$$\mathrm{d}S_\varphi = r_\varphi \mathrm{d}\varphi \qquad (8.1.2)$$

由图 8.1b 可知 $\mathrm{d}r = \mathrm{d}S_\varphi \cdot \cos \varphi, \mathrm{d}h = \mathrm{d}S_\varphi \cdot \sin \varphi$,于是得到 $\mathrm{d}r/\mathrm{d}\varphi = r_\varphi \cdot \cos \varphi, \mathrm{d}h/\mathrm{d}\varphi = r_\varphi \cdot \sin \varphi$,因此可以得到

$$\frac{1}{r} \cdot \frac{\mathrm{d}r}{\mathrm{d}\varphi} = \frac{r_\varphi}{r_\theta} \cot \varphi \qquad (8.1.3)$$

同样,隔离体单元在平行圆上的线素长度为

$$\mathrm{d}S_\theta = r\mathrm{d}\theta = r_\theta \sin \varphi \mathrm{d}\theta \qquad (8.1.4)$$

而隔离体在中面上的面积为

$$\mathrm{d}A = \mathrm{d}S_\varphi \mathrm{d}S_\theta = r_\varphi r_\theta \sin \varphi \mathrm{d}\varphi \mathrm{d}\theta \qquad (8.1.5)$$

如果回转薄壳受轴对称均布荷载作用,除壳体不连续的边缘外,可认为壳内其他各点只承受经向力 N_φ 和圆周向力(或纬向力) N_θ,而没有弯矩和剪力的存在,这时可以采用无力矩理论进行分析。但在边缘部分,由于曲率发生突变将出现弯矩和剪力,计算时必须加以考虑,应使用力矩理论。在通常的钣结构中,两种情况都会出现。

2. 轴对称回转薄壳的平衡方程

如图 8.2 所示,从薄壳中取出一微小隔离体单元 $nmik$,用来建立平衡方程。

一般情况下薄壳各个截面上都有内力作用。但对于受轴对称荷载作用的回转薄壳,由于几何形状和所受荷载都是轴对称的,因而在两个经线和纬线截面上不会产生扭矩,两个经

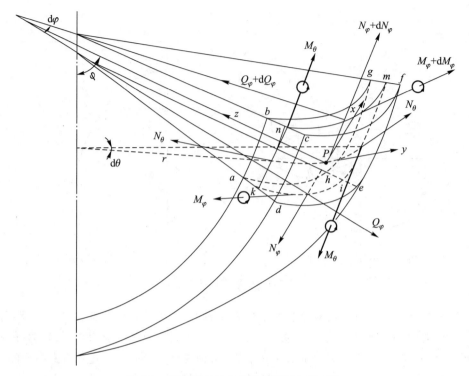

图 8.2　薄壳隔离体单元的几何特征及内力

线截面上不会产生剪力。这样隔离体经线截面 $abcd$ 和 $efgh$ 上作用的内力为圆周向力 N_θ 和圆周向力矩 M_θ,纬线截面 $adeh$ 和 $bcfg$ 上作用的内力分别为经向力矩 M_φ、经向力 N_φ、经向剪力 Q_φ 和 $M_\varphi+\mathrm{d}M_\varphi$、$N_\varphi+\mathrm{d}N_\varphi$、$Q_\varphi+\mathrm{d}Q_\varphi$。上述各符号都代表作用于隔离体单位长度上的力和力矩。

以隔离体中心点 P 为原点,作一直角坐标系,使 x 轴沿经线的切线指向 φ 角增加方向,y 轴沿平行圆的切线指向 θ 角增加方向,z 轴则沿中面的法线方向指向曲率中心。力 N_φ 和 N_θ 若使单元伸长,即为拉力时,该力为正反之受压为负;弯矩 M_φ 和 M_θ 若使单元向外挠曲,即增加曲率半径,则为正,反之为负;剪力 Q_φ 若指向 z 轴正方向而其所作用截面的外法线指向 x 轴的正方向,或 Q_φ 指向 z 轴的负方向而其所作用截面的外法向指向 x 轴的负方向时,则 Q_φ 为正,反之为负。图 8.2 所示的内力 M、N、Q 都是正的。

由于假定外力也是轴对称的,因此所有荷载合成后的合力位于 Oxz 平面内,即没有 y 轴方向的分力。为了建立平衡方程,应先算出隔离体单元各个面上的力和弯矩。

在 $abcd$ 和 $efgh$ 截面上的力和弯矩为

$$N_\theta \mathrm{d}S_\varphi = N_\theta r_\varphi \mathrm{d}\varphi$$
$$M_\theta \mathrm{d}S_\varphi = M_\theta r_\varphi \mathrm{d}\varphi$$

在 $adeh$ 截面上的力和弯矩为

$$N_\varphi \mathrm{d}S_\theta = N_\varphi r \mathrm{d}\theta = N_\varphi r_\theta \sin \varphi \mathrm{d}\theta$$
$$Q_\varphi \mathrm{d}S_\theta = Q_\varphi r \mathrm{d}\theta = Q_\varphi r_\theta \sin \varphi \mathrm{d}\theta$$
$$M_\varphi \mathrm{d}S_\theta = M_\varphi r \mathrm{d}\theta = M_\varphi r_\theta \sin \varphi \mathrm{d}\theta$$

在 $bcfg$ 截面上的力和弯矩分别为

$$N_\varphi dS_\theta + d(N_\varphi dS_\theta) = N_\varphi r_\theta \sin\varphi d\theta + (N_\varphi r_\theta \sin\varphi)' d\varphi d\theta$$

$$Q_\varphi dS_\theta + d(Q_\varphi dS_\theta) = Q_\varphi r_\theta \sin\varphi d\theta + (Q_\varphi r_\theta \sin\varphi)' d\varphi d\theta$$

$$M_\varphi dS_\theta + d(M_\varphi dS_\theta) = M_\varphi r_\theta \sin\varphi d\theta + (M_\varphi r_\theta \sin\varphi)' d\varphi d\theta$$

薄壳受自重作用时,荷载 q 可分解为沿 x 轴作用的荷载 q_x 和 z 轴方向的荷载 q_z。在下面的分析中,外荷载的方向均以图 8.2 中坐标轴的正向为正,反之为负。则作用在中面 $nmik$ 上的荷载沿 x 轴和 z 轴方向的力为

$$q_x dA = q_x dS_\varphi dS_\theta = q_x r_\varphi r_\theta \sin\varphi d\varphi d\theta$$

$$q_z dA = q_z dS_\varphi dS_\theta = q_z r_\varphi r_\theta \sin\varphi d\varphi d\theta$$

上述各力在 x 轴方向的分力如下(参见图 8.3):

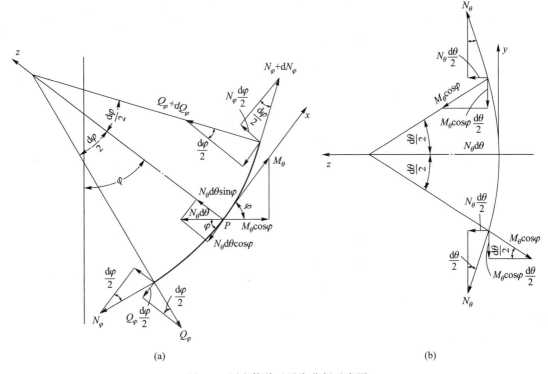

(a)　　　　　　　　　　　(b)

图 8.3　隔离体单元平衡分析示意图

① 经线力 N_φ 在 x 轴方向的分力为

$$[N_\varphi r_\theta \sin\varphi d\theta + (N_\varphi r_\theta \sin\varphi)' d\varphi d\theta] - N_\varphi r_\theta \sin\varphi d\theta = (N_\varphi r_\theta \sin\varphi)' d\varphi d\theta$$

② 剪力 Q_φ 在 x 轴方向的分力(高于二阶微量的力略去不计)为

$$-2Q_\varphi r_\theta \sin\varphi d\theta \frac{d\varphi}{2} = -Q_\varphi r_\theta \sin\varphi d\varphi d\theta$$

③ 圆周向力 N_θ 在 x 轴方向的分力(首先将该力在平行圆半径上投影,然后再投影到 x 轴上)为

$$-N_\theta r_\varphi \cos\varphi d\varphi d\theta$$

④ 外荷载 q 在 x 轴方向的分力为

$$q_x dA = q_x r_\varphi r_\theta \sin \varphi d\varphi d\theta$$

以上各力之和等于零是使单元保持平衡的前提之一,即

$$(N_\varphi r_\theta \sin \varphi)' d\varphi d\theta - Q_\varphi r_\theta \sin \varphi d\varphi d\theta - N_\theta r_\varphi \cos \varphi d\varphi d\theta + q_x r_\varphi r_\theta \sin \varphi d\varphi d\theta = 0 \qquad (8.1.6)$$

沿 z 轴方向有下列各力:

① 剪力 Q_φ 在 z 轴方向的分力为

$$-Q_\varphi r_\theta \sin \varphi d\theta + [Q_\varphi r_\theta \sin \varphi d\theta + (Q_\varphi r_\theta \sin \varphi)' d\varphi d\theta] = (Q_\varphi r_\theta \sin \varphi)' d\varphi d\theta$$

② 圆周力 N_θ 在 z 轴方向的分力为

$$N_\theta r_\varphi \sin \varphi d\varphi d\theta$$

③ 经向力 N_φ 在 z 轴方向的分力为

$$2N_\varphi r_\theta \sin \varphi \frac{d\varphi}{2} d\theta = N_\varphi r_\theta \sin \varphi d\varphi d\theta$$

④ 外荷载 q 在 z 轴方向分力为

$$q_z dA = q_z r_\varphi r_\theta \sin \varphi d\varphi d\theta$$

以上各力之和等于零是使单元保持平衡的前提之二,即

$$(Q_\varphi r_\theta \sin \varphi)' d\varphi d\theta + N_\theta r_\varphi \sin \varphi d\varphi d\theta + N_\varphi r_\theta \sin \varphi d\varphi d\theta + q_z r_\varphi r_\theta \sin \varphi d\varphi d\theta = 0 \qquad (8.1.7)$$

绕 y 轴的弯矩分别有:

① 略去高阶微量,Q_φ 对 y 轴的弯矩为 $-Q_\varphi r_\theta \sin \varphi d\theta \cdot r_\varphi d\varphi$。其中 $r_\varphi d\varphi$ 是力偶 $Q_\varphi r_\theta \sin \varphi d\theta$ 的力臂;弯矩之所以为负,是因为它有减小中面曲率半径的趋势。

② M_φ 对 y 轴的弯矩为

$$-M_\varphi r_\theta \sin \varphi d\theta + M_\varphi r_\theta \sin \varphi d\theta + (M_\varphi r_\theta \sin \varphi)' d\varphi d\theta = (M_\varphi r_\theta \sin \varphi)' d\varphi d\theta$$

③ M_θ 对 y 轴的弯矩为

$$-2M_\theta r_\varphi d\varphi \cos \varphi \frac{d\theta}{2} = -M_\theta r_\varphi \cos \varphi d\varphi d\theta$$

以上各弯矩之和等于零是使单元保持平衡的前提之三,即

$$(M_\varphi r_\theta \sin \varphi)' d\varphi d\theta - M_\theta r_\varphi \cos \varphi d\varphi d\theta - Q_\varphi r_\theta \sin \varphi d\theta \cdot r_\varphi d\varphi = 0 \qquad (8.1.8)$$

将式(8.1.6)~式(8.1.8)除以 $d\varphi d\theta$,得到下列各式:

$$(N_\varphi r_\theta \sin \varphi)' - N_\theta r_\varphi \cos \varphi - Q_\varphi r_\theta \sin \varphi + q_x r_\varphi r_\theta \sin \varphi = 0 \qquad (8.1.9)$$

$$(Q_\varphi r_\theta \sin \varphi)' + N_\theta r_\varphi \sin \varphi + N_\varphi r_\theta \sin \varphi + q_z r_\varphi r_\theta \sin \varphi = 0 \qquad (8.1.10)$$

$$(M_\varphi r_\theta \sin \varphi)' - M_\theta r_\varphi \cos \varphi - Q_\varphi r_\varphi r_\theta \sin \varphi = 0 \qquad (8.1.11)$$

式(8.1.9)~式(8.1.11)便是壳体内力分析的基本方程,但这三个方程包含了五个未知数,因此不能求解,需要补充几个几何方程及物理方程。有关薄壳隔离体单元的变形关系和通过广义胡克定律得到的物理关系,读者可以参照有关板壳理论的专著,由于篇幅限制在此不再赘述。

3. 轴对称回转薄壳的无弯矩理论平衡方程

如前所述受轴对称荷载的回转薄壳,除了边缘局部区域外,皆可略去弯矩作用,即令 $M_\varphi = M_\theta = 0$,于是便可从式(8.1.11)直接求得 $Q_\varphi = 0$。这样,式(8.1.9)~式(8.1.11)便成为

$$(N_\varphi r_\theta \sin \varphi)' - N_\theta r_\varphi \cos \varphi + q_x r_\varphi r_\theta \sin \varphi = 0 \qquad (8.1.12)$$

$$N_\theta r_\varphi + N_\varphi r_\theta + q_z r_\varphi r_\theta = 0 \qquad (8.1.13)$$

上两式便是无弯矩理论的基本方程,只含有 N_φ 和 N_θ 两个未知数,可以求解。

式(8.1.13)除以 $r_\varphi r_\theta$，得

$$\frac{N_\theta}{r_\theta}+\frac{N_\varphi}{r_\varphi}=-q_z \tag{8.1.14}$$

这个方程即是无弯矩理论的隔离体平衡方程，也称为拉普拉斯平衡方程。

为求解由式(8.1.12)和式(8.1.13)组成的方程组，可将式(8.1.13)乘以 $\cos\varphi$ 并与式(8.1.12)相加得

$$(N_\varphi r_\theta \sin\varphi)'+N_\varphi r_\theta \cos\varphi+r_\varphi r_\theta(q_x\sin\varphi+q_z\cos\varphi)=0 \tag{8.1.15}$$

由于 $\begin{cases} \mathrm{d}r=\mathrm{d}(r_\theta\sin\varphi)=\sin\varphi\mathrm{d}r_\theta+r_\theta\cos\varphi\mathrm{d}\varphi \\ \mathrm{d}r=\mathrm{d}S_\varphi\cos\varphi=r_\varphi\mathrm{d}\varphi\cos\varphi \end{cases}$

所以可得 $\sin\varphi\mathrm{d}r_\theta+r_\theta\cos\varphi\mathrm{d}\varphi=r_\varphi\mathrm{d}\varphi\cos\varphi$，整理后得

$$\frac{\mathrm{d}r_\theta}{\mathrm{d}\varphi}=r_\theta'=(r_\varphi-r_\theta)\frac{\cos\varphi}{\sin\varphi}$$

于是式(8.1.15)中的第一项便可写为

$$\begin{aligned}(N_\varphi r_\theta\sin\varphi)'&=(N_\varphi\sin\varphi)'r_\theta+N_\varphi\sin\varphi r_\theta'\\&=(N_\varphi\sin\varphi)'r_\theta+N_\varphi(r_\varphi-r_\theta)\cos\varphi\\&=(N_\varphi\sin\varphi)'r_\theta+N_\varphi(r_\theta\sin\varphi)'-N_\varphi r_\theta\cos\varphi\end{aligned}$$

将其代入式(8.1.15)，再在方程两边同时乘以 $\sin\varphi$ 得

$$(N_\varphi\sin\varphi)'r_\theta\sin\varphi+N_\varphi(r_\theta\sin\varphi)'\sin\varphi+r_\varphi r_\theta(q_x\sin\varphi+q_z\cos\varphi)\sin\varphi=0 \tag{8.1.16}$$

因为

$$(N_\varphi\sin\varphi\cdot r_\theta\sin\varphi)'=(N_\varphi\sin\varphi)'r_\theta\sin\varphi+N_\varphi\sin\varphi(r_\theta\sin\varphi)'$$

故式(8.1.16)可写成

$$(N_\varphi r_\theta\sin^2\varphi)'+r_\varphi r_\theta(q_x\sin\varphi+q_z\cos\varphi)\sin\varphi=0$$

积分上式，并乘以 2π，得

$$2\pi(N_\varphi r_\theta\sin^2\varphi)+2\pi\int_{\varphi_0}^{\varphi}r_\varphi r_\theta(q_x\sin\varphi+q_z\cos\varphi)\sin\varphi\mathrm{d}\varphi=C \tag{8.1.17}$$

C 是积分常数，亦即在开口边缘上有荷载时的常数，它表示作用于壳体下部开口截面上的所有荷载之和，即 $C=2\pi r_0\sin\varphi_0 N_{\varphi 0}$。它的物理意义就是壳体上的内力和外荷载在对称轴方向上力的平衡，当然也可以直接按壳体区域的平衡关系得到。其中 φ_0 和 φ 为积分起点和终点处经线曲率半径与回转轴之间的夹角，r_0 为下部开口截面的积分起点处平行圆半径。这样通过式(8.1.17)可以求得 N_φ，代入平衡方程即可得到 N_θ。

8.1.4 几种典型轴对称回转薄壳的薄膜内力

1. 承受气压作用的圆筒形壳

对于密闭的圆筒形壳，如图 8.4a 所示，$r_\varphi=\infty$、$r_\theta=R$、$\varphi=\pi/2$，其中 R 为圆筒半径。

当壳体承受外气压时，如图 8.4b 所示。若气压均匀，可以认为气压 p 和作用于筒壁 x 向荷载 p_1 存在 $p_1=\pi R^2 p/(2\pi R\cdot 1)=pR/2$ 的关系。壳体单元上的作用荷载为 $q_x=p_1$、$q_z=p$。因为 p 的方向是指向曲率中心，所以 q_z 取正值。由式(8.1.14)得圆筒环向力

$$N_\theta=-q_z r_\theta=-pR \tag{8.1.18}$$

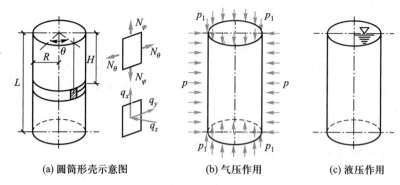

(a) 圆筒形壳示意图　　(b) 气压作用　　(c) 液压作用

图 8.4　圆筒形壳及荷载作用形式

式(8.1.17)中 $\varphi = \varphi_0 = \pi/2$,故积分号中的项为 0;$r_0 = r_\theta = R$,$N_{\varphi 0} = -p_1$,故有经向力

$$N_\varphi = -p_1 = -pR/2 \tag{8.1.19}$$

若换成应力的表达形式,并令薄壳的厚度为 t,则环向应力和经向应力分别为

$$\sigma_\theta = -q_z r_\theta / t = -pR/t \tag{8.1.20}$$

$$\sigma_\varphi = -p_1/t = -pR/(2t) \tag{8.1.21}$$

2. 承受液压作用的圆筒形壳

承受液压的圆筒形壳(图 8.4c)在不同深度处的液体内压力是不同的,故在深度为 H 处的液压荷载为 $q_z = -\gamma H$,负号表示方向与所定义的正方向相反,γ 为液体的重力密度(重度)。同样由式(8.1.14)可得圆筒环向力

$$N_\theta = -q_z r_\theta = \gamma R H \tag{8.1.22}$$

由于经向荷载为 0,故由式(8.1.17)可得经向力 $N_\varphi = 0$。此时环向应力为

$$\sigma_\theta = -q_z r_\theta / t = \gamma R H / t \tag{8.1.23}$$

3. 受均匀气压作用的球形顶盖

球形顶盖如图 8.5a 所示,其几何特点是 $r_\varphi = r_\theta = R =$ 常数,在气压 p 的作用下,顶盖的荷载 $q_x = 0$、$q_z = p$,因为顶盖是封闭的,故 $r_0 = 0$。因此,式(8.1.17)便可写成

$$N_\varphi R \sin^2 \varphi = -\int_0^\varphi R^2 p \cos \varphi \sin \varphi \, \mathrm{d}\varphi$$

因为 $R \sin \varphi = r$,而 $R \mathrm{d}\varphi \cos \varphi = \mathrm{d}S_\varphi \cos \varphi = \mathrm{d}r$,将其代入上式得

$$N_\varphi R \sin^2 \varphi = -p \int_0^r r \mathrm{d}r = -pr^2/2$$

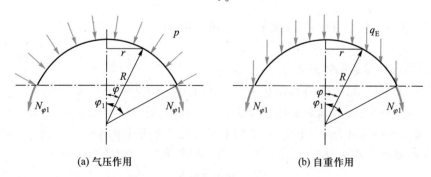

(a) 气压作用　　　　　　　(b) 自重作用

图 8.5　不同荷载作用下的球形顶盖

由此得

$$N_{\varphi} = -pR/2 \tag{8.1.24}$$

再将上式代入平衡方程(8.1.14)得

$$N_{\theta} = -pR + pR/2 = -pR/2 = N_{\varphi} \tag{8.1.25}$$

可见在均匀气压 p 的作用下,各点的经向力和环向圆周力的大小是一样的。若换成应力的表达形式,则环向应力和经向应力为

$$\sigma_{\theta} = \sigma_{\varphi} = -pR/(2t) \tag{8.1.26}$$

4. 受自重作用的球形顶盖

图 8.5b 为球形顶盖在自重 q_E 作用下的示意图,其他所有几何条件均与上例相同。壳体自重可以沿 x 和 z 两个方向分解,$q_x = q_E \sin \varphi$、$q_z = q_E \cos \varphi$。由式(8.1.17)计算 N_{φ} 时,同样 $C = 0$,因此有 $N_{\varphi} R \sin^2 \varphi + \int_{\varphi_0}^{\varphi} R^2 (\sin^2 \varphi + \cos^2 \varphi) q_E \sin \varphi \mathrm{d}\varphi = 0$, 即

$$N_{\varphi} R \sin^2 \varphi = -\int_{\varphi_0}^{\varphi} R^2 q_E \sin \varphi \mathrm{d}\varphi = -R^2 q_E (\cos \varphi_0 - \cos \varphi)$$

由此可得

$$N_{\varphi} = -\frac{\cos \varphi_0 - \cos \varphi}{\sin^2 \varphi} q_E R \tag{8.1.27}$$

再由隔离体平衡方程(8.1.14)得

$$N_{\theta} = \left(\frac{\cos \varphi_0 - \cos \varphi}{\sin^2 \varphi} - \cos \varphi \right) q_E R \tag{8.1.28}$$

5. 液压作用下的圆锥形壳

圆锥形壳在工程中使用较少,只在少数料斗结构中有所使用。在此只研究圆锥形壳在液压作用下的受力情况。圆锥形壳的自身特点决定其在不同截面高度处的受力都是不同的,必须通过一个与截面高度有关的参数才能定义其内力的大小,在此采用如图 8.6 所示的参数 H、S、φ 来计算。H 为液面距锥顶的高度,S 为锥顶到计算点的母线长度,φ 为母线与底面的夹角。令 γ 为液体的重力密度,则荷载 $q_z = \gamma(H + S \sin \varphi)$。

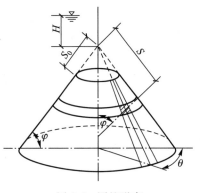

图 8.6 圆锥形壳

圆锥形壳的经向力和纬向力同样可以由式(8.1.14)和式(8.1.17)计算得到,但由于其推导较为复杂,在此仅给出圆锥形壳在液压作用下经向力和纬向力的计算公式:

$$N_{\varphi} = -\frac{\gamma}{S} \left(H \frac{S^2 - S_0^2}{2} \cot \varphi + \frac{S^2 - S_0^2}{3} \cos \varphi \right) \tag{8.1.29}$$

$$N_{\theta} = -\gamma S (H \cot \varphi + S \cos \varphi) \tag{8.1.30}$$

如图 8.6 所示,当 S_0 等于 0 时为圆锥形壳,S_0 不为 0 时为圆台形壳。

8.1.5　轴对称回转薄壳的边缘效应

前面两小节所推导的回转薄壳内力公式均是无弯矩理论($M_\varphi = M_\theta = 0$，$Q_\varphi = 0$)的计算结果，这只有在壳体的几何形状没有突变和所受荷载为轴对称时才成立。工程中经常使用的各种贮存罐、容器、筒仓等往往是由几部分不同几何形状或不同厚度的钢板组成的，在这些边缘部分，弯矩通常是不能忽略的，特别是在一些过渡曲线不圆滑、连接较为尖锐的地方，其影响更是不能忽略。我们把这种现象称为边缘效应，其产生的应力称为边缘应力。为了考虑边缘效应，我们必须用力矩理论来解决。

图 8.7 给出了圆筒薄壳的几种由边缘效应而引起的弯矩和变形图。可见弯矩沿壳的长度方向呈急剧衰减的波浪形状。第一波的弯矩在距边缘线 $\pi S_M/4$ 处便达到 0 值，再往外的弯矩便微不足道了。S_M 值可按下式确定：

$$S_M = \frac{\sqrt{Rt}}{1.285} \tag{8.1.31}$$

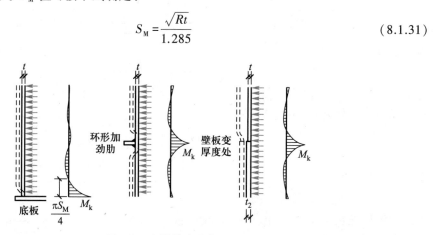

图 8.7　边缘效应现象

关于边缘效应弯矩 M_k 的求解方法将在下节贮液罐设计中讲解，工程中应验算钣结构的边缘应力。为减小边缘效应的影响，还应该采用合理的构造措施，如由壳的一种结构形状平缓地过渡到另一种，改变板厚时的边缘作成平坡，采用对冷弯有保证的钢号，采用高质量的焊条等。

8.2　立式贮液罐的构造与设计特点

8.2.1　贮液罐的基本特点

1. 贮液罐的发展趋势、种类和用途

金属贮液罐主要用来贮存石化工业的石油及其产品，以及其他液体化学产品。近几十年来，由于世界各国对能源特别是原油急剧增长的需求而造成的能源危机，迫使许多国家不得不建造更大的贮备结构以增加能源贮备量。这一经济需求促使金属贮液罐的设计与施工技术都有了较快的发展,并使金属贮液罐结构逐步趋向大型化。

目前世界上已建成的大型贮液罐数量逐年增加,如早在 1967 年委内瑞拉就建成了 15×10^4 m^3 的浮顶贮液罐,1971 年日本建成了 16×10^4 m^3 的浮顶贮液罐,而世界产油大国之一的沙特阿拉伯也已成功建造了 20×10^4 m^3 的浮顶贮液罐。随着我国经济的快速发展,大型贮液罐的发展也非常迅速。1975 年,国内首台 5×10^4 m^3 浮顶贮液罐在上海陈山码头建成,之后又有数十台相同容量的贮液罐在各个行业中应用。20 世纪 80 年代中后期,国内开始建造 10×10^4 m^3 大型浮顶贮液罐。截至 2018 年 8 月,我国已建成超过 1 200 座 10×10^4 m^3 及更大规模的浮顶贮液罐。当前国内最大的浮顶贮液罐为 15×10^4 m^3,共 25 台。值得一提的是,经过四十多年的大型浮顶贮液罐设计与建造,国内已经设计出 20×10^4 m^3 的浮顶贮液罐,而且也具备了生产该类贮液罐的技术。

采用大容量贮液罐具有节省钢材、减少占地面积、方便操作管理、减少贮液罐附件及管线长度和节省投资等优点。在总库容相同的情况下,由大型贮液罐组成的罐组比小型贮液罐组成的罐组节省投资。以一个 240×10^4 m^3 的原油贮存库为例,采用 16 座 15×10^4 m^3 的油罐的方案比 24 座 10×10^4 m^3 的油罐的方案可节约投资近 1 亿元,占总投资的 7% 左右,比 48 座 5×10^4 m^3 的油罐的方案可节约投资近 2 亿元,占总投资的 15% 左右,经济效益非常明显。

随着贮液罐的大型化而产生的主要问题之一就是对材料的要求更高。为了避免底层罐壁过厚带来的整体热处理问题和解决焊接问题,对于大型贮液罐的设计,均采用高强度钢。在日本,大型贮液罐普遍使用屈服强度 490 MPa 的调质钢,这类材料强度高、韧性好、碳当量较低、焊接性能较好。事实上,这类材料的发展和推广促进了贮液罐的大型化。贮液罐用国产高强度钢板在武汉钢铁(集团)公司、舞阳钢铁公司和上海宝山钢铁公司相继研究成功并通过鉴定,逐渐应用于实际工程。对于强度级别更高的材料,如屈服强度在 490 MPa 以上的材料,由于其焊接性能降低、屈强比增大、结构安全系数降低等原因,在国内外贮液罐建设中很少使用。

钣结构贮液罐与非金属贮液罐相比具有很多优点:结构简单,施工方便、速度快;经济效果好、投资小;占地面积小;与混凝土结构贮液罐相比加热温度一般不受限制;密闭性好、不易泄漏;等等。钣结构贮液罐按几何形状划分通常有三大类,即立式圆柱形贮液罐、卧式圆柱形贮液罐和双曲率贮液罐(如滴状贮液罐和球形贮液罐)。在实际工程中一般立式圆柱形贮液罐占绝大多数,大型油罐更是如此。卧式贮液罐通常作为小型容器使用。滴状贮液罐可承受 0.012~0.04 MPa 的剩余压力,可消除呼吸损耗,适用于贮存挥发性较大的油品,但其结构复杂,施工技术含量和费用均较高,故使用较少。球形贮液罐多用于贮存液化气,其设计一般属于压力容器范畴。

对于立式圆柱形贮液罐,根据其顶部结构的不同又可分为固定顶和浮顶两大类。

(1) 固定顶贮液罐

固定顶贮液罐的特点是罐顶固定于罐壁上方,不随内部液面升降。根据固定顶结构的受力形式不同又可分为拱顶贮液罐、锥顶贮液罐、悬链式贮液罐等。固定顶贮液罐一般均装有呼吸阀(贮液为重质油品或在贮存温度下挥发性较小的贮液罐设置通气孔),以降低气体的蒸发损失,同时也防止贮液罐超压以保证安全。

拱顶贮液罐(图 8.8)的罐顶是球面或近似球面的一部分,通常为带肋壳或网壳。带肋壳拱顶是由 4~6 mm 的薄钢板和扁钢加劲肋组成的薄壳,荷载通过拱顶传递到罐壁上或支柱上。其优点是施工简单、造价低;缺点是因中间无支撑,仅适用于直径小于 40 m、容量小于

$1×10^4$～$2×10^4$ m^3 以下的贮液罐。网壳式拱顶最适合用于大型贮液罐罐顶,具有结构简单、耗钢量小、施工方便等特点。钢制网壳式拱顶技术在国内得到了比较快的发展,计算理论和计算程序都比较成熟,目前国内已经建成 $5×10^4$ m^3 的钢制网壳拱顶油罐(直径 60 m)。铝制网壳式拱顶是一项新的技术,具有结构简单、安装方便、耐腐蚀、免维护、长期成本低等特点,在发达国家得到了广泛的使用,是大型拱顶的发展方向之一。但国内此项技术处于起步阶段,设计计算、主要型材的制造等问题需要进一步研究。

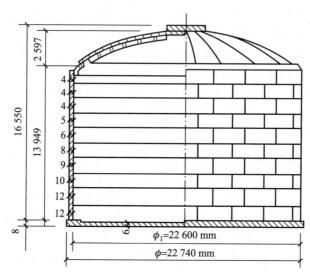

图 8.8　拱顶贮液罐(图中尺寸为 5 000 m^3 罐尺寸)

锥顶贮液罐(图 8.9)的罐顶为圆锥形,坡度为 1：20～1：40。罐顶荷载主要由梁和柱上的檩条或置于有支柱(或无支柱)的桁架上的檩条来承担。锥顶罐在 20 世纪 50 年代曾得到广泛应用,但由于采用型钢种类较多、用钢量较大、结构相对复杂,现在使用的不多。

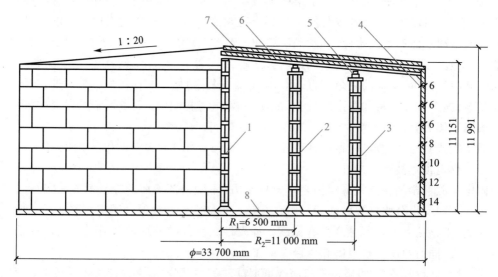

1—中心立柱;2—内立柱;3—外立柱;4—罐壁;5—横梁;6—檩条;7—顶板;8—底板。

图 8.9　锥顶贮液罐

悬链式贮液罐(图 8.10)又称为无力矩贮液罐,是根据悬链线理论用薄钢板和中心柱组成的。组成罐顶的每块钢板都做成扇形,一端支撑于中心柱的伞形罩上,另一端支撑在周围装有包边角钢或刚性环的罐壁周边,形成一悬链形曲线,薄板内没有弯曲应力而只有拉应力,因此可以节省一定的钢材。但这种贮液罐在悬链的最低点易积存雨水而锈蚀。如在北方的黑龙江大庆地区由于油品腐蚀性较小、雨量小、空气干燥,使用良好;但在南方的广东茂名地区,由于油品腐蚀性较大,且高温多雨、空气潮湿,使用不当则顶板寿命很短,因此在使用时应因地制宜。

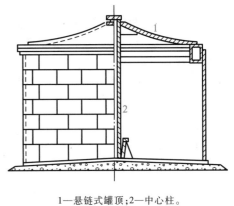

1—悬链式罐顶;2—中心柱。

图 8.10 悬链式贮液罐

(2)浮顶贮液罐

浮顶贮液罐(图 8.11)的浮顶是一个漂浮在贮液表面的浮动顶盖,随着贮液面上下移动。浮顶与罐壁之间有一个环形空间,在这个环形空间中有密封元件使贮液与大气完全隔开。浮顶和密封元件一起形成了贮液表面的覆盖层,大大减少了贮液在贮存时的蒸发损失,而且安全可靠、火灾危险性小、没有空气污染。采用浮顶贮液罐时可比固定顶贮液罐减少油品损失 80% 左右。

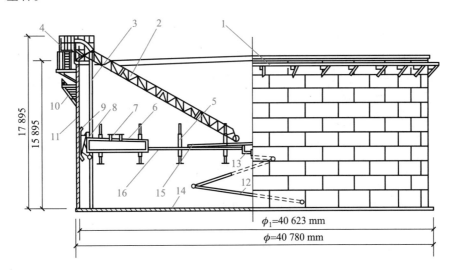

1—抗风圈;2—浮梯;3—量油管;4—罐顶平台;5—浮船支柱;6—浮船船舱;7—船舱人孔;
8—伸缩吊架(剪刀撑);9—密封板;10—盘梯;11—罐壁;12—折叠排水管;13—集水坑;
14—底板;15—浮梯轨道;16—浮船单盘。

图 8.11 浮顶贮液罐(图中尺寸为 2×10^4 m³ 贮液罐尺寸)

经常使用的浮顶有单盘式、双盘式和浮子式等。双盘式浮顶在强度上是安全的,并且上下顶板之间的空气层有隔热作用。我国浮顶贮液罐中容量为 1 000 ~ 5 000 m² 的,有很多采用双盘式浮顶。但双盘式浮顶材料消耗和造价都较高,不如单盘式浮顶经济。$1 \times 10^4 \sim 5 \times 10^4$ m² 的浮顶贮液罐考虑到经济合理性,多采用单盘式浮顶。但浮顶贮液罐的容量越大,浮顶强度的校核计算越要严格。另外单盘式浮顶的单盘板形状及焊接变形很难控制,容易出现浮顶排水不畅,造成浮顶偏沉、卡盘或沉顶事故,安全性较差。由于局部积水严重,单盘板长期处于水-气交互作用,腐蚀非常严重,在沿海地区及降雨量较大的地区使用五年左右就可能发生穿孔。单盘式浮顶腐蚀防护周期约为双盘式浮顶的一半,所以在使用中投入的维修费用比较高。浮子式浮顶主要用于更大的贮液罐($10×10^4$ m^2 以上),一般来说贮液罐越大,这种形式越节省材料。

工程中还有一种常用的贮液罐结构称为内浮顶贮液罐,美国石油学会(API)把它定义为"带盖的浮顶罐",即在固定顶贮液罐内部再加上一个浮动顶盖,主要由罐体、内浮盘、密封装置、导向和防转装置、静电导线、通气孔、高液位警报器等组成。内部的浮顶可减少油品的蒸发损耗,外部的固定顶可防止雨水、尘土等进入罐内。这种罐主要用来贮存航空汽油、航空煤油、车用汽油等,在国内外的应用日益增多。

2. 贮液罐设计的基本要求

对于钢贮液罐的基本要求主要有以下几个方面。

1)强度要求。油罐在卸载以后不应留下塑性变形。一般来说,贮液罐的直径越大,罐壁的内力越大,而增加壁厚将带来焊接残余应力和残余变形的增加,现场又无法进行退火处理,因此容易发生脆性破坏,通常对允许使用的最大板厚都有一定限制。有了板厚的限制,为了满足强度要求,就必须开发使用优质的高强度钢材。目前世界各国使用钢材的屈服强度已达到了 490 MPa,实践证明效果良好。

2)有抵抗断裂的能力。无论在水压试验还是在实际操作状况下,贮液罐不得产生断裂破坏。一般来说,钢材的强度越高,冲击韧性越差,也就越容易发生断裂。特别是在寒冷的地区,更要注意使用在工作温度下冲击韧性指标具有合格保证的钢材。另外,为避免在厚板焊缝的热影响区产生裂纹、发生脆断,就要求选用可焊性较好的钢材,即碳当量数 C_{eq} 应满足相应国家标准的规定,同时还应采用合适的焊接工艺。

3)有抵抗风荷载的能力。在整个建造和使用期间,在建罐地区的最大风荷载下不产生破坏。随着贮液罐的大型化,壁厚与直径的比值降低,使贮液罐的刚度降低,抵抗风荷载的能力下降。设计者必须注意采用适合的方法校核贮液罐抵抗风荷载的能力,并采用合理的构造措施增强贮液罐刚度。

4)有抵抗地震的能力。要求在整个使用期间,在建罐地区最大地震烈度下不产生破坏。造成小贮液罐与大贮液罐地震破坏的因素并不完全相同。一般来说,贮液罐越大,在地震时与贮液罐一致运动的那部分贮液(地震波中短周期成分起作用)所占的比例越小,而参与晃动的那部分贮液(地震波中长周期成分起作用)所占的比例越大。对大型贮液罐地震破坏的研究及其相应的抗震措施的研究是目前难度较大的课题之一。

5)贮液罐要坐落在稳固的基础之上。贮液罐基础在整个使用期间的不均匀沉降要在允许的范围之内。许多大型贮液罐基础的直径在 100 m 以上,在这样大的面积上要找到均匀的工程地质状况往往是比较困难的。如何在大型贮液罐基础的设计中恰当地提出对于沉陷的要求,以及采用何种结构以增加贮液罐抵抗不均匀沉降的能力等,是大型贮液罐设计中需要解决的重要问题。

6)贮液罐应按国家标准 GB 50341—2014《立式圆筒形钢制焊接油罐设计规范》(简称《立式油罐规范》)进行设计,该规范的设计方法是许用应力(容许应力)设计法。

8.2.2 立式圆柱形贮液罐的材料选择

贮液罐是存贮石油和石化产品的重要设备。由于其存贮容量大和存贮介质的易燃易爆特性,正确的设计和精心的施工对于贮液罐的安全使用具有重要的意义,而适当的材料选择又是正确设计的重要内容。在选择钢材时要遵循安全可靠和经济合理两个原则,应主要考虑以下几个方面,并应符合《立式油罐规范》的有关规定。

① 设计温度:气温条件、有无保温、有无加热。
② 存贮介质:油品的物性,油品的腐蚀性。
③ 材料的使用部位:使用部位不同,受力状况不同,腐蚀特性也不同。
④ 材料的化学成分、力学性能、焊接性能及低温冲击性能。

在贮液罐结构中可以使用的钢板材料及相关要求见表8.1。其中罐壁钢板的使用厚度最大不得大于 45 mm,设计温度低于 -10 ℃时,厚度大于 20 mm 的 Q245R 钢板和厚度大于 30 mm 的 Q345R 钢板应在正火状态下使用。

表 8.1 钢板标准及使用范围

序号	钢号	钢板标准	使用范围	
			许用温度/℃	许用最大厚度/mm
1	Q235B	GB/T 3274—2017《碳素结构钢和低合金结构钢热轧钢板和钢带》	>-20	12
			>0	20
2	Q235C	GB/T 3274—2017《碳素结构钢和低合金结构钢热轧钢板和钢带》	>-20	16
			>0	24
3	Q245R	GB/T 713—2014《锅炉和压力容器用钢板》	≥-20	36
4	Q345R	GB/T 713—2014《锅炉和压力容器用钢板》	≥-20	36
5	Q370R	GB/T 713—2014《锅炉和压力容器用钢板》	≥-20	36
6	16MnDR	GB/T 3531—2014《低温压力容器用钢板》	≥-40	36
7	12MnNiVR	GB/T 19189—2011《压力容器用调质高强度钢板》	≥-20	45

对于所给碳素钢板和低合金钢板的许用应力值,应取设计温度下 2/3 倍标准屈服强度下限值。当选用标准屈服强度下限值大于 390 MPa 的低合金钢板时,应取设计温度下 60% 标准屈服强度下限值。同时,相关规范还对不同强度等级的钢板低温冲击韧性指标进行了严格限制,而且规定了取样方法和试验要求。

贮液罐结构中还经常用到两类钢管:一类为罐壁开孔用无缝钢管,共 5 个钢号,见

表 8.2。另一类为结构及罐顶附件用钢管,可采用焊接钢管,要求较为宽松。需要说明,在低温时,对于罐壁用无缝钢管,由于直径小、静液压小,如果计算其薄膜应力应当很小,属于低温低应力状态,可不做使用限制。但考虑到接管直接与罐底层壁板相焊,按力学原理,焊缝处相当范围内和补强圈一样,与底层壁板同时承受罐壁的薄膜应力,且底层壁板开口处受力十分复杂,所以要求使用能满足低温要求的钢管。

表 8.2 无缝钢管标准及使用范围

序号	钢号	钢管标准	使用状态	使用范围	
				许用温度/℃	许用壁厚/mm
1	10	GB/T 8163—2018《输送流体用无缝钢管》	热轧	≥−10	≤10
		GB/T 6479—2013《高压化肥设备用无缝钢管》	正火	≥−10	≤16
		GB/T 9948—2013《石油裂化用无缝钢管》	正火	≥−20	≤16
2	20	GB/T 8163—2018《输送流体用无缝钢管》	热轧	≥0	≤10
		GB/T 6479—2013《高压化肥设备用无缝钢管》	正火	≥0	≤16
		GB/T 9948—2013《石油裂化用无缝钢管》	正火	≥−10	≤16
3	Q345C	GB/T 8163—2018《输送流体用无缝钢管》	正火	≥0	≤10
4	Q345D	GB/T 8163—2018《输送流体用无缝钢管》	正火	≥−20	≤10
5	16Mn	GB/T 6479—2013《高压化肥设备用无缝钢管》	正火	≥−40	≤16

关于钢管、型钢、铸件、螺栓、螺母等设计应力和使用范围的相关规定可参见《立式油罐规范》。

8.2.3 立式圆柱形贮液罐的尺寸选择和荷载

1. 贮液罐尺寸选择

贮液罐在满足设计容积的前提下,通过变换贮液罐的直径与高度,可以得到用钢量最省的经济尺寸。当然,贮液罐的经济尺寸还受到基础造价、施工费用等因素的制约。

对于容量较小的等壁厚贮液罐,根据最优化分析可以得到:当罐顶和罐底的用钢量等于罐壁用钢量一半时,贮液罐的用钢总量最省。由此可以得到贮液罐的经济高度

$$H = \sqrt[3]{\frac{V(t_2+t_3)^2}{\pi t_1^2}} \qquad (8.2.1)$$

相应的贮液罐直径为

$$D = \sqrt{\frac{V}{\pi H}} \qquad (8.2.2)$$

式中，V——贮液罐的设计容积；

    t_1——罐壁板的厚度；

    t_2、t_3——贮液罐顶板和底板厚度。

当贮液罐容积较大时，采用等壁厚的贮液罐显然不够经济，因此要改变贮液罐的壁厚。由最优化分析可得：如果贮液罐壁厚沿高度逐渐变化，当罐顶和罐底的用钢量之和等于罐壁承受贮液静压力所需金属用量时，贮液罐的用钢量为最省。此时可得贮液罐的经济高度为

$$H = \sqrt{\frac{f_t^w(t_2+t_3)}{\gamma}} \qquad (8.2.3)$$

相应的贮液罐直径为

$$D = \sqrt{\frac{4V}{\pi H}} \qquad (8.2.4)$$

式中，f_t^w——罐壁采用对接焊缝时的焊缝设计强度；

    γ——液体的重度，由于贮液罐制成后要进行试水，当贮液实际重度小于水的重度时 γ 取为水的重度。

贮液罐尺寸的选择，除考虑经济高度外，还应留有适当的余地，以考虑如下各种因素：贮液因温度升高引起的液位升高；当贮液罐着火时消防所需的贮液液面泡沫覆盖层厚度；当使用压缩空气或机械式搅拌器使贮液混合、溶解、传热和防止沉降时引起的液面波动起伏高度；各种可能发生的超贮情况；有杂质沉淀层存在引起的底层不可利用容积；等等。实际设计中常将贮液罐的设计高度增加 10% 左右。

2. 贮液罐的荷载

（1）恒荷载与活荷载

贮液罐所受荷载主要是由贮液产生的，它垂直作用于贮液罐内壁与罐底，其标准值为

$$q = \gamma x \qquad (8.2.5)$$

式中，x——计算位置的贮液深度，设计时可取为贮液罐包边角钢至所计算圈板底边的距离。

贮液罐的自重包括贮液罐本身、附件、配件的重量及隔热层的重量。

贮液罐在施工与操作过程中，罐顶上可能存在雪荷载和检修荷载，其值可根据 GB 50009—2012《建筑结构荷载规范》（简称《荷载规范》）选取。考虑到检修施工安全问题，罐顶有雪时应避免上人，因此设计时取两者中的大值。对于自支撑贮液罐，这部分荷载与罐顶重量要经罐壁传给基础，设计罐壁时应予考虑。而对于有支撑贮液罐，荷载经支撑梁柱体系传给基础，因此作为梁柱的设计荷载。

（2）正压和负压

固定顶贮液罐的设计压力应取常压或接近常压，即负压不应小于 -0.49 kPa，正压产生的举力不应超过罐顶板及其所支撑附件的总重。但当贮液罐满足微内压验算（《立式油罐规

范》附录 A)后,最大设计压力可提高到 18 kPa。浮顶贮液罐的设计压力取常压。

（3）风荷载

风荷载作用在圆筒形贮液罐上,试验结果表明其外壁的风压分布是不均匀的。风荷载标准值应根据建罐地区的实际状况及贮液罐的高度,按《荷载规范》的规定进行计算:

$$w_k = \beta_z \mu_s \mu_z w_0 \qquad (8.2.6)$$

式中,β_z——高度 z 处的风振系数,对贮液罐取 $\beta_z = 1$;

μ_s——风荷载体型系数,应取驻点值 $\mu_s = 1.0$;

μ_z——风压高度变化系数;

w_0——基本风压,kPa。

基本风压按《荷载规范》给出的 50 年一遇的风压采用,但不得小于 0.3 kPa。除此之外,还应考虑所建罐的地理位置和当地气象条件的影响。当地没有风速资料时,应根据附近地区规定的基本风压或长期资料,通过气象和地形条件的对比分析确定。当所设计贮液罐由于前排贮液罐有可能形成狭管效应,导致风力增强时,应将基本风压再乘以 1.2~1.5 的调整系数。

（4）地震效应

对于高度与直径之比不大于 1.6 且容积不小于 100 m^3 的常压立式圆筒形钢制平底贮液罐,其地震影响系数应根据建罐地区的抗震设防烈度、设计地震分组、场地类别和贮液罐基本周期,按图 8.12 采用。抗震设防烈度及设计地震分组应按照现行国家标准 GB 50011—2010《建筑抗震设计规范（2016 年版）》（简称《抗震规范》）采用,场地类别应按业主提供的书面资料确定。

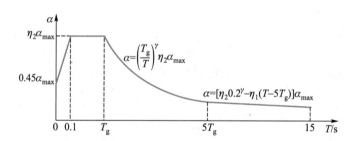

α—水平地震影响系数;α_{max}—水平地震影响系数最大值;η_1—直线下降段的下降斜率调整系数;

γ—曲线下降段衰减指数;T_g—特征周期;η_2—阻尼调整系数;T—贮液罐自振周期。

图 8.12 地震影响系数 α 曲线

T_g 为反应谱特征周期,按表 8.3 选取。α_{max} 为水平地震影响系数最大值,按表 8.4 选取。贮液罐地震影响系数 α 曲线的阻尼调整和形状参数应符合下列规定。

表 8.3 特征周期 T_g 值　　　　　　　　　　　　　　　　　　　　　　　　s

设计地震分组	场地类别				
	I_0	I_1	II	III	IV
第一组	0.20	0.25	0.35	0.45	0.65
第二组	0.25	0.30	0.40	0.55	0.75
第三组	0.30	0.35	0.45	0.65	0.90

表 8.4 水平地震影响系数最大值

设防烈度	6	7		8		9
设计基本地震加速度	$0.05g$	$0.1g$	$0.15g$	$0.2g$	$0.3g$	$0.4g$
α_{max}	0.12	0.23	0.345	0.45	0.675	0.90

① 曲线下降段的衰减指数应按下式确定:

$$\gamma = 0.9 + \frac{0.05-\zeta}{0.3+6\zeta} \tag{8.2.7}$$

式中, γ——曲线下降段的衰减指数。

ζ——贮液罐的阻尼比,应按实测取值,当无实测值时,应取 0.05;贮液晃动时阻尼比应取 0.005。

② 直线下降段的下降斜率调整系数。

当 T 小于或等于 6.0 s 时,应按下式计算:

$$\eta_1 = 0.02 + \frac{0.05-\zeta}{4+32\zeta} \tag{8.2.8}$$

当 T 大于 6.0 s 时,应按下式计算:

$$\eta_1 = \frac{\eta_2 \cdot 0.2^{\gamma} - 0.03}{14} \tag{8.2.9}$$

式中, η_1——直线下降段的下降斜率调整系数,小于 0 时,应取 0;

η_2——阻尼调整系数。

③ 阻尼调整系数应按下式确定:

$$\eta_2 = 1 + \frac{0.05-\zeta}{0.08+1.6\zeta} \tag{8.2.10}$$

当 η_2 小于 0.55 时,应取 0.55。

当水平地震影响系数的计算值小于 $0.05\eta_2\alpha_{max}$ 时,应取 $0.05\eta_2\alpha_{max}$。

T 为贮液罐的基本周期。当计算罐壁底部水平地震剪力及弯矩时,T 采用罐液耦连振动基本周期 T_c;当计算罐内液面晃动液高时,T 采用贮液晃动基本周期 T_w。

$$T_c = K_c H_w \sqrt{\frac{R}{\delta_{1/3}}} \tag{8.2.11}$$

$$T_w = K_s \sqrt{D} \tag{8.2.12}$$

式中, T_c、T_w——贮液罐与贮液耦连振动基本周期,以及贮液晃动基本周期,s;

R——贮液罐内半径,m;

$\delta_{1/3}$——罐壁距底板 1/3 高度处的有效厚度,m,即该处罐壁的名义厚度减去腐蚀裕量及钢板负偏差;

H_w——贮液罐设计最高液位,m;

K_c、K_s——耦连振动周期系数和晃动周期系数,根据 D/H_w 值由表 8.5 查取;

D——油罐内径,m。

表 8.5　耦连振动周期系数 K_c 和晃动周期系数 K_s

D/H_w	0.6	1.0	1.5	2.0	2.5	3.0
K_c	$0.514×10^{-3}$	$0.44×10^{-3}$	$0.425×10^{-3}$	$0.435×10^{-3}$	$0.461×10^{-3}$	$0.502×10^{-3}$
K_s	1.047	1.047	1.054	1.074	1.105	1.141
D/H_w	3.5	4.0	4.5	5.0	5.5	6.0
K_c	$0.537×10^{-3}$	$0.58×10^{-3}$	$0.62×10^{-3}$	$0.681×10^{-3}$	$0.736×10^{-3}$	$0.791×10^{-3}$
K_s	1.184	1.230	1.277	1.324	1.371	1.418

罐壁底部水平地震剪力按下式计算：

$$Q_0 = 10^{-6} C_Z \alpha Y_1 mg \tag{8.2.13}$$
$$m = m_1 F_r \tag{8.2.14}$$

式中，Q_0——在水平地震作用下，罐壁底部的水平剪力，MN；

　　C_Z——综合影响系数，取 $C_Z = 0.4$；

　　α——地震影响系数，根据 T 值及反应谱特征周期 T_g 和地震影响系数最大值 α_{max} 按
　　　　图 8.12 采用，对于计算容量小于 10 000 m³ 的贮液罐可取 $\eta_2 \alpha_{max}$；

　　Y_1——罐体影响系数，取 1.10；

　　g——重力加速度，取 $g = 9.81$ m/s²；

　　m——产生地震作用的贮液等效质量，kg；

　　m_1——贮液罐内贮液总质量，kg；

　　F_r——动液系数，由 D/H_w 值按表 8.6 选取。

表 8.6　动 液 系 数

D/H_w	0.6	1.0	1.33	1.5	2.0	2.5	3.0
F_r	0.869	0.782	0.710	0.663	0.542	0.45	0.381
D/H_w	3.5	4.0	4.5	5.0	5.5	6.0	
F_r	0.328	0.288	0.256	0.231	0.210	0.192	

罐壁底部的地震弯矩应按下式计算：

$$M_1 = 0.45 Q_0 H_w \tag{8.2.15}$$

8.2.4　整体稳定计算及锚固设计

1. 抗风稳定性计算

为防止在风荷载作用下油罐[①]的整体倾倒，应对油罐的抗风稳定性进行计算。计算时应使用固定荷载 D_L 与风荷载 W 的组合，当内外压对整体稳定有影响时也应予以考虑。D_L 为固定荷载，是包括厚度附加量在内的罐体和附件重量；W 为设计风压，在圆柱状罐壁垂直投

---

　　① 贮液罐多为贮油罐，故本节多表述为"油罐"。

影面上取 $1.23w_0$,在锥顶和双曲面固定顶水平投影面上取 $2.06w_0$。

对于如图 8.13 所示的未锚固罐,当油罐不发生倾倒时,应满足:

$$0.6M_w + M_{pi} < M_{DL}/1.5 + M_{DLR} \tag{8.2.16}$$

$$M_w + M_{pi} < (M_{DL} + M_F)/2 + M_{DLR} \tag{8.2.17}$$

式中,M_w——水平和垂直风压对罐壁罐底接合点的倾倒力矩,N·m;

M_{pi}——设计内压对罐壁罐底接合点的倾倒力矩,N·m;

M_{DL}——罐壁重量和罐顶支撑件重量(不包括罐顶板)对罐壁罐底接合点的反倾倒力矩,N·m;

M_{DLR}——罐顶板及其上附件重量对罐壁罐底接合点的反倾倒力矩,N·m;

M_F——贮液重量对罐壁罐底接合点的反倾倒力矩,N·m。

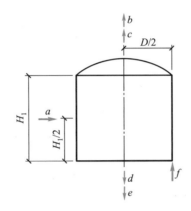

a—罐壁风荷载;b—风压上举荷载;c—内压上举荷载;

d—静荷载;e—有效贮液重量;f—罐壁罐底接合点(力矩平衡点)。

图 8.13　未锚固罐倾倒校核示意图

柱支撑锥顶油罐不发生倾倒时,应满足:

$$M_{ws} + M_{pi} < M_{DL}/1.5 + M_{DLR} \tag{8.2.18}$$

式中:M_{ws}——水平风压对罐壁罐底接合点的倾倒力矩,N·m。

贮液重量对罐壁罐底接合点的反倾倒力矩应按下式计算:

$$M_F = \frac{w_L \pi D^2}{2} \tag{8.2.19}$$

$$w_L = 59t_b\sqrt{R_{eL}H_w} \tag{8.2.20}$$

式中:M_F——贮液重量对罐壁罐底接合点的反倾倒力矩,N·m;

w_L——单位长度相对密度为 0.7 的贮液重量,N/m,不应超过 $140.8H_wD$;

D——油罐内径,m;

R_{eL}——罐底边缘板钢板标准屈服强度下限值,MPa;

t_b——罐底边缘板的有效厚度,mm;

H_w——设计液位高度,m。

当油罐进行抗滑移校核时,油罐罐体与罐基础的滑移系数应取 0.4。

2. 锚固设计

当未锚固油罐不能满足抗倾倒验算时,或者出于其他原因需要对罐体进行锚固时,应进行锚固设计,锚固形式如图 8.14 和图 8.15 所示。锚固螺栓的许用应力和单个锚固螺栓能承受的举升力应符合《立式油罐规范》的要求。锚固螺栓的最小规格应为 M24,腐蚀裕量不应小于 3 mm。油罐直径小于 15 m 时,锚固螺栓间距不应大于 2 m;油罐直径大于或等于 15 m 时,锚固螺栓间距不应大于 3 m。锚固组件应在罐内充满水、水面上未加压前焊接在罐壁上,所有螺栓应均匀上紧,且松紧适度。油罐设计温度大于 90℃时,锚固时应考虑热膨胀影响。

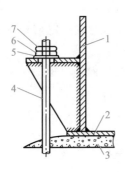

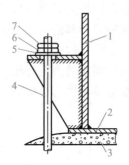

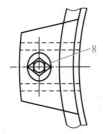

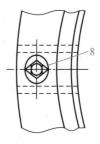

1—罐壁;2—罐底;3—罐基础;
4—锚固螺栓;5—垫圈;6—螺母;
7—固定螺母;8—锚固盖板上开长圆孔。

图 8.14 单锚固组件示意图

1—罐壁;2—罐底;3—罐基础;
4—锚固螺栓;5—垫圈;6—螺母;
7—固定螺母;8—锚固盖板上开长圆孔。

图 8.15 连续支撑锚固组件示意图

3. 抗震时的锚固要求

油罐有抗震要求时,应按式(8.2.21)计算得到的锚固系数 J 判断是否需要锚固,当 J 小于或等于 0.785 时,不产生举升力,无须锚固;当 J 大于 0.785,且小于或等于 1.54 时,罐壁受拉侧已开始提离,但仍无须锚固;当 J 大于 1.54 时,应按《立式油罐规范》的要求计算举升力,并进行锚固。

$$J = \frac{\mu M_1}{D^2(F_w + F_L)} \tag{8.2.21}$$

$$F_w = \frac{N_1}{\pi D} \tag{8.2.22}$$

$$F_L = 99t_b\sqrt{R_{eL}H_w\rho} \times 10^{-6} < 201H_wD\rho \tag{8.2.23}$$

式中,μ——弯矩调整系数;

F_L——贮液提供的罐底与罐壁接触处单位长度上的提离反抗力,MN/m;

F_w——罐壁、罐顶自重通过罐壁作用在罐底单位长度上的提离反抗力,MN/m;

N_1——罐壁与罐顶总重量,MN;

t_b——罐底边缘板的有效厚度,mm;

R_{eL}——罐底边缘板的标准屈服强度下限值,MPa;

H_w——设计液位高度,m;

D——油罐内径,m;

ρ——贮液相对密度。

当 $D/H_w \geqslant 1.33$ 时,弯矩调整系数 μ 应按表 8.7 选取;当 $D/H_w < 1.33$ 时,弯矩调整系数 μ 应在表 8.7 取值的基础上乘以表 8.8 的弯矩增大系数。

表 8.7 弯矩调整系数 μ

罐型	α_{max}		
	0.45	0.675	0.9
拱顶油罐	0.91	0.78	0.71
浮顶油罐	0.90	0.77	0.70

表 8.8 弯矩增大系数 f

$\dfrac{D}{H_w}$	0.6	0.7	0.8	0.9	1.0	1.1	1.2	1.3
f	1.184	1.157	1.133	1.107	1.083	1.059	1.032	1.008

8.2.5 罐壁设计

贮液罐的罐壁在静水压力下,将沿径向发生变形,其受力状态如 8.1.4 节中的圆筒形薄壳,在设计时可以对相应的环向应力进行一定的修正,从而计算出需要的罐壁厚度,我们把这种方法称为定点法,这也是包括我国在内的大多数国家规范中给出的方法。但在罐壁与罐底的连接处和中间抗风圈处,由于如前所述的边缘效应的影响,将产生一定的边缘应力。对于小容量贮液罐,所用钢板较薄,板的刚度小,边缘应力的影响不大,可以不进行下节点的计算;但对于大容量贮液罐(容积大于 5 万 m³、直径大于 60 m),边缘效应所产生的弯矩和剪力不应忽视,宜采用变点法确定罐壁厚度,参见我国《立式油罐规范》的附录 G。

1. 罐壁厚度的确定

由于贮液罐底部对罐壁和罐壁变截面处相邻壁板之间都存在着约束变形,理论分析和实测均表明,该约束产生的弯矩、剪力虽然将使径向应力增大(边缘效应的影响),但将使被约束板边的环向应力减小。这样环向应力最大位置并不一定在圈板的最下部,因此国内外在计算壁板环向应力时取高于圈板下边缘 0.3 m 处为计算位置。这样根据环向应力公式,并经过一定修正,可得贮液罐罐壁采用定点法的计算厚度为

$$t_d = \frac{4.9D(H-0.3)\rho}{[\sigma]_d \varphi} \tag{8.2.24}$$

$$t_{t} = \frac{4.9D(H-0.3)}{[\sigma]_{t}\varphi} \tag{8.2.25}$$

式中，t_{d}——设计条件下罐壁板的计算厚度，mm；

$\quad\quad t_{t}$——试水条件下罐壁板的计算厚度，mm；

$\quad\quad D$——贮液罐内径，m；

$\quad\quad H$——计算液位高度，m，从所计算的那圈罐壁板底端到罐壁包边角钢顶部的高度，或到溢液口下沿（有溢液口时）的高度，或到采取有效措施限定的设计液位高度；

$\quad\quad \rho$——贮液与水的相对密度；

$\quad\quad [\sigma]_{d}$——设计温度下钢板的许用应力，MPa；

$\quad\quad [\sigma]_{t}$——试水条件下钢板的许用应力，取 20 ℃时钢板的许用应力，MPa；

$\quad\quad \varphi$——焊接接头系数，底圈罐壁板取 0.85，其他各圈罐壁板取 0.9。

式（8.2.24）是贮液罐在正常使用情况下的计算，而式（8.2.25）是贮液罐在充水试验情况下的计算，板的最小公称厚度不得小于两者的计算厚度分别加各自壁厚附加量的较大值。

如果所用壁厚过薄，容易造成较大的施工变形，安装后难以保证圆度，抗风和抗升举能力不足，影响使用寿命。为满足刚度要求，罐壁板的最小公称厚度还不得小于表 8.9 的规定。

表 8.9　罐壁板的最小公称厚度

油罐内径	罐壁板的最小公称厚度/mm
$D<15$ m	5
15 m$\leqslant D<36$ m	6
36 m$\leqslant D\leqslant 60$ m	8
60 m$<D\leqslant 75$ m	10
$D>75$ m	12

2. 罐壁与罐底连接处的计算

为了计算罐壁与罐底连接处的弯矩 M_{0} 和剪力 Q_{0}，可采用结构力学的位移法。将罐壁与罐底沿纵向切开，暴露出内力 M_{0} 和 Q_{0}，如图 8.16 所示。这些内力与罐壁上作用的横向荷载 $P(x)$、罐自重荷载 $G(x)$ 会使连接处产生转角和平移。但实际罐壁与罐底相连，没有相对变形。因此可得连接处的变形协调方程组为

$$\left.\begin{array}{l}(\delta_{11}^{s}+\delta_{11}^{b})M_{0}+(\delta_{12}^{s}+\delta_{12}^{b})Q_{0}+\Delta_{1P}^{s}+\Delta_{1P}^{b}+\Delta_{1G}^{b}=0\\(\delta_{21}^{s}+\delta_{21}^{b})M_{0}+(\delta_{22}^{s}+\delta_{22}^{b})Q_{0}+\Delta_{2P}^{s}+\Delta_{2P}^{b}+\Delta_{2G}^{b}=0\end{array}\right\} \tag{8.2.26}$$

式中，δ 表示单位未知力产生的位移，又称柔度系数；Δ 表示外荷载作用（内压 P 和自重 G）产生的位移。它们的第一个下脚标表示发生位移的方向，第二个下脚标表示引起位移的力。数值"1"代表弯矩 M_{0}，数值"2"代表剪力 Q_{0}。上脚标"s"和"b"代表罐壁和罐底。上述方程组中的第一个方程的物理意义为作用在隔离体上的所有力沿弯矩 M_{0} 作用方向产生的相对转角为零；第二个方程则说明所有力沿剪力 Q_{0} 方向上产生的相对变形为零。

考虑到罐底径向刚度很大，产生的水平变形可以近似为零，因此有

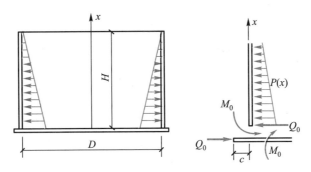

图 8.16 立式圆筒形贮液罐下节点受力

$$\delta_{12}^b = \delta_{21}^b = \delta_{22}^b = \Delta_{2P}^b = \Delta_{2G}^b = 0 \qquad (8.2.27)$$

将上式代入式(8.2.26)后,可以解得

$$
\left.
\begin{aligned}
M_0 &= \frac{\delta_{12}^s \Delta_{2P}^s - \delta_{22}^s (\Delta_{1P}^s + \Delta_{1P}^b + \Delta_{1G}^b)}{\delta_{22}^s (\delta_{11}^s + \delta_{11}^b) - (\delta_{12}^s)^2} \\
Q_0 &= \frac{\delta_{21}^s (\Delta_{1P}^s + \Delta_{1P}^b + \Delta_{1G}^b) - \Delta_{2P}^s (\delta_{11}^s + \delta_{11}^b)}{\delta_{22}^s (\delta_{11}^s + \delta_{11}^b) - (\delta_{12}^s)^2}
\end{aligned}
\right\}
\qquad (8.2.28)
$$

通过分别建立罐壁和罐底微元体的平衡微分方程并求解,可得罐壁和罐底的挠度方程,从而可以求得上述所有的柔度系数,见表 8.10。

表 8.10 下节点柔度系数

罐壁柔度系数	罐底柔度系数
$\delta_{11}^s = \dfrac{4m_s^3}{K_s}$	
$\delta_{12}^s = \delta_{21}^s = -\dfrac{2m_s^2}{K_s}$	$\delta_{11}^b = \dfrac{m_b^3}{K_b}\{1 + [\varphi(m_b c)]^2 + 2[\theta(m_b c)]^2\}$
$\delta_{22}^s = \dfrac{2m_s}{K_s}$	$\Delta_{1P}^b = \dfrac{m_b \gamma H}{2K_b}\{1 - \psi(m_b c)\varphi(m_b c) + 2\xi(m_b c)\theta(m_b c)\}$
$\Delta_{1P}^s = -\dfrac{\gamma}{K_s}$	$\Delta_{1G}^b = -\dfrac{Gm_b^2}{K_b}\{2[\theta(m_b c)]^2\}$
$\Delta_{2P}^s = \dfrac{\gamma H}{K_s}$	

表 8.10 中,参数 $K_s = \dfrac{Et_1}{R^2}$,为罐壁弹性系数;t_1 为底圈壁厚;R 为罐内壁半径;$m_s = \sqrt[4]{\dfrac{K_s}{4D_s}}$,为罐壁特征系数;$D_s = \dfrac{Et_1^3}{12(1-\mu^2)}$,为罐壁筒体的抗弯刚度;$\mu$ 为泊松比;K_b 为弹性地基系数,对于一般情况可取 $K_b = 4 \sim 5 \ \text{kgf/cm}^3$;$m_b = \sqrt[4]{\dfrac{K_b}{4D_b}}$,为罐底特征系数;$D_b = \dfrac{Et_3^3}{12(1-\mu^2)}$,为罐底柱面刚度;$t_3$ 为罐底边缘板厚度;c 为罐底板伸出罐壁外的长度;γ 为贮液实际重度,当小于水的重度 10 kN/m³ 时,取 $\gamma = 10 \ \text{kN/m}^3$;$G$ 为罐壁作用于底板周边的重量;$\theta(mx) =$

$e^{-mx}\cos(mx)$、$\xi(mx) = e^{-mx}\sin(mx)$、$\varphi(mx) = \theta(mx) + \xi(mx)$、$\psi(mx) = \theta(mx) - \xi(mx)$，称为寻墨尔函数，可以直接计算得到。

因此在罐壁与罐底连接处，罐壁或罐底板的最大弯曲应力应满足

$$\sigma_{\mathrm{M}} = \frac{6M_0}{t^2} \leqslant 2\sigma_{\mathrm{s}} \tag{8.2.29}$$

式中，t——计算底圈板时为底圈板的壁厚，计算底板环板时为环板壁厚。

应该指出，上述应力为边缘力系引起的二次应力。在此应力作用下，当产生局部范围内的材料屈服和小量变形时，壁板与底板之间的约束便得到缓和，使应变趋向缓和并不再发展，实际应力自动会限制在一定范围内。根据安定性原理，当局部最大二次应力小于材料屈服极限应力 σ_{s} 的两倍时，结构处于安定状态。因此式(8.2.29)的右端使用了上限 $2\sigma_{\mathrm{s}}$。

罐壁与罐底连接焊缝应力应满足

$$\tau = \sqrt{\left(\frac{Q_0}{A_{\mathrm{f}}}\right)^2 + \left(\frac{M_0}{W_{\mathrm{f}}}\right)^2} \leqslant \varphi f_{\mathrm{f}}^{\mathrm{w}} \tag{8.2.30}$$

式中，A_{f}——焊缝有效面积，$A_{\mathrm{f}} = 2 \times 0.7 h_{\mathrm{f}}$；

W_{f}——系数，$W_{\mathrm{f}} = 0.7 h_{\mathrm{f}}(t_1 + h_{\mathrm{f}})$，$t_1$ 为底圈板厚度，h_{f} 为下节点丁字焊缝(壁板与底板采用的两侧连续角焊缝)的焊脚高度；

$f_{\mathrm{f}}^{\mathrm{w}}$——角焊缝许用应力，取为 $0.6 \sim 0.7$ 倍的母材许用应力 $[\sigma]$。

3. 抗风设计与验算

敞口浮顶贮液罐在大风下罐壁迎风面大面积向内弯塌的事故国内外均有发生，因此应在罐壁外侧靠近罐壁上端设置顶部抗风圈，以提高贮液罐上口的强度和刚度，保证贮液罐排空时在风荷载作用下的稳定性。顶部抗风圈一般应设置在距罐壁上端 1 m 的水平面上，它的外周边缘可以是圆形的，也可以是多边形的，通常由不小于 ⌷16a 的槽钢、厚度不小于 5 mm 的钢板和不小于 ∟63 的角钢构成。当顶部抗风圈兼作走台时，其最小宽度不应小于 600 mm。当设置一道顶部抗风圈不能满足要求时，可设置多道。

研究发现，罐壁弯塌多发生在圆心角接近 60° 的迎风面上。瞬间强风不一定能使罐壁弯塌，而风力小得多但持续时间较长的大风反而导致罐壁弯塌，这表明强度破坏需要有能量积聚的时间。因此采用 10 min 平均风压下的风力，根据强度要求，计算得到抗风圈最小截面模量(抵抗矩) W_z：

$$W_z = 0.083 D^2 H_1 w_{\mathrm{k}} \tag{8.2.31}$$

式中，W_z——顶部抗风圈的最小截面模量，cm^3；

H_1——罐壁总高度，m；

w_{k}——风荷载标准值，kPa；

D——罐内壁直径，m。

图 8.17 给出了当盘梯穿过顶部抗风圈时的构造方法，同时要求各截面(A—A、B—B、C—C 截面)的截面模数均不应小于顶部抗风圈的最小截面模量 W_z。

在计算顶部抗风圈的实际截面模数时，应计入顶部抗风圈上下两侧各 16 倍罐壁厚度范围内的罐壁截面面积，如图 8.17 的 A—A 剖面。当罐壁有厚度附加量时，计算时应扣除厚度附加量。

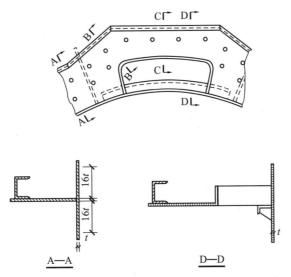

图 8.17 抗风圈截面图

对于设有固定顶的贮液罐,应将罐壁全高作为风力稳定性核算区间。对于敞口浮顶贮液罐,应将顶部抗风圈以下的罐壁作为核算区间。核算区间的罐壁筒体许用临界压力应按下式计算:

$$[P_{\mathrm{cr}}] = 16.48\frac{D}{H_{\mathrm{E}}}\left(\frac{t_{\min}}{D}\right)^{2.5} \qquad (8.2.32)$$

$$H_{\mathrm{E}} = \sum H_{ei} \qquad (8.2.33)$$

$$H_{ei} = h_i\left(\frac{t_{\min}}{t_i}\right)^{2.5} \qquad (8.2.34)$$

式中,$[P_{\mathrm{cr}}]$——核算区间筒体的许用临界压力,kPa;

$\quad H_{\mathrm{E}}$——核算区间罐壁筒体的当量高度,m;

$\quad t_{\min}$——核算区间最薄圈罐壁板的有效厚度,mm;

$\quad t_i$——第 i 圈罐壁板的有效厚度,mm;

$\quad h_i$——第 i 圈罐壁板的实际高度,m;

$\quad H_{ei}$——第 i 圈罐壁板的当量高度,m。

由于在风荷载作用下正、负压的位置和体形系数有所变化,罐壁筒体的设计外压应根据不同罐型采用不同的计算公式。

对于敞口的浮顶贮液罐:

$$P_0 = 3.375\mu_z w_0 \qquad (8.2.35)$$

对于与大气连通的内浮顶贮液罐:

$$P_0 = 2.25\mu_z w_0 \qquad (8.2.36)$$

对于存在内压的固定顶贮液罐:

$$P_0 = 2.25\mu_z w_0 + q \qquad (8.2.37)$$

式中,P_0——罐壁筒体的设计外压,kPa;

$\quad \mu_z$——风压高度变化系数;

w_0——基本风压,kPa;

q——设计真空负压,kPa,不得超过 0.25 kPa。

当设计外压大于罐壁筒体许用临界压力时,说明罐壁在恒荷载作用下刚度不足,需要设置中间抗风圈,其作用是在薄壁圆筒上形成节线,将筒体划分成较矮的筒节,以提高其临界压力。罐底、中间抗风圈、顶部抗风圈或钢制固定顶都能起到节线的作用。中间抗风圈的数量及在当量筒体高度上的位置按如下规则确定:

当 $[P_{cr}] \geqslant P_0$ 时,不需要设置中间抗风圈。

当 $P_0 > [P_{cr}] \geqslant P_0/2$ 时,应设置一个中间抗风圈,位置在 $H_E/2$ 处。

当 $P_0/2 > [P_{cr}] \geqslant P_0/3$ 时,应设置 2 个中间抗风圈,位置分别在 $H_E/3$ 与 $2H_E/3$ 处。

当 $P_0/3 > [P_{cr}] \geqslant P_0/4$ 时,应设置 3 个中间抗风圈,位置分别在 $H_E/4$、$H_E/2$ 与 $3H_E/4$ 处。

当 $P_0/4 > [P_{cr}] \geqslant P_0/5$ 时,应设四个中间抗风圈,中间抗风圈的位置宜分别在 $1/5H_E$、$2/5H_E$、$3/5H_E$、$4/5H_E$ 处。

当 $P_0/5 > [P_{cr}] \geqslant P_0/6$ 时,应设五个中间抗风圈,中间抗风圈的位置宜分别在 $1/6H_E$、$1/3H_E$、$1/2H_E$、$2/3H_E$、$5/6H_E$ 处。

中间抗风圈所需的最小截面尺寸应满足表 8.11 的要求。此时对相应罐体已能够起到节线作用,若再增大截面对提高临界压力的作用不大。中间抗风圈与罐壁的连接应使角钢长肢保持水平,短肢朝下,长肢端与罐壁相焊,上面采用连续角焊缝,下面可采用间断焊。中间抗风圈自身接头应全熔透、全熔合。为避免焊缝热影响区过于集中,要求中间抗风圈离罐壁环焊缝的距离不应小于 150 mm。

表 8.11　中间抗风圈最小截面尺寸

油罐内径 D	最小截面尺寸/mm
$D \leqslant 20$ m	∟ 100×63×8
20 m < $D \leqslant 36$ m	∟ 125×80×8
36 m < $D \leqslant 48$ m	∟ 160×100×10
48 m < $D \leqslant 60$ m	∟ 200×125×12
$D > 60$ m	∟ 200×200×14

4. 抗震验算

在地震作用下罐壁底部产生的最大轴向压应力由轴向应力和弯曲应力两部分构成,应根据式(8.2.21)得到的抗震锚固系数 J 进行计算。

当 J 小于或等于 0.785 或 J 大于 1.54 时:

$$\sigma_1 = \frac{C_V N_1}{A_1} + \frac{M_1}{Z_1} \tag{8.2.38}$$

当 J 大于 0.785,且小于或等于 1.54 时:

$$\sigma_1 = \frac{C_V N_1}{A_1} + \frac{C_L M_1}{Z_1} \tag{8.2.39}$$

式中,σ_1——底圈罐壁的最大轴向压应力,MPa。

C_V——竖向地震影响系数(7 度及 8 度地震区 $C_V = 1.0$,9 度地震区 $C_V = 1.45$)。

N_1——底圈罐壁垂直荷载,MN,为罐壁及上部结构自重之和。

A_1——按底圈壁板有效厚度计算的罐壁截面面积,m^2。

Z_1——按底圈罐壁有效厚度计算的断面系数,$Z_1 = 0.785D^2 t$,m^3。

C_L——翘离影响系数,$C_L = 1.4$。这里所谓的翘离(uplift)是指在地震作用下贮液罐底部某区段的抬起是由地震弯矩 M_1 造成的,并非因罐壁受到向上的提升力造成的,贮液罐发生抬起现象仅增加受压一侧的压应力,并不增加抬起一侧的拉应力。

罐壁的轴向应力校核应满足下式要求:

$$\sigma_1 \le [\sigma_{cr}] \tag{8.2.40}$$

$$[\sigma_{cr}] = 0.22E\,\frac{t}{D} \tag{8.2.41}$$

式中,$[\sigma_{cr}]$——罐壁许用临界应力,MPa;

E——设计温度下罐壁材料的弹性模量,MPa;

t——底层罐壁有效厚度,m,即底层罐壁的名义厚度减去腐蚀裕量与钢板负公差之和。

式(8.2.41)为经验公式,用它对国内外地震中的几十台贮液罐进行了验算,验算结果与实际震害符合良好,因此被我国规范采用。

另外在地震作用下,贮液罐内部液体将产生晃动,因此必须验算导向管与导向管套管上的钢盖板之间的间隙是否足够,以免发生碰撞。即要求

$$\Delta F > 2\left(\sqrt{R^2 + h_v^2} - R\right) \tag{8.2.42}$$

$$h_v = 1.5\eta\alpha R \tag{8.2.43}$$

式中,ΔF——允许最小间隙;

h_v——液面晃动波高;

α——地震影响系数,根据液体晃动基本周期 T_w 及地震影响系数最大值 α_{max} 按图 8.12确定;

η——罐型系数,浮顶和内浮顶贮液罐取 0.85,固定顶贮液罐取 1.0;

R——贮液罐内半径。

5. 罐壁的一些构造要求

罐壁相邻两层壁板的纵向接头应相互错开,距离不应小于 300 mm。上圈壁板厚度不应大于下圈壁板厚度。罐壁板的纵环焊缝应采用对接,内表面平齐。对接接头应采用全焊透焊接,焊接接头的设计宜符合现行国家标准 GB/T 985.1—2008《气焊、焊条电弧焊、气体保护焊和高能束焊的推荐坡口》和 GB/T 985.2—2008《埋弧焊的推荐坡口》的有关规定。

罐壁上端应设置包边角钢。包边角钢与罐壁的连接可采用全熔透对接焊结构或搭接结构,如图 8.18 所示。包边角钢自身的对接焊缝必须全熔透。浮顶罐罐壁包边角钢的水平肢必须设置在罐壁外侧。对于固定顶贮液罐,当贮液罐内径 $D \le 10$ m 时,罐壁上端包边角钢的最小尺寸为∟50×5;当 10 m<$D \le 18$ m 时,最小尺寸为∟65×8;当 18 m<$D \le 60$ m 时,最小尺寸为∟75×10;当 $D > 60$ m 时,最小尺寸为∟90×10。对于浮顶贮液罐,当最上圈罐壁公称厚度为 5 mm 时,包边角钢的最小尺寸为∟65×6;罐壁厚大于 5 mm 时,为∟75×6。

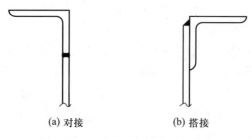

(a) 对接　　　　　　　(b) 搭接

图 8.18　包边角钢与罐壁连接接头

8.2.6　罐底设计

立式贮液罐的罐底一般直接放在地基的砂垫层上,贮液罐内液体的重量可通过底板传给地基。中间的大面积底板仅受到单一的贮液压力,这对钢板来说是极其微小的,因此理论上几乎没有强度要求,只需要将贮液与地基隔开,不渗漏就行了。但在靠近罐壁区域,底板还要承受罐壁自重及边缘效应产生的应力作用,应力合力值较高,不过向罐底中心方向衰减迅速。基于上述原因,并考虑到不同大小的贮液罐由于地基沉陷的影响和经济要求,对贮液罐底板的排板形式、底板厚度及搭接方式等提出了一定的构造要求。

当贮液罐直径小于 12.5 m 时,罐底的板厚可不作变化。但当直径大于或等于 12.5 m 时,应在罐底外周边设置一圈较厚的钢板,称为边缘板或环板;中部采用较薄的钢板,称为中幅板(见图 8.19)。环形边缘板外缘应为圆形,内缘为正多边形或圆形。为正多边形时,其边数应与环形边缘板的块数相等。

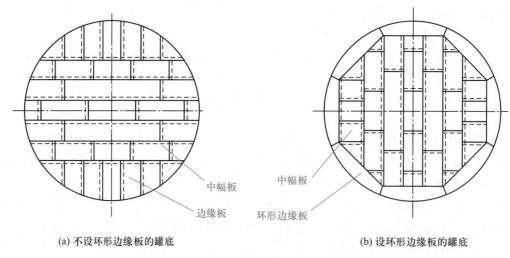

(a) 不设环形边缘板的罐底　　　　　　　　　　　(b) 设环形边缘板的罐底

图 8.19　罐底结构

不包括腐蚀裕量,直径小于 10 m 的贮液罐,罐底中幅板的最小公称厚度不应小于5 mm;直径大于 10 m 时,中幅板厚度不得小于 6 mm。除腐蚀裕量外,罐底环形边缘板的厚度应符合表 8.12 的规定。罐壁内表面至边缘板与中幅板之间的连接焊缝的最小径向距离不应小于式(8.2.44)的计算值,且不小于 600 mm。对于需要考虑抗震设防的贮液罐和采用环梁基础的贮液罐,边缘板的径向尺寸宜适当加大。底圈罐壁外表面沿径向至边缘板外缘的距离不应小于 50 mm,且不宜大于 100 mm。

表 8.12 环形边缘板厚度

底圈罐壁板名义厚度/mm	环形边缘板厚度/mm	
	底圈罐壁板标准屈服强度下限值/MPa	
	≤390	>390
≤6	6	—
7~10	7	—
11~20	9	—
21~25	11	12
26~30	12	16
31~34	14	18
35~39	16	20
≥40	—	21

$$L_{\mathrm{m}} = \frac{215 t_{\mathrm{b}}}{\sqrt{H_{\mathrm{w}} \rho}} \tag{8.2.44}$$

式中,L_{m}——罐壁内表面至环形边缘板与中幅板连接焊缝的最小径向距离,mm;

t_{b}——罐底环形边缘板的名义厚度(不包括腐蚀裕量),mm;

H_{w}——设计最高液位,m;

ρ——贮液与水的相对密度。

较厚的底板之间要求选用对接焊缝,较薄的底板之间可采用对接,也可采用搭接或两者的组合。采用搭接时,中幅板之间的搭接宽度不应小于 5 倍板厚,且实际搭接宽度不应小于 25 mm;中幅板搭接在环形边缘板的上面,搭接宽度不应小于 60 mm。采用对接时,焊缝下面应设厚度不小于 4 mm 的垫板,垫板应与罐底板贴紧并定位。

厚度不大于 6 mm 的罐底板对接焊缝可不开坡口,焊缝间隙不宜小于 6 mm(图 8.20a)。厚度大于 6 mm 的罐底边缘板对接焊缝应采用 V 形坡口(图 8.20b)。中幅板、边缘板自身的搭接焊缝及中幅板与边缘板之间的搭接焊缝,应采用单面连续角焊缝,角焊缝尺寸应等于较薄板的厚度。当边缘板与中幅板采用对接时,如果两板厚度差别较大(中幅板厚度不大于 10 mm 时,两板厚度差大于或等于 3 mm;中幅板厚度大于 10 mm 时,两板厚度差大于中幅板厚度的 30%)时应削薄厚板边缘,做成 1∶(3~4)的缓坡过渡。

底圈罐壁板与边缘板之间的 T 形接头应采用连续焊缝,即所谓大角焊缝。这是一个关键部位,很多油罐的事故都是在这一部位发生的,如日本水岛炼油厂 5×10^4 m³ 油罐的破坏事故就是在此产生的。角焊缝的尺寸过大、过小都不好,尺寸过小焊缝接头强度不够,而尺寸过大会造成接头刚性过大,接头所受的应力会加大。因此我国《立式油罐规范》明确规定,罐壁外侧焊脚尺寸及罐壁内侧竖向焊脚尺寸,应等于底圈罐壁板和边缘板两者中较薄件的厚度,且不应大于 13 mm;罐壁内侧径向焊脚尺寸,宜取 1.0~1.35 倍边缘板厚度(见

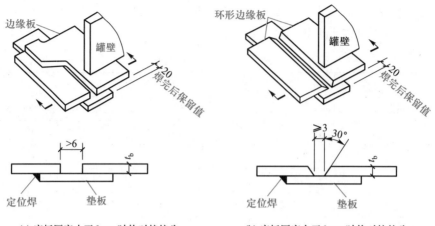

(a) 底板厚度小于6 mm时的对接接头　　　　(b) 底板厚度大于6 mm时的对接接头

图 8.20　罐底板的对接焊缝连接

图 8.21a)。当边缘板厚度大于 13 mm 时,罐壁内侧可开坡口(见图 8.21b)。边缘板的材质应与底圈罐壁板材质相同。

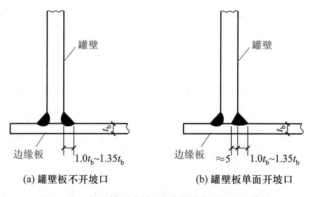

(a) 罐壁板不开坡口　　　　　　　(b) 罐壁板单面开坡口

图 8.21　底圈罐壁板与边缘板之间的 T 形接头

8.2.7　罐顶设计

1. 固定顶设计

最常使用的贮液罐固定顶形式有自支撑式锥顶、柱支撑式锥顶和自支撑式拱顶等。在计算外荷载时除了应考虑罐顶板、加强构件和隔热层等重力荷载外,尚应考虑水平投影面积上不小于 1.0 kPa 的固定顶活荷载和按《荷载规范》规定的基本雪压。

罐顶板及其加强支撑构件的最小公称厚度(不包括腐蚀裕量)不应小于 5 mm。顶板间可采用对接或搭接。一般小块板拼接成大块瓜皮板多采用对接,大块板之间多采用搭接。采用搭接时,搭接宽度不得小于 5 倍板厚,且不小于 25 mm;顶板外表面的搭接缝应采用连续满角焊,内表面的搭接缝可根据使用要求及结构受力情况确定焊接形式。采用对接时要求拼接焊缝应全焊透。

罐顶板与罐壁的连接宜采用图 8.22 所示的结构,结构件和壳板自身的拼接焊缝应为全熔透对接结构。同时图中还给出了阴影部分有效面积的确定方法,它的作用像环梁一样,当承受竖向向下的外荷载时为拉应力,承受风吸力和内压荷载时为压应力,因此为确保强度和刚度要求,其有效面积不能太小。在某些工程中,为在事故状态下提供安全泄放措施,要求内压产生的举升力将抬起而尚未抬起罐底时,罐顶板与罐壁的连接处能够发生塑性失稳而有效泄压,我们称之为弱连接结构。因此对于弱连接结构其罐顶板与罐壁连接处的有效面积又有一定限值。只有满足以下构造要求时,才能形成有效的弱连接。

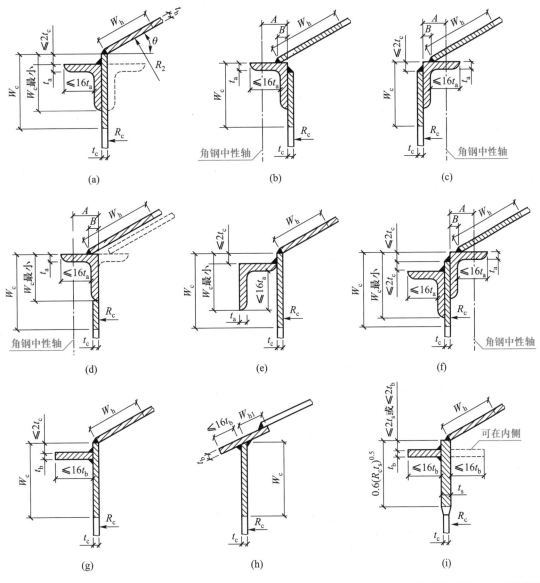

t_a—角钢水平肢厚度;t_b—加强扁钢厚度;t_c—顶部壁板厚度;t_h—罐顶板的厚度;t_s—罐壁上端加厚壁板厚度;R_c—顶部罐壁内半径;R_2—罐顶与罐壁连接处罐顶板的曲率半径,$R_2 = R_c/\sin\theta$;θ—罐顶与罐壁连接处罐顶与水平面之间的夹角;W_c—罐壁剖面线部分的最大宽度,$W_c = 0.6(R_c t_c)^{0.5}$;W_h—罐顶板剖面线部分的最大宽度,取 $W_h = 0.3(R_2 t_h)^{0.5}$ 与 300 的较小值;W_{h1}—宜取 $0.6(R_2 t_b)^{0.5}$,但不应大于 $0.9(R_2 t_b)^{0.5}$。

图 8.22 罐顶板与罐壁连接处的有效面积详图

注:承受内压时为抗压环,承受外压时为抗拉环。

A. 直径不小于 15 m 的油罐应符合下列规定：

a. 连接处的罐顶坡度不应大于 1/6；

b. 罐顶支撑构件不得与罐顶板连接；

c. 顶板与包边角钢仅在外侧连续角焊，且焊脚尺寸不应大于 5 mm，内侧不得焊接；

d. 连接结构仅限于图 8.22a、b、c、d 四种情况，且应满足式（8.2.45）的要求。

$$A \leqslant \frac{m_t g}{1\,415 \tan\theta} \tag{8.2.45}$$

式中，A——罐顶与罐壁连接处有效截面面积，mm^2；

m_t——罐壁和由罐壁、罐顶所支撑构件（不包括罐顶板）的总质量，kg；

θ——罐顶与罐壁连接处罐顶与水平面之间的夹角，(°)；

g——重力加速度，取 $g = 9.81\ m/s^2$。

B. 直径小于 15 m 的油罐，除应满足上述 A 的全部要求外，同时还应满足下列要求：

a. 应进行弹性分析确认在空罐条件下罐壁与罐底连接处强度不应小于罐壁与罐顶连接处强度的 1.5 倍，满罐条件下罐壁与罐底连接处强度不应小于罐壁与罐顶连接处强度的 2.5 倍；

b. 与罐壁连接的附件（包括接管、人孔等）应能够满足罐壁竖向位移 100 mm 时不发生破坏；

c. 罐底板应采用对接结构。

C. 采用锚固的油罐除应满足上述 A 的全部要求外，锚固和配重还应按照 3 倍罐顶破坏压力进行设计。

（1）自支撑式锥顶

自支撑式锥顶是由钢板制成的圆锥形壳顶，靠锥顶壳刚度承受外荷载。由于结构稳定性限值，锥顶直径不能过大。一般要求罐顶坡度不得小于 1/6，不得大于 3/4。

在竖向均布荷载 P 作用下，如果假定锥顶的边缘支撑为铰接，不考虑罐壁对锥顶变形约束作用而产生的边缘效应，可以使用圆锥形薄壳理论进行求解。但在设计时更多的是采用半理论半经验公式来确定罐顶板的计算厚度，且罐顶板的名义厚度不应大于 12 mm：

$$t_{cr} = \frac{D}{4.8 \sin\theta} \sqrt{\frac{T}{2.2}} \tag{8.2.46}$$

式中，t_{cr}——罐顶板的计算厚度，mm；

T——荷载组合，kPa，应考虑固定荷载、设计真空外压、固定顶活荷载和基本雪压等荷载，按我国现行《立式油罐规范》确定。

罐顶与罐壁板连接处有效抗拉或抗压截面面积应满足下式要求：

$$A \geqslant \frac{TD^2 \times 10^3}{8[\sigma]\tan\theta} \tag{8.2.47}$$

式中，A——按图 8.22 确定的有效面积，mm^2；

$[\sigma]$——材料许用应力，MPa，应取设计温度下 1/1.6 材料标准屈服强度下限值。

（2）柱支撑式锥顶

目前使用的柱支撑式锥顶多是由顶板、檩条、横梁和立柱组成的结构体系，见图 8.23。罐顶荷载由顶板依次经檩条、横梁、立柱和罐壁、罐底传给基础。立柱的数目根据贮液罐直径而定。对于仅设中心立柱不能满足受力要求的大型贮液罐,可设置若干圈立柱。横梁设在柱顶,沿环向布置且形成闭合圈。檩条沿贮液罐径向布置,可为型钢、钢管、焊接组合件或桁架,其端部与横梁或罐壁相连。在靠近罐壁处,檩条一端与罐壁连接,兼起梁柱体系侧向支撑的作用。罐顶的最小坡度为1/16,以满足排水要求。

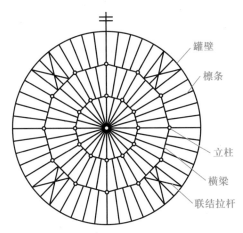

图 8.23　柱支撑式锥顶结构平面图

　　顶板直接承受罐顶上作用的荷载,其强度、刚度可按沿环向支承于檩条上的连续板带计算。顶板厚度增加对贮液罐的材料消耗量影响较大,故厚度不宜大于4~5 mm。当计算不能满足要求时,可适当减小檩条间距。一般要求相邻檩条的中心距,按外圆弧计算,最外排不得大于2 000 mm,其余各排不大于1 700 mm。对于与罐壁板直接接触的传力檩条,当采用桁架或空腹梁时,或檩条高度大于380 mm时,或罐顶坡度大于1/6时,应考虑设置侧向支撑。檩条按受均布荷载的简支梁计算,最大挠度不得大于跨度的1/200。

　　为提高锥顶的整体性,直径大于15 m的罐顶的最外圈檩条(工字钢除外)中,应至少设置一道联结拉杆,设置多道时应沿圆周均布。在地震设防地区最外圈檩条每个跨间均应设置联结拉杆。联结拉杆应采用直径不小于20 mm的圆钢或等强度的构件制成。

　　罐顶立柱按两端铰接的轴心受压构件设计,截面根据稳定承载力选取,可采用钢管、工字钢或组合截面。立柱的截面应尽量展开,且两个方向稳定承载力应尽量相等。为满足刚度要求,柱的最大长细比不得大于150。柱脚应用导向支座限位,但不得与支座焊接,以便顶盖受内压时可自由升降,达到泄压目的。支座与罐底应焊接。当采用钢管作罐顶支柱时,支柱上应设置排气孔、排液孔或制成密闭式支柱。

　　檩条、横梁和立柱等构件的许用应力的取值方法与GB 50017—2017《钢结构设计标准》(简称《标准》)中的设计应力有所不同,参见《立式油罐规范》的有关规定。

　　(3)自支撑式拱顶

　　与锥顶相比,拱顶能承受较高的内部压力,材料消耗少。但罐内的气体空间较大,制造也比较麻烦。一般拱顶球面的曲率半径宜为0.8~1.2倍的罐直径。在拱顶与罐壁连接处可以采用圆弧过渡焊接形式,也可采用包边角钢将拱顶与罐壁焊接相连的形式。前者承压能力强,但需要冲压加工成型,施工比较困难;后者制作施工比较方便,广泛应用于承压较低的贮液罐结构。以下讲述都是针对后者进行的。自支撑式拱顶包括光面球壳、带肋球壳和单层球面网壳。

光面球壳罐顶板的计算厚度应按下式计算,且罐顶板的名义厚度不应大于 12 mm。

$$t_{rs} = \frac{R_s}{2.4} \sqrt{\frac{T}{2.2}} \tag{8.2.48}$$

式中,t_{rs}——罐顶板的计算厚度,mm;

　　R_s——罐顶球面的曲率半径,m。

光面球壳罐顶与罐壁板连接处的有效抗拉或抗压截面面积应满足式(8.2.47)的要求。

带肋球壳拱顶的曲率半径不宜大于 40 m,且贮液罐直径不宜大于 40 m。肋条间距不应大于 1.5 m,肋条高厚比不宜大于 12。肋条沿长度方向可拼接,采用对接时,焊缝应全熔透;采用搭接时,搭接长度不应小于肋条宽度的 2 倍,且应双面满角焊。顶板与肋条的连接应采用双面间断焊,焊脚尺寸应等于顶板厚度。肋条不得与包边角钢或罐壁相焊接。带肋球壳的许用外荷载应按下式计算,固定顶的设计外荷载 P_L 不应超过该许用外荷载。

$$[P] = 0.000\,1E\left(\frac{t_m}{R_s}\right)^2 \left(\frac{t_h}{t_m}\right)^{1/2} \tag{8.2.49}$$

式中,$[P]$——带肋球壳的许用外荷载,kPa;

　　E——设计温度下钢材的弹性模量,MPa;

　　R_s——球面曲率半径,m;

　　t_h——罐顶板的有效厚度,mm;

　　t_m——带肋球壳的折算厚度,mm,应按式(8.2.50)~式(8.2.54)确定,式中部分符号的含义见图 8.24。

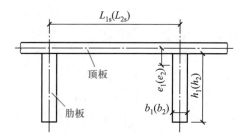

图 8.24　带肋球壳板

$$t_m = \sqrt[3]{\frac{t_{1m}^3 + 2t_h^3 + t_{2m}^3}{4}} \tag{8.2.50}$$

$$t_{1m}^3 = 12\left[\frac{h_1 b_1}{L_{1s}}\left(\frac{h_1^2}{3} + \frac{h_1 t_h}{2} + \frac{t_h^2}{4}\right) + \frac{t_h^3}{12} - n_1 t_h e_1^2\right] \tag{8.2.51}$$

$$t_{2m}^3 = 12\left[\frac{h_2 b_2}{L_{2s}}\left(\frac{h_2^2}{3} + \frac{h_2 t_h}{2} + \frac{t_h^2}{4}\right) + \frac{t_h^3}{12} - n_2 t_h e_2^2\right] \tag{8.2.52}$$

$$n_1 = 1 + \frac{h_1 b_1}{t_h L_{1s}} \tag{8.2.53}$$

$$n_2 = 1 + \frac{h_2 b_2}{t_\text{h} L_{2\text{s}}}　　　　　　　　　（8.2.54）$$

式中，$t_{1\text{m}}(t_{2\text{m}})$——纬（经）向肋与顶板组合截面的折算厚度，mm；

　　$h_1(h_2)$——纬（经）向肋宽度，mm；

　　$b_1(b_2)$——纬（经）向肋有效厚度，mm；

　　$L_{1\text{s}}(L_{2\text{s}})$——纬（经）向肋在经（纬）向的间距，mm；

　　$n_1(n_2)$——纬（经）向肋与顶板在经（纬）向的面积折算系数；

　　$e_1(e_2)$——纬（经）向肋与顶板在经（纬）向的组合截面形心到顶板中面的距离，mm。

带肋球壳拱顶与罐壁连接处的有效面积应满足下式要求：

$$A \geqslant 4.6 D R_\text{s} \frac{P_\text{L}}{2.2}　　　　　　　　　（8.2.55）$$

钢制单层球面网壳的油罐直径不宜大于 80 m。钢制单层球面网壳应采用刚接节点，相邻节点之间的网杆长细比不应大于 150。单层球面网壳的边环梁应满足强度与刚度要求，并应与网壳结构一起进行整体计算。计算时应采用空间梁系有限元进行计算，结构内力与位移可按弹性理论进行求解；网壳结构的整体稳定性计算应考虑结构非线性的影响，进行荷载-位移全过程分析。对于抗震设防烈度在 7 度及以上的地区，直径大于 50 m 的单层球面网壳应进行竖向及水平向抗震计算。在罐顶外压设计荷载作用下，网壳许用挠度不应大于油罐内径的1/400；网壳任意部位的应力不应超过相应材料的许用应力，许用应力值取 1/1.6 网壳所有材料标准屈服强度下限值；网壳整体稳定安全系数不应低于 1.65；网壳各元件不应发生局部失稳。

对于常压油罐，单层网壳上表面的蒙皮与网壳结构之间不应有任何焊接。蒙皮周边与边环梁之间，外表面应连续角焊，焊脚高度不应超过 5 mm，内表面不得进行焊接。

2. 浮顶设计

浮顶是一个漂浮在贮液表面的浮动顶盖，它随着贮液高度变化。浮顶及其密封装置使贮液与外部大气隔开，减少了贮液的蒸发损失，可以保证安全，减少空气污染。这里主要介绍经常用到的单盘式浮顶和双盘式浮顶的设计要点。

单盘式浮顶主要由单盘、环形浮舱两部分组成，见图 8.25。整个浮顶靠贮液浮力支承于液面上而不致沉没。浮顶中产生浮力的主要部件是环形浮舱，它们被做成封闭的环形，中间设置隔板将浮舱分隔成若干个相互封闭的舱室，以保证个别舱室泄漏时不至于影响其他舱室，造成整个浮顶沉没。双盘式浮顶主要由顶板、底板、边缘板和若干环向、径向隔板等构件组成，见图 8.26。顶板和底板都有一定坡度，顶板的中部最低，以便排除雨水，底板的中部最高，坡度与罐底保持一致，以便安装。边缘板与顶板、底板一起形成封闭的圆形浮舱，为浮顶提供浮力。环向、径向隔板将浮舱分隔成若干个独立的舱室，在增加浮顶刚度的同时，还可以防止泄漏时整个浮舱的沉没。对于以上两种浮顶结构，为保证浮舱的刚度和稳定承载力，舱内应设置一定数量的斜撑。除上述装置外，两种浮顶上均应设有立柱、自动通气阀、排水装置、导向装置及轨道、人孔、量液孔等设施。

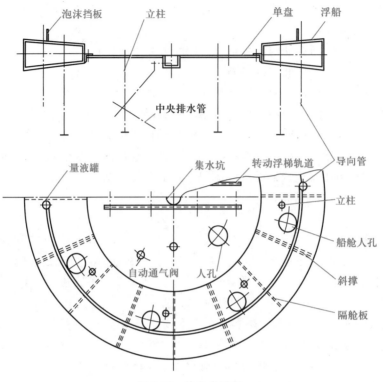

图 8.25　单盘式浮顶

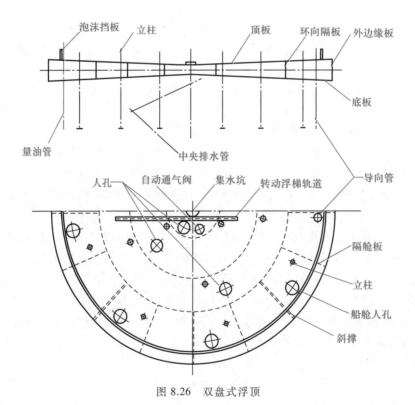

图 8.26　双盘式浮顶

支柱的作用是在贮液罐内贮液减少时支承浮顶,使其不直接落入罐底。支柱高度有900 mm 和 1 800 mm 两挡,运行时使用前者,检修时使用后者。为防止盘板变形过大,支柱间距不宜大于 6 m。导向装置用来防止浮顶在操作过程中的偏移和转动,它的结构形式主要采用导管式,导管的两端分别固定在罐壁最上(下)部的支撑上。

浮顶的船舱顶板、船舱底板和单盘板的最小公称厚度(不包括腐蚀裕量)不宜小于4.5 mm,搭接宽度不应小于 25 mm;船舱顶板应有不小于 15/1 000 的排水坡度,最外圈船舱顶板的排水坡度应指向浮顶中心。船舱底板、船舱顶板及单盘板上表面的搭接焊缝应采用连续角焊缝,下表面可采用间断焊缝;支柱和其他刚度较大的构件周围 300 mm 范围内,应采用连续角焊缝。船舱内、外环形板本身的拼接,应采用全熔透对接焊缝。

在漂浮状态下,浮顶的结构设计应满足以下条件:

① 在排水失效、浮顶上积存相当于 250 mm 降水量时,浮顶不应沉没。

② 当单盘式浮顶的任何两船舱及单盘同时泄漏、双盘式浮顶的任何两船舱同时泄漏时,浮顶不应沉没。

③ 在上述条件下,浮顶不发生强度和稳定性破坏。

④ 在正常操作时,盘板与贮液之间不应存在气体空间。

⑤ 当浮顶支撑在支柱上时,支柱与浮顶本身应能承受不小于 1.2 kPa 的均布附加荷载。

8.3 料仓和料斗的构造与设计要点

8.3.1 概述

20 世纪初,早期的钢板料仓多采用 6 ~ 12 mm 的钢板铆接而成,非常牢固,有的时至今日仍在使用中,但这种料仓的建造费工费时,现在已经被淘汰。第二阶段的焊接式钢板仓是随着焊接技术的发展而产生的,人们用 4 ~ 12 mm 的钢板焊接建仓,焊接仓的气密性很好,由于壁厚,因而强度大,可以建得更高一些,使用年限也比较长,只要维护得当,可用 50 ~ 80 年。由于沿海港口空气中的盐分对钢板的腐蚀,加上港口吞吐能力和仓容量较大,常采用厚钢板焊接仓。当前的气调仓由于气密性要求高,也常采用焊接仓。第三阶段的钢板仓是薄壁仓,第二次世界大战后许多国家逐步实现了工农业机械化,为了适应散料运输的需要,开始使用薄壁(0.4 ~ 4 mm)钢板仓,最常见的是螺栓装配式波纹钢板仓,其自重轻、装配拆迁方便、价格低廉、机械自动化程度高、使用方便,深受业主欢迎,并且逐步解决了结露、密封不够好等问题,因此从 20 世纪 70 年代以后获得了快速发展。

目前我国的钢板筒仓多是用薄钢板装配或卷制而成的,是在引进国外技术的基础上发展而来的,主要用来存贮粮食、饲料、原材料、生料、水泥等散粒状工农业材料。常用的圆形钢板筒仓制作、施工方法主要是焊接、螺栓装配和卷边咬合三种方式。图 8.27 给出了卷边咬合钢板仓的制作过程。

对于直径不大于 6 m 的筒仓仓顶,无较大荷载时,可直接将钢板支承于仓顶的上下环梁上,形成正截锥壳仓顶。直径大于 6 m 的筒仓仓顶,荷载较大,若采用正截锥壳仓顶,会使钢

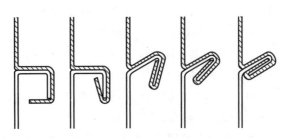

图 8.27 卷边咬合钢板仓的咬合过程

板过厚而不经济,故宜设置斜梁支承于仓顶的上下环梁上,形成正截锥空间杆系仓顶结构。筒仓仓壁为波纹钢板、螺旋卷边钢板时,涂漆困难,应采用热镀锌钢板或合金钢板,以保证筒仓的工作寿命。直径 10 m 以下的钢板筒仓,采用架空的平底填坡或锥斗仓底,有利于出粮的机械化操作;直径 12 m 以上的钢板筒仓,采用落地式平底仓,利用地基承担大部分粮食重量,更为经济合理。

料斗用作出料时使用,可制成多种几何形状,包括棱柱棱锥形、棱柱槽形、抛物线形、圆筒圆锥形等。除抛物线形外,它们的基本特点是由柱体和锥体两部分组成,柱体部分称为料仓贮器,锥体部分称为漏斗。通常贮料计算高度不超过横向最大尺寸的 1.5 倍时称为浅仓,大于 1.5 倍时称为深仓。料斗和围仓可设在室内或露天,进料采用机械式或压缩空气泵送的方法,由上顶盖的进料口进料。卸料则通过漏斗底部的卸料口,靠散粒材料的自重来完成。为保证卸料顺利进行,漏斗壁与水平线间的最小倾角应比散粒材料的自然倾斜角大 5°~10°。出料口的尺寸按下式计算:

$$a = K(b+80)\tan\varphi \tag{8.3.1}$$

式中,a——出料口的正方形边长或圆形的直径,a 值通常在 300 mm(干砂)~1 500 mm(大块矿石、煤块等)之间变化;

K——系数,取 2.4~2.6;

b——散粒材料的最大块径;

φ——散粒材料的自然倾斜角,也称为自然休止角。

目前我国料仓和料斗的设计方法为以概率理论为基础的极限状态设计方法。在粮食仓储领域,我国制定了 GB 50884—2013《钢筒仓技术规范》(简称《钢筒仓规范》)。

8.3.2 料仓和料斗荷载

1. 贮料静力荷载

考虑贮料对料仓的作用时,应包括作用于筒仓仓壁的水平压力、作用于筒仓仓壁的竖向摩擦力、作用于筒仓仓底的竖向压力和作用于筒仓仓顶的吊挂电缆拉力。

计算贮料荷载时,应采用对结构产生最不利作用的贮料品种的参数。计算贮料对波纹钢板仓壁的摩擦作用时,应取贮料的内摩擦角。深仓贮料重力流动压力作用如图 8.28 所示,在贮料顶面或贮料锥体重心以下 s 处,贮料作用于仓壁单位面积上的水平压力标准值 P_{hk} 应按以下公式计算:

$$P_{hk} = C_h\gamma\rho(1-e^{-\mu ks/\rho})/\mu \tag{8.3.2}$$

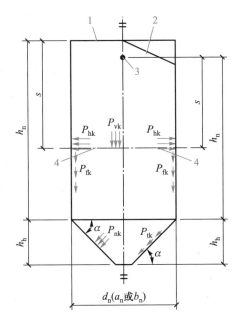

1—贮料顶为平面;2—贮料顶为斜面;3—贮料锥体重心;4—计算截面。

图 8.28 深仓贮料重力流动压力示意图

贮料作用于仓底或漏斗顶面处单位面积上的竖向压力标准值 P_{vk} 应按下式计算:

$$P_{vk} = C_v \gamma \rho (1 - e^{-\mu k h_n/\rho}) / \mu k \qquad (8.3.3)$$

$$P_{vk} \leqslant \gamma h_n \qquad (8.3.4)$$

贮料顶面或贮料锥体重心以下距离 s 处的计算截面以上仓壁单位周长上的总竖向摩擦力标准值 P_{fk} 应按下式计算:

$$P_{fk} = C_f \rho [\gamma s - \gamma \rho (1 - e^{-\mu k s/\rho}) / \mu k] \qquad (8.3.5)$$

上述四式中,γ 为贮料的重度;μ 为贮料与仓壁的摩擦系数;e 为自然对数的底;$k = \tan^2(45° - \varphi/2)$,为贮料侧压力系数;$\varphi$ 为贮料的内摩擦角;h_n 为贮料计算高度;ρ 为钢筒仓水平净截面的水力半径,对于圆形钢筒仓 $\rho = d_n/4$,对于其他形状的钢筒仓可参照《钢筒仓规范》取值;d_n 为圆形钢筒仓内径。

C_h、C_v、C_f 分别为深仓贮料水平压力修正系数、深仓贮料竖向压力修正系数、仓壁摩擦压力修正系数,用来考虑深仓卸料过程中贮料对筒仓仓壁的动态压力作用,以防止由于钢筒仓径厚比较大、稳定性较差以致卸料时容易发生局部屈曲的问题。C_h、C_v、C_f 按表 8.13 取值。

表 8.13 深仓贮料压力修正系数

钢筒仓部位	系数名称	修正系数	
仓壁	水平压力修正系数 C_h	当 $s \leqslant h_n/3$ 时	$1 + 3s/h_n$
		当 $s > h_n/3$ 时	2.0
	摩擦压力修正系数 C_f	—	1.1

续表

钢筒仓部位	系数名称	修正系数	
		钢漏斗	2.0
仓底	竖向压力修正系数 C_v	平板	1. 漏斗填料最大厚度大于1.5 m 的钢筒仓可取 1.0； 2. 其他情况钢筒仓可取 1.4

注：1. 本表不适用于设有特殊促流或减压装置的钢筒仓；

2. 当 $h_n/d_n \geqslant 3$ 时，表中 C_h 值应乘以 1.1；

3. 对于流动性能较差的散料，C_h 值可乘以系数 0.9；

4. 对于群仓的内仓及边长不大于 4 m 的方仓，$C_h = C_v = 1.0$。

浅仓贮料静态压力作用如图 8.29 所示。在计算深度 s 处，贮料作用于仓壁单位面积上的水平压力标准值按下式计算：

$$P_{hk} = k\gamma s \qquad (8.3.6)$$

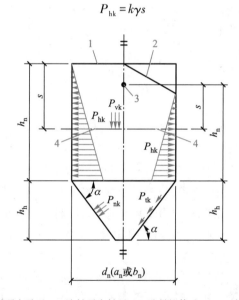

1—贮料顶为平面；2—贮料顶为斜面；3—贮料锥体重心；4—计算截面。

图 8.29　浅仓贮料压力示意图

浅仓贮料对仓壁的水平压力，是以库仑理论为依据的计算公式。但对装料高度较大的大直径浅仓，贮料对仓壁也会产生较大的摩擦力。因此，若钢筒仓的贮料计算高度 h_n 与其内径 d_n 或其他几何平面的短边 b_n 之比大于 1.5 时，或贮料计算高度 h_n 大于 10 m 且钢筒仓内径 d_n 大于或等于 12 m 时，贮料水平压力除按上式计算外，尚应按式（8.3.2）计算，二者计算结果取大值；此外，还应按下式计算筒仓内壁单位面积上的竖向摩擦力标准值：

$$P_{fk} = \mu k\gamma s \qquad (8.3.7)$$

计算深度 s 处，作用于单位水平面上的竖向压力标准值按下式计算：

$$P_{vk} = \gamma s \tag{8.3.8}$$

作用于圆形料斗壁单位面积上的法向压力标准值为

深仓

$$P_{nk} = C_v P_{vk} (\cos^2 \alpha + k \sin^2 \alpha) \tag{8.3.9}$$

浅仓

$$P_{nk} = P_{vk} (\cos^2 \alpha + k \sin^2 \alpha) \tag{8.3.10}$$

作用于圆形料斗壁单位面积上的切向压力标准值为

深仓

$$P_{tk} = C_v P_{vk} (1-k) \sin \alpha \cos \alpha \tag{8.3.11}$$

浅仓

$$P_{tk} = P_{vk} (1-k) \sin \alpha \cos \alpha \tag{8.3.12}$$

式中，P_{vk}——贮料作用于仓底或漏斗壁顶面处单位面积上的竖向压力标准值。对于深仓，在漏斗高度范围内均采用漏斗顶面之值，按式(8.3.3)和式(8.3.4)计算。对于浅仓，在漏斗顶面取 γh_n；在漏斗底面取 $2\gamma h_h$，其中 h_h 为漏斗高度。

仓内贮料为流态的均化仓仓壁上的水平压力标准值 P_{yk}，可以简单地按液态压力计算，取 $0.6\gamma h_n$。

计算吊挂于仓顶的测温电缆作用于仓顶结构的吊挂荷载时，应考虑电缆自重、贮料摩擦力及电缆突出物对贮料阻滞而产生的拉力。当电缆为圆截面且直径无变化、表面无突出物时，贮料摩擦引起的电缆总拉力标准值为

$$N_k = k_d \pi d \rho \frac{\mu_0}{\mu} (\gamma h_d - P_{vk}) \tag{8.3.13}$$

式中，k_d——计算系数，1.5~2.0，浅仓取小值，深仓取大值；

d——电缆直径；

h_d——电缆在贮料中的长度；

μ_0——贮料对电缆表面的摩擦系数；

P_{vk}——电缆最下端处贮料的竖向压力标准值。

2. 地震荷载和风荷载

钢板料仓可按单仓计算地震作用，且可不考虑贮料对仓壁的局部作用，落地式平底钢板筒仓可不考虑竖向地震作用。在计算筒仓的水平地震作用及其自振周期时，取贮料总重的80%作为其重力荷载代表值，重心仍取贮料总重的重心。

钢板筒仓的水平地震作用可按单质点或多质点体系模型，采用底部剪力法或振型分解反应谱法计算。对于落地式钢板筒仓的水平地震作用，也可采用下列简化方法计算，底部水平地震作用标准值可按下式计算：

$$F_{Ek} = \alpha_{max} (G_{sk} + G_{mk}) \tag{8.3.14}$$

水平地震作用对筒仓底部产生的弯矩标准值可按下式计算：

$$M_{Ek} = \alpha_{max} (G_{sk} h_s + G_{mk} h_m) \tag{8.3.15}$$

沿筒仓高度第 i 质点分配的水平地震作用标准值可按下式计算：

$$F_{ik} = F_{Ek} \frac{G_{ik} h_i}{\sum\limits_{i=1}^{n} G_{ik} h_i} \tag{8.3.16}$$

式中,G_{sk}——筒仓自重(包括仓上建筑)的重力荷载标准值;

　　G_{mk}——贮料的重力荷载代表值;

　　G_{ik}——集中于第 i 质点的重力荷载代表值;

　　h_s——筒仓自重(包括仓上建筑)的重心高度;

　　h_m——贮料总重的重心高度;

　　h_i——i 质点的重心高度;

　　α_{max}——地震影响系数最大值,对地震烈度为 6、7、8 度时分别取 0.04、0.08 及 0.16。

仓上建筑分配的水平地震作用应乘以增大系数 3,但增大部分不向下传于仓壁构件。

地震作用下仓内贮料因运动会产生对仓壁的作用力,贮料对仓壁的局部压力计算可参见《钢筒仓规范》。

钢板筒仓的风荷载体型系数可按下列规定取值:仓壁稳定计算:取 1.0;筒仓整体计算:独立筒仓取 0.8,仓群取 1.3。

3. 荷载效应组合

钢板筒仓结构设计应根据使用过程中在结构上可能同时出现的荷载,按承载能力极限状态和正常使用极限状态分别进行荷载效应组合,并取各自的最不利组合进行设计。

钢板筒仓的结构重要性系数应取 1.0,特殊用途的钢板筒仓可按具体要求采用大于 1.0 的系数。钢板筒仓可以采用两种荷载作用效应组合:① 永久荷载效应控制的组合。永久荷载和可变荷载应取全部,其中永久荷载分项系数应取 1.35,可变荷载中的贮料荷载分项系数应取 1.3,其他可变荷载分项系数应取 1.4。② 可变荷载效应控制的组合。永久荷载及可变荷载效应中起控制作用的可变荷载应取全部,其中永久荷载分项系数应取 1.2,可变荷载中的贮料荷载分项系数应取 1.3,其他可变荷载分项系数应取 1.4。钢板筒仓无顶盖且贮料重量按实际重量取值时,贮料荷载组合系数取 1.0,有盖时可取 0.9。

钢板筒仓进行倾覆稳定或滑移稳定计算时,其抗滑移稳定安全系数可取 1.3,抗倾覆稳定安全系数可取 1.5。永久荷载有利时,其分项系数取 1.0。

8.3.3　料仓仓壁设计

本小节重点介绍圆形钢板筒仓,矩形钢板筒仓的设计要点参见我国现行《钢筒仓规范》。

1. 强度计算

钢板筒仓仓壁无加劲肋时,可按薄膜理论计算其内力。对于有加劲肋的筒仓,可采用有限元方法进行计算或简化方法进行计算;当加劲肋间距不大于 1.2 m 时,也可采用折算厚度按薄膜理论进行计算。

焊接钢板筒仓与螺旋卷边钢板筒仓不设加劲肋时,在贮料水平压力作用下,应按轴心受拉构件进行强度计算:

$$\sigma_t = \frac{P_h d_n}{2t} \leqslant f \tag{8.3.17}$$

在竖向压力作用下,按轴心受压构件进行计算:

$$\sigma_c = \frac{q_v}{t} \leqslant f \tag{8.3.18}$$

式中,σ_t——仓壁环向拉应力设计值;

$\quad\sigma_c$——仓壁竖向压应力设计值;

$\quad t$——仓壁厚度;

$\quad q_v$——作用于仓壁单位周长的竖向压力设计值,按上一小节规定的荷载组合方法计算;

$\quad f$——钢板抗拉或抗压强度设计值。

在水平压力及竖向压力共同作用下,按下式进行折算应力计算:

$$\sigma_{zs} = \sqrt{\sigma_t^2 + \sigma_c^2 - \sigma_t \sigma_c} \leqslant f \qquad (8.3.19)$$

式中取拉应力 σ_t 为正值,压应力 σ_c 为负值。仓壁钢板采用对接拼接时,对接焊缝应按下式进行计算:

$$\sigma = \frac{N}{L_w t} \leqslant f_t^w \text{ 或 } f_c^w \qquad (8.3.20)$$

式中,N——垂直于焊缝长度方向的拉力和压力设计值;

$\quad L_w$——对接焊缝的计算长度;

$\quad t$——被连接仓壁的较小厚度;

f_t^w、f_c^w——对接焊缝抗拉、抗压强度设计值。

当钢板筒仓设置加劲肋时,仓壁应满足水平方向抗拉强度要求,按式(8.3.17)进行计算。仓壁为波纹钢板时,不考虑仓壁承担竖向压力,全部竖向压力由加劲肋承担;仓壁为焊接平钢板或螺旋卷边钢板时,取宽为 $2b_e$($b_e \leqslant 15t$,且$\leqslant b/2$)的仓壁与加劲肋构成组合构件,承担竖向压力。加劲肋或加劲肋与仓壁构成的组合构件,按下式进行截面强度计算:

$$N = q_v b \qquad (8.3.21)$$

$$\sigma = \frac{N}{A_n} \pm \frac{M}{W_n} \leqslant f \qquad (8.3.22)$$

式中,σ——加劲肋或组合构件截面拉、压应力设计值;

$\quad N$——加劲肋或组合构件承担的竖向压力设计值;

$\quad M$——竖向压力 N 对加劲肋或组合构件截面形心的弯矩设计值;

$\quad A_n$——加劲肋或组合构件净截面面积;

$\quad W_n$——加劲肋或组合构件净截面弹性抵抗矩;

$\quad b$——加劲肋中距(弧长)。

加劲肋与仓壁的连接处,在单位高度上仓壁传给加劲肋的竖向力设计值为

$$V = [1.2P_{gk} + 1.3C_f P_{fk} + (1.2q_{gk} + 1.4\sum q_{Qik})/h_s]b \qquad (8.3.23)$$

式中,P_{gk}——仓壁单位面积重力标准值;

$\quad q_{gk}$——仓顶与仓上建筑永久荷载作用于仓壁单位周长上的竖向压力标准值;

$\quad q_{Qik}$——仓顶与仓上建筑可变荷载作用于仓壁单位周长上的竖向压力标准值;

$\quad h_s$——计算截面以上的仓壁高度。

当采用角焊缝连接时,按下式计算:

$$\tau_f = \frac{V}{h_e L_w} \leqslant f_f^w \qquad (8.3.24)$$

式中,τ_f——按焊缝有效截面计算的沿焊缝长度方向的平均剪应力;

h_e——角焊缝有效厚度;

L_w——仓壁单位高度内角焊缝的计算长度;

f_f^w——角焊缝强度设计值。

当采用普通螺栓或高强度螺栓连接时,按《标准》的有关规定进行计算。

无加劲肋的螺旋卷边钢板筒仓,当仓壁环向弯卷处(图 8.27)风荷载产生的拉力大于永久荷载产生的压力时,卷边有拉开的趋势,可按下式进行抗弯强度计算:

$$\sigma = 6a(q_w - q_g)/t \leqslant f$$

式中,q_w——水平风荷载作用于仓壁单位周长上的竖向拉力设计值;

q_g——永久荷载作用于仓壁单位周长上的竖向压力设计值;

a——卷边的外伸长度;

t——仓壁厚度。

2. 稳定计算

钢板筒仓在竖向荷载作用下,仓壁应按薄壳弹性稳定理论或下述方法进行稳定计算。

在竖向轴压力作用下:

$$\sigma_c \leqslant \sigma_{cr} = k_p \frac{Et}{R} \tag{8.3.25}$$

$$k_p = \frac{1}{2\pi}\left(\frac{100t}{R}\right)^{3/8} \tag{8.3.26}$$

式中,σ_c——仓壁竖向压应力设计值;

σ_{cr}——竖向荷载下仓壁的临界应力;

E——钢材的弹性模量,取 2.06×10^5 N/mm^2;

t——仓壁的计算厚度,有加劲肋且间距不大于 1.2 m 时,可取仓壁的折算厚度,其他情况取仓壁厚度;

R——筒仓半径;

k_p——竖向压力下仓壁的稳定系数。

筒仓在竖向轴压力和贮料水平压力共同作用下,按下式计算:

$$\sigma_c \leqslant \sigma_{cr} = k_p' \frac{Et}{R} \tag{8.3.27}$$

$$k_p' = k_p + 0.265 \frac{R}{t}\sqrt{\frac{P_{hk}}{E}} \tag{8.3.28}$$

式中,k_p'——有内压时仓壁的稳定系数。当 $k_p' > 0.5$ 时,取为 0.5。

仓壁局部承受竖向集中力时,应在集中力作用处设置加劲肋,集中力的扩散角可取 30°,其分布宽度取至加劲肋下部,并按式(8.3.25)验算,此时的 σ_c 为分布宽度上的局部压应力设计值。

无加劲肋的仓壁或仓壁区段,在水平风荷载的作用下,可按下式验算空仓仓壁的稳定性:

$$q_{n,Rd} \leqslant \alpha_n q_{n,Rcru}/\gamma_{M1} \tag{8.3.29}$$

式中,α_n——弹性屈曲的缺陷系数,$\alpha_n = 0.5$;

$q_{n,Rd}$——在风荷载(迎风)作用下最大外部法向压力设计值;

γ_{M1}——板壳稳定承载力分项系数,$\gamma_{M1} = 1.10$;

$q_{n,Rcru}$——各向同性筒壁在外部法向压力下的临界屈曲应力,按下式计算:

$$q_{n,Rcru} = 0.92 C_b \mu_s E \left(\frac{R}{l}\right) \left(\frac{t}{R}\right)^{2.5} \tag{8.3.30}$$

式中,t——筒壁上最薄处的板厚,mm。

    l——环梁之间的距离或筒壁上下边缘之间的距离,mm。

C_b——外部压力屈曲系数,取 0.6。

μ_s——风荷载体型系数。当筒壁处于一个紧密排列的钢板筒仓群时,取 1.0;当独立钢板筒仓承受风荷载时,取 1.0 和下式中的较大值。

$$\mu_s = \frac{2.2}{\left(1 + 0.1\sqrt{C_b \dfrac{R}{l}\sqrt{\dfrac{R}{t}}}\right)} \tag{8.3.31}$$

3. 构造要求

仓上建筑的支撑点宜在仓壁上或仓顶锥台上,较重的仓上建筑或重型设备,宜采用落地支架。波纹钢板、焊接钢板仓壁,相邻上下两层壁板的竖向接缝应错开布置,焊接钢板错开距离不应小于 250 mm。波纹钢板仓壁的搭接缝及连接螺栓孔,必要时应设密封条、密封圈。筒仓仓壁在满足结构计算要求的基础上,尚应考虑外部环境对钢板的腐蚀及贮料对仓壁的磨损,并采取相应措施。

竖向加劲肋接头应采用等强度连接,相邻两加劲肋的接头不宜在同一水平高度上,通至仓顶的加劲肋数量不应小于总数的 25%。竖向加劲肋与波纹钢板仓壁宜采用镀锌螺栓连接,与螺旋卷边仓壁宜采用高频焊接连接或螺栓连接。螺栓直径与数量应经计算确定,直径不宜小于 8 mm,间距不宜大于 200 mm。当采用焊接连接时,焊缝高度取被焊仓壁较薄钢板的厚度,螺旋卷边仓咬口上下焊缝长度均不应小于 50 mm。施焊仓壁外表面的焊痕必须进行防腐处理。

仓壁下部开设人孔时,洞口尺寸宜取 600 mm×600 mm。其边框应做成整体式,截面应经计算确定。人孔门应设内、外两层,分别向仓内、外开启。门框与仓壁、门扇与门框的连接,必要时均应采取密封措施。

8.3.4 仓底料斗(漏斗)设计

1. 料斗壁的强度验算

圆锥料斗仓底在贮料作用下应进行强度计算,图 8.30 示出了料斗的内力,在截面Ⅰ—Ⅰ处,料斗壁单位周长的经向拉力设计值为

$$N_m = 1.3 \times \left(\frac{P_{vk} d_0}{4\sin\alpha} + \frac{W_{mk}}{\pi d_0 \sin\alpha}\right) + 1.2 \times \frac{W_{gk}}{\pi d_0 \sin\alpha} \tag{8.3.32}$$

式中,P_{vk}——计算截面处贮料竖向压力标准值;

    W_{mk}——计算截面以下料斗内贮料重力标准值;

    W_{gk}——计算截面以下料斗壁重力标准值;

d_0——计算截面处料斗的水平直径；

α——料斗壁与水平面的夹角。

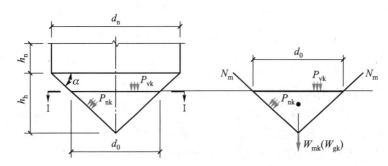

图 8.30　圆锥料斗内力计算示意图

在截面 Ⅰ—Ⅰ 处,料斗壁单位宽度内的环向拉力设计值为

$$N_t = \frac{1.3 P_{nk} d_0}{2\sin \alpha} \tag{8.3.33}$$

式中,P_{nk}——贮料作用于料斗壁单位面积上的法向压力标准值。

料斗壁在贮料作用下应分别验算单向抗拉强度和折算应力,若令 t 为料斗壁厚度,其经向应力 σ_m、环向应力 σ_t 和折算应力 σ_{zs} 分别应满足

$$\sigma_m = \frac{N_m}{t} \leqslant f \tag{8.3.34}$$

$$\sigma_t = \frac{N_t}{t} \leqslant f \tag{8.3.35}$$

$$\sigma_{zs} = \sqrt{\sigma_t^2 + \sigma_m^2 - \sigma_t \sigma_m} \leqslant f \tag{8.3.36}$$

料斗壁可由经向划分的梯形板组成,每块板在料斗上口处的长度宜为 1.0 m。料斗口宜设计为焊接整体结构,其上口直径不宜大于 2.0 m;下口尺寸应满足工艺要求,且应满足式(8.3.1)的要求。

2. 环梁的强度验算

在圆锥料斗仓底与仓壁相交处,由于曲率的剧烈变化而引起附加内力,因此通常设置环梁,如图 8.31 所示。环梁与仓壁及料斗壁的连接可采用焊接或螺栓连接。当采用螺栓连接时,环梁计算不考虑与之相连的仓壁及料斗壁参与工作。当采用焊接连接时,环梁计算可考虑与之相连的部分壁板参与工作,共同工作的仓壁范围取 $0.5\sqrt{r_c t_c}$,但不大于 $15 t_c \sqrt{235/f_y}$;共同工作的料斗壁范围取 $0.5\sqrt{r_h t_h}$,但不大于 $15 t_h \sqrt{235/f_y}$。其中 t_c、r_c 为仓壁与环梁相连处的厚度和曲率半径,t_h、r_h 为料斗壁与环梁相连处的厚度与曲率半径。

环梁所受的荷载包括仓壁传来的竖向力、料斗壁传来的斜向拉力及荷载偏心引起的扭矩。在环梁厚度范围内的贮料水平压力,由于数据较小且对环梁的径向受压稳定起有利作用,故偏于安全不计其影响。环梁截面的抗弯、抗剪、抗扭强度,环梁与仓壁及料斗壁连接强度的计算可参照《标准》进行。

在水平荷载 $N_m \cos \alpha$ 作用下,按承载能力极限状态设计时环梁的稳定计算如下:

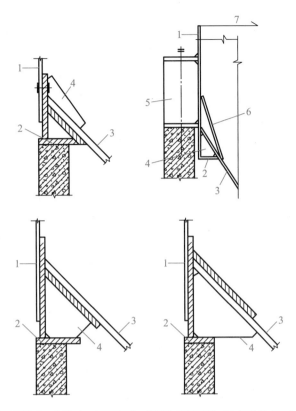

1—仓壁；2—环梁；3—斗壁；4—加劲肋；5—钢筒仓支座环梁；6—加劲板；7—钢筒仓内径。

图 8.31　料斗环梁示意图

$$N_{m} \cos \alpha \leqslant N_{cr} = 0.6 \frac{EI_{y}}{r^{3}} \qquad (8.3.37)$$

式中，I_{y}——环梁截面的惯性矩；

$\quad$ r——环梁的半径；

$\quad$ N_{m}——料斗壁传来的经向拉力；

$\quad$ N_{cr}——单位长度环梁的临界经向压力值。

8.4　压力容器的构造和设计要点

8.4.1　概述

压力容器是工业部门不可缺少的重要生产装备，用于供热、供电、贮存和运输各种工业原料及产品，完成工业生产中必需的各种物理化学过程。这些装备的运行条件相当复杂和苛刻，有些容器如电站锅炉等必须在高温高压下长期安全运行，而有些容器不但要承受高温高压，还要经受各种介质的腐蚀作用，因此对压力容器的设计和制造提出了十分严格的要求。

　　为确保各种压力容器的总体质量及长期可靠运行,我国已经建立了比较完善的设计、制造和检验标准。如 1996 年和 1999 年我国相继颁发了《蒸汽锅炉安全技术监察规程》和《压力容器安全技术监察规程》的修订版,对压力容器的设计、制作、使用、检验、改造等方面提出了基本要求和指标;压力容器的设计、计算等详细内容已由国家标准 GB 150—2011《压力容器》和 GB/T 16507.4—2022《水管锅炉 第 4 部分:受压元件强度计算》进行了统一规定。

8.4.2　压力容器的分类与典型结构形式

　　按《压力容器安全技术监察规程》的规定,必须接受监督管理的压力容器是指最高工作压力 $\geqslant 0.1$ MPa,内直径 $\geqslant 0.15$ m,且容积 $\geqslant 0.025$ m^3,工作介质为气体、液化气体,或最高工作温度高于或等于液体标准沸点的容器。

　　按照工作压力,压力容器一般可分为低压(0.1 MPa $\leqslant p < 1.6$ MPa)、中压(1.6 MPa $\leqslant p < 10$ MPa)、高压(10 MPa $\leqslant p < 100$ MPa)和超高压($p \geqslant 100$ MPa)四类。

　　按照设计温度,压力容器可以分为低温容器(设计温度 $t \leqslant -20$ ℃)、常温容器(-20 ℃ $< t < 350$ ℃)和高温容器($t \geqslant 350$ ℃)。

　　按照生产工艺的工作原理,压力容器又可以分为反应压力容器(反应釜、分解锅、硫化罐、聚合釜、合成塔、变换炉、蒸煮锅、煤气发生炉等)、换热压力容器(锅炉、热交换器、冷却器、蒸发器、消毒锅、蒸汽发生器等)、分离压力容器(分离器、过滤器、缓冲器、洗涤器、吸收塔、干燥塔、分气缸等)和贮存压力容器(各种形式的贮存罐)等四类。

　　按照结构形式,压力容器可分为整体式和组合式两大类。整体式容器也称为单层容器,包括钢板卷焊式、整体锻造式、电渣成形堆焊式、铸焊式和锻焊式等容器;组合式容器包括多层包扎式、多层热套式、多层绕板式、扁平绕带式、槽形绕带式和绕丝式压力容器等。图 8.32～图 8.35 给出了几种典型的压力容器结构形式,下面对其进行简要介绍。

　　图 8.32 为实际应用中最为广泛的钢板卷焊式压力容器,筒节由一条或多条纵向焊缝组焊,筒节之间由环缝连接成整体。筒体钢板厚度小于 200 mm 时可以用卷板机卷制成形,厚度超过 200 mm 且宽度超过 3.5 m 时一般采用大吨位油压机压制成形。容器封头一般需要根据几何尺寸在液压机或旋压机上以冷成形或热成形方法制成。这种容器投资费用较低,材料利用率高,制造周期短,而且薄壁容器可不用进行焊后热处理。但焊接工作量较大,焊缝无损探伤周期较长,焊缝缺陷引起的容器失效概率相对增加。

　　图 8.33 为单层锻焊式压力容器结构,主要用于高压厚壁容器,如核反应堆压力容器。其壳体壁厚最大为 220 mm,由锻造筒体、锻造封头、顶盖和各种不同直径的接管以环向焊缝拼接组合而成。特点是壳体节间无纵向焊缝拼接,减小了焊接工作量和检查周期。缺点是要使用大型冶炼、锻压和热处理设备,投资很高。

　　图 8.34 为典型的多层热套式压力容器结构,主要用于厚壁容器,是当壁厚超过制造厂卷板机能力时的一种经济性较好的方案。一般采用 25～70 mm 的中厚板,卷焊成内外径相配的筒节并加热套合而成壁厚符合设计要求的筒节,筒节之间通过环向焊缝组焊形成筒体。为防止筒节间的环焊缝焊接时熔渣流入热套层的间隙内,并防止焊缝裂纹,常在筒节环向焊缝坡口的侧面开一定深度的坡口,形成层间止裂焊缝。如果采用半球形容器封头,其理论计

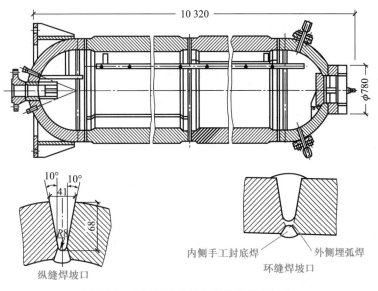

图 8.32 钢板卷焊式压力容器的典型结构

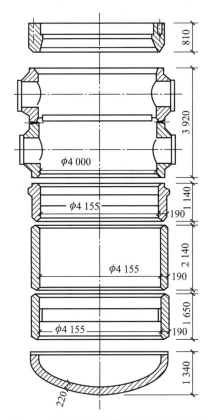

图 8.33 单层锻焊式核反应堆压力容器

算壁厚约为筒体壁厚的 1/2,封头与筒体之间应采用焊透的环向对接焊缝连接。多层热套式压力容器结构的优点是材料利用率高、制作方便、容器壁厚和外形尺寸不受设备条件限制,而且中厚板的力学性能较厚板更优,更容易保证强度和韧性。目前我国各大锅炉制造厂已完全掌握了多层热套式压力容器的关键制造工艺。

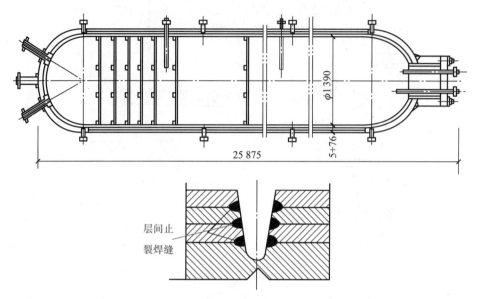

图 8.34 多层热套式压力容器的典型结构

图 8.35 为多层包扎式压力容器结构,一般采用厚 15~30 mm 的钢板卷焊成内筒,外层用预弯成半圆形的 6~12 mm 的层板包扎在内筒上,并以 2~3 条纵缝将层板连接成多层筒节,各层层板的纵缝应该相互错开。这样逐层包扎焊接,直至达到设计厚度。最后将筒节通过环焊缝连接成整台容器。这种结构的优点是用小功率卷板机即可制造厚壁容器,设备投资小;各层板之间有包扎预紧力,其安全度大于单层容器;厚度为 12 mm 以下的层板强度和抗脆断性能均优于厚板;容器内部有腐蚀性介质时,只需内筒采用相应的耐腐蚀材料,外层仍采用普通钢板,可节约大量贵重的耐腐蚀材料。缺点是制作工艺复杂,周期较长,焊缝较多,检验难度较大,筒体传热性差,不宜用作壁温超过200 ℃的高温容器。

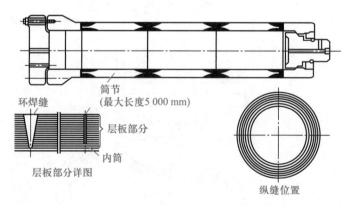

图 8.35 多层包扎式压力容器的典型结构

多层绕板式压力容器是由多层包扎式压力容器发展而来的,筒节由内筒、绕板层、楔形板和外筒构成。内筒采用 15~40 mm 的钢板卷焊而成,绕板层则用厚 3~5 mm 薄钢板在绕板机上螺旋绕制而成,外筒通常采用 2~3 块厚度为 10~12 mm 的碳钢瓦片紧包在绕板层的外壁上起保护作用。由于绕板层是螺旋缠绕的,需要预先加焊楔形板,使之填充在绕板层与内筒或外筒之间的三角形空隙区。多层绕板式筒体与多层包扎式相比,除了兼有其优点之外,由于采用了连续缠绕的方式,整个绕板层只有内外两道纵向焊缝,减小焊接工作量的同时,大大提高了材料利用率和机械化程度,降低了成本,并缩短了生产周期。目前国内能够生产内径为 500~7 000 mm 的多层绕板式压力容器。

8.4.3　压力容器用钢

不同压力容器的工作条件不尽相同,总的来说具有如下特点:① 工作压力范围较宽,从普通容器到超高压容器,工作压力从 0.1 MPa 到 100 MPa 及以上。② 工作温度范围较宽,最高可高达 600 ℃ 以上,最低至 -253 ℃。③ 工作介质腐蚀性变化很大,腐蚀形态也有多种,而且容器内壁或外壁长期与之接触。鉴于此,对压力容器用钢的性能,可提出如下要求:

1) 在工作温度下,钢材应具有足够的强度,对于工作温度高于 450 ℃ 的受力部件,所用钢材应具有较高的蠕变强度(持久强度)。

2) 承受高温高压的容器用钢应具有良好的常温和高温塑性及较高的抗应变时效能力;对于低温条件下工作的容器用钢应具有低温断裂韧性指标的合格保证。

3) 钢材应具有一定的耐腐蚀性、抗氧化性和抗苛性脆化能力。

4) 钢材应具有较高的组织稳定性,较低的珠光体球化和石墨化倾向。

5) 钢材应具有良好的冷加工和热加工成形性能,能适应各种加工过程所产生的冷作硬化和高温变性。

6) 钢材应具有优良的焊接性,能适应包括高输入热量焊接在内的各种焊接工艺,具有较高的抗裂性并保证接头的力学性能。

7) 钢材对各种热处理应具有较好的适应性,经多次热处理后钢材仍应具有符合有关标准规定的强度、塑性和韧性。

压力容器用钢分为钢板、管件、棒材、铸件和锻件。其钢种从普通的碳素结构钢、低合金钢、低合金高强度钢、低合金耐热钢、低温韧性钢到高合金不锈钢,品种繁多。这些钢种已分别列入相应的国家和部颁标准。我国常用的压力容器碳素钢和低合金钢的钢号及室温力学性能见表 8.14。

表 8.14　压力容器用碳素钢和低合金钢钢号及室温力学性能

钢号	钢板标准号	供货状态	厚度范围/mm	抗拉强度 R_m/MPa	屈服强度 R_{eL}/MPa
Q245R	GB/T 713—2014	热轧、控轧正火	3~16	400	245
			>16~36	400	235
			>36~60	400	225
			>60~100	390	205
			>100~150	380	185

续表

钢号	钢板标准号	供货状态	厚度范围/mm	抗拉强度 R_m/MPa	屈服强度 R_{eL}/MPa
Q345R	GB/T 713—2014	热轧、控轧 正火	3～16	510	345
			>16～36	500	325
			>36～60	490	315
			>60～100	490	305
			>100～150	480	285
			>150～200	470	265
Q370R	GB/T 713—2014	正火	10～16	530	370
			>16～36	530	360
			>36～60	520	340
18MnMoNbR	GB/T 713—2014	正火+回火	30～60	570	400
			>60～100	570	390
13MnNiMoR	GB/T 713—2014	正火+回火	30～100	570	390
			>100～150	570	380
15CrMoR	GB/T 713—2014	正火+回火	6～60	450	295
			>60～100	450	275
			>100～150	440	265
14Cr1MoR	GB/T 713—2014	正火+回火	6～100	520	310
			>100～150	510	300
12Cr2Mo1R	GB/T 713—2014	正火+回火	6～150	520	310
12Cr1MoVR	GB/T 713—2014	正火+回火	6～60	440	245
			>60～100	430	235
12Cr2Mo1VR	—	正火+回火	30～120	590	415
16MnDR	GB/T 3531—2014	正火 正火+回火	6～16	490	315
			>16～36	470	295
			>36～60	460	285
			>60～100	450	275
			>100～120	440	265
15MnNiDR	GB/T 3531—2014	正火 正火+回火	6～16	490	325
			>16～36	480	315
			>36～60	470	305

续表

钢号	钢板标准号	供货状态	厚度范围/mm	抗拉强度 R_m/MPa	屈服强度 R_eL/MPa
15MnNiNbDR	—	正火 正火+回火	10~16	530	370
			>16~36	530	360
			>36~60	520	350
09MnNiDR	GB/T 3531—2014	正火 正火+回火	6~16	440	300
			>16~36	430	280
			>36~60	430	270
			>60~120	420	260
08Ni3DR	—	正火、正火+回火 调质	6~60	490	320
			>60~100	480	300
06Ni9DR	—	调质	6~30	680	560
			>30~40	680	550
07MnMoVR	GB/T 19189—2011	调质	10~60	610	490
07MnNiVDR	GB/T 19189—2011	调质	10~60	610	490
07MnNiMoDR	GB/T 19189—2011	调质	10~50	610	490
12MnNiVR	GB/T 19189—2011	调质	10~60	610	490

　　在我国现行标准 GB/T 150.2—2011《压力容器 第 2 部分:材料》中,容许采用碳素结构钢的 Q235B 和 Q235C 热轧厚钢板和带钢,但钢板的硫、磷的质量分数应≤0.035%。厚度等于和大于 6 mm 的钢板应进行冲击试验,试验结果应符合 GB/T 700—2006《碳素结构钢》的规定。对用于使用温度低于 20~0 ℃、厚度等于和大于 6 mm 的 Q235 钢板,应附加进行横向试样 0 ℃冲击试验,3 个试样的冲击吸收能量平均值≥27 J。Q235B 和 Q235C 钢板的适用范围见表 8.15。

表 8.15　Q235 钢板的适用范围

钢号	容许最大设计压力/MPa	容许工作温度/℃	钢板厚度/mm	容器介质的限制
Q235B	≤1.6	20~300	≤16	不得用于毒性程度为极度或高度危害的介质
Q235C		0~300		

　　碳素钢和低合金钢的钢板、钢管、锻件及其焊接接头的冲击吸收能量最低值应满足表 8.16 的规定。夏比 V 型缺口冲击试样的取样部位和试样方向应符合相应钢材标准的规定。钢板冲击试验要求应分别满足 GB/T 713—2014《锅炉和压力容器用钢板》、GB/T 3531—2014《低温压力容器用钢板》和 GB/T 19189—2011《压力容器用调质高强度钢板》的规定。

表 8.16　压力容器用碳素钢和低合金钢冲击能力最低值要求

钢材标准抗拉强度下限值 R_m/MPa	3 个试样冲击吸收能量平均值 KV_2/J
≤450	≥20
450~510	≥24
510~570	≥31
570~630	≥34
630~690	≥38

注:对于 R_m 随厚度增大而降低的钢材,按该钢材最小厚度范围的 R_m 确定合格指标。

碳素钢板和低合金钢板用于受压元件时,其最低使用温度和冲击试验的要求见表 8.17。抗氢钢、低温钢和不锈钢主要根据工作温度和介质特性来选择。在现代炼油的加氢脱硫和加氢裂解反应器中,容器的工作温度高于 454℃,应选用高纯度的 12Cr2Mo1R 抗氢钢。

表 8.17　受压元件用碳素钢板和低合金钢板最低使用温度及冲击试验要求

钢号	钢板厚度/mm	供货状态	冲击试验要求	最低使用温度/℃
Q245R	<6	热轧,控轧,正火	免做冲击	-20
	6~12		0 ℃冲击	-20
	12~16			-10
	16~150			0
	12~20	热轧,控轧	-20℃冲击(协议)	-20
	12~150	正火		-20
Q345R	<6	热轧,控轧,正火	免做冲击	-20
	6~20		0 ℃冲击	-20
	20~25			-10
	25~200			0
	20~30	热轧,控轧 正火	-20 ℃冲击(协议)	-20
	20~300			-20
Q370R	10~60	正火	-20℃冲击	-20
18MnMoNbR	30~100	正火+回火	0 ℃冲击	0
			-10 ℃冲击(协议)	-10
13MnNiMoR	30~150	正火+回火	0 ℃冲击	0
			-10 ℃冲击(协议)	-10
07MnMoVR	10~60	调质	-20 ℃冲击	-20
12MnNiVR	10~60	调质	-20 ℃冲击	-20

钢号	钢板厚度/mm	供货状态	冲击试验要求	最低使用温度/℃
16MnDR	6~60	正火,正火+回火	−40 ℃冲击	−40
	60~120		−30 ℃冲击	−30
15MnNiDR	6~60	正火,正火+回火	−45 ℃冲击	−45
15MnNiNbDR	10~60	正火,正火+回火	−50 ℃冲击	−50
09MnNiDR	6~120	正火,正火+回火	−70 ℃冲击	−70
08Ni3DR	6~100	正火,正火+回火,调质	−100 ℃冲击	−100
06Ni9DR	6~40(6~12)	调质(或两次正火+回火)	−196 ℃冲击	−196
07MnNiVDR	10~60	调质	−40 ℃冲击	−40
07MnNiMoDR	10~50	调质	−50 ℃冲击	−50

8.4.4　压力容器的设计

目前我国压力容器的设计方法为许用应力(容许应力)计算法。现行 GB/T 150—2011《压力容器》对压力容器各部件的强度计算给出了许用应力极限,并以各种计算系数考虑局部许用应力极限。

1. 内压圆筒与球壳的强度计算

内压圆筒与球壳的强度计算主要从弹性失效观点出发,采用第一强度理论的中径公式,并考虑内壁最大主应力与平均应力的差值进行相应修正。

忽略介质自重影响,内压圆筒与球壳的薄膜应力为二维应力,其第一主应力的计算公式分别为

圆筒:

$$\sigma_1 = \frac{p_c D}{2\delta} \tag{8.4.1}$$

球壳:

$$\sigma_1 = \frac{p_c D}{4\delta} \tag{8.4.2}$$

式中,p_c——容器计算内压力,MPa;

D——圆筒或球壳的中径,mm;

δ——容器壁厚。

圆筒与球壳部分的第二主应力的计算公式均为

$$\sigma_2 = \frac{p_c D}{4\delta} \tag{8.4.3}$$

第三主应力 $\sigma_3 = 0$,因此按第一强度理论的圆筒应力应满足

$$\sigma_{d1} = \sigma_1 = \frac{p_c D}{2\delta} \leqslant [\sigma] \tag{8.4.4}$$

由此可得容器壁厚的计算公式为

$$\delta = \frac{p_c D}{2[\sigma]}$$

(8.4.5)

将圆筒中径换算成内径 $D_1 = D - \delta$，并计及焊缝接头强度折减系数，可得

$$\delta = \frac{p_c D_1}{2[\sigma]\phi - p_c}$$

(8.4.6)

式中，ϕ——焊缝接头系数。对于双面焊对接接头和相当于双面焊的全焊透对接接头，100%无损检测时 $\phi = 1.0$，局部无损检测时 $\phi = 0.85$；对于单面焊对接接头（沿焊缝根部全长有紧贴基本金属的垫板），100%无损检测时 $\phi = 0.9$，局部无损检测时 $\phi = 0.8$。

若考虑设计温度，则应以该温度下的许用应力 $[\sigma]'$ 代替上式中的 $[\sigma]$，则

$$\delta = \frac{p_c D_1}{2[\sigma]'\phi - p_c}$$

(8.4.7)

同理，球壳的壁厚计算公式为

$$\delta = \frac{p_c D_1}{4[\sigma]'\phi - p_c}$$

(8.4.8)

上述公式适用于 $p_c \leq 0.4[\sigma]'\phi$（圆筒容器）和 $p_c \leq 0.6[\sigma]'\phi$（球壳容器）。

关于许用应力 $[\sigma]$ 和 $[\sigma]'$ 的取值，可参见 GB 150《压力容器》的有关规定。

2. 内压凸形封头的强度计算

凸形封头包括椭圆形封头、碟形封头、球冠形封头（见图 8.36）和半球形封头。其中半球形封头按球壳的式(8.4.2)和式(8.4.8)计算，这里主要介绍前面几种封头的形式和设计方法。

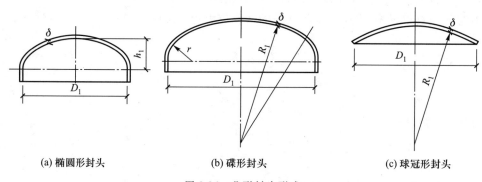

| (a) 椭圆形封头 | (b) 碟形封头 | (c) 球冠形封头 |

图 8.36 凸形封头形式

椭圆形封头推荐采用长短轴比值为 2 的标准型。碟形封头球面部分的内半径应不大于封头的内直径，通常取 0.9 倍的封头内直径，封头转角内半径应不小于封头内直径的 10%，且不得小于 3 倍的名义厚度 δ_n。凸形封头壁厚计算公式按最大主应力理论（第一强度理论）导出，并考虑封头折边处的弯曲应力进行适当修正。

椭圆形封头的壁厚计算公式为

$$\delta = \frac{K p_c D_1}{2[\sigma]'\phi - 0.5 p_c}$$

(8.4.9)

式中,K——椭圆形封头形状系数,对于标准椭圆形封头,$K=1$;对于非标准椭圆形封头:

$$K=\frac{1}{6}\left[2+\left(\frac{D_1}{2h_1}\right)^2\right] \tag{8.4.10}$$

式中,D_1——封头内直径,mm;

　　h_1——封头曲面深度,mm。

　　碟形封头的壁厚计算公式为

$$\delta=\frac{Mp_cR_1}{2[\sigma]^t\phi-0.5p_c} \tag{8.4.11}$$

式中,M——碟形封头形状系数,可按下式计算:

$$M=\frac{1}{4}\left(3+\sqrt{\frac{R_1}{r}}\right) \tag{8.4.12}$$

式中,R_1——碟形封头或球冠形封头球面部分内半径,mm。

　　r——碟形封头过渡段转角内半径,mm。

　　各国压力容器规程规定,碟形封头球面曲率半径不应大于封头的外径 D_0。

　　内压球冠形封头的壁厚计算公式为

$$\delta=\frac{Qp_cD_1}{2[\sigma]^t\phi-p_c} \tag{8.4.13}$$

式中,Q——球冠形封头形状系数,可参考 GB/T 150.3—2011《压力容器》中图 5.5 曲线确定。

3. 内压锥形封头的强度计算

　　对于锥壳顶角 $\alpha\leq60°$ 的轴对称无折边锥形封头和折边锥形封头,其截面形式如图 8.37 所示。锥体的圆周向应力按最大主应力理论求得。

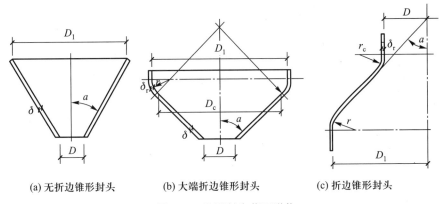

(a) 无折边锥形封头　　(b) 大端折边锥形封头　　(c) 折边锥形封头

图 8.37　锥形封头截面形状

　　锥壳厚度的计算公式为

$$\delta_c=\frac{p_cD_c}{2[\sigma]^t\phi-p_c}\cdot\frac{1}{\cos\alpha} \tag{8.4.14}$$

式中,D_c——锥壳大端内径,mm,当锥壳由同一半顶角的几个不同厚度的锥壳段组成时,D_c 为各锥壳段大端内直径;

　　α——锥壳半顶角,(°)。

由于球壳与容器筒体连接附近位置存在一定的弯曲应力,使此处应力较大,如果都按此处的应力选择截面,显然是不经济的。因此通常在锥壳与筒体之间设置加强段,即把此处的局部壁厚加大。关于加强段的设计与计算,可参考 GB 150《压力容器》的有关规定。

8.5　浮顶式贮液罐设计例题

设计要求:浮顶式贮液罐,设计容积 50 000 m³,设计温度为常温,基本风压 $w_0 = 0.4$ kPa,地面粗糙度为 A 类,不考虑抗震。使用材料:钢板材 Q345R,$[\sigma]_d = [\sigma]_t = (345 \times 2/3)$ N/mm² = 230 N/mm²,焊条采用 E50 型,角焊缝许用应力取 $f_f^w = 0.65 \times 230$ N/mm² = 150 N/mm²,对接焊缝许用应力取 $f_t^w = 230$ N/mm²。罐体不考虑腐蚀裕度。罐底板伸出罐壁长度 $c = 50$ mm,罐底弹性地基系数 $K_b = 0.05$ N/mm³。贮液重度取试水重度 $\gamma = 10$ kN/m³。

1. 罐体尺寸选择

由于贮液罐的容积较大,故采用壁厚沿高度变化的罐体。根据构造要求,罐底中幅板和环形边缘板的厚度分别取为 8 mm 和 12 mm。假设罐体底板的平均厚度 $t_a = 10$ mm,则按式(8.2.3)可得罐体的经济高度

$$H = \sqrt{\frac{f_t^w(t_2 + t_3)}{\gamma}} = \sqrt{\frac{230 \times (0 + 10)}{10 \times 10^{-6}}} \text{ mm} = 15\ 166 \text{ mm}$$

使设计高度提高 10% 左右,形成一定设计余量。取 $H = 17\ 400$ mm。罐壁沿高度分为 9圈,则每圈高度为 1 933 mm。按式(8.2.4),贮液罐直径为

$$D = \sqrt{\frac{4V}{\pi H}} = \sqrt{\frac{4 \times 50\ 000}{\pi \times 17.4}} \text{ m} = 60.5 \text{ m}$$

取 $D = 64$ m。实际容积

$$V = \frac{\pi D^2}{4}H = \frac{\pi \times 64^2}{4} \times 17.4 \text{ m}^3 = 55\ 976 \text{ m}^3$$

超过设计容积约 12%(>10%),可以满足设计要求。

2. 罐壁设计

由于工作温度为常温,贮液重度取试水重度 $\gamma = 10$ kN/m³,故由式(8.2.24)和式(8.2.25)得底圈计算壁厚为

$$t_{11} = t_d = t_t = \frac{4.9D(H - 0.3)\rho}{[\sigma]_t \varphi} = \frac{4.9 \times 64 \times (17.4 - 0.3) \times 1}{230 \times 0.9} \text{ mm} = 25.9 \text{ mm}$$

第二圈的计算壁厚为

$$t_{12} = t_d = t_t = \frac{4.9D(H - 0.3)\rho}{[\sigma]_t \varphi} = \frac{4.9 \times 64 \times (17.4 - 1.933 - 0.3) \times 1}{230 \times 0.9} \text{ mm} = 23.0 \text{ mm}$$

依次类推可以得到其他各圈的计算厚度。同时根据表 8.9,贮液罐直径大于 60 m 时,罐壁的最小厚度不得小于 10 mm。据此,表 8.18 给出了各圈的计算壁厚结果和实际选用的壁厚。

表 8.18　罐壁厚度计算及设计值

圈数	1(底圈)	2	3	4	5	6	7	8	9
计算壁厚/mm	25.9	23.0	20.0	17.1	14.2	11.3	8.3	5.4	2.5
实际壁厚/mm	28	25	22	18	15	12	10	10	10

3. 罐壁和罐底板连接处的强度设计

（1）相关参数的计算

根据上面所选择的尺寸,罐壁自身质量约为 450 t,考虑抗风圈和其他附属设备,预估罐壁能够传递下来的总质量约为 500 t。因此罐壁作用于罐底周边的设计荷载为

$$G = \frac{500\,000 \times g}{\pi D}\ \mathrm{N/mm} = \frac{500\,000 \times 9.8}{\pi \times 64\,000}\ \mathrm{N/mm} = 24.4\ \mathrm{N/mm}$$

贮液在罐壁底部或罐底产生的设计压力为

$$P = \gamma H = 10\,000 \times 10^{-9} \times 17\,400\ \mathrm{N/mm^2} = 0.174\ \mathrm{N/mm^2}$$

罐壁圆筒刚度

$$D_\mathrm{s} = \frac{E t_{11}^3}{12(1-\mu^2)} = \frac{206\,000 \times 28^3}{12(1-0.3^3)}\ \mathrm{N \cdot mm} = 4.141 \times 10^8\ \mathrm{N \cdot mm}$$

罐壁弹性系数

$$K_\mathrm{s} = \frac{E t_{11}}{R^2} = \frac{206\,000 \times 28}{32\,000^2}\ \mathrm{N/mm^3} = 5.63 \times 10^{-3}\ \mathrm{N/mm^3}$$

罐壁特征系数

$$m_\mathrm{s} = \sqrt[4]{\frac{K_\mathrm{s}}{4D_\mathrm{s}}} = \sqrt[4]{\frac{5.63 \times 10^{-3}}{4 \times 4.141 \times 10^8}}\ \mathrm{mm^{-1}} = 1.36 \times 10^{-3}\ \mathrm{mm^{-1}}$$

罐底板柱面刚度

$$D_\mathrm{b} = \frac{E t_3^3}{12(1-\mu^2)} = \frac{206\,000 \times 12^3}{12 \times (1-0.3^2)}\ \mathrm{N \cdot mm} = 3.26 \times 10^7\ \mathrm{N \cdot mm}$$

罐底板特征系数

$$m_\mathrm{b} = \sqrt[4]{\frac{K_\mathrm{b}}{4D_\mathrm{b}}} = \sqrt[4]{\frac{0.05}{4 \times 3.26 \times 10^7}}\ \mathrm{mm^{-1}} = 4.425 \times 10^{-3}\ \mathrm{mm^{-1}}$$

（2）罐壁柔度系数

根据表 8.10 可得罐壁的柔度系数:

$$\delta_{11}^\mathrm{s} = \frac{4 m_\mathrm{s}^3}{K_\mathrm{s}} = \frac{4 \times (1.36 \times 10^{-3})^3}{5.63 \times 10^{-3}}\ \mathrm{N^{-1}} = 1.79 \times 10^{-6}\ \mathrm{N^{-1}}$$

$$\delta_{12}^\mathrm{s} = \delta_{21}^\mathrm{s} = -\frac{2 m_\mathrm{s}^2}{K_\mathrm{s}} = -\frac{2 \times (1.36 \times 10^{-3})^2}{5.63 \times 10^{-3}}\ \mathrm{mm/N} = -6.57 \times 10^{-4}\ \mathrm{mm/N}$$

$$\delta_{22}^\mathrm{s} = \frac{2 m_\mathrm{s}}{K_\mathrm{s}} = \frac{2 \times 1.36 \times 10^{-3}}{5.63 \times 10^{-3}}\ \mathrm{mm^2/N} = 0.483\ \mathrm{mm^2/N}$$

$$\Delta_{1P}^\mathrm{s} = -\frac{\gamma}{K_\mathrm{s}} = -\frac{1.0 \times 10^{-5}}{5.63 \times 10^{-3}} = -1.78 \times 10^{-3}$$

$$\Delta_{2P}^{s} = \frac{\gamma H}{K_s} = \frac{1.0 \times 10^{-5} \times 17\ 400}{5.63 \times 10^{-3}}\ \text{mm} = 30.91\ \text{mm}$$

（3）罐底柔度系数

寻墨尔函数的自变量 $m_b c = 4.425 \times 10^{-3} \times 50 = 0.221$。故由寻墨尔函数,得

$$\theta(m_b c) = \theta(0.221) = \mathrm{e}^{-0.221}\cos(0.221) = 0.782\ 2$$

$$\xi(m_b c) = \xi(0.221) = \mathrm{e}^{-0.221}\sin(0.221) = 0.175\ 7$$

$$\varphi(m_b c) = \theta(m_b c) + \xi(m_b c) = 0.782 + 0.176 = 0.958\ 0$$

$$\psi(m_b c) = \theta(m_b c) - \xi(m_b c) = 0.782 - 0.176 = 0.606\ 5$$

根据表 8.10 可得罐底的柔度系数:

$$\delta_{11}^{b} = \frac{m_b^3}{K_b}\{1 + [\varphi(m_b c)]^2 + 2[\theta(m_b c)]^2\}$$

$$= \frac{(4.425 \times 10^{-3})^3}{0.05}(1 + 0.958\ 0^2 + 2 \times 0.782\ 2^2)\ \text{N}^{-1} = 5.44 \times 10^{-6}\ \text{N}^{-1}$$

$$\Delta_{1P}^{b} = \frac{m_b \gamma H}{2K_b}\{1 - \psi(m_b c)\varphi(m_b c) + 2\xi(m_b c)\theta(m_b c)\}$$

$$= \frac{4.425 \times 10^{-3} \times 10^{-5} \times 17\ 400}{2 \times 0.05}(1 - 0.606\ 5 \times 0.958\ 0 + 2 \times 0.175\ 7 \times 0.782\ 2)$$

$$= 5.34 \times 10^{-3}$$

$$\Delta_{1G}^{b} = -\frac{Gm_b^2}{K_b}\{2[\theta(m_b c)]^2\} = -\frac{24.4 \times (4.425 \times 10^{-3})^2}{0.05} \times 2 \times 0.782\ 2^2 = -0.011\ 7$$

（4）罐壁与罐底连接处内力及强度验算

$$M_0 = \frac{\delta_{12}^{s}\Delta_{2P}^{s} - \delta_{22}^{s}(\Delta_{1P}^{s} + \Delta_{1P}^{b} + \Delta_{1G}^{b})}{\delta_{22}^{s}(\delta_{11}^{s} + \delta_{11}^{b}) - (\delta_{12}^{s})^2}$$

$$= \frac{-6.57 \times 10^{-4} \times 30.91 - 0.483 \times (-1.78 \times 10^{-3} + 5.34 \times 10^{-3} - 0.011\ 7)}{0.483 \times (1.79 \times 10^{-6} + 5.44 \times 10^{-6}) - (-6.57 \times 10^{-4})^2}\ \text{N} \cdot \text{mm/mm}$$

$$= -5\ 351\ \text{N} \cdot \text{mm/mm}$$

$$Q_0 = \frac{\delta_{21}^{s}(\Delta_{1P}^{s} + \Delta_{1P}^{b} + \Delta_{1G}^{b}) - \Delta_{2P}^{s}(\delta_{11}^{s} + \delta_{11}^{b})}{\delta_{22}^{s}(\delta_{11}^{s} + \delta_{11}^{b}) - (\delta_{12}^{s})^2}$$

$$= \frac{-6.57 \times 10^{-4} \times (-1.78 \times 10^{-3} + 5.34 \times 10^{-3} - 0.011\ 7) - 30.91 \times (1.79 \times 10^{-6} + 5.44 \times 10^{-6})}{0.483 \times (1.79 \times 10^{-6} + 5.44 \times 10^{-6}) - (-6.57 \times 10^{-4})^2}$$

$$= -71.27\ \text{N/mm}$$

M_0 和 Q_0 的结果均为负值,说明实际内力与图 8.16 假设的方向相反。

罐壁最大弯曲应力

$$\sigma_M = \frac{6M_0}{t_{11}^2} = \frac{6 \times 5\ 351}{28^2}\ \text{N/mm}^2 = 40.95\ \text{N/mm}^2$$

$$2\sigma_s = 690\ \text{N/mm}^2$$

$$\sigma_M < 2\sigma_s$$

满足要求。

罐底边缘板最大弯曲应力

$$\sigma_{\mathrm{M}} = \frac{6M_0}{t_2^2} = \frac{6 \times 5\,351}{12^2}\ \mathrm{N/mm^2} = 223.0\ \mathrm{N/mm^2} < 2\sigma_{\mathrm{s}}$$

满足要求。

取下节点角焊缝高度 $h_{\mathrm{f}} = 10$ mm,则单位长度焊缝

$$A_{\mathrm{f}} = 2 \times 0.7h_{\mathrm{f}} = 2 \times 0.7 \times 10\ \mathrm{mm^2/mm} = 14\ \mathrm{mm^2/mm}$$

$$W_{\mathrm{f}} = 0.7h_{\mathrm{f}}(t_1 + h_{\mathrm{f}}) = 0.7 \times 10 \times (28 + 10)\ \mathrm{mm^3/mm} = 266\ \mathrm{mm^3/mm}$$

下节点焊缝应力

$$\tau = \sqrt{\left(\frac{Q_0}{A_{\mathrm{f}}}\right)^2 + \left(\frac{M_0}{W_{\mathrm{f}}}\right)^2} = \sqrt{\left(\frac{71.27}{14}\right)^2 + \left(\frac{5\,351}{266}\right)^2}\ \mathrm{N/mm^2} = 20.8\ \mathrm{N/mm^2}$$

$$\varphi f_{\mathrm{f}}^{\mathrm{w}} = 0.9 \times 150\ \mathrm{N/mm^2} = 135\ \mathrm{N/mm^2}$$

$$\tau < \varphi f_{\mathrm{f}}^{\mathrm{w}}$$

故下节点连接处焊缝满足要求。

4. 抗风设计

(1) 风荷载作用下的许用临界压力

根据式(8.2.34),第 i 圈罐壁板的当量高度 $H_{ei} = h_i \left(\dfrac{t_{\min}}{t_i}\right)^{2.5}$,计算结果列于表 8.19。

表 8.19 罐壁板当量高度计算结果

圈数	1(底圈)	2	3	4	5	6	7	8	9
实际壁厚/mm	28	25	22	18	15	12	10	10	10
实际高度/m	1.933								
当量高度/m	0.147	0.196	0.269	0.445	0.701	1.225	1.933	1.933	1.933

罐体的当量高度

$$H_{\mathrm{E}} = \sum H_{ei} = 8.782\ \mathrm{m}$$

罐体的许用临界压力

$$[P_{\mathrm{cr}}] = 16.48\frac{D}{H_{\mathrm{E}}}\left(\frac{t_{\min}}{D}\right)^{2.5} = 16.48 \times \frac{64}{8.782} \times \left(\frac{10}{64}\right)^{2.5}\ \mathrm{kN/mm^2} = 1.159\ \mathrm{kN/mm^2}$$

(2) 中间抗风圈的数量和位置

由地面粗糙度类别为 A 类,确定风压高度系数 $\mu_z = 1.58$,则罐体上的风荷载标准值

$$w_{\mathrm{k}} = \beta_z \mu_s \mu_z w_0 = 1.0 \times 1.0 \times 1.58 \times 0.4\ \mathrm{kN/mm^2} = 0.632\ \mathrm{kN/mm^2}$$

对于敞口的浮顶贮液罐,根据式(8.2.35)得设计风压

$$P_0 = 3.375 \times 0.632\ \mathrm{kN/mm^2} = 2.133\ \mathrm{kN/mm^2}$$

因为 $P_0 > [P_{\mathrm{cr}}] \geqslant P_0/2$,故除了顶部按构造必需设置的抗风圈之外,尚应设置一个中间抗风圈,位置在距罐顶 $H_{\mathrm{E}}/2 = (8.782/2)$ m $= 4.391$ m 的当量高度处。由于 4.391 m -2×1.933 m $= 0.525$ m < 1.933 m,故中间抗风圈应设置在第 7 层圈板范围内,实际距地面高度为

$$h = (17.4 - 2 \times 1.933 - 0.525)\ \mathrm{m} = 13.009\ \mathrm{m}$$

　　根据表 8.11 的要求,中间抗风圈选用∟200×200×14 的等边角钢,一个肢水平,另一个肢朝下,上面采用连续角焊缝,下面可采用间断焊。中间抗风圈自身接头应全熔透、全熔合。

　　(3) 顶层抗风圈的计算

　　根据式(8.2.31)可知,顶层抗风圈所需的截面抵抗矩为

$$W_z = 0.083D^2H_1w_k = 0.083 \times 64^2 \times 17.4 \times 0.632 \text{ cm}^3 = 3\ 739 \text{ cm}^3$$

选用[28a 的槽钢和 6 mm 厚钢板组成图 8.17 的 A—A 剖面所示的组合截面形式。此顶层抗风圈兼作走台,槽钢形心轴与罐壁距离取 900 mm(>600 mm)。则此时的截面抵抗矩为 $W = 3\ 787 \text{ cm}^3 > W_z$,满足设计要求。

本章参考文献

第 8 章参考文献

第 9 章

钢结构施工阶段设计和施工

9.1 概　　述

　　钢结构作为常用的建筑结构之一,具有强度高、塑性和韧性好、抗震性能好等优点,在大跨度、超高层等结构领域及建筑外形复杂的结构中得到了广泛应用。钢结构构件可于工厂预制,在现场由螺栓进行拼接或者焊接连接,具有施工速度快、经济效益高、绿色环保的特点,且钢结构材料可回收再利用,符合绿色建筑及可持续发展理念。

　　但钢结构也有弱点:板和杆件较薄柔,稳定问题突出;钢材不耐高温,防火要求高;耐腐蚀性差,不利于在潮湿和有侵蚀性介质的环境中应用;钢结构有低温冷脆倾向,尤其是厚板经焊接而成的受拉、受弯构件和板件,低温脆性断裂的倾向更为严重。

　　由于在设计和施工中对以上弱点重视不够,钢结构事故在国内外时有发生。下面介绍几个在施工过程中发生破坏的工程事故。

1. 加拿大魁北克大桥事故

　　跨越圣劳伦斯河的加拿大魁北克大桥采用了比较新颖的悬臂构造,其结构形式是主桥墩向河中侧伸出悬臂桁架跨,由主桥墩向岸边侧伸出的锚定悬臂桁架跨平衡,中间由简支桁架跨连接形成整体结构,简支中跨和悬臂跨自重通过锚臂跨和抗拔锚定桩平衡,如图 9.1 所示。

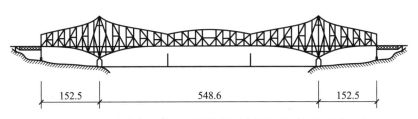

图 9.1　魁北克大桥经修改后的结构示意图(近似尺寸,单位:m)

　　该桥由加拿大凤凰公司设计,原设计桥墩间主跨为 487.7 m,后该桥设计和施工总咨询工程师,美国著名桥梁建筑师西奥多·库珀(Theodore Cooper)将主跨增加到 548.6 m,理由是避免深水处的桥墩在流冰期被冰凌撞击,缩短桥墩施工时间并节省材料。由于中间简支跨跨度不变,向河中侧的悬臂跨度增加到 171.5 m,使桥墩处两侧的桥体所受的负弯矩增大,杆件内力也增加不少。但原设计单位工程师却忽视了内力的增大,没有改变杆件截面,结果架设后杆件受力过大。当库珀发现这一问题时,结构的大部分制造和架设工作已经完成。

面对既成事实,库珀没有下令停工,而是希望通过提高桥梁钢材的容许应力(即减少安全系数)侥幸过关,这就给桥梁的安全留下了隐患。

魁北克大桥于 1900 年 10 月 2 日正式开工。桥墩由大块花岗岩与混凝土填料组成,高度在最高水位之上约 8 m。1903 年完成引桥施工,直到 1905 年 7 月才开始桥梁上部结构施工。桥梁架设过程中工人发现铆钉孔错位,在 1907 年 6 月中旬,就发现一些受压杆弯曲,并报告给库珀。库珀等人认为小弯曲问题不大,将大部分杆件强行铆接在了一起。8 月,工人发现在锚臂跨负弯矩区下部的 1 根受压弦杆的弯曲变形,在两周时间内由 19 mm 增至 57 mm,相应的另 1 根弦杆也发生了相同方向的弯曲变形,杆件挠度问题日益严重。

1907 年 8 月 27 日,一个工人感到危险,决定暂停工作。当天的施工被库珀的工地助理叫停,助理要到纽约向库珀汇报,何时复工由库珀决定。两天后,此事传到凤凰公司高层,经讨论决定重新开工,因为他们已经在某种程度上默认弦杆在架设前已经发生弯曲变形,且凤凰公司总工程师曾表示,弦杆安全系数很高。此时库珀等人并不知道已经复工,当库珀的助理于 1907 年 8 月 29 日下午 5 点 15 分回到工地,与凤凰公司讨论对策时,危险已经降临。5 点 32 分,人们忽然听到一阵震耳欲聋的巨响,南侧弯曲最大的格构式下弦杆,由于缀条薄弱等原因突然失稳压溃,导致南岸桥梁结构全部坠入河中,垮塌后的现场如图 9.2 所示。19 000 t 钢材及当时正在桥上作业的 86 名工人落入水中,共有 75 人罹难,只有 11 人生还。

(a)　　　　　　　　　　　　　　　　　　　(b)

图 9.2　第一次坍塌后的魁北克大桥

这次垮塌事故的教训是深刻的:如果库珀修改设计后,原设计单位能及时重新复核,修改杆件截面;如果库珀发现设计问题后,不存在侥幸心理而下令停工;如果凤凰公司和库珀能密切沟通,而不是各自为政,或者库珀不是在纽约遥控指挥,而是在现场及时处理压杆变形过大的问题;如果能事先对所使用的格构式受压弦杆构件进行试验和理论研究后再用于实践;如果上述有一项实现,事故都不会发生。应该看到,库珀对这次事故负有主要责任。他把桥梁跨度扩大到 548.6 m,是当时世界上该种桥形最大的跨度,一旦桥梁建成,他将名扬世界,正是这一私心铸成了惨剧,他也被建筑工程界诟病。

魁北克大桥第一次垮塌后,政府提供资金,在吸取事故经验和开展大量科学研究的基础上,进行了新桥的设计和施工。新桥设计很保守,用钢量成倍增加。

新桥的制作和前期施工都很顺利。在两侧悬臂跨架设完成之后,于 1916 年 9 月 11 日,用驳船运送 5 000 t 中间跨至桥梁跨度中央河面处,固定驳船后,通过 4 根固定于悬臂跨端部的吊杆,采用液压千斤顶开始吊装中间跨。当中间跨提升到河面以上 9 m 时,由于一根吊杆的连接节点突然断裂,致使中间跨扭曲变形,随后另 3 根吊杆失效,发生了第二次垮塌,如图 9.3 所示。第二次垮塌造成 5 000 t 中间跨坠入河中,连同 13 名工人溺亡。这次事故和第一次由于设计原因造成的垮塌不同,纯属施工事故。

图 9.3　第二次垮塌的中间跨

历经了两次垮塌的悲剧之后,魁北克大桥终于在 1917 年竣工通车,建成后的大桥如图 9.4 所示。1922 年,加拿大的七大工程学院出资购买垮塌桥梁的钢材打造成钢质戒指——工程师之戒,发给每年从工程系毕业的学生,让学生戴在绘图和计算用手的小拇指上,以便时刻提醒自己牢记工程师肩负的神圣使命和重大责任。

图 9.4　最终建成的魁北克大桥

2. 澳大利亚西门大桥事故

西门大桥坐落于澳大利亚墨尔本市的雅拉河上。西门大桥由两部分组成:东西两侧长 67 m 的预应力钢筋混凝土引桥和全长 848 m 的钢结构主桥。钢结构部分为 5 跨连续钢箱梁,3 个中心跨度(144 m+336 m+144 m)的上部悬挂斜拉索,两个尾跨各长 112 m。主桥钢箱梁采用单箱三室梯形断面,外侧两道斜腹板,内侧两道直腹板。梁高 4.1 m,顶板宽度 37.4 m,悬臂宽度 5.8 m,桥面为正交异性钢桥面板。钢箱梁顶板纵向加劲肋为球头扁钢,横向间距为 1.06 m。桥面板横梁纵向间距为 3.2 m,断面为 460 mm 高的球头扁钢。

该桥由一家老牌英国工程咨询公司——弗里曼·福克斯合伙人(Freeman & Fox Partners, FF&P)设计,并于 1968 年 4 月动工。由于工期紧张和避免类似桥梁在以往施工时出现的事故,在进行两个尾跨钢梁吊装时,FF&P 提出了新的施工方法。为了节约时间和降低起吊重量,没有搭设满堂脚手支架,也没有采取全桥整体吊装方案,而是把箱梁分成左右两半分别起吊,并在桥墩上完成横移和拼接,如图 9.5 所示。由于半个箱梁截面是非对称的,其承载力远小于整个箱梁承载力的一半,这就为后续施工埋下了隐患。

在东岸尾跨(跨度为 112 m)箱梁施工时出现了问题。由于没加强半幅箱梁顶板的纵向自由边,梁放在地面支座上时,因自重产生的弯矩引起了跨中顶板纵向自由边多波失稳。施工人员未加处理,将两个半幅箱梁吊到桥墩上开始拼装。拼装前通过调整支座高度,弥合了两个半幅箱梁的跨中拱度差,但由于顶板的局部屈曲变形,两边很难拼合拧紧螺栓。为了消除局部屈曲的影响,工程技术人员做出了一个大胆的决定,将顶板横向拼接缝的螺栓松开,释放顶板的纵向应力,消除局部屈曲变形之后,再重新拧紧横向拼接缝和纵向拼装处的螺栓。该方法的实质就是让顶板退出工作,结构自重产生的弯矩转由桥梁的其余部分承受,这是非常冒险的鲁莽做法,没想到竟然成功了。

吸取东岸尾跨梁的施工经验,西岸尾跨梁在吊装前,先用纵向放置的槽钢加强顶板的纵向自由边,并在每一道横梁的位置增加了一道角钢斜撑,吊装后果然没有发生顶板自由边的屈曲失稳。但当两个半幅箱梁吊到桥墩上后才发现两梁在跨中的拱度高差竟达到 115 mm,根本无法通过调整支座高度来消除高差。为了消除过大的高差,在较高的半幅箱梁跨中放置了 7 块共计 56 t 的混凝土压重。经过自由边加劲的半幅箱梁承担自重没有问题,但在外加混凝土压重作用下,跨中的弯矩急剧增加,结果造成顶板自由边带着加劲槽钢一起失稳了。

出现了问题怎么办?设计方和施工方讨论了一个多月,项目也因此停了下来。最终,他们决定继续使用在东岸已经“成功的老办法”:松开顶板横向拼接缝螺栓进行卸载。1970 年 10 月 15 日上午 11 时 50 分,当工作进行到第 37 个螺栓时,可怕的事情发生了,顶板的屈曲开始沿桥的横向发展,就连邻近腹板的上半部分也发生了屈曲。剩下的螺栓一个个被强大的剪力剪断,该桥瞬间失稳弯折。由于在放松螺栓之前,左、右半幅间部分的横梁已经被连接,失稳的左半幅箱梁带着右半幅一起,从 50 m 高的桥墩掉落下来,共计 35 人当场遇难,17 人受伤。事故模拟图如图 9.6 所示。

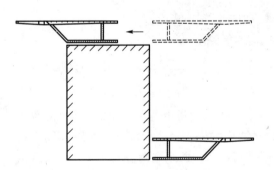

图 9.5　箱梁分开两半的吊装过程

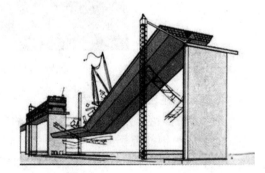

图 9.6　西门大桥事故模拟图

事后,澳大利亚政府组织有关专家成立了事故调查小组,最终得出结论,事故的原因在于设计上的失误及错误和鲁莽的施工。迄今为止,这次事故仍保持着澳大利亚桥梁工程建设史上最严重的事故纪录。

从倒塌的桥梁现场取出的扭曲钢板(即受压屈曲的顶板)和其他残片仍旧保存在墨尔本莫纳什大学工程学院的校区,见图 9.7,用以铭记事故教训和警示未来的工程师们。

1972 年,被停建的西门大桥重新开工,又经过 6 年的建设,终于在 1978 年 11 月 15 日正式建成通车,建成后的西门大桥如图9.8所示。

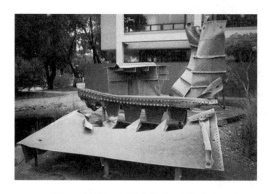

图 9.7　西门大桥事故留下的残骸

图 9.8　建成后的西门大桥

3. 福建省莆田市在建钢结构办公楼事故

2018 年 5 月 4 日 7 点 59 分,位于福建省莆田市涵江区萩芦镇洪南村的莆田市中富水泥制品有限公司发生一起在建办公楼坍塌事故,造成 5 人死亡,13 人受伤。

该在建办公楼建筑面积约 3 000 m²,为三层 H 型钢框架结构。一层层高 6 m,主要用作食堂和停车场;二层层高 4 m,主要用作办公区;三层层高 4 m,主要用作宿舍。事故发生时,该办公楼主体结构已封顶,正在进行二、三层填充墙砌体施工等作业。事故导致三层房屋整体坍塌,叠合在一起。图 9.9 为该建筑当时的坍塌现场。

图 9.9　坍塌事故现场

根据事故调查和《莆田市中富水泥制品有限公司"5·4"在建办公楼坍塌较大事故技术分析报告》,认定此次事故的直接原因是"在建办公楼钢结构部分的 H 型钢柱承载力严重不足,钢结构制作、安装质量存在严重缺陷,在砌筑墙体时导致结构失稳、整体坍塌"。

4. 福建省泉州市欣佳酒店房屋改造工程事故

2020 年 3 月 7 日 19 时 14 分,位于福建省泉州市鲤城区的欣佳酒店所在建筑物发生坍塌事故,造成 29 人死亡、42 人受伤。图 9.10 为倒塌后的欣佳酒店。

欣佳酒店所在建筑于 2012 年开工,原为 4 层钢结构房屋,2016 年改建为 7 层,2018 年改造为欣佳酒店。

2020 年春节前,房屋业主对一楼进行改装。1 月 10 日,装修工人发现一根柱子根部翼

图 9.10 房屋倒塌后现场抢救情况

缘和腹板有严重鼓曲变形,随后检查又发现两根柱子也有同样变形,于是暂停施工,准备对钢柱进行加固。受春节假期和新冠肺炎疫情影响,于 3 月 1 日开始加固施工,此时在现场又发现另外 3 根钢柱也有变形。从 3 月 5 日到 7 日焊接加固了 5 根柱子,但在焊接加固的过程中,没有采取卸载的保护措施,还有另一根柱子没来得及加固。3 月 7 日 17 点 30 分工人下班离场,之后事故发生。

事故调查组认为,事故单位将欣佳酒店建筑物由原 4 层增加夹层改建成 7 层,使其达到极限承载能力并处于坍塌临界状态,加之事发前对底层支承钢柱进行加固焊接作业时未采取卸载保护措施,引发钢柱失稳破坏,导致建筑物整体坍塌。钢柱的具体破坏情况如图 9.11 所示。

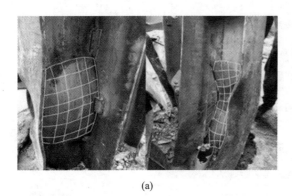

(a)   (b)

图 9.11 钢柱局部失稳和焊接加固缺陷

9.1 20 世纪国内外钢结构工程事故部分实例

由上述国内外 4 个在施工时发生破坏的案例可以看出,事故都是在钢结构瞬间失稳的状态下发生的,事发时根本无法抢救,往往造成重大的人员伤亡和经济财产损失。钢材本来是塑性强、韧性好的材料,可是由于构件的薄柔,在某些非正常情况下就会发生突然破坏。另外,钢结构在低温情况下的脆性断裂,在动荷载作用下的疲劳破坏,在无序施工中突发的各种事故等也时有发生,此处不再赘述。

一系列事故表明,钢结构在设计、施工、维护中的失误会造成局部构件或整体结构失效,进而可能引发严重后果。造成钢结构事故的原因主要分为两个方面:一是设计时的计算错误,以及荷载、受力及环境情况评估不足等;二是施工中材料质量不合格、施工工序不当、安装连接存在问题等。

经统计,在钢结构事故中,由于施工阶段设计和施工的问题导致的事故所占比例较大,因此,如何保证施工阶段设计和施工准确无误,确保安全,就成为钢结构工程中要解决的重要课题。

本章主要从施工阶段设计、钢结构材料和施工工艺、零部件加工及构件组装、钢结构安装和施工验收,以及单体钢结构施工案例等方面,介绍钢结构施工阶段设计和施工中应注意的问题。

9.2 施工阶段设计

钢结构工程施工阶段设计的主要内容包括施工阶段的结构分析和验算、临时支承结构和施工措施的设计、结构预变形设计及深化设计等。

进行施工阶段设计时,选用的设计指标应符合设计文件及 GB 50017—2017《钢结构设计标准》等的有关规定。进行施工阶段的结构分析和验算时,荷载应符合 GB 50755—2012《钢结构工程施工规范》(简称《钢结构施工规范》)的规定。

9.2.1 施工阶段的结构分析和验算

为保证结构安全,或满足规定的功能要求,或将施工阶段分析结果作为其他分析和研究的初始状态,在结构安装成形过程中应进行施工阶段分析,并对施工阶段结构的强度、稳定性和刚度进行验算。

施工阶段的结构宜按静力学方法进行弹性分析。施工阶段的荷载作用、结构分析模型和基本假定应与实际施工状况相符合。施工阶段结构是一个时变结构体系,计算模型需要包括各施工阶段主体结构与临时结构,并保持与设计模型在结构属性上的一致性。

施工阶段的临时支承结构和措施应根据施工状况的荷载作用,对构件应进行强度、稳定性和刚度验算,对连接节点应进行强度验算。当临时支承结构作为设备承载结构时,应进行专项设计。

为了使主体结构成形相对平稳、荷载平稳转移、支承结构的受力不超出预定要求,临时支承结构的拆除顺序和步骤应通过分析和计算确定,并应编制专项施工方案。为了有效控制临时支承结构的拆除过程,对重要的结构或柔性结构可进行拆除过程的内力和变形监测。

吊装状态的构件和结构单元未形成空间刚度单元,极易产生平面外失稳和较大变形,为保证结构安全,需要进行强度、稳定性和刚度验算,动力系数按现行《钢结构施工规范》的规定选取。

索结构中的索安装和张拉顺序应通过分析和计算确定,并应编制专项施工方案。

支承移动式起重设备(主要指移动式塔式起重机、履带式起重机、汽车起重机、滑移驱动设备等)的地面或楼面,应进行承载力和变形验算。当支承地面处于边坡或临近边坡时,应进行边坡稳定验算。

9.2.2 结构预变形设计

结构在施工阶段是一个时变结构体系,为使施工完成后的结构或构件达到设计几何定位的控制目标,有时需预先进行结构变形设置,即结构预变形。

在正常使用(含施工阶段产生的变形)阶段或施工阶段,因自重及其他荷载作用,发生超过设计文件或国家现行有关标准规定的变形限值,或设计文件对主体结构提出预变形要求时,应在施工期间对结构采取预变形。

预变形可按下列形式进行分类:

根据预变形的对象不同,可分为一维预变形、二维预变形和三维预变形,如一般高层建筑或以单向变形为主的结构可采取一维预变形;以平面转动变形为主的结构可采取二维预变形;在三个方向上都有显著变形的结构可采取三维预变形。

根据预变形的实现方式不同,可分为制作预变形和安装预变形。根据预变形的预期目标不同,可分为部分预变形和完全预变形。

结构预变形值应通过分析计算确定,可采用正装法、倒拆法等方法计算。实际预变形的取值大小一般由施工单位和设计单位共同协商确定。

正装法是对实际结构的施工过程进行正序分析,即跟踪模拟施工过程,分析结构的内力和变形。正装法计算预变形值的基本思路为:设计位形作为安装的初始位形,按照实际施工顺序对结构进行全过程正序跟踪分析,得到施工成形时的变形,把该变形反号叠加到设计位形上,即为初始位形。若结构非线性较强,基于该初始位形施工成形的位形将不满足设计要求,类似迭代法,需要经过多次正装分析反复设置变形预调值才能得到精确的初始位形和各分步位形。

倒拆法与正装法不同,是对施工过程的逆序分析,主要是分析所拆除的构件对剩余结构变形和内力的影响。倒拆法计算预变形值的基本思路为:根据设计位形,计算最后一施工步所安装的构件对剩余结构变形的影响,根据该变形确定最后一施工步构件的安装位形。依次倒退分析各施工步的构件对剩余结构变形的影响,从而确定各构件的安装位形。

例如,体形规则的高层钢结构框架柱的预变形值(仅预留弹性压缩量)可根据工程完工后的钢柱轴向应力计算确定。体形规则的高层钢结构每楼层柱段弹性压缩变形 ΔH,按式(9.2.1)进行计算:

$$\Delta H = H\sigma / E \tag{9.2.1}$$

式中,ΔH——每楼层柱段弹性压缩变形;

　　　H——该楼层层高;

　　　σ——竖向轴力标准值的应力;

　　　E——弹性模量。

在每一层钢柱制作下料时,就应预加这一变形量。

结构预变形控制值可根据施工期间的变形监测结果进行修正。

9.2.3　深化设计

钢结构工程施工前应进行深化设计。深化设计应综合考虑工程结构特点、工厂制造、构件运输、现场安装及专业技术要求等内容。钢结构深化设计按交付标准和设计深度可分为结构深化设计和施工详图设计。深化设计所有成果都应由设计单位确认。

结构深化设计主要包括下列内容:

① 深化设计技术说明;

② 深化设计布置图;

③ 节点深化设计图及计算文件；

④ 焊缝连接通用图；

⑤ 墙、屋面压型金属板系统深化设计文件；

⑥ 涂装系统深化设计文件；

⑦ 深化设计清单；

⑧ 深化设计模型。

钢结构施工详图设计是依据钢结构设计图纸绘制用于直接指导钢结构构件制作和安装的细化技术图纸，由具有相应设计资质的钢结构加工制造企业完成，或委托具有相应资质的设计单位完成。钢结构施工详图设计主要包括下列内容：

① 施工详图设计技术说明；

② 构件加工详图；

③ 零部件详图；

④ 预拼装图；

⑤ 安装详图；

⑥ 施工详图设计清单；

⑦ 施工详图设计模型。

钢结构深化设计可采用建筑信息模型（BIM）技术。

钢结构施工详图的深度可参考国家建筑标准设计图集 03G102《钢结构设计制图深度和表示方法》的相关规定。设计图在深度上一般只绘出构件布置、构件截面与内力及主要节点构造，故在详图中需补充部分构造设计与连接计算，一般包括以下内容。

① 构造设计：桁架、支撑等节点板设计与放样；桁架或大跨实腹梁起拱构造与设计；梁支座加肋或纵横加劲肋构造设计；构件运送单元横隔设计；组合截面构件缀板、填板布置及构造；板件、构件变截面构造设计；螺栓群或焊缝群的布置与构造；拼接、焊接坡口及构造切槽构造；张紧可调圆钢支撑构造；隔撑、弹簧板、椭圆孔、板铰、滚轴支座、橡胶支座、抗剪键、托座、连接板、刨边及人孔、毛孔等细部构造；施工施拧最小空间构造；现场组装的定位、夹具耳板等设计。

② 构造及连接计算：一般连接节点的焊缝长度与螺栓数量计算；材料或构件焊接变形调整余量及加工余量计算；起拱拱度、高强度螺栓连接长度、材料用量及几何尺寸与相贯线等计算。

钢结构施工详图设计除符合结构设计施工图外，还要满足其他相关技术文件的要求，主要包括钢结构制作和安装工艺技术要求，以及钢筋混凝土工程、幕墙工程、机电工程等与钢结构施工交叉施工的技术要求。

9.2.4 钢结构深化设计案例

1. 深化设计概况

某工程为全钢结构工程，屋顶高度 350 m。钢结构主要分为两个部分，主塔楼和裙楼。主塔楼为巨型框架支撑结构，构件主要包括箱形钢柱、箱形斜撑和工字梁等构件，加强层是主塔楼深化的难点。裙楼为钢框架+剪力墙体系，构件主要包括劲性钢柱、箱形小斜撑及型钢梁，屋面结构和悬挑结构是裙楼深化的难点。整体结构如图 9.12 所示。

加强层分布于主塔楼 L5、L19、L34、L49 层，层高 9.0 m，主要为桁架结构体系，既有钢柱

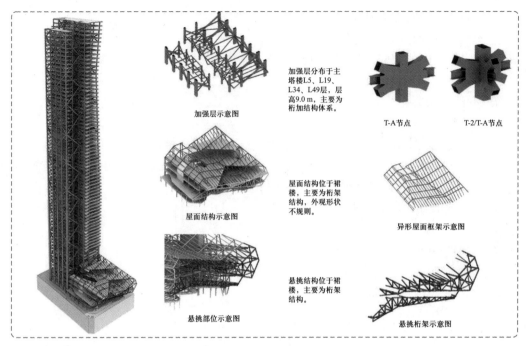

加强层分布于主塔楼L5、L19、L34、L49层,层高9.0 m,主要为桁架结构体系。

加强层示意图

T-A节点　　　　T-2/T-A节点

屋面结构位于裙楼,主要为桁架结构,外观形状不规则。

屋面结构示意图

异形屋面框架示意图

悬挑结构位于裙楼,主要为桁架结构。

悬挑部位示意图

悬挑桁架示意图

图 9.12　结构概况

钢梁,也有横向斜撑和纵向斜撑,主要截面类型有箱形和 H 型,节点形式多样,构造十分复杂,深化难度大。

裙房屋面结构为桁架结构,主要构件截面形式为箱形和 H 型,外观呈平面折线型,形状不规则。裙房钢结构为桁架结构,主要构件截面形式为箱形,外观呈空间折线型,形状极其不规则,节点多,形式复杂,节点相似但不相同,完全依靠人工绘制加工详图,深化设计重复工作量巨大,效率低,易出错且难以发现。

2. 深化设计方法和软件

（1）深化设计方法

所有桁架结构及相关节点,主要采用 AutoCAD、Tekla Structures 软件建模进行深化设计。AutoCAD 是现在较为流行、使用较广的计算机辅助设计和图形处理软件。在 AutoCAD 绘图软件的平台上,根据多年从事的钢结构行业设计、施工经验,针对本工程自行开发了一系列详图设计辅助软件,能够自动拉伸各种杆件截面,进行结构的整体建模。构件设计自动标注尺寸、列出详细的材料表格等。Tekla Structures 软件属于建筑信息模型（BIM）,它将原设计、深化设计的过程按平行模式进行流程化处理,很大程度上提高了深化设计效率并降低了错误率。Tekla Structures 软件大致可归为四类功能,如表 9.1 所示。

表 9.1　Tekla Structures 软件功能概况

序号	Tekla Structures 软件功能
1	结构三维实体模型的建立与编辑
2	各种节点三维实体模型的连接与装配
3	构件、零件的编号与加工详图的绘制
4	用钢量统计

（2）深化设计软件的选择

目前,深化设计的主要使用软件有 AutoCAD、X-steel 等设计软件,根据本工程的结构形式及构件特征,选择 Tekla Structures 设计软件作为深化设计的主要应用软件。使用 Tekla Structures 软件不仅考虑能方便、快捷地进行整体建模、能准确快捷地导出深化图纸,还考虑该软件在国内应用广泛,可以与参与本工程的相关单位共享数据。

（3）深化设计软件的应用

应用 Tekla Structures 软件时一般分为以下 6 个步骤。

① 结构整体定位轴线的确立。首先必须建立结构的所有重要定位轴线空间单线模型,如图 9.13 所示,该模型必须得到原设计的认可。对于本工程,进行所有的深化设计时必须使用同一个定位轴线空间单线模型。

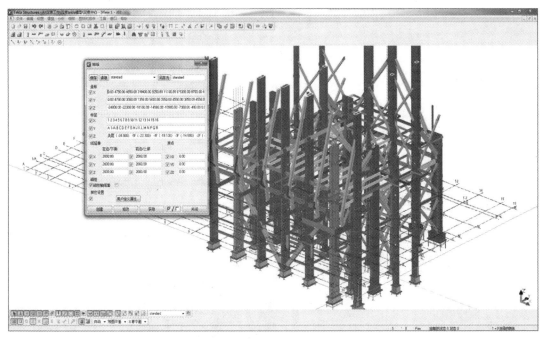

图 9.13　定位轴线创建软件界面

② 结构整体初步建模。在 Tekla Structures 软件截面库中选取钢柱和钢梁截面,进行柱、梁等构件的建模,如图 9.14 所示。

③ 节点参数化自动生成。创建好钢梁及钢柱后,在钢柱、钢梁间创建节点。在 Tekla Structures 软件节点库中有大量钢结构常用节点,采用软件参数化节点能快速、准确建立构件节点。当节点库中无该节点类型时,而在该工程中又存在大量的该类型节点,可在软件中创建人工智能参数化节点以达到设计要求。节点创建界面如图 9.15 所示。

④ 构件编号。全部节点创建完毕,将对整体工程构件进行编号。Tekla Structures 软件可以自动根据预先给定的构件编号规则,按照构件的不同截面类型对各构件及节点进行整体编号命名及组合(相同构件及板件所命名称相同),具体见图 9.16。自动编号可大大减少构件人工编号时间,减少人工编号错误。

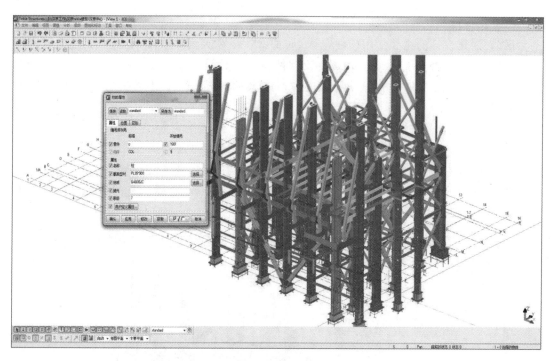

图 9.14　构件截面编辑软件界面

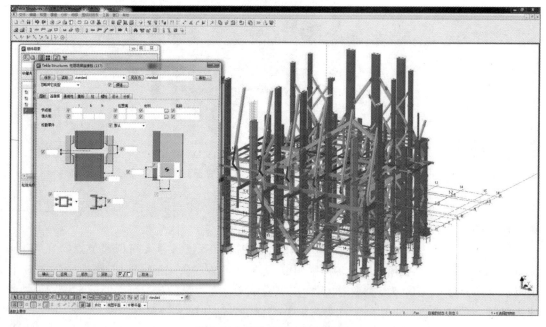

图 9.15　参数化节点软件界面

⑤ 出构件深化图纸。Tekla Structures 软件能自动根据所建的三维实体模型对构件进行放样,其放样图纸的准确性极高。图 9.17 为出图界面。

⑥ 图纸更新调整。自动生成深化图纸具有很强的统一性及可编辑性,软件导出的图纸

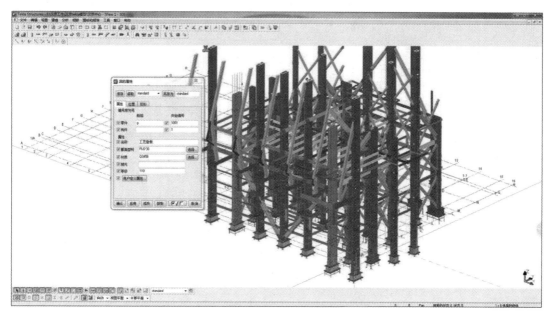

图 9.16　构件编号软件界面

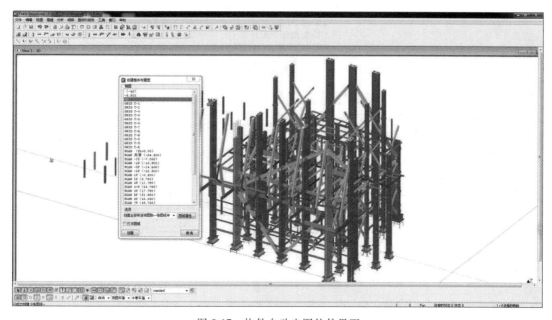

图 9.17　构件自动出图软件界面

始终与三维模型紧密保持一致,当模型中构件有所变动时,图纸将自动在构件所修改的位置进行变更,以确保图纸的准确性。图纸更新界面见图 9.18。

3. 深化设计部组织架构及人员配置

（1）深化设计部组织架构

通常情况下,深化设计部的组织架构如图 9.19 所示。

（2）深化设计人员岗位责任

总负责人:负责整个项目深化设计的协调管理。

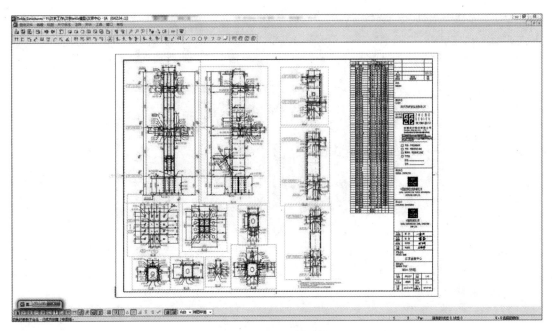

图 9.18　图纸更新界面

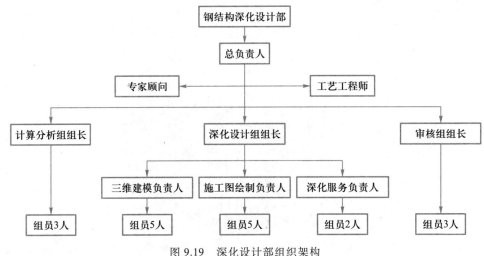

图 9.19　深化设计部组织架构

专家顾问和工艺工程师:负责重大工艺和技术问题的解决、把关等。

深化设计组:负责工厂加工及现场安装等有关图纸问题的协调、解决及服务,传递现场修改信息,及时递交图纸,组织深化班组开展工作。

计算分析组:负责节点分析计算与优化节点的比对计算,预拱设计、温度应力影响分析等。

审核组:负责图纸审核。

4. 深化设计原则与流程

(1) 深化设计原则

1) 深化设计依据:

国家及行业现行的各项标准、规范和规程;

业主提供的相关技术资料；

设计单位提供的原结构图纸及相关技术文件和答疑文件；

加工厂加工制作工艺要求；

现场吊装对分段分片、定位检测、临时连接等相关的要求；

建筑、土建、幕墙、机电、装修等各相关专业对钢结构工程的要求。

2）深化设计详图的表达内容。

① 图纸目录。至少应包含以下内容：

a.深化设计图号。

b.构件号、数量、重量、构件类别。

c.图纸的版本号及提交的日期。

d.其他必要的资料。

② 钢结构深化设计总说明。主要应包含以下内容：

a.工程概况及设计依据（主要为设计、施工方面的规范、规程）。

b.钢材、焊接材料、螺栓、涂料等材料选用说明、依据及建议。

c.加工、制作、安装及除锈涂装（包括防火）的技术要求和说明。

d.焊接、除锈、涂装等工艺的质量要求。

e.构件的几何尺寸及允许偏差。

f.焊接坡口形式、焊接工艺、焊缝质量等级及无损检测要求。

g.加工、制作、安装及涂装（包括防火）需要特别强调的事宜。

h.构造、制造、运输等技术要求。

i.图例说明。

j.其他需要说明的内容。

k.结构及节点计算书：结构的整体分析及计算；针对结构形式、结构布置、材料种类、节点类型向设计单位提出的详细建议；焊接连接、螺栓连接、节点板和加劲肋的计算和完善方案；详尽合理的预拼装及吊装计算方案。

③ 柱脚布置图和平、立面布置图（包括剖面布置图）。至少应包含以下内容：

构件编号、安装方向、标高、安装说明等一系列安装所必须具备的信息。

④ 构件加工图。至少应包含以下内容：

a.构件细部、材料表、材质说明、构件编号、焊接标记、连接细部、锁口和索引图等。

b.螺栓统计表，螺栓标记，螺栓规格。

c.轴线号及相对应的轴线位置。

d.加工、安装所必须具有的尺寸。

e.方向。

f.图纸标题、编号、改版号、出图日期。

g.构件预拼装和安装定位坐标。

h.其他加工厂及安装所需的必要信息。

⑤ 零件详图。尺寸表达完整，须满足加工要求。

⑥ 图纸、文书的尺寸设定。本工程的图纸和资料均使用 A 系列纸张，即 A0、A1、A2、A3和 A4。

（2）深化设计流程

具体的深化设计流程见图 9.20。

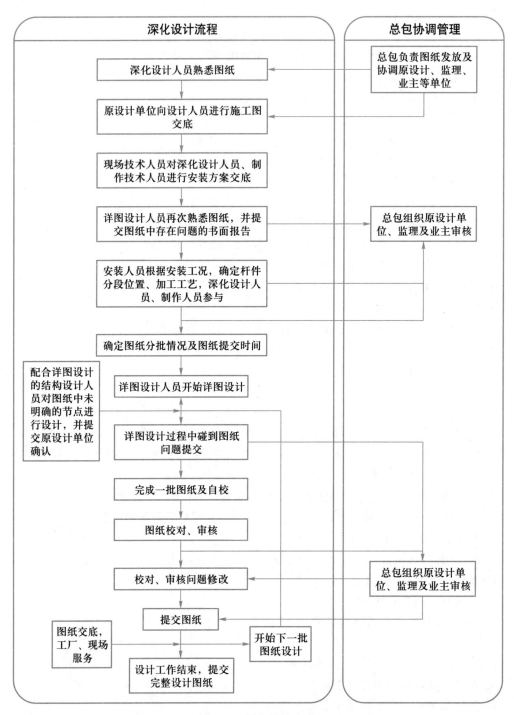

图 9.20 深化设计流程

5. 深化设计质量保证措施

设计全过程的质量控制是保证设计质量的关键,质量保证体系最终体现在各级岗位责任制和三级审核上,在设计全过程中,应始终贯彻"预防为主,防检结合"的全面质量管理,具体包括以下几方面:

① 确保整个工程全部采用计算机三维实体模拟建模方法生成深化设计图纸和数据。

② 加强与各相关单位特别是设计院和加工厂的协调沟通,将设计、加工、安装等问题发现和解决在初期阶段;充分了解和掌握加工厂和安装单位的需求,并有针对性地将这些信息直观、准确地反映在图纸上。

③ 做好各方面的应急预案,妥善解决各种突发情况。

④ 严格、科学地执行设计思路和实施方案。

⑤ 各级岗位人员都应在全面质量管理体系中处于受控状态,按岗位责任制的规定,以质量为中心开展深化活动。

⑥ 深化设计人员对本工程的深化设计图纸采用自审、互审、专业审核的三级审核制度:项目设计人负责自审,项目设计人之间要进行互审,专业审核人员负责专业审核。同时,由专家顾问组对钢结构的重大问题进行讨论把关。审核内容包括:原设计图及变更资料、计算模型及计算书、深化设计三维模型、深化施工图纸等。对深化设计图的主要审核项目有:结构及节点计算模型、计算书;轴线、坐标点及标高尺寸;型材及板材的规格尺寸、材质;连接节点的正确性及合理性;螺栓规格尺寸及孔位;焊缝的正确性及合理性;视图对应关系及表达的完整性;与原设计的一一对应关系;设计变更资料的处理;图面;整套图纸的完整性。

9.3 钢结构材料和施工工艺

目前,我国钢材的生产量和消费量都非常大,已成为最重要的建筑材料之一。本节将介绍钢结构工程所需钢材、连接材料等的基本特点,重点阐述钢结构施工过程中的焊接、紧固件连接等施工工艺。

9.3.1 钢材

1. 钢材订货注意事项

钢材订货时,合同中应对材料牌号、规格尺寸、性能指标、检验要求、尺寸偏差等有明确的规定,且均应符合设计文件和国家现行有关标准的规定。

2. 钢材交货状态

不同钢材交货状态对钢材组织和性能的波动有不同的影响。正确地选择钢材交货状态,对确保产品质量、降低生产成本有十分重要的意义。钢材常见的交货状态主要有热轧状态、控轧状态、正火状态、回火状态、热机械轧制状态等,详见表9.2。

9.2 钢材采购合同

表 9.2 钢材交货状态

交货状态分类	主要工艺措施	适用范围
热轧状态	终止温度 800~900 ℃,空气中自然冷却	厚度较薄和轻型截面的板材、型材
控轧状态	严格控制终轧温度和采取强制冷却措施	中厚板材和重型截面的型材
正火状态	加热到钢材相变温度以上(30~50 ℃),保温一段时间至完全奥氏体化,然后在空气中正常冷却	碳素结构钢、低合金结构钢、铸钢件等,改善切削加工性能
回火状态	将钢材加热至相变临界点以上(900 ℃以上),保温一段时间后在水或油介质中快速冷却(淬火),然后再重新加热到一定温度(150~650 ℃)并保温一定时间,然后冷却	Q420(C、D、E)及以上高强度钢材
热机械轧制状态	在热轧过程中,在控制加热温度、轧制温度和压下量的基础上,再实施控制冷却(加速冷却)的一系列措施	高强度焊接结构用钢板、厚板或超厚钢板

3. 钢材验收要求

钢结构工程所采用的钢材都应具有质量证明书。当对钢材的质量有异议时,可按 GB 50205—2020《钢结构工程施工质量验收标准》的规定进行抽样检验。

钢材应成批验收。每批应由同一牌号、同一炉号、同一规格、同一交货状态的钢材组成,每批质量应不大于 60 t。对于 Q355B 级钢,按 GB/T 1591—2018《低合金高强度结构钢》的规定,允许同一牌号、同一冶炼和浇注方法、同一规格、同一生产工艺制度、同一交货状态或同一热处理制度、不同炉号钢材组成混合批,但每批不得多于 6 个炉号,且各炉号碳含量之差不大于 0.02%、Mn 含量之差不大于 0.15%。

9.3.2 焊接

焊接是建筑钢结构制作中十分重要的加工工艺,是通过加热、加压或两者并用,使焊件达到原子层面结合的一种加工方法。焊接具有节省材料、接头密封性好、生产效率高等优点。

1. 焊接材料及方法

常用的焊接材料有焊条、焊丝、焊剂等。

(1)焊条

焊条是供手工电弧焊用的熔化电极,由焊芯和药皮两部分组成,如图 9.21 所示。焊条可以传导焊接电流和引弧,同时其熔化后又作为填充金属过渡到熔池里,与液态熔化的基本金属熔合形成焊缝。

(2)焊丝

焊丝是供半自动焊和自动焊用的金属丝焊接材料。图 9.22 展示的管状焊丝,其熔敷效

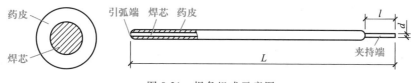

图 9.21 焊条组成示意图

率高、焊缝质量好,广泛应用于各类焊接方法。焊丝的表面质量直接影响焊接工艺的稳定性和焊缝质量,故应该严格控制。

图 9.22 管状焊丝

(3) 焊剂

焊剂是能够熔化形成熔渣(有的也产生气体),并对熔化金属起保护和冶金作用的一种颗粒状物质,主要用于钢结构的埋弧自动焊焊接。应根据焊缝性能的要求,选用与钢材相匹配的焊剂。

(4) 焊接方法

建筑钢结构制作和安装方法多采用熔焊。熔焊是以高温集中热源加热待连接金属,使之局部熔化、冷却后形成牢固连接的过程。其中,常见的焊接方法有焊条电弧焊、气体保护电弧焊、埋弧焊、栓钉焊、电渣焊等。

2. 焊接工艺

(1) 焊接工艺评定及方案

由于钢结构焊接节点或焊接接头不可能实现现场实物取样送样检验,为保证工程焊接质量,须在钢结构制作和安装阶段前,对采用的钢材、焊接材料、焊接方法、接头形式、焊接位置、焊后热处理等参数进行焊接工艺评定试验。

(2) 基本工艺要求

钢结构焊接时,采用的焊接工艺和焊接顺序应能使最终构件的变形最小。根据构件上焊缝的布置,可按合理的焊接顺序控制变形,例如对接接头、T形接头和十字形接头,在工件放置条件允许或易于翻转的情况下,宜双面对称焊接。多组件构成的组合构件应分步组装焊接,矫正变形后再进行总装焊接。

① 焊接作业条件要求。焊接前,应采用钢丝刷、砂轮等工具清除待焊处表面的铁锈、油污等杂物,焊缝坡口宜按 GB 50661—2011《钢结构焊接规范》的有关规定进行检查。

焊接时,对作业区环境有以下要求:

a. 风速:当手工电弧焊和自保护药芯焊丝电弧焊时,焊接作业区最大风速不应超过

9.3 半自动埋弧焊

9.4 栓钉焊

9.5 焊接工艺评定方案

8 m/s;当气体保护电弧焊时,焊接作业区最大风速不应超过 2 m/s。

　　b. 湿度:焊接作业区的相对湿度不得大于 90%。

　　c. 温度:作业环境温度不应低于 -10 ℃。且当焊接作业环境温度低于 0 ℃且不低于 -10 ℃时,应采取加热或防护措施。

　　② 定位焊。定位焊使用的焊材应与正式施焊用的材料相当,定位焊缝厚度不应小于 3 mm,且不宜超过设计焊缝厚度的 2/3,定位焊缝长度宜大于 40 mm 和接头中较薄部件厚度的 4 倍。定位焊预热温度应高于正式施焊温度 20~50 ℃。如发现定位焊缝上有缺陷,必须清除干净后重焊。

9.6　构件焊接:对接焊缝(设引弧板)

　　③ 引弧板、引出板和衬板规定。焊接接头的端部应设置引弧板和引出板。手工电弧焊和半自动气体保护焊焊缝引出长度应大于 25 mm,埋弧焊引出长度应大于 80 mm。焊接完成后,引弧板和引出板应用火焰切割、碳弧气刨或机械方法去除,去除时不得伤及母材并修磨割口处,严禁使用锤击去除引弧板和引出板。当采用钢衬垫时,垫板应与接头母材金属贴合良好,间隙不大于 1.5 mm。

　　④ 焊前预热与焊后处理。

　　a. 焊前预热:

　　为了减少残余应力,在条件允许的情况下,应制定特殊加热方案。对焊前预热及焊道间温度的检测和控制,宜用电加热、火焰加热、红外线加热等方法,测温器具宜采用表面测温仪。预热的加热区域应在焊接坡口两侧,其宽度应大于焊件施焊处板厚的 1.5 倍,且不小于 100 mm。

9.7　消除残余应力

　　b. 焊后处理:

　　焊后消除残余应力主要有加热和捶击两种方法,应分别符合 JB/T 6046—1992《碳钢、低合金钢焊接构件焊后热处理方法》、JB/T 10375—2002《焊接构件振动时效工艺参数选择及技术要求》的相关规定。

　　3. 焊缝质量检验

　　焊接过程中会产生不同形式与不同程度的缺陷,故焊缝质量检验极为重要。

　　焊缝质量检验一般分为外观检查及内部无损检验。焊缝按其检验方法和质量要求分为一级、二级和三级。焊缝的质量等级应根据结构的重要性、荷载特性、焊缝形式、工作环境及应力状态等因素,按具体情况选用。设计要求全焊透的一级、二级焊缝除外观检查外,还要求用超声波探伤进行内部缺陷的检验,当其不能对缺陷做出判断时,则应采用射线探伤检验。三级焊缝只要求对全部焊缝进行外观检查且符合三级质量标准。各级焊缝质量的检查要点汇总如表 9.3 所示。所有查出的不合格焊缝,均应按有关规定予以补修至检查合格为止。

9.8　超声波检验

表 9.3　不同质量级别焊缝的检查方法

焊缝质量级别	检查方法	检查数量	备注
一级	外观检查	全部	有疑点时用磁粉复验
	超声波检查	全部	
	X 射线检查	抽查焊缝长度的 2%,至少应有一张底片	缺陷超出规范规定时应加倍透照,如不合格,应 100% 透照

焊缝质量级别	检查方法	检查数量	备注
二级	外观检查	全部	
	超声波检查	抽查焊缝长度的 50%	有疑点时,用 X 射线透照复验,如发现有超标缺陷,应用超声波全部检查
三级	外观检查	全部	

9.3.3 紧固件连接

相对于焊接,紧固件连接更为简便和易于操作,进度和质量容易得到保证,拆装维护方便,在钢结构安装连接中得到广泛的应用。

1. 普通紧固件连接

(1) 螺栓直径及长度选用

原则上应由设计人员按等强原则通过计算确定螺栓直径,但对于某一项工程,螺栓直径规格应尽可能少,有的还需要适当归类,以便于施工和管理。螺栓直径应与被连接件的厚度相匹配,相关匹配尺寸如表 9.4 所示。

表 9.4 不同连接件厚度推荐的螺栓直径　　　　　　　　mm

连接件厚度	4~6	5~8	7~11	10~14	13~20
推荐螺栓直径	12	16	20	24	27

普通螺栓长度 L 通常是指螺栓螺头内侧面到螺杆端头的长度,一般为 5 mm 进制。影响螺栓长度的主要因素有被连接件厚度、螺母高度、垫圈的数量及厚度等。螺栓长度可按式 (9.3.1) 进行计算:

$$L = \delta + H + nh + C \tag{9.3.1}$$

式中,δ——被连接件总厚度,mm;

H——螺母高度,mm,一般为 $0.8d$,d 为螺栓直径;

n——垫圈个数;

h——垫圈厚度,mm;

C——螺纹外露部分长度,mm,通常 2~3 扣为宜,一般为 5 mm。

(2) 施工要求

施工前,应检查连接板板面质量,板面应平整,无飞边、毛刺、油污等。安装螺栓时,螺栓应能自由穿入,不能用小锤敲击螺栓强行穿入孔内,以免造成螺纹损伤和孔壁翻边。穿入方向宜一致,以方便施工为原则。普通螺栓连接对螺栓预紧力没有要求,可采用普通扳手紧固。普通螺栓紧固次序应从中间开始,对称向两边进行。大型接头宜采用复拧,即进行两次紧固,以保证接头内各个螺栓能均匀受力。普通螺栓作为永久性连接螺栓时,紧固应符合施工规范中的相关规定。

2. 高强度螺栓连接

（1）螺栓长度选用

高强度螺栓长度应以螺栓连接副终拧后外露 2~3 扣丝为标准,按式(9.3.2)计算:

$$l = l' + \Delta l \tag{9.3.2}$$

$$\Delta l = m + ns + 3p \tag{9.3.3}$$

式中,l'——连接板层总厚度;

　　Δl——附加长度;

　　m——高强度螺母公称厚度;

　　n——垫圈个数,扭剪型高强度螺栓为 1,大六角头高强度螺栓为 2;

　　s——高强度垫圈公称厚度,当采用大圆孔或槽孔时,高强度垫圈公称厚度按实际厚度
　　　　取值;

　　p——螺纹的螺距。

确定高强度螺栓公称直径之后,Δl 可按表 9.5 取值。

表 9.5　高强度螺栓附加长度 Δl　　　　　　　mm

高强度螺栓种类	螺栓规格						
	M12	M16	M20	M22	M24	M27	M30
大六角头高强度螺栓	23	30	35.5	39.5	43	46	50.5
扭剪型高强度螺栓	—	26	31.5	34.5	38	41	45.5

注:本表附加长度 Δl 由标准圆孔垫圈公称厚度计算确定。

按式(9.3.2)计算所得的螺栓长度规格可能很多,无法全部买到,在确定螺栓的采购长度,即市场上所提供的公称长度时,应按 2 舍 3 入或 7 舍 8 入的原则,取 5 mm 的整倍数,修正计算长度,得到所谓"修约"后的长度(即公称长度),并应尽量减少螺栓的规格数量。

（2）施工要求

① 安装临时螺栓。安装临时螺栓时,在每个连接节点上应先穿入临时螺栓和冲钉定位,严禁把高强度螺栓作为临时螺栓使用。对于每一个连接节点,临时螺栓和冲钉的数量应根据安装时所承受的荷载计算确定,并不应少于安装孔总数的 1/3。

② 安装高强度螺栓。

a. 高强度螺栓安装应在结构构件找正、找平后进行,其穿入方向应以施工方便为准,并力求一致。高强度螺栓连接副组装时,螺母带圆台面的一侧应朝向垫圈有倒角的一侧。

b. 高强度螺栓现场安装时应能自由穿入螺栓孔,严禁强行穿入(如用锤敲打)。螺栓不能自由穿入时,可采用铰刀或锉刀修整螺栓孔,不得采用气割扩孔,扩孔数量应征得设计单位同意,修整后或扩孔后的孔径不应超过螺栓直径的 1.2 倍。

c. 高强度螺栓连接副施拧可采用扭矩法和转角法。连接节点螺栓群初拧、复拧和终拧应采用合理的施工顺序,且在 24 h 内完成。

9.3.4　钢结构涂装

钢结构的防腐涂装施工工程经常采用油漆类防腐、金属热喷涂防腐、热浸镀锌防腐等方

法。防腐涂料与防火涂料应相互兼容,以保证涂装系统的质量。

1. 防腐涂装

防腐涂料一般由不挥发组分和挥发组分(稀释剂)两部分组成。将防腐涂料刷在钢材表面后,挥发组分逐渐挥发逸出,留下不挥发组分干结成膜。

9.9 构件喷涂

采用油漆防腐涂装方法时,当产品说明书对涂装环境温度和相对湿度未作规定时,环境温度宜为 5～38 ℃,相对湿度不应大于 85%,钢材表面温度应高于露点温度 3 ℃,且钢材表面温度不应超过 40 ℃,被施工物体表面不得有凝露;遇雨、雾、雪、强风天气应停止露天涂装,应避免在强烈阳光照射下施工;涂装后 4 h 内应采取保护措施,避免淋雨和沙尘侵袭;风力超过 5 级时,室外不宜喷涂作业。

2. 防火涂装

钢结构防火涂料分为薄涂型和厚涂型两类。对室内裸露钢结构、轻型屋盖钢结构及有装饰要求的钢结构,当规定其耐火极限在 1.5 h 以下时,应选用薄涂型钢结构防火涂料。室内隐蔽钢结构、高层钢结构及多层厂房钢结构,当规定其耐火极限在 1.5 h 以上时,应选用厚涂型钢结构防火涂料。

薄涂型防火涂料的底涂层(或主涂层)宜采用重力式喷枪喷涂,局部修补和小面积施工时宜用手工抹涂,面层装饰涂料宜涂刷、喷涂或滚涂。厚涂型防火涂料宜采用压送式喷涂机喷涂,喷涂遍数、涂层厚度应根据施工要求确定,且须在前一遍干燥后喷涂。

9.4 零部件加工及构件组装

钢结构制作的工序较多,对加工顺序要周密安排,避免或减少倒流,以缩短往返运输和周转的时间。

9.4.1 零部件加工

1. 放样和号料

放样是钢结构制作工艺中的第一道工序,只有放样尺寸准确,减少以后各道加工工序的累积误差,才能保证整个工程的质量。放样有手工 1∶1 实尺放样和电脑放样两种方法。号料是指根据草图或者样板,在材料上画出切割、铣、刨、弯曲、钻孔等加工位置,打样冲孔,标出零件编号等。

2. 切割

钢材下料的切割方法有气割、机械切割、等离子切割等方法,具体采用何种方法应根据要求和实际条件经济合理地选用。切割后钢材不得有分层,断面上不得有裂纹,应清除切口处的毛刺、熔渣和飞溅物。图 9.23 展示了具体的切割加工过程。

3. 矫正和成型

零部件加工制作过程中,原材料变形、切割变形、焊接变形、运输变形等可能会影响钢结构的制作及安装,因此就需要对变形进行矫正。矫正可分为机械矫正、加热矫正、加热与机械联合矫正等,其中机械矫正和加热矫正分别如图 9.24a、b 所示。

(a)　　　　　　　　　　　　　　　　　(b)

图 9.23　切割

(a) 机械矫正　　　　　　　　　　　　(b) 加热矫正

图 9.24　矫正

根据矫正时钢材的温度分冷矫正和热矫正两种。冷矫正在常温下进行,会产生冷硬现象,适用于矫正塑性较好的钢材。热矫正是将钢材加热至 700~1 000 ℃ 的高温内进行的,当钢材弯曲变形大、塑性差,或在缺少足够动力设备的情况下才应用热矫正。

矫正后的钢材表面不得有明显的凹痕或损伤,划痕深度不应大于 0.5 mm,且不应超过钢材厚度允许负偏差的 1/2。

4. 边缘加工

钢结构加工中,一般在下述部位需要进行边缘加工:

① 吊车梁翼缘板、支座支承面等图纸有要求的加工面;

② 焊接坡口;

③ 尺寸要求严格的加劲板、隔板、腹板和有孔眼的节点板等。

边缘加工可采用气割和机械加工方法,对边缘有特殊要求时宜采用精密切割。图 9.25 展示了边缘加工过程中的相关操作。

5. 制孔

制孔可采用钻孔、冲孔、铣孔、铰孔、镗孔和锪孔等方法,对直径较大或长形孔也可采用气割制孔。严禁气割扩孔。具体制孔过程如图 9.26 所示。

(a)

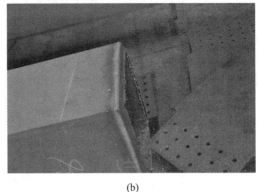

(b)

图 9.25　边缘加工

(a)

(b)

图 9.26　制孔

9.4.2　构件组装

钢结构的组装是按照施工图的要求,将已加工完成的零件或半成品部件装配成独立的成品,根据组装程度可分为部件组装、构件组装。

1. 组装的一般规定

① 构件组装前,应熟悉施工图纸、组装工艺及有关技术文件的要求。检查组装用的零部件的材质、规格、外观、尺寸、数量等是否符合设计要求。

② 组装焊接处的连接接触面及沿边缘 30~50 mm 范围内的铁锈、毛刺、污垢等必须清除干净。

③ 板材、型材的拼接应在组装前进行,构件的组装应在部件组装、焊接、矫正并检验合格后进行。

④ 构件组装应根据设计要求、构件形式、连接方式、焊接方法和顺序等确定合理的组装顺序。

⑤ 构件的隐蔽部位应在焊接和涂装检验合格后封闭,完全封闭的构件内表面可不涂装。

⑥ 布置组装胎具时,其定位必须考虑预放出焊接收缩量及加工余量。

⑦ 为减少大件组装焊接的变形,一般应先进行小件组装焊接,经矫正后,再组装大部件。

⑧ 组装好的构件应立即用油漆在明显部位编号,写明图号、构件号、件数等,以方便查找。

⑨ 构件组装的尺寸偏差应符合设计文件和现行国家标准 GB 50205—2020《钢结构工程施工质量验收标准》的规定。

2. 组装条件和组装方法

在进行部件或构件组装时,无论采取何种方法,都必须具备支撑、定位和夹紧三个基本条件,俗称组装三要素。

支撑解决工件放置位置的问题。实质上,支撑就是组装工作的基准面。用何种基准面作为支撑,需根据工件的形状大小、技术要求及作业条件等因素确定。

定位是指确定零件在空间的位置或零件间的相对位置。只有在所有零件都送到确定位置时,部件或构件才能满足设计尺寸。

夹紧是定位的保障。其以借助外力将定位后的零件固定为目的,这种外力即夹紧力。夹紧力通常由刚性夹具来实现,也可以利用气化力或液化力进行。

部件或构件的组装方法较多,主要有地样法、仿形复制组装法、胎膜组装法、立装法和卧装法。钢结构组装必须根据构件的特性和技术要求,以及制作厂的加工能力、机械设备等,选择安全可靠、满足要求、效益高的方法。

3. 构件组装实例

以常见的 H 型钢梁为例介绍构件的组装过程。

9.10 H 型钢制作

① 板材准备。H 形截面构件一般采用两种方式得到,一种是直接采用轧制 H 型钢,另一种就是用三块钢板组装。本案例为采用三块钢板进行组装。

② 腹板与梁翼缘板点焊定位。

③ 腹板与另一梁翼缘板点焊定位。采用门式自动电焊组立机进行定位焊工作。

④ 采用自动埋弧焊焊接腹板和翼缘板。H 型钢以船形位置放于支座台架上,用一台门型自动埋弧焊机在构件上行走,焊完下部第一处焊道后,可用吊车将 H 型钢翻 90°后焊接与第一处焊道同方向且对称于腹板的另一侧焊道,随后再翻身按同方向焊接其余两处焊道。

⑤ 利用滚轴矫正焊接残余变形。

⑥ 检测矫正结果。利用钢尺、角尺等工具进行检验,需按构件数量抽查 10%,且不应少于三件。具体尺寸的允许偏差应符合质量验收规范的规定。

9.5　钢结构安装和施工验收

钢结构安装需参照现行国家标准《钢结构施工规范》进行。由于多数钢构件受到运输或吊装等条件的限制,只能分段分体制作,在现场进行安装。为了检验其制作的整体性和准确性、保证现场安装定位,按合同或设计文件规定要求,钢结构应该在出厂前进行工厂内预拼装,或在施工现场进行预拼装。

9.5.1　钢结构预拼装

预拼装分为构件单体预拼装(如多节柱、分段梁或桁架、分段管结构等)、构件平面整体预拼装及构件立体预拼装。预拼装前,单个构件应检查合格。当同一类型构件较多时,因制作工艺没有较大的变化、加工质量较为稳定,可选用一定数量的代表性构件进行预拼装。

构件可采用整体预拼装或累积连续预拼接的方法。整体预拼装是指将需进行预拼装范围内的全部构件,按施工详图所示的平面(空间)位置,在工厂或现场进行的预拼装,所有连接部位的接缝,均用临时工装连接板予以固定。累积连续预拼装是指预拼装范围较大时,受场地、加工进度等条件的限制,将该范围切分成若干个单元,各单元内的构件可分别进行预拼装。两相邻单元连接的构件应分别参与两个单元的预拼装。

预拼装场地应平整、坚实,临时支承架、支承凳或平台应经测量准确定位。小型的构件预拼装胎架可根据施工经验确定,重型构件(比如大型桁架)预拼装所用的临时支承结构应进行结构安全验算。根据预拼装单元的构件类型,预拼装支垫可选用钢平台、支承凳、型钢等形式。预拼装单元可根据场地条件、起重设备等选择合适的几何形态进行预拼装。可通过变换坐标系统采用卧拼方式,有条件时建议按照钢结构安装状态进行定位。

构件应在自由状态下进行预拼装。所谓自由状态,是指在预拼装过程中可以用卡具、夹具、点焊、拉紧装置等临时固定,按设计图的控制尺寸定位后,在连接部位每组孔用不多于1/3且不少于两个普通螺栓固定,再拆除临时固定,按验收要求进行各部位尺寸的检查。对有预起拱、焊接收缩等的预拼装构件,应按预起拱值或收缩量的大小对尺寸定位进行调整。采用螺栓连接的节点连接件,必要时可在预拼装定位后进行钻孔。

为了方便现场安装,并与拼装结果相一致,预拼装检查合格后,宜在构件上标注中心线、控制基准线等标记,必要时可设置定位器。标记包括上、下定位中心线,标高基准线,交线中心点等;对管、筒体结构、工地焊缝连接处,除应有上设标记外,还可焊接或准备一定数量的卡具、角钢或钢板定位器等,以便现场按预拼装结果进行安装。

构件除采用实体预拼装外,还可基于目前的 BIM 技术,采用计算机辅助的方法,模拟构件或单元的拼装顺序。该方法先对制造已完成的构件进行三维测量,用测量数据在计算机中构建造件模型,然后进行模拟预拼装,检查拼装干涉和分析拼装精度,得到构件连接件加工所需要的信息,尤其需要注意变形是否满足要求。

9.5.2　钢结构安装

钢结构安装现场应设置专门的构件堆场,并应采取防止构件变形及表面污染的保护措施。设置构件堆场的基本条件有:满足运输车辆通行要求;场地平整;有电源、水源,排水通畅;堆场的面积满足工程进度需要,若现场不能满足要求时可设置中转场地。安装前,应按构件明细表核对进场的构件,查验产品合格证;工厂预拼装过的构件在现场组装时,应根据预拼装记录进行。

钢结构安装应考虑平面运输、结构体系转换、测量校正、精度调整及系统构成等因素,根据结构特点按照合理顺序进行,并应形成稳固的空间刚度单元,必要时应增加临时支承结构或临时措施。安装阶段的结构稳定性对保证施工安全和安装精度非常重要,构件安装就位后,应利用其他相邻构件或采用临时措施进行固定。临时支承结构或临时措施应保证主体结构不产生永久变形,能承受结构自重、施工荷载、风荷载、雪荷载、吊装产生的冲击荷载等荷载的作用。

钢结构吊装宜在构件上设置专门的吊装耳板或吊装孔,这样可降低钢丝绳绑扎难度,提高施工效率,保证施工安全。构件吊装前应做好轴线和标高标记。在不影响主体结构的强度和建筑外观及使用功能的前提下,吊装耳板和吊装孔可保留在构件上。需去除耳板时,可采用气割或碳弧气刨方式在离母材 3~5 mm 位置切除,严禁采用锤击方式去除,以避免对结构母材造成损伤。对于需要覆盖厚型防火涂料、混凝土或装饰材料的部位,在采取防锈措施后不必对吊装耳板的切割余量进行打磨处理。现场焊接引入、引出板的切除处理也可参照吊装耳板的处理方式。

钢结构受温度和日照影响的变形比较明显,安装校正时应分析其对结构变形的影响。但此类变形属于可恢复的变形,施工单位和监理单位应在大致相同的天气条件和时间段进行测量验收,以避免测量结果不一致。

1. 起重设备和吊具

钢结构安装时的起重设备一般采用塔式起重机、履带吊、汽车吊等定型产品。选用卷扬机、千斤顶、吊装扒杆、龙门吊机等非定型产品时,应编制专项方案,经评审后再组织实施。应根据起重设备性能、结构特点、现场环境、作业效率等因素综合确定起重设备。起重设备需要附着或支承在结构上时,应得到设计单位的同意,并应进行结构安全验算。

钢结构吊装作业必须在起重设备的额定起重量范围内进行,以确保吊装安全。钢结构安装时尽量不采用抬吊的方式。采用抬吊方式时,起重设备应进行合理的负荷分配,构件重量不得超过两台起重设备额定起重量总和的 75%,单台起重设备的负荷量不得超过额定起重量的 80%。吊装作业应进行安全验算并采取相应的安全措施,应有经批准的抬吊作业专项方案,条件许可时可事先用较轻构件模拟双机抬吊工况进行试吊。吊装操作时应保持两台起重设备升降和移动同步,两台起重设备的吊钩、滑车组均应基本保持垂直状态。

用于吊装的钢丝绳、吊装带、卸扣、吊钩等吊具应经检查合格,并应在其额定许用荷载范围内使用。

2. 基础、支承面和预埋件

钢结构安装前应对建筑物的定位轴线、基础轴线和标高、地脚螺栓位置等进行检查,并应办理交接验收。当基础工程分批进行交接时,每次交接验收不应少于一个安装单元的柱基础。基础混凝土强度应达到设计要求,基础周围回填夯实应完毕,且基础的轴线标志和标高基准点应准确、齐全。基础顶面及其锚栓布置需满足现行《钢结构施工规范》规定的允许偏差要求。

为了便于调整钢柱的安装标高,一般在基础施工时,先将混凝土浇筑到比设计标高略低 40~60 mm 的位置,然后根据柱脚类型和施工条件,在钢柱安装、调整后,采用一次或二次灌注法将缝隙填实。由于基础未达到设计标高,在安装钢柱时,可采用钢垫板作为支承。钢垫板参照现行《钢结构施工规范》进行设计。

安装锚栓及预埋件时,考虑到其安装精度容易受到混凝土施工的影响,而钢结构和混凝土的施工允许误差并不一致,所以应采取必要的固定支架、定位板等辅助措施。

3. 构件安装

在安装钢柱时,柱脚锚栓宜使用导入器或护套。首节钢柱安装后应及时进行垂直度、标高和轴线位置校正,钢柱的垂直度可采用经纬仪或线锤测量,标高可利用柱底螺母和垫片来调整。钢柱校正完成后,因独立悬臂柱易产生偏差,所以要求可靠固定,并用无收缩砂浆灌实柱底,灌浆前应清除柱底板与基础面间的杂物。首节以上的钢柱定位轴线应从地面控制轴线直接引上,不得从下层柱的轴线引上。钢柱校正垂直度时,应确定钢梁接头焊接的收缩量,并应预留焊缝收缩变形值。倾斜钢柱须采用三维坐标测量法进行测校,也可采用柱顶投影点结合标高进行测校,校正合格后宜采用刚性支撑固定。对于现场焊接的钢柱,一般通过焊缝的根部间隙调整其标高,若偏差过大,应根据现场实际测量值调整柱在工厂的制作长度。钢柱安装后总存在一定的垂直度偏差,故对于有顶紧接触面要求的部位,可在间隙部位采用塞不同厚度不锈钢片的方式处理。

在安装钢梁时,每根梁宜采用两点起吊。当单根钢梁长度较大时,若采用两点吊装,不能满足构件强度和侧向变形要求,宜设置 3~4 个吊装点吊装或采用平衡梁吊装,吊点位置应通过计算确定。钢梁可采用一机一吊或一机串吊的方式吊装,就位后应立即临时固定连接。其中,一机串吊是指多根钢梁在地面分别绑扎,起吊后分别就位的作业方式,可以加快吊装作业的效率。钢梁吊点位置可参照现行《钢结构施工规范》选取。钢梁面的标高及两端高差可采用水准仪与标尺进行测量,校正完成后应进行永久性连接。

支撑构件安装时,交叉支撑宜按从下到上的顺序组合吊装。支撑构件安装后对结构的刚度影响较大,支撑构件的校正宜在相邻结构校正固定后进行。屈曲约束支撑应按设计文件和产品说明书的要求进行安装。

在安装钢桁架(或屋架)时,应首先保证钢柱已校正合格。钢桁架(或屋架)可采用整榀或分段安装;起扳(由平放立起)和吊装过程中应防止钢桁架(或屋架)产生变形;单榀钢桁架(或屋架)安装时应采用缆绳或刚性支撑增加侧向临时约束。

在安装钢板剪力墙时,由于钢板墙属于平面构件,平面外的刚度较弱,所以要求在钢板墙堆放和吊装时采取相应的措施,如增加临时肋板,防止平面外的变形。因为钢板剪力墙主要为抗侧向力构件,其竖向承载力较小,所以钢板剪力墙的开始安装时间应按设计文件的要求进行,当安装顺序有改变时应经设计单位批准。设计时宜进行施工模拟分析,确定钢板剪力墙的安装及连接固定时间,以保证钢板剪力墙的承载力要求。对尚未安装钢板剪力墙的楼层,应保证施工期间结构的强度、刚度和稳定性满足设计文件要求,必要时应采取相应的加强措施。

对于其他构件,包括销轴节点、钢铸件或铸钢节点、由多个构件在地面组拼的重型组合构件等,其安装均应满足《钢结构施工规范》的要求。

后安装构件的安装,应根据设计文件或吊装工况的要求进行。由于已安装部分的结构受荷载发生变形,预留给后安装构件的实际尺寸与设计尺寸可能有一定的差别,后安装构件的加工长度应采用现场实际测量的长度。当后安装构件与已完成结构采用焊接连接时,一般约束刚度较大,应采取减少焊接变形和焊接残余应力的措施,以免对永久结构造成影响。

4. 单层钢结构

单层钢结构的安装过程中,应及时安装临时柱间支撑或稳定缆绳,应在形成空间结构稳定体系后再扩展安装。单层钢结构安装过程中形成的临时空间结构稳定体系,应能承受结构自重、风荷载、雪荷载、施工荷载及吊装过程中冲击荷载等的作用。

5. 多层、高层钢结构

多层、高层钢结构安装时须将整个建筑从高度方向划分为若干个流水段,并以每节框架为单位进行吊装,除保证单节框架自身的刚度外,还需保证自升式塔式起重机(特别是内爬式塔式起重机)在爬升过程中的框架稳定。流水段内的最重构件应在起重设备的起重能力范围内,起重设备的爬升高度应满足下节流水段内构件的起吊高度,且每节流水段内的柱长度应根据工厂加工、运输堆放、现场吊装、作业效率及与其他工序协调等因素确定,长度宜取2~3个楼层高度。分节位置宜在梁顶标高以上 1~1.3 m 处,以便于拼接节点的施工。

为了加快吊装进度,每节流水段(或每节框架)内还需在平面上划分流水区。如果有混凝土筒体,应把混凝土筒体和塔式起重机爬升区划分为一个主要流水区,余下部分的区域划分为次要流水区。当采用两台或两台以上的塔式起重机施工时,按其不同的起重半径划分各自的施工区域。将主要部分(比如混凝土筒体、塔式起重机爬升区)安排在先行施工的区域,使其早日达到强度,为塔吊爬升创造条件。

在流水作业段内,构件吊装宜符合下列规定:

① 吊装一般采用先柱后梁再安装支撑等其他构件的顺序,但单柱不得长时间处于悬臂状态。该顺序可按每层进行,从下而上,最终形成框架;也可在局部进行,先构成空间标准间,经校正和固定后,再按规定方向安装,使框架逐步扩大,直至施工层完成。

② 钢楼板及压型金属板安装应与构件吊装进度同步。

③ 根据建筑和结构上的特殊要求,设备层、结构加强层、底层大厅、旋转餐厅层、屋面层等,应制定特殊构件吊装顺序。

多层及高层钢结构的安装校正应依据基准柱进行。基准柱应能够控制建筑物的平面尺寸并便于其他柱的校正,宜选择角柱为基准柱。钢柱校正宜采用合适的测量仪器和校正工具。应在基准柱校正完毕后,再对其他柱进行校正。

多层及高层钢结构安装时,楼层标高可采用相对标高或设计标高进行控制,并应符合下列规定:

① 当采用设计标高控制时,每安装一节钢柱,其柱顶或梁的连接点标高,均以底层的标高基准点进行测量控制,同时也应考虑荷载使钢柱产生的压缩变形值和各节钢柱间焊接的收缩余量值,对柱标高进行调整。除设计要求外,一般不采用这种结构高度的控制方法。

② 当按相对标高进行控制时,钢结构总高度的允许偏差是经计算确定的,计算时除应考虑荷载使钢柱产生的压缩变形值和各节钢柱间焊接的收缩余量外,尚应考虑逐节钢柱制作长度的允许偏差值。如无特殊要求,一般都采用相对标高进行控制安装。不论采用相对标高还是设计标高进行多层、高层钢结构安装,同一层柱顶标高的差值均应控制在 5 mm 以内,使柱顶高度偏差和建筑物总高度的允许偏差不致失控,并符合 GB 50205—2020《钢结构工程施工质量验收标准》的有关规定。

同一流水作业段、同一安装高度的一节柱,当各柱的全部构件安装、校正、连接完毕并验收合格后,应再从地面引放上一节柱的定位轴线。

高层钢结构安装时应分析竖向压缩变形对结构的影响,并应根据结构特点和影响程度采取预调安装标高、设置后连接构件等相应措施。

6. 大跨度空间钢结构

大跨度空间钢结构可根据结构特点和现场施工条件,采用高空散装法、分条或分块安装法、滑移法、单元或整体提升(或顶升)法、整体吊装法、折叠展开式整体提升法、高空悬拼安装法等安装方法,各方法的特点和适用范围如下:

① 高空散装法适用于全支架拼装的各种空间网格结构,也可根据结构特点选用少支架的悬挑拼装施工方法。

② 分条或分块安装法适用于分割后结构的刚度和受力状况改变较小的空间网格结构,分条或分块的大小根据设备的起重能力确定。

③ 滑移法适用于能设置平行滑轨的各种空间网格结构,尤其适用于跨越施工(待安装的屋盖结构下部不允许搭设支架或行走起重机)或场地狭窄、起重运输不便等情况,当空间网格结构为大面积、大柱网或狭长平面时,可采用滑移法施工。

④ 整体提升法适用于平板空间网格结构,结构在地面整体拼装完毕后提升至设计标高、就位。

⑤ 整体顶升法适用于支点较少的空间网格结构,结构在地面整体拼装完毕后顶升至设计标高、就位。

9.11 无锡某索穹顶施工过程动画

⑥ 整体吊装法适用于中小型空间网格结构,吊装时可在高空平移或旋转就位。

⑦ 折叠展开式整体提升法适用于柱面网壳结构,在地面或接近地面的工作平台上折叠起来拼装,然后将折叠的机构用提升设备提升到设计标高,最后在高空补足原先去掉的杆件,使机构变成结构。

⑧ 高空悬拼安装法适用大悬挑空间钢结构,目的是减少临时支承数量。

确定空间结构安装方法要考虑结构的受力特点,使结构完成后产生的残余内力和变形最小,并满足原设计文件的要求。同时考虑现场技术条件,考虑现场的各种环境因素,如与其他专业的交叉作业、临时措施实施的可行性、设备吊装的可行性等。空间结构吊装单元的划分应根据结构特点、运输方式、起重设备性能、安装场地条件等因素确定。

大跨度空间钢结构中的索结构施工还有其自身特点。索结构是一种半刚性结构,在整个施工过程中,结构受力和变形要经历几个阶段。因此,在张拉索结构前,应进行全过程施工阶段结构分析,并应以分析结果为依据确定张拉顺序,编制索的施工专项方案。索结构在张拉前,应进行钢结构分项验收,验收合格后方可进行预应力张拉。索结构施工控制的要点是拉索张拉力和结构外形控制。在实际操作中同时达到设计要求难度较大,一般应与设计单位商讨相应的控制标准,使张拉力和结构外形能兼顾达到要求。索的张拉应符合分阶段、分级、对称、缓慢匀速、同步加载的原则,使得相邻构件变形、应力差异较小,对结构受力有利,同时也易于控制最终张拉力,并应根据结构和材料特点确定超张拉的要求。对钢索施加预应力可采用液压千斤顶直接张拉,也可采用顶升撑杆、结构局部下沉或抬高、支座位移、横向牵拉及顶推拉索等多种方式对钢索施加预应力。此外,索结构的钢索、锚具等零配件需进行验收,验收合格后方可按照现行《钢结构施工规范》的要求进行张拉施工及监测。

9.12 浙江大学体育馆桅杆倾斜背索张拉三维视图动画

大跨度空间钢结构施工应分析环境温度变化对结构的影响。结构跨度越大温度影响越敏感,特别是合龙施工需选取适当的时间段,避免次应力的产生。

7. 高耸钢结构

高耸钢结构可采用高空散件(或单元)法、整体起扳法和整体提升(或顶升)法等安装方法,各方法的特点和适用范围如下。

① 高空散件(或单元)法利用起重机械将每个安装单元或构件进行逐件吊运并安装,整个结构的安装过程为从下至上流水作业。上部构件或安装单元在安装前,下部所有构件均应根据设计布置和要求安装到位,即保证已安装的下部结构是稳定和安全的。

② 整体起扳法是先将结构在地面支承架上进行平面卧拼装,拼装完成后采用整体起扳系统(即将结构整体拉起到设计的竖直位置的起重系统)将结构整体起扳就位,并进行固定安装。高耸钢结构采用整体起扳法安装时,提升吊点的数量和位置应通过计算确定,并应对整体起扳过程中结构不同施工倾斜角度或倾斜状态进行结构安全验算。采用整体起扳法时尤其需要关注结构体系在整个起扳过程中是否保持为几何不可变体系。

③ 整体提升(或顶升)法先将钢桅杆结构在较低位置进行拼装,然后利用整体提升(或顶升)系统将结构整体提升(或顶升)到设计位置就位并固定安装。

高耸钢结构安装的标高和轴线基准点向上传递时,应对风荷载、环境温度和日照等对结构变形的影响进行分析。受测量仪器的仰角限制和大气折光的影响,高耸结构的标高和轴线基准点应逐步从地面向上转移。由于高耸结构刚度相对较弱,受环境温度和日照影响的变形较大,转移到高空的测量基准点经常处于变化状态。一般情况下,若此类变形属于可恢复的变形,则可认定高空的测量基准点有效。

9.5.3　钢结构施工质量验收

钢结构安装和施工完成后,应依据现行 GB 50205—2020《钢结构工程施工质量验收标准》,按照上述安装顺序对其进行质量验收。钢结构的施工质量验收应按照检验批、分项工程、分部(子分部)工程、单位工程的顺序分别进行验收。其中,钢结构常见的分项工程包括:原材料及成品,焊接工程,紧固件连接工程,钢零件及钢部件加工,钢构件组装工程,钢构件预拼装工程,单层和多、高层钢结构安装工程,空间结构安装工程,压型金属板工程,涂装工程等。对每一分项工程,应按照工程合同的质量等级要求,根据该分项工程的实际情况,参照现行 GB 50205—2020《钢结构工程施工质量验收标准》进行验收,并作验收记录。

钢结构作为主体结构之一时,应按子分部工程竣工验收;当主体结构均为钢结构时,应按分部工程竣工验收。大型钢结构工程可划分为若干个子分部工程进行竣工验收。分部(子分部)工程的验收应在所有分项工程验收合格的基础上,增加质量控制资料和文件检查、有关安全及功能的检验和见证检测及有关观感质量检验等三项检查项目。在所有分部工程完成验收的基础上,最后完成单位工程验收,包括房屋建筑工程、设备安装工程和室外管线工程等。

9.5.4　钢结构施工安全和环境保护

钢结构工程的施工速度较快,且交叉作业特点显著,这使得作业人员始终处于高处、洞口、临边等危险程度较高的环境。因此,在施工过程中,必须把安全问题摆在核心位置。同时,应重视施工中的环保管理,推行"绿色施工"方式。

1. 施工安全管理

（1）施工前安全管理准备

施工单位于施工前应与设计单位、监理单位进行会审,明确施工技术要点及安全管理重点,以科学的钢结构安全施工方案指导施工管理工作。安全生产责任制是施工安全管理的核心,各级责任制的具体内容应根据钢结构制作、安装及企业的实际情况决定。此外,还应加强对施工人员的安全作业思想教育,提高其安全意识。

（2）施工过程中安全注意要点

钢结构施工过程中的高空作业和吊装作业环节最容易引发安全事故。对于高空作业中的安全问题,应注意以下要点:

① 在钢框架柱与梁、梁与梁的连接位置处,应搭设稳固可靠的临时工作平台。

② 高空作业人员使用的工具及安装用的零部件,应放入随身佩带的工具内,不可随便向下丢掷。

③ 结构中所有可能坠落的物件,应一律先进行撤除或加以固定。在高空用气割或电焊切割时,应采取措施防止割下的金属、熔珠或火花落下伤人。

而对于吊装作业中的安全问题,应注意以下要点:

① 施工前要对吊装用的机械设备和索具现场进行检查,如不符合安全规定则不得使用。

② 吊装作业范围内应设警戒线,并树立明显警戒标志,禁止非工作人员通行,以确保人员安全。吊装过程中应有专人指挥、专人管理,严禁起吊臂下站人。

③ 严禁超载吊装、歪拉斜吊。避免因构件过大摆动、荷载增大而发生事故。

④ 在吊装就位后,应在确保连接可靠的基础上卸钩,避免结构失稳造成安全事故。

（3）保证施工安全的措施

① 恶劣天气下严禁露天高空作业;恶劣天气过后应对施工设施、场所等进行安全检查,确保符合施工条件和安全生产规定后,方能作业。

② 焊接施工前应对焊接现场进行检查,必须移出易燃易爆物。焊接时应用挡风斗进行遮挡,并用接火斗接取焊接火花,以避免火灾及烫伤等安全事故的发生。

③ 钢构件应堆放整齐、牢固,防止构件失稳伤人。安装和搬运构件、板材时须戴好手套。如果吊装时钢丝绳出现断胶、断钢丝和缠结问题,则要立即更换。施工机械、机具每天使用前应例行检查。

④ 安装构件时使用的移动脚手架操作平台要固定牢固,并做好防滑措施,拉好防护绳,扣好安全带。

钢结构施工安全的管理主要由乙方负责,甲方可配合督促检查,但各单位都应充分认识到不安全的因素会对工程本身带来难以估计的不良影响,甚至是危害。工程施工企业还应加强施工安全的监督与管理,保障安全设施完好性,减少安全隐患。

2. 环境保护措施

钢结构施工过程中应注意采取以下措施,做好环境保护工作:

① 钢材加工过程中,应优化下料方法、综合利用下脚料,使废料减量,同时产生的废料应分类收集并定期回收处理。

　② 保持施工场地和加工车间整洁干净。各类材料应有标识地分类堆放。临时设施搭设应符合相关规定。食堂、厕所等生活场所应保持清洁,防止流行病的传播。

　③ 施工噪声白天不应大于 75 dB,夜间不应大于 55 dB,并尽量避免夜间施工。在城市市区内的建设工程,施工单位应当对施工现场实行封闭围挡。

　④ 应及时分类回收螺栓、电焊条的包装纸、袋及施工中产生的废铁,避免污染环境。焊接时应用彩条布在周边进行围挡,防止弧光和焊接的烟尘外露。

　⑤ 涂装施工前,应做好对周围环境和其他半成品的遮蔽保护工作,防止污染环境。施工中使用过的棉纱、棉布、滚筒刷等物品应存放于指定位置,并定期处理。同时严禁向下水道倾倒涂料和溶剂。此外,施工现场应做好通风排气措施,降低有毒气体的浓度。

9.13　单体钢结构工程施工实例

本章参考文献

第 9 章参考文献